广东科技年鉴

2019

广东省科学技术厅 编

SPM
南方出版传媒
广东人民出版社

图书在版编目（CIP）数据

广东科技年鉴. 2019年卷 / 广东省科学技术厅编. — 广州：广东人民出版社，2020.12

ISBN 978-7-218-14664-5

Ⅰ. ①广… Ⅱ. ①广… Ⅲ. ①科学研究事业—广东—2019—年鉴 Ⅳ. ①G322.765-54

中国版本图书馆CIP数据核字（2020）第243191号

GUANGDONG KEJI NIANJIAN（2019 NIAN JUAN）

广东科技年鉴（2019年卷）

广东省科学技术厅 编

出 版 人：肖风华

责任编辑：段太彬
封面设计：李 苹
责任技编：周星奎

出版发行：广东人民出版社
地　　址：广州市海珠区新港西路204号2号楼（邮政编码：510300）
电　　话：（020）85716809（总编室）
传　　真：（020）85716872
网　　址：www.gdpph.com
印　　刷：广州市快美印务有限公司
开　　本：889mm × 1194mm 1/16
印　　张：31 **字数**：896千
印　　数：600册
版　　次：2020年12月第1版 2020年12月第1次印刷
定　　价：300.00元

《广东科技年鉴》编辑部（广东省科技创新监测研究中心）
地址：广州市连新路171号3号楼5楼508室
电话：（020）83163342 网址：www.gdstic.cn

编 辑 说 明

一、《广东科技年鉴》是广东省科学技术厅主编的综合性科技年刊和资料性工具书，其编辑部设在广东省科技创新监测研究中心。该年鉴1992年创刊，每年出版一卷，旨在全面、系统、准确地记录广东省的科技工作、科技进步情况，为各级政府制定科学决策、科研企事业单位制定发展战略提供依据和参考，为广大读者了解和研究广东科技事业提供信息资料和数据。

二、《广东科技年鉴》采用分类编辑法，以篇目、分目、条目组成框架结构的主体部分，2019年卷共设11个篇目。全书条目的标题统一用黑体加【 】表示，个别包含多方面资料的条目则在文内用楷体标题表明各段资料的主题。

三、《广东科技年鉴》（2019年卷）主要载录2018年度广东科技工作的进展，所刊载的内容和资料，由有关省直单位、高等院校、科研院所、企业、各地级以上市科技局、省科技厅机关各处室及厅属各单位撰写，并经撰稿单位和部门负责人审核。

四、本年鉴统计数据均经撰稿单位与统计部门核对，某些对应指标数据在上卷刊出后作了调整的，其中第10篇“科技统计资料”中的“科技统计表（2017年）”数据有更新，以本卷刊出的数据为准；标点符号、数字用法、计量单位和各种专业术语等，均依照国家最新编辑出版规范和行业规定。

五、本书编纂得到各有关单位的大力支持，在此深表谢意。本书疏漏之处，敬请读者指正。

《广东科技年鉴》编辑部

2020年11月

《广东科技年鉴》（2019年卷）
编辑委员会

编辑部

目　录

特　载

科技政策与投入

基础研究与条件建设

科技创新体系

科技协同创新

科技成果与知识产权

产业、行业科技发展

科技统计资料

大事记

附　录

Table of Contents

Special Features

Science and Technology Policies and Investment

Basic Research and Condition Construction

Science and Technology Innovation System

Scientific and Technological Coordination and Innovation

Scientific and Technological Achievements and Intellectual Property

Industry, Trade Scientific and Technological Development

Scientific and Technological Associations and Popularization and Exchanges

City Level Scientific and Technological Development

Statistical Materials of Science and Technology

Chronicle of Events

Appendix

特载

综　述

【概况】 2018年，全省科技综合实力和自主创新能力实现新突破，区域创新综合能力继续保持全国第1，研发投入达2 704.7亿元，占GDP比重达2.78%。技术自给率预计达73%；有效发明专利量、PCT国际专利申请量及专利综合实力持续位居全国首位。共有45项重大科技成果获2018年度国家科学技术奖，广东省获奖项目数占全国比例达到15.79%，创历史新高，华为公司独立获得国家科技进步奖一等奖，2项国家自然科学奖二等奖均由广东省科学家主持完成，为近年最好成绩。制定出台“科技创新12条”、加强基础与应用基础研究、省重点领域研发计划等一系列具有改革性、创新性的重磅政策措施。

【科技体制改革】

粤港澳大湾区科技创新顶层规划设计　强化大湾区的科技创新协同机制，积极配合科技部编制《粤港澳大湾区科技创新规划》，针对“钱过境、人往来、税平衡”等创新要素流动障碍问题提出创新举措。率先从省级财政科研资金跨境流通层面突破，鼓励港澳高等院校和科研机构承担广东省级科技计划项目，推动湾区内科研经费便利使用。在新一代人工智能、新一代半导体、生物医药、节能环保等港澳优势领域联合开展粤港澳联合资助计划。

深化科技管理体制改革　主动融入国家重大科技工作部署，先后征集近2 000个国家科技重大专项、重点研发计划项目与广东对接。率先支持全国高校、科研院所、龙头骨干企业等牵头申报广东省重大科技项目，推进“常年受理、集中入库”“全国申报、广东承接”的新管理模式。率先试行“揭榜制”全新方式组织管理重大项目。深化科技奖励改革，重组科技奖励体系。顺利完成机构改革各项任务。

深化科技评价和科技奖励改革　创新重大科技专项绩效评估方式，以全国性视角对566个重大专项进行系统深入分析，遴选出一批重大科技专项典型成果。首次开展项目指南审核评议，为指南制定提供参考，提高指南的规范性、合理性和公信力。大刀阔斧深化科技奖励改革，推动出台《广东省关于深化科技奖励制度改革的方案》《2018年度广东省科学技术奖评审方案》，重组科技奖励体系，实行提名制，严格控制奖励数量，大幅提高奖金力度，强化国家奖励的配套扶持。

【关键核心技术攻关和基础研究】

实施省重点领域研发计划　出台《广东省重点领域研发计划实施方案》，实行全面开放申报和并行资助新模式，凝练出“新一代通信和网络”“芯片、软件与计算”等“10+2”重大专项和若干重点专项，针对受制于人的“卡脖子”核心技术、元器件、关键零部件、装备和主要依赖进口的部件装备等，进行集中攻关和突破。首批“激光与增材制造”等6个重大专项已立项43个项目，财政资金总投入13.25亿元。

加强基础研究和应用基础研究　首次出台《广东省人民政府关于加强基础与应用基础研究的若干意见》，及《广东省基础与应用基础研究基金重点领域项目实施方案》配套文件，全面系统部署多项改革创新措施。创新省自然科学基金投入方式，试点设立广东省—温氏集团联合基金项目，引导鼓励企业支持并参与基础研究。2018年度省自然科学基金立项率达30.82%，同比提高近2倍。深化广东联合基金合作，聚焦先进材料与智能精密制造等6个领域开展研究，其中广东省单位牵头53项，占总资助数的67.95%。2018年全省获得国家自然科学基金资助经费总额近20亿元，同比增长9.3%，获资助项目3 751项，获资助金额与项数均为历年新高，数量居全国第4，中山大学获资助项数位居全国第2。

布局一批高水平创新平台　实施“科技招商”“创新服务”，系统化、建制化、机构化地引入北京大学多潜能干细胞（EPS）技术平台、北京大学重离子研究所激光加速器平台等一批国家级平台。成立广东省新一代通信与网络创新研究院、深圳第三代半导体研究院等新型重大创新平台。启动粤港澳大湾区脑科学与类脑研究中心建设，筹划成立南方量子科技协同创新研究院。引入中船重工集团以深海装备为核心的“2030”重大科技项目。

加快实验室体系建设　启动建设第二批3家省实验室，其中，化学与精细化工省实验室采用由汕头市承接主体实验室，潮州、揭阳市设立分中心模式；南方海洋科学与工程省实验室采用由广州、珠海、湛江市同步建设模式；生命信息与生物医药省实验室由深圳市承建。首批4家广东省实验室建设进展顺利，已完成领导机构组建和领军人物选聘，组织架构逐步完善，科研项目顺利启动，聚集国内外院士60余位，第二批3家省实验室预计至少新增汇聚15位院士，人才聚集效应显著。积极推进在粤国家重点实验室建设，累计达29家，其中新增精密电子制造技术与装备省部共建国家重点实验室1家。继续加强省重点实验室建设，新建学科类省重点实验室18家、省企业重点实验室28家，实现全省各地市省重点实验室全覆盖，全省重点实验室累计达352家。

【培育壮大各类创新主体】

培育壮大创新型企业　开展高新技术企业树标提质行动，企业创新能力和绩效大幅提升。持续开展全省高新技术企业培育工作，2018年全省新增入库培育高新技术企业2 256家，累计达2万家，累计新增税收超181.5亿元，税收增量与财政投入比达3∶1。加强全省高新技术企业申报评审工作，2018年全省高新技术企业数量达45 280家，进一步巩固在全国领先优势。开展科技型中小企业评价和技术先进型企业认定工作。全省入库科技型中小企业27 704家，占全国总量的21.3%，排名全国首位。推动企业建设研发机构，全省规模以上工业企业建立研发机构比例达38%，依托腾讯、美的、格力、大疆等4家龙头企业建设首批“广东省新一代人工智能开放创新平台”。

新型研发机构建设　对新型研发机构初创期建设进行补助，支持粤东西北新型研发机构建设，全年新增25家省级新型研发机构，并按照高质量要求取消25家，截至2018年年底全省共219家，其中，粤东西北39家，占总数的17.8%，数量比2017年有了显著提升。据统计，219家新型研发机构职工总数超过4.24万人，其中研发人员总数近1.93万人；全年研发总投入约96亿元，有效发明专利拥有量达11 000件，成果转化收入和技术服务收入约620亿元，累计创办孵化企业约4 300家，其中孵化和创办高新技术企业近930家。

高新区高质量发展　高新区升级工作进展顺利，新增湛江、茂名2家国家级高新区，全省数量达14家。推动韶关、阳江、梅州和揭阳市申报国家高新区。争取到中央财政资金2亿元支持江门、佛山、惠州、中山高新区双创特色载体建设。全省国家高新区全国排名继续稳中有升，7家高新区位于前1/3行列。深圳、广州高新区成功跻身世界一流高科技园区建设序列，珠海依托横琴高新技术片区建设“双自联动”试点园区，取得较好成效。截至2018年年底，全省23家省级以上高新区共实现营业总收入3.82万亿元，同比增长11.9%。

孵化载体提质增效　截至2018年年底，全省孵化器总数达962家；众创空间总数886家，国家备案众创空间234家，数量稳居全国第1。全省在孵企业超3万家，累计毕业企业超1.6万家，培育高新技术企业2 232家，上市（挂牌）企业580家；创业带动就业成效显著，全省孵化器和众创空间内创业团队和企业带动就业总人数达55万人，其中吸纳应届大学生就业人数达6.6万人。新认定国家级科技企业孵化器培育单位35家，总量达139家。新认定省级大学科技园3家，全省共有省级及以上大学科技园11家。

【协同创新发展】

开展新一轮省部院产学研合作　与科技部签署新一轮会商合作议定书，部省联动实施“宽带通信和新型网络”国家重点研发计划，有望攻克一批重大科技成果，带动千亿级产能。与中科院围绕粤港澳大湾区国际科技创新中心建设签署战略合作协议，实施27个省院合作重大项目，中国散裂中子源已完成国家验收正式投入使用，惠州强流重离子加速器正式开工建设。与中国工程院合作设立中国工程科技发展战略广东研究院。

深化多层次国际科技合作机制　继续加强与加拿大、英国、荷兰、奥地利、日本、以色列、澳大利亚等重点国别的合作，组织实施双边科研项目联合资助计划。加强与白俄罗斯国际科学院、澳大利亚昆士兰科技大学、荷兰格罗林根大学等国际知名科研组织和大学的合作关系，扩大国际科技创新合作“朋友圈”。组织2018中国（广州）新一代人工智能发展战略国际研讨会暨高峰论坛、中荷智能和绿色交通技术研讨会等6场交流对接活动，推动国际间人才交流与合作。

实施乡村振兴科技创新行动　在现代种业、精准农业、食品安全、智能农机装备领域进行重点布局。召开乡村振兴科技行动暨农村科技特派员工作推进会，印发《广东省乡村振兴科技创新行动方案》，大力实施农村科技特派员行动。加强农业创新平台建设，台山、廉江和四会被确定为全国首批创新型县（市）建设单位，全省23家星创天地获得科技部备案。推动农业科技园区加快建设，江门、茂名市的农业科技园区被认定为第八批国家农业科技园区，河源国家农业科技园顺利通过验收。

部门协同强化社会发展科技创新　与省直多部门联合组建15个省社会发展科技协同创新中心。与科技部、环保部联合实施PM2.5与臭氧联防联控等重大项目。首次举办环境污染防治技术成果对接会，围绕大气、水、土壤和固废污染防治等领域开展供需对接，为协同创新补齐生态环境短板探索新路径。

【创新生态环境建设】

完善制定创新驱动重大政策　对标国际最优最好最先进，坚持问题导向，聚焦创新主体需求，注重体制改革和开放创新，从区域创新、创新主体、创新要素、创新环境等方面进行系统布局，省科技厅牵头制定《关于进一步促进科技创新的若干政策措施》，在促进更高水平开放创新、激励企业创新动力、激发创新主体活力、提升创新环境吸引力等12个方面提出一系列具有改革性、开放性、普惠性和针对性的政策部署。加强科技立法检查落实工作，推动制定《广东省促进科技成果转化条例》配套政策，开展《广东省自主创新促进条例》执法检查工作。

推动科技金融产业融合发展　改革重组广东省创新创业基金，以71亿元作为资本金投入粤科金融，已撬动社会资本超过250亿元。争取国家科技成果转化引导基金首次在广东设立子基金，总规模达10亿元。制定普惠性科技金融、科技企业挂牌上市等多项政策措施，搭建覆盖全省的线上和线下相结合的科技金融服务体系。

加快引进创新创业团队和人才　继续组织实施省重大科技人才计划，引进第七批31个创新创业团队、240名高层次人才，来粤工作的境外专家超过38万人次。在全国首批实施外国人才签证制度，继续简化外籍人才短期来粤工作的办理程序。

（陈锡强）

重大会议和科技活动

【全省科技创新大会】　3月26日，全省科技创新大会在广州召开。会议深入学习贯彻习近平新时代中国特色社会主义思想和党的十九大精神，贯彻落实习近平总书记参加广东代表团审议时的重要讲话精神，部署推进今年及今后一个时期科技创新工作。中共中央政治局委员、广东省委书记李希主持会议，省长马兴瑞、省人大常委会主任李玉妹、省政协主席王荣出席会议。

李希在讲话中指出，习近平总书记参加广东代表团审议时的重要讲话精神，是我们做好广东工作的宝贵精神财富、强大思想武器和科学行动指南，是统揽广东一切工作的总纲。深入学习贯彻习近平总书记重要讲话精神，落实“四个走在全国前列”重要指示要求，必须坚定不移走创新发展道路，奋力开创我省创新发展新局面。一是必须从讲政治的高度，把深入实施创新驱动发展战略作为贯彻习近平总书记重要讲话精神的具体实践和重大举措，摆在发展全局的核心位置，以实际行动贯彻落实总书记重要讲话精神。二是要实现经济高质量发展，加快新旧动能转换，必须更好地发挥科技创新的引领作用，推动供给侧结构性改革，加快构建现代化经济体系，实现质量变革、效率变革、动力变革。三是要在国际竞争中赢得主动，增创国际经济合作和竞争新优势，必须紧紧扭住科技创新不放松，以更宽广的视野、更高的目标要求、更有力的举措推动科技创新。

李希强调，要聚焦建设现代化产业体系，突出重点，扎扎实实推动科技创新强省建设。一要把企业的主体作用充分发挥出来。培育更多更强的创新型企业，引导高端经济要素资源向创新型企业汇聚，加快推动军民融合深度发展，打造一批强大的具有自主知识产权和核心竞争力的创新型企业。二要努力抢占技术创新制高点。加强基础研究与应用基础研究，强化产业技术创新，加强重大科技基础设施和创新平台建设，努力把核心技术掌握在自己手中。三要真正把人才作为创新第一资源。高标准宽视野引进、培养高层次创新人才，推动人才到创新一线干事创业、大显身手，努力在人才竞争中占据制高点，全面厚植创新人才优势。四要持续提高科研院所和高等院校的科技创新能力。推动科研院所和高校聚焦理论前沿、技术前沿、产业创新前沿开展创新，更好地走产学研相结合的路子，扩大科研院所和高校自主权，激发科研人员的积极性创造性，强化创新源头供给。五要大力推动创新集聚发展。坚持“强者更强、优者更优”导向，推动更多优质创新资源要素向珠三角核心区集聚，强化深圳、广州创新发展“引领极”，携手港澳高标准建设国际科技创新中心，推动粤港澳大湾区成为国家重要创新引擎，把珠三角的创新动能做得更大更强，增强对粤东西北地区的辐射带动作用。

李希强调，要对标国际最优最好最先进，深化体制机制改革，加快营造有利于创新的环境。一要构建具有国际吸引力和竞争力的创新环境。再创营商环境优势，实施最严格的知识产权保护，提升城市国际化发展的品质，吸引更多人才前来创新创业。二要聚焦关键问题推动体制机制创新。抓住全面创新改革试验机遇，加大科技项目管理、创新人才流动等方面改革创新力度，推动政府职能从研发管理向创新服务转变。三要提高政策系统性和协同性。强化统筹协调，既加强创新政策的内部协同，实现政策链的无缝对接，又加强创新政策与产业政策、竞争政策等的外部协同，打好政策组合拳。

李希强调，要切实加强党委对创新发展的领导。一要坚持以习近平新时代中国特色社会主义思想和总书记重要讲话精神指导广东创新发展实践，不折不扣落实以习近平同志为核心的党中央在创新驱动发展方面作出的决策部署和重大改革，自觉把广东创新发展放在国家发展大局中来定位，面向世界科技前沿、面向经济主战场、面向国家重大需求，加快各领域科技创新。二要把创新作为各级党委抓发展的“一把手工程”，把党对科技创新工作的领导落到实处，把“大学习、深调研、真落实”工作成果，及时转化成推动创新发展重大政策举措。三要增强领导干部抓创新发展的能力，充分发挥绩效考核“风向标”和“指挥棒”的作用，打造一支懂科技、爱人才、善管理的干部队伍。

马兴瑞在讲话中指出，习近平总书记参加广东代表团审议时的重要讲话是习近平新时代中国特色社会主义思想在广东的展开和具体化，为我们做好新时代科技创新工作指明了前进方向、提供了根本遵循、注入了强大动力。我们要牢记总书记的嘱托，准确把握我省科技创新工作面临的新形势，切实增强政治责任和使命担当。做好今年科技创新工作，要坚持以习近平新时代中国特色社会主义思想为指导，全面贯彻党的十九大精神和习近平总书记对广东工作的重要指示批示精神，按照省委十二届二次、三次全会的部署安排，贯彻高质量发展的要求，坚定不移把创新驱动发展作为核心战略，紧紧围绕打造国家科技产业创新中心和科技创新强省，充分发挥珠三角国家自主创新示范区作为开放创新重点区域的作用，瞄准世界科学发展前沿和产业变革前沿，着力集聚创新资源，着力深化科技体制改革，着力构建开放型区域创新体系。要重点抓好基础研究与应用基础研究、技术创新、产业创新、军地协同创新、开放合作、提升粤东西北地区创新能力、加快集聚人才等方面工作，加快形成以创新为主要引领和支撑的经济体系和发展模式，为全国实施创新驱动发展战略提供有力支撑，努力实现“四个走在全国前列”目标。

大会颁发2017年度广东省科学技术奖，副省长黄宁生宣读通报。

省领导任学锋、王伟中、林少春、邹铭、江凌出席会议。省委有关部委、省直有关单位、省有关人民团体、中直驻粤有关单位主要负责同志，各地级以上市主要负责同志、分管科技工作的负责同志及科技部门主要负责同志，国家级和省级高新区管委会主要负责同志，省实验室、部分科研院所、高等院校主要负责人，高新技术企业、新型研发机构代表和部分省科学技术奖评审委员会委员及获奖代表等参加会议。

（摘自广东省科学技术厅公众信息网）

【珠三角自主创新示范区工作会议】 3月30日，省政府召开2018年珠三角国家自主创新示范区建设工作会议，总结前一阶段珠三角国家自主创新示范区建设工作推进情况，研究部署今后一段时期工作。

黄宁生副省长充分肯定珠三角各市和省有关部门在推进珠三角国家自主创新示范区建设中取得的成效，同时指出，全省创新发展仍然存在一些突出问题，如基础和应用基础研究能力弱，创新型企业发展水平有待提升，产业核心技术供给不足，高层次创新人才缺乏，创新生态环境有待优化等。下一步，要提高站位，认清形势，全面把握珠三角国家自主创新示范区建设的新要求和新使命，把珠三角国家自主创新示范区打造成为推动经济高质量发展、建设现代化经济体系的先行区，打造成为广东省建设国家科技产业创新中心的主阵地和粤港澳大湾区国际科技创新中心的主要承载区。要持续强化举措，将珠三角国家自主创新示范区打造成为全省创新驱动发展的主引擎，重点加快建设广深科技创新走廊，推动高新区提质升级，提升产业全球竞争力，完善科技创新平台体系，推动高端创新创业资源集聚。珠三角地市、各有关部门要切实提高认识，把创新作为各级党委、政府抓发展的“一号工程”，把珠三角国家自主创新示范区作为“一把手”工程来抓，建立科学高效的管理体制机制，持续开展先行先试政策探索，继续抓好“八大举措”不放松，把创新驱动发展实实在在落到具体工作上。

会上，省科技厅汇报了珠三角国家自主创新示范区建设2017年工作总结和2018年工作要点，汇报了广深科技创新走廊工作方案和政策制定、优化各地市创新驱动发展“八大举措”监测指标修订进展等相关情况。广州、深圳、东莞市，省委组织部、省发展改革委、省国土资源厅、省住房和城乡建设厅、省交通厅就广深科技创新走廊建设进展和设想进行了交流发言。省有关单位，珠三角各地级以上市人民政府、科技主管部门和国家高新区管委会相关负责人参加了会议。

（郭映琦）

【珠三角国家科技成果转移转化示范区推进会】

2018年5月，科技部批复同意广东省建设珠三角国家科技成果转移转化示范区，成为9个国家科技成果转移转化示范区之一。6月28日，“珠三角国家科技成果转移转化示范区推进会”在广州召开，标志着珠三角国家科技成果转移转化示范区建设正式全面启动。黄宁生副省长等与会领导为珠三角九市授牌，并共同见证了相关代表项目的签约。省科技厅厅长王瑞军介绍了示范区建设的总体思路、特色定位，并对重点任务进行了整体部署。华南理工大学、东莞市分别介绍了促进科技成果转化的做法和经验，粤科金融集团对广东省创新创业基金进行了推介。珠三角各市和相关市政府分管科技工作的负责同志及地市科技局、高新区管委会主要负责同志，省内主要高校、科研院所负责同志，以及部分省实验室、新型研发机构、高新技术企业、技术交易服务中介机构、金融和科技风投机构、科技服务企业代表等近120人参加了会议。

（周 彧）

【第二十届中国国际高新技术成果交易会】 11月14—18日，第二十届中国国际高新技术成果交易会（以下简称“高交会”）在深圳市举行。

本届高交会的特点：一是独角兽企业参展活跃；二是与实体经济结合度高；三是新产品新技术发布活跃；四是创新创业热情高涨；五是海外展商参展活跃；六是20周年系列活动成功举办。

本届高交会以“坚持新发展理念，推动高质量发展”为主题，总展览面积达14万m^2，41个国家和国际组织、141个团组共3 356家展商参展了本届高交会。本届高交会展期缩短了一天，共举办各种高层次论坛、专业技术论坛、行业沙龙、技术会议等活动255场。来自103个国家和地区的56.3万人次观众参观了大会，专业观众人气指数达到246，即平均每个展位每天接待246位专业观众。

本届高交会全面涵盖了我国在创新创业，产业、科技、金融、人力等要素协同，绿色低碳，开放合作，共建共享等方面的最新进展，以及我国产业结构转型升级、提质增效，构建现代产业新体系等方面的成果。展览内容包括国家高新技术展、综合类展、专业类展和人才高交会分会场等，不仅关注时代热点、市场需求，更是积极服务国家发展战略，重点展示了互联网、大数据、人工智能等技术的实际应用，服务实体经济的新业态、新模式以及新一代信息技术、5G、智慧城市、航空航天等方面的最新产品和技术等。

本届高交会展示的高新技术项目达11 322项，涵盖了智能汽车、物联网、智能制造、人工智能、节能环保、AR/VR、互联网+、生物医药、大数据、无人系统、智慧城市、航空航天、新能源、新材料、光电平板和现代农业等领域。新产品新技术发布活跃，展示了一大批高精尖产品和技术，共有1 746项新产品和585项新技术首次亮相，比上届增加近百项。80家企业举办了专门的新产品新技术发布活动。

2018年，主办方开展了高交会20周年系列活动，其中在会展中心北门二楼平台特设的一条16m长的“高交会时光长廊”，展出了1999—2017年间的高交会和中国高新技术发展，图文并茂地再现了高交会20年以来具有代表性的各类展品、技术和企业。

（摘自中国国际高新技术成果交易会官网）

【广东省实验室（第二批）建设启动会】 为深入贯彻落实习近平总书记视察广东重要讲话精神，大力实施创新驱动发展战略，推动高质量发展，11月14日，广东省实验室（第二批）建设启动会在广州举行，启动建设第二批广东省实验室。中共广东省委书记李希、省长马兴瑞出席启动会并为省实验室授牌。

马兴瑞代表省委、省政府向第二批启动建设的3家省实验室表示祝贺。他指出，习近平总书记视察广东发表重要讲话，要求广东深入实施创新驱动发展战略，推动高质量发展。这为我省加快提升科技创新能力指明了前进方向、提供了根本遵循、增强了信心决心。启动建设第二批省实验室并在粤东粤西布局，对于提升我省基础和应用基础研究能力、落实“一核一带一区”的区域发展战略、推动高质量发展意义重大。希望第二批省实验室所在地市紧紧围绕建设粤港澳大湾区国际科技创新中心的目标，按照起步国内一流、目标国际一流的高标准组织建设，“一室一策”制定支持和激励实验室发展政策。希望新挂牌的3家省实验室厘清功能定位、优化完善建设方案、创新管理模式和运作机制，汇聚全球创新人才，突出原始创新导向，早日建成具有国际和国内重大影响力的一流创新高地，打造广东创新发展的新名片和转型升级的新引擎，推动广东实现“四个走在全国前列”、当好“两个重要窗口”。

第二批启动建设的化学与精细化工广东省实验室采用“主体+分中心”模式，由汕头市承建主体实验室，潮州、揭阳市设立分中心；南方海洋科学与工程广东省实验室采用广州、珠海、湛江市同步建设推进；生命信息与生物医药广东省实验室由深圳市承建。

（摘自广东省科学技术厅公众信息网）

【广东省实验动物科技发展30周年工作会议】 11月8日，由省科技厅主办的广东省实验动物科技发展30周年工作会议在广州隆重召开。科技部代表出席会议并发表讲话，中国科学院院士季维智、英国皇家医学院外籍院士管轶作大会报告，全省实验动物单位代表共190余人参加了会议。

会上，省科技厅做了《广东实验动物科技发展30周年的工作报告》，全面总结了30年来的广东省实验动物科技管理历程及支撑生命科技创新成果与产业的突出成效，剖析了困难与不足，并对接下来的工作重点进行了部署。

30年来，广东省实验动物在法制化管理、创新驱动和产业支撑等方面取得了显著成效，在全国同行业中实现了多个“率先”。尤其是2010年《广东省实验动物管理条例》颁布实施以来，全省实验动物许可单位实现15年生物安全“零事故”；由实验动物支撑的科技计划项目年度经费达10亿元，科研文章年发表量、科技成果及标准、专利发明量等都实现了长足的增长；标准化实验动物还支撑了广东省年产值超5 000亿元的生物医药、医疗器械及化妆品等产业的发展。

（摘自广东省科学技术厅公众信息网）

【2018中国国际应用科技交易博览会】 12月10日，2018中国国际应用科技交易博览会（以下简称“应博会”）在广州开幕，本届应博会由中国生产力促进中心协会、广东省生产力促进中心、广东省产学研合作促进会共同主办。来自乌克兰、以色列的众多外籍专家，广东省内地市科技局、高新区、生产力促进机构、新型研发机构，国内重点高校、专业技术转移机构、知名科技创投机构和科技创新企业的领导嘉宾等300多人与会。

本届应博会以“开放创新，汇智全球”为主题，集产品展示、贸易洽谈、学术交流、投资孵化为一体，展示了人工智能、云计算与大数据、生物识别、AR&VR等领域企业的前沿技术、最新产品，其中，空气成像技术与产品、AI智能自贩柜、小蚂哥物流机器人、自贩售兜售机器人等众多“黑科技”备受关注。展会现场设置了地市、高新区、科创园区和新型研发机构的高水平产学研合作成果与需求特展区，供引团队、引平台、引基地的需求发布。本次应博会总展览面积20 000m^2、总展位超600个，海内外参展商数量达200家，首日参观登记人数近30 000人次。

应博会同期举办了高水平产学研合作论坛、国际人才共享高峰会、创新创意园区运营与发展论坛、中国创新创业大赛优胜团队路演等活动。在高水平产学研合作论坛上，来自各领域的专家学者，围绕广东产学研合作发展历程、存在问题、未来发展方向及跨国产学研合作等，深入探讨如何对标最高最好最优、充分发挥市场和政府作用，深化体制机制改革，加快推动高水平产学研合作，探索新时代全国产学研结合工作新模式，助力广东科技经济创新发展。

（摘自广东省科学技术厅公众信息网）

展会现场参观

【2018中国海外人才交流大会暨第20届中国留学人员广州科技交流会】 12月21日，2018中国海外人才交流大会暨第20届中国留学人员广州科技交流会（以下简称“2018海交会”）在广州开幕。

2018海交会由教育部、科学技术部、中国科学院、欧美同学会（中国留学人员联谊会）和中共广州市委、广州市人民政府共同主办，北京、天津、上海、重庆、深圳等29个城市（机构）联合协办。2018海交会以“智汇、创新、共赢”为主题，坚持“面向海内外，服务全中国”办会宗旨。大会力求与时俱进，全面提质增效，通过举办峰会论坛、展览展示、项目交流、人才招聘、专业会议、实地考察、海外分会场、海交会20周年纪念活动八大板块活动。

2018海交会吸引了来自欧美、亚非、独联体等30多个国家和地区的近4 000多名海外人才参会，全国各地共174个代表团，215家高校、科研院所，436家企业到场对接，带来合作需求项目约2 000项，职位岗位需求约15 000个。两天会期内全场项目对接超3 000对次，达成意向项目近2 000个。

2018海交会成果转化率高，招聘会成效大。两天会期内全场项目对接超3 000对次，达成意向项目1 687个，合作项目948项，签约474项。独联体国家团队100个海交会参会项目，对接洽谈近20次，18项重要合作达成初步意向，白俄罗斯国家科学院与广州市海珠区政府成功签约建设广州创新中心。全球著名科技创业加速器PNP与广州归谷科技园达成合作伙伴关系，在开发区建设PNP（广州）国际创新中心，对接全球科技创新资源。国家高层次人才团队200个项目参会，达成合作意向约50%，签约落地项目29个，涉及注册资本5亿元。“春晖杯”大赛的287个入围项目共进行243次初步洽谈，35个项目达成了入驻创业园意向，47个项目达成合作意向。“智创未来”大赛全球共有232个项目入围各地分赛区，55个优秀项目来穗参加海交会总决赛，6个项目获奖。“全球创业奖”20个项目对接35次，15个项目达成对接意向。

2018海交会开幕式上举办了“中国广州人力资源服务产业园”揭牌仪式。在12月21日晚上举行的“花城之夜”上，还为“红棉计划”首年入选的20个优秀项目进行颁奖，20个项目均将获得资金资助、创业融资、创业孵化、知识产权保护、税收优惠、采购扶持、人才保障等十方面全链条政策支持。

（李晓银）

【全国科技监督评估和诚信体系建设培训班】 12月24日，为期3天的全国科技监督评估和诚信体系建设培训班在广州举办。本次培训班由科技部科技监督与诚信建设司主办，广东省科技厅、广东省技术经济研究发展中心承办，也是科技监督与诚信建设司新成立以来的第一个培训班。各省、市科技厅（委、局），国家科技计划项目管理专业机构负责监督评估以及科研诚信工作的相关人员共百余人参加了培训。

本次全国科技监督评估和诚信体系建设培训班主要围绕2018年以来国家层面出台的科研诚信建设、“三评”改革、国务院25号文等文件展开，旨在落实机构改革要求，推动跨部门、跨区域纵横联动的科技监督评估和诚信体系建设，构建决策、执行、监督既相互制约又相互协调的现代科技治理体系。

培训班邀请了科技部相关司局、项目管理专业机构同志，围绕加强诚信建设、“三评改革”政策、减轻科研人员负担、科研资金财务风险评价等内容进行了专题授课。来自各地科技管理部门和科技计划项目管理专业机构的同志就监督评估与诚信建设工作典型经验进行了交流。

培训现场

（摘自广东省科学技术厅公众信息网）

科技政策与投入

科技政策法规研究与制定

【研究制定《关于进一步促进科技创新的若干政策措施》】

2018年，省科技厅牵头开展《关于进一步促进科技创新的若干政策措施》（以下简称“科创12条”）的研究制定工作，对标国际最优最好最先进，从区域创新、创新主体、创新要素、创新环境等方面进行系统布局研究。2018年12月24日，“科创12条”由省政府以2019年1号文正式印发实施。

“科创12条”在促进更高水平开放创新、激励企业创新动力、激发创新主体活力、提升创新环境吸引力等12个方面提出一系列具有改革性、开放性、普惠性和针对性的政策部署，在全国率先提出“科技创新券全国使用、广东兑付”“科技型中小企业研发费用税前加计扣除额至100%比照提高”“授予新型研发机构自主审批投资决策权”“允许新型研发机构管理层和核心骨干持运营公司大股”“高校院所自建孵化器自主招租、租金全额返还”等具有突破性的政策措施，全面激发创新活力。“科创12条”的颁布实施广受关注，在省内外、海内外引起了强烈反响。

【《广东省自主创新条例》执法检查与修订预研】

2018年，省人大常委会将《广东省自主创新促进条例》（以下简称“《条例》”）贯彻落实情况列入2018年执法检查监督计划。省科技厅积极配合省人大开展《广东省自主创新促进条例》执法检查工作，配合完成《条例》执法检查报告。2018年9月，省人大常委会审议通过《条例》执法检查报告。同时，《条例》被列入本省2019年地方性法规立法计划项目，省科技厅根据执法检查中发现的问题，全面开展《广东省自主创新促进条例》立法修订研究工作。

【《广东省科学技术普及条例》立法研究】 2018年，《广东省科学技术普及条例》（以下简称“《科普条例》”）列入《广东省第十三届人大常委会立法规划（2018—2022年）》。为扎实推进立法研究工作，省科技厅联合省科协全面启动《科普条例》立法研究工作，明确立法研究主要目标、拟解决主要问题、立法时间安排等，研究形成系列《科普条例》立法前期研究成果，立法研究工作有序开展。

（史利兵　余碧仪）

科技人才

【专业技术人才队伍建设】 截至2018年年底，全省专业技术人才612万人，享受政府特殊津贴专家5 060人，国家级人才153人。

职称制度改革　全面落实《关于深化职称制度改革的实施意见》，完成全省动员部署，实施基层卫生技术人员、高校教师、技工院校教师、中小学教师职称制度改革。加快新业态职称评审工作，开展基因组学、知识产权专业职称评价，推进快递工程、网络安全专业职称评审试点。加快职称简政放权，向广州、深圳两市下放正高级职称评审权；将高级工程师（教授级）职称评审下放至各相关省高级职称评审委员会；全面下放高校教师职称评审权，全省110所高校完成政策备案并组织实施自主评审；指导广东省中医院、华大基因、广汽研究院等企事业单位组织实施自主评审工作。落实国家职业资格目录，出台《关于进一步加强职业资格监管服务工作的通知》。

专业技术人才知识更新工程　深入实施专业技术人才知识更新工程。统筹28个行业主管部门发布专业科目学习指南。举办国家知识更新工程高级研修班5期，培训省内外高层次专业技术人才350人次；认定和复核继续教育4 032万学时。向人社部申报第八批国家级专业技术人员继续教育基地。出台《关于进一步做好我省专业技术人员继续教育工作的通知》，落实取消继续教育强制性收费项目。

【博士后平台建设】 省人力资源和社会保障厅印发实施《关于加快新时代博士和博士后人才创新发展的若干意见任务分工方案》。开展博士后工作站和博士工作站申报推荐工作，2018年度获人社部批准的博士后工作站和博士工作站共计37家，占全国获批总数的9.27%。组织开展广东省博士工作站设站申报工作，当期共遴选批准新设426家博士工作站。

加快搭建博士和博士后创新创业平台。指导粤科金融集团制订博士与博士后创新创业基金设立方案，推进广东省博士和博士后人才交流与科技项目博览会筹备工作，安排0.9亿元资金分别支持珠海、汕头、佛山、湛江、清远5市建设博士和博士后区域性创新创业孵化基地。

圆满完成2018年广东“众创杯”创新创业大赛博士和博士后专场赛。配合省信息中心加快推进省博士和博士后服务管理数据系统建设，已建成系统网站准备测试。截至2018年年底全省拥有博士后科研流动站147家，博士后科研工作站398家，省博士后创新实践基地366家，在站博士后约5 500人，累计招收博士后约1.3万人。

【人才服务保障】 2018年，省人才服务局高层次人才服务专区使用高层次人才网上“一站式”服务平台，线上线下受理院士、国家海外高层次人才、省领军人才、创新科研团队成员等高层次人才的停居留和出入境、落户、子女入学等26项“一站式”服务申请共1 120多项，办结率达98%。2018年10月18日以省政府名义正式印发实施《广东省人才优粤卡实施办法（试行）》，人才优粤卡持有人可享受当地居民待遇，在户籍办理、安居保障、子女入学、社会保险、医疗服务、停居留和出入境、工商登记、金融服务、交通服务、就业服务等方面享受“一卡通”优惠便利服务。

加强“人才驿站”建设，完善柔性引才机制。截至2018年年底，广东省已在肇庆、清远、汕尾、茂名、潮州、湛江、揭阳、云浮、阳江、汕头、梅州、韶关、河源13个地市建设了人才驿站，实现粤东西北地级市全覆盖。各地人才驿站当年度组织各类人才项目活动400多场，进站入驻人才3 000余人次，柔性引才超10 000人次，正式签约合作项目525项，合同成交额超55亿元。

（蒋　波）

【科技干部教育与培训】 2018年，科技部、广东省科学技术厅全年共举办各类管理培训班51期，培训科技干部、专业技术人员4 015人次，开展科技创新政策法规巡回宣讲24场，6 000余人现场学习，网上在线学习人数3万余人次。2018年，广东省科技干部学院举办专业技术人员继续教育与培训班29期，累计培训2 528人次。

面向可持续发展的科技创新与管理培训班 9月10—21日，科技部与联合国科技促进发展委员会（UNSCTD）在广州共同举办为期两周的“面向可持续发展的科技创新政策与管理培训班”。这是我国首次与联合国系统在科技创新领域面向发展中国家开展联合培训，是落实中国科技部与UNCSTD合作承诺的具体行动，也是对习近平总书记在中非合作论坛峰会上提出“携手共命运、同心促发展”的理念主张的响应。来自南非、泰国、印度、伊朗等13个发展中国家科技官员与政策专家在本次培训中了解到中国以科技创新促进可持续发展的经验，并寻找与中国的合作机会。联合国贸易和发展委员会（UNCTAD）技术与后勤司司长、联合国科技促进发展委员会（UNCSTD）秘书处负责人莎米卡·西里曼纳女士（Shamika Sirimanne）、科技部国际合作司副巡视员徐捷、国家科技评估中心解敏主任、广东省科技厅厅长王瑞军出席开班仪式。

培训班以课堂授课和实地考察两种形式结合进行。培训班邀请了中国科技部及其他科技管理部门相关官员、知名专家，就中国科技发展创新方面的政策，农业、环境治理等领域的科技创新政策及经验，科技创新政策评估与实践等主题进行授课，并结合广东的科技创新发展、产业转型升级、绿色循环经济、城市垃圾治理、城中村改造等案例，通过情景构建引导学员进行面向可持续发展的科技创新政策设计，了解科技创新促进可持续发展的历程。培训班安排学员前往深圳市、广州市天河区、东莞市松山湖高新技术产业开发区、江门市新会区四个国家可持续发展实验区开展实地考察。

科技金融创新发展培训班 5月31日—6月3日，科技部在广州举办了“科技部科技金融创新发展培训班”。培训班由科技部资源配置与管理司、中国科学技术发展战略研究院、科技部火炬高技术产业开发中心、国家科技风险开发事业中心、广东省科技厅、广州市科技创新委员会联合主办，广东省生产力促进中心承办，来自全国各省（市）科技主管部门、促进科技和金融结合试点市、广东省内各地市科技部门及科技金融服务分中心有关负责同志共190余人参加培训。

培训班邀请了科技部、中山大学、深交所、香港中国金融协会、人保财险专家分别就创业投资发展、国家科技成果转化基金、企业境内外上市融资、科技保险实践与探索、普惠性科技金融的实践探索、科技支行运营模式和地方政府引导基金运作等作了专题讲座。培训期间，江苏省科技厅、重庆市科委、广州市科创委、银川市科技局、天津科技金融服务中心就本地区科技金融亮点工作进行了经验分享，参训学员交流了学习体会和认识。

全国科技型中小企业评价工作培训班 7月18—19日，科技部火炬高技术产业开发中心在肇庆市举办“全国科技型中小企业评价工作培训班”，来自全国10个省份约160位科技部门工作人员参加了培训学习。

会上，广东省科技厅介绍了2018年广东省科技型中小企业评价工作进展情况，交流了省科技型中小企业工作的主要经验和做法，通报了2018年全国各地科技型中小企业评价工作和研发费用加计扣除情况，部署了科技型中小企业抽查工作安排。培训专家通过案例分析，解读了科技型中小企业和研发费用加计扣除政策，并详细介绍了科技型中小企业研发费用加计扣除操作平台。

广东省“创新驱动发展战略专题培训班” 5月22—25日，中共广东省委组织部、广东省科技厅联合举办第一期“创新驱动发展战略专题培训班”。黄宁生副省长出席开班仪式并作动员讲话，各地级以上市分管科技创新工作的领导和高新区负责同志参加了为期3天的培训。

11月14—17日，第二期“创新驱动发展战略专题培训班”举办，来自全省21个地级以上市、县（市、区）分管科技工作的领导干部共计130余人参加了培训。培训班主要目的是为了全面实施粤港澳大湾区建设和乡村振兴战略，加强广东省科技干部队伍的高素质专业化建设，提高一线党政领导干部抓好科技创新工作的能力和水平，推动县域经济高质量发展，更好地服务省委、省政府重大决策部署和中心工作。

广东省高新技术企业改制上市培训会　6月14日，由广东省科技厅、广东省金融办、广东证监局、深圳证券交易所共同主办的“广东省高新技术企业改制上市培训会”在广东金融高新区召开，全省各地级以上市科技管理部门、金融部门、国家级高新区以及160多家高新技术企业负责同志约500人参加培训会。

本次培训会目的是强化各地市科技管理部门、金融部门领导干部对资本市场与企业创新融合发展的认识，帮助高新技术企业负责人了解资本市场政策导向，增进企业对借力资本加快创新发展步伐的理解。

黑龙江省“提升科技创新能力广东专题培训班”　5月28日—6月3日，黑龙江省“提升科技创新能力广东专题培训班”在广东省科技厅举办。本次培训是受中共黑龙江省委组织部委托，在广东开展的针对黑龙江省科技系统干部进行为期一周的集中培训，是两省科技厅贯彻国务院《关于深入推进实施新一轮东北振兴战略加快推动东北地区经济企稳向好若干重要举措的意见》相关要求，全面落实广东省与黑龙江省对口合作框架协议内容，开展务实合作的实际举措。该培训班共40人，培训期间在广州、佛山、东莞、深圳等地集中学习和实地考察，重点考察广东科技体制改革和政策创新、高新区管理、专业镇建设等方面情况。

新疆“科技创新驱动发展（广东）研修班”　4月20—28日，由新疆维吾尔自治区科学技术厅、广东省对口支援新疆工作前方指挥部、广东省科学技术厅联合主办，广东省科技干部学院承办的2018年新疆“科技创新驱动发展（广东）研修班”在广州举办，来自新疆维吾尔自治区的31位科技管理干部参加了为期9天的专题研修学习。研修班采取学习、考察调研相结合的丰富的学习形式，邀请了广东省科技厅、广东省农科院、暨南大学等单位相关专家为学员授课，通过培训加强两地联系与沟通，传授广东先进的科技管理经验，进一步提高新疆的科技管理和服务水平。

东南亚地区青年华商“互联网+”产业发展与创新创业培训班　9月2—16日，为加强广东与东南亚地区的科技交流与合作，由科技部主办，广东省科技基础条件平中心承办，广东省科技干部学院协办的东南亚地区青年华商“互联网+”产业发展与创新创业培训班在广州顺利举办。广东省科技厅、台山市外事侨务局、广东科学技术职业学院相关领导出席了培训班开班典礼，来自东南亚“一带一路”沿线发展中国家的华商学员20人参加了为期15天的培训。

培训班邀请了国内知名专家、教授进行授课，主要包括中国互联网产业与技术发展历程、互联网+创业、广东省创新创业环境与政策，广东省特色产业、新兴产业发展、营商环境、创业投资规则、招商优惠政策介绍等，以及到珠三角发达地区知名企业参观学习，让学员感受广东快速发展的脉搏，同时可加强广东省与“一带一路”沿线发展中国家的联系。

新疆喀什“创新驱动发展与科技扶贫专题研修班”　10月15—21日，由新疆维吾尔自治区喀什地委主办，广东省科技干部学院承办的新疆喀什第一期“创新驱动发展与科技扶贫专题研修班”在广州举办，来自喀什地委、地区纪委监委、岳普湖县委、麦盖提县委等8个单位的15名学员参加了为期一周的专题培训。

11月22—30日，新疆喀什第二期“科技创新驱动发展与科技扶贫专题研修班”在广东省科技干部学院举办，来自喀什地区科技局、林业局、畜牧局、农业局、科研机构和各县科技局的25名学员参加了培训。

西藏林芝“科技管理干部研修班”　12月12—21日，由广东省科技厅主办，广东省科技干部学院承办的西藏林芝“科技管理干部研修班”在广州举办，来自林芝市科技局、市国家税务局、市职业技术学校、朗县人民政府等17个单位的28名学员参加了培训。

本期研修班在办班方案、课程安排、服务保障等方面做了周密部署，采用专题讲座和到广东发达地区实地教学相结合的形式，使学员们进一步增强科技意识，提振精神，开阔视野，拓宽思路，为今后的工作中提供借鉴。

科技厅系统干部参加创新管理报告会　7月27日，为贯彻落实好新发展理念，大力推动广东省协同创新工作，广东省科学院举办创新管理报告会，邀请北京协同创新研究院、北京大学创新研究院院长王荄祥教授作《创新体系五力模型与实践》专题报告。来自省科技厅系统、省科学院机关及院属相关单位的120余人参加了报告会。

报告会上，王荄祥从理论层面上阐述了创新体系五力模型，即战略牵引力、机制保障力、组织协同力、人力生产力、资本支撑力的相互关系和作用，并以五力模型为框架详细剖析了北京协同创新研究院创新体系的实践探索，介绍了外骨骼机器人、飞轮储能系统、集成式电子皮肤等若干具有代表性的科技成果的培育孵化经验。

粤港澳大湾区科技成果转移转化专题培训班　9月20日，“粤港澳大湾区科技成果转移转化专题培训班”在广州举办，来自省内地市科技局、高校、科研院所、技术转移机构及其他企业的代表共计250人参加了培训。

培训班上，围绕粤港澳大湾区技术转移转化工作实务，香港科技大学、澳门大学（学术）、广东省华南技术转移中心有限公司等专家学者分别就“香港与内地技术转移经验分享”“粤港澳大湾区的技术转移——从大学的角度看区域创新体系建设”“技术转移机构的机遇、挑战与商业模式探讨”等主题作精彩分享。

粤东西北科技管理及科技服务人员能力提升培训班　9月20—28日，为贯彻落实《中共广东省委　广东省人民政府关于推进乡村振兴战略的实施意见》《广东省乡村振兴科技创新行动方案》，发挥科技管理部门和生产力促进机构在促进乡村振兴中的重要创新创业载体作用，广东省科技厅科管处联合社农处和省生产力促进中心组织开展粤东西北科技管理部门和生产力促进机构从业人员能力提升培训。培训班按粤东、粤西、粤北分三个片区分别在汕头市、茂名市和韶关市3市举办，来自粤东西北12个地市科技管理部门的相关负责同志和生产力促进机构的代表共235人参加了培训。

本次培训目的是加强粤东西北地区科技管理部门和生产力促进机构的人才队伍建设，提升服务能力和水平，为实施乡村振兴科技创新行动提供支撑。在学习内容上专门进行了课程设计，由处室同志和专家分别讲授了广东省科技促进乡村振兴战略定位和重点工作、科技报告撰写、技术合同认定登记以及科技服务的经验和做法，课程从宏观政策解读到科技服务实操与应用，对参训学员开展科技服务工作具有很好的指导作用。

广东省技术先进型服务企业申报认定培训　11月29日，为顺利推进广东省技术先进型服务企业认定管理工作，广东省科技厅在广州组织召开全省技术先进型服务企业申报认定培训会。来自全省各地级以上市科技局、高新区管委会有关工作人员，相关行业协会和企业约300人参加了本次培训。会上，省科技厅高新处详细介绍了技术先进型服务企业政策出台背景、申报认定条件、评价指标和税收优惠政策，现场演示了技术先进型服务企业系统填报、申报流程和注意事项等事项，并与培训人员探讨交流了技术先进型服务企业申报认定中存在的问题。

全省生产力促进机构主任学习贯彻习近平总书记视察广东重讲话精神专题培训班　12月10日，由广东省科技厅主办、广东省生产力促进中心承办的全省生产力促进机构主任学习贯彻习近平总书记视察广东重要讲话精神专题培训班在广州召开，来自全省20个地市、县（区）、专业镇生产力促进中心主任、国家和省级高新区创业服务中心负责人、各地市科技金融服务中心主任以及部分市县科技局的领导共计110人参加了培训。

广东省技术转移专员培训班　8月2—3日，为推进落实《珠三角国家科技成果转移转化示范区建设方案》相关重点工作任务，加快全省技术转移人才队伍建设，促进科技成果转移转化，“广东省技术转移专员培训班”在广州举办，来自省内外高校、科研院所、新型研发机构、技术转移服务机构以及科技型企业从事技术转移相关工作人员近130人参加了培训。此次培训邀请了省科技厅科管处、超凡知识产权服务股份有限公司技术转移转化研究院、华南技术转移中心、广州中国科学院工业技术研究院和华南理工大学专家授课，讲授了“珠三角科技成果与转移转化示范区建设思路和重点工作”“新经济时代下的创新思维”“技术转移驱动商业进步”“技术转移机构的机遇、挑战与商业模式探讨”“技术转移与科技创新体系建设”“技术转移与知识产权运用”等内容。

广东省科技业务管理阳光政务平台使用培训会　4月12—26日，广东省科技业务管理阳光政务平台（下简称“阳光政务平台”）使用培训会在肇庆、广州、惠州、揭阳陆续举行，来自全省21地市科技管理部门、49家高等院校、57家企事业单位的400余人参加了培训。培训会就阳光政务平台各项功能服务及常见问题做了详细讲解，并广泛听取各级科技管理部门、高校及企事业单位对系统改进的意见和建议。

（曾煜洲）

科技计划项目

【省级科技计划管理体系】

2013—2017年“阳光再造行动”系列改革比较系统地解决了科技业务管理过程中存在的突出问题，坚持以案治本和标本兼治，取得了显著成效。为了适应高质量发展的需求，进一步完善薄弱环节，2018年起，对原有科技计划体系进行改革。

坚持科技创新和制度创新“双轮驱动”，以问题为导向，以需求为牵引，进一步对省级科技计划管理体系进行战略性改革调整，形成科技机构、项目、人才、企业、平台、成果等全方位、多元化的省级科技计划支撑体系，进一步解决科技创新资源分散、重复、低效等问题，改变“项目多、帽子多、牌子多”的不利局面，提高科技投入效能。进一步转变政府职能，深入推进“放管服”改革，加强横向协调和纵向协同，重点改革预算协调机制、重大科技项目形成机制、财政资金投入方式等，逐步建立需求导向、分工明确、协调联动的省级科技计划管理体制。

通过加快新一轮改革，将省级科技管理部门工作重点由项目管理转到政策研究、规划布局、统筹协调和监督管理上来，实现从科技管理向创新治理，从研发管理向创新服务，从项目管理向协调联动的根本性转变，力争在科技管理体制改革上走在全国前列。

形成了以“基础与应用基础研究”“重点领域研发计划”“实验室体系建设”“粤港澳大湾区国际科技创新中心建设及区域创新能力提升”为主体的新型科技计划体系。

【项目申报与评审】 2018年，根据省财政预算批复情况，省科技厅会同财政部门提出专项资金的安排原则、重点支持方向及使用方式等，报省领导批准。

2018年2月起，省科技厅面向社会公开征集、发布2018年度省级科技计划项目指南内容及相关建议，并分批次发布各个专项指南，组织申报。采用竞争择优、定向委托、滚动支持、后奖补、“大专项+任务清单”模式等多元化方式组织实施。其中竞争择优类项目主要采用网络评审与会议评审结合的方式进行，定向委托类项目主要采用咨询论证方式进行。截至12月25日，2018年度归口省科技厅主管的财政科技专项资金均已下达至各地市或用款单位。

【科技报告】 截至2018年12月24日，本省共享科技报告12 595篇，名列全国第1。全年新增改写审改5 616份，在系统优化升级、宣传培训、地市科技报告建设、研究开发应用等方面进行全面探索，2018年12月作为全国科技报告先进单位，受邀在湖南省科技厅举办的“科技报告研讨会”上做典型经验发言，以扎实的工作成效、细致的工作方法获得国家科技报告管理部门的高度认可。

科技报告共享服务

1. 开展常态化审核管理，全年新增审改5 616份：开展了大量、细致的日常审改、技术保障、后台数据维护、解答用户来电咨询等管理与服务工作。全年新增审核、共享省级科技报告5 616份，累计完成收录科技报告12 595篇（含本省承担的国家项目1 090篇、地市级科技报告1 836篇）位居全国第1，成为本省重要的地方特色科技数据库信息资源。

2. 优化呈交范围，对非研发类项目进行免于呈交审核管理：根据本省科技计划项目的实际情况，经向上级科技报告管理部门中国科技信息研究所（国家科技报告管理中心）征询，对缺乏研究开发的具体内容的“非研究开发类” 项目（具体包括广东省工程技术研究开发中心、广东省新型研发机构、省重点实验室等平台类、机构建设类项目）免于呈交审核。

项目组填报项目基础信息后，附件上传《项目完成报告》，由科技报告管理与服务中心出具《免交科技报告批准书》替代《科技报告收录证书》，作为验收附件在阳光政务系统上传。

系统优化升级　积极解决系统问题，在国家系统的基础上，完善授权码手机查询、科技报告收录证书自动制作外挂功能，新开发科技报告免予呈交功能，制作免予呈交证书模板。结合地市需求，策划启动了具备独立知识产权的“广东省地市级科技报告系统”的研究开发，填补国家系统在地市县区层面的空白，全面优化平台功能，为本省后续地市、大型研发机构的科技报告制度建设提供平台。

多渠道、多方式的宣传培训　持续加大宣传推广力度，利用线下各类地市巡讲的契机，继续全面解读相关政策要求与实操指引。

1．采取“录屏”方式，录制了科技报告撰写指引、科技报告呈交实操指引小视频，帮助科研人员快速、精准地掌握撰写与呈交要点，降低撰写和呈交难度、提高了工作效率，大幅减少了科研人员的电话咨询。

2．与国家科技图书文献中心（NSTL）联合组织培训，在佛山、中山举办2场培训，面向200名地市高新技术企业、中小科技企业开展科技文献挖掘、科技报告撰写的公益培训。

3．结合“广东省生产力体系粤东西北地区从业人员培训”，赴韶关、茂名、汕头面向粤东西北科技服务从业人员近300人，开展科技报告培训指导，实现科技报告培训的第二轮全省全覆盖。

地市级的科技报告试点工作

1．支撑广州、深圳市构建科技报告体系。为广州市科技报告工作提供技术支撑，完成《广州市科技报告系统运行情况报告》，总结成绩与问题；支撑深圳市科技报告制度建设，配合深圳市科技报告回溯整理数据1 000项。

2．推动佛山、河源地市科技报告取得新突破。建议将地市科技报告工作列入《2018广东科技创新战略专项资金项目（纵向协同管理方向）通知》，主动联系全省10余个地市的科技局、情报所或服务机构，直接辅导了深圳、佛山、河源、茂名、珠海的有关项目或工作经费预算的申报，经过多次沟通、方案报送，后续深圳、佛山、河源将获得联合立项或横向委托。

（何　静　陈恩强）

【科技计划项目监管】

科技专项绩效评估　一是创新重大科技专项绩效评估方式。首次引入国家科技评估中心联合开展广东省重大科技专项绩效评估工作，开展关键核心技术先进性评价，以全国性视角对重大专项的实施成效和存在问题等进行系统深入的分析。该次评估历时半年，共涉及经费25.79亿元、项目566个。

二是强化评估结果应用。通过评估，遴选出一批重大科技专项典型成果，并提出进一步提高专项实施方案和指南编制质量、完善项目组织实施机制、加强与国家科技计划衔接、聚焦产业发展需求等建议，最终形成专项绩效评估报告报省人民政府。

三是首次开展项目指南审核评议。在重点研发计划立项评审中首次开展申报指南审核评议工作，主要采用案卷研究、形式审查、比对研究、关键词搜索、专家咨询等方法，从相关性、合理性、规范性、重复性等方面，对新一代通信与网络等11个重大专项和新药创制等12个重点专项的申报指南开展审核评议，客观指出需要关注的问题，为指南制定提供参考，提高指南的规范性、合理性和公信力。

构建监督机制　一是全面实施科研诚信承诺和审核制度。在项目申报、科技奖励等科技业务工作中，明确要求申报单位、申报人在登录阳光政务平台时必须作出诚信承诺，截至2018年12月底，已有60 715个承担单位、56 224位申报人按要求签署了科研诚信承诺书；对拟立项项目承担单位、项目负责人和法定代表人等相关主体的信用状况进行审核，推行科研诚信“一票否决”制。

二是加强对严重失信行为记录与惩戒。根据项目日常监督和审计、财政、纪检等外部监督部门认定和反馈的结果，对相关责任主体在项目申报、立项、实施、验收和评估等全过程中发生的严重失信行为进行客观记录和惩戒。

三是完善专家信用分级管理约束和激励机制。继续对广东省科技咨询专家库的专家进行信用审核、评价、认定等分级管理。截至2018年12月底，已有30 856名入库专家确认接受实施细则的管理，全年实现科技咨询活动痕迹化记录约1万人次。

（季大琴　王　蓓）

【重点领域研发计划】　为全面贯彻党的十九大和习近平总书记关于加强关键核心技术攻关的系列讲话精神，加快解决广东产业发展“缺芯少核”“一些核心技术、关键零部件、重大装备受制于人”的瓶颈问题，推动广东加快建成科技创新强省，并在粤港澳大湾区国际科技创新中心中发挥重要作用，省委、省政府决定启动广东省重点领域研发计划。

2018年8月，省政府印发了“重点领域研发计划实施方案”，围绕九大领域，发挥“集中力量办大事”的体制优势，汇聚海内外顶级科研力量，开展核心技术攻关。2018年度，组织实施了第一批项目，包括“量子科学与工程”“新一代人工智能”等6个重大专项，并通过“对接国家重大科技项目”的项目组织方式，遴选了8个对接项目予以支持。在2019年度中国科学十大进展中，广东牵头或参与完成的成果共有3项，其中有2项与省重点领域研发计划支持的量子科学专项有关。

2018年，省科技厅重点组织实施了激光与增材制造、新能源汽车、智能机器人与装备制造3个重大专项，碳纤维及高性能高分子基复合材料、石墨烯与碳纳米管材料应用等5个重点专项，以突破一批产业关键核心技术，促进产业技术的集成创新与应用。

截至2018年年底，激光与增材制造专项从核心器件、重大装备到应用示范三个层面布局，设立了3个专题和11个任务方向，受理了申报项目57个，最终立项资助14个，立项项目总投入5.6亿元，其中省财政投入金额2.006亿元；智能机器人与装备制造专项围绕该领域前沿基础及共性支撑技术、关键核心零部件、系统集成及示范应用等三个层次布局，共受理了申报项目95个，立项资助19个，立项项目总投入10.6亿元，其中省财政投入金额2.42亿元，吸引了院士、享受国务院特殊津贴专家等超过100人；新能源汽车专项在电池及管理系统、燃料电池汽车技术、电机驱动及电力电子总成、整车制造与轻量化、智能网联汽车、广东省新能源汽车创新发展战略研究等方向共布局6个专题14项任务，受理申报项目54个，立项资助13个，立项项目总投入102 478万元，其中省财政投入金额30 860万元。

新型显示、碳纤维及高性能高分子基复合材料、石墨烯与碳纳米管材料应用、典型先进功能材料研发与应用、材料基因工程等5个重点专项共支持20个项目，共9 800万元。

（司圣奇　柯思异）

【区域创新能力与支撑保障体系建设】

社会发展科技协同创新体系建设　积极谋划和推动“大科技”与各职能部门的“行业”科技深度融合，加强省直部门协同联动，构建社会发展科技协同创新体系，聚焦自然资源、海洋、交通、住房和城乡建设、智慧博物馆、疾病防控、传染病跨境传播防控、中医药、生物医药、公安、水安全、NQI–质量安全、安全生产、防震减灾、气象大数据等社会发展领域的重大需求，设立广东省社会发展科技协同创新中心建设和省直部门协同创新重点项目两个专题项目。2018年，该专项共立项20项，立项金额总计5 000万元。

广东省社会发展科技协同创新中心建设　支持搭建集技术创新、成果转化、产业规划、人才培养、科技服务为一体的综合性创新平台，为提升广东省人居环境、保障人民生命财产安全和推动经济社会可持续发展提供科技支撑。2018年，该专题共立项15项，支持金额4 500万元。

省直部门协同创新重点项目　着力解决社会发展领域的热点难点问题，通过科技创新提升省直有关部门及中央驻粤有关单位的公共管理和服务能力。2018年，该专题共立项5项，支持金额500万元。

（许晓文）

科技与金融结合项目　2018年8月10日，省科技厅印发《关于组织申报2018 年度广东省科技与金融结合项目的通知》，组织了2018年度广东省科技与金融结合项目申报工作。为进一步鼓励银行机构申报该指南中的专题二，8月14日，省科技厅联合中国人民银行广州分行印发《关于组织开展普惠性科技信贷风险补偿申报的通知》。

经过核定和评审，2018年科技与金融结合项目共立项57个项目，安排资金2 345.08万元。其中，专题一（科技天使投资风险补助）立项16个项目，安排资金1 024.03万元；专题二（普惠性科技信贷风险补偿）请中国人民银行广州分行相关处室对核定金额进行复核后，立项11个项目，安排资金317.05万元；专题三（创新创业大赛优胜企业及团队创新创业补贴）支持在2018 年7 月30 日前落户广东省内25家获奖企业或团队，立项25个项目，安排资金204万元；科技金融服务定向委托项目立项5个，安排资金800万元。根据申报情况统计核算，2018年支持的16家创投机构向省内科技企业投资超过2亿元；支持的11家银行面向省内3 742家科技型中小企业（单笔金额不超过500万元）发放了7 393笔贷款，贷款余额达82.6亿元。

（田何志）

基础研究与条件建设

基础研究

【国家自然科学基金委员会—广东省人民政府自然科学联合基金】 2018年是国家自然科学基金委员会—广东省人民政府联合基金（以下简称“NSFC—广东联合基金”）项目第三期协议实施的第3年，根据第三期NSFC—广东联合基金协议的精神，通过NSFC—广东联合基金引导社会科技资源投入基础研究，重点解决广东省及周边区域经济社会、科技发展战略的重大科学问题和关键技术问题，带动广东省的科技发展和人才队伍的建设，提升在广东地区高等院校与科研院所的自主创新能力和国际竞争力，NSFC—广东联合基金战略定位从“立足广东，面向全国”上升为“立足广东、辐射华南，面向全国”。

项目申报与资助情况　2018年NSFC—广东联合基金正式接收项目申请共计153项，其中联合集成项目3项，重点支持项目150项。正式接收申请中，先进材料与智能精密制造领域60项（占总数的39.3%，重点支持项目60项），智能信息处理与新一代通信43项（占总数的27.4%，重点支持项目41项，集成项目2项），人口与健康50项（占总数33.3%，重点支持项目49项，集成项目1项）；广东省内单位牵头申请的项目108项，占总申请项目数的70.59%，广东省外单位牵头申请的项目45项，占总申请项目数的29.41%；119个项目由2个及以上单位合作申请，占总申请项目数的77.78%，第一申请人的年龄主要集中在41～55岁之间。

2018年NSFC—广东联合基金共资助重点支持项目23项，集成项目2项，涉及16个依托单位，直接经费为8 100万元，其中广东省内9个依托单位共获资助项目19项，直接经费6 558万元，占比80.96%；广东省外6个依托单位共获资助项目6项，直接经费1 542万元，占比19.04%。

表3-1-1　NSFC—广东联合基金资助项目情况表（2014—2018）

年份	立项总数（项）	由广东牵头的项目				由外地牵头的项目			
		立项数（项）	占立项总数	与外地合作项目数（项）	占广东牵头项目数	立项数（项）	占立项总数	与广东合作项目数（项）	占外地牵头项目数
2014	32	19	59.4%	7	36.8%	13	40.65%	11	84.6%
2015	27	22	81.5%	13	59.1%	5	18.5%	3	60.0%
2016	30	18	60.0%	5	27.8%	12	40.0%	10	83.3%
2017	23	16	69.6%	4	25.0%	7	30.4%	7	100%
2018	25	19	76.0%	11	57.9%	6	24.0%	6	100%

项目选介

1．利用可控量子比特阵列模拟若干典型物理模型。该项目由南方科技大学俞大鹏院士团队承担。就量子模拟的理论问题，以及在特定可控量子体系（超导量子线路、自旋核磁共振体系、以及冷原子光晶格体系）中实现量子模拟的实验方向上开展研究，包括基于热力学过程的量子模拟理论研究、基于超导量子线路的量子模拟实验研究、基于自旋磁共振系统的操控技术和量子模拟实验研究，和基于超冷原子光晶格系统的量子操控和量子模拟实验研究四个方面。在理论方面，从量子模拟的角度出发，深入理解基于量子信息的热力学极限和应用；对量子系统中计算复杂性进行研究，从根源上阐述清楚量子模拟相对于经典计算的优越性。在实验方面，利用特定可控量子体系实现耦合量子比特阵列，开发可扩展和高精度的量子相干控制技术，并在此基础上对若干具有重要科学价值的凝聚态物理体系进行量子模拟，展示具有实用价值的量子模拟对现有计算机的颠覆性优势，即所谓的“量子超越”——Quantum Supermacy。

2. 帕金森病多巴胺能神经元死亡机理和再生修复研究。该项目由中山大学黎明涛教授团队承担。黑质多巴胺能神经元（DAN）死亡是帕金森病（PD）的病理本质。该项目围绕“DAN的死亡机理及再生修复”这一主题，拟聚焦5个方向开展集成研究：阐明DAN死亡的关键机制；解析神经炎症信号网络；揭示致病性α-Synuclein播散及致病规律；确立DAN原位再生修复策略；建立在体监测DAN数量及功能的方法。针对这5个方向重点解决以下关键科学问题：GSK-3β依赖的p62核转位通过哪些胞浆/胞核机制介导DAN死亡；星形胶质细胞Drd2/Axl抗炎及Ebf1/Rgs5促炎通路如何调控神经炎症；致病性α-Synuclein如何起始并上行播散至中枢；如何实现星形胶质细胞向功能性DAN的高效原位转化；如何获得靶向DAN的MRI分子成像探针并建立DAN数量及功能的监测体系。项目将揭示PD发生发展规律、丰富PD防治的理论，为确立PD治疗新靶标、实现DAN神经保护及功能重建提供科学依据和技术保障。

3. NSFC—广东联合基金超级计算科学应用研究专项和NSFC—广东大数据科学研究中心项目也在稳步进行中。NSFC—广东超级计算科学应用研究专项自2014年实施至今，已累计遴选4期补助用户共973家，其中广东用户323家。NSFC—广东大数据科学研究中心项目组织实施进入第4年，2018年共批准项目8项，直接费用资助金额合计10 620万元，资助项目中广东省单位共牵头3项，占比37.50%。

（段依竺）

【国家自然科学基金】 2018年，广东省获国家自然科学基金项目数为3 775项，资助经费超过20.1亿元，位居全国第4位。其中，广东省新增国家自然科学基金重点项目49项，位居全国第4位；新增国家杰出青年基金获得者11人，位居全国第5位；新增国家自然科学基金优秀青年科学基金获得者29人，位居全国第4位。中国科学院南海海洋研究所张偲院士团队和华南理工大学程正迪院士团队分别获国家自然科学基金重大项目1项；中山大学黄丰教授团队和华南理工大学马於光教授团队分别获国家自然科学基金重大研究计划1项；中山大学苏成勇教授获得国家自然科学基金创新群体项目资助。此外，中山大学获得国家自然科学基金资助项目901项，资助总经费超过5.5亿元，位居全国第5位。

表3-1-2　广东省获国家自然科学基金项目TOP20依托单位名单（2018）

排序	依托单位	项目数（项）	直接经费（万元）
1	中山大学	901	55 381.410
2	华南理工大学	261	19 198.450
3	深圳大学	291	12 648.370
4	暨南大学	253	12 347.900
5	南方医科大学	255	11 990.400
6	南方科技大学	137	8 143.050

（续上表）

排序	依托单位	项目数（项）	直接经费（万元）
7	华南农业大学	162	7 760.700
8	广州医科大学	154	7 045.500
9	中国科学院南海海洋研究所	58	6 997.950
10	广州大学	142	6 445.240
11	华南师范大学	104	5 814.920
12	广东工业大学	148	5 526.900
13	中国科学院深圳先进技术研究院	94	5 028.100
14	广州中医药大学	88	3 436.500
15	中国科学院华南植物园	34	2 427.500
16	汕头大学	50	2 174.500
17	中国科学院广州地球化学研究所	33	2 171.000
18	香港城市大学深圳研究院	27	1 928.000
19	香港理工大学深圳研究院	21	1 811.600
20	香港大学深圳研究院	20	1 617.140

（段依竺）

【广东省自然科学基金】 2018年度广东省基础与应用基础研究专项资金（省自然科学基金）设研究团队、重大基础研究培育、杰出青年、重点项目、自由申请、博士科研启动、粤东西北创新人才联合培养项目、广东省—温氏集团联合基金项目等8个类别。通过研究团队项目资助团结协作、勇于创新、优势互补的优秀科学家群体开展研究；通过重大基础研究培育项目围绕广东省十大重大科技专项和八大战略性新兴产业领域开展基础与应用基础研究；通过杰出青年项目资助35周岁以下取得博士学位或副高及以上职称并具备良好科研能力和潜质、协同创新能力强的青年人才开展学术研究；通过重点项目资助围绕广东省经济社会发展重要需求开展基础与应用基础研究；通过自由申请项目鼓励自由探索，特别是鼓励青年科学家开展创新研究；通过博士科研启动项目资助获博士学位不超过3年的青年科研人员开展基础研究；通过粤东西北创新人才联合培养项目支持科研人员围绕粤东西北优势特色创新领域开展基础与应用基础研究；通过广东省—温氏集团联合基金项目促进基础研究、应用基础研究与产业化对接融通，进一步提升企业原始创新能力，深化企业创新人才队伍建设。至此，已经形成较全面的多学科基础研究资助体系，为提升广东省原始创新能力奠定了坚实的基础。

项目申报与资助 2018年，省自然科学基金项目正式受理申报6 367项，其中研究团队126项，重大培育355项，杰青526项，重点项目550项，自由申请3 507项，博士科研启动项目913项、粤东西北创新人才联合培养项目359项、广东省—温氏集团联合基金项目32项。

2018年度省自然科学基金项目安排省级财政资金合计25 000万元，联合资助方资金合计3 780万元（其中包括博士科研启动纵向协同项目的协同单位纵向协同经费3 000万元、广东省—温氏集团联合基金项目的温氏集团资金780万元），共立项1 578项，其中，非纵向协同项目978项，纵向协同项目600项。

博士科研启动基金项目（纵向协同）　省科技厅按照阳光再造行动升级版及“放管服”改革相关部署要求，以“试点先行、择优协同、绩效导向、整合资源、高效服务”为原则，选择20个协同单位（选取排名前10位的高等院校和排名前7位的科研院所），按照其2015—2017年3年期间获得省自然科学基金博士科研启动项目与国家自然科学基金青年科学基金项目立项情况，扩大开展2018年度博士科研启动项目与国家自然科学基金青年科学基金项目纵向协同管理工作。博士科研启动项目纵向协同省级财政总经费3 000万元，协同单位按1∶1比例纵向协同本单位经费。通过博士科研启动基金项目纵向协同，进一步简政放权，将项目推荐立项、经费使用和后期具体管理权交给20个高等院校和科研院所，减少审批流程，极大发挥了纵向协同单位与青年科研人员的积极性与主动性，同时带动相关单位3 000万元经费用于协同开展基础与应用基础研究，也极大鼓励了广东省更多的青年科学家积极争取国家基金项目。

杰出青年　截至2018年，广东省自然科学杰出青年基金已实施七个年头。省杰青自设立伊始，培养方向就定在贴近服务广东发展的战略目标，以不拘一格的方式，在全国首创资助35周岁以下并且具备良好科研能力和潜质、协同创新能力强的青年帅才。2018年，15个单位的50位青年英才获得专家评审通过，他们当中，全部取得博士学位，90%以上具有高级职称，平均年龄只有33岁。

广东省—温氏集团联合基金项目　为充分调动企业参与基础与应用基础研究工作的积极性，省自然科学基金创新设立广东省—温氏集团联合基金项目，在2018年的省基金项目申报指南中，由省财政和温氏集团以1∶3的比例共同出资设立的广东省—温氏集团联合基金项目，面向全省开放申报，为鼓励更多企业参与并支持广东省基础与应用基础研究工作带了个好头，为建立省基金多元化投入格局奠定了坚实基础。

（段依竺）

【大科学工程】　2018年，省科技厅邀请科技部科技评估中心到广州、中山、东莞、惠州等相关地市就国家“大仪专项”项目成果落地广东事宜进行调研和工作交流，组织召开国家重大科学仪器设备开发专项项目成果落地广东专题工作会议，发动各地市要积极承接国家重大科技成果，充分利用各地高新区资源推动国家重大项目落地，梳理出成熟度高的项目成果，结合社会资本共同加快推进国家重大科学仪器设备成果在广东落地转化，探索建立国家科技成果转化示范基地。至2018年年底，征集已验收项目共计59个，其中，企业牵头项目25个（占42.37%），已形成销售的项目50个（占84.75%），技术成熟度达到7、8、9级的项目分别有27、20和3个，合计占已验收项目总数的84.75%。该项目成果已发各地市先行组织意向性对接。

根据《关于主动承接国家重大科技项目遴选一批符合广东需求的项目入库支持的通知》要求，从入库项目中优选了2个项目给予立项支持，每个项目资助经费1 000万元。

（柯思异）

科技基础条件

【实验室体系】 2018年，以高起点新模式组建第二批广东省实验室。化学与精细化工省实验室采用由汕头市承接主体实验室，潮州、揭阳市设立分中心模式，南方海洋科学与工程省实验室采用由广州、珠海、湛江市同步建设模式，合作共建单位由高水平大学、科研院所扩展到大型央企。依托实验室打造高水平研究平台势头良好，省实验室科技引领作用逐步凸显，影响力已逐步由广东向全国乃至全球辐射。据不完全统计，首批4家省实验室已汇聚院士60余位，发表高水平论文46 篇。第二批3家省实验室新增汇聚15名院士。省实验室建设工作也得到了省主要领导、分管领导的高度肯定，在全国范围内广受关注，科技部基础司以及浙江、安徽、湖北等省市科技厅相继来粤调研交流，以省实验室为重要代表的重大创新平台的先行先试建设日益成为广东科技的“新名片”。

加快推进国家重点实验室建设，在粤国家重点实验室达28家，其中，学科国家重点实验室12家、企业国家重点实验室13家、省部共建国家重点实验室3家。

2018年度择优新建学科类省重点实验室18家、省企业重点实验室28家，以省市共建方式加快实现全省各地市重点实验室全覆盖，全省重点实验室累计达352家，其中学科类省重点实验室241家，省企业重点实验室111家。

（黄江康　李　莎）

【生物种质资源】 2018年广东省科技资源调查2017年度数据（192家法人单位纳入调查范围，其中有43个法人单位拥有）显示，广东省拥有生物种质和实验材料资源库（馆、园、埔、场）94家，按保藏资源类型划分（部分库、馆、园、埔、场同时拥有多种资源），植物种质40家、动物种质21家、人类遗传资源15家、微生物菌种9家、实验动物8家、动物标本7家，植物标本4家、岩矿化石标本2家、血液透析患者生物样本数据1家、天然化合物1家。资源保藏量分别为植物种质资源（1 651 084份）、动物种质资源（1 181 265份）、微生物资源（77 701份）、人类遗传资源（10 738 900份）、植物标本资源（618 000份）、化石标本（36 500）。同时，实验动物在2017年度生产106 147份，销售95 074份，外购92 949份。

（余　亮　陈树敏）

【实验动物管理】 2018年，省科技厅继续完善行政审批标准化管理，在已完成实验动物相关材料合规性和合法性审查基础上，根据《广东省实验动物管理条例》的要求，为进一步加强实验动物行政许可的监管工作，省科技厅出台了《广东省科学技术厅随机抽查事项清单》和《广东省实验动物监督管理随机抽查工作规范》等相关管理制度和操作规程。加强了对事项申办、受理环节的监督监控，确保服务过程可核、有追踪、受监督，通过并向社会公布监督举报电话，接受公众监督。

2018年，共办结实验动物行政许可事项66件，其中新申请16件、变更24件、延续22件、注销4件，超期办结数为0件，超期办结率为0，实验动物行政许可事项按时办结率为100%。在行政许可承诺办结时限为14个工作日的基础上，不断提高审批效率；同时，省科技厅在实验动物生产许可及实验动物使用许可的承诺办理时限为14个工作日，实际2018年办结平均时限为5个工作日，时限压缩比达64%。

2018年通过“广东省实验动物公共服务平

台”和“国家企业信息平台”等，对各许可单位提交的自查报告实施书面监督检查，依法对其中4家单位实验动物许可予以注销。全年完成58次实验动物生产许可单位的实验动物质量监督检测和44次实验动物使用许可单位的质量监督检测。处理了2起涉及违反《广东省实验动物管理条例》的举报投诉事项，依法进行了现场核实和调查取证，因违法事实及时整改，未造成严重后果，未进行行政处罚。

截至2018年年底，全省累计共发放152个实验动物许可证，其中生产许可证22个，使用许可证130个，涉及医药企业、检测机构、科研院所、高校等单位。通过实施实验动物生产、使用许可管理，2018年没有发生一起由实验动物引发的人畜共患病事件，保障了社会生物公共安全。根据“广东省实验动物公共服务平台”的统计数据，2018年生产哺乳类实验动物90.13万只，禽类实验动物98.24万只，生产环境总面积11.88万m^2。使用实验动物总量111.33万只，完成动物实验2.3万次，使用许可环境总面积9.18万㎡，对广东省的生命科技创新及医药产业的发展起到了积极的促进作用。

（余　亮　张　菁）

【大型科学仪器共享平台】　本省作为全国首批科研仪器设施开放共享试点省，积极推动科研仪器设施开放共享工作。

摸清家底，夯实开放共享基础。粤科汇汇聚了全省30万元以上大型科学仪器8 172台（套），原值总计91.83 亿元。通过科技部、财政部组织的国家科技基础条件资源调查，广东省向国家网络管理平台报送原值50万元及以上的大型科研仪器3 490台（套）。此外，目前广东省积极谋划推进建设重大科技基础设施集群，形成了具有广东特色、多领域交叉、引领未来颠覆性技术的大科学装置集群，为多学科交叉前沿研究和高技术产业提供强有力支撑。

开展试点工作，探索共享服务管理模式。平台建设上，按照国家相关标准规范，建设完成广东省科技资源共享服务平台（粤科汇），对接国家网络管理平台。制订大型仪器设施共享服务平台运行规范、数据交换规范等地方标准（审批阶段），规范和引导广东省各级平台的建设与运行。粤科汇被国家发改委批准为全国第一批共享经济示范平台，并被国家科技基础条件平台中心批准成为“全国科研仪器服务联盟”特别会员单位。共享模式探索上，广东省积极探索区域性科研设施仪器开放共享管理模式，已初步形成地市推动、市场化平台参与，企业化运作等多元化服务体系。

推动省内科技资源向港澳有序开放。《粤港澳大湾区发展规划纲要》明确指出“向港澳有序开放国家在广东建设布局的重大科研基础设施和大型科研仪器”，广东省通过开通网络专线、分中心布局辐射、提供专项服务等多种方式向港澳开放科技资源，服务大湾区建设。例如广州超算中心成立了南沙、珠海、前海、中山、惠州等分中心，建设网络专线，服务港澳用户近200家；中国散裂中子源（CSNS）于2018年8月通过国家总体验收，投入正式运行，并开始对国内外各领域的用户开放，已服务香港大学、香港城市大学等港澳单位。

（余　亮　陈树敏）

【科技文献共享】　广东的科技文献共享主要通过广东省科技文献共享平台开展。该平台是由广东省科学技术情报研究所（以下简称省情报所）发起并牵头建设的战略性、基础性科技支撑平台，服务全省科技创新主体。

2018年，省情报所获立项建设《广东省科技文献共享平台建设（2018—2021年）——本省新型科技文献体系的构建与应用》。2018年，基于广东省科技文献共享平台、广东省科学决策支撑平台、国家科技图书文献中心（NSTL）广州服务站、广东省文献资源共建共享协作网和高新区文献平台分中心以及广东省科技图书馆文献平台等平台向社会各界提供了大量公益性的科技文献信息服务，文献平台总使用量突破200多万人次，其中仅NSTL广州服务站2018年的外文科技文献原文传递服务量就近2.5万篇，服务站访问量累计433.80万人/次，取得了良好的社会效益。

2018年省情报所荣获国家科技图书文献中心颁发的年度“优秀文献服务二等奖”“文献服务进步二等奖”和“NSTL宣传创新奖”3项集体奖和2名优秀服务个人奖。

（周　虹）

科技创新体系

科技创新平台

【珠三角国家自主创新示范区】 2018年，珠三角国家自主创新示范区（以下简称“自创区”）按照国家和省的工作部署和要求，牢牢抓住粤港澳大湾区国际科技创新中心加快建设的有利契机，围绕“一核一带一区”的发展新格局，通过精准聚焦创新驱动发展“八大举措”，着力推动全球创新资源集聚，不断提升辐射带动作用，积极打造引领全省创新发展的核心区和主引擎，取得了实实在在的发展成效。2018年自创区实现地区生产总值8.11万亿元，占全省地区生产总值的比重达到83%。

产业创新发展水平不断提升　一是加快培育和壮大创新型企业群体。制定普惠性认定奖补高质量成长奖补政策，增强企业认定高新技术企业（简称“高企”）、对标高企发展的政策激励，持续发展壮大高企群体规模，着力推动高企做大做优做强。全面推进科技型中小企业评价工作，不断完善创新型企业成长培育链条。2018年，自创区高企存量超4.3万家，占全省高企总数的比例超过95%；通过国家科技型中小企业评价并入库的企业总数达26 554家，占全省的比重超过94%。其中，深圳高企存量达到1.44万家，广州达到1.17万家，高企作为引领区域创新发展“牛鼻子”的作用更加凸显；珠海加快高成长科技企业培育，组建了100亿元的“独角兽”投资基金和5亿元的政策性天使基金，推进“独角兽总部大厦”建设，打造了珠澳前沿产业“独角兽”群栖生态场。

二是积极实施新一轮技术改造。继续推行工业企业技术改造三年行动计划，通过落实工业企业技术改造事后奖补政策，推动企业加快实施以增资扩产、机器换人、智能化改造等为重点的技术改造。建设智能制造示范基地，分行业实施智能制造推广应用，实施机器人产业发展专项行动，推动优势产业迈向全球价值链中高端。2018年，自创区实现工业技术改造投资额2 499.08亿元，占全省比例为70.22%；实施技术改造规上工业企业6 336家，新增机器人应用19 650台；智能化技术改造示范企业360家，增长75.6%。其中，佛山实现工业技术改造投资额577.37亿元，实施技术改造规模以上工业企业数1 224家，均位列全省第一位；东莞实施技术改造规模以上工业企业也超过了1 000家。

三是推进规模以上工业企业研发机构建设。积极研究出台新一轮支持企业研发机构建设和研发投入的激励性政策。引导自创区规模以上工业企业建设技术创新中心、重点实验室、中央研究院等研发平台，广泛建立研发机构和研发管理机制，形成模式多样、布局优化的企业研发创新体系。积极推进粤港澳联合实验室建设，支撑服务大湾区国际科技创新中心建设。推动企业与高校、科研院所、新型研发机构全面对接，构建创新联合体。2018年，自创区规模以上工业企业设立研发机构的比例超过40%。

区域自主创新体系逐步完善　一是加快重大基础设施布局和建设。坚持前瞻谋划和布局，推动自创区各地市集中力量建设重大科学装置。2018年8月中国散裂中子源项目在东莞顺利通过国家验收，正式投入运行，以散裂中子源为依托，东莞对标全球先进地区的科学城，高标准规划建设中子科学城，进一步面向全球集聚创新资源。深圳积极谋划和部署光明科学城建设，空间引力波探测地面模拟装置重大科技基础设施已于2018年7月落户光明创新城。“加速器驱动的嬗变研究装置”与“强流重离子加速器”动工建设，中微子实验室二期进展顺利。

二是推动实验室体系建设取得新进展。以培育创建国家实验室、打造国家实验室“预备队”

为目标，围绕再生医学与健康、网络空间科学与技术、先进制造科学与技术、材料科学与技术等领域，广州再生医学与健康广东省实验室、深圳鹏城实验室、佛山季华实验室、东莞松山湖材料实验室等首批4家省实验室进展顺利，聚集国内外院士40位。2018年11月，南方海洋科学与工程（广州）、生命信息与生物医药2家广东省实验室也落户自创区并启动建设。加快建设国家重点实验室，全省29家国家重点实验室全部位于自创区。推进省重点实验室提质培优，自创区建有省级重点实验室327家，占全省的90.34%，实现了重点发展领域全覆盖。

三是实施基础研究与重点领域研发计划。首次出台了《加强基础与应用基础研究的若干意见》，作为全面系统部署基础与应用基础研究工作的政策文件，设立了基础与应用基础研究基金，着力提升原始创新能力。创新实施广东省重点领域研发计划，实行全面开放申报和并行资助新模式，试行“揭榜”制，强调主动对接国家重大科技项目，凝练组织了一批重点领域研发项目。持续实施“粤港科技创新联合资助计划”，深化自创区与港澳地区创新合作，共支持项目151个，支持总金额达到1.63亿元（广东省资助）。各地市积极开展技术攻关，东莞实施核心技术攻关“攀登计划”，深圳持续构建了五大科技资助计划。2018年，自创区发明专利授权量为5.17万件，同比增长16.46%，其中肇庆、珠海、东莞等地区发明专利授权量同比增长均在35%以上，深圳有效发明专利数、PCT国际专利申请量继续保持全国大中城市第一。

四是积极开展高水平大学建设。启动实施高等教育“冲一流、补短板、强特色”计划，科学构建高等教育分类发展格局，汇聚优质资源在关键领域实现重点突破，推动高校在不同层次争创一流、特色发展。重点打造一批接近或达到世界先进水平的学科，布局一批国家急需、支撑产业转型升级和区域发展的学科。自创区高校共有63个学科入围ESI排名前1%，有5个学科进入前1‰，18个学科入选国家“双一流”建设，中山大学、华南理工大学进入世界一流大学建设名单，暨南大学、华南师范大学和广州中医药大学进入世界一流学科建设名单。各地市积极推动高水平大学建设，广州在南沙设立了香港科技大学广州分校；深圳积极引入高校资源，哈尔滨工业大学（深圳）已实现单独代码招生，中山大学深圳校区开始动工建设；佛山借鉴德国亚琛工业大学的办学理念和办学模式，积极推进佛山理工大学筹建工作。五是推动新型研发机构高水平发展。鼓励各地市坚持引进与培育并举，支持大型央企、跨国公司等在自创区设立研发机构。积极推动一批有基础、有实力的新型研发机构，对标国际先进研发机构，实现高水平发展。对新型研发机构实施分类指导，推进新型研发机构多层次发展。截至2018年年底，自创区经省政府批准认定的新型研发机构共180家，占全省的82.2%。广州、深圳积极发挥引领带动作用，加大对新型研发机构建设和扶持力度，建设了广东浪潮大数据研究院、广州市智能软件产业研究院、科大讯飞华南人工智能研究院（广州）、中国科学院深圳先进技术研究院、深圳市智能机器人研究院、深圳北斗应用技术研究院有限公司等一批高水平研发机构。

创新创业环境持续优化　一是珠三角国家科技成果转移转化示范区成功获批。积极推动成果转化和市场化应用，2018年5月，珠三角国家科技成果转移转化示范区成功获批建设，成为全国九大示范区之一，将建设成为全国极具活力和国际影响力的科技成果转移转化基地。2018年，自创区技术合同成交额、技术交易额分别达到1 379.45亿元和1 337.03亿元，占全省比例均超99%。

二是积极打造双创升级版。以构建创新创业生态为主线，推动专业化、国际化、品牌化的孵化机构建设，加快自创区孵化育成体系提质增效，全面激发全社会创新创业活力，初步形成“众创空间—孵化器—加速器—科技园”的全孵化链条。2018年自创区建有孵化器876家、众创空间779家，80%以上县区建有孵化器、众创空间等孵化载体；国家级孵化器103家，纳入国家级孵化器管理体系的众创空间214家，占全省的比例分别为93.64%、91.46%。推动粤港澳台、国际化孵化载体建设，目前自创区拥有经认定的广东省粤港澳台科技企业孵化器4家、众创空间2家，广东省国际科技企业孵化器2家、国际众创空间3家。

三是加快高层次人才集聚。积极探索新形势下加强引进外国人才工作的有效措施，优化提升省重大人才工程。制定战略性新兴产业人才开发路线图，定期发布人才需求目录。加大博士和博士后培育和引进的资助力度，实施青年优秀科研人才国际培养计划和企业家人才培养工程。加快推动广州、深圳打造国家级人力资源服务产业园，推动中山、东莞松山湖等积极建设人力资源服务产业园。各地市积极探索人才服务的有效模式，涌现了深圳“孔雀计划”、广州“人才绿卡”制度、“珠海英才计划”“中山高才卡”服务等创新举措。2018年，自创区新增引进省创新创业团队31个、新增引进领军人才15个。

四是推动科技金融深度融合。省市联动推动普惠性科技金融政策推广落实，深入实施普惠性科技金融服务，设立“普惠性科技信贷风险补偿”专题，鼓励银行机构加大对科技型中小微企业的金融支持力度，扩大科技金融的普惠面。省创新创业基金围绕战略性新兴产业持续投入，引导社会资本投入科技创新领域。培育和发展多元创业投资主体，推进科技信贷发展，鼓励科技企业在多层次资本市场挂牌上市融资发展，支撑广东省国际风投创投中心建设。积极搭建科技金融发展载体，广州实施多层次资本市场行动计划，新三板广州服务基地落户荔湾区；佛山“千灯湖创投小镇”成为省级唯一涉及各类基金业态的特色小镇；东莞组建了科技创新金融集团。2018年，自创区私募股权、创业投资基金管理人家数达到3 332家，增长12.19%；私募股权、创业投资机构管理基金净资产总量达到1.7万亿元，深圳、广州规模领先，中山、惠州增幅超过100%。

区域辐射带动能力不断凸显　一是广深科技创新走廊加快建设。制定印发《广深科技创新走廊建设2018年重点工作任务》，推动各项建设任务落地实施。广州、深圳的龙头带动作用不断强化，“1+1+7”的区域创新格局加速形成。推动形成“一廊联动、十核驱动、多点支撑”的创新局面，加快集聚人才、企业、科技成果等创新资源，营造国际一流创新创业生态。2018年走廊内三市GDP占全省比例预计超过60%。利用粤港澳大湾区加快建设的机遇，开展粤港澳大湾区创新发展研究，着手制定粤港澳大湾区科技创新行动计划，积极推进粤港澳创新合作，努力打造国际科技创新中心。

二是推动高新区高质量发展。根据国内外新经济、新产业、新业态的政策需求，研究促进高新区高质量发展的政策意见，将由省政府印发。深化高新区“放管服”改革和干部人事制度改革，创新建设和运营模式，开展政策先行先试。支持高新区高标准建设科学城，推动建设特色化、专业化大学科技园，推动国家和省实验室、重大科技基础设施、新型研发机构等重大平台优先布局国家高新区。根据2018年度国家高新区评价结果，自创区各高新区在全国均保持了较好排位，其中深圳高新区稳居全国第2位，广州高新区跃居全国第9位。国家高新区发展层级不断提升，广州高新区成功跻身世界一流高科技园区建设序列。三是促进粤东西北高新区协调发展。积极开展高新区创新发展战略提升行动，强化珠三角高新区辐射带动作用，全省创新发展一体化进程不断加快。推进国家高新区地市全覆盖，2018年2月，湛江、茂名高新区获国务院批复，成功升级为国家高新区，全省国家高新区数量达到14家，位居全国第2。在全省布局省级高新区建设，完善高新区发展梯队，2018年启动了两批省级高新区认定工作，申请省级高新区认定园区达到19家。

协同推进机制更加完善　一是进一步完善顶层设计。制定并印发《珠三角国家自主创新示范区2018年工作要点》，建立了年初有目标、年中有检查、年末有评估的工作推进机制。深圳启动了国家自主创新示范区的地方立法工作，发布《深圳经济特区国家自主创新示范区条例》，通过立法形式在体制机制、开放创新发展、创新创业促进、科技金融结合、空间资源配置、服务管理优化等方面做出创新性规定，全面指导和推进深圳国家自主创新示范区建设。

二是不断探索先行先试政策。围绕新时期自创区发展的新需求，推动各地市持续开展创新政策的研究和制定。2018年3月，广州市出台了《广州市人民政府关于珠三角国家自主创新示范区（广州）先行先试的若干政策意见》，围绕支持境外资本参与创新创业投资和成果转化活动、开展生物材料检验检疫监督管理改革试点、完善海外高层次人才引进政策、强化科技成果转移转化平台建设等方面，制定了20条政策意见。惠州研究编制了《关于加快推进珠三角（惠州）国家自主创新示范区建设的若干意见》。

三是加快自创区、自贸区联动发展。持续推动《珠三角国家自主创新示范区与中国（广东）自由贸易试验区联动发展的实施方案（2016—2020年）》以及广州、珠海“双自联动”实施方案落地实施，坚持科技创新与制度创新双轮驱动，推动自创区溢出创新动能和创新红利，推动自贸区溢出改革动能和改革红利，不断提升自创区和自贸区的功能、质量和效益。积极推动原在自贸区施行的人才出入境等6条政策在自创区落地施行。鼓励基层探索与实践，珠海依托横琴高新技术片区“双自联动”试点园区，促进自创区、自贸区在合作共建、项目支持、招商投资等方面取得了较好成效。

（郭映琦）

【高新技术产业开发区】 牵头制定《关于促进高新技术产业开发区高质量发展的意见（送审稿）》。加快推进国家高新区全覆盖，湛江、茂名高新区获批国家高新区，截至2018年年底，全省国家高新区数量达到14家，位居全国第2。推动韶关、阳江、梅州和揭阳市申报国家高新区。争取中央财政资金2亿元支持江门、佛山、惠州、中山高新区双创特色载体建设。全省国家高新区全国排名继续稳中有升，7家高新区位于前1/3行列。深圳、广州高新区成功跻身世界一流高科技园区建设序列，珠海依托横琴高新技术片区建设“双自联动”试点园区，取得较好成效。截至2018年年底，全省23家省级以上高新区共实现营业总收入3.82万亿元，同比增长11.9%。

优化高新区发展布局，推进沿海经济带和北部生态发展区建设。推动园区整合绿色发展，全力推进汕尾高新区扩区、潮州高新区扩区更名和揭阳高新区整合，努力将潮州、阳江、汕尾、揭阳高新区作为珠三角产业拓展主选地和先进生产力延伸区，打造承接珠三角辐射东西两翼的战略平台。开展省级高新区认定工作，推动传统工业园区和产业转移园转型升级、创新发展，同时结合认定，依法执行环境影响评价制度，强化节能减排，提升园区绿色发展水平，为绿水青山和北部生态发展区的构建创造条件。

努力提升园区帮扶水平，推动区域协调发展。开展产业共建。广州高新区将金发科技等创新企业引入清远高新区，共建新材料产业集群，形成总部和生产基地的模式；佛山支持云浮建设氢能产业园，已初具规模。实施孵化器对口帮扶，珠海高新区将清华科技园资源导入阳江高新区孵化器，推动阳江高新区建设国家级孵化器。加快人才互动交流，中山和潮州、广州和清远互派干部挂职。

（江翌昕）

【珠三角国家科技成果转移转化示范区】 为推进科技成果转移转化，促进科技创新强省和粤港澳大湾区国际科技创新中心建设，经科技部批准和省领导同意，2018年6月，省科技厅印发了《珠三角国家科技成果转移转化示范区建设方案》，提出了明确的建设方案，计划到2020年，将珠三角示范区打造成立足珠三角、对接港澳、带动全省、辐射泛珠三角、示范全国、面向全球的国际化成果转化开放互动集聚区，基本建成国内极具活力和国际影响力的科技成果转化基地。

示范区将着力强化五大特色定位：一是依托广东区位优势和粤港澳大湾区建设机遇，打造技术转移国际合作试验区；二是充分发挥珠三角地区制造业发达、对先进制造技术需求旺盛的优势，打造先进制造技术成果转化应用示范区；三是构建多元化、多层次、多渠道的科技投融资体系，加快科技成果转化，打造国内金融和科技结合的示范区；四是充分发挥珠三角地理环境优势，大力发展战略性新兴产业、生产性服务业等现代产业，打造绿色发展先行区；五是以军民科技融合为契机，建设一批军民协同创新和成果转化载体。

（周　彧）

【技术创新专业镇】 2018年，广东省科技厅按照省委、省政府的工作部署，进一步深化专业镇产学研合作，加快建立和完善以企业为主体、市场为导向、产学研深度融合的技术创新体系，为广东建设国家科技产业创新中心提供强有力的支撑，继续稳步推动专业镇的创新发展。

2018年继续加大财政转移支付力度，重点推进了一批专业镇产业协同创新中心建设。发布了“广东省专业镇创新指数（2017）”，强化成功经验、发展模式和技术创新路径的总结与推广；开展《广东省专业镇高质量发展三年行动计划》编制工作，为出台新时期广东省专业镇高质量发展计划提供工作基础；开展首次省级专业镇协同创新发展评价工作，范围覆盖认定已满3年的368个省级专业镇。经认真组织、严格评审，47个专业镇获得优秀评价、312个获合格评价、9个评价不合格。

专业镇认定与培育　2018年，全年共新增省级技术创新专业镇（以下简称“专业镇”）12个（见表4-1-1、图4-1-1），经过统一调整、评价后，省级专业镇总数达到437个，其中，粤东西北地区建有261个，占比59.7%。全省专业镇产业规模继续扩大，经济综合实力持续提升，专业镇实现地区生产总值（GDP）33 760.3亿元，较上年增长2 304亿元，占广东全省GDP总量的比重达34.7%；省级专业镇镇均GDP达77.3亿元，较上一年度提高4.2亿元；全省工农业总产值超千亿元的专业镇达12个，超百亿元的专业镇达163个，工农业总产值超百亿的镇比上一年增加8个（见表4-1-2、图4-1-2）。

表4-1-1　2018年新认定省级技术创新专业镇

序号	专业镇名称	特色产业
1	河源市和平县青州镇	茶叶种植
2	河源市和平县贝墩镇	农产品深加工（米酒、牛肉干、腐竹、茶油）
3	河源市龙川县赤光镇	油茶
4	梅州市平远县八尺镇	酒业
5	梅州市大埔县西河镇	蜜柚种植
6	韶关市乳源瑶族自治县乳城镇	电子材料及元器件加工产业
7	云浮市云城区安塘街道	石材工艺
8	云浮市罗定市龙湾镇	南药
9	云浮市郁南县宝珠镇	黑叶荔枝、鸡心黄皮
10	肇庆市四会市石狗镇	兰花
11	中山市黄圃镇	家电
12	中山市大涌镇	牛仔服装

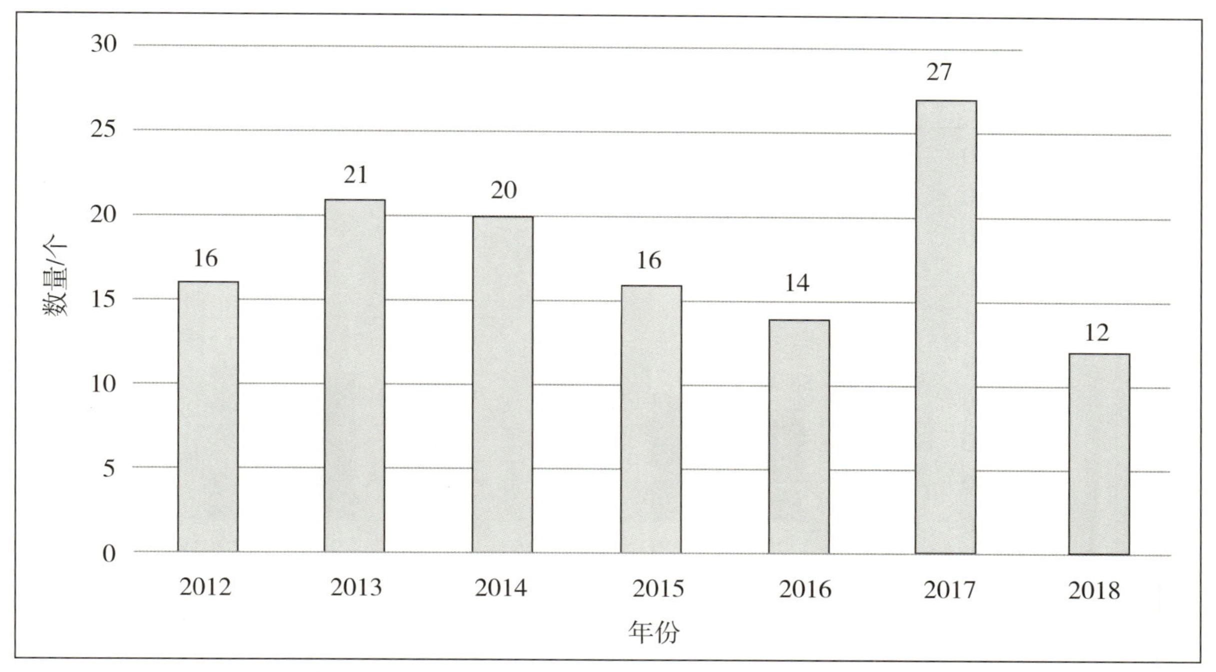

图4-1-1　广东省“十二五”以来新增省级专业镇数量（2012—2018）

表4-1-2　广东省专业镇基本情况表（2018）

地区	专业镇（个）	常住人口（人）	GDP（亿元）	工业总产值（亿元）	出口值（亿元）	企业（家）	规模以上企业（家）	高新技术企业（家）
全省合计	437	45 558 412	33 672.19	70 163.52	16 391.02	948 326	34 954	13 364
广州市	5	1 111 953	512.37	698.82	180.10	24 974	751	127
韶关市	19	724 943	244.14	547.87	12.78	1 909	166	41
珠海市	6	664 678	521.24	1 480.64	626.43	7 157	645	460
汕头市	28	2 706 350	2 121.08	3 322.00	372.44	29 024	1 599	222
佛山市	38	8 606 072	9 916.01	23 944.56	3 610.22	213 985	10 932	3 738
江门市	24	2 989 979	2 221.35	4 474.02	959.23	39 272	2 230	836
湛江市	17	1 180 745	383.56	393.48	46.68	10 241	300	40
茂名市	19	1 536 416	573.96	653.25	25.64	35 015	302	38
肇庆市	22	1 482 795	748.63	1 065.79	146.14	10 277	529	107
惠州市	25	2 211 879	1531.22	4 616.05	2 009.32	20 596	1 668	515
梅州市	51	2 583 683	673.25	550.56	84.17	20 122	665	39
汕尾市	8	859 826	329.77	643.83	57.16	5 571	135	10
河源市	26	1 038 341	372.25	267.87	13.54	3 787	270	12
阳江市	14	901 569	602.87	1 089.39	109.50	5 237	338	30
清远市	8	600 970	279.03	806.94	73.85	1 366	212	51
东莞市	36	8 225 386	7 548.41	16 316.19	6 166.28	390 768	8 982	5 002
中山市	20	2 504 607	2 650.16	5 398.24	1 459.86	85 859	3 040	1 981
潮州市	21	1 786 328	722.17	1 293.20	119.25	17 205	712	62
揭阳市	22	2 291 565	1 084.88	1 763.01	231.68	13 447	999	34
云浮市	28	1 550 327	635.84	837.81	86.75	12 514	479	19

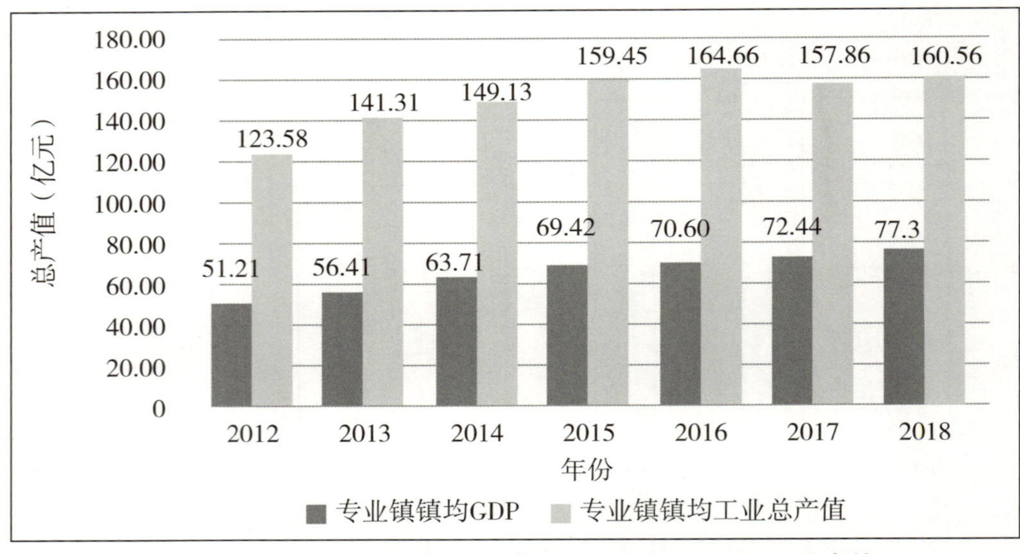

图4-1-2　十八大以来专业镇平均GDP和平均工业总产值

专业镇经济与社会建设

1．专业镇经济规模持续扩大，推动区域经济增长。据2018年12月数据，经广东省科技厅认定的专业镇数量达437家，遍布全省20个地级市（除深圳外），地区生产总值达33 760.3亿元，占广东全省GDP总量的比例已达34.7%。佛山、东莞的专业镇经济贡献度均超过90.0%，汕头、江门、云浮等地市的专业镇经济贡献度超过70.0%，潮州、梅州、揭阳等地市的专业镇经济贡献度超过50.0%。十八大以来，全省专业镇经济总量稳步增长，对全省居民就业、财政收入和经济可持续发展的贡献巨大，为做好专业镇科技创新和高质量发展工作，推动产业布局、人才建设、高技术提升与产业化领域项目加快实施，打造产业有特色、科技有优势、企业有活力的创新高地奠定了坚实支撑。

2．专业镇产业集群效应显著，推动创新资源集聚。2018年，全省专业镇平均企业集聚度达2 156个/镇，较上年度增加159个。其中，珠三角地区专业镇企业平均集聚度达4 470个/镇，较上年度增加412个。全省专业镇名牌名标总数3 801个，集体商标数和原产地商标数177个，共参与制定修订行业标准1 608件；设有研发机构的规模以上企业数为8 585家，与大学、科研院所共建科技机构数共759个；创新服务平台完成和参与的成果转化项目684项，成果转化项目产值达42.8亿元。

3．专业镇研发条件持续改善，加快创新能力提升。截至2018年12月，全省专业镇全社会科技投入达492.5亿元，共拥有107.9万名各类科技人员，占专业镇各类产业职工总数的6.4%；研究与开发（R&D）人员共34.3万人，每万人口中的R&D人员数达75人，全省专业镇创新环境条件持续改善。专利申请量和授权量分别达275 265件和172 327件，在全省总量的占比分别是34.7%、37.1%。专业镇镇内高新技术企业共计13 364家，占全省总数的29.5%；高新技术企业较上年度增加4 761家，高新技术企业工业总产值达20 859.3亿元，占相应工业总产值的比重达29.7%，集群内知识产权成果产出和企业高新技术发展取得较大进步。形式多样、层级多元的科技创新载体得到不断丰富和完善，已成为专业镇创新驱动发展重要着力点。截至2018年年底，全省专业镇的创新服务机构共3 334家，建有公共创新服务平台350多家，当年共培训人员达24.17万人次，对外服务企业达6.02万家。

4．专业镇农业产业发展提速，引领农业创新新格局。全省农业类别专业镇比重提高，已成为提升专业镇发展水平和发展质量的重要方面。截至2018年年末，全省农业专业镇数量共计有148个，较2017年增加2个，占比已达33.9%，粤北和粤西地区是主要集聚区。2018年，全省农业专业镇特色产业总产值达568.3亿元，较上年度增加66.7亿元，增长13.3%。当年共完成镇全社会科技投入15.1亿元，相较上一年度增加2.3亿元，一方面，政府科技投入方面，韶关、湛江、茂名、梅州、河源、潮州6个市农业专业镇的政府科技投入均占专业镇全镇财政支出的3.0%以上；另一方面，政府在农业专业镇上的科技投入达2.89亿元，仅占农业专业镇全社会科技投入的19.2%，市场导向作用增强，包含企业在内的非政府资金已成为科技投入主体。农业类公共创新平台完成研发项目121项，支出研发经费3 475万元，成果转化实现转化项目数55个，实现产值2.63亿元，对外技术服务专业镇企业1 116个，公共创新服务体系支撑农业经济与产业发展的能力显著提升。

农业专业镇专利申请和授权总量提高，结构改善。2018年，全省农业专业镇专利申请总量和专利授权总量分别为4 753件和2 772件，专利产出以实用新型专利和外观专利为主，实用新型专利申请量、发明专利申请量占全部专利申请的比重分别为40.1%、27.5%。优质产品和著名商标的获取水平方面稳步提升，其中名牌产品上升至118个，著名驰名商标数增加至145个。

5．专业镇跨区域学习交流活跃，形成常态化合作机制。2018年，继续深化专业镇跨省份、跨地区镇域经济、县域经济交流合作，形成常态化机制，推动专业镇经验走出广东，走向全国。依托广东省专业镇发展促进会，组织全省各级科技管理部门、专业镇工作、特色经济企业、行业协会相关人员，赴浙江、内蒙古、贵州开展特色小镇建设、农牧业、高新技术产业和大数据产业交流合作，进一步提高相关人员理论和实践水平，推动专业镇学习全国其他省份先进的发展模式、发展理念和管理经验，促进交流与合作，打造区域品牌，实现专业镇跨区域合作共赢。

6．专业镇协同创新发展评价开展，强化管理服务工作。为深入贯彻落实创新驱动发展战略部署，省科技厅开展省级专业镇协同创新发展评价工作，进一步加强和完善省级专业镇管理和服务工作。2018年，创新发展评价范围为认定已满3年的省级专业镇，采取书面评价和现场考核相结合的方式，针对产业集聚情况、公共创新服务体系情况、综合创新发展情况等方面开展评价，形成了优秀、合格和不合格评价结果，并对在发展过程中遇到行政区域变动或产业发展方向变化等原因导致专业镇与实际情况不符的进行了统一调整。

（柯思异　张　熙　苏　炜）

孵化育成体系

【新型研发机构】 2018年，广东省把新型研发机构建设作为引进高端创新资源的重要抓手，开展促进新型研发机构高质量发展专项。8月，发布《广东省科学技术厅关于2018年度促进新型研发机构高质量发展的通知》，设立了高水平新型研发机构建设、支持粤东西北新型研发机构建设、新型研发机构初创期建设补助3个专题，共认定省级新型研发机构25家，资助经费16 600万元，其中高水平新型研发机构建设专题共12家，粤东西北新型研发机构建设专题共13家，并扶持机构做强做大，支撑广东省区域创新发展。

进一步加强新型研发机构政策制定和完善管理，在“创新政策十二条”中加入了“促进新型研发机构高质量发展”条款，研究有关促进新型研发机构高质量发展的行动计划并组织开展《广东省科学技术厅关于支持新型研发机构发展的试行办法》政策修订；进一步加大对新型研发机构的“深调研”，摸查了大型内设新型研发机构、港澳在粤新型研发机构、粤东西北新型研发机构的发展情况，并形成《广东省新型研发机构建设与发展情况报告》《香港在粤新型研发机构发展情况报告》等调研报告，为促进新型研发机构上新的台阶提供政策决策保障。

截至2018年年底，经认定的省级新型研发机构共有219家，数量在全国仍保持领先地位。其中，珠三角地区共有180家，占总数的82.2%；粤东西北39家，占总数的17.8%，数量比去年有了显著提升。219家新型研发机构职工总数超过4.14万人，其中研发人员总数1.96万人；全年研发经费总投入97.23亿元，有效发明专利拥有量8 000多件，全年签订技术服务合同金额超110亿元。

（柯思异）

【创新创业新业态】 2018年，广东省组织了中国创新创业大赛两个地方赛区和两个独立赛事（即广东赛区、深圳赛区、港澳台赛，其中深圳赛区由深圳市科技主管部门牵头组织），并取得圆满成功，在营造双创氛围、服务民营科技企业，促进科技成果转化和产业化，发展壮大实体经济等方面取得了良好成效。

大赛共吸引了5 465家企业报名参赛，其中广东赛区3 833家、深圳赛区1 632家，排名全国第二，占全国报名数的1/6，全省创新创业热情持续高涨。广东赛区共设立13个分赛区，采用现场答辩和当场亮分方式，在互联网、先进制造、电子信息、新材料、生物医药、新能源及节能环保6个行业领域遴选出133家优胜企业参加大赛的全国行业总决赛。

港澳台赛是面向港澳台地区创业者，旨在带动和吸引港澳台创客到大陆创业发展的专业赛事。港澳台赛分香港、澳门、台湾三个分赛区进行，赛事受到港澳台创业企业、产业园区、协会机构及媒体等社会各界的广泛关注和大力支持，企业积极报名参赛，参赛总数达到283家，较上届增长110%。港澳台赛已逐步成为港澳台青年创新创业的交流平台和吸引港澳台青年来粤创业的助推器。

2018年，广东还承办了大赛生物医药和电子信息两个行业总决赛。两个行业总决赛在广东举办，彰显了科技部对广东创新创业成效和赛事组织能力的肯定。

行业总决赛成绩取得历史性突破 在大赛全国行业总决赛中，广东共推荐了200个优质项目参加六大行业总决赛，共有117家企业获奖，获奖数量排名全国第一（上海85家、江苏62家、浙江46家分别排名第二、第三和第四）。获奖企业中，广东共有19家企业获得名次，数量居全国首位（江苏、浙江、上海紧跟其后，分别有10家、

9家、4家），其中广东在互联网、新材料、电子信息行业3个组别摘得桂冠，一等奖数量占全国1/4（六大行业分别设初创组和成长组，共有12个组别）。广东在参赛企业获奖率、获得名次数量、一等奖数量等方面均排名全国第一，行业总决赛成绩获得历史性突破，获奖质、量双齐升，双创成效显著。

支持了一批民营科技企业发展壮大　大赛期间，省生产力促进中心等大赛组织单位，为参赛企业开展线上、线下路演，多渠道融资对接，先后共进行了30场线上直播路演，赛后举办了50多场投融资对接活动，为参赛企业提供种子轮、天使轮、A轮、B轮等融资对接服务。组织开展投贷联动直通车、创投会客厅、大咖面对面等活动，超过千家企业、500家机构参与现场对接。据不完全统计，大赛企业获得投融资超过40亿元，其中银行授信达32.99亿元，直接融资超过7亿元，大赛有力支持了民营科技企业融资发展壮大。

聚集和吸引了一批人才到广东创业发展　在培育优秀创新企业的同时，大赛搭建了高素质人才创新创业平台，聚集大批高素质科技创新人才，成为广东创新创业人才的聚集地。据统计，2018年大赛参赛企业的核心成员中，博士3 210名、硕士3 837名、本科生9 097名，有留学经历者2 156名、两院院士56名。深圳、东莞等地方赛事，还设立了境外、海外分赛区，用优惠的政策、良好的创业环境吸引一批境外优质项目和科技人才团队到广东落户发展。港澳台项目在广东落户的企业和团队超过100个。大赛同期还举办了2018年第三届两岸青年创业论坛、粤港澳大湾区创新创业论坛、台湾青年广东创业行等活动，为港澳台青年深入了解大陆创新创业环境和氛围提供了平台，增强了港澳台青年到大陆发展的信心。

促进大中小企业协同创新　港澳台赛汇聚龙头企业优质资源，举办“命题挑战赛”，推动行业龙头企业以需求引导创新、促进产业上下游更精准对接。命题挑战赛征集到了TCL、瀚蓝环保、洛可可等27个行业龙头企业发布的175个产业需求命题，命题发布企业通过产业合作、战略投资、天使投资、产业孵化、技术采购、技术授权、团队引进等多种合作方式，以“大手拉小手”的方式推进产业上下游精准对接，与科技型中小企业融通发展，促进大中小企业协同创新。

推动粤东西北经济协同发展　借助全省科技金融综合服务网络的资源和优势，汕头、韶关、阳江等粤东西北地市连续多年组织分赛区，推动当地政府出台创新创业政策，营造创新创业氛围。借助大赛平台，粤东西北地区有56个优质科技企业脱颖而出，引导投资机构加大对粤东西北地区的投资。韶关市欧莱高新材料有限公司获得2018年中国创新创业大赛新材料行业总决赛二等奖，直接吸引创投机构投资4 200万元，多家机构洽谈下轮融资，该公司全年融资预计超过1亿元。大赛通过挖掘优质企业资源，吸引社会资本投向粤东西北地区，加快促进粤东西北经济协同发展。

（郭映琦）

【国家可持续发展议程创新示范区】　2018年2月，国务院正式批复广东省政府，同意深圳市以创新引领超大型城市可持续发展为主题建设国家可持续发展议程创新示范区，广东成为全国首批建设创新示范区的3个省份之一。3月，省政府成立了推进深圳市国家可持续发展议程创新示范区建设工作领导小组，并召开深圳市建设国家可持续发展议程创新示范区推进会。

创新示范区重点针对资源环境承载力和社会治理支撑力相对不足等问题，集成应用污水处理、废弃物综合利用、生态修复、人工智能等技术，实施资源高效利用、生态环境治理、健康深圳建设和社会治理现代化等工程，统筹各类创新资源，探索适用技术路线和系统解决方案，打造可持续发展样板。

（许晓文）

企业技术创新

【规模以上企业科技创新】 2018年，广东规模以上企业科技创新投入和能力继续增强，创新质量得到提高，与东部沿海和发达省市相比，其优势得以继续保持。

创新投入 2018年，广东科技创新人力投入仍以工业企业为主体，并持续增长。全省从事R&D活动人员102.3万人，其中，工业企业R&D活动人员为80.6万人，比上年增长15.8%。工业企业R&D活动人员占全省R&D活动人员的比重达78.8%。全省R&D人员折合全时当量为76.3万人年，其中，工业企业R&D人员折合全时当量为62.2万人。

2018年，广东R&D经费内部支出27 04.6亿元，其中，工业企业R&D经费内部支出2 107.2亿元，比上年增长13.0%。工业企业R&D经费内部支出占全省R&D经费内部支出比重达到77.9%（见表4-3-1）。

表4-3-1 广东R&D投入情况（2013—2018）

指标	2013年	2014年	2015年	2016年	2017年	2018年
R&D人员（万人）	65.2	67.5	68.0	73.5	88.0	102.3
R&D人员全时当量（万人年）	50.2	50.7	50.2	51.6	56.5	76.3
R&D经费内部支出（亿元）	1 443.5	1 605.5	1 798.2	2 035.1	2 343.6	2 704.6
规模以上工业企业R&D经费内部支出（亿元）	1 237.5	1 375.3	1 520.6	1 676.3	1 865.0	2 107.2

创新实力 2018年，广东以工业企业为创新主体的态势得到继续发展，创新主体实力得到增强。2018年，广东规模以上工业企业中有R&D活动的企业达1.66万家，有R&D活动的企业占企业总数的比重为32.8%。全年，广东工业企业开展R&D项目（课题）7.7万项，较2017年增加4.8%。2018年，广东工业企业发明专利申请10.3万件，较上年增长19.3%；广东工业企业新产品产值39 458.9亿元，新产品销售收入达39 376.1亿元，分别比上年增长11.3%和12.9%（见表4-3-2）。

表4-3-2 规模以上工业企业创新实力情况

年份	R&D项目/课题数量（万项）	发明专利申请量（万件）	新产品产值（亿元）	新产品销售收入（亿元）
2013	4.7	4.7	17 981.2	18 013.7
2014	4.3	5.6	20 057.0	20 313.3
2015	3.7	5.2	23 056.2	22 642.5
2016	5.1	6.8	29 230.4	28 671.4
2017	7.3	8.6	35 466.5	34 863.0
2018	7.7	10.4	39 458.9	39 376.1

区域优势　珠三角地区工业企业科技活动投入水平和科技活动质量在省内继续保持优势。2018年，珠三角地区9市工业企业R&D经费支出2 002.2亿元，占全省工业企业R&D经费的95.0%；R&D人员75.1万人，占全省工业企业的93.1%；发明专利申请10.0万件，占全省工业企业的96.9%；新产品产值 36 989.2亿元，占全省工业企业的 93.7%。

广东工业企业创新投入仍处于全国前列，工业企业R&D经费投入总量连续3年位居全国首位，R&D人员投入也位居全国之首。

（吴　娱）

【创新型企业发展】　2018年，全省新增高新技术企业16 802家，高企存量达到45 280家，连续3年领跑全国，超过北京、江苏之和；全省入库科技型中小企业27 704家，约占全国总量的21.3%，全国排名第1。深圳、广州的高企和科技型中小企业数量在全省领先，两市高企数量占全省的57.8%，科技型中小企业入库数约占全省的59.7%。

在省委、省政府部署下，各地市进一步制定了促进企业创新成长的专项培育计划，如广州“小巨人”计划、东莞“倍增计划”、珠海“树标提质行动”等。孵化器是科技型中小企业培育的重要载体，广东省近年大力加强“众创空间—孵化器—加速器—科技园”的全孵化链条建设，提高孵化器对科技型中小微企业的服务水平。截至2018年年底，全省科技企业孵化器达到962家、众创空间886家，在孵企业超3万家，新增毕业超过3 524家，累计毕业企业约1.6万家。

2018年全省规模以上工业企业建立研发机构比例达到38%。根据科技部、财政部、国家税务总局印发的《科技型中小企业评价管理办法》，明确可以享受75%研发费用加计扣除比例。2018年，省科技厅协同省财政厅、省国税局、省地税局以及各地市，及时启动科技型中小企业评价工作部署，将其作为完善省企业创新体系生态重大抓手加以推进，当年汇算清缴为22 281家企业加计扣除419.17亿元，享受加计扣除企业数量约占全省入库企业总数的80%。

为解决创新型企业融资难问题，省科技厅积极推动科技金融工作体系建设。全省已建成32个线下科技金融综合服务中心，线上建成了广东科技金融综合信息服务平台，与8家银行签订了合作协议，为全省科技型中小企业提供省级科技信贷风险准备金服务与支持。积极与建设银行广东省分行探索普惠性科技金融，以科技型企业风控评价创新为突破，以知识产权金融、高精尖人才金融、并购金融为抓手，截至2018年12月底，建设银行广东省分行服务高新技术企业超过2万家，超过8 000家高新技术企业获得授信支持，融资余额超过2 000亿元。2018年，重组71亿元的广东省创新创业基金，引导带动社会资本291.45亿元，设立了58支基金，累计投资项目339个，投资金额100.92亿元，其中科技型创新企业占比达81%，省内项目占比84%，有效地推动了全省创新创业发展，对推动科技与金融融合起到了重要作用。

（钟士岗）

【工程技术研究中心】　截至2018年年底，广东省已有国家工程技术研究中心23家，省级工程中心5 351家。2018年，开展了对已建工程中心创新发展的评价工作，全面了解已有工程中心的建设与运营情况，对已不存续和停滞运作的工程中心进行复核与整改，梳理并发掘工程中心典型建设模式和有效运营机制。

2018年，省工程中心依托企业组建的有4 537家（占84.78%），依托高校、科研院所组建的有814家（占15.22%）。主要分布于珠三角地区，有4 458家，占全省的83.31%；粤东地区（汕头、潮州、揭阳、汕尾、梅州、河源）有514家，占全省的9.6%；粤西地区（湛江、茂名、阳江、云浮）有207家，占全省的3.87%；粤北地区（韶关、清远）有172家，占全省的3.22%。覆盖有电子信息技术（859家）、电子元器件及集成电路（407家）、先进制造（1 209家）、高端装备（285）、新材料（1 093家）、生物医药及医疗器械（374家）、食品与轻化工（311家）、农业技术（249家）、新能源与高效节能（245家）、资源与环境（212家）、高技术服务业（107家）等重点产业领域。

（柯思异）

高等院校科技创新

【高校主要科研指标】

科研人力资源　2018年全省普通高校从事教学与研究人员总数为131 069人，其中理、工、农、医类（以下简称“科技”）人数为76 361人，人文社会科学类（以下简称“人文社科”）人数为54 708人。

2018年全省普通高校从事教学与研究人员中，具有高级职称（正高和副高职称之和）的人数为44 116人，其中科技类高级职称有27 538人，人文社科类有16 578人。具有博士学位者共33 353人，其中科技类有22 986人，人文社科类有10 367人。

科研活动经费　2018年全省普通高校当年投入科研经费总额为206.55亿元，其中科技类经费为184.32亿元，占总经费的89.23%；人文社科类经费为22.24亿元，占总经费的10.77%。

2018年全省普通高校当年政府投入的科研经费为146.44亿元，占全省普通高校当年科研总经费的70.90%。其中，科技类的经费为134.45亿元，占科技类总经费的72.94%；人文社科类为12.00亿元，占社科类总经费的53.94%。

2018年全省普通高校当年企事业单位投入的科研经费为36.19亿元，占全省高校当年科研总经费的17.52%。其中，科技类经费为31.71亿元，占科技类总经费的17.20%；人文社科类的经费为4.48亿元，占人文社科类总经费的20.16%。

2018年全省普通高校当年其他经费投入的科研经费为23.92亿元，占全省高校当年科研总经费的11.58%。其中，科技类经费为18.16亿元，占科技类总经费的9.85%；人文社科类的经费为5.76亿元，占人文社科类总经费的25.90%。

研究机构　2018年全省普通高校共拥有各级研究机构1 626个，其中：科技活动机构1 232个，包括国家级机构61个，省部级机构898个，其他主管部门机构273个；人文社科研究活动机构394个，包括国家高端智库2个，省级智库15个，教育部重点研究基地8个，中央其他部委重点研究基地4个，省部共建基地3个，省级基地84个，省级实验室17个，其他研究机构261个。

科研项目　2018年全省普通高校投入项目经费合计133.98亿元，占科研总经费的64.86%。在研项目94 372项，其中当年新立项项目32 812项，当年新立项项目投入经费87.44亿元。

科技类项目当年投入经费122.52亿元，在研项目55 187项，其中新立项项目21 873项，新立项项目当年投入经费78.93亿元。

人文社科类项目当年投入经费11.46亿元，在研项目39 185项，其中新立项项目10 939项，新立项项目当年投入经费8.51亿元。

科研成果　2018年全省普通高校共发表学术论文98 631篇，其中在国外发表学术论文36 792篇。全年发表科技类学术论文72 879篇，其中在国外发表学术论文35 278篇，三大索引（SCIE，EI，CPCI-S）收录论文33 768篇。发表人文社科类学术论文25 752篇，其中在国外发表学术论文1 514篇。

2018年全省普通高校出版各类图书2 755部，其中出版科技类图书909部，人文社科类图书1 846部。2018年全省普通高校出版学术专著1 119部，其中科技类学术专著302部，人文社科类学术专著817部。2018年全省普通高校签订技术转让合同397项，合同金额25 642.1万元，当年实际收入19 697.8万元。

2018年全省普通高校专利申请27 235件，其中发明专利15 833件，占专利申请总数的58.13%；专利授权12 988件，其中发明专利4 226件，占专利授权总数的32.54%。据报表，目前全省高校拥有专利39 506件，其中发明专利17 023

件，占专利拥有总数的43.09%。

根据各校统计报表汇总，2018年全省普通高校共获得各类成果奖157项。其中，科技领域获得国家级二等奖以上奖励9项，省部级二等奖以上奖励101项；人文社科领域获得省部级奖励17项。

2018年，全省普通高校科技类项目中共有127项国家级重大、重点项目通过验收。其中，“973计划”项目15项，国家科技支撑计划项目9项，“863计划”项目13项，国家自然科学基金重大、重点项目79项，军工项目11项。全省普通高校人文社科类项目中，国家社科基金项目结项203项，教育部人文社会科学研究项目结项217项。

学术交流　2018年高校在开展科技类学术交流方面，合作研究共派出2 691人次，接受1 825人次；出席国际学术会议13 645人次，交流论文5 898篇；主办国际学术会议204场，国际学术会议特邀报告1 016篇。

在开展人文社科类学术交流方面，合作研究共派出1 007人次，接受693人次；出席国际学术会议2 268人次，交流论文1 574篇；主办国际学术会议101场。

（钟振原）

【中山大学】

2018年，中山大学科研组织工作坚持以“三个面向”为指导，以有效支撑学校“双一流”建设、服务广东“四个走在前列”为根本出发点和目标，贯彻落实广东省第十三次党代会精神，学校制定科研综合改革方针，深化机制体制改革，以终为始，赋能驱动，开拓学校科研发展新格局。

科研项目与经费　2018年，中山大学科研到账经费数超过31亿元，再次实现高位增长。

2018年，中山大学在集中申报期共获批国家自然科学基金871项，批准直接经费45 712.01万元，立项数居全国高校第2，批准经费数居全国高校第3；国家社科基金年度项目获批57项，排名全国高校第3；教育部人文社会科学研究一般项目获批49项，排名全国高校第2；重点研发计划牵头获批15项，居全国高校第5。国防科研年度立项近2亿元，与军事科学院、军工集团、军委科技委等国防科研优势单位建立战略合作关系，推进落实国防科工局、教育部、广东省三方共建中山大学工作。横向科研在重大项目上取得突破，成功签订4项1 000万元以上横向合同。

科技成果　2018年度中山大学获高等学校科学研究优秀成果奖（科学技术）一等奖3项、二等奖2项；广东省科技进步奖一等奖4项、二等奖5项；广东省科学技术奖突出贡献奖1项；广东省自然科学奖一等奖7项、二等奖1项。

2018年中山大学专利成果取得重要进展，苏薇薇教授团队开发的广东道地中药材红珠胶囊成果以2 000万元的价格实施转化，是中山大学单个专利转让金额最大的成果转化项目。吕树申教授团队石墨烯复合材料研发成果以1 000万元的金额实施转让。

中山眼科中心李旭日教授与比利时鲁汶大学Peter Carmeliet院士联手在*Nature*和*Science*上分别发表血管研究的重要成果。孙逸仙纪念医院宋尔卫教授团队在*Cell*上发表两篇成果，揭示抗肿瘤治疗改造微环境的机制，并发现多种促癌微环境细胞类型。物理与天文学院罗俊院士团队在*Nature*上发表最新测G成果，测出截至目前世界上最为准确的G值。

宋尔卫教授团队的成果“靶向肿瘤微环境的抗肿瘤治疗新策略”入选2018年度“中国高等学校十大科技进展”，同时入围的还有罗俊院士团队完成且中山大学为合作单位的成果“万有引力常数G的精确测量”。

科研平台建设　2018年，中山大学获准建设省部共建协同创新中心1个、广东省重点实验室2个、广东省工程实验室4个。

表4-4-1　2018年中山大学获准建设科研平台一览表（科学研究类）

序号	建设单位（院/系）	机构名称
1	肿瘤防治中心	肿瘤医学省部共建协同创新中心
2	土木工程学院	广东省海洋土木工程重点实验室

（续上表）

序号	建设单位（院/系）	机构名称
3	附属第五医院	广东省生物医学影像重点实验室
4	电子与信息工程学院	广东省空天地海一体化网络工程实验室
5	达安基因公司	广东省出生缺陷基因工程实验室
6	附属第一医院	广东省软组织生物制造工程实验室
7	药学院	广东省手性药物工程实验室

2018年，重大科研创新平台建设成效凸显：

1．国家高端智库建设成果丰硕，粤港澳发展研究院受到中央领导批示成果8项，被中办刊物采用24期。

2．“天琴计划”载荷研究基地资助研制的大孔径激光角反射器于5月21日搭载“鹊桥”号中继星顺利发射升空；地面模拟装置项目建议书获深圳市发改委正式批复立项，总投资超过12亿元；“天琴一号”技术试验卫星于10月获国防科工局正式批复立项，获拨经费5 000万元。

3．南方海洋省实验室正式被授牌。海洋综合科考实习船建设正式签订建造合同，进入实质性建造阶段。

4．精准医学科学中心生物样本库的3部大型零下80℃全自动样本存储系统等进口设备采购及安装基本完成，预计2019年年初形成500万份样本储存能力，规模将跃居国内首位。

5．完成“天河二号”软硬件系统的扩容与升级，超算中心纳入广东省重大科技基础设施规划。

（徐　静）

【华南理工大学】 2018年，华南理工大学科技工作以学校“双一流”建设和广州国际校区建设为驱动，紧抓粤港澳大湾区国际科创中心建设的重大历史机遇，面向世界科技前沿，坚持改革创新，深化科研体制改革，稳步推进科研管理体制机制改革，加大对重大项目、重要成果、重点基地、高层次人才和推进军民融合发展等方面工作的组织策划力度，学校原始创新能力和技术攻关水平不断增强。

科研项目和经费 2018年，华南理工大学新增自然科学类科研项目超过2 600项，到校科研经费超过22亿元。

在基础研究方面，获批国家自然科学基金项目262项，直接经费超2亿元，其中，重大重点类项目17项（牵头获批重大项目1项，资助经费近2 000万元；重大研究计划集成项目1项，资助经费1 150万元）；国家杰出青年科学基金项目2项（全省第1）、优秀青年科学基金项目6项（全国排名第13）。获批广东省自然科学基金163项，资助经费超3 000万元，其中研究团队1项、重大基础研究培育项目3项（全省仅资助10项，资助数全省第1）。

在应用研究方面，牵头承担国家重点研发计划项目7项，课题19项，总经费近2亿元，项目获批数创新高。其中，在“大气污染成因与控制技术研究”“现代食品加工及粮食收储运技术与装备”“深海关键技术与装备”“精准医学研究”和“场地土壤污染成因与治理技术”5个专项中获得突破。承担各类省市科技项目超过400项，经费超过3亿元，其中以学校第一负责人牵头承担广东省重点领域研发计划项目10项，经费1.7亿元，居广东首位，牵头承担的“5G毫米波宽带高效率芯片及相控阵系统研究”单项经费5 000万元。

科技人才队伍建设 学校围绕广东经济社会发展需要，通过引育结合，积极培养、引进高水平的师资队伍，聚集高端创新人才。2018年年底，全校拥有15名院士、199名省和国家重大人才工程创新人才和科学基金获得者、2个国家自然科学基金创新群体、3个科技部重点领域创新团队、18个教育部创新团队、30个广东省自然科学基金研究团队。

科研成果　2018年度学校获省部级以上自然科学类科技奖励27项（见表4-4-2），其中：国家科技进步奖1项，国家技术发明奖1项；高等学校科学研究优秀成果奖（科学技术）1项；广东省科学技术奖24项，其中特等奖1项、一等奖8项、二等奖15项。

表4-4-2　2018年度华南理工大学部分获奖项目

序号	项目名称	负责人	获奖类别
1	废旧混凝土再生利用关键技术及工程应用	吴　波	国家科技进步奖二等奖
2	心理生理信息感知关键技术及应用*	徐向民	国家技术发明奖二等奖
3	空间听觉与虚拟听觉重放的关键技术及应用	谢菠荪	高等学校科学研究优秀成果奖（科学技术）二等奖
4	港珠澳大桥工程建设关键技术*	邹桂莲	广东省科学技术奖特等奖
5	基于丝网印刷的晶硅光伏太阳能电池关键技术及成套装备	张宪民	广东省科学技术奖一等奖
6	光纤激光波长调谐与噪声抑制关键技术及应用	徐善辉	广东省科学技术奖一等奖
7	果蔬冷链控制关键技术与装备创制及应用	孙大文	广东省科学技术奖一等奖
8	蛋白乳浊体系稳定化及高品质乳制品产业化关键技术	赵强忠	广东省科学技术奖一等奖
9	物联网技术及其在物流供应链中的应用	刘发贵	广东省科学技术奖一等奖
10	轨道交通大功率高可靠供电系统的关键技术及工程应用	张　波	广东省科学技术奖一等奖
11	复杂空间钢结构建造关键技术创新与应用*	王　湛	广东省科学技术奖一等奖
12	高端电子基板多品种高精高效制造核心装备、关键工艺及系统集成*	万加富	广东省科学技术奖一等奖

注：*表示华南理工大学为非牵头单位

据中国科学技术信息研究所公布结果显示，2018年华南理工大学科技论文数量与质量稳步上升，发表“卓越国际论文”（即论文发表后的影响力超过其所在学科的一般水平）1 638篇，占SCI收录论文总数的54.97%，这一比例在“卓越国际论文”数量前20名的高校中蝉联第1。1篇论文入选“2008—2018年我国高被引论文中被引次数最高的10篇论文”，2篇论文入选“2017年度中国百篇最具影响国际学术论文”；1篇论文入选“2017年度中国百篇最具影响国内学术论文”。统计显示，2017年度华南理工大学论文被SCI、EI和CPCI—S索引共收录6 518篇，其中SCI索引收录2 980篇，比上年增长20%，在全国高等院校中排名第18；EI索引收录2 962篇，在全国高等院校中排名第8。SCI学科影响因子前1/10的期刊论文507篇，在全国高等院校中排名第10。

产学研工作　2018年，华南理工大学积极拓宽渠道，进一步提升了服务地方产业能力，荣获2018年中国产学研创新奖，首批列入高校科技成果转化和技术转移基地建设。在企事业单位委托项目方面，学校新签订理工类横向技术合同达1 813项，合同金额11.83亿元，较2017年实现了大幅度增长，创下历史新高，稳居广东高校榜首。在校企联合研发平台建设方面，学校与埃克森美孚、联想集团、京信通讯、金山办公、唯品会、广州数控、维汝堂等规模以上企业共建27个校企联合实验室，投入经费近7 000万元，平均单个实验室企业投入超过250万元。学校联合相关行业龙头企业在互联网+、智能制造、绿色低碳、精准医学等领域建立14个省市级产业技术创新联盟，增强了学校科技创新对相关产业发展的影响力。

2018年，华南理工大学围绕“一带一路”建设、粤港澳大湾区建设、广深科技创新走廊建设，进一步深化校地合作，依托校地联合创新平台与广州、佛山、东莞、珠海、中山等地区市政府在创新创业人才培养、科技成果转化、高新技术企业孵化和产学研合作等领域继续加强交流与合作。中新国际联合研究院孵化企业7家，其中1家新能源公司获得外部投资2 000万元；广州现代产业技术研究院现代交通技术研发中心获批组建2018年广东省产学研高价值专利育成中心；华南协同创新研究院新增孵化企业17家，广东省创业团队1支、东莞市创新团队1支，新增各类科研经费4 286万元，获批牵头筹建东莞石排镇协同创新中心，拟投资1.3亿元；中山现代产业技术研究院建设“中山华工众创空间”，获中山市首期500万元资金和1 000m^{2}场地支持；珠海现代产业创新研究院获批建设广东省低升糖健康食品工程技术研究中心、广东省博士后创新实践基地，引入3亿元规模的创投基金；国家大学科技园顺德创新园区在机器人、虚拟现实、人机交互、云计算、功能性高分子材料、桥梁监测、节能减排、新型软件、水处理、芯片等领域引入和孵化了近30家高技术企业和建设了大学生创新创业平台。

知识产权工作 2018年，华南理工大学7项专利荣获第二十届中国专利奖，使得学校自2009年以来以第一完成单位获中国专利奖数量达29项（含1金2银），获奖总数位居全国高校前列。此外，2018年获第五届广东专利奖2项，其中金奖1项；组织推选的相关专利成果先后获得第十届国际发明展览会金奖3项、发明创业成果奖2项。

2018年学校专利申请量4 226件，其中发明专利申请量3 205件，发明专利占比超过75.8%；获专利授权量2 313件，其中发明专利授权量1 227件；有效发明专利拥有量5 607件。发明专利申请公开量、发明专利授权量、有效发明专利拥有量分别排名全国高校第2、第4和第5位。2019年3月根据世界知识产权组织公布的数据显示，华南理工大学2018年PCT专利申请公开数量170件，位列全球教育机构第4位，中国高校第2位。

科研平台建设 2018年，华南理工大学新增12个省部级以上科研机构（见表4–4–3），包括2个教育部协同创新中心（全省仅3个）、1个教育部重点实验室（B类）、1个广东省重点实验室、2个广东省工程实验室、1个广东省国际合作基地、1个粤港联合创新平台、3个广东省工程技术研究中心和1个广州市重点实验室。截至2018年年底，华南理工大学共有上级主管部门批准建设的自然科学类科研机构175个，其中国家级科研机构总数达25个，居全国高校前列。

2018年，学校3个教育部重点实验室以1优2良的成绩通过了教育部组织的材料和工程领域重点实验室的评估。

表4–4–3　华南理工大学新增省部级以上科研平台（2018）

序号	名称	校内建设单位
1	人体组织功能重建省部共建协同创新中心	材料科学与工程学院
2	先进轻质功能材料军民融合省部共建协同创新中心	轻工科学与工程学院
3	教育部重点实验室（B类）	轻工科学与工程学院
4	广东省高分子先进制造技术及装备重点实验室	机械与汽车工程学院
5	广东省乡村振兴与旅游大数据工程技术研究中心	经济与贸易学院
6	广东省宽禁带半导体芯片及应用工程技术研究中心	中山市华南理工大学现代产业技术研究院

（续上表）

序号	名称	校内建设单位
7	广东省低升糖健康食品工程技术研究中心	华南理工大学珠海现代产业创新研究院
8	广东省高端芯片智能封测装备工程实验室	自动化科学与工程学院
9	广东省第三代半导体材料与器件工程实验室	物理与光电学院
10	大数据与计算智能粤港联合创新平台	计算机科学与工程学院
11	智能工程国际联合研究中心	吴贤铭智能工程学院
12	广州市宽禁带半导体芯片及应用系统重点实验室	物理与光电学院

科技交流与合作　2018年，学校主办（承办）中国工程院第271场中国工程科技论坛、第16届金属—氢系统国际会议、第十一届电力系统技术国际会议、第四届纳米环境技术年会暨2018全国纳米环境技术学术会议等30余次。

10月28—11月2日，第16届金属—氢系统国际会议在广州召开。本次会议由华南理工大学主办、广东省稀有金属研究所承办。来自中国、美国、法国、加拿大、德国等36个国家和地区的高等院校和科研院所的300多位专家学者参加会议。会议议题涵盖储氢材料新体系创制、纳米调控、催化修饰、多相复合等基础理论、材料合成、器件制备、应用和开发等方面。此次会议的召开在国际储氢领域产生了热烈反响，进一步促进制氢、储氢和用氢科学与技术领域的研究，推动了氢能源的发展。

11月6—9日，第十一届电力系统技术国际会议在广州召开。本次会议由华南理工大学和广东电网有限责任公司共同承办。来自中国、美国、英国、加拿大、澳大利亚、比利时、希腊、芬兰、日本、巴基斯坦、新加坡等20个国家和地区电力领域的800多位专家学者参加会议。本次会议以“能源转型与电力可持续发展”为主题，议题涵盖现代电力系统、输配电设备与技术、智能电网与可再生能源消纳、直流输配电与电力电子化电力系统、电力系统自动化、保护控制与ICT技术、核电技术、新兴技术等领域，国内外相关学者先后做主旨报告，报告内容通过对比过去和现在，指出了电力系统的发展趋势和面临的挑战，以及亟待创新的研究方向。此次会议的召开为国内外电力能源行业的学者、工程师、从业人员和学生提供了广泛交流的平台，同时促进了电气与能源学科的发展。

11月22—25日，第四届纳米环境技术年会暨2018全国纳米环境技术学术会议在广州召开。本次会议由中国微米纳米技术学会纳米科学技术分会主办，华南理工大学、工业聚集区污染控制与生态修复教育部重点实验室、中国科学院合肥物质科学研究院以及中国微米纳米技术学会纳米科学技术分会纳米环境技术工作组共同承办。来自中国科学院的4位院士及160余位环境领域的专家、学者、企业代表和研究生参加此次会议。大会围绕“纳米环境材料与技术——进展、机遇与挑战”邀请专家作了报告，内容涵盖纳米复合材料的研究及应用、纳米尺度下污染物的作用机理及控制措施、天然纳米颗粒的追踪及环境行为等，涉及水、大气、土壤、固废等多个环保领域。会议期间举行的院士—企业家“纳米·环境·未来”面对面高端论坛，是本次大会的一大创新和亮点，多位国内水处理、土壤修复、固废处理领域的顶尖学者以及龙头化工企业与领军环境治理企业的代表，对纳米技术在现有水处理材料上的应用与创新改进的研究进展与案例、土壤修复纳米材料批量生产与工程化应用中的难点与解决思路等十多项议题进行讨论。

12月2日，中国工程院第271场中国工程科技论坛在广州召开。本次论坛由华南理工大学、中国工程院环境与轻纺工程学部共同承办。19名院士以及来自全国高等院校、科研院所、企业单位的代表与师生700余位专家与师生参加会议。论坛以“轻工领域生物质资源高值化利用技术”为主题，与会嘉宾紧密围绕生物质资源高值化利用技术、生物质基新材料合成技术、制浆造纸新技术、食品加工的新技术和新导向等方面作了学术报告，对新技术与新工艺在轻工各领域中的研究与应用进行了深层次探讨。论坛关注轻工领域生物质资源高值化利用技术，对于我国正在实施的乡村振兴战略意义重大。

（刘 勇）

【暨南大学】 2018年，在“新时代”和“双一流”背景下，暨南大学（以下简称“暨大”）提出“1234”科技发展新思路：构建“学科—科研—支撑体系—人才”的大科技格局；提升两种能力，即承担国家重大科技任务的能力，为地方经济建设和社会发展服务的能力；完善3个体系或机制建设，即科学的评价、考核和激励机制，成果转化机制；技术实验支撑体系的高效利用机制，把握四大抓手，即搭大平台、组大团队、拿大项目、出大成果。

科技项目与经费 2018年，暨大科技项目获批合同经费5.52亿元。其中：2018年度国家重点研发计划项目获资助4项，国家重点研发计划课题获资助7项，总获资助经费1.18亿元，较2017年略有增长。

国家自然科学基金获批247项，位居全国第32位，资助率25.27%，高于19.20%的全国平均资助率；青年基金资助率30.45%，资助率排名位居全国第2，仅次于清华大学。获批标志性重大重点项目15项，为历年最多，包括国家杰出青年科学基金1项、国家重大科研仪器研制项目1项、国家基金重点项目3项、国家基金重点国际合作项目2项、国家基金优秀青年科学基金项目3项、重大项目（课题）1项、联合基金重点项目3项，联合基金集成项目（课题）1项。

获批广东省重大人才工程引进创新团队3项，总资助经费5 000万元。获批省基金项目113项，项目获批数量比2017年增长近20%，该年度共有4个“省杰青”项目通过答辩，5项省基金重点项目获资助。获批广东省科技计划重大及重点专项项目1项。

获广州市科技计划项目经费2 225万元；获批军委科技委、军委装备发展部等军工部门军工科研项目6项、共331万元；获批国家重点研发计划政府间国际科技创新合作重点专项1项、国家自然科学基金重点国际科技合作项目2项、组织间国际合作项目3项、广东省国际科技合作项目5项，获批经费共1 034万元；中央高校基本科研业务费1 000万元用于科技项目立项；签订横向合同134项，合同金额14 799.27万元。

科技平台建设 实施“双一流学科建设”，继续发挥学校多学科、多功能优势，与地方政府、国内外高水平大学、科研机构、知名企业等开展深度合作，提升人才、学科和科研三位一体的创新能力，促进平台建设又好又快地发展。主要取得以下成效：（1）粤港澳大湾区环境实验室揭牌；（2）组织启动“广州脑计划”；（3）新增广东省国际科技合作基地1个、粤港联合创新平台1个；（4）“广州市分子与功能影像临床转化重点实验室”立项；（5）“基因工程药物国家工程研究中心”通过省发改委组织验收。

产学研工作 东莞暨南大学研究院启动二期建设，成立微量精准研究院，再获省科技厅的初创期建设补助，资助金额为227万元；肇庆暨南大学绿色发展研究院完成了基本条件和实验室建设，获认定为肇庆市新型研发机构，并建设暨南大学（肇庆）研究生实践基地。

分别与圣晖莱南京能源科技有限公司、珠海贝美生物科技有限公司等10家企业共建11个校企联合研发中心。其中圣晖莱南京能源科技有限公司捐资1 000万元与暨大理工学院共建“暨南大学—圣晖莱太阳能技术研究院”。截至2018年年底，暨大共有44个校企联合研发中心。

技术转让共计24项，合同总收入718.2万元。组织科研人员参加了成果对接和交易会，发布科技成果100余项，展出项目成果250余项，与惠州市超亿数控有限公司等多家企业签订了合作意向，获“优秀项目奖”和“先进个人奖”等多个奖励。

科技交流与合作 暨大在2018年统筹组织了一系列学术沙龙活动共131场，为科技工作者提供交流和沟通的平台。

人才团队建设 2018年，3支团队入选广东省重大人才工程引进创新团队，获资助经费

5 000万元。其中“中药和天然药物来源的创新药物研究团队”首获本土创新科研团队资助1 000万元；“病原微生物学团队”“干细胞发育与衰老研究团队”分别获得引进创新创业团队资助2 000万元。暨大在中央高校基本科研业务费中专门设立了“青年基金”，对具备潜质的青年科研人员进行重点培养。2018年，暨大获国家自然科学基金杰出青年科学基金1项，广东省自然科学基金杰出青年科学基金4项，广东省重大人才工程科技创新领军人才类项目2项，广东省重大人才工程青年拔尖人才类项目2项，“广州市珠江科技新星”4人。

科技成果与专利　2018年，暨大获得中华医学科技奖1项，高等学校科学研究优秀成果奖2项，广东省科学技术奖（科技进步奖）一等奖2项、二等奖2项，广东省科学技术奖（科技合作奖）1项，广东省科学技术奖（自然科学奖）1项，中国专利奖（优秀奖）1项。

2018年暨大共发表A1论文1 597篇，比2017年增长44.7%，其中一区论文518篇。2018年专利申请372项，获专利授权179项。

（张舒婷）

【华南师范大学】　2018年，学校紧密围绕高水平大学和世界一流学科的建设任务目标，狠抓重点平台、重大项目与奖励、促进产学研合作服务社会，全校科技工作在重大项目、高端平台、原创性研究成果以及新型研发机构等方面取得良好成绩。

科研项目和经费　2018年，学校获批科技项目经费13 007.4万元，其中科技纵向项目经费10 947.4万元，包括学校作为第一承担单位获批经费10 420万元及合作经费342.4万元，横向实到科技经费2 060万元。国家自然科学基金项目获批99项，经费5 906万元，经费数和项目数分别居全国师范院校第3和第4。

获批国家级重大重点科技项目12项，较2017年实现倍增，承接重大科技任务的能力和持续性进一步增强。获批广东省杰出青年科学基金项目3项，重大基础研究项目培育2项。

科研成果　全校以第一单位发表三大索引收录论文1 481篇，其中SCI收录论文779篇、EI收录论文593篇、ISTP收录论文109篇。学校获得2018年度省级科学技术奖6项，其中一等奖1项、二等奖2项、三等奖2项，2018年度广东省科技合作奖1项。

知识产权工作　2018年，全校共申请专利469项（其中PCT 13项，PCT进入日本1项，国内发明381项、实用新型70项、外观设计4项）；获得授权专利312项（其中欧洲发明专利授权1项，国内发明222项、实用新型86项、外观设计3项）。计算机软件著作权136项。

组织开展系列知识产权创先争优活动，并与学校图书馆联合开展知识产权宣传日活动，包括举办“封·峰——*Nature*封面故事展”和发布《1985—2016年华南师范大学专利和计算机软件著作权分析报告》等。

产学研工作　与清远市人民政府、清远高新区管委会共建华南师范大学（清远）科技创新研究院，清远方面5年共计投入1亿元经费支持建设。协同推进与广州开发区共建国际显示技术创新中心。

2018年6月，学校与清远市人民政府、清远高新区管委会签署协议共建华南师范大学（清远）科技创新研究院，清远方面5年共计投入1亿元经费支持建设。9月，学校发文正式成立华南师范大学（清远）科技创新研究院，作为教学科研机构，并聘任院长1名、副院长2名。研究院将紧密结合清远市产业发展规划和实际需求，依托学校现有的科技、平台、人才、成果、产业等优势资源，围绕物理信息、生命科学、化学环境、能源材料、电子信息等重点发展产业领域，进行相关技术集成开发、小试、中试和企业孵化，并逐步将优势领域建设成为国家或省部级科研平台。

组织参加第二届中国高校科技成果交易会，获得交易会“最佳组织奖”“优秀项目展示奖”“交易合作奖”等共计5个奖项。协同学生工作部、团委、创业学院，组织学校首届“清远杯”创新创业大赛华南师范大学专场，共征集近100个团队报名参赛，获得清远市政府、清远高新区管委会的大力支持和高度认可。参加2018中国创新创业成果交易会、广东省教育厅办公室关于做好全省高校科技创新暨高等教育“冲一流、补短板、强特色”提升计划工作推进会、2018年小谷围国际产业人才大会暨广州大学城创新创业成果交流会等，在各展会上均得到各级领导的现场指导和高度认可。

科研平台建设　学校新增国家发改委国家级平台1个（高能高安全性动力锂离子电池电解液及隔膜材料与制备技术国家地方联合工程研究中心）；获批广东省昆虫发育生物学与应用技术重点实验室；与惠州市政府、中国科学院近代物理所签订协议启动共建“现代物理与清洁能源”实验室；与格罗宁根大学签署校际合作协议，正式组建以获诺贝尔奖科学家为外方代表的华南师范大学—格罗宁根大学分子科学与显示技术国际联合实验室。

科技交流与合作　2018年，华南师范大学成功举办或承办了2018国际显示技术会议、第二届核函数逼近方法在数据分析中应用国际会议、第七届教育部科技委数理学部科技前沿与战略圆桌会议、“偏微分方程的理论、数值方法及其应用国际会议”等大型学术活动70多场，其中14场新世纪论坛。

4月9—12日，华南师范大学承办的2018国际显示技术会议（International Conference on Display Technology，ICDT）在广州召开。会议以“跨界、科学、技术、未来”为主题，聚集了显示技术领域企业精英和学术界翘楚，围绕信息显示领域的17个技术领域展开交流，旨在积极推进亚洲范围内、尤其是中国显示技术的研究和智能制造技术发展。部、省、市、区各级政府主管部门及显示行业知名科学家、工程师、企业研究人员和商业人士等，共1 000余人出席了盛会。ICDT2018大会形式多样，内容充实。15大主题报告——由国内外显示技术界15位顶级专家，打造一场人气爆棚的学术饕餮盛宴。380多个研讨会报告——由显示技术领域的精英们带来最新技术的260多个口头报告和120多个海报报告，涵盖17个技术领域，其中148个来自国内外各大高校、企业和科研机构的邀请报告，邀请报告中海外报告占比约30%。显示技术创新区（I-Zone）、显示未来之星活动、企业展区，为在电子信息显示行业工作的最优秀和最聪明的人，提供学习、交流、创新创业和商业机会。

5月25—27日，核函数逼近方法在数据分析中应用国际会议（International Conference of Kernel-based Approximation Methods in Data Analysis）在华南师范大学召开，学术委员会由中山大学许跃生教授领衔的国内外专家学者组成。会议中来自世界各地的专家学者齐聚花城作精彩报告，内容涉及再生核函数、径向基函数、高维数据逼近、偏微分方程的数值解和稀疏机器学习方法等。会议深入探讨国际前沿研究课题数学中的数据分析和机器学习方法，开展多项国际合作研究，有效地为我国的产业升级改造奠定坚实的理论基础，促进智能科学高层次专业技术人才的培养。

11月18—23日，华南师范大学举办了“偏微分方程的理论、数值方法及其应用国际会议”（International Conference on Partial Differential Equations: Theories, Numerics and Applications）。来自美国、法国、日本、以色列，和中国大陆、港澳台等国家和地区的近70家高校及研究单位的160多位数学、物理及相关交叉学科专家学者参加了本次会议，其中包括两位中国科学院院士，一位美国艺术与科学院院士、一位瑞士皇家科学院院士、一位瑞士皇家工程科学院院士。为期4天的会议议程中，来自全球20家高校的23位受邀报告人作了精彩的报告。邀请报告人介绍了他们在各自前沿领域内做的最新研究成果。

（张　雯）

【华南农业大学】

科研经费和项目　2018年，学校到位经费5.79亿元，自然科学类到位科研经费5.5亿元。全年新增纵向科技立项项目777项，其中，主持和参与国家重点研发计划项目、课题70项，合同经费12 907万元。共申报国家自然科学基金项目768项、立项164项，分别较去年增长47.12%和24.24%，再创历史新高，特别是重点项目和人才类项目增长明显，共有3项重点项目、1项重点国际合作项目和2项优秀青年基金项目获得立项，立项总经费达7 836.2万元。

新增人文社科类纵向项目269项，合同金额2 924.22万元，到位科研经费2 839.89万元，其中纵向到位经费2 264.49万元，横向到位经费575.40万元。获得国家人文社科基金11项，全国教育科学规划项目3项，教育部人文社科一般项目9项，其中，该校国家社科基金项目立项数在全国农林高校中与南京农业大学并列第1。

科技平台建设　2018年，该校获批1个农业农村部国家农产品冷链物流装备研发专业中心，获批广东省重点实验室 1个（广东省功能食品活性物重点实验室），广东省工程技术研究中心1个（广东省水产免疫与健康养殖工程技术研究中心）。截至2018年，该校省部级以上平台达79个。

科技创新人才队伍　2018年，学校共引进高层次人才13人，其中国家杰青1人，青年拔尖人才1人；培养新增国家级人才7人，省级人才16人；共招收博士后51名，在站总人数达98人。

科技成果奖励　2018年共获得各级科技奖励42项，其中由刘耀光院士和吴珍芳教授主持完成的科技成果分别荣获2018年度国家自然科学奖二等奖和国家科技进步奖二等奖，实现了该校国家自然科学奖零的突破。2项重大科研成果在*Nature*上发表，其中由马静云教授领衔团队完成的重大科研成果，是该校首次以第一通讯单位登上该杂志，标志着该校在动物健康养殖领域进入世界先进行列；钟新华教授为共同通讯作者的团队，在*Chemical Society Reviews*上发表综述论文，影响因子高达40.18；韩宇星教授为通讯作者的论文获2018年国际数据压缩会议最佳论文奖，这是国内单位历史上首次、亚洲学术机构近20年来首次获此项奖励。同时，将知识产权工作与科技成果转化、科技体制机制改革相结合，获省知识产权局支持成立了“广东省现代农业知识产权研究发展中心”。全年申报知识产权1 095件，获授权知识产权573件，获植物新品种权12件、通过审定植物新品种21个。

科技成果转化　2018年，该校以服务乡村振兴战略为根本，主动加强与地方政府、企业开展战略合作，分别与北京大北农科技集团股份有限公司、内蒙古农科院、广东碧桂园集团、珠海市农业投资控股集团有限公司等签订了战略合作协议，共同就农业产业发展和科技成果转移转化开展战略合作。同时，在做实新型研发机构建设上取得新进展，协助“华农（肇庆）生物产业技术研究院”通过肇庆市级新型研发机构认定；协助“华农（潮州）食品研究院”完成省级新型研发机构认定；协助“华农（潮州）食品研究院”成立理事会及制定研究院章程并派驻科技人员；与广东中绿园林集团有限公司和广东唯新生物科技有限公司合作共建“华农中绿唯新工程微生物研究院”。

全面推进科技成果转移转化，实现科技成果以许可实施、转让和作价入股等多种方式的转化。全年共签订横向科技合同551项，合同金额10 959.43万元；以技术入股方式参与成立“广州华农大智慧农业科技有限公司”；起草《华南农业大学科技成果技术入股实施办法》、编写《华南农业大学技术转移转化中心企业化运行可行性分析》；组织校科技成果参加13次大型展览，取得良好的社会效应。此外，组织青年教师参加广东青年科学家赴茂名、阳江等地开展人才对接与科技服务工作，为当地经济社会发展提供人才和智力支持，助力乡村振兴。

科技交流活动　积极发挥学术委员会在学科建设、学术评价、学术发展、教学指导和学风建设等学术事项中的重要作用，加强科学道德和学风建设，组织开展形式多样的宣讲教育，推进科研诚信建设，努力推动实现“全覆盖、制度化、重实效”的目标要求，营造良好的学术环境。积极搭建学术交流、推优荐才、特色科普和产学研服务的四大平台，举办学科交叉论坛、nature大师课堂培训、转基因生物安全科普讲座等活动，努力打造学术品牌。承办广东省高校科协组织建设推进会，扩大校科协在全省高校科协中的影响。此外，该校和省科协共同牵头发起成立广东省高校科协联盟，为校科协发展增加新活力、新思路和新举措。

（韩小腾）

【南方医科大学】　2018年，南方医科大学紧紧围绕高校“冲一流，补短板，强特色”建设目标，狠抓重大项目组织、科研平台建设、科技成果培育，科技创新工作取得新突破，科技综合实力得到了进一步提升。

科技项目　学校承担各类科研项目925项，获资助经费5.3亿元，项目数和资助经费均创历史新高，较上年分别增长25.3%和69.9%。该校获“艾滋病和病毒性肝炎等重大传染病防治”国家重大科技专项3项。获国家自然科学基金254项，获资助直接经费1.2亿元，获立项数与资助经费数均再创历史新高。获立项项目数在全国高校和科研院所中排名第27位，连续3年跻身全国前30强，在独立医科院校中排名升至第2位，较去年前进1位，在广东省所有高校排名中位列第3；其中，在医学与生命科学领域获资助项目数238项，获立项数位居全国第10位。

科研平台　科研平台建设成绩显著，该校新增省部级科研平台7个。该校牵头建设粤港澳大湾区脑科学与类脑研究中心，获第一期建设经费1亿元，建设对接国家脑科学计划的创新基地。新增精神健康研究教育部重点实验室、广东省骨与关节退行性疾病重点实验室、广东省中药制剂技术工程实验室以及广东省特殊膳食用食品研究创新中心、广东省国产先进体外诊断产品创新中心以及广东省医学3D打印创新中心。脑血管病诊疗技术与器械教育部工程研究中心顺利通过教育部验收。中心实验室投入使用设备32台（套），承接了来自校本部、各附属医院和多家外单位的各项科研检测项目，支持各类研究基金项目377项，注册设备使用人员达1 446人，使用时机36 000余小时，较上一年度同比增长80%，使用人次9 300余次，较上一年度同比增长60%。

科技成果　该校获得2018年度广东省科学技术奖一等奖2项、二等奖1项，高等学校科学研究优秀成果二等奖1项，中华医学科技奖三等奖1项。该校获得授权专利176项，其中发明专利84件，专利持有量得到进一步提升。该校2017年度 SCI收录论文数1 267篇，在全国高等学校中名列第58位，在全国医药类院校名列第3位。在高水平科技论文收录方面，该校卓越科技论文1 062篇，全国高校排名第46位，较上一年度上升4位。《南方医科大学学报》荣获“百种中国杰出学术期刊”，这是该刊继2012年以来连续6年获得此奖项，综合评价得分位列全国医药大学学报期刊首位、广东省所有学科学术期刊首位。

高天明教授团队的“抗焦虑新靶点的基础研究”获2018年度广东省科学技术奖一等奖，研究团队围绕焦虑症发病新机制和新药靶的关键科学问题开展了系统性研究，并获得一系列原创性成果。研究工作在国际著名杂志*Nature Neuroscience*、*Neuron*等为代表的SCI杂志上发表论文17篇，被国际一流专业杂志正面他引250余次，获国际权威专家的高度评价，多次应邀在国际或全国学术会议上做大会或专题报告。

陈晓光教授团队的“重要媒介蚊虫防制的关键科学技术”获2018年度广东省科学技术奖一等奖，研究团队针对媒介蚊虫防制中一系列亟待解决的科学技术问题，从白纹伊蚊的基因组分析、杀虫剂靶点研究到媒介伊蚊种群防控机制进行了系统性研究，获得一系列原创性成果，部分技术在全国推广应用，对我国媒介蚊虫及其传染病的防控起到了极大促进作用，具有重要社会价值。

科技交流合作　该校与广东省疾病预防控制中心合作共建南方医科大学预防医学科学院，构建新型医教、研、防成果转化平台，加速公共卫生领域产学研模式的进展，为实现健康广东提供更好的技术支持，已合作申报科技部重大专项“蓝色粮仓”计划和国家基金项目，并获得3项立项。学校与深圳坪山区政府共建产业技术研究院，积极探索学校与政府共建产业研究院的新模式与新机制。学校与国家食品药品监督管理总局药审中心签署战略合作协议，在生物统计审评、ICH接轨工作等方面展开合作。主办了2018年毒性测试替代方法与转化毒理学（国际）学术研讨会暨第二届亚洲替代方法大会、2018年国际护理与助产循证大会暨JBC学术研讨会等国际会议，进一步扩大该校国际学术影响力。

（陈金源）

【广州中医药大学】

完善科研管理制度　2018年，该校在充分调研深刻剖析自身现状的前提下，积极思索科技管理体制改革方向，完善相关科研管理制度，建立规范科技创新体系，先后草拟了《广州中医药大学人文社会科学研究项目管理办法（修订）》《广州中医药大学人文社会科学研究经费管理办法（修订）》《广州中医药大学科研机制改革方案（征求意见稿）》《广州中医药大学科学技术研究奖惩办法》（修订中）、《广州中医药大学科研平台考核方案》（初稿）等管理制度，形成了其整合学科优势资源、搭建学校公共服务平台、吸引海内外优秀人才、改革科研绩效评价机制的基本思路。

科研项目管理　2018年纵向项目新立项350余项，合同经费7 000多万元，其中国家重点研发计划项目1项，课题7项，国家自然科学基金89项，继续保持全国中医药院校第3位。省级科研项目立项47项，其中省杰青1项，省重大人才工程青年项目2项，省自然重点项目4项，获经费合计1 420万元。市级科研项目立项27项，获经费合计1 255万元。获省教育厅重点平台重点项目立项39项，经费合计456万元；获广东省卫计委立项17项，经费合计5.5万元；获省中医药局立项120项，经费合计240万元。

贯彻执行上级主管部门"放管服"等文件精神，放权学校省自然科学基金博士启动项目及广州市科创委一般项目评审，开展2018年度省中医药局科研项目、省医学科研基金项目的校内评审。2018年，该校组织2017年度到期的国家自然科学基金项目结题工作、2007—2013年立项的省级科技计划项目集中清理工作，校科研创新团队结题工作以及省自然科学基金、省中医药局项目、省医学科研基金、省教育科学规划项目等的结题、中期检查等多项工作。通过科研项目过程管理的规范化，积极解决科研人员在研究过程中遇到的管理方面的各种问题，并在预算规划经费使用方面提出合理建议，为科研人员能从事务性的工作中脱身出来而潜心科研提供协助。

科研平台建设　截至2018年年底，由该校重点打造的国际中医药转化医学研究所、华南针灸研究中心、创新中药研发公共服务平台、中西医结合基础研究中心、岭南医学研究中心、广东省中医药科学院等已经完成建设并已正式挂牌运行。2018年，该校共对科研平台和研究院所投入总经费达1 713万元，平台自筹建设经费800万元。平台实行仪器设备开放共享制度也逐步完善，以创新中药研发公共服务平台为例，实行平台开放共享制度以来，进入平台进行科研活动1 500余人次。依托优质的平台资源，"广东省中医药防治肿瘤转化医学研究重点实验室""广东省中医药防治难治慢性病重点实验室"获得立项。

产学研工作　2018年，该校与广东新南方青蒿药业有限公司合作共建联合研发实验室，与广东良田农林科技有限公司合作共建南药产业研究院，与乐昌市龙山林场合作共建"阳春砂种质资源基因保存库"，与广州市正骨医院合作共建"临床解剖学研究基地"等，与阳江市百盛园实业有限公司合作建设"广东省现代南药农业产业园"。为企业进行了71次技术服务，合同经费724万元。受惠州市卫计局委托编制《惠州市中医药发展规划（2018—2030年）》。

知识产权工作　2018年，该校共申请专利110余件，获授权专利39件，授权量创近10年新高，其中，发明专利授权16项，实用新型授权19项。专利"广藿香醇在制备男性性功能障碍药物或保健品中的应用"许可使用。

科技成果　2018年，该校共组织科学技术奖专家论证会6场，参与论证项目13项；组织申报广东省科学技术奖8项，高等学校科学研究优秀成果奖（科学技术）2项，比2017年有大幅度提高，其中，徐志伟教授参与的"'肝主疏泄'的理论源流与现代科学内涵"获2018年度国家科学技术进步奖二等奖（该校排名第3），刘中秋教授参与的"抑制细胞增殖与分化异常的新机制研究"获2018年度高等学校科学研究优秀成果奖（科学技术）自然奖一等奖（该校排名第2），第二附属医院张敏州教授团队获得中医药国际贡献奖（科技进步奖）二等奖，第一附属医院邓高丕教授团队、林昌松教授团队分获中华中西医结合学会科学技术奖二等奖，第二附属医院邓丽丽教授团队获中华中西医结合学会科学技术奖三等奖。

在成果转化方面，"连梅颗粒临床批件"成功转让，获得转让费2 000万元。

科技交流活动　为加强该校教学科研人员在中医药基础与临床领域的沟通交流，推动中医药的国际化进程，学校主办或协办首届国际中医药养生大会、2018旧金山国际中医药学术交流研讨会、第十届传统医学大学联盟论坛年会暨亚太整合医学研讨会和国际针灸高峰论坛等各类国际学术研讨会议多场。

11月30日，2018年广州中医药大学科技大会暨粤港澳大湾区中医药科技论坛在广州召开，论坛邀请港澳专家与广州中医药大学科研人员开展了积极深入的科学研究交流，通过创新研究前沿科学的分享，分析学校科研发展的现状，为学校科研人员思想交流提供了良好的平台。

该校青蒿抗疟团队继续活跃在世界抗疟舞台。除多次执行援外抗疟任务和医疗援助任务，完成省委、省政府下达的在巴布亚新几内亚建设疟疾防治中心和示范区项目外，9月，由多哥卫生与社会保障部以及中国国家中医药管理局共同主办，广州中医药大学协办的第二届中非复方青蒿素清除疟疾研讨会在多哥首都洛美顺利举行。来自中国、多哥、科摩罗以及马拉维等国的近60名医疗专家及卫生官员参加研讨会，交流控制疟疾经验，探讨抗疟合作前景。

（张　坚　荣　嵘　王　萧）

【广东工业大学】　2018年，广东工业大学结合全国教育大会精神、广东省高等教育“冲一流、补短板、强特色”的要求，紧密围绕学校教育事业发展“十三五”规划和高水平大学建设目标任务推进各项重点工作，并取得实质性的成效和进展。

科研规模　2018年，全校科研经费8.46亿元，其中纵向科研项目经费3.85亿元，横向科研项目经费9 459万元，校地协同创新科研经费3.67亿元。

科研项目　全校国家自然科学基金项目获立项154项，连续3年稳居国家基金“百项俱乐部”，首次进入全国前“60强”，到校直接经费5 857万元，位居全国高校第91位；牵头组织高分重大专项、网控南海工程项目启动实施；在激光与增材制造、新一代通信与网络专题领域牵头承担广东省重点领域研发计划项目2项，立项经费7 200万；获得国家社科基金5项、教育部人文项目立项19项，教育部人文社科项目立项数位列全国高校第33名。

科研平台　学校首个国家重点实验室“精密电子制造技术与装备国家重点实验室”获得科技部、广东省人民政府立项批复，实现了学校在国家重点实验室平台建设领域历史性突破；学校电子精密制造装备及技术教育部重点实验室考核为“优秀”（地方高校唯一）。首次一次性新增2个广东省重点实验室，新增广东省工程实验室1个、广东省工程技术研究中心1个。粤港澳设计文化与战略研究中心获批广州市人文社科重点研究基地，成为“粤港澳大湾区发展广州智库”核心成员机构。

科技成果　2018年，全校发明专利申请2 050件，连续2年稳定保持在2 000件以上；发明专利授权618件，较2017年增长近一倍，位列全国高校第23位，较2017年前进26位。该校被评为中国专利保护协会“2017年知识产权领域最具影响力创新主体”。高水平论文保持快速增长态势。全校2018年SCI收录论文1 532篇，较2017年增长34.3%，其中一区305篇，较上年增长了58%。

2018年，该校以第一完成单位获得省科技奖9项，连续6年获得广东省科学技术奖一等奖，首次同年获批广东省科学技术奖一等奖3项。此外，学校还获得广东省专利金奖和优秀奖各1项。

产业服务　2018年，学校依托学校地方协同创新平台，推进科技成果转移转化和产业服务，全年各协同创新平台新增孵化企业111家，新增国家高新技术企业12家，新增新四板上市企业7家。先后新增国家大学科技园培育单位1家、国家级博士后科研工作站1家、国家级科技企业孵化器培育单位1家、广东省新型研发机构1家、广东省博士工作站5家、广东省小型微型企业创业创新示范基地2家、广东省智能制造公共技术支撑平台1家。

科技合作与交流活动　2018年，广东工业大学科学技术协会成立并举行第一次会员代表大会，为学校师生开展学术交流、活跃学术思想、促进学科发展、推动科学普及和科技创新提供更为广阔的舞台。是年，学校成立环境生态工程研究院，并成功举办了2018年环境生态安全高峰论坛，此外，还先后承办第三届国际有机化学与绿色过程会议、中国医学装备协会超声分会第一届超声换能器及材料学术研讨会、2018新兴经济体论坛等学术研讨会议十余场；先后接待与英国贝尔法斯特女王大学、美国加州大学河滨分校、美国佛罗里达大学、西澳大学、日本爱知东邦大学等十余所国际高校来访交流。

（涂　腾）

【汕头大学】 2018年，汕头大学聚焦世界科技前沿，充分发挥资源汇聚优势，深化地校合作，积极搭建科研创新平台，科研创新竞争力稳步提升。在广东省教育厅、广东省科学技术厅支持下，汕头大学于11月获授成为广东高校第一所体制机制改革试验示范校，同时与南方科技大学签订全面战略合作框架协议。

科研项目与经费 2018年度，汕头大学共获批科研项目554项，经费总额1.428亿元。

科研平台建设 2018年11月，经省委、省政府批准，化学与精细化工广东省实验室正式落户汕头。汕头大学作为科技创新和人才集聚高地，以及省实验室的核心启动区，积极参与起草建设方案，整合校内学科资源，出台相应人才计划，对接学术带头人和研究团队，落实建设软硬件平台，全方位参与省实验室筹备与建设工作。

2018年，汕头大学新增广东省工程技术研究中心1个（广东省结构安全与监测工程技术研究中心），并与汕头市人民政府共建汕头市机器人与智能制造研究院、汕头市“一带一路”科技创新与服务研究院等校地政产学研合作平台。

科研成果 2018年，该校科技成果“华贵栉孔扇贝‘南澳金贝’的培育技术研究及应用”（第一完成单位）获海洋科学技术奖二等奖；“全断面硬岩掘进装备关键技术及应用”（第八完成单位）获2018年度教育部高等学校科学研究优秀成果奖（科学技术）一等奖；“利用δ-catenin、Dynamin-2、Erbin和LAP-1四个相关蛋白联合预测食道癌患者预后的应用研究”（第二完成单位）获2018年度内蒙古自治区科学技术奖三等奖；“多模态医学影像处理与分析及其在疾病诊断中的应用”（第二完成单位）获2018年度江苏省科学技术奖二等奖。

根据2018年中国科学技术信息研究所发布的数据，2017年该校被科学引文索引扩展版（SCIE）收录第一作者单位论文335篇。

知识产权工作 2018年，该校共申请专利171件，获授权专利93件。依托广东省知识产权培训（汕头大学）基地、知识产权远程教育平台，举办一系列知识产权专题培训和讲座，受益高校师生及企事业单位人员逾200人次。

科技交流与合作 2018年，汕头大学不断拓展新的国际科技合作伙伴关系。该校与以色列理工学院、马来西亚登嘉楼大学、印度理工大学、巴基斯坦Barrtee Hodgson University等在材料科学、信息科学、生命科学、环境保护、水产繁育等领域取得新的科研合作进展，获批多项广东省“一带一路”国际科技合作项目。2018年，该校举办了10余场具有国际或区域影响力的学术会议。

4月26—27日，首届 中以理工粤东交流论坛在汕头大学举行。来自以色列理工学院、广东以色列理工学院及汕头大学工学院、理学院的20名学者作了报告，介绍学术研究领域的最新成果。报告内容涉及当前理工科的一些重要研究领域，包括机电一体化、能量控制、生物 医学工程、人工智能、材料科学、分子化学、动力学、声学等诸多方面。频繁的学术交流互动推动了国际科技合作机制创新，为汕头大学、以色列理工学院和广东以色列理工学院在多学科交叉研究团队建设、项目研究、平台建设、人才培养等方面建立更全面、更深入的合作奠定良好基础。

11月8—10日，东—西方联盟睡眠医学论坛暨第一届中国—以色列睡眠医学国际研讨会在汕头举行。中国睡眠研究会理事长韩芳教授、以色列理工大学校长Peretz Lavie 教授、及全国各地的睡眠医学专家学者、海外留学生共250人共同交流分享国内外睡眠医学的最新动态。此次论坛是我国首届睡眠医学论坛，通过专题报告、睡眠专业技术培训、科研论文写作工作坊、病例秀比赛、教授分享座谈会等多种形式，全面展示了近年来国际睡眠医学领域的最前沿学术成就和最有影响力的学术观点，为我国睡眠医学与国际的交流对接提供了平台媒介，填补了我国睡眠学术领域的空白。

11月13日，由教育部和国家卫健委名誉赞助，李嘉诚基金会“国际医疗访问学者计划”赞助，李嘉诚基金会、中国教育电视台主办，中国汕头大学医学院、美国宾夕法尼亚州立大学医学院和希腊克里特大学医学院共同承办的第二十二届全国远程医疗教育研讨会在汕头举行。该研讨会的主题为“睡眠医学”，会议特邀美国宾夕法尼亚州立大学医学院的Alexandros Vgontzas教授和希腊克里特大学医学院的Maria Basta博士进行学术演讲，介绍国外睡眠医学最新动态。采用双向交互的方式与我国医学界人士就相关主题进行研讨，在促进国内外学术交流，提高我国医疗教育水平，特别是贫困地区医疗技术水平方面取得良好的效果。

11月12—16日，首届海洋濒危物种研究与保护亚太国际会议暨第六届海峡两岸及港澳鲸豚研究和保护研讨会在汕头举办，来自中国大陆、中国台湾、中国香港特别行政区、中国澳门特别行政区、美国、希腊、巴基斯坦、韩国、意大利和英国等全球多个国家和地区的140多名业界知名学者参会，对我国海洋哺乳动物保护研究、海洋珍稀物种研究等开展深入交流，并促进合作研究对接。

11月24—27日，第十一届世界华人虾蟹养殖研讨会在汕头召开，来自美国University of Guam、澳大利亚James Cook University、以色列Ben-Gurion University、香港中文大学、中山大学、浙江大学、中南大学、山东大学、厦门大学、中国海洋大学、上海海洋大学、广东海洋大学、中国科学院海洋研究所、中国水产科学研究院、江苏省海洋水产研究所、山东省淡水渔业研究院、浙江省农业科学院、北京桑普生物化学技术有限公司、渤海水产股份有限公司、《中国水产科学》编辑部、水产频道以及汕头大学等112个从事虾蟹研究、产业发展及管理的高校、研究所及企业的专家和代表等650余人参加了会议。本次会议以“环保、安全、绿色、高效的虾蟹养殖”为主题，将围绕“种质资源、遗传育种和良种培育”“营养生理与饲料开发”“健康养殖和病害防控”“产品加工、高值化利用与食品安全”等议题展开16个大会报告，72个专题报告，以及46个研究生专场报告。

12月7—10日，由中国微生物学会环境微生物学专业委员会主办，汕头大学、广东以色列理工学院承办的“第二十一次全国环境微生物学学术研讨会”在汕头召开，海内外800余位代表参会。大会邀请3位专家作了特邀报告，16位专家分别就化学除草剂微生物修复等相关内容作了大会报告，并设立了环境微生物学前沿、污染物生物降解与环境修复、环境微生物组学、微生物与海洋环境、环境微生物技术与工程等6个分会场报告，96位专家学者进行了报告交流。

（罗英光）

科研院所科技创新

【中国科学院广州分院】 至2018年年底，中国科学院广州分院有在职职工4 483人，其中科研人员3 126人。科研人员中具有正高专业技术职称者552人、副高专业技术职称者751人，具有博士学位者1 983人、硕士学位者1 146人。有中国科学院院士2人，中国工程院院士3人，俄罗斯科学院外籍院士1人，国际欧亚科学院院士3人。该院有国家重点实验室4个（其中之一为合建）、国家工程实验室2个（其中之一为合建）、国家地方联合工程实验室4个（其中之一为合建）、中国科学院重点实验室14个、广东省重点实验室17个、湖南省重点实验室2个、海南省重点实验室2个、广东省工程实验室3个。有国家野外科学观测研究站6个，科学考察船4艘，植物、岩矿、海洋生物标本馆各1个。有博士学位培养点39个、硕士学位培养点52个、专业性硕士点21个、博士后科研流动站8个。

科研项目　2018年，该院所属各单位新增各类科研项目1 837项，新增合同经费25.57亿元。其中，国家自然科学基金项目320项，经费2.32亿元；国家科技计划项目（含课题）84项，经费3.05亿元，其中主持国家重点研发计划项目8项，经费1.77亿元（深海所牵头主持国家重点研发计划“深海关键技术与装备”4个项目，合计经费0.98亿元）；中科院项目208项，经费8.90亿元，其中中科院战略性先导科技专项（A类）1项，经费预算10亿元；地方政府科技计划项目495项，总经费6.75亿元。

科研成果　2018年，该院在国内外核心期刊发表论文4 044篇，其中SCI收录2 511篇。出版专著22部，共1 377万字。获授权专利860件，其中发明专利640件。PCT国际专利申请184件。获国家科学技术奖2项：中国科学院广州生物医药与健康研究院“EMT-MET的细胞命运调控”成果荣获2018年度国家自然科学奖二等奖，广州能源研究所“深海天然气水合物三维综合试验开采系统研制及应用”成果获2018年度国家技术发明奖二等奖。获2018年度广东省科学技术奖一等奖项7项、科技合作奖1项、二等奖4项，中国专利优秀奖2项，广东专利优秀奖1项。

项目名称：EMT-MET的细胞命运调控

获奖情况：2018年度国家自然科学奖二等奖

主要完成单位：中国科学院广州生物医药与健康研究院

该项目以体细胞重编程、干细胞分化及细胞转分化为模型，利用发现的细胞命运转换规律指导实践，取得以下成果：（1）揭示了MET是体细胞重编程的起始机制，并基于EMT/MET偶联的重要作用优化MET理论为EMET理论；（2）发现多种表观遗传学修饰通过影响MET调控细胞命运转换；（3）利用EMET理论建立体细胞重编程、干细胞分化和细胞转分化新技术体系。项目成果具有重大科学价值，为干细胞与再生医学的基础和应用研究奠定坚实基础。

项目名称：深海天然气水合物三维综合试验开采系统研制及应用

获奖情况：2018年度国家技术发明奖二等奖

主要完成单位：中国科学院广州能源研究所

该项目攻克深海NGH苛刻地质条件下，地层构建、钻井、井网布署及排采等设备研发技术难点，研发出世界首套三维成套大型设备专用于NGH开采技术研究，解决了NGH开采及控制难度大等关键技术难题，确定了开采NGH的核心技术。首次完成我国NGH藏开采潜力评价。为我国海域NGH成功试采提供了强有力的技术支撑，为我国NGH开发战略部署及建立商业开采平台提供了重要技术保障。

项目名称：病人特异性功能干细胞获取及致病基因精准修复

获奖情况：2018年度广东省自然科学奖一等奖

主要完成单位：中国科学院广州生物医药与健康研究院

该项目针对利用病人尿液来源细胞通过重编程获得多能干细胞、神经干细胞，对干细胞中致病基因进行精准修复，对诱导和修复过程进行安全性评估等方面开展研究。成功将尿液细胞转变为神经干细胞并阐明其机制。建立人类尿液细胞高效诱导的iPS技术体系及iPS细胞库。精准修复病人干细胞的致病基因并评估技术安全性。揭示多能干细胞神经分化和造血分化的调控机制。项目建立的干细胞获取新技术、致病基因精准修复技术、安全性评估方法等对干细胞临床转具有重要意义。

项目名称：光遗传技术研发和神经环路解析

获奖情况：2018年度广东省自然科学奖一等奖

主要完成单位：中国科学院深圳先进技术研究院等

该项目建立了完善的光遗传学研究平台，发展了适用于活体水平光遗传研究的光电极阵列技术;成功解析了大脑处理视觉恐惧信息的皮层下快速反应通路，为理解与本能情绪相关的神经环路特征提供了新的研究思路。同时，该项目还精确解析了颞叶癫痫的传递方向，实现了对癫痫的精准干预，发现了选择性地激活胶质细胞可以实现对帕金森氏病症状的改善，为上述神经系统疾病的临床治疗提供了新的理论依据。研究团队基于自行研发的神经调控技术，发现了光调控胶质细胞后可以促进脑缺血组织的功能修复，并解析了光遗传神经调控技术在肿瘤发生、调控和干预机制研究中的应用，为脑缺血和肿瘤的治疗及康复提供了重要的技术支撑。

项目名称：黏土矿物的表面反应性

获奖情况：2018年度广东省自然科学奖一等奖

主要完成单位：中国科学院广州地球化学研究所

该项目聚焦黏土矿物表面反应性，借助现代谱学、高分辨微区微束和计算模拟等手段，通过制样技术和研究方法的创新，创建了黏土矿物表面反应性研究的分子探针技术和水介质条件下的原位结构表征方法，从原子/分子水平阐明了黏土矿物微结构对表面反应活性的制约及其表—界面作用机制，相关成果为深刻认识地表系统的物质循环和黏土矿物资源的高效高值利用奠定了理论基础。

项目名称：热带亚热带生物与非生物固碳过程及其对环境变化的响应

获奖情况：2018年度广东省自然科学奖一等奖

主要完成单位：中国科学院华南植物园等

该项目对我国热带亚热带生物与非生物固碳过程及其对环境变化的响应进行研究。发现我国热带亚热带森林植被地下与地上部分固碳速率相当，喀斯特地貌单元地下水与地表水固碳速率也相当。提出我国热带亚热带森林植被固碳的呼吸控制假说和喀斯特地貌单元固碳的降水驱动机制。揭示我国热带亚热带森林植被和喀斯特地貌单元固碳对N沉降增加比对大气CO_2浓度升高响应更敏感，对降水变化的响应比增温的响应更敏感。在理论上推动了不同驱动机制在生物与非生物固碳过程研究中的应用，对重新认知区域碳平衡乃至全球碳循环具有重要意义；在实践上提出了我国碳汇空间，为我国经济的高速增长争取了碳的排放权，直接服务于我国的环境外交谈判。

项目名称：超导磁共振快速成像关键技术、系统与应用

获奖情况：2018年度广东省技术发明奖一等奖

主要完成单位：中国科学院深圳先进技术研究院等

该项目创立了高场磁共振快速成像新技术体系，突破了超寻磁共振快速成像的关键核心部件，联合成功研制我国首型3.0T超导磁共振快速

成像系统。基于在磁共振快速成像理论与方法、新型成像信息技术、高密度射频系统和磁共振电子学方面所取得的系列创新成果，攻克了实时心脏成像、脑血管和颈动脉斑块成像等重大临床难题。该项目整体技术指标达到国际先进水平，改变了我国高端影像核心技术缺乏的被动局面，其推广应用对于保障我国医疗健康领域自我供给能力，促进我国高端医疗设备产业的发展具有重大意义。

项目名称：木质纤维素生物质生产航空燃料联产化学品关键技术

获奖情况：2018年度广东省技术发明奖一等奖

主要完成单位：中国科学院广州能源研究所

该项目发明了低值农林废弃生物质资源转化为高品质航空燃料并联产高附加值化学品的新技术，突破了生物质液体燃料品质不高、目标产品选择性低的技术瓶颈。基于创新发明和技术集成，研建了国际首个木质纤维素生物质催化合成航空燃油的中试系统，项目成果在深圳中环油、龙力生物科技等企业得到应用，大幅度降低了生产成本。

项目名称：广东省特色植物资源利用与产业化关键技术研究与应用

获奖情况：2018年度广东省科技进步奖一等奖

主要完成单位：中国科学院华南植物园等

该项目针对广东省植物种类丰富，生态类型多，但部分地区植物资源本底不清，资源利用少的状况，重点查清了南岭和云开大山等生物多样性关键地区的植物资源现状，发现并选育出多个广东地方特色的新品种。开展了特殊生境的适生植物评价，筛选出用于生态修复植物42种，生态修复效果显著。珍稀香料材用树种檀香产业化推广应用获得成功。在全国20多个省份进行推广应用，产生了良好的经济、社会和生态效益。

科技创新平台建设　2018年，该院新增湖南省重点实验室1个，广东省工程实验室1个，广东省工程技术研究中心2个，广东省野外观测研究站1个，广东省社会发展科技协同创新中心1个，广东省制造业创新中心1个，深圳市重点实验室2个；在院四类机构建设中，以中国科学院南海海洋研究所为依托获批筹建南海生态环境工程创新研究院，南海生态环境工程创新研究院（筹）作为主要依托单位承担了南方海洋科学与工程广东省实验室（广州）建设。

科技交流与合作　2018年，全院共接待国外和地区的专家或科技人员共501批、1 417人次，向国外和地区派出科技人员909批、1 636人次；向境外国家公派中短期留学生43人；承办国际（地区）会议19次，其中300人以上5次。新增国际科研合作项目82项、合同经费总额97 39.78万元。新签科技合作协议56项。

（夏建军）

【广东省科学院】　广东省科学院“聚焦产业发展的应用技术研究，兼顾重大技术应用的基础研究，满足广东省经济社会发展需要”，着力打造成为广东高层次人才集聚高地，产学研合作与科研成果转化应用的组织载体，创新驱动发展的枢纽型高端平台，建设国内一流科学研究机构。截至2018年年底，广东省科学院全院在职职工3 766人（不含参控股企业），其中全职院士3人（中国科学院院士1人、中国工程院院士2人），俄罗斯国家科学院外籍院士1人，享受国务院政府特殊津贴专家126人，副高职称以上专业技术人员768人，具有博硕士学位者1 338人，博士、硕士研究生导师222人，在读博士、硕士研究生517人；设有博士后工作站5个，在站博士后46人。

创新平台和条件建设　2018年，新增国家级国际科技合作基地1个、国家地方联合工程研究中心2个、省级野外科学观测研究站2个、广东省星创天地2个。全院各类科技创新与服务平台达196个（不含共建平台），其中国家级以上科技平台20个，省部级科技平台142个，市级科技平台14个，院所级科技平台20个。

新增的分别是：“中国—乌克兰巴顿焊接研究院”获批国家国际科技合作基地；“智能制造技术与装备国家地方联合工程研究中心”和“华南土壤污染控制与修复国家地方联合工程研究中心”获批国家地方联合工程研究中心；“南岭森林生态系统野外科学观测研究站”“粤港澳大湾

区城市群生态系统观测研究站”获批省级野外科学观测研究站；“农业重要害虫安全防控技术星创天地”“广东省中蜂产业星创天地”获批广东省星创天地。

2018年，全院30万元以上大型仪器开放共享台数333台，开放共享仪器有效工作机时6 417 788.6小时，实际开放共享服务总机时511 568小时。开放共享仪器设施服务单位数量14 209家，检验检测服务次数133 310次，支撑科研或技术开发项目771项。

科研项目管理 2018年，全院在研各类纵向科技计划项目1 528项，新增科技项目631项，获经费4.25亿元，其中国家自然科学基金重点研究计划1项、国家自然科学基金39项、中国博士后基金5项、科技部重点研发计划2项、省重大人才工程本土创新科研团队项目2项。

产学研结合工作 共建科技企业工作站18家，研发中心5家；年内牵头或参与建立产业技术创新联盟共10家（累计86家）。与企业面对面对接（培训）活动70场次，选派科技人员1 050人次到企业进行现场技术指导和服务。孵化企业3家，成果转化36项，技术服务企业16 749家。

科技成果及专利 2018年度，获得各类重要科技成果奖励28项，其中获何梁何利奖1人，中国专利银奖1项，大北农奖1项，广东省科学技术进步奖一等奖1项、二等奖2项、三等奖3项，第五届广东省专利优秀奖2项，广东省农业推广奖4项，中国有色科技奖一等奖1项、二等奖6项、三等奖6项。

稀有金属分离与综合利用国家重点实验室主任邱显扬获何梁何利产业创新奖；专利“一种铁基生物炭材料、其制备工艺以及其在土壤污染治理中的应用”（专利号：ZL201410538633.8）获中国专利银奖；“镉砷污染稻田安全利用关键技术及产业化”获得第十届大北农科技奖环境工程奖。

2018年，申请专利802件（同比增长37%），其中发明专利612件（同比增长39%）。获授权专利361件（同比增长30.8%），其中，国外专利9件，发明专利178件（同比增长6%）。转让专利9件，许可专利8件，发布各类标准94件。

2018年，共发表论文922篇，其中SCI收录342篇，EI收录54篇，出版专著16部。

粤港澳大湾区合作创新 加强与港澳地区有关单位、高校和科研机构的合作，推进共建研发中心、联合实验室。积极推进与香港特区政府机电工程署等有关政府部门的合作。2018年，启动建设的粤港澳大湾区微生物安全与健康国际创新中心，由吴清平院士领衔，联合香港中文大学、香港科技大学、澳门大学、省属大学和相关研究机构，构建面向生物健康领域的大科学中心，提升广东省在生物健康领域整体创新能力。院属11家研究所与港澳地区高校和企业开展科研项目研究，多举措多层次参与粤港澳大湾区国际科技创新中心建设，与中国科学院科技战略咨询研究院合作建设粤港澳大湾区战略研究院。与香港城市大学合作建设粤港轻合金先进制造技术联合研发中心，与澳门特区政府民政总署及澳门大学合作建设珠江口迁徙鸟类研究与监测粤澳合作中心等。

国际交流与合作 2018年，全院接待国（境）外的专家或科研人员142批259人次，向国（境）外派出科研人员116批次264人次，新签科技合作协议7项。

积极推进与英国伯明翰大学、英国爱丁堡大学、德国弗劳恩霍夫协会、乌克兰国家科学院合作共建中英先进制造创新中心、中英人工智能研究院、中德装备技术研究院和中国—乌克兰科技产业创新中心，着力引进关键科研项目和优质科技成果。与牛津大学技术与管理发展研究中心、中国科学院科技战略咨询研究院等机构合作，成功举办第三届中英创新与发展论坛，与麻省理工学院中国未来城市实验室签订战略合作协议，联合开展地理空间智能、城市健康分析等现有技术在行业内的应用和推广，同时促进双方技术在行业应用过程中的国际化进程。

加强与“一带一路”沿线国家的合作，组织参加东盟博览会先进技术展，与南非、俄罗斯和印度相关研究机构联合攻关。与尼泊尔国家自然保护信托基金签署国际合作备忘录，着力深化生物多样性保护等方面的联合研究。加强与南美洲、非洲地区以及南太平洋岛国的适用技术合作，以科技创新助力“一带一路”国家共同发展。

（王永堂）

【广东省农业科学院】 该院设有水稻研究所、果树研究所、蔬菜研究所、作物研究所、植物保护研究所、动物科学研究所、蚕业与农产品加工研究所、农业资源与环境研究所、动物卫生研究所、农业经济与农村发展研究所、茶叶研究所、环境园艺研究所、农业科研试验示范场、农业生物基因研究中心和农产品公共监测中心共15个科研机构；建有博士后科研工作站。建有中国农业科技华南创新中心，建有畜禽育种国家重点实验室1个，省部共建国家重点实验室培育基地1个，热带亚热带果蔬加工技术国家地方联合工程研究中心1个，国家农业科学实验站（试运行）2个，农业部专业性/区域性重点实验室5个、农业科学观测试（实）验站8个，广东省重点实验室11个。建有国家种质资源圃5个，农业部种质资源圃3个，收集保存国内外种质资源近5万份。建有占地约133.3hm^{2}的现代农业科技园区——广东广州国家农业科技园区，是国家级农业科技创新与集成示范基地。

截至2018年年底，广东省农业科学院共有在职职工1 825人，其中具有高级专业技术资格科技人员479人，博士391人；享受政府特殊津贴在职专家23人、国家级人选4人、“全国杰出专业技术人才”1人，入选国家现代农业产业技术体系岗位科学家17人，综合试验站站长7人；入选广东省产业技术体系创新团队首席和岗位专家54人；入选广东省重大人才工程科技创新青年拔尖人才7人，9人获得广东省丁颖科技奖。全年引进博士63人。实施金颖人才计划，遴选出“金颖之光”“金颖之星”、青年研究员（副研究员）等人才项目培养对象18人，其中“金颖之光”1人、“金颖之星”4人。加强学科团队建设，遴选出攀峰学科团队5个、优势学科团队8个、特色学科团队12个、培育学科团队10个，并调研新兴学科建设方案。

科研项目 2018年，该院获科技项目立项565项，科技项目合同经费3.89亿元，到位经费比2017年增长15.26%；横向科研项目经费明显增加。

科研成果 2018年度全院获得科技成果奖励56项，其中中国专利奖银奖1项，省科学技术奖12项。全院获授权专利106件，其中发明专利73件。通过审定、登记及鉴定品种144个，其中：国家审定及登记品种共29个，省级审定及鉴定品种共106个。获植物新品种权28件。该院公开发表科技论文879篇，包括SCI收录论文204篇。

项目名称：一种利于肠道修复的营养膳及其制备方法

获奖情况：2018年度中国专利奖银奖

主要完成单位：广东省农业科学院蚕业与农产品加工研究所

本专利提供了一种利于肠道修复营养膳产品

表4–5–1　广东省农业科学院2018年度部分获奖科技成果

序号	项目名称	项目负责人	项目类别	备注
1	一种利于肠道修复的营养膳及其制备方法	张名位	中国专利奖银奖	主持
2	岭南大宗水果综合加工关键技术及产业化应用	徐玉娟	广东省科学技术进步奖一等奖	主持
3	大花蕙兰和兜兰新品种创制及产业化关键技术	朱根发	广东省科学技术进步奖一等奖	主持
4	中早熟广适性优质超级杂交稻五优308的选育与应用	黄慧君	广东省科学技术进步奖二等奖	主持
5	南方大果高产抗病花生新品种粤油7号的培育与应用	梁炫强	广东省科学技术进步奖二等奖	主持
6	贡柑新品种选育及关键栽培技术研究与应用	吴文	广东省科学技术进步奖三等奖	主持
7	华南辣椒抗逆机理研究与耐逆新品种选育与应用	徐小万	广东省科学技术进步奖三等奖	主持

的营养设计理念、原料配方与核心加工技术。首次采用全谷物发芽糙米、山药等农产品原料提供碳水化合物基质，在配方上通过全营养设计与功能因子强化，保障产品营养充足性，兼顾营养素快速吸收与肠道修复。本专利产品填补了粉剂类国产全营养型肠道修复临床营养品的空白。以本发明技术作为重要内容之一的科技成果“营养代餐食品创制关键技术及产业化应用”获2015年国家科技进步奖二等奖。

项目名称：岭南大宗水果综合加工关键技术及产业化应用

获奖情况：2018年度广东省科学技术进步奖一等奖

主要完成单位：广东省农业科学院蚕业与农产品加工研究所、华中农业大学、合浦果香园食品有限公司、广东源丰食品有限公司、广东宝桑园健康食品有限公司、徐闻通达果汁有限公司、高州市晟丰水果专业合作社、广州市从化顺昌源绿色食品有限公司

该成果以提升岭南大宗水果加工产业技术水平为主线，实现水果减损增值为目标，创建荔枝、龙眼和菠萝等前处理加工技术体系及装备，建立荔枝和菠萝果汁及浓缩汁加工关键技术，集成创新果酒、果醋和发酵饮料加工技术体系，构建果干制品加工质量安全控制技术体系，实现副产物高效利用，创制系列新产品并实现产业化。项目技术于2006—2016年分别在10多家单位进行应用，累计新增销售额29.57亿元、新增利润2.81亿元；近3年新增销售额14.61亿元、新增利润1.54亿元。通过成果技术推广应用，我国60%以上的荔枝、菠萝浓缩汁分别由合浦果香园食品有限公司、徐闻通达果汁有限公司等单位完成生产和销售；培育成省级著名商标2个、省级农业产业化龙头企业3个。

项目名称：大花蕙兰和兜兰新品种创制及产业化关键技术

获奖情况：2018年度广东省科学技术进步奖一等奖

主要完成单位：广东省农业科学院环境园艺研究所、中国科学院华南植物园、华南农业大学、东莞市农业科学研究中心、华南师范大学、广州市林业和园林科学研究院、广州花卉研究中心、翁源县仙邑兰花生物科技有限公司、广州华大锦兰花卉有限公司

该成果经过11年协作攻关，成功突破了品种依赖进口、兜兰种苗繁育为国际性难题等制约产业发展的关键技术瓶颈，推动小株型大花蕙兰和兜兰成为广东特色花卉产业之一。建立了大花蕙兰、兜兰的种质资源圃和评价技术体系。首次揭示巨瓣兜兰、汉氏兜兰等9种濒稀兜兰的染色体数目及其核型，探明了大花蕙兰与墨兰杂交后代的性状更倾向于大花蕙兰的分子基础，开发出2个与香气性状紧密连锁ISSR标记用于辅助育种。率先构建了大花蕙兰×墨兰、兜兰×兜兰的育种体系。选育出省级农作物审定新品种16个，占省级审定同类品种的89%。首次实现汉氏兜兰、卷萼兜兰等14种濒稀兜兰的无菌播种及汉氏兜兰和摩帝类兜兰的无性克隆繁殖。获国家授权发明专利4件，培养研究生14名。种苗和技术已推广到广州、韶关、东莞、佛山等市以及福建、山东、贵州等省，近3年累计新增销售额为7.9亿元、新增利润为2.8亿元。累计推广面积2.9万亩次，新增社会效益18.5亿元；促使广东翁源县和福建南靖县成为全国最大的小株型大花蕙兰生产基地，生产面积从零分别发展到333.3hm^{2}和133.3hm^2。

科技创新平台建设 2018年，累计新增平台6个，其中，国家级平台1项，省级平台5项。“国家茶叶加工技术研发专业中心”为农业农村部批准的6家茶叶加工领域研发中心之一。参与“广州国家现代农业产业科技创新中心”的筹建工作，组织承担与广州市农业局、华大基因和华南农大等单位的研讨交流，确定科创中心“一中心三基地”模式，该院白云基地作为柯木塱基地、白云基地、南沙基地中的重要科研中心。持续加强农业基础性工作，“广东省农作物种质资源库（圃）建设与资源收集保存、鉴评”项目获省农业农村厅立项。

科研成果推广与服务 2018年，新建省农科院清远分院、汕尾分院，分院数量增至8个；新建潮州现代农业促进中心，促进中心数量增至4个。深化院地合作，与梅州共建科技支撑乡村振兴示范市。与地方依托单位、企业等联合申报项

目48项，与地方政府签订科技合作协议70多份。安排驻点人员59人，下达共建项目、推广项目等101个。

2018年，该院共派出专家2 300多人次，参加各类科技下乡活动832场，派出资料90 645份，推广新品种980多个次，新技术750多个次，培训农民52 316人次。新建研究示范基地76个，与企业新建机构13个，与323个农业龙头企业建立了合作关系。

搭建科企对接平台，加速科技成果转化。2018年，该院组建广东金颖农业科技孵化有限公司运营团队，完成广东省现代农业科技创新中心及广东省农村创新创业星创天地（金颖孵化公司）备案，登记为广州市科技企业孵化器，并被评审为国家级星创天地。2018年科技转化合同新增为127项，其中科技成果转化许可合同122项，合同金额为3 429.77万元，技术入股5项。

科技交流与合作　紧密围绕国家“一带一路”倡议，主动谋划实质性国际合作，签署合作协议45份，同比去年增长165%，合作领域涉及果树、蔬菜、经济作物、畜禽养殖、农产品加工等。院组团分别赴泰国、斯里兰卡和我国香港推进科技合作。不断深化与南太平洋岛国的农业科技合作，举办“南太平洋岛国农业技术培训班”。对接本省战略布局，主动融入粤港澳大湾区建设，与香港大学签署合作协议，在动物疾病防控方面开展研究；与香港中文大学、澳门大学共同筹建“粤港澳大湾区营养安全食品联合实验室”，提升大湾区营养安全食品科技创新水平。

国家科技合作项目申报和立项数量显著提升，2018年组织申报国际科技合作项目112项；获得各类型国际合作项目24项。10人入选国家留学基金委公派出国留学人员项目，项目立项率达到83%。全院派出因公出访团组60批153人次赴泰国、新加坡、日本、美国等31个国家访问交流和开展科技合作；邀请分别来自美国、加拿大等国家和地区的90批次共233人次来院交流合作。

（叶　菁）

【深圳清华大学研究院】　截至2018年年底，深圳清华大学研究院拥有员工335名，研发人员290人，汇集了一批教授、博士、高级研究人员和海归学者，其中国家特聘专家2人，“973计划”首席科学家5人，深圳高层次人才15人、海外高层次人才10人，南山区领航人才15人，广东省创新团队2个，广东省自然科学基金研究团队1个，深圳市海外高层次人才创新创业团队4个；拥有国家级研发服务中心1个、广东省重点实验室2个、广东省工程中心7个、广东省部产学研示范基地1个、深圳市重点实验室9个、深圳市工程实验室9个、深圳市公共服务平台4个，与企业成立联合实验室35家，科研开发和实验室建设费用年均超过6 000万元。

科技成果与产业化　科研项目方面，2018年研究院承担5项国家重点研发计划课题，获批3项国家自然科学基金项目，有42项科技项目获得国家、省、市各级政府立项资助，金额近7 000万元；与企业签订横向技术合同55项，金额3 748万元。

平台组建方面，2018年研究院新增1家广东省工程技术研究中心（广东省锂电池电极活性材料工程技术研究中心）；新组建了抗肿瘤创新药物研发中心、复眼计算视觉技术与智能装备研发中心等8个独立研发中心。

专利申请方面，2018年研究院申请专利56项，其中发明51 项；获授权专利19 项，其中发明13 项。至此，研究院共申请专利530项（获授权专利313 项），软著39项。此外，研究院还加入了“深圳市南山区知识产权联盟”。

产学研合作方面，2018年研究院依据自身创新机制特点修订了《深圳清华大学研究院职务科技成果转化实施细则》和《深圳清华大学研究院科技成果管理办法》等，进一步明确了研发团队成果收益分配方法。

央企合作方面，2018 年研究院先后与中海油、华润、中广核和中国商飞4家央企开展战略合作，意在面向国家重大科技与产业需求，发挥研究院机制体制优势和央企龙头产业资源优势，联合探索构建“创新特区”，充分调动研发团队积极性，加速重大创新成果形成及其产业化。

高新技术企业孵化与科技金融　截至2018年年底，研究院系统累计孵化企业2 500多家，培育主板上市公司21家，取得良好的社会经济效益。基于技术与资本结合的成功经验，研究院致力于金融助力的科技成果转化，借力科技金融体制创新，推进科技与金融结合，在前海的力合金融控股公司已与国开行、建行、浦发、招行等多家银行开展合作，获授信额度超过12亿元，形成了包括科技担保公司、科技小贷公司、融资租赁公司为支撑的金融产业链，构建了综合金融服务平台。

创新基地建设　研究院立足深圳，辐射珠三角，拓展园区基地，形成一系列高新产业园区和服务机构。截至2018年年底，已建成清华信息港（深圳）、清华科技园（珠海）、江苏数字信息产业园、力合佛山科技园、力合顺德科技园、力合清溪科技园等一系列产业园区，为科技创新孵化体系的建设，提供了广阔发展空间。

人才培养　截至2018年年底，研究院博士后科技工作站累计招收博士后近百名，累计开设各类型培训班千余期，服务于珠三角地区各行业领军企业及政府内训项目。

公共技术研发平台建设　2018年，研究院下属各研究所在研发平台的能力建设、技术与产品创新上均做出了新成绩。

光机电与先进制造研究所新增2项国家重点研发计划课题，多项广东省、深圳市级科技项目；半导体激光芯片系列产品年度销售额达1 300万元；研发智能售货力敏感知传感器系统进入样机展示阶段。

电子信息技术研究所承担1项国家重点研发计划课题，多项广东省、深圳市级科技项目，获批经费1 000余万元；研发的连续听诊记录仪取得医疗器械注册证和生产许可证；自主设计的SoC芯片完成植入式颅内压监测系统开发，进入动物实验阶段。

宽带无线通信研究所围绕灵巧通信卫星测控数传、遥测遥控、姿控分系统设计，研发基于COTS小卫星软件无线电模块，以加快微小卫星星载模块研究与产业化开发；完成基于物联网需求通信模块的研制和样板制作；新增2个共建研发中心的企业；基于地磁传感技术的交通流量检测系统进入中试阶段。

新材料与生物医药研究所参与2项国家重点研发计划课题，完成了PEEK人工椎间盘产品开发，研发出2种治疗神经退行性疾病的抗体药物；干法极片、多孔铜箔等项目进入规模化生产，集成开发的运动评估软件体系、纳米银线等项目进入市场化阶段；第三方检测分析服务客户数量达150多家。

新能源与环保技术研究所新增1个广东省工程技术研究中心及1项国家海洋局产业链协同创新类项目；RPIR快速生化污水处理技术日处理水量超过50万t，产业化公司年度合同逾1亿元；研发的环保颜料产品进入客户认证和市场推广阶段。

航空航天技术研究所团队产业化公司研发出分度式自动测座、高精度三坐标控制器、SC80扫描测头，实现三坐标精密测量设备的全自主可控，打破垄断，并推向市场。

研究院于2017年成立综合技术研究所，下设智慧油气、创新战略、城乡发展、电池材料等多个研发中心。2018年，研究所研发“油气大数据智慧钻井平台”等软件，研制电池级硫酸镍生产技术并应用于生产实践。

（李文波）

【中国科学院深圳先进技术研究院】　2018年，中国科学院深圳先进技术研究院（简称“先进院”）不断凝练学科方向，聚焦IBT领域，逐步由“工程”到“技术”向“科学”发展，产生一批原创性成果。

综合实力　2018年，新增合同经费14.7亿元，现金到账10.06亿元，均创历史新高。发表论文1 415篇，*Nature/Science*系列文章17篇，WFC指数由2017年5.63上升至14.44，申请专利1 226件（含广州南沙所）。2018年，获批人才项目1.25亿元，引入全职院士1人，新增中科院百人计划2人、中科院青促会会员7人（累计54人），获博士后科学基金资助68人（中科院第1）。荣获谈家桢生命科学创新奖1项，中国专利优秀奖1项，深圳市科学技术奖3项。产业合作项目金额达3.12亿元，新增孵化企业122家。获批建设国家卫计委国家健康医疗大数据研究院。作为牵头单位，承担深圳市“十大行动”计划中的2个重大科技基础设施、3个基础类研究机构，成为深圳承担“十大行动”计划项目最多的单位。中科院与深圳市签署合作办学协议，将依托先进院筹建中国科学院深圳理工大学（暂定名），科教融合优势不断凸显。11月，深圳先进院先进电子材料研究所（筹）成立揭牌仪式在深圳举行。

科研项目管理　2018年新增国家自然科学项目95项（中科院排名第5位），创历史新高。包括优秀青年基金项目2项、重点项目1项、重大科研仪器1项、联合基金2项，总经费5 047万元。科技部项目顺利开展，承担纳米科技专项获二次评估择优继续支持，获批重点研发计划课题8项。获批千万级项目中科院3项、广东省2项。

科研平台建设　获批牵头建设“广东省高性能医疗器械制造业创新中心”，为申报国家高性能医疗器械制造业创新中心奠定基础。获批牵头建设深圳市深港脑科学创新研究院（深港脑科学中心）、合成生物学创新研究院、先进电子材料国际创新研究院。获批参与深圳市人工智能与机器人研究院，参与共建深圳网络空间科学与技术省实验室、生命信息与生物医药广东省实验室。

“一三五”重点领域及成果

1．重点突破1——高端医学影像。磁共振引导超声神经调控国家重大仪器研制项目完成项目总体与各子系统的方案设计，自主研发世界首个大规模平板超声辐射力发生器面阵系统、千通道高精度超声神经调控电子系统和磁共振成像导航定位系统。与绿谷制药公司合作，实现了超声神经调控技术的转移转化。

与上海联影联合研制的“3.0T人体磁共振快速成像系统”顺利通过成果鉴定，专家组认为该系统整体技术指标达到国际先进水平，部分快速成像技术处于国际领先水平，改变了我国高端影像核心技术缺乏的被动局面。

在PET方向，完成基金委中仪器项目高清晰磁兼容小动物PET成像系统的集成，获得初步图像，达到>10%中心效率和<1mm位置分辨率的仪器设计指标，仪器性能达到国际领先水平。项目在基金委组织的中期考核中获得优秀。

在学术方面，发表论文131篇，以第一或者通讯作者发表国际核心期刊SCI收录论文92篇。团队带头人获中国科协求是杰出青年成果转化奖。

2．重点突破2——低成本健康。在低成本健康方面，开发出具备人类皮肤柔弹性的仿生功能材料，开发出新型柔弹性电路，用于医疗可穿戴设备和人工电子皮肤电极。穿戴式心电房颤检测获重要进展，9种心率失常多分类准确率81.2%，相比斯坦福大学团队，准确率提高3%。

建立单细胞测序新方法，提出了一种创新的“数字化裂解产物”的概念，应用于单细胞测序，构建单细胞的转录组样本，从尽量少的单细胞中获取有效的转录组信息并构建分子图谱，对稀有细胞例如胚胎干细胞研究具有重要的意义。

打造“海云工程”升级版——慢病链式管理系统，项目在浙江东阳等地的示范工作顺利进行，先进院孵化低成本健康领域公司获恒大集团3.6亿元注资，估值超过10亿元。

年度发表SCI收录论文100余篇、获授权发明专利50余项。基层医疗设备示范应用获2018年度深圳市科技进步一等奖。获批建设国家健康医疗大数据研究院。

3．重点突破3——医用机器人与功能康复技术

外骨骼机器人亮点频出。柔性助力外骨骼机器人，实现快速意图识别与控制模式切换；自平衡全主动外骨骼机器人，实现携带人体模型自平衡行走；面向助老助残的多模态融合下肢外骨骼机器人，在国际上首次将机器视觉技术引入下肢外骨骼机器人，建立基于多模态信息的多层次融合决策机制，融合足底压力、关节角度、环境信息、脑电EEG信息。

腔道手术机器人运动感知与控制研究取得进展，提出了一种基于深度神经网络求解蛇形机器人逆运动学问题的算法。

脑血管实时介入移动式手术机器人系统研发进展顺利，具备路径规划、血管漫游、术中导航等功能，已启动人体临床试验方案。鼻内镜手术机器人实现人体复杂鼻腔解剖结构三维重建、手术规划、适应狭小细长鼻腔腔道结构的复合虚拟约束模型、基于RCM的机器人系统，跟踪精度达1mm。

主办IEEE CBS2018国际会议，获批建立深圳市微创手术机器人技术与系统重点实验室。“人机共融外骨骼智能机器人技术与系统”获得2018年中国仪器仪表学会科学技术一等奖。发起成立深圳市人工智能学会。

4．重点培育1——城市大数据计算。基于机器学习的云数据中心智能管理及容量规划方面，针对当前云数据中心面临的超大的系统规模、异构的资源配置和开放的应用场景带来的挑战，探索基于机器学习的“智能”管理及容量规划方法，支撑阿里巴巴“双十一”百万级并发的在线交易任务。

通过海量遥感数据，对“一带一路”生态环境进行监测，完成“一带一路”全区域植被时空变化数据集，分析全区域生态环境变化，对经济廊道生态环境变化进行分析，项目得到中科院先导专项支持。

基于大数据支撑的智慧机场系统，有效提升调度效率，用于深圳宝安、海口美兰等机场；智慧公交系统为深圳市交委提供电子站牌服务；智慧地铁系统服务深圳地铁集团，上线5个月抓获疑犯400余人，获公安部表彰。承办首届深圳医疗健康大数据创新应用国际大赛，包括126支国内团队、26支海外团队在内的超过600人参赛。

5．重点培育2——脑科学。利用前沿的CRISPR-Cas9基因编辑技术建立精确设计的自闭症非人灵长类模型，研究论文投稿于*Nature*；首次揭示大脑动态评估外界信息重要性的机制，研究结果发表于*Science*；光遗传技术累计辐射到境内外近460家实验室，1 150余名科研人员受益。

发现脑内再殖小胶质细胞起源，首次阐明了脑内再殖小胶质细胞的起源，利用小胶质细胞再殖模型，推翻了前人所提出的脑内存在小胶质细胞前体细胞的经典观点，成果发表于*Nature Neuroscience*。

在本能行为与负性情绪研究方向，发现了大脑编码刺激显著性的新脑区；制备了世界上首例高度模拟人类精神疾病的Shank3突变的自闭症非人灵长类模型；发现调控压力应激神经环路调控恐惧情绪反应的新机制。

科研成果发表在*Science*、*Neuron*、*PNAS*等高水平期刊上。申请专利73件，PCT专利17件，获授权16件。获批深圳市、广东省首家AAALAC认证研究机构，荣获深圳市2017年度自然科学一等奖。2018年，中国科学院深圳先进技术研究院获批牵头组织建设，聚集香港、深圳优势脑科学创新资源的“脑解析与脑模拟重大基础设施”和“深港脑科学创新研究院”。3月，在粤港澳脑与智能科学高峰论坛上，广东省脑连接图谱重点实验室学术委员会正式成立。

6．重点培育3——先进电子封装材料。二维导热绝缘材料通用制备方法获得进展，制备氮化硼纳米片高剥离效率55%，高分散液浓度4.13mg/mL，片层厚度小于10个原子层。优化印刷线路板原位储能材料，具有优异的循环稳定性以及柔韧性，能量密度高达18.7 μ Wh cm^{-2}。

面向透明导电膜的高长径比银纳米线材料完成中试放大实验并实现技术转移，成立合资公司，高导热PI膜材料进入产线验证阶段；面向薄晶圆加工关键支撑材料打通全制程，实现商品化进入市场。上述高端先进电子封装材料为5G通讯应用打下良好基础。

发表学术论文77篇，其中SCI收录56篇，申请发明专利45件，获授权专利31件，提交PCT申请6件。获批建设深圳先进电子材料国际创新研究院。

7．重点培育4——肿瘤精准治疗技术。成功研发出基于CD19靶点的CAR-T细胞治疗新药，治疗效果显著，已完成74例临床病例的细胞治疗研究，幼儿白血病应答率100%，多名患者痊愈。儿童急淋100%CR，淋巴瘤80%OR，骨髓瘤超过80%，达到国际领先水平。成功研发出具有完全自主知识产权的人DR5抗体融合蛋白新药（1.1类新药），已完成该新药的全部临床前研究，已递交临床试验审批程序的I类沟通交流会申请。

在肿瘤精确诊断方面，构建了乏氧激活和NTR酶响应的单分子探针，用于高对比的肿瘤近红外二区荧光/光声成像和乏氧活化的光热治疗。成功研制新型DcR3癌症精准检测试剂盒、H7N9流感检测试剂盒、DR5药物筛查检测试剂盒。

在肿瘤精准治疗方面，发展了杂交蛋白纳米氧载体，实现携氧增效的化疗和光动力治疗。构建了肿瘤靶向供氧和原位产氧体系增强光动力治疗效果，通过肿瘤免疫原性细胞死亡，消除原位瘤和抑制远端瘤。发展了一种细胞膜免疫治疗策略，通过自然杀死细胞膜伪装纳米颗粒来消除原发性肿瘤并抑制远处肿瘤生长。

年度共发表相关SCI收录论文46篇（包括*Advanced Functional Materials*、*ACS Nano*，

*Angewandte Chemie International Edition*等期刊），申请发明专利41件。中科院深港生物材料联合实验室评估优秀。

8. 重点培育5——合成生物器件关键技术。截至2018年年底，已汇聚形成了一个包含1名“国家杰出青年”在内近200人的科研队伍，建有合成生物学研究所（筹），并牵头建设深圳市合成生物研究重大科技基础设施（已通过可研论证），获批建设深圳合成生物学创新研究院，牵头发起“国际基因组编写计划·中国”。

首次利用已有人体肠道微生物大数据开发新的生物信息学方法，鉴定出大量的全新肠道噬菌体，揭示肠道噬菌体组的多样性和新颖性，揭秘噬菌体—细菌—宿主两两之间存在着相互作用。相关成果发表于*Microbiome*。

设计开发了体内、体外与loxP正交的多种重组系统，并通过体外对代谢途径的重组优化与体内对合成染色体的菌株重排改造，实现了目标代谢产物在合成酵母中的优化生产，将为合成酵母菌株的工业应用带来巨大的经济效益，相关成果产出论文2篇，均发表于*Nature Communications*上。

年度新增孔雀团队2支，深圳市重点实验室1个，科技部中青年科技创新领军人才1名，发表学术论文51篇，其中SCI收录43篇（高水平论文8篇），申请发明专利5件，申请PCT专利1件。

官产学研结合工作　全年签约启动筹建25个企业联合实验室，建立了首个与“一带一路”国家上市公司合作的国际企业联合实验室（马来西亚PUC）。产学研合作紧抓国家“一带一路”、粤港澳大湾区建设契机，与深圳市宝安区商定先进电子材料研究院的落地事宜与匹配支持，与深圳市福田区商议推进14T高场超导技术落地事宜；新建杭州先进院、武汉先进院相继投入运营。

承办首届由军委科学技术委员会发起，中科院主办，深圳市政府支持的“率先杯”未来技术创新大赛，拉动超过7 000万元资金和深圳匹配政策支持，吸引超过70家科研院所、高校、社会团队，超过600个项目参与，40余个优胜项目获得百万元以上项目资助，形成全国知名品牌。

人才队伍建设　截至2018年年底，全院人员规模达2 876人，其中员工1 595人（全职1 295人，非全职226人），海归人才近600人，在读研究生1 281人。全年新增入选各类人才计划281人次，新引入副高以上职称人才50余人。新入选国家级人才2人，广东省重大人才工程14人。新获批深圳市孔雀人才95人次、高层次人才34人次。新引进卢嘉锡国际团队1支、海外高层次人才创新团队2支。获中国青年科技奖1项。

科教融合　合作办学取得标志性新进展，2018年11月16日，中科院与深圳市签署合作办学协议，双方将依托先进院和在深圳布局的重大基础设施，以及中科院在粤科研力量，建设世界一流、小而精的研究型大学——中国科学院深圳理工大学（暂定名）。

坚持科学研究与高等教育深度融合，牵头国科大“生物医学工程”学科建设，顺利完成教育部学科评估的“摘黄牌”任务；4个专业硕士培养点在国科大学科评估中获得优秀。新签联合培养高校11所，累计35所。与中国科学技术大学、香港科技大学、西安电子科技大学等高校共建“精英班”；与俄罗斯、巴西3所高校签订合作协议。研究生获中科院“院长优秀奖”、国科大“必和必拓奖学金”等奖项，年度获奖学生达100人次。累计培养博士后547名，在站313人。

国际交流与合作　2018年，在新形势下先进院国际合作态势良好，多项国际项目实现零的突破。年度新增国际合作与交流项目38项，同比增长100%，合作国家（地区）已达34个。深化与香港高校合作，中科院与香港地区联合实验室在评估中获“优秀”2个（2/4）、“良好”3个（3/8）、“新认定”1个（1/3）。获批中科院“大科学培育专项”计划、“牛顿高级学者基金”计划、科技部“港澳台专项”计划，均为先进院首例。获批广东省“国际科技合作基地”项目。聚焦“一带一路”相关国家在发展中面临的关键共性技术问题，培育与新加坡、马来西亚、日本、韩国等国家关于康复技术、空间信息、同步辐射光源等领域的专项合作。

国际交流互访日益紧密，举办多场国际会议。接待来自美国、加拿大、英国等多个国家和地区的代表团到访与合作交流，超600人次；主办6次大型国际会议、百余场学术研讨会；举办“第四届合成生物学青年学者论坛”（千人规模）、“IEEE类生命机器人与仿生系统国际会议”“香山科学会议第Y1次学术讨论会”等大型国内外会议，学术知名度进一步提升。

2018年9月15日，深圳先进院合作研发国产首型3T磁共振系统创新成果通过鉴定

（卢　群）

【广东华中科技大学工业技术研究院】 2018年是广东华中科技大学工业技术研究院（简称“工研院”）服务东莞第20年的开局之年。经11年的深耕经营，工研院牵头建设了广东省智能机器人研究院，自主打造了“华科城”品牌系列孵化器，目前已在广东逐步打造了完整的创新成果转化体系。

平台与基地建设　工研院建设了研发基地，投入运营或正在建设的加速器及产业园近50万m^2，整体构建了“两院一城”创新体系，形成了“研发基地—孵化器—加速器—产业园”的完整成果转化链条。

2018年，工研院新增科研平台共计6个，其中国家级2个、省级3个、市级1个，创造了多项东莞第一，获批东莞唯一一个国家创新人才培养示范基地，并作为股东发起单位联合建设了国家数字化设计与制造创新中心，建成东莞第一个国家技术转移示范机构，第一个教育部产学研结合基地，东莞科技平台唯一一个省级重点实验室等，截至2018年年底，累计建设了18个科研平台，其中国家级3个、省级9个、市级6个，逐步由“地方队”向“国家队”迈进。

表4-5-2　2018年新增科研平台

序号	平台名称	级别
1	国家数字化设计与制造创新中心（工研院是股东发起单位）	国家级
2	国家创新人才培养示范基地	国家级
3	广东省全自主无人艇工程技术研究中心	省级
4	广东省智能制造装备工程技术研究中心	省级
5	广东省博士工作站（工研院）	省级
6	东莞市全自主无人艇重点实验室	市级

人才团队建设　2018年，工研院引进1支国家级重点领域创新团队——“智能终端精密构件制造装备创新团队”（东莞唯一一支），引进1支广东省首批本土创新科研团队——“3C产业智能制造装备创新科研团队”（东莞唯一一支），成功引进及培养东莞市特色人才9名，张国军教授当选东莞市首届“十大创新人物”；截至2018年年底，累计共获批1支国家级创新团队，6支广东省创新团队（在东莞引进省创新团队中占比13%），建立了一支600余人的研发团队和1 000余人的工程化成果转化团队，其中包括国家长江学者7人，国家杰出青年6人，海外创新人才70多名，东莞市特色人才34名（占东莞市特色人才比例10%），集聚了一批海内外高端人才。

2018年，工研院积极搭建创新人才培养平台，为关键共性技术科研攻关，科技成果转化，科技企业孵化培育提供坚实的人才支撑。8月，获批“国家创新人才培养示范基地”，“智能终端精密构件制造装备创新团队”获选国家重点领域创新团队。9月，工研院获得机电专业职称自主评审资格，是东莞首批自主评审单位（全市共3家）。12月，获批广东省博士工作站。工研院和华中科技大学、东莞科技局联合共建研究生培养基地，2018年组织了31名研究生到无人艇创新团队、设计服务中心、稳控智能、水务投资等单位或企业进行专业实践。工研院成为东莞市首批拥有自主评审资质的新型研发机构之一，成立了机电工程中级职称评审委员会。经评审，工研院及持股企业共计7名员工取得中级机电工程师资质。全年举办4期松湖华科创新大讲堂活动，共计600余人参加。

技术创新工作　2018年，针对制约广东省制造业发展的关键核心技术问题，工研院围绕无人自主技术、智能传感、智能控制、数字化装备等方向开展技术研发，开发出拥有自主知识产权的关键核心技术和功能部件，并成功应用于轻工制造、3C电子制造、汽车模具制造等主要行业。累计承担重大科研项目100余项，申请各类知识产权540项；参与起草了云制造，射频，车间制造执行数字化通用要求等标准41项，其中17项国家标准，1项军用标准。在《自然》杂志子刊*Nature Physics*等国内外核心期刊上发表高水平论文130余篇。

（1）开发的智能终端精密构件制造装备实现产业化应用。工研院面向国家重大需求，面向3C产业，针对新一代智能终端精密构件，围绕3D超薄玻璃构件制造装备的关键共性技术壁垒进行突破，分别攻克3D超薄玻璃热弯装备、3D曲面贴合装备及透明构件检测三个装备关键核心技术难关，研发出相应制造装备，实现智能终端3D超薄玻璃构件制造装备行业应用与产业化。已研制出原型样机并在蓝思、新知、瑞立达试用，热弯成形后的玻璃盖板在金立、vivo使用，获得用户一致好评，相关技术申请专利8件。2018年，该研发团队也成功被认定为国家重点领域创新团队（东莞唯一）和广东省首批本土创新科研团队（东莞市唯一一个获批该类项目的团队）。

（2）智能感知技术与器件获得广泛应用，树立行业品牌。工业RFID、机器视觉和智能感知系列化核心技术获得突破，获3项国家标准，49项专利，成果获得国家技术发明奖二等奖，形成了工业RFID产品链，相关产品通过欧盟和北美认证，识别速度达到国际领先水平，高复杂扰动抗干扰水平达到国际一线水平。相关产品在手机/消费电子、家电、汽车等行业广泛应用，在家电行业的市场占有率超过70%。产品行业份额持续增长，已成为行业知名品牌。

（3）无人自主技术成果获“国际先进水平”认定。工研院全自主无人艇创新团队以中国航空母舰“辽宁舰”总设计师朱英富院士为总顾问，以香港中文大学教授、长江学者王钧教授为带头人，目前该团队突破复杂环境实时感知、路径规划与自主控制、多艇协同、机艇协同等多项关键技术，已研发出HUSTER-68、HUSTER-12、HUSTER-12s、HUSTER-30等系列。2018年，自主研发的全自主无人艇HUSTER-68在松山湖高新区松木山水库首航，该事件被中央人民政府官网、国防部官网、中央电视台、《解放军报》《光明日报》等知名媒体相继报道。团队已申请发明专利24项；发表SCI一区论文23篇，部分技术及产品通过鉴定，获“国际先进水平”认定，并获得日内瓦国际发明展金奖、ICIRA2018最佳论文奖等。2018年，“无人艇环境感知及自主运动控制技术与产品”通过广东省机械工程学会组织的科技成果鉴定。自主无人艇创新团队在环境监测、渔业、水上清污等行业开展应用研究，目前正积极推进产业化公司的成立。

（4）汽车大规模定制网络协同制造项目获国家立项。针对汽车制造企业大规模定制生产过程中的战略管控、智能决策与预测运营的需求，工研院联合广州明珞汽车装备有限公司、吉利汽车等行业龙头企业，由张国军教授担任首席科学家，开展面向汽车大规模定制的关键支撑技术、工业大数据支撑平台、虚拟仿真及管控平台、汽车营销、供应、服务一体化运营平台等开发，提升渠道、物流、产品、支付、服务等各个环节信息管控与协同能力，并面向吉利汽车生产线形成应用示范，为汽车行业提供可复制的大规模定制生产的网络协同制造模式及标准。

技术服务　2018年工研院新增资质800余项，累计获得CNAS、CMA、EPA、CPSC等国内外检测资质1 742项，为10 000余家企业提供了产品设计、产品检测、精密测量、激光加工等高端技术服务。设计服务中心多次获得“红点奖”“省长杯”“东莞杯国际工业设计大赛”国内外重量级工业设计大奖，为哈威无人机、科硕、上海百芬、大可智能等企业提供了整合型工业设计解决方案。测量技术中心是美国GKS Global Services在中国唯一授权的合作实验室和服务机构，是全球尺寸测量网络重要节点，为劳斯莱斯、奥迪、宝马、广汽等知名品牌提供了服务。检测中心累计资质居东莞市第1位，2018年度累计服务4 394家次，出具报告数量7 700多份。

产业孵化　2018年，华科城版图继续扩展，新增石碣加速器、东城牛山、横沥、广智院产业化基地等孵化器，并在佛山、宁波、襄阳等外省市拓展；工研院携手东莞市政府，建设广东省质量监督电子信息配件检验站（东莞）、华科城·石碣智谷加速器、石碣科技创新中心三大科技创新载体，填补了东莞北部创新链条孵化服务体系的空白；在资质建设方面再获殊荣，松湖华科产业孵化园再度被评为优秀，且再次获得免税资格，成为东莞唯一1家连续4年被评为优秀（A类）、连续五年获批免税资格的国家级科技企业孵化器。

工研院积极延伸公共科技服务平台服务范围，全面深化松湖华科国家级科技企业孵化器建设和运营，截至2018年年底，已经在大岭山、道滘、石碣、厚街、韶关等地建设了9个孵化园区，合计孵化面积近50万m^2。截至2018年年底，已建成国家级科技企业孵化器2家、国家级众创空间3家、省级科技企业孵化器2家，市级科技企业孵化器3家，累计孵化企业635家，其中自主创办企业66家，高新技术企业62家，新三板挂牌企业7家，上市后备企业3家。

（黄　冰）

科技协同创新

省部院合作

【与中科院合作】 一是共建重大科技基础设施有新突破——中国散裂中子源2018年8月底已完成国家验收正式投入使用。惠州强流重离子加速器2018年12月23日由国家批复正式开工建设，南方光源、人类细胞谱系、冷泉生态系统观测与模拟装置等也在推进建设。省科技厅会同省发改委开展《加快推进重大科技基础设施建设的意见》编制。

二是高水平重大科研平台建设有新突破，包括推动空天院太赫兹国家科学中心、计算所智能超算平台、自动化所人工智能与先进计算研究院以及微电子所集成电路技术孵化平台等重大平台落地建设。

三是共同推进粤港澳大湾区国际科技创新中心建设有新突破，2018年11月18日，广东省政府与中国科学院签署《共同推进粤港澳大湾区国际科技创新中心建设合作协议》，推进首批重大项目共27个。

四是推动重大科技成果到广东转移转化有新突破。2018年10月23日，省科技厅与中国科学院北京分院、中国科学院广州分院、广东省科学院共同主办了中国科学院北京分院科技成果广东对接会，重点聚焦广东省九大重点领域开展技术供需对接，推动中国科学院北京分院系统技术人才、科技成果、创新平台等在广东组织落地，来自中国科学院北京地区的16家单位推介发布了75项优质科技成果，多个地市、多家企业与中国科学院达成了初步合作意向。

截至2018年年底，省院双方开展项目合作近7 000项，累计新增产值3 200多亿元，新增利税380多亿元。共同设立科技产业基金8支，总规模28.15亿元，建设国家级科技企业孵化器3个，成立产业技术创新联盟48个。

五是引进和培养高层次创新人才有新突破。“十三五”以来，中科院在粤单位共引进诺贝尔奖科学家2人、两院院士3人、外籍院士7人，新增两院院士1人、国家杰青4人、中科院“百人计划”12人、广东省“引进创新创业团队”2个。

【与工程院合作】 2018年11月14日，中国工程院与广东省签署《中国工程院　广东省人民政府共建中国工程科技发展战略广东研究院框架协议》，中国工程科技发展战略广东研究院正式成立。研究院将凝聚院士专家智慧，紧扣国家重大战略部署，聚焦广东经济社会发展中的全局性重大科技战略问题，开展前瞻性、系统性研究，助推广东及区域高质量发展。

推动高端院士团队服务粤港澳大湾区建设有新突破。11月2日，由中国科学院、中国工程院、广东省人民政府指导，2018年粤港澳大湾区院士峰会暨第四届广东院士高峰年会在东莞市举办。逾60名院士、超百位高端科技人才出席活动，为建设粤港澳大湾区国际科技创新中心、推动高质量发展提供重大决策咨询，推动高端优质国家级科技成果来粤转移转化。省院共联合召开10多场技术成果对接洽谈会、研讨会、专题报告会，为企业、地市乃至整个广东省提供战略决策咨询，为区域产业发展提供规划建议，有效促进技术创新和行业进步。

【产业技术创新中心建设】 按照省委、省政府深入实施创新发展战略、建设国家产业创新中心的重大决策部署，对标国家技术创新中心，起草了《广东省技术创新中心建设工作指引》。省技术创新中心以建立国家技术创新中心为目标，选择广东省在国家层面具有优势的产业，以产学研深度融合的模式建立若干家省技术创新中心，集聚国内外优势创新资源，构建企业、高校、科研机构、产业资本合作的联合体，集聚一批高端科研人才队伍，攻克一批产业核心关键技术，制定一批产业技术标准，构建产业技术创新高地，引领产业发展。

（柯思异）

科技金融

【产业与金融对接】 截至2018年12月，推动粤科金融集团在全省范围内设立7个子公司和5个科技金融创新服务基地；在7个地市开展普惠性科技金融试点，累计投放普惠性科技金融项目5 321户，资金54.86亿元，引导银行投入科技信贷资金超过100亿元。2018年，自创区私募股权、创业投资基金管理人家数达到3 332家，私募股权、创业投资机构管理基金净资产总量达到1.7万亿元。

【科技金融服务体系建设】 截至2018年12月，依托粤科金融集团建设政策性科技金融集团，依托省生产力促进中心建设全省科技金融综合服务中心的线上和线下网络，在线下建立32个科技金融综合服务中心，在线上建立广东科技金融综合信息服务平台，完成与相关金融机构和服务中介的线上对接工作，截至2018年12月，已与8家银行签订合作协议，通过广东科技金融综合信息服务平台，面向全省科技型中小企业提供省级科技信贷风险准备金政策服务和支持。

【科技型企业投融资】 省科技厅联合省直有关部门与金融机构共同开展科技金融工作创新，与人民银行广州分行建立联动机制，开展科技型企业信用评级试点工作。截至2018年12月，支持中国银行在全省各地设立22家科技支行，精准服务高新技术企业近7 000家，开创具有广东鲜明特色的科技信贷发展模式。联合建设银行广东省分行开展普惠性科技金融试点，以试点地区的全部615家网点构建完善的普惠服务网，建立面向科技企业的专属审批通道，推出小微快贷系列线上全自动产品，改变了传统的以财务报表为核心的信用评价体系，建立以科技企业“技术流”+“能力流”的专属评价体系，并在实践的基础上总结经验，2018年出版了《普惠性科技金融实践》丛书，惠及大量小微科技企业，充分体现普惠优势。

（田何志）

【风险投资行业发展】 广东省作为国内创业投资及早期投资行业发展较早省份之一，创投市场活跃程度较高，机构数量、管理基金数量及规模长期处于全国领先地位。根据中国证券投资基金业协会统计数据显示，截至2018年年底，全国已登记备案的私募股权和创投基金管理机构24 448家，管理基金数量74 642支，管理基金规模127 783亿元，其中广东省已登记备案的私募股权和创投基金管理机构6 291家（2018年新增618家），管理基金数量17 821支，管理基金规模23 579亿元，机构数量和管理基金数量均居全国首位，占全国的25.73%和23.88%。

2018年，受国内外经济大环境及资本市场低迷影响，广东创投行业与全国创投行业一样，募资规模大幅下降，优质投资标的估值居高不下，退出渠道不畅，整体发展进入瓶颈期，投资势态相比前几年有所回落。2018年，广东省新增完成募集的基金336支，募资规模约2 986亿元，较2017年出现较大幅度下跌，基金类型以成长型股权投资基金、创业投资型基金为主，分别占比69%、20%。新披露的投资案例共1 072起，同比大幅增长505起，数量仅次于北京居全国第2，披露投资规模1 046.24亿元，同比下降了231亿元，位于北京、上海之后居全国第3，整体呈现出投资案例数量回归理性、投资规模相对下滑、平均单笔融资额不断扩大的势态。新增128起退出事件，股权转让退出依然是最主要的项目退出方式，占全部退出事件的65.6%；首次公开发行上市（IPO）退出共有44起，占34.4%，分布于A股（18家）、港股（19家）、美股（7家），募资总额1 313亿元，其中A股IPO的18家企业募资金额合计476.16亿元，占全国A股IPO企业融资净额的35%，居全国第1。

从行业分布看，2018年广东省创投行业的投资领域主要集中在互联网、IT及信息化、人工智能、医疗健康、制造业、文化传媒、金融科技和教育培训行业，共计占全部披露投资案例数量的73.6%。具体来说，2018年广东省内互联网行业投资案例207起，占比约19.3%，IT及信息化行业投资案例120起，占比约11.2%；人工智能行业投资案例117起，占比约10.9%；医疗健康行业和制造业投资案例分别为98起、85起，占比约9.1%和7.9%。

从投资区域看，无论是天使投资还是创业投资，投资案例和投资规模均主要集中在深圳、广州两地。就2018年各地融资情况来看，深圳市获投企业691家，占广东省的66%；广州市获投企业273家，占广东省的26%，深圳市、广州市投资案例数量占比高达92%；其余投资案例主要聚集在珠海、佛山、中山、东莞四个城市，合计获投企业65家，仅占比6%，广东创投行业区域发展不平衡的特点依旧十分突出。

此外，广东省早期投资市场表现也有喜有忧，一方面全省天使投资机构的募集基金数量从2017年的4支上升至2018年的12支，募资规模从2017年的15.15亿元上升至44.24亿元，募资金额达到近十年历史高峰；另一方面，天使投资规模出现较大幅度下降，新增天使投资事件257起，投资金额17.4亿元，同比分别下降39.8%和26.3%。

（伍文浩）

【广东省粤科金融集团有限公司】　2018年，广东省粤科金融集团有限公司（以下简称“粤科金融集团”）营业收入、净利润达74.01亿元和6.22亿元。到2018年末，公司注册资本达96亿元，总资产368亿元，管理及参股基金规模超过500亿元，累计服务的科技型企业超过2 000家，创投项目年平均回报率达32%，全年先后获得金牛奖、金投奖、金优奖、金汇奖、十优地方金融机构奖、中国创投20年百强机构以及广东省五一劳动奖状等多项荣誉，主体信用评级达到AAA最高等级，综合实力迈上新台阶。

服务全省战略大局　2018年，粤科金融集团扭住“综合性科技金融控股集团”定位狠抓重点任务落实，服务全省战略大局。按照省委、省政府部署抓紧申设“粤港澳大湾区绿色技术银行”，筹备发起设立规模30亿元的绿色技术产业基金。迅速落实中央和省关于扶持民营经济发展决策部署，组建上市公司纾困基金。切实按照国企混合所有制改革方向，积极争取广州市向粤科金融集团增资15亿元并获省政府批准，公司综合实力进一步提升。

做大做强创投主业　粤科金融集团服务创新驱动发展战略完善创投环节，聚焦新一代信息技术、高端装备制造、人工智能、生物技术、新能源汽车等战略性新兴产业发展方向加强投资布局，2018年新投项目32个，投资规模15亿元，推动了“科顺股份”实现IPO上市，“云从科技”“李群自动化”成为国内年度独角兽企业。截至2018年年底，176家在投企业中高新技术企业占比达到70%、省内项目占比84%，全部在投企业实现营业收入540亿元、实现新增产值209亿元、利润总额48亿元、纳税总额14亿元、提供就业岗位7万多个。此外，还组织举办了“2018年粤科金融集团投融资对接活动”，为集团投资企业、省内优秀科技企业与广大金融机构精准对接合作搭建了平台载体，共吸引300多家企业机构参加并达成近40亿元合作意向。

粤科金融投融资对接活动全面战略合作与新设基金签约仪式现场

构建全链条基金业务体系　2018年，围绕区域发展新格局和现代产业发展方向优化基金布局，新发起设立19支市场化基金，总规模99.51亿元；截至2018年年底，累计管理母基金9支，受托管理及参股基金（不含母基金）78支，总规模超过500亿元，基金布局覆盖全省3/4以上地市，构建形成涵盖种子基金、天使基金、产业基金、区域基金、并购基金、母基金等多种类型的基金体系。其中，受托管理的71亿元省创新创业基金的引导放大作用愈加明显，新设子基金13支，募资规模53.99亿元，截至2018年年底，累计带动社会资本投入291.45亿元，基金总规模已达376.8亿元，累计实现政府引导资金放大5.31倍，在省委、省政府整合组建的四支基金中起步最早、投资最快。

完善科技金融服务链条　2018年，粤科金融集团通过完善科技金融服务链条，利用多种金融业态，缓解科技企业的融资难、融资贵问题。一是加入中国银行间市场交易商协会，成功接入全国征信系统等各类全国性服务系统，助推科技金融实现新发展。二是粤科小贷公司当选广东省小贷公司协会第三届理事会会长单位，同时发挥其引领作用，搭建广东省小贷行业综合服务平台，探索开展小额贷款公司资金头寸调剂、不良资产处置等新业务。三是受托管理1亿元省级科技信贷风险准备金资金，科技再担保基金累计业务发生额超过3亿元，积极开展“商票贷”、“税银贷”等担保新业务，粤科担保公司荣获广东省政银担业务奖。四是贯彻落实全省金融工作会议关于“引险资入粤”部署要求，成功融入华泰保险资金1.7亿元。2018年，粤科金融集团下属小额贷款、融资担保、融资租赁、资产管理等4个平台共为全省300多家中小微企业提供各类科技金融服务，全年累计服务金额近40亿元，对中小微科技企业的金融赋能水平进一步提升。

优化资本运作　粤科金融集团积极抢抓资本市场低位调整的机遇，开展了“华锋股份”收购北京华创电动车等一系列资本运作，在为优质企业提供并购重组、财务顾问等服务的同时进一步提升国有资产运营效率和投资收益。同时，有序推进粤科孵化器公司、粤科检测园公司增资扩股，全力打造孵化器特色品牌，粤科融易孵创业空间、粤科金融科技孵化器、中科院孵化器出租率均达100%，累计服务企业超200家。

（伍文浩）

【广东省风险投资促进会】　广东省风险投资促进会（以下简称“促进会”）坚持以创业投资行业研究为重点、构建更为广泛的交流和服务平台为中心；致力于打造具备权威性的创业投资行业相关研究报告。积极主（承）办各项活动，不断提升服务水平，在业界影响、品牌形象等方面得到进一步提升。截至2018年年末，促进会共有会员单位53家。

2018年，促进会积极开展行业交流，构建广东省风险投资行业沟通平台，协办第二十届中国风险投资论坛、2018年广东省科技与金融结合项目宣讲会。开展多场投融资对接活动，增强风投机构与创新企业的交流，有效开展投融资对接互动服务。举办多场投资人中心路演活动；开展中国创新创业大赛（广东赛区）的赛后服务工作，回访大赛获奖企业，对回访企业的信息和需求进行分类登记，并根据实际情况做好推荐科技服务及投融资对接等后续服务。

积极开展专项服务和课题调研，强化与政府部门和业界的纽带作用。举办了广东省创新创业人才投融资对接训练营，开展2018年度全国创业风险投资机构统计调查。发布华南地区具有公信力和影响力的创投行业发展报告。《广东省创业投资行业发展报告2018》在以前年度相关内容的基础上增添了有代表性的广东创投企业及被投企业的案例分析。

（王子韵）

科技服务机构

【科技服务机构及平台】

生产力促进中心　截至2018年年底，全省备案登记的生产力促进中心共110家，形成了省、地、县、镇四级良性互动、行业与区域有机结合、区县中心基层覆盖的创新服务体系，经济效益和社会效益日益凸显，为推动建设科技创新强省提供有力的科技服务支撑。

据统计，2018年，全省生产力促进中心共有从业人员3 441人，总资产21.41亿元，服务企业42 272家，总服务收入19.25亿元。生产力中心为企业提供管理咨询、技术咨询和为企业申报计划等各类咨询服务14 756项次，为企业提供含技术推广、技术开发和产品检测等各类技术服务436 820项次，组织各类专业培训93 287人次，为企业提供信息281 431条，培育企业279家，引进国际及港澳台合作项目19项次，为社会增加就业人员7 925人次，为企业增加销售额14.44亿元，增加利税1.11亿元。

华南技术转移中心　按照省政府统一部署，由广东省科技厅和广州市科技局、广州南沙区管委会联合共建的国有区域综合技术转移高端枢纽平台——华南技术转移中心成立，将打造华南地区乃至粤港澳大湾区最具活力和影响力的战略性、国际化、综合型技术转移与成果转化平台。华南技术转移中心已完成了运营公司注册，拥有近200名专业从事技术产权交易、科技成果价值评估、孵化育成服务以及科技金融的业务支撑团队，初步形成了“小核心+大网络”的技术转移转化专业人才队伍，并已与高航网、德国BWA等50多家国内外技术转移机构达成了系列合作协议。2018年，华南技术转移中心与高航网合资成立的广州高航华转技术转移有限公司累计专利交易额超过5亿元，集聚了国内外1 000多件高水平专利在广东转化应用。

国家技术转移示范机构　2018年，广东省经科技部批准认定的国家技术转移示范机构33家，机构人员总数达3 845人。国家技术转移示范机构发挥了聚合创新资源、推动协同创新、促进资源共享和专业化运营等方面的技术和服务优势，技术转移服务已发展成为向促进技术链、政策链、资金链、产业链、服务链高效对接的创新全链条服务拓展，服务功能和服务领域得到全面提升。

2018年，全省国家技术转移示范机构促成技术转移项目成交数量超过3 354项，促成技术转移项目成交金额37.67亿元，组织技术交易活动704次，服务企业数量15 278家。其中，广州技术产权交易所股份有限公司促成技术转移项目成交金额20.6亿元，服务企业2 152家，组织技术转移培训3 500人次，东莞华中科技大学制造工程研究院促成技术转移项目成交金额1.09亿元，服务企业5 361家，解决企业需求1 407项。

知识产权运营服务机构　全省各类知识产权运营交易平台和服务机构达57家，广州汇桔网、高航网、盘古网、深圳中彩联、精英网、七号网、峰创智成，佛山海科，东莞燕园，中山云创等一大批民营化、市场化、网络化的知识产权服务机构纷纷涌现并加速崛起，其中15家获批为国家专利运营试点企业，培育了近40家省级知识产权运营培育试点机构，为社会提供了专业化深层次全方位的服务。

（严军华）

【技术转移与技术市场】

2018年，全省共认定登记技术合同23 930项；合同成交额1 387.00亿元，较2017年增长46.08%，在全国排名第2，位居北京之后，较2017年的全国第3位上升了1位；技术交易额1 339.41亿元，较2017年增长44.24%，在全国排名第2，位居北京之后。

2014—2018年，全省技术合同成交金额年均增长26.41%。2018年，广东省技术合同成交额在全国位居第2，技术交易额位居全国第2。

2018年，全省共认定登记技术开发合同15 242项，成交额717.46亿元，较2017年增长35.95%，占全省成交总额的51.73%。其中，委托开发成交14 728项，成交额631.66亿元，较2017年增长59.93%，占技术开发合同成交额的88.04%；合作开发合同成交514项，成交额85.80亿元，较2017年下降35.38%，占技术开发合同成交额的11.96%。

2018年，全省共认定登记技术转让合同1 406项，成交额307.68亿元，较2017年增长17.46%。技术转让合同中，技术秘密转让为最主要的交易方式，合同成交额204.25亿元，较2017年增长6.83%，占技术转让合同的66.39%；专利实施许可合同成交额77.57亿元，较2017年增长28.75%，占技术转让合同的25.21%；专利权转让合同成交额17.16亿元，较2017年增长208.52%，占技术转让合同的5.58%。

2018年，全省技术合同中电子信息、现代交通、城市建设与社会发展领域的技术交易居前3位，认定登记项数占全省总量的78.34%，成交额均占全省总量的79.42%。电子信息技术交易继续保持领先地位，共认定登记技术合同16 434项，成交额849.87亿元，增长21.56%，占全省成交总额的61.27%；城市建设与社会发展领域增长迅猛，成交合同1 968项，成交额达到121.61亿元，增长652.07%，增幅居首位；新能源与高效节能、环境环境保护与资源综合利用、核应用领域成交额均快速上升，较2017年增长均超过370%；现代交通领域、生物、医药和医疗机械、先进制造领域、航空航天、新材料及其应用领域成交额稳健增长；农业领域成交额有所回落。

（周　彧）

科技成果与知识产权

科技成果与奖励

【科技成果登记】 2018年，全省对符合科技成果登记条件的2 473个成果进行了登记，较2017年减少了38项，下降1.51%（见表6-1-1）。

各类成果中，应用技术成果1 984项，占总数的80.23%；基础理论成果382项，占总数的15.45%；软科学成果107项，占总数的4.33%。应用技术类成果比例最高，仍占据主要地位（见表6-1-2）。

成果完成单位中，企业完成1 094项，占44.24%；医疗机构完成344项，占13.91%；独立研究机构完成472项，占19.09%；高等、大专院校完成440项，占17.79%；其他机构123项，占4.97%。由此可见，企业是成果登记主体（见表6-1-3）。

在应用技术类科技成果中，已获授权专利数5 365项，其中3 298项专利为企业取得，占61.47%；电子信息、生物医药与医疗器械、先进制造、现代农业等高新技术领域成果1 465项，占应用技术类成果登记总数的73.84%。

1 556项成果已得到应用。对其中829项已产生经济效益的成果进行统计显示，净利润504.65亿元，实交税金86.38亿元，出口创汇98.53亿元，其中出口创汇比去年增长了155.86%。

表6-1-1 全省已登记重大科技成果基本情况（2017—2018）

项目	2017年		2018年	
	项目数（个）	比重	项目数（个）	比重
一、成果完成单位类型				
1. 独立研究机构	272	10.83%	472	19.09%
2. 高等、大专院校	298	11.87%	440	17.79%
3. 企业	1 465	58.34%	1 094	44.24%
4. 医疗机构	347	13.82%	344	13.91%
5. 其他	129	5.14%	123	4.97%
合计	2 511	100%	2 473	100%
二、成果类别				
1. 应用技术	2 258	89.93%	1 984	80.22%
2. 基础理论	204	8.12%	382	15.45%
3. 软科学	49	1.95%	107	4.33%
合计	2 511	100%	2 473	100%

（续上表）

项目	2017年		2018年	
	项目数（个）	比重	项目数（个）	比重
三、成果水平				
1. 国际领先	107	4.26%	112	4.54%
2. 国际先进	252	10.04%	309	12.49%
3. 国内领先	715	28.47%	668	27.01%
4. 国内先进	395	15.73%	367	14.84%
5. 国内一般	78	3.11%	165	6.67%
6. 未评价	964	38.39%	852	34.45%
合计	2 511	100%	2 473	100%
四、基本情况				
1. 鉴定	755	30.07%	599	24.23%
2. 验收	1 396	55.60%	1 345	54.39%
3. 评审项目数	53	2.11%	53	2.14%
4. 行业准入数	13	0.52%	56	2.26%
5. 评估项目数	34	1.35%	54	2.18%
6. 机构评价数	206	8.20%	249	10.07%
7. 结题项目数	54	2.15%	117	4.73%
合计	2 511	100%	2 473	100%

表6-1-2　全省已登记重大科技成果应用及经济效益情况（2018）

应用情况			经济效益情况		
项目		合计	项目		合计
已应用	（项）	1 556	经济效益项目数	（项）	829
试用	（项）	283	净利润	（万元）	5 046 507
应用后停用	（项）	2	实交税金	（万元）	863 825
未应用	（项）	143	出口创汇	（万元）	985 317
			节约资金	（万元）	400 912

表6-1-3 全省重大科技成果登记完成单位情况（2014—2018）

单位：项

项目	2014年	2015年	2016年	2017年	2018年
合计	1 748	2 133	1 963	2 511	2 473
企业	1 062	1 390	1 151	1 465	1 094
科研院所	197	180	248	272	472
高等、大专院校	82	158	173	298	440
医疗机构	292	304	298	347	344
其他	115	101	93	129	123

（周 彧）

【国家科学技术奖】 广东省获2018年度国家科学技术奖45项，其中，国家自然科学奖2项，国家技术发明奖7项，国家科学技术进步奖36项（含专用项目4项）。广东省为第一完成单位或第一完成人的有9项，包括自然科学奖二等奖2项，技术发明奖二等奖1项，科学技术进步奖一等奖1项、二等奖5项（见表6-1-4）。

表6-1-4 广东省获国家科学技术奖项目（2018年度）

表6-1-4-1 自然科学奖

序号	编号	项目名称	主要完成人	获奖等级
1	Z-105-2-02	EMT-MET的细胞命运调控	裴端卿（中国科学院广州生物医药与健康研究院） 潘光锦（中国科学院广州生物医药与健康研究院） 陈捷凯（中国科学院广州生物医药与健康研究院） 郑 辉（中国科学院广州生物医药与健康研究院） 王 涛（中国科学院广州生物医药与健康研究院）	二等奖
2	Z-105-2-04	杂交稻育性控制的分子遗传基础	刘耀光（华南农业大学） 罗荡平（华南农业大学） 王中华（华南农业大学） 龙云铭（华南农业大学） 唐辉武（华南农业大学）	二等奖

表6-1-4-2　技术发明奖

序号	编号	项目名称	主要完成人	获奖等级
1	F-308-2-08	深海天然气水合物三维综合试验开采系统研制及应用	李小森（中国科学院广州能源研究所） 李　刚（中国科学院广州能源研究所） 陈朝阳（中国科学院广州能源研究所） 张　郁（中国科学院广州能源研究所） 王　屹（中国科学院广州能源研究所） 梁德青（中国科学院广州能源研究所）	二等奖
2	F-305-2-03	新型三嗪阻燃剂清洁制备及阻燃塑料加工关键技术	王　琪（四川大学） 刘　渊（四川大学） 叶　锐（成都玉龙化工有限公司） 陈英红（四川大学） 杨中强（广东生益科技股份有限公司） 何岳山（广东生益科技股份有限公司）	二等奖
3	F-307-2-07	复杂组分战略金属再生关键技术创新及产业化	张深根（北京科技大学） 潘德安（北京科技大学） 刘　波（北京科技大学） 王建明（华新绿源环保股份有限公司） 王鹏磊（上饶市致远环保科技有限公司） 赖建明（清远市进田企业有限公司）	二等奖
4	F-30901-2-02	大人群指掌纹高精度识别技术及应用	周　杰（清华大学） 冯建江（清华大学） 刘晓春（北京海鑫科金高科技股份有限公司） 杨春宇（北京海鑫科金高科技股份有限公司） 郭振华（清华大学深圳研究生院） 郑逢德（北京海鑫科金高科技股份有限公司）	二等奖
5	F-30901-2-03	心理生理信息感知关键技术及应用	胡　斌（兰州大学） 徐向民（华南理工大学） 郑文明（东南大学） 栗　觅（北京工业大学） 赵庆林（兰州大学）	二等奖
6	F-30902-2-01	氮化物半导体大失配异质外延技术	沈　波（北京大学） 康　凯（东莞市中图半导体科技有限公司） 王新强（北京大学） 童玉珍（东莞市中镓半导体科技有限公司） 陈志忠（北京大学） 付星星（东莞市中图半导体科技有限公司）	二等奖

（续上表）

序号	编号	项目名称	主要完成人	获奖等级
7	F-30902-2-03	热点区域高容量无线网络的协同自组织技术及应用	彭木根（北京邮电大学） 王文博（北京邮电大学） 张远见（京信通信系统（中国）有限公司） 王文清（大唐移动通信设备有限公司） 张　翔（中国信息通信研究院） 徐霞艳（中国信息通信研究院）	二等奖

表6-1-4-3　科学技术进步奖

序号	编号	项目名称	主要完成人	主要完成单位	获奖等级
1	J-236-1-01	新一代刀片式基站解决方案研制与大规模应用	吕劲松，汪　涛，王　强，倪　辉，李挺钊，胡志明，高晓波，兰　鹏，石晓明，姜　巍，彭　锋，陈　放，唐海正，李　刚，颜忠义	华为技术有限公司	一等奖
2	J-203-2-02	高效瘦肉型种猪新配套系培育与应用	吴珍芳，王爱国，罗旭芳，胡晓湘，张守全，蔡更元，李紫聪，徐　利，黄瑞森，严尚维	华南农业大学，广东温氏食品集团股份有限公司，中国农业大学，北京养猪育种中心，广东省现代农业装备研究所	二等奖
3	J-215-2-05	锌清洁冶炼与高效利用关键技术和装备	蒋开喜，余　刚，何醒民，刘野平，林江顺，张登凯，刘志宏，刘亚建，许志波，刘金庭	深圳市中金岭南有色金属股份有限公司，北京矿冶科技集团有限公司，长沙有色冶金设计研究院有限公司，中南大学，巴彦淖尔紫金有色金属有限公司，株洲火炬工业炉有限责任公司，中际山河科技有限责任公司	二等奖
4	J-221-2-02	废旧混凝土再生利用关键技术及工程应用	吴　波，陈宗平，王　龙，赵霄龙，赵新宇，刘琼祥，周文娟，薛建阳，王　军，杨英健	华南理工大学，北京建筑大学，中国建筑科学研究院有限公司，广州建筑股份有限公司，广西大学，深圳市建筑设计研究总院有限公司，中建西部建设股份有限公司	二等奖

（续上表）

序号	编号	项目名称	主要完成人	主要完成单位	获奖等级
5	J–231–2–02	区域环境污染人群暴露风险防控技术及其应用	于云江，段小丽，黄沈发，李　辉，徐　成，车　飞，丁文军，向明灯，潘小川，赵秀阁	环境保护部华南环境科学研究所，中国环境科学研究院，上海市环境科学研究院，北京大学，中国科学院大学，华东理工大学，北京科技大学	二等奖
6	J–253–2–02	肺癌微创治疗体系及关键技术的研究与推广	何建行，姜格宁，支修益，高树庚，王　群，刘德若，梁文华，刘　君，邵文龙，王　炜	广州医科大学附属第一医院，上海市肺科医院，首都医科大学宣武医院，中国医学科学院肿瘤医院，复旦大学附属中山医院，中日友好医院	二等奖
7	J–221–1–01	复合地基理论、关键技术及工程应用	龚晓南，郑　刚，谢永利，俞建霖，陈昌富，宋二祥，刘吉福，崔维孝，卢萌盟，邓亚光，刁　钰，张　玲，张宏光，徐日庆，吴慧明	浙江大学，天津大学，长安大学，湖南大学，清华大学，中国矿业大学，中国铁路设计集团有限公司，中国铁建港航局集团有限公司，江苏劲桩基础工程有限公司，浙江开天工程技术有限公司	一等奖
8	J–217–1–01	复杂电网自律–协同自动电压控制关键技术、系统研制与工程应用	孙宏斌，郭庆来，张伯明，吴文传，许　涛，刘映尚，王　彬，黄　华，姚建国，李海峰，汤　磊，张明晔，王轶禹，胡　荣，戴则梅	清华大学，国家电网公司，中国南方电网有限责任公司，南瑞集团有限公司，中国电力科学研究院有限公司，国网江苏省电力有限公司，北京清大高科系统控制有限公司，内蒙古电力（集团）有限责任公司	一等奖
9	J–203–2–06	地方鸡保护利用技术体系创建与应用	康相涛，田亚东，李国喜，孙桂荣，韩瑞丽，李转见，闫峰宾，蒋瑞瑞，赵河山，苏耀辉	河南农业大学，河南三高农牧股份有限公司，广东金种农牧科技股份有限公司，贵州柳江畜禽有限公司，河南省淇县永达食业有限公司，河南省惠民禽业有限公司，湖南省吉泰农牧有限公司	二等奖
10	J–204–2–01	图说灾难逃生自救丛书	刘中民，王立祥，贾群林，田军章，赵中辛		二等奖

（续上表）

序号	编号	项目名称	主要完成人	主要完成单位	获奖等级
11	J-213-2-02	磷酸铁锂动力电池制造及其应用过程关键技术	马紫峰，廖小珍，张子峰，赵政威，丁建民，贺益君，杨　军，尹韶文，何雨石，沈佳妮	上海交通大学，比亚迪汽车工业有限公司，上海中聚佳华电池科技有限公司，江苏乐能电池股份有限公司	二等奖
12	J-215-2-01	电子废弃物绿色循环关键技术及产业化	郭学益，许开华，田庆华，席晓丽，李　栋，周继锋，王亲猛，秦玉飞，郭苗苗，魏　琼	荆门市格林美新材料有限公司，中南大学，格林美股份有限公司，北京工业大学	二等奖
13	J-215-2-02	高世代声表面波材料与滤波器产业化技术	潘　峰，欧　黎，王为标，张美蓉，罗景庭，曾　飞，马晋毅，陆增天，赖定权，宋　成	清华大学，中国电子科技集团公司第二十六研究所，无锡市好达电子有限公司，深圳市麦捷微电子科技股份有限公司，深圳大学	二等奖
14	J-215-2-03	国产非晶带材在电力系统中的应用开发及工程化	周少雄，申　威，张广强，张卫国，胡其勇，刘国栋，沈向东，蔡定国，曲学东，李宗臻	北京科锐配电自动化股份有限公司，北京中机联供非晶科技股份有限公司，安泰科技股份有限公司，中兆培基（北京）电气有限公司，吴江变压器有限公司，明珠电气股份有限公司	二等奖
15	J-217-2-01	电力系统接地基础理论、关键技术及工程应用	何金良，曾　嵘，张　波，王　森，刘　健，胡　军，李志忠，郭　剑，李　谦，杜澍春	清华大学，国网陕西省电力公司，中国电力科学研究院有限公司，广东电网有限责任公司，电力规划设计总院，海南中海电力工程有限公司，四川桑莱特智能电气设备股份有限公司	二等奖
16	J-219-2-02	高磁导率磁性基板关键技术及产业化	邓龙江，梁迪飞，陈　良，李维佳，谢海岩，张宏亮，阙智勇，李　涛，刘华涛，李立忠	电子科技大学，成都佳驰电子科技有限公司，珠海市魅族科技有限公司，深圳市中天迅通信技术股份有限公司	二等奖
17	J-220-2-03	大规模街景系统及其位置服务关键技术	胡事民，王巨宏，张松海，徐　昆，李国良，刘　龙，李成军，王建宇，汪　淼，钟翔平	清华大学，深圳市腾讯计算机系统有限公司	二等奖
18	J-220-2-05	笔式人机交互关键技术及应用	田　丰，戴国忠，王宏安，张树江，张　毅，方中雄，崔丽英，朱以诚，张凤军，李俊峰	中国科学院软件研究所，鸿合科技股份有限公司，北京教育科学研究院，中国医学科学院北京协和医院，深圳市鸿合创新信息技术有限责任公司	二等奖

（续上表）

序号	编号	项目名称	主要完成人	主要完成单位	获奖等级
19	J-220-2-07	大规模网络安全态势分析关键技术及系统YHSAS	贾　焰，方滨兴，韩伟红，李爱平，周　斌，方　华，景晓军，江　荣，黄九鸣，李润恒	中国人民解放军国防科技大学，哈尔滨工业大学深圳研究生院，哈尔滨安天科技股份有限公司，任子行网络技术股份有限公司，哈尔滨工业大学	二等奖
20	J-221-2-04	大型屋盖及围护体系抗风防灾理论、关键技术和工程应用	杨庆山，蔡昭昀，陈　波，林　莉，黄国庆，狄　谨，田玉基，吴明超，楼文娟，杨　娜	北京交通大学，中冶建筑研究总院有限公司，重庆大学，中国京冶工程技术有限公司，浙江大学，西南交通大学，深圳市前海公共安全科学研究院有限公司	二等奖
21	J-22302-2-01	基于共用架构的汽车智能驾驶辅助系统关键技术及产业化	李克强，罗禹贡，李升波，王建强，杨殿阁，邓　博，席忠民，陈卫强，成　波，许　庆	清华大学，苏州智华汽车电子有限公司，广州汽车集团股份有限公司，厦门金龙联合汽车工业有限公司	二等奖
22	J-232-2-01	台风监测预报系统关键技术	端义宏，万齐林，雷小途，崔晓鹏，余　晖，梁建茵，黄　健，钱传海，梁旭东，陈子通	中国气象科学研究院，中国气象局上海台风研究所，中国气象局广州热带海洋气象研究所，中国科学院大气物理研究所，国家气象中心	二等奖
23	J-23401-2-02	“肝主疏泄”的理论源流与现代科学内涵	王　伟，王庆国，王天芳，赵　燕，周仁来，徐志伟，李成卫，薛晓琳，刘雁峰，陈建新	北京中医药大学，北京师范大学，广州中医药大学	二等奖
24	J-235-2-01	我国原创细胞生长因子类蛋白药物关键技术突破、理论创新及产业化	李校堃，王晓杰，黄志锋，林　丽，肖　健，黄亚东，惠　琦，方海洲，宋礼华	温州医科大学，珠海亿胜生物制药有限公司，安徽安科生物工程（集团）股份有限公司，广州暨南大学医药生物技术研究开发中心	二等奖
25	J-236-2-01	高效融合的超大容量光接入技术及应用	纪越峰，许　明，顾仁涛，贝劲松，陈　雪，黄新刚，王立芊，蔡惊哲，李　慧，孙砚峰	北京邮电大学，中兴通讯股份有限公司	二等奖

（续上表）

序号	编号	项目名称	主要完成人	主要完成单位	获奖等级
26	J-236-2-02	数字电视广播系统与核心芯片的国产化	张文军，管云峰，冯景锋，何大治，李　智，王　峰，谭丽娟，梁伟强，刘卫东，郭　斌	上海交通大学，国家新闻出版广电总局广播电视规划院，深圳市海思半导体有限公司，上海高清数字科技产业有限公司，青岛海信电器股份有限公司，康佳集团股份有限公司	二等奖
27	J-25103-2-01	畜禽粪便污染监测核算方法和减排增效关键技术研发与应用	董红敏，廖新俤，常志州，魏源送，陶秀萍，黄宏坤，杨军香，张祥斌，朱志平，尚　斌	中国农业科学院农业环境与可持续发展研究所，江苏省农业科学院，华南农业大学，中国科学院生态环境研究中心，广东温氏食品集团股份有限公司，全国畜牧总站，农业部农业生态与资源保护总站	二等奖
28	J-25201-2-01	InSAR毫米级地表形变监测的关键技术及应用	朱建军，李志伟，丁晓利，胡　俊，张　勤，张杏清，谢荣安，陈国良，戴吾蛟，冯光财	中南大学，香港理工大学，中国矿业大学，广东省地质测绘院，长安大学	二等奖
29	J-25201-2-02	三江特提斯复合造山成矿作用与找矿突破	邓　军，李文昌，周云满，范玉华，王立全，和中华，许继峰，杨立强，王庆飞，余海军	中国地质大学（北京），中国地质调查局成都地质调查中心，云南省地质调查局，云南黄金矿业集团股份有限公司，中国科学院广州地球化学研究所	二等奖
30	J-25201-2-07	土地调查监测空地一体化技术开发与装备研制	王　庆，李　钢，张小国，顾和和，孙　杰，胡明星，尹鹏程，王云帆，谭　靖，马　超	东南大学，中国矿业大学，中国测绘科学研究院，徐州市国土资源基础测绘中心，北京航天泰坦科技股份有限公司，广州南方测绘科技股份有限公司	二等奖
31	J-253-2-04	严重脊柱创伤修复关键技术的创新与推广	郝定均，宋跃明，贺宝荣，沈慧勇，徐荣明，胡　勇，闫　亮，许正伟，周劲松，谢　恩	西安交通大学，四川大学华西医院，中山大学孙逸仙纪念医院，宁波明州医院有限公司，宁波市第六医院	二等奖

（续上表）

序号	编号	项目名称	主要完成人	主要完成单位	获奖等级
32	J-253-2-07	眼睑和眼眶恶性肿瘤关键诊疗技术体系的建立和应用	范先群，贾仁兵，赵军阳，张　靖，葛盛芳，李　斌，张　赫，徐晓芳，宋　欣，范佳燕	上海交通大学医学院附属第九人民医院，首都医科大学附属北京儿童医院，广州市妇女儿童医疗中心，上海交通大学	二等奖

（严军华）

【广东省科学技术奖】 2018年度广东省共评出省科学技术奖176项（人），其中突出贡献奖2人、自然科学奖22项（一等奖12项、二等奖10项）、技术发明奖14项（一等奖8项、二等奖6项）、科技进步奖133项（特等奖1项、一等奖29项、二等奖103项）、科技合作奖5人（见表6-3-1）。中国南方电网有限责任公司李立浧院士和中山大学肿瘤防治中心马骏教授获省科学技术奖突出贡献奖，“港珠澳大桥工程建设关键技术”项目获省科学技术奖特等奖。获奖项目主要特点如下：

第一，杰出科学家为广大科技工作者树立光辉榜样，青年科学家获奖群体引人注目，青年科技人才正逐步成长为广东省科技创新中坚力量。

第二，前瞻性引领性原始创新成果取得持续突破。在2018年度176项获奖项目（人）中，自然科学奖有22项，占比达到12.5%，奖励数量和占比均为历年来最高，对比2017年奖励12项、占比5.0%，实现了翻倍式增长。自然科学奖获奖项目充分展现了广东省在基础研究和应用基础研究中取得的一批高水平科研成果。

第三，核心技术攻关奋力破解“卡脖子”问题。2018年度省科学技术奖评审坚持宁缺毋滥、优中选优，充分体现关键核心技术攻关和解决“卡脖子”问题政策导向。在2018年度176项获奖项目（人）中，技术发明奖有14项，占比7.9%，奖励数量和占比同样为历年来最高。从2018年度获奖项目看，有一批面向产业发展重大需求的关键核心技术取得了突破，也使广东省自主创新的能力进一步增强，将发展主动权牢牢抓在自己手中。

第四，企业创新主体地位更加稳健。在2018年度176项获奖项目（人）中，由企业牵头或参与的项目总数达到119个，占获奖项目总数的67.6%。从牵头项目看，由企业或依托企业牵头完成的有61项，占获奖项目总数的34.6%，由高校或依托高校牵头完成的项目有60项，占获奖项目总数的34.1%；由科研机构牵头完成的有31项，占获奖项目总数的17.6%；由卫生机构（含高校附属医院）牵头完成的有18个，占获奖项目总数的10.2%；由其他单位牵头完成的8项，占获奖项目总数的4.5%；企业牵头完成项目数位居首位。此外，2018年度科技进步奖获奖单位中共有167家企业，107家为民营企业（含外商投资企业）等，国有企业66家（其中中央驻粤企业28家），企业成为推动广东省创新发展的重要力量。

第五，科技创新引领产业高质量发展。2018年度科技进步奖共有133项获奖，其中特等奖1项、一等奖29项、二等奖103项，这批获奖项目成果在转化应用过程中产生了显著的社会经济效益；据统计，成果转化应用后在完成单位新增销售额累计达到1 682.7亿元、新增利润累计达到293.0亿元，在应用单位新增销售额累计达到1 638.7亿元、新增利润累计达到212.0亿元，充分展现了广东省科技创新引领产业高质量发展。

第六，粤港澳大湾区融合发展创新成果不断涌现。2018年度省科学技术奖获奖项目中，港澳机构或人员参与的项目分布于多个领域，参与机构包括香港中文大学、香港浸会大学、香港城市大学、香港科技大学等知名高校。此外，广东省科技创新工作坚持走出去与引进来相结合，瞄准科学发展前沿和产业变革前沿，大力吸引聚集国内外创新资源。2018年度省科学技术奖获奖项目中，有省外单位参与的项目达到40个，占获奖项目数的22.7%，参与项目的省外单位分布于北京、上海、浙江等10余个省市。

第七，对外科技合作取得丰硕成效。为表彰对广东省科技进步事业做出重要贡献的省外个人或组织，2018年起广东省重点面向粤港澳科技合作、国际科技合作等设立了科技合作奖。2018年度5名科技合作奖获奖人，来自荷兰、英国、乌克兰等国家以及中国香港地区，均长期和广东省保持了良好的合作关系，在向广东省引进技术、合作研发、培育人才等方面做出了重要贡献，取得了一系列的丰硕成果，彰显广东省对外开放合作共赢新格局。

突出贡献奖、特等奖项目简介

突出贡献奖获得者：李立浧

工作单位：中国南方电网有限责任公司

李立浧，男，1941年7月8日生，江苏省盐城市人，中国工程院院士。

李立浧院士是我国著名的电网工程专家、直流输电专家，从事电网工程和直流输电工程的建设与研究工作50多年，被誉为“中国直流输电第一人”，为推动我国电网技术发展，尤其是直流输电技术从中国创造到中国引领做出重要贡献。李立浧院士在广东工作已近30年，致力于广东能源电力发展，潜心研究西电东送关键技术、特高压直流输电技术、柔性直流技术、芯片化保护技术、大电网安全运行技术，在世界上首次提出发展和研究±800kV特高压直流输电技术，并主持建成了世界上第一个特高压直流输电工程，为广东的能源电力发展和环境友好发挥了巨大作用，显著提升了我国电工装备制造的自主创新能力和国际竞争力，使得电工装备成为中国制造的“金色名片”。

直流输电是长距离、大容量输电关键技术，我国直流输电的系统集成和设计、安装、调试等方面长期受制于人。面对这一困境，在国家大力支持下，李立浧院士主持制定了直流输电的系统集成和设计自主化技术的发展规划，首创我国直流输电系统成套技术，主持建成我国首个±500kV直流自主化依托工程——贵州至广东二回直流输电工程，形成了一批拥有自主知识产权的专利技术和专项技术，彻底摆脱了对外国公司的依赖，实现了我国直流输电技术的跨越发展。他主持建设世界上规模最大、功能最强的电网全景式实时数字仿真平台，为世界上大电网仿真实验研究技术提供重要示范；主持研究在广东实施多直流共用接地极技术、深井接地极技术，取得关键技术突破，实现了工程应用。

李立浧院士坚持在科学研究中培养人才、在工程实践中建设队伍，为广东省和全国电力事业培养了一大批科技人才，培养博士27人、硕士29人、博士后4人。他们已经成为电网技术、直流输电技术骨干，持续推动广东和全国电力事业跨越发展，为广东和我国的能源电力发展做出重要贡献。

突出贡献奖获得者：马骏

工作单位：中山大学肿瘤防治中心

马骏，男，1963年8月5日生，湖南省长沙市人。现任中山大学肿瘤防治中心常务副主任、中山大学附属肿瘤医院常务副院长。

我国鼻咽癌每年新发病例数占全球的47%，尤其以广东等华南地区为高发，俗称“广东瘤”，也是广东省的重大健康问题之一。马骏教授在中山大学肿瘤防治中心从事鼻咽癌临床诊治研究34年，依托华南肿瘤学国家重点实验室平台，对鼻咽癌这一疾病中的关键问题进行了深入研究，使鼻咽癌患者的5年总生存率达到了世界先进水平。

准确的诊断分期，精准的放疗，高效的化疗是鼻咽癌诊治的三大关键，马骏教授在这三方面均做出重大贡献。他提出鼻咽癌诊断分期的4项新标准，修改了美国癌症联合会/国际抗癌联盟（AJCC/UICC）临床分期标准，避免了患者的误诊误治；提出了肿瘤的个体化的治疗范围和剂量标准，并且建立正常器官保护标准，在降低鼻咽癌患者的肿瘤复发率的同时，显著提高了放疗的安全性；制定了三药联合的放疗前化疗新模式，并成为鼻咽癌的标准治疗方案，改善了中晚期患者的生存，并且因此改写了美国国家癌症综合网络（NCCN）临床指南。他发表SCI收录论著136篇，有9项研究成果写入了美国权威教科书*Principles and Practice of Radiation Oncology*，奠定了马骏教授在鼻咽癌诊疗领域国际领先的学术地位。

马骏教授筹建了广东省鼻咽癌临床研究中心、广州市鼻咽癌多学科临床诊治重点实验室，所贡献的诊疗技术在北京大学肿瘤医院、香港中文大学香港癌症研究所、新加坡国立癌症中心等医疗机构广泛应用，也成为广东省医疗援非项目的重要组成部分，每年获益患者5万余人，技术辐射至全国及东南亚地区，成为全国乃至世界的鼻咽癌新技术研发和学术推广中心。

马骏教授学风严谨，为人师表，培养了一支研究方向稳定、学术思想活跃、创新能力突出的中青年研究团队。马骏教授领衔的团队已获评“教育部创新团队”“科技部重点领域创新团队”“南粤创新团队奖”。他的高质量研究得到了国内外同行广泛认可，2012年当选美国中华医学基金会（CMB）杰出教授；2014年获教育部“高等学校学科创新引智计划”立项；2017、2018年连续2年担任国际头颈部肿瘤研讨会大会主席。

特等奖获奖项目：港珠澳大桥工程建设关键技术

完成单位：港珠澳大桥管理局等13家单位

港珠澳大桥是世界上最长的跨海通道，于2009年12月正式开工，2018年10月24日正式通车，总长约55km。海中主体工程约30km，采用桥岛隧组合方案，包括22.9km桥梁，6.7km海底隧道和两个10万m^2的人工岛，投资约480亿元。是在“一国两制”框架下，粤港澳三地首次合作建设的超大型跨海交通工程，也是世界总体跨度最长、钢结构桥体最长、海底沉管隧道最长、公路建设史上技术最复杂、施工难度最高、工程规模最庞大的集群工程。

项目建设与运营面临三种不同的政治制度、管理体制、技术标准，融合了多学科、多专业、多个建设主体，针对环境复杂、标准高、经验少、技术缺乏等问题，通过系统的科研和管理规划，实现了建设管理、工程技术、专用装备、管理机制等多重创新。主要包括：国内首次按120年使用年限设计，形成了集耐久性可靠设计、施工质量保证和科学维护于一体的跨海集群工程混凝土结构120年寿命保障成套技术；通过足尺1∶1模型试验平台，创建隧道火灾、排烟、消防、逃生等综合方法，研发沉管隧道接头渗漏水智能监测装备，并建立沉管隧道安全等级体系和设施配置标准；结合沉管隧道的通风、照明以及景观设计及海上人工岛的供冷供热供电，开发运用智慧高效技术进行节能减排；基于风险管理理论，系统分析跨海跨境集群工程的建设安全风险与预控措施，以工程建设的风险源为基础创建工程建设风险控制的职业健康、安全、环保（HSE）管理体系与系统性安全防范、人身保障、应急救援措施；结合大桥所处地域的海洋生态环境，对海洋生物及周边环境因素予以监控，通过研究代表性保护动物中华白海豚等的生活方式，提出大桥建设与运营期生态环境的保护措施，实现了工程与自然的“和谐统一”以及“大桥建成、白海豚不搬家”的承诺；针对世界最大体量的钢桥面铺装工程，研发新型GMA沥青混合料铺装技术，并将传统式的桥面工程转化为全自动、移动式工厂化作业。大桥的建成有利于促进香港、澳门发展与内地发展紧密相连，从而更好的支持香港、澳门融入国家发展大局。

项目研究成果获得授权专利27项，计算机软件著作权6项，建立试验平台2项，发表专著10部，论文145篇，获国际大奖3项。经交通运输部和中国公路学会组织鉴定，成果达到国际领先水平，形成具有自主知识产权的桥岛隧集群工程建设和管理核心技术，构建了交通基础设施工业化建设技术体系和标准；创立了“一国两制”下粤港澳三地合作共建、协同决策模式；培养造就了一大批具有国际水平的战略科技人才及覆盖全产业链的高水平科研和建设团队。研究成果已在深中通道、费马恩海峡通道等国内外类似工程及“一带一路”建设中推广应用。

表6-1-5　2018年度广东省科学技术奖获奖项目（人）目录

表6-1-5-1　突出贡献奖

序号	姓名	工作单位	推荐单位
1	李立浧	中国南方电网有限责任公司	中国南方电网有限责任公司
2	马　骏	中山大学肿瘤防治中心	省卫生健康委

表6-1-5-2　自然科学奖

序号	项目编号	项目名称	主要完成人	提名单位/提名专家
		一等奖		
1	Z01-1-01	基于微纳光纤的光捕获与光操控	李宝军（中山大学） 辛洪宝（中山大学） 雷宏香（中山大学） 张　垚（中山大学） 李宇超（中山大学） 刘晓帅（中山大学）	省教育厅
2	Z02-1-01	稀土基磁性配合物的结构设计与性能调控	童明良（中山大学） 刘俊良（中山大学） 陈龑骢（中山大学） 刘　江（中山大学） 冷际东（中山大学）	省教育厅
3	Z03-1-01	光遗传技术研发和神经环路解析	王立平（中国科学院深圳先进技术研究院） 鲁　艺（中国科学院深圳先进技术研究院） 蔚鹏飞（中国科学院深圳先进技术研究院） 杨　帆（中国科学院深圳先进技术研究院） 屠　洁（中国科学院深圳先进技术研究院） 钟　成（中国科学院深圳先进技术研究院） 刘运辉（中国科学院深圳先进技术研究院） 刘　楠（中国科学院深圳先进技术研究院） 张志建（中国科学院武汉物理与数学研究所） 刘雪梅（中国科学院深圳先进技术研究院） 周　政（中国科学院深圳先进技术研究院） 唐永强（中国科学院深圳先进技术研究院） 王璐璐（中国科学院深圳先进技术研究院） 陈善平（中国科学院深圳先进技术研究院） 黄　康（中国科学院深圳先进技术研究院）	中国科学院广州分院

（续上表）

序号	项目编号	项目名称	主要完成人	提名单位/提名专家
4	Z03-1-02	脊椎动物天然免疫多样性的起源	徐安龙（中山大学） 元少春（中山大学） 黄盛丰（中山大学） 黄光瑞（中山大学） 杨满意（中山大学） 杨　平（中山大学） 彭　建（中山大学） 陶　鑫（中山大学） 陈尚武（中山大学） 董向如（中山大学） 吴　逵（中山大学） 王　昕（中山大学） 张　杰（中山大学） 郑婷婷（中山大学）	省教育厅
5	Z03-1-03	病人特异性功能干细胞获取及致病基因精准修复	潘光锦（中国科学院广州生物医药与健康研究院） 裴端卿（中国科学院广州生物医药与健康研究院） 王丽辉（中国科学院广州生物医药与健康研究院） 廖宝剑（中国科学院广州生物医药与健康研究院） 马　宁（中国科学院广州生物医药与健康研究院） 薛燕婷（中国科学院广州生物医药与健康研究院） 单永礼（中国科学院广州生物医药与健康研究院） 刘居理（中国科学院广州生物医药与健康研究院） 黄　可（中国科学院广州生物医药与健康研究院） 黄文浩（中国科学院广州生物医药与健康研究院） 陈倩瑜（中国科学院广州生物医药与健康研究院） 苏整会（中国科学院广州生物医药与健康研究院） 周天成（中国科学院广州生物医药与健康研究院）	中国科学院广州分院
6	Z04-1-01	调控肝癌生长和转移的新机制及意义	庄诗美（中山大学） 方坚鸿（中山大学） 郑利民（中山大学） 朱　颖（中山大学） 杨金娥（中山大学） 邝栋明（中山大学）	省教育厅
7	Z04-1-02	EB病毒相关鼻咽癌病因、发病机制及分子标志的研究	曾木圣（中山大学肿瘤防治中心） 曾益新（中山大学肿瘤防治中心） 宋立兵（中山大学肿瘤防治中心） 谢　丹（中山大学肿瘤防治中心） 麦海强（中山大学肿瘤防治中心） 钱朝南（中山大学肿瘤防治中心） 曹素梅（中山大学肿瘤防治中心） 薛文琼（中山大学肿瘤防治中心）	省卫生健康委

（续上表）

序号	项目编号	项目名称	主要完成人	提名单位/提名专家
8	Z04-1-03	抗焦虑新靶点的基础研究	高天明（南方医科大学） 李勃兴（南方医科大学） 孙向东（南方医科大学） 吕义晟（南方医科大学） 王雪敏（南方医科大学） 毕琳琳（南方医科大学） 刘吉红（南方医科大学） 朱心红（南方医科大学） 袁春华（南方医科大学） 李晓文（南方医科大学） 李树基（南方医科大学） 揭　威（南方医科大学） 谷　溪（南方医科大学） 关艳中（南方医科大学） 覃小翠（南方医科大学）	省教育厅
9	Z05-1-01	视觉鲁棒特征提取与非线性分析	赖剑煌（中山大学） 郑伟诗（中山大学） 谢晓华（中山大学） 阮邦志（香港浸会大学） 王昌栋（中山大学） 朱俊勇（中山大学） 马锦华（香港浸会大学） 黄　剑（香港浸会大学）	省教育厅
10	Z06-1-01	新型有机发光材料的设计合成及其力刺激发光响应研究	池振国（中山大学） 张　艺（中山大学） 许家瑞（中山大学） 刘四委（中山大学） 杨志涌（中山大学） 张锡奇（中山大学） 许炳佳（中山大学） 许适当（中山大学） 刘婷婷（中山大学） 毛　竹（中山大学） 李海银（中山大学） 陈承建（中山大学） 谢宗良（中山大学） 何家骏（中山大学） 穆英啸（中山大学）	省教育厅

（续上表）

序号	项目编号	项目名称	主要完成人	提名单位/提名专家
11	Z08-1-01	黏土矿物的表面反应性	何宏平（中国科学院广州地球化学研究所） 袁　鹏（中国科学院广州地球化学研究所） 朱建喜（中国科学院广州地球化学研究所） 周　琴（中国科学院广州地球化学研究所） 梁晓亮（中国科学院广州地球化学研究所） 刘　冬（中国科学院广州地球化学研究所） 陶　奇（中国科学院广州地球化学研究所） 沈　伟（中国科学院广州地球化学研究所） 朱润良（中国科学院广州地球化学研究所） 魏景明（中国科学院广州地球化学研究所）	中国科学院广州分院
12	Z08-1-02	热带亚热带生物与非生物固碳过程及其对环境变化的响应	闫俊华（中国科学院华南植物园） 于贵瑞（中国科学院地理科学与资源研究所） 方运霆（中国科学院华南植物园） 王秋凤（中国科学院地理科学与资源研究所） 张德强（中国科学院华南植物园） 陈　智（中国科学院地理科学与资源研究所） 李　坤（中国科学院华南植物园）	中国科学院广州分院

表6-1-5-3　技术发明奖

序号	项目编号	项目名称	主要完成人	提名单位/提名专家
			一等奖	
1	F02-1-01	超导磁共振快速成像关键技术、系统与应用	郑海荣（中国科学院深圳先进技术研究院） 梁　栋（中国科学院深圳先进技术研究院） 刘　新（中国科学院深圳先进技术研究院） 邹　超（中国科学院深圳先进技术研究院） 李　烨（中国科学院深圳先进技术研究院） 杨绩文（上海联影医疗科技有限公司） 李国斌（上海联影医疗科技有限公司） 王超洪（上海联影医疗科技有限公司） 朱燕杰（中国科学院深圳先进技术研究院） 吴　垠（中国科学院深圳先进技术研究院） 张　磊（中国科学院深圳先进技术研究院） 王珊珊（中国科学院深圳先进技术研究院） 王伟东（上海联影医疗科技有限公司） 邢晓聪（上海联影医疗科技有限公司） 王　天（上海联影医疗科技有限公司）	中国科学院广州分院

（续上表）

序号	项目编号	项目名称	主要完成人	提名单位/提名专家
2	F04-1-01	木质纤维素生物质生产航空燃料联产化学品关键技术	马隆龙（中国科学院广州能源研究所） 张　琦（中国科学院广州能源研究所） 张兴华（中国科学院广州能源研究所） 王晨光（中国科学院广州能源研究所） 刘琪英（中国科学院广州能源研究所） 陈伦刚（中国科学院广州能源研究所） 徐　莹（中国科学院广州能源研究所） 李宇萍（中国科学院广州能源研究所） 谈　金（中国科学院广州能源研究所） 吕　微（中国科学院广州能源研究所） 章　青（中国科学院广州能源研究所）	中国科学院广州分院
3	F05-1-01	双级压缩变容积比空气源热泵技术及应用	黄　辉（珠海格力电器股份有限公司） 胡余生（珠海格力节能环保制冷技术研究中心有限公司） 魏会军（珠海格力节能环保制冷技术研究中心有限公司） 杨欧翔（珠海格力节能环保制冷技术研究中心有限公司） 梁祥飞（珠海格力电器股份有限公司） 吴　健（珠海格力节能环保制冷技术研究中心有限公司） 徐　嘉（珠海格力节能环保制冷技术研究中心有限公司） 任丽萍（珠海格力节能环保制冷技术研究中心有限公司） 梁社兵（珠海格力节能环保制冷技术研究中心有限公司） 罗惠芳（珠海格力节能环保制冷技术研究中心有限公司） 朱红伟（珠海格力节能环保制冷技术研究中心有限公司） 赵旭敏（珠海格力节能环保制冷技术研究中心有限公司） 叶务占（珠海格力电器股份有限公司） 韩　鑫（珠海格力节能环保制冷技术研究中心有限公司） 林金煌（珠海格力电器股份有限公司）	珠海市

（续上表）

序号	项目编号	项目名称	主要完成人	提名单位/提名专家
4	F06-1-01	柴油车尾气催化剂的研发及产业化	余　林（广东工业大学） 赵向云（广州市威格林环保科技有限公司） 李永峰（广东工业大学） 杨晓波（广州市威格林环保科技有限公司） 孙　明（广东工业大学） 覃　斌（江门气派摩托车有限公司） 杨剑锋（江门气派摩托车有限公司） 程　高（广东工业大学） 杨润农（广东工业大学）	省教育厅
5	F08-1-01	基于丝网印刷的晶硅光伏太阳能电池关键技术及成套装备	张宪民（华南理工大学） 冼志军（东莞市科隆威自动化设备有限公司） 王军涛（东莞市科隆威自动化设备有限公司） 陈　忠（华南理工大学） 苏金财（东莞市科隆威自动化设备有限公司） 邝泳聪（华南理工大学） 唐岳泉（东莞市科隆威自动化设备有限公司） 梁经伦（华南理工大学） 邱志成（华南理工大学） 王念峰（华南理工大学） 朱本亮（华南理工大学） 欧阳高飞（华南理工大学） 杨丽新（华南理工大学） 张续冲（华南理工大学） 黄沿江（华南理工大学）	省教育厅
6	F09-1-01	光纤激光波长调谐与噪声抑制关键技术及应用	徐善辉（华南理工大学） 杨中民（华南理工大学） 张勤远（华南理工大学） 杨昌盛（华南理工大学） 冯洲明（华南理工大学） 姜中宏（华南理工大学）	省教育厅
7	F09-1-02	北斗卫星信号快速捕获新方法及芯片设计	谢胜利（广东工业大学） 易清明（暨南大学） 谢　侃（广东工业大学） 吴进时（泰斗微电子科技有限公司） 吴宗泽（广东工业大学） 毛　磊（泰斗微电子科技有限公司） 肖　明（广东工业大学） 吕　俊（广东工业大学） 石　敏（暨南大学） 曹　林（泰斗微电子科技有限公司） 白玉磊（广东工业大学） 任志刚（广东工业大学） 夏　粮（泰斗微电子科技有限公司） 李　松（泰斗微电子科技有限公司）	省教育厅

（续上表）

序号	项目编号	项目名称	主要完成人	提名单位/提名专家
8	F10-1-01	复杂情况下结构高空提升及移位施工关键技术	王　龙（广州建筑股份有限公司） 梁湖清（广州建筑股份有限公司） 高俊岳（广州建筑股份有限公司） 陈臻颖（广州市第二建筑工程有限公司） 魏　崴（上海业升机电控制技术有限公司） 娄　峰（浙江精工钢结构集团有限公司） 刘玉贵（广州建筑股份有限公司） 姚明球（广州市第二建筑工程有限公司） 温建明（上海业升机电控制技术有限公司） 聂秀娟（广州市第二建筑工程有限公司） 宾建雄（深圳雅鑫建筑钢结构工程有限公司） 余伟健（广州市第二建筑工程有限公司） 赵文雁（浙江精工钢结构集团有限公司） 胡景文（广州市第二建筑工程有限公司） 周国军（浙江精工钢结构集团有限公司）	广州市

表6-1-5-4　科技进步奖

序号	项目编号	项目名称	主要完成人	主要完成单位	推荐单位
特等奖					
1	J11-特-01	港珠澳大桥工程建设关键技术	苏权科　王胜年　蒋树屏 张劲文　李克非　毛　磊 张　昊　郭华芳　周　健 余　烈　王　萍　杨秀军 张育才　吕卫清　陈　越 李　迁　熊建波　邹桂莲 王　丁　白　云	港珠澳大桥管理局 中交四航工程研究院有限公司 招商局重庆交通科研设计院有限公司 广东省长大公路工程有限公司 交通运输部公路科学研究所 中国科学院广州能源研究所 中山大学 中交第四航务工程局有限公司 华南理工大学 中国科学院水生生物研究所 清华大学 南京大学 同济大学	省交通运输厅

（续上表）

序号	项目编号	项目名称	主要完成人	主要完成单位	推荐单位
一等奖					
1	J011-1-01	果蔬冷链控制关键技术与装备创制及应用	孙大文　何　勇　朱志伟 蒲洪彬　何建国　付浩华 成军虎　韩　忠　刘贵珊 李宪光　潘洪准　莫朝庆 陈海洋　刘　江　张　洪	华南理工大学 浙江大学 宁夏大学 唐人神集团股份有限公司 广州市粤联水产制冷工程有限公司 东莞市科美斯科技实业有限公司 深圳市德捷力冷冻科技有限公司 广州一衣口田有机农业有限公司 泽达易盛（天津）科技股份有限公司	省教育厅
2	J011-1-02	水稻优质多穗型恢复系广恢998的选育及其应用	王　丰　符福鸿　柳武革 廖亦龙　朱满山　李传国 陈友订　黄慧君　李金华 李曙光　顾海永　付崇允 刘迪林　陈建伟　肖　昕	广东省农业科学院水稻研究所 广东省金稻种业有限公司	省农科院
3	J012-1-01	广东省特色植物资源利用与产业化关键技术研究与应用	邢福武　马国华　叶华谷 汪华清　廖文波　刘信凯 罗伟聪　王发国　陈红锋 胡晓敏　刘东明　易绮斐 刘　黾　王　晶　叶育石	中国科学院华南植物园 中山大学 岭南生态文旅股份有限公司 棕榈生态城镇发展股份有限公司 广州华苑园林股份有限公司 广州天适集团有限公司	中国科学院广州分院
4	J021-1-01	高档优质肉鸡新品种的培育与应用	张细权　张德祥　聂庆华 季从亮　罗庆斌　陈永华 何丹林　彭志军　罗　文 徐振强　许继国　梁少东 刘满清　李红梅　张　燕	华南农业大学 温氏食品集团股份有限公司	省教育厅
5	J021-1-02	黄羽肉种鸡禽白血病净化关键技术创建与应用	廖　明　曹伟胜　代曼曼 廖秋生　罗开健　孙彦伟 刘大伟　郑煦灿　卢受昇 徐成刚　任　涛　樊惠英 袁少华　贾伟新　瞿孝云	华南农业大学 广东省动物疫病预防控制中心 温氏食品集团股份有限公司 佛山市高明区新广农牧有限公司 佛山市南海种禽有限公司	省教育厅

（续上表）

序号	项目编号	项目名称	主要完成人	主要完成单位	推荐单位
6	J03-1-01	亚热带特色果蔬主要活性物质的化学生物学表征及其健康食品创制	张名位 张瑞芬 邓媛元 孙智达 谢海辉 吴福培 黄　菲 刘　磊 马永轩 李文治 贾栩超 刘　光 董丽红 杜海珍 林秋怡	广东省农业科学院蚕业与农产品加工研究所 广东生命一号药业股份有限公司 华中农业大学 中国科学院华南植物园 广州市清香农产有限公司 广东泽丰园农产品有限公司	省农科院
7	J03-1-02	蛋白乳浊体系稳定化及高品质乳制品产业化关键技术	赵强忠 赵谋明 周雪松 冯立科 汪　勇 谢秉锵 郑卫平 江虹锐 周非白 邓欣伦 张多敏	华南理工大学 广州合诚实业有限公司 广东燕塘乳业股份有限公司 立高食品股份有限公司 皇氏集团华南乳品有限公司 暨南大学 广西大学 广州市稳邦生物科技有限公司	省教育厅
8	J04-1-01	电网可控融冰关键技术、成套装备研发及大规模应用	傅　闯 许树楷 张　翔 黎小林 马晓红 吴怡敏 孙　鹏 张　迅 李　昊 赵立进 虢　韬 周月宾 陈晓国 赵庆明 郭裕群	南方电网科学研究院有限责任公司 贵州电网有限责任公司 南京南瑞继保电气有限公司 中国电力工程顾问集团西南电力设计院有限公司 云南电网有限责任公司	中国南方电网有限责任公司
9	J04-1-02	轨道交通大功率高可靠供电系统的关键技术及工程应用	张　波 廖　慧 陈艳峰 王　淼 丘东元 肖　珊 张彧锋 黄　宇 李　超 张国慧 李海培 肖文勋 谢　帆	华南理工大学 广州科技贸易职业学院 广东创电科技有限公司 北京市地铁运营有限公司通信信号分公司 成都地铁运营有限公司 中铁二院工程集团有限责任公司 中铁第一勘察设计院集团有限公司	省教育厅
10	J05-1-01	大规模天线阵列系统关键技术及应用	王喜瑜 鲁照华 柏　钢 朱伏生 蔡伟文 李　刚 胡留军 高旭昇 李　军 陈其铭 吴多龙 顾　翔 吴　枫 刘十红 李健凤	中兴通讯股份有限公司 中国移动通信集团广东有限公司 广东工业大学	深圳市

（续上表）

序号	项目编号	项目名称	主要完成人	主要完成单位	推荐单位
11	J06-1-01	PM2.5在线源解析质谱监测系统	周　振　李　磊　李　梅　黄正旭　高　伟　傅　忠　朱　辉　黄　渤　庄　雯　吕金诺　蔡伟光　侯志辉　谭国斌　洪　义　喻佳俊	暨南大学 广州禾信仪器股份有限公司	省教育厅
12	J07-1-01	物联网技术及其在物流供应链中的应用	刘发贵　顾小昱　彭　鑫　王亮明　苏　骅　张　杨　伍春江　钟德祥　李　盈　秦　政　张一弓　丁耿佳　林跃东　肖　芬　罗松超	华南理工大学 宝供物流企业集团有限公司 广东一站网络科技有限公司	省教育厅
13	J08-1-01	高端装备大型橡塑密封设计制造关键技术及工业化应用	黄　兴　郭　飞　叶素娟　黄　乐　谭　锋　贾晓红　王文虎　李正波　肖风亮　王玉明　张启应　刘连伟　夏迎松　闫志旭　向　宇	广州机械科学研究院有限公司 清华大学 明阳智慧能源集团股份公司 中国长江电力股份有限公司 广州宝力特密封技术有限公司 安徽中鼎密封件股份有限公司	广州市
14	J08-1-02	高端电子基板多品种高精高效制造核心装备、	陈　新　崔成强　刘　强　高云峰　王成勇　陈　云　万加富　李志东　曹立强　陈庆新　冷杰武　徐青松　曹洪涛　陈　蓓　谷　新	广东工业大学 大族激光科技产业集团股份有限公司 深南电路股份有限公司 深圳市兴森快捷电路科技股份有限公司 安捷利实业有限公司 华南理工大学	省机械工程学会
15	J09-1-01	关键工艺及系统集成高性能厚壁高密度聚乙烯（HDPE）管材管件的研发及产业化	宋科明　李统一　王玉海　王　禹　余华林　王万卷　曾广跃　徐政委　杨晏龙　张慰峰　乔晓辉　郭　伟　遵　倩　何楚华　孙秀慧	广东联塑科技实业有限公司 华南师范大学 广州质量监督检测研究院	佛山市
16	J10-1-01	具有桩钉效应铁基复合材料制备技术及产业化	郑开宏　王　娟　李烨飞　高义民　王海艳　陈永成　黄荣刚　丘伟军　徐　静　李继林　周　楠　董晓蓉　郑志斌　罗铁钢　李盛锋	广东省材料与加工研究所 西安交通大学 佛山市顺德区中天创展球铁有限公司 安徽昱工耐磨材料科技有限公司 广东塔牌集团股份有限公司	省科学院

（续上表）

序号	项目编号	项目名称	主要完成人	主要完成单位	推荐单位
17	J11-1-01	复杂空间钢结构建造关键技术创新与应用	陈振明 罗赤宇 廖彪 王湛 廖选茂 戴立先 欧阳超 陈韬 唐齐超 温小勇	中建钢构有限公司 广东省建筑设计研究院 华南理工大学	深圳市
18	J11-1-02	盾构施工“衡盾泥”辅助带压进仓关键技术研究	竺维彬 米晋生 钟长平 黄威然 邱小佩 陈和 李世佳 钟小春 周翠英 朱伟 祝思然 史清华 罗淑仪 袁敏正 杨明先	广州地铁集团有限公司 广州轨道交通建设监理有限公司 佛山市泰迪斯材料有限公司 中山大学 河海大学 广东水电二局股份有限公司	省土木建筑学会
19	J12-1-01	海洋水合物钻探装备研发和矿体识别技术创新及成功应用	施和生 颜承志 吴仲华 李元平 周杨锐 裴学良 周松望 李杰 任红 李清平 蒋卫焱 李国玉 王秀娟 李方 吕鑫	中海石油深海开发有限公司 中石化胜利石油工程有限公司 中海油田服务股份有限公司 中海油研究总院有限责任公司 中国科学院海洋研究所	珠海市
20	J13-1-01	重要媒介蚊虫防制的关键科学技术	陈晓光 林立丰 顾金保 郑学礼 陈清 周晓红 蔡松武 王春梅 吴焜 刘礼平 李华 段金花	南方医科大学 广东省疾病预防控制中心	省教育厅
21	J14-1-01	人感染禽流感病毒重症病例的诊断、预警及防治	杨子峰 黄吉城 关文达 陈荣昌 钟南山 李小波 黎毅敏 刘晓青 王玉涛 郑夔 伍时冠 李征途 师永霞 李润峰	广州医科大学附属第一医院 广东出入境检验检疫局检验检疫技术中心	广州市
22	J14-1-02	分子标志物在消化系统肿瘤个体化诊疗中的应用研究	徐瑞华 元云飞 韦玮 王峰 关新元 鞠怀强 贾卫华 康铁邦 赵明 邵建永 张东生 邱妙珍 金颖 王德深 鲁运新	中山大学肿瘤防治中心	省卫生健康委
23	J15-1-01	胃癌个体化治疗关键技术的创新与推广应用	何裕隆 张常华 彭建军 徐建波 吴晖 杨东杰 蔡世荣 陈创奇 魏哲威 王亮 张信华 王昭 何伟玲 陈剑辉 宋武	中山大学附属第一医院	省卫生健康委

（续上表）

序号	项目编号	项目名称	主要完成人	主要完成单位	推荐单位
24	J15-1-02	结直肠癌防治关键技术创新与推广应用	王　磊　兰　平　邹鸿志 邓艳红　康　亮　吴小剑 范新娟　骆衍新　杨祖立 陈典克　马腾辉　袁紫旭 钟清华　秦启元　汪建平	中山大学附属第六医院 广州市康立明生物科技有限责任公司	省卫生健康委
25	J15-1-03	青光眼发病新机制及治疗新策略	卓业鸿　苏文如　李轶擎 迟　玮　葛　坚　李作红 朱颖婷　颜志超　张莹莹 李智冬　万沛星	中山大学中山眼科中心	省卫生健康委
26	J15-1-04	精准腹腔热灌注化疗技术的研究与临床应用	崔书中　朱正纲　梁　寒 唐鸿生　黄狄文　巴明臣 张相良　李　琛　詹宏杰 燕　敏　邓靖宇　汤　睿 唐云强　王　进　王佳泓	广州医科大学附属肿瘤医院 上海交通大学医学院附属瑞金医院 天津医科大学肿瘤医院 广州保瑞医疗技术有限公司	广州市
27	J16-1-01	基于疾病易感性的中药药效评价及应用	何蓉蓉　李怡芳　高　昊 胡　丹　彭红英　肖　伟 江　涛　李海波　梁铭基 吴　云　陈河如　姚新生	暨南大学 广州白云山敬修堂药业股份有限公司 江苏康缘药业股份有限公司	苏国辉 孙远明 葛发欢
28	J16-1-02	中晚期肺癌中医综合治疗体系构建及推广应用	林丽珠　周岱翰　孙玲玲 陈汉锐　周京旭　黄学武 曹　洋　王树堂　郑心婷 余　玲　关洁珊　翟林柱 肖志伟	广州中医药大学第一附属医院 广州中医药大学	省中医药局
29	J19-1-01	水体复合污染的多界面微生物强化治理关键技术及应用	许玫英　郭　俊　张列宇 齐振雄　刘永定　陈杏娟 许国焕　马连营　李根保 姜瑞丽　杨永刚　孙国萍 林培真　梅承芳　杨旭楠	广东省微生物研究所 中国科学院水生生物研究所 广东海大集团股份有限公司 中国环境科学研究院 广东省南方环保生物科技有限公司	省科学院

表6-1-5-5　科技合作奖

序号	获奖人	工作单位	所在国家（地区）	主要合作单位	提名单位/提名专家
1	郭瑞·弗拉基米尔 Korzhyk Volodymyr	乌克兰国家科学院巴顿焊接研究所 The E.O.Paton Electric Welding Institute of the National Academy of Sciences of Ukraine	乌克兰	广东省焊接技术研究所（广东省中乌研究院）	省科学院
2	马丁·门席斯 Martin Menzies	伦敦大学皇家霍洛威学院 Royal Holloway, University of London	英国	中国科学院广州地球化学研究所	中国科学院广州分院
3	周国富 Guofu Zhou	荷兰埃因霍温理工大学 Eindhoven University of Technology	荷兰	华南师范大学	省教育厅
4	诸自强 Zi-qiang Zhu	谢菲尔德大学 The University of Sheffield	英国	美的集团股份有限公司	佛山市
5	黄国全 George Q. Huang	香港大学	中国香港	暨南大学	省教育厅

（严军华）

知识产权

【概况】 2018年，全省专利申请量79.38万件，同比增长26.44%，获专利授权量47.81万件，同比增长43.72%，专利申请及获授权量均居全国首位。其中，发明专利申请量21.65万件，同比增长18.52%，发明专利授权量5.33万件，同比增长16.44%。有效发明专利量达24.85万件，连续9年居全国第1。每万人口发明专利拥有量22.25件，比上年同期增加3.29件。PCT国际专利申请量2.53万件，占全国总量的48.67%，连续17年居全国首位。全省商标申请量146.24万件，同比增长33.55%，商标注册量94.06万件，同比增长82.99%，马德里商标国际注册申请量1 172件，同比增长22.98%；商标有效注册量341万件，占全国的18.89%，同比增长35.05%，居全国首位。全省获地理标志保护产品134个，已注册有效地理标志商标70件。获评第20届中国专利金奖10项、银奖20项、优秀奖214项，获奖数量居全国第1。

【知识产权创造】 推动高质量专利培育布局，启动实施省重点产业、重点企业专利导航工程，对22个战略性新兴产业和技术领域全球专利态势分析及预警，对9个区域重点产业开展专利导航。依托高校布局建设首批6家广东省区域知识产权分析评议中心；“高水平大学重点建设高校”贯标试点全覆盖；建立“产学研+知识产权服务”协同创新机制，省产学研高价值专利育成中心总数16家。截至2018年年底，全省通过贯标认证的企业累计达到6 949家，位居全国第一位；全省国家知识产权优势企业215家，示范企业80家。

【知识产权保护】 2018年，全省市场监管部门受理各类专利案件6 611件，结案6 501件，同比分别增长12.70%和11.76%；查处各类商标违法案件3 550件，案值5 033.8万元。第123、第124届广交会共受理专利投诉案件551宗，被投诉企业756家，认定涉嫌侵权企业324 家。开展电子商务领域专利侵权判定咨询工作，处理电商领域各种专利纠纷1 005件。

截至2018年年底，全省建成3个国家级知识产权保护中心、7个国家级知识产权快速维权中心和多个省级知识产权维权援助分中心。全省知识产权快维中心快速授权共计6 488 件，快速维权1 817宗。9个地市共建立15个知识产权调解委员会。省、市两级律协均设立律师调解中心，组建知识产权调解员库，参与知识产权调解工作。

【知识产权运用】 举办第二届广东知识产权交易博览会，展示知识产权项目2 497个，涉及专利31.17万件、商标78.81万件，促成知识产权投资意向90亿元，达成知识产权交易金额共计10.42亿元，比首届增长45%。

建设各类知识产权运营交易平台或服务机构57家，其中，国家专利运营试点企业15家。全省已建成国家知识产权试点示范园区11家，省内知识产权转移转化、众创空间、专利技术创业孵化器、专利密集型产业集聚区等达20家。

2018年，推进知识产权金融服务，全省专利质押融资额达201.37亿元，位居全国首位，专利保险实现珠三角全覆盖。广州、深圳获中央财政投入4亿元开展知识产权运营服务体系建设；省财政投入4 000万元引导8市建立知识产权质押融资风险补偿金。

开展知识产权军民融合工作，广东成为首批知识产权军民融合试点地方，广州开发区建立知识产权军民融合特色平台。

【知识产权管理与服务】

推进知识产权服务业集聚　创建国家知识产权服务业集聚发展示范、试验区3个，省级试验区6个。新建生物质能、海洋可再生能源开发产业等10个专利数据库，对外提供服务的专利专题数据库58个。建设全国首个省级商标维权援助服务体系平台，提供查询、检索、统计、分析和预警等公共服务。全省共有专利代理机构336家，分支机构350家，执业专利代理人2 213人。

加强知识产权合作　推进省际知识产权合作，召开“第十三届泛珠三角区域知识产权合作联席会议”；与新疆喀什、青海省签署新一轮知识产权合作框架协议。

深化粤港澳大湾区知识产权合作，落实粤港、粤澳保护知识产权合作项目25项和16项；制定《粤港澳大湾区规划纲要知识产权实施方案》；筹备成立粤港澳大湾区知识产权服务联盟；开展粤港澳大湾区知识产权情报交流、信息通报和联合执法行动。

加强知识产权国际交流合作，承办“2018年中非知识产权制度与政策高级研讨会”，欧洲、北美、日韩等国际知识产权巡回演讲，中日（广东）企业知识产权交流研讨会。

培育知识产权文化　开展“4·26知识产权宣传周”活动；召开“广东省知识产权保护状况”新闻发布会；组织“知识产权战略实施十周年”“知识产权支撑创新驱动发展”等专题宣传。

建设知识产权人才队伍　在全省范围遴选出首批15人正高级职称知识产权研究人员，建设国家和省、市级知识产权培训基地25家，组建省中小学知识产权与创新教育专业委员会。

（牛晨蕾）

产业、行业科技发展

高新技术产业及战略性新兴产业

【高新技术企业认定与培育】 2018年，全省大力实施高新技术企业树标提质行动计划，推动高新技术企业高质量发展。规范高新技术企业认定管理流程，提升高新技术企业认定质量。2018年，全省高新技术企业存量在全国领先优势进一步扩大，达45 280家，存量数同比增长36.9%。深圳、广州分别达到14 416家、11 746家，占全省的57.8%，珠三角地区高新技术企业占全省的95.1%。省市加强高新技术企业政策宣传，超6 000人/次参加了高新技术企业申报认定培训会。

高新技术企业为全省新动能培育和现代化经济体系构建提供了有力支撑。2018年，高新技术企业年末从业人员680.8万人、营业收入7.4万亿，分别同比上升15.4%、25.4%；全省大中型高新技术企业比例持续上升，营业收入上亿元的企业8 133家，同比上升18.9%；高新技术企业涵养税源作用不断凸显，上缴税收同比上升16.6%。

根据《高新技术企业认定管理办法》《高新技术企业认定管理工作指引》的有关规定，经企业申报，广东省高新技术企业认定管理工作领导小组办公室组织认定，并报全国高新技术企业认定管理工作领导小组办公室备案批复同意，2批共计11 431家（不含深圳）企业被认定为广东省2018年高新技术企业，享受高新技术企业所得税优惠政策期限是2018年1月1日—2020年12月31日。

（钟士岗）

【高新技术产品进出口】 据海关统计，2018年广东省高新技术产品进出口31 359.1亿元人民币，同比增长10.8%。广东省高新技术产品进出口值占全省外贸的43.8%，占全国高新技术产品外贸的33.5%，规模居全国首位。其中，出口15 452.5亿元，同比增长5.8%；进口15 906.5亿元，同比增长16.1%。

贸易结构不断优化，一般贸易比重不断提高 2018年，广东省一般贸易项下高新技术产品进出口、出口、进口额分别为12 058.9亿元，增长12.6%；5 935.2亿元，增长11.6%；6 123.7亿元，增长13.6%。广东省加工贸易项下高新技术产品进出口、出口、进口额分别为13 613.6亿元，增长7.1%；8 156亿元，增长4.8%； 5 457.6亿元，增长10.8%。广东省一般贸易高新技术产品进出口的占比为38.5%，同比提高了0.7个百分点；加工贸易高新技术产品进出口的比重下降至43.4%，同比下降了1.5个百分点。

经营主体不断优化，私营企业成为主力军 2018年，广东省私营企业首次超越外商投资企业，成为广东省高新技术产品进出口主力军。全年广东省私营企业高新技术产品进出口14 890.4亿元，同比增长26.8%，占全省的47.5%，同比增长6个百分点。外商投资企业高新技术产品进出口14 102.4亿元，同比增长0.4%，占全省的45%，同比下降了4.6个百分点。国有企业高新技术产品进出口1 164.1亿元，同比下降20.7%，占全省的3.7%。集体企业高新技术产品进出口1 196.6亿元，同比增长14.2%，占全省的3.8%。

市场结构不断优化，对东盟贸易快速增长 中国香港、东盟、中国台湾是广东省高新技术产品主要贸易伙伴，对东盟仍保持快速增长态势，中国台湾成为第三大贸易伙伴。2018年广东省对中国香港、东盟、中国台湾高新技术产品进出口分别为6 753亿元、4 657.8亿元、3 624.4亿元，三地合计占全省的47.9%，是广东省高新技术产品主要贸易伙伴。其中：对东盟进出口4 657.8亿元，同比增长25.1%，出口1 360.9亿元，同比增长15.2%，进口3 296.9亿元，同比增长29.6%。同期，广东省高新技术产品对韩国、欧盟、美国、日本进出口分别为3 552亿元、2 233.6亿元、1 796.3亿元和1 369.6亿元，同比分别增长8.4%、10.5%、6.5%和1.7%。

计算机与通信技术和电子技术产品仍是主导产品　2018年，广东省计算机与通信技术产品进出口达15 810.1亿元，同比增长8.2%，占广东省高新技术产品进出口比重50.4%。电子技术产品进出口11 939.1亿元，同比增长18%，占广东省高新技术产品进出口比重38.1%。两类产品合计占比达88.5%，是广东省高新技术产品进出口的主导产品。

区域发展不平衡，珠三角地区是高新技术产品进出口主要区域　2018年，珠三角九市全年高新技术产品进出口31 098.9亿元，同比增长11%，占全省的99.2%，是广东省高新技术产品主要区域。其中：深圳市全年高新技术产品进出口17 774.6亿元，同比增长15.4%，占全省56.7%，仍是广东省高新技术产品进出口第一大市。东莞市保持快速增长态势，全年高新技术产品进出口6 825.3亿元，同比增长11.9%，占全省的21.8%，是广东省高新技术产品进出口第二大市。粤东西北十二市全年高新技术产品进出口260.2亿元，仅占全省的0.8%。广东省高新技术产品进出口仍面临区域发展不平衡的情况。

（吴屏玉）

农业科技

【农业科技计划】 2018年，广东省强化农业和农村科技创新引领作用，在现代种业、食品安全、精准农业、智能农机装备等领域进行重点布局，组织国内顶尖专家团队编制广东省重点领域研发计划现代种业、食品安全、精准农业以及智能农机装备重大专项申报指南，面向全国接受申报。本年度支持“现代种业”重大专项项目和对接国家重大科技项目8项（27个子课题），财政经费18 050万元。

【农作物新品种研发推广】 2018年，广东省大力发展现代种业，加强优质、绿色、高效新品种的选育推广，新收集种质资源1 300多份，夯实品种选育的物质基础。广东省农作物育种科技创新能力明显提升，2018年审定通过农作物新品种148个，其中水稻64个、玉米12个、蔬菜36个、果树5个、花卉28个、中药材3个；申请植物新品种权58件，涉及稻、玉米、棉花、花卉等作物种类，获得农业植物新品种授权38件，累计申请量和授权量由2013年的237件和69件，上升至2018年的680件和280件，分别增加1.9倍和3.1倍。同时，建设高标准良种繁育基地10个，新增优质种苗繁育能力超过1亿株；建设良种展示示范基地43个，展示示范优良品种5 000个（次）以上，辐射带动优新良种推广面积16.67万hm^2（250多万亩）。加大主导品种和主推技术的遴选发布力度，按照《广东省农业主导品种和主推技术评审管理办法（修订）》，遴选发布2019年广东省农业主导品种98个和主推技术89项，加快农业科技成果转化，提高良种、良法覆盖率。

【农村科技特派员行动】 2018年8月，广东省科学技术厅、中共广东省委农村工作办公室、广东省农业农村厅在广州联合召开乡村振兴科技行动暨农村科技特派员工作推进会，会上印发了《广东省乡村振兴科技创新行动方案》，提出了实施农业科技创新引领行动、实施乡村振兴人才下乡行动、实施科技成果转化示范行动、实施创新创业载体建设行动、实施科技扶贫脱贫攻坚行动、实施创新示范区域创建行动6大科技创新行动、20项具体措施，总结了乡村振兴科技行动及农村科技特派员工作开展情况，要求推进建档立卡贫困村技术需求农村科技特派员千村大对接工作；围绕广东省建档立卡的2 277个贫困村技术需求，全年共投入资金3 465万元，组织了两批共19家单位708个农村科技特派员团队对接1 008个贫困村工作。

【农业科技创新团队建设】 推进广东省现代农业产业技术体系创新团队建设，2016—2018年，共打造20个农业科技创新团队，遴选首席专家20人、岗位（专题）专家128人、示范基地负责人62人，辐射带动核心团队成员近700人。依托创新团队的人才和科技力量，围绕水稻、生猪、岭南水果、花卉、特色蔬菜、家禽、茶叶、饲料、蚕桑、食用菌、经济粮油作物、优稀水果等产业，以及农业种业、农业面源污染防控与产地环境安全、农产品质量安全、动植物重大灾害预警与综合防控、农产品保鲜物流、农业智能装备与全程机械化、农产品初加工与深加工、互联网+农业等共性关键技术，开展相关应用技术研发、集成、示范和培训等为主要内容的农业科技创新与推广工作，助力广东省农业产业发展和乡村振兴实施。

【农业园区和平台创新体系建设】 省科技厅积极开展有关科技园区组织工作，江门、茂名市被认定为第八批国家农业科技园区，第六批河源国家农业科技园顺利通过验收。

开展第二批省现代农业科技创新中心及基地的备案建设，组织了专家对申报的290家创新中心进行评审。积极开展了创新型县（市）建设申报工作，台山、廉江和四会被确定为全国首批创新型县（市）建设单位；按照科技部《国家星创天地建设指引》，组织第二批广东省星创天地62家的备案评审工作，47家获得省级备案。2018年，全省23家星创天地获得科技部第三批备案。

2018年，广东省国家现代农业产业园增至4个，省财政投入25亿元启动建设的首批50个省级现代农业产业园于年底实现建设规划、实施主体、技术团队、补助资金“4个100%到位”，拉动各类投资91.88亿元，带动123万农民就业增收。

启动创建广州国家现代农业产业科技创新中心，8月2日农业农村部正式复函支持广东省创建广州国家现代农业产业科技创新中心（以下简称“科创中心”），12月12日，举办战略合作框架协议签约仪式，科创中心正式揭牌成立。

推进广东省农业科技成果转化公共服务平台暨农业科研项目库建设，完善农业科技成果转化项目库资源建设及功能，截至2018年年底，已面向全省783个不同类型单位，征集到4 441项农业科研储备项目，为全省农业主管部门、科研机构、涉农企业等提供农业科技成果信息汇聚、查询、交易、宣传、展示等服务。

【农业信息化】 2018年，广东省被农业农村部批准为信息进村入户整省推进示范省，按照“政府+运营商+服务商”三位一体推进机制建设益农信息社，截至12月底，益农信息社申报认定数量达8 166家。同时，开展“5G+智慧农业”应用示范，推动广州市增城区5G智慧农业试验区、江门市5G智慧农业科创园、湛江市5G智慧水产示范应用建设。另外，利用广东省现代农业科技创新团队信息化平台、广东农技推广管理平台、中国农技推广APP、农技宝、微信等现代信息手段开展农技推广服务。截至2018年年底，广东省农技人员使用中国农技推广APP发布有效日志量171 364条、上报农情量7 235条、提问量26 477条、回答量428 215条、评论量5 024条，有效使用率78.08%；“农技宝”用户已覆盖全省21个地市，119个区县，覆盖率97.6%，总体用户13.8万户，其中，农技员用户5 346户、农技专家141人、农户13.2万户，合计服务农户73.1万人次，农事提醒、田园相册等核心模块的用户互动次数超过1 960万次。

【科技扶贫和对口帮扶】 省科技厅立足当地实情和技术需求，组织完成了2018年省级对口科技援疆援藏项目的管理工作，共安排项目69项，安排资金1 060万元。其中，对口科技援疆项目42项，安排资金560万元；对口科技援藏项目27项，拟安排资金500万元。

省科技厅因地制宜发展产业，助力三洞村贫困户脱贫奔小康，做好2018年扶贫攻坚考核工作。按照长短结合、因地制宜的思路建成了三洞村“一村两品”科学种养生态循环脱贫主导产业。继续推进红肉蜜柚特色产业，继续加强脱贫产业优质鸡养殖基地建设，通过“一户一法、一户多法”帮扶贫困户发展产业脱贫奔康。按省扶贫办的要求，报送相关扶贫工作总结报告，协助驻村工作队整理有关资料档案，做好扶贫攻坚考核工作。

省科技厅按照省委、省政府和科技部有关工作部署，组织完成了有关科技扶贫工作。主要组织落实了省委省政府有关扶贫攻坚、网络扶贫、定点扶贫考核以及科技部科技扶贫有关工作，并报送了有关总结材料。

省农业农村厅实施特色产业扶贫，就地就业促增收。重点建设现代农业产业园、“一村一品”“一镇一业”三大平台，发展特色种养、农产品加工、乡村旅游三大产业，发挥农业企业、农民合作社、家庭农场三大主体作用，完善与贫困户利益联结、产销对接、科技支撑三大机制，着力健全产业扶贫的长效机制。据不完全统计，2018年全省实施产业扶贫项目33.27万个，带动在家有劳动能力相对贫困户19万户、70.4万人，产业项目收益14.8亿元；2 277个贫困村建有农业特色产业4 578个，成立农民合作社5 388家，参与农业产业扶贫的农业龙头企业达932个。

【农业科技下乡活动】 省科技厅组织广东省农业科学院等4家单位联合倡议开展全省农村科技

特派员暑期大下乡活动，推动农村科技特派员利用暑期深入田间地头，为农业农村发展提供科技服务；协调南方杂志社、《南方农村报》等单位，推出了《将论文写在南粤乡村大地上——广东农村科技特派员下乡侧记》专题报道以及“科技特派员暑期大下乡”和“三洞三年”等系列报道，宣扬扶贫典型，弘扬科技正能量，激励广大农村科技特派员继续为乡村振兴战略做出贡献。

2018年，省农业农村厅共组织邀请专家教授近30人次，先后深入江门、云浮、清远、中山、惠州、梅州、河源、湛江、阳江、肇庆10个地级市所辖27个县（市、区），共计33个乡镇举办了30场（次）种养专题技术讲座、27场（次）农业主导品种和主推技术等大型图片巡展及现场技术咨询活动，宣传推广农业主导品种和主推技术、农产品质量安全知识220多项，培训农村职业农民、基层农技推广人员和农民群众近20 000人（次），免费派发近30 000册（份）农业科技丛书（资料），吸引前来参观及技术咨询的群众近15 000人（次），推进农业主导品种和主推技术的推广应用，把农业技术送到千家万户，助力广东省农业增产、农民增收。

【基层技术推广服务网络】 2018年，按照中央基层农技推广体系改革与建设补助项目要求，广东省全面建设“一主多元”农技推广体系，有效促进基层农技推广机构及人员优化服务、增强活力、提升效能。截至2018年年底，全省各类基层农技推广人员共计13 780人，其中中级以上职称人员占27.8%，初级以上职称人员占53.5%；本科以上学历人员占29.4%，大专以上学历人员占65.4%。据不完全统计，全省基层农技推广人员提供技术服务约135 232次，参加业务和知识更新培训约29 821次，培训满意度达99.82%。基层农技推广队伍素质能力显著提升，基层农技推广服务效能日益提高。

（叶毓峰　王　芬　杨　俊）

林业领域

【概况】　2018年，广东省积极推进林业科技资源整合，省林业局制定并印发了《龙洞片区林业科技资源优化整合方案》，推动构建广东林业科技创新中心。加强顶层设计可行化，加强科技交流合作，实现科技支撑现代林业发展，加快科技成果转化和科技普及，实施兴林富民行动，为美丽广东建设、乡村全面振兴提供有力的科技支撑。全年共落实国家和省级林业科技项目经费6 045.5万元，其中，中央财政资金2 426.5万元，省级财政资金3 619万元。

【科技攻关】　紧密结合重点林业生态工程建设和乡村振兴产业发展对林业科技提出的需求，以广东省林业科技创新项目为依托，重点加强乡土树种、木本花卉、沿海防护林、植被恢复、林下栽培、林产品开发、碳汇计量、森林灾害监测与防控、林地土壤调查评价等研究。通过项目实施，共收集保存林木花卉种质材料400多份，建立种质资源保存圃13.3hm^2，筛选出优良种源/家系/无性系和单株500多个；建立苗木繁育基地2hm^2，培育优质苗木160多万株；突破了一批关键技术，营建各类试验示范林400多hm^2；完成了云浮市森林土壤本底调查，采集土壤样品7 480份，保存土壤标本3 520份，构建了云浮林地土壤养分数据库，开发出森林土壤资信平台；申请专利21项（含获授权7项），起草林业行业和省地方标准11项；发表论文105篇，其中SCI收录论文12篇，出版专著2部；通过项目实施培养研究生37名。

【科技创新平台】　持续推进林业科技创新示范平台建设。继续加强东江省级林业科研试验示范基地、肇庆市省级优良珍贵树种培育试验示范基地和龙洞省级高脂马尾松等良种繁育示范基地建设。积极稳步推进东江、龙洞、天井山3个省级林业科技示范园区建设；全面完成了3个桉树经营模式研究试验点桉树林改造任务。“广东广州国家城市林业科技示范园区”“沉香产业国家创新联盟”获国家林业和草原局批准成立，前者为广东省首个国家级林业科技示范园区。初步建成了国内首个林木抗寒抗旱模拟测试技术平台和林木抗风模拟技术平台。

【科研成果】　2018年度全省鉴（认）定林业科技成果17项；有5项林业类成果获2018年度广东省科学技术奖，其中经广东省林业局提名的有1项；6个林业科技项目获第九届梁希林业科学技术奖，其中一等奖1项、二等奖4项、三等奖1项（见表7-3-1）；8篇林业科技论文获得第七届梁希青年论文奖，其中一等奖1项、二等奖2项、三等奖4项。

表7-3-1　获奖主要林业成果一览表（2018年度）

序号	获奖类别	获奖项目名称	第一完成单位
1	广东省科学技术奖二等奖（广东省林业局提名）	珠江河口滨海湿地生态修复关键技术	香港城市大学深圳研究院（第二完成单位：广东内伶仃福田国家级自然保护区管理局）
2	第九届梁希林业科学技术奖一等奖	杉木良种选育与高效培育技术研究	中国林业科学研究院林业研究所（第六完成单位：广东省林业科学研究院）

（续上表）

序号	获奖类别	获奖项目名称	第一完成单位
3	第九届梁希林业科学技术奖二等奖	新型木质定向重组材料制造技术与产业化示范	中国林业科学研究院木材工业研究所（第二完成单位：广东省林业科学研究院）
4	第九届梁希林业科学技术奖二等奖	南方次生林经营关键技术	广东省林业科学研究院
5	第九届梁希林业科学技术奖二等奖	柚木良种选育与高效繁殖技术	中国林科院热带林业研究所
6	第九届梁希林业科学技术奖二等奖	桉树工业原料林良种创制及高效培育技术	国家林业局桉树研究开发中心
7	第九届梁希林业科学技术奖三等奖	家具实木用材高效预处理热加工关键技术	北京林业大学（第二完成单位：广东联邦家私集团有限公司）

项目名称：珠江河口滨海湿地生态修复关键技术

主要完成单位：香港城市大学深圳研究院（第二完成单位：广东内伶仃福田国家级自然保护区管理局）

获奖情况：2018年度广东省科学技术奖二等奖

项目成果简介：该项目针对珠江口滨海湿地因城市污水排放、围垦填海等人为干扰造成的生态退化问题，选取中国经济发展最活跃、污染最严重的深圳湾滨海湿地为主要研究对象，经过多年的理论研究和技术开发，在湿地生态环境恢复、植被重建（特别是非宜林地本土红树林恢复技术）、污染防控、景观配置及湿地管理运营模式等方面取得了研究突破，形成了一套集污水处理、候鸟栖息地重建、植被恢复、科普教育于一体的典型滨海湿地修复技术工艺流程，建立了华侨城湿地、凤塘河口滨海湿地和福田红树林基围鱼塘生态修复示范项目，为珠江口乃至粤港澳区域的滨海湿地生态恢复提供了理论依据、技术支撑和实践示范。项目成果已在深圳、惠州、东莞、香港等地的滨海湿地修复工程中得到推广应用，恢复重建红树林湿地面积超过2 000hm^2，共修复滨海湿地面积超过6 666.7hm^2，生态、经济和社会效益显著。

项目名称：杉木良种选育与高效培育技术研究

主要完成单位：中国林业科学研究院林业研究所（第六完成单位：广东省林业科学研究院）

获奖情况：梁希林业科学技术奖一等奖

项目成果简介：该项目突破了杉木大径材材种结构动态变化规律及成材机理研究，提出了杉木大径材定向培育技术体系。基于杉木密度试验、间伐试验、密度间伐试验等13～16年长期观测数据，系统阐明了杉木人工林林分密度效应规律及其大径材成材机理；发现低密度≤1 665株/hm^2+≥16 指数立地大径材高效稳定模式；首次提出了杉木大径材优化栽培模式，建立了国家及省级杉木大径材培育技术标准化体系。项目审/认定杉木良种101个，发表论文153篇，其中SCI收录25篇，获授权国家发明专利6件，登记软件著作权2项，制定林业行业、地方标准10项，出版专著8部，验收认（鉴）定成果7项，获省部级科学技术进步奖一等奖1项、二等奖5项、三等奖2项，获中国林业科学研究院重大科技成果奖。项目成果在湘、赣、桂、浙、闽、黔等省区推广，15个基层单位累计推广造林19.2万hm^2，新增产值60.1亿元。2008年以来累计推广造林200余万hm^2，社会、经济和生态效益显著。

项目名称：南方次生林经营关键技术

主要完成单位：广东省林业科学研究院

获奖情况：第九届梁希林业科学技术奖二等奖

项目成果简介：该项目针对国内南方次生林面积大，退化严重，经济和生态效益低，经营长期被忽视的问题，开展南方次生林典型特征、适宜经营物种选择、苗木培育、物种配置模式和高效培育技术的研究。项目构建了次生林经营树种评价指标体系，筛选出适宜南方次生林经营优良物种，包括乡土树种、外引树种和非木质产品物种。根据不同培育目标选择次生林经营的引入物种，创建了多种经营技术模式，包括兼顾经济效益的非木质产品物种配置、以生物多样性为主要目标的多树种配置、以大径材为重要培育目标的珍贵树种配置、以水源保护为主要目标的水源林树种配置和以增加碳汇为经营目标的碳汇树种配置等模式，使林分结构得到优化，资源品质显著提升，实现生态和经济效益的有机结合和森林的可持续经营。项目研究建立了南方次生林经营技术标准体系，提出指导全省的“广东森林碳汇造林模式”，经营模式、树种选择和高效培育技术等成果，为全省大面积生态公益林可持续经营提供了科学的经营策略、技术和方法，2006年以来，在全省低效林改造和碳汇林建设中推广应用10.83万hm^2，技术市场占有率达19.1%。

项目名称：桉树工业原料林良种创制及高效培育技术

主要完成单位：国家林业局桉树研究开发中心

获奖情况：第九届梁希林业科学技术奖二等奖

项目成果简介：该项目选育创制了高产优质桉树新品种70个，平均材积较对照品种提高20%以上，覆盖了全国90%的桉树主产区，使良种应用率达90%以上；建立了桉树矮化育种技术体系，降低制种成本70%，使制种周期由5～7年缩短至1.5～3年；对桉树培育模式进行了优化，优化后的生态经营培育模式较传统经营方式单位面积产量提升了3倍，经济收益提高了2.5倍，并显著提高了桉树人工林的生态效益。项目鉴（认）定成果18项；获国家专利12项；制订行业标准2项、地方标准7项；出版专著3部；发表论文261篇，其中SCI收录36篇。项目成果已在全国南方10个省区大规模推广应用，繁殖苗木近122亿株，良种使用率从15%提高到90%，培育技术辐射造林面积达350万hm^2，累计新增产值574.05亿元以上，社会、生态和经济效益显著。

项目名称：柚木良种选育与高效繁殖技术

主要完成单位：中国林科院热带林业研究所

获奖情况：第九届梁希林业科学技术奖二等奖

项目成果简介：该项目针对国内珍贵树种良种缺乏和无性繁殖技术体系不成熟的问题，以世界名贵用材树种柚木为研究对象，开展了种质资源收集、良种选育和高效繁殖技术的系统研究，研制了一套柚木种质资源收集、保存和评价技术体系，创制了柚木无性系多目标综合选择的良种选育技术体系，选育出了速生、优质、耐寒和抗病的省级优良种源5个和国家级审定优良新品种1个，并突破了不同类型的柚木定向壮苗培育技术难题，实现了柚木良种无性繁殖的工厂化，提高了柚木人工林的良种化程度。项目成果在广东、广西、云南、海南、福建、贵州和四川地区广泛应用，推广面积达1.02万hm^2，显著提高了国内柚木商品林的产量和质量，为国内柚木等珍贵树种产业升级、科技扶贫和乡村振兴提供了强有力的科技支撑，产生了良好的经济效益、社会效益和生态效益。项目获得的无性系良种还较大规模地推广到了柬埔寨、菲律宾和印度尼西亚等国家，提高了国内柚木等珍贵树种研究的国际影响力和知名度。

【科技示范推广】 2018年，全省有36项林业科技成果入选国家林业科技推广成果库。全省继续加强中央财政林业科技推广示范项目的实施和管理，转化了一批林木及花卉新品系和关键技术，重点加强了龙脑樟、猴耳环、益智、红葱等植物资源产业化利用技术的推广应用。营建了樟树、杉木、木麻黄、湿加松、猴耳环、红锥、益智等优良树种推广示范林574.4hm^2。建成樟树、木荷、杉木等多树种的组培繁育生产线和乡土阔叶树种配方基质生产车间，繁育龙脑樟、益智、杉木等优质苗木137.12万株。结合项目的实施，举办了各类林业技术培训班19期，培训技术人员和林农近1 000人次，发放技术资料近1万册，为基层林业技术人员和林农提供科技服务。

【科技服务与普及】 全省积极组织开展“科技进步活动月”系列活动，开展了重点林业科技活动50多项。广东省林业局联合肇庆市林业局等有关单位，在德庆县官圩镇举办了以“实施乡村振兴战略，发展绿色惠民产业”为主题的“送林业科技和政策及优良种苗下乡活动”，前来咨询的干部群众1 000多名，发放资料4 000多份，赠送降香黄檀、土沉香、杉木、油茶等林木良种苗木3 000多株。车八岭国家级自然保护区获批为全国林业科普基地。

【知识产权保护】 2018年，全省获得国家林业和草原局植物新品种保护办公室授权的林业植物新品种有17个，包括：野牡丹科野牡丹属的超群、云彩、天骄2号、紫霞、铺地花2号，含羞草科金合欢属的热嘉2、24、25、53号，木兰科木兰属的紫玉、如娟和木莲属的嫣红、含笑属的云裳，马鞭草科大青属的状元红1号，紫金牛科紫金牛属的中科紫金2号、红珍珠，木麻黄科木麻黄属的短杂34号。全省开展了以“倡导创新文化 尊重知识产权”为主题的知识产权宣传周活动；印发了《广东省林业厅2018年打击侵犯林业植物新品种权专项行动方案》，扎实开展打击侵权假冒工作。广东山马农林发展有限公司通过中国森林认证主审核，获中国森林认证证书，成为广东首家获得森林认证的油茶企业。

【标准化与产品质量管理】 2018年，经原广东省质量技术监督局批准发布实施的林业类地方标准有6项（见表7-3-2）。出台了《广东省林业厅关于加强食用林产品质量安全监管工作的意见》，推进食用林产品质量安全监管。

表7-3-2 当年发布实施的广东省林业行业地方标准（2018年）

序号	标准编号	标准名称	起草单位
1	DB44/T 2115-2018	金花茶育苗技术规程	佛山市林业科学研究所
2	DB44/T 2116-2018	碳汇造林技术规程	广东省林业调查规划院
3	DB44/T 2121-2018	油茶叶片营养诊断技术规程	华南农业大学
4	DB44/T 2122-2018	桉树人工林生态管理技术规范	国家林业局桉树研究开发中心
5	DB44/T 2123-2018	生长锥取样木材密度测定方法	华南农业大学
6	DB44/T 2124-2018	人造板用废弃木质材料回收技术要求	华南农业大学

【科技交流与合作】 积极加强粤港澳台和国际间林业科技交流，2018年，广东省林业局在肇庆市召开了粤港林业及护理专题小组第二十一次年度工作交流会，在粤为香港渔护署举办郊野公园管理员林业培训班2期培训40人次；组织3批次人员赴港开展郊野公园建设、森林旅游和森林防火等业务交流。组织省内有关林业管理及科技人员赴澳门参加“2018澳门绿化周”系列活动，协助澳门开展“天鸽”台风灾后的森林生态修复工作，共同推进粤澳林业生态建设合作，共建粤港澳大湾区生态系统。组织省内1个林业交流团（组）15人次赴台参加第九届海峡两岸森林保育经营论坛，开展相关学术和林业业务交流。

（伍观娣）

人口与公共卫生领域

【项目管理】　2018年，广东省卫生健康委立项管理2018年度广东省医学科研基金项目 868 项，项目资助总金额 400 万元；立项管理广东省医学科研基金指令性课题项目90项；遴选确定2018年度卫生健康适宜技术推广项目137项，资助项目费用80万元；遴选确定2018 年度卫生健康适宜技术推广备案项目 33项。

【高层次人才队伍建设】　9月19 日，经组织推荐和专家评核，广东省卫生健康委遴选第一批广东省医学领军人才 60 名（含10名中医药领军人才）、广东省杰出青年医学人才600名（含100名杰出青年中医药人才）。

【创新平台建设】　9月19日，广东省卫生健康委组织立项8个广东省转化医学创新平台、10个生物医学创新平台建设项目。

转化医学创新平台　重点支持心脑血管疾病、恶性肿瘤、免疫性疾病、代谢性疾病、遗传性疾病、感染性疾病、神经和精神疾病等严重影响广东省居民健康水平的重大疾病领域以及广东省具有临床研究资源优势的其他疾病领域，按每个疾病领域1个转化医学创新平台进行立项建设，组建一批转化医学创新平台。各疾病转化医学创新平台围绕重大疾病关键性、基础性和共性问题，以临床需求和成果转化为导向，重点开展临床研究、成果转化应用和人才培养等工作，构建高水平的转化医学研究支撑体系和协同网络，建立和发展“临床需求—科研攻关—临床验证—推广应用”链条式反应的创新模式。

生物医学创新平台　重点支持高性能医学装备、高质量组织工程植介入产品、康复产品、先进体外诊断产品、三维可视化与3D打印技术、新型疫苗、治疗性抗体、重组血液制品、细胞与基因治疗技术等领域，按每个产业领域1个生物医学创新平台进行立项建设，组建一批生物医学创新平台。

各生物医学创新平台围绕生物医学行业关键性和共性问题，统筹整合各类科技资源，重点突破限制产业发展的关键性技术，研制具有自主知识产权的生物医用装备、材料、产品和药物等，构建医、产、学、研、用一体化的发展模式，培育一批优势企业。

【生物医学研究管理】　12月25 日，广东省卫生健康委联合广东省药品监管局印发《关于进一步加强干细胞临床研究监管工作的通知》。12月25—27 日，广东省卫生健康委组织开展生物医学研究专项督导，对部分地区、医疗卫生机构生物医学研究工作开展情况进行检查。12月29日，印发《广东省卫生健康委关于进一步加强涉及人的生物医学研究管理的通知》。

【临床医学研究中心建设】　省科技厅积极对接国家临床医学研究中心，组织和推荐有关单位申报第四批国家临床医学研究中心。2018年11月，科技部、卫生健康委、军委后勤保障部和药监局公示了第四批国家临床医学研究中心的建设依托单位，深圳市第三人民医院成为广东省唯一一家拟认定机构，实现了广东省近5年国家临床医学研究中心依托建设单位零的突破。

2018年9月，围绕重大疾病防、诊、治协同网络体系的组建等任务，我省启动省级临床医学研究中心的申报工作。截至2018年10月共受理40项申报并已完成形式审查。

【人类遗传资源许可管理】 省科技厅按照科技部社发司和中国人类遗传资源管理办公室相关要求，办理人类遗传资源采集、收集、买卖、出口、出境审批手续，认真履行省级科技主管部门推荐审批职责，2018年受理286份“人类遗传资源采集、收集、买卖、出口、出境审批申请书”并推荐报送科技部，约占全国受理量的10%，其中获批的申请共232份。同时，修订完善工作指引，优化审批流程，优化相关行政审批流程。

（程　维　许晓文）

金融领域

【金融科技管理】 2018年，人民银行广州分行充分发挥信息安全协调机制作用，召开广东省银行业信息安全联席会议，发布多起漏洞告警及隐患提示，组织银行机构有效应对超强台风“山竹”等风险事件，组织做好“两会”、2018年中非合作论坛北京峰会、首届中国国际进口博览会等重要时期网络安全保障工作。

【信息系统建设】

人民银行广州分行　2018年，该行稳步推进信息化建设，组织开发人民币收付和反假货币业务非现场监管平台等多个信息化系统，服务地方经济金融改革和创新发展。以支付业务领域为重点，基于大数据基础平台进行应用建设，形成数据资源目录、支付数据分析、城乡支付环境监测、同业银行账户非现场监测等应用场景案例，为精准施策和监管、金融经济运行深度监测等多个方面提供广泛的数据服务。

广发银行　2018年，该行以数字化转型为科技发展目标，顺应金融科技趋势，积极推动大数据、人工智能、云计算等热点技术的在信息系统的应用。在信用卡应用方面，支持联合贷、“公社税”E秒贷、随申贷等贷款产品，以“快速发卡”“快批快用”为抓手，实现3分钟完成信用卡批核，并同步对新发卡业务功能进行模型化推广，实现各发卡渠道类系统新发卡产品参数配置化，持续提升发卡效率，大幅降低系统开发成本，支持信用贷款业务量及利息收益增长。在移动互联网方面，基于业内领先的移动开发框架，完成发现精彩3.0、手机银行4.0的重构升级，实现更强大的运营分析能力、更低成本的业务试错、更优秀的客户体验。发现精彩3.0支持超过150万日活用户，平均启动时间0.52秒，ios卡死率降至0.01%，秒杀峰值交易量达每秒3.5万笔，响应时间低于20毫秒。手机银行4.0综合运用了人工智能、生物识别、大数据等技术，实现了财富体检服务以及千人千面的专属推荐，满足了客户的个性化金融服务需要。

中国工商银行广东省分行　2018年，该行共受理软件开发需求259份，立项198份，投入15 469人日研发人力，总人力投入增长3.7%，完成215个项目开发，其中大型项目8个，同比增长60%，重点城市项目69个。组建省行项目管理团队，应用研发提速，项目完成时间缩短11%，90天完成项目提升6%，当年完成率提升7%，交付产品数量实现超20%的增长。项目完成数超需求增长，提升项目对业务的响应速度。

中国农业银行广东省分行　2018年，该行开展特色系统研发，全年完成42个项目研发，并在个人客户营销、服务机构客户、服务“三农”、服务中小企业、互联网应用、风险防控、人员管理等方面研发一系列重要系统。

中国银行广东省分行　2018年，该行围绕总行“建设新时代全球一流银行”战略目标，打造精品应用。智能网点建设方面，完成智能柜台、移动柜台推广部署及各批次版本升级，累计投放3 070台智能柜台和500台移动柜台，实现二级机构全覆盖，智能柜台上线场景业务迁移率89.25%，超出系统平均水平1.65%；在线理财方面，通过平台将客户和专业理财师连接起来，为线上客户提供我行各类金融产品咨询及购买服务，推出后累计向客户推荐理财产品2 302次，成交9 349笔，交易额约4.7亿元。

中国建设银行广东省分行　2018年，围绕着商机发现、批量获客、重点客群、到期管理、长尾客群等重点研究方向，共实施原创项目71个，复制项目124个，提炼系统内可复制项目8个。

交通银行广东省分行　2018年，该行试点和推广总分联合创新实验项目。全年完成工程管家、分行数据应用分析平台、人工录入智能识别系统、银校通二期、私银智能财富管理、线上快贷系统等10个总分联合创新项目的建设推广。

广东省农村信用社联合社　2018年，该机构系统建设成效显著。在小型需求方面，2018年共接收有效小型需求2 959份，已投产2 906份，投产完成率为98.21%，同比提升22.3%；有效需求中的2 956份已完成产品分析，产品分析完成率为99.9%，同比提升7.65%；在大中型项目方面，2018年共投产46个项目，投产数量同比增长7%，较大程度完善了产品体系，满足了全省农商行（农信社）的多样化需求。

广州农村商业银行　2018年，该行全面推进互联网金融和零售业务系统、对公和同业市场业务系统、大数据创新应用、信用卡系统回迁、内部经营管理系统等方面的系统建设，全年共完成新电子商务平台、资产托管网银、储蓄国债承销、新电子商业汇票和新理财销售等21个系统项目投产上线。

广州银行　2018年，该行先后完成境内外币支付、网联平台对接、反洗钱系统等12项重要项目投产，有力支持业务发展。

上海浦发银行广州分行　2018年，该行开展实施87个项目，其中产品推广类项目新增（银企直连项目）共49项，已上线18项；实施的分行特色项目新建或优化共38项，已完成30项投产，其中机构业务创新项目16项，网金创新项目11项，其他创新类项目（运营数字化创新项目等）共11项。

【基础设施建设】

人民银行广州分行　2018年，该行完成账户管理系统小型机下移，并将自建系统全面上“云”，提高业务连续运行能力；完成业务网上联路由器、转接中心交换机、金融城域网备路由器的IT基础设施设备更新；升级全省市县网络线路，将市县网线路带宽从4M扩容到8M，全面提升全省县支行业务网各系统的传输速度。

广发银行　2018年，搭建基于X86架构的数据库集群、建设IaaS和PaaS平台，实现资源的集中管理、按需分配。IaaS云平台的建设缩短40%的技术资源准备时间，减少15%软硬件采购；PaaS云支撑互联网业务中台分布式集群和移动应用开发平台，提高数据库资源的扩容能力，提升移动端应用的开发规范性和效率。

中国工商银行广东省分行　2018年，该行推进省分联动，IT架构转型优化取得突破，并夯实了信息系统安全高效运营的基础。完成建设易扩展、安全稳定的分布式服务化技术架构，为业务产品的研发便捷、快速上线和省分联动开发提供强有力的技术平台支持；实施该行核心数据库RAC+DG架构改造，大幅缩短系统切换时间；研发了多个IT基础运营的自动化工具，实现部分作业无人化执行，推动“用机器代替人”。

中国农业银行广东省分行　2018年，该行开展并顺利完成“四变二”骨干网架构升级项目，实现上联总行业务流量就近访问和流量智能调度，并优化外联接入架构，为数据中心局域网与骨干网解耦打下基础，提供更为可靠和高效的广域通讯平台；完成双电源切换，实现主、备电源均为4 000KVA永久用电接入方案，不仅结束数据中心多年来单市电运行的状况，解除无备用市电的风险。

中国银行广东省分行　2018年，该行搭建基于X86架构的数据库集群，实现了平台从小型机传统数据库到X86多节点分布式数据库（MPP）的迁移，提升数据时效性（由D-2/D-3提升到D-1）及数据加工处理能力，提升了灵动平台查询效率，更高效地支撑“他行共享客户”“升存计划”“支付促存计划”等精准营销项目的实施；虚拟化技术运用方面，继续推进虚拟化平台分布式存储架构的应用，完成行政事业智能支付平台、内控管理系统、中银掌讯等七个系统的小型机平台下移项目投产。

中国建设银行广东省分行　2018年，该行部署和完善总分行监控及自动化运维工具，关键系统的故障应急处理时长由去年的42分钟下降到13分钟。

交通银行广东省分行　2018年，该行投产交通银行广东省分行中心机房UPS电池监控系统，实现7×24小时自动无人监控；完成省分行本部81个营业网点的WiFi建设，客户服务再上台阶。

招商银行广州分行　2018年，该行重构重要业务服务器区网络架构，替换老旧网络设备，打造万兆交换网络，带宽提升10倍，支持业务数据高速传输；启动网点网络结构优化改造，将网点办公、业务网在交换机层面彻底物理分离，提升安全性；在分行和网点、双机房之间广域网全面部署了QOS策略，提高网络通信质量、保障关键业务的网络带宽。

广东省农村信用社联合社　2018年，该机构与阿里云公司共建“云计算联合实验室”，建成私有云，并持续推动互联网金融基础平台、综合积分、基础数据平台、大数据风控、大数据应用平台、智能客服等数字化项目建设。

广州银行　2018年，该行先后完成二代支付、大前置、第三方存管、短信平台等重要系统的应用级同城灾备建设，网上银行、手机银行完成系统优化实现秒级切换的“同城双活”灾备模式，至此已完成包括柜面业务和银行卡系统在内全部8项重要信息系统应用级同城灾备100%全覆盖。

【金融科技应用】

人民银行广州分行　2018年，该行参与金融科技相关金融行业标准的制定、修订工作，并积极推动《云计算金融应用规范》《移动金融基于声纹识别的安全应用技术规范》等金融科技相关标准在辖内的贯彻实施。组织建设投产广东省中小微企业信息和融资对接平台项目，建成广东省政务信息服务于金融行业的基础信息数据库，宏观上实现政府与银行跨界联合奖惩，破解中小微企业融资难和融资贵的问题。

广发银行　2018年，该行运用大数据技术优化客户全景视图、客户资金关系圈、客户信用评级等基础数据产品，协助信用卡寻回失联客户和催收超过3亿元，在VISA和Master渠道实现实时风控，全年新增拦截欺诈超200万元。

工商银行广东省分行　2018年，该行上线税务贷、广州微警、建筑领域工资账管等系统，促进普惠金融业务发展，其中“税易通”“税闪借”对接广东省电子税务局银税互动平台，以一般纳税人涉税信息为基础，面向生产经营稳定、纳税信用良好的小微企业，通过快速便捷通道发放短期、小额信用贷款，上线半年来累计授信110.3亿元，发放贷款40.4亿元。

中国银行广东省分行　2018年，该行投产粤港澳大湾区银政通综合服务平台，整合政府各部门服务入口，实现工商注册登记、预约开户、支付结算、增值理财、在线融资等一站式金融服务。

邮政储蓄银行广东省分行　2018年，该行推广使用金融网点授权集中系统授权机器人，综合运用OCR、人脸识别、人工智能技术，实现对简单交易的自动授权，缩短排队时间和授权审核时间，节约人力和场地成本。

招商银行广州分行　2018年，该行开展公司金融大数据应用实践，建立公司客户数据集市及客户画像、构建业务管理视图，建立准实时交易存款监测模型，从多个维度对存款、交易行为进行准实时监测，使管理层和客户经理可以第一时间掌握客户资金动向，开展及时营销。

广东省农村信用社联合社　2018年，该机构引入知识图谱技术整合内外部数据，构建统一的企业知识图谱，基于复杂关系网络的挖掘分析建立有效的标签及风险信号体系，用于分析客户授信集中度、关联风险传导预警、以及识别异常担保关系。运用互联网平台，推出“鲜特汇”“悦农e贷”，为农民、农户提供金融、电商、生活的综合性金融服务，打造农村金融生态圈。

广州银行　2018年，该行基于区块链开发信息科技外包管理平台及资产证券化共享账本；交通银行广东省分行落地区块链信用证业务，通过区块链技术实现国内信用证业务从开立、通知、交单到付款的全流程数字化运作，提高客户服务的时效性和安全性。

广东华兴银行　2018年，该行针对电子渠道自研了交易风险实时监控系统，采集客户在电子渠道端的日常交易行为，并基于机器学习模型进行客户行为概率的测算，同时基于该模型实时评估客户的交易行为与客户日常行为习惯的符合程度，及时发现客户异常行为并实现交易控制。

【金融IC卡和移动支付】

2018年，人民银行广州分行组织辖内商业银行和中国银联广东分公司推动广东省金融IC卡和移动支付持续健康发展。金融IC卡使用率不断提高，受理环境进一步优化，交易规模显著提升，普惠人群范围日益扩大。

截至12月末，全市金融机构存量金融IC卡1.09亿张，其中2018年新增发卡2 189.13万张；全市1.38万台ATM和66.93万台POS终端可受理金融IC卡，POS非接改造率达100%。2018年，广州市金融IC卡跨行交易3.17亿笔，交易金额1.03万亿元，占同期银行卡跨行交易总量超68%，较2017年提升了6个百分点。

金融IC卡和移动支付在公共服务领域的应用不断深化。广州深圳城际列车全线受理金融IC卡和手机闪付过闸乘车，在全国首次实现“刷手机”进火车站乘车；广东省“医程通”智慧医疗项目基于云闪付实现线上预约挂号、在线缴费、体检报告查看等功能，目前已在省内多家医院实施；在菜市场、校园、旅游等民生领域应用覆盖范围进一步拓宽，普惠民生水平进一步提升。

（卫　航）

公安领域

【智慧新警务总体规划】 省公安厅制定了以“13847”（1个愿景、3步走策略、8大创新警务应用、4大智慧赋能工程、北斗7星计划）为主要框架的全省智慧新警务总体规划，以大数据引领警务体制机制革新，着力提升社会治理智能化、科学化、精准化水平。为推动智慧新警务建设，省公安厅成立了全省智慧新警务建设推进工作领导小组，各地市也成立了相应的领导小组；聘请中国工程院院士吴曼青为智慧新警务首席专家，并与中国人民公安大学、公安部第三研究所、腾讯、阿里等机构联合举办智慧新警务专题研讨会，明确了智慧新警务建设的理论路径和推进方向；与华为技术有限公司共建智慧新警务联合创新中心，2018年，该中心培训和接待全国参观考察领导和民警等670多批11 000余人，并创办了《智慧新警务》内部刊物，2018年度共发行6期。

【智慧赋能工程建设】

大数据工程建设 全省公安机关建设“1+7”省厅和珠三角7市省、市两级大数据中心，对警务数据实行全量汇聚，数据总量居全国前列。截至2018年年底，省厅大数据中心整合汇聚数据突破3万亿条，比2017年年底增长12倍。省级大数据平台对外开放API资源服务265个，日均处理服务请求5万次，支撑全省570多个实战应用，智能化应用成效初显。

警务云工程建设 全省公安机关建设“1+7”省厅和珠三角7市警务云，其余14个经济欠发达地市由省厅直接提供云资源，云基础支撑能力大幅提升。截至2018年年底，全省入云物理服务器超过3 500台，内存超过660T，比2018年年初增长近90%；存储达24PB，比2018年年初增长50%以上。省公安厅率先在全国开通省级警务云门户，为全省公安机关提供统一入口，实现各类计算、存储和数据资源灵活申请，推动警种应用快速开发、上线，助力全省公安信息化均衡发展。

视频云工程建设 全省公安机关率先在全国开展大数据建模优化视频监控前端选点，累计建成一类视频监控点达30.04万路、治安卡口7 558套，基本实现省际公安检查站、市县际治安卡点、“135”分钟执勤点“三道防线”全覆盖。省公安厅采用华为云V–PaaS架构，组织依图、商汤、云从、旷视、云天励飞、以萨等国内一流算法厂家，实现算法与硬件、数据、应用的三层解耦，视频智能化应用取得显著成效，2018年全省公安机关通过“飞识”人脸识别系统协助侦办案件11 441起，协助抓获犯罪嫌疑人2 000余人，含漂白身份逃犯30余人。

云网端工程建设 截至2018年年底，全省民警配备新一代移动警务终端总数达12万台，配备率及配备总量均为全国第1。全省移动应用由年初的26个上升到418个，民警日均应用移动警务次数由2万次上升到500万次，移动应用基本覆盖全警种及全省各地市。

【创新警务应用】

指挥云平台和互联网报警平台建设 该平台在全国率先实现地市公安机关110报警服务台统一接处警和任意报警自动分配，为群众提供人工受理报警和自助报警服务。

省级交通管理大数据平台建设 该平台汇聚各类数据900多亿条，依托平台建设研判模型700多个，通过主动分析、提前预警，全省车驾管异常业务总量同比下降42%，8类重点车辆逾期未检验、未报废隐患总量分别减少了41%和66%，交通事故死亡人数下降12.9%、受伤人数下降

5.2%。

公安政务“指尖服务”建设 全省公安机关建设“一网”即全省统一警务服务平台、“一机”即推广民生警务一体机、“一号”即以身份号码作为信任根、“一台”即打造智能客服台，群众随时随地就能用手机办理公安政务服务，进行电子身份认证、申请政务服务、办理电子证照和进行支付等，实现跨地市、跨警种一网式办理、一站式服务。截至2018年年底，全省公安机关依托省政府“粤省事”微信小程序共推出公安“指尖服务”228项，占“粤省事”全部服务事项的一半左右，群众办理公安业务填报信息减少54.6%，提交材料减少44.2%，跑动次数减少73.9%，“零跑腿”事项达71%以上。

【信息网络安全】 省公安厅制定《广东公安数字身份证书管理规定（试行）》《广东公安自助服务一体机安全管理规定（试行）》，完成全省公安机关PKI系统国产密码改造工作和新一代移动PKI证书建设。

【技防管理】 修订省政府规章《广东省公共安全视频图像信息系统管理办法》，制定省公安厅规范性文件《广东省公安厅关于〈广东省安全技术防范管理实施办法〉的操作细则（草案）》。

【科研管理】

科研立项 省公安厅积极组织全省公安机关申报省部级科技计划项目。2018年度经公安部批准科研项目立项6项，其中“基于神经网络处理芯片的公安视频大数据人工智能分析应用关键技术与应用示范”项目获得公安部竞争性遴选项目立项。省公安厅还开展智慧新警务厅级科研项目立项，评审确定了20个创新类项目和7个理论类项目立项。

广东省公安科技协同创新中心 该中心于2018年10月10日获省科技厅批准立项，由广东省科学技术厅与广东省公安厅联合共建。该中心是在省公安厅与华为技术有限公司联合共建的智慧新警务联合创新中心的基础上建立的，旨在通过创新平台，探索警企联合创新模式，助推智慧公安发展，提升打击犯罪、社会治理、服务群众的能力和水平。

科技奖励与项目验收 全省公安机关荣获2018年全国公安基层技术革新奖一、二等奖各2个，三等奖、优秀奖各3个；荣获2018年公安部畅通大数据服务基层渠道专项行动方案一等奖1个、二等奖2个、三等奖1个，获奖层次及数量全国排名第1；在2018年全国公安移动应用创新专项工作优秀成果中获得“五个全国第一”——获奖个人和应用达17个，特别推荐类移动应用获奖8个，成效突出类移动应用获奖4个，原创APP获奖2个，移动应用创新能手获奖3个，数量均为全国第1。

2018年12月6—7日，公安部畅通大数据服务基层渠道专项工作暨“智慧公安我先行”电视电话会议及现场会在佛山市举行。广东公安两项工作总成绩均位列全国第一

项目名称：便携式综合办证终端

该项目针对群众办证难，成本高，公安机关服务窗口对车驾管、户政和出入境业务实施分类受理、分系统审批，存在各类自助设备办理业务单一、资金和警力重复投入的问题，依托户政、车驾管、出入境等单一警种的办证系统和数据资源，用大数据理念汇聚资源，融合系统，集成权限，通过融合移动警务接入技术、数据传输加解密技术、软件与接口技术、硬件系统集成技术和三防技术，有效实现“多警种跨界、多业务综合、多技术集成、多机制优化、多安全保障”，实现了为群众提供流动性的受理服务，完善和提升公安机关政务服务能力。截至2018年年底，便携式综合办证终端已整合交管、户政和出入境数据3.9亿条，提供43.4万多次服务，上门服务实现群众零跑动，自助办证最多只跑一次。按往返车程人均50元计算，共节省路费2 170万元。该项目于2018年12月获得“智慧公安我先行”全国公安基层技术革新一等奖。

项目名称：社区警务APP

该项目首创“警格地图”理念，利用云架构、大数据等技术，整合各类治安要素，配套工作规范及应用标准，实现业务数据互通、信息资源向基层倾斜以及操作流程简便易用，有效解决以往基层普遍存在“底数不清、情况不明、职责不清、台账不全”的问题，极大提高了警务工作效能。该项目于2018年12月获得“智慧公安我先行”全国公安基层技术革新一等奖。

（李先全）

环保领域

【广东省环境咨询专家委员会第三次会议暨第二次高端论坛】 2018年11月3日，省生态环境厅在广州举行广东省环境咨询专家委员会第三次会议暨第二次高端论坛，清华大学特聘教授、中国科学院生态环境研究中心曲久辉院士，浙江大学朱利中院士、环境咨询专家委员会的专家出席会议，为广东环境问题治理把脉支招、建言献策。张光军副省长会见了院士专家，就广东打好污染防治攻坚战进行了探讨。省生态环境厅的同志介绍了广东污染防治攻坚战的重点难点。曲久辉院士围绕流域水环境综合治理存在的问题进行了深入剖析，并提出了科学的应对策略，为广东打好水环境污染治理攻坚战，加快实现断面达标、消除黑臭水体提供了很好的指导和启示。朱利中院士的报告则系统地总结了我国土壤污染防治研究的发展历史、对目前存在的若干问题进行了深刻剖析，并对广东如何打好土壤污染防治攻坚战提出了具体建议。暨南大学校长助理、环境与气候研究院院长邵敏以臭氧污染防治的前世今生为题剖析了广东大气污染治理的新情况，对VOC治理提出了对策建议。这些建议，有理论技术也有实操案例，有助于打通先进环保技术运用的“最后一公里”，为广东环境问题的解决提供有益借鉴。

广东省环境咨询专家委员会第三次会议暨第二次高端论坛

【广东省生态保护红线划定】 根据国家生态保护红线划定要求，结合广东省省情选取水源涵养、生物多样性维护、水土保持3个生态功能重要性和水土流失、石漠化2个生态环境敏感性指标进行科学评估，精准识别全省生态功能极重要区域和生态环境极敏感区域，开展496个省级以上禁止开发区域矢量边界校核工作，首次形成广东省级以上禁止开发区域一张图，将上述区域叠加形成广东省生态保护红线评估格局。按照国家有关要求，结合广东实际，将生态保护红线评估格局与土地利用、城乡发展、矿产资源开发、线性基础设施建设、电网设施建设、风电光伏水电等资源开发、旅游发展等各类重点规划进行衔接，合理预留发展空间后形成广东省生态保护红线划定方案，有效维护了全省生态安全格局，水源涵养、生物多样性维护等生态功能得到有力保障。各部委专家一致认为广东省红线数据资料规范完备，划定方案方法科学、过程清晰、结果合理、符合实际，高质量完成了生态保护红线划定工作。

【科技成果奖励】 2018年，省生态环境厅监督指导广东省环境科学学会开展广东省环境保护科学技术奖评选，共有21个项目获奖。其中，广东省环境辐射监测中心的“新型水中氚电解浓集仪研制与应用”，华南理工大学、广东埃森环保科技有限公司的“旋流雾化高效深度脱硫除尘一体化技术”，广东省环境监测中心的“环境与健康风险调查技术体系构建与典型区域实践”，深圳市泽源能源股份有限公司、广东省环境科学研究院的“集约型污泥快速干化能源化利用技术及成套设备”，中山大学的“华南多金属污染土壤修复技术体系与应用”，广东省环境科学研究院、中国科学院地理科学与资源研究所、广东工业大学、环境保护部华南环境科学研究所、中国科学院生态环境研究中心、广州市环境技术中心的“珠三角工业污染地块环境管理与修复技术及应用”6个项目获2018年广东省环境保护科学技术奖一等奖。

2018年，省生态环境厅向省科技厅推荐的广州科城环保科技有限公司、华南理工大学、广东环境保护工程职业学院、广东工业大学完成的“含铜重金属工业危险废物资源化处理关键技术开发及产业化”项目，获2018年度广东省科技进步奖二等奖。

【生态环境科普工作】　2018年，生态环境部开展居民环境与健康素养监测工作，由省生态环境厅负责组织协调，广东省环境科学学会作为技术支撑单位具体实施。2018年，学会及调查员组成的调查队伍赴广州、深圳、珠海、清远、揭阳、韶关6个地市的12个监测点位开展问卷调查，共完成2 894份问卷的审核及录入工作，调查工作得到了国家的高度肯定。

2018年，“大学生志愿者千乡万村环保科普行动”在生态环境部、省生态环境厅的支持下顺利开展，广东省共有5所高校的63支环保科普专项小分队参与到活动中，660名大学生志愿者分赴广东省16个地市的近120个村庄开展环保科普宣传活动。

【广东省环境污染防治技术成果对接会】　2018年8月，省科技厅、省生态环境厅和科技部社会发展科技司在广州成功联合举办“广东省环境污染防治技术成果对接会”，围绕大气、水、土壤和固废污染防治等领域开展技术供需双方对接，为决胜全面建成小康社会补齐生态环境短板，支撑广东绿色发展。20多家国内重要环保技术机构到会作成果推介，40余项省内外污染防治技术成果做了现场展示，并形成了《环境污染防治技术成果汇编》，提出一系列技术问题和重大需求，12家单位进行了成果对接现场签约。省内外技术成果持有方、省内技术需求方、行业协会、技术转移机构、创投机构、有关地市科技和环保部门的代表近400人参加了对接活动。

（李亚男　许晓文）

能源领域

【能源科技成果及奖励】 2018年度，广东省科研企事业单位在新能源应用、低碳节能、大型综合工程绿色支撑发展等方面进行了有益的探索与创新，取得了一批优秀的科技成果。

“基于丝网印刷的晶硅光伏太阳能电池关键技术及成套装备”项目成果针对基于丝网印刷的晶硅光伏太阳能电池关键技术及成套装备进行了深入系统研究，在整机技术方面发明了晶硅光伏太阳能电池印刷机，烘干烧结系统、光衰系统、分拣系统等关键装备整机；在共性技术上，发明了视觉精密定位系统与标定方法，实现了印刷过程的快速、精确定位；在单元关键技术方面发明了双线印刷移栽装置、印刷机调网机构、晶硅太阳能电池片双线丝印烧结工艺等。

“黏土矿物的表面反应性”项目聚焦黏土矿物表面反应性，借助现代谱学、高分辨微区微束和计算模拟等手段，通过制样技术和研究方法的创新，创建了黏土矿物表面反应性研究的分子探针技术和水介质条件下的原位结构表征方法，从原子/分子水平阐明了黏土矿物微结构对表面反应活性的制约及其表—界面作用机制，相关成果为深刻认识地表系统的物质循环和黏土矿物资源的高效高值利用奠定了理论基础。

“木质纤维素生物质生产航空燃料联产化学品关键技术”项目在“863”计划等支持下，发明了生物质高效转化生产航空燃料的新技术，提出了生物质水相催化转化新路线，实现了半纤维素、纤维素组分的高效、低能耗转化，显著提高了生物航油全生命周期的碳减排效果；提出的“分散制备航油中间体—集中加氢炼制”的工业化推广新模式，解决了生物质原料季节性供给与收集半径大带来的生产成本高的问题。该技术路线属于国际首创。项目组还发明了生物质梯级解聚与转化技术，航空燃料分子碳链定向构建技术和常温转化工艺，水解—原位加氢协同耦合的糖醇及其衍生化学品联产技术， 基于上述创新发明和技术集成，研建了国际首个木质纤维素生物质催化合成航空燃油的中试系统，10t秸秆可生产1t航油产品并联产250kg乙酰丙酸，系统能效达36.8%。

表7-8-1 广东省能源领域部分获奖成果（2018）

序号	获奖项目	承担单位	获奖级别
1	深海天然气水合物三维综合试验开采系统研制及应用	中国科学院广州能源研究所	国家技术发明奖二等奖
2	木质纤维素生物质生产航空燃料联产化学品关键技术	中国科学院广州能源研究所	2018年度广东省科学技术奖一等奖
3	黏土矿物的表面反应性	中国科学院广州地球化学研究所	2018年度广东省科学技术奖一等奖
4	基于丝网印刷的晶硅光伏太阳能电池关键技术及成套装备	华南理工大学、东莞市科隆威自动化设备有限公司	2018年度广东省科学技术奖一等奖

（续上表）

序号	获奖项目	承担单位	获奖级别
5	电网可控融冰关键技术、成套装备研发及大规模应用	南方电网科学研究院有限责任公司、贵州电网有限责任公司、南京南瑞继保电气有限公司、中国电力工程顾问集团西南电力设计院有限公司、云南电网有限责任公司	2018年度广东省科学技术奖一等奖
6	海洋水合物钻探装备研发和矿体识别技术创新及成功应用	中海石油深海开发有限公司、中石化胜利石油工程有限公司、中海油田服务股份有限公司、中海油研究总院有限责任公司、中国科学院海洋研究所	2018年度广东省科学技术奖一等奖
7	水体复合污染的多界面微生物强化治理关键技术及应用	广东省微生物研究所、中国科学院水生生物研究所、广东海大集团股份有限公司、中国环境科学研究院、广东省南方环保生物科技有限公司	2018年度广东省科学技术奖一等奖
8	锂电池电极材料的合成及计算模拟	深圳大学	2018年度广东省科学技术奖二等奖

【低碳技术创新与示范】 在2018年亚太经合组织（APEC）第一次高官会（SOM 1）的框架内，APEC科技创新政策伙伴关系机制（PPSTI）第十一次会议于2月26—28日在巴布亚新几内亚首都莫尔兹比港召开，来自中国、美国、澳大利亚、泰国等14个APEC成员经济体的代表、APEC秘书处官员及来自AEPC 能源工作组（EWG）、人力资源工作组（HDGR）的代表等50余人参加了此次会议。此次会议主题是“利用包容性机遇，拥抱数字化未来”，四个优先政策内容分别是：提升互联互通水平，深化区域经济一体化；促进包容性和可持续增长；通过结构性改革增强包容性增长；增加人与人之间互联互通，加快人力资本发展。广州能源所代表向与会经济体代表介绍了PPSTI-EWG跨组合作项目提案“Innovation Technology and Policy Dialogue on APEC Renewable Energy Market Connectivity”，围绕项目的必要性、目标、优先性响应、工作计划等进行了详细的阐述，并回答了经济体代表的提问。项目获得了EWG的大力支持和响应。

6月2日，“第一届波浪能气动式一体化技术研讨会”在中国科学院广州能源研究所举办，来自广州能源所、大连理工大学、浙江大学、中国海洋大学、国家海洋技术中心、华南农业大学等单位和企业的20余名专家学者参加了会议，研讨会上，广州能源所海洋能研究室研究员吴必军介绍了波浪能气动式技术的国际国内发展历史以及研究所近期取得的重大进展，大连理工大学教授宁德志介绍了国内数值研究气动式技术的成果，中国海洋大学博士何方介绍了振荡水柱波能利用型防波堤的水动力特性研究成果。会议期间，海洋能实验室在造波水槽中给参会人员演示了波浪能供电船的工作原理及在往复空气透平试验台上演示空气透平转换效率测试过程。

9月12—14日，2018年全球气候行动峰会在美国旧金山举行，来自全球六大洲的4 000多名代表与会。应能源基金会及美国气候战略中心（The Center for Climate Strategies）的邀请，广州能源所派员参加了此次峰会。在峰会上，广州能源所作题为《中国可再生能源发展》的报告，介绍了中国可再生能源的资源状况、技术和产业发展现状及趋势，指出发展可再生能源是全球应对气候变化的重要途径，也是中国推进能源绿色转型的核心内容，未来要保持可再生能源持续健康发展，需要提高可再生能源能效，同时加强科技创新带动成本降低。在“通过一带一路和中国南南气候合作开展东南亚低碳发展合作”分会上，广州能源所作题为《中国可再生能源合作——以广州黄埔试点项目为例》的报告，以广州市黄埔经济开发区太阳能光伏发展规划项目为例，系统介绍了可再生能源发展规划方法和工具及在“一带一路”国家推广的发展现状，为可再生能源的国际合作提供了思路和方法。

【工业节能与综合利用】 港珠澳大桥主体工程由于建设期及运营期能耗巨大，国内外尚无节能减排的成套技术指导工程建设，成为制约跨海集群工程绿色发展的瓶颈之一。广州能源所从2011年开始参与国家科技支撑计划子课题跨境隧—岛—桥集群工程节能减排关键技术研究，已完成相关研究内容，并通过科技部组织的项目验收。课题组结合港珠澳大桥跨海集群工程，针对建设期及运营期的节能减排问题，开展了跨境隧—岛—桥集群工程节能减排指标体系、长大沉管隧道通风及照明节能减排关键技术，跨海桥梁和人工岛运营节能减排关键技术多维评价等专题研究。广州能源所城乡矿山集成技术研究室开展了交通工程中相关控制系统的研发与实施。项目研发了多种联动控制预案，在日常运营阶段运行交通控制、通风控制、给排水控制等方案，可确保车辆行车安全的前提下，实现海底隧道运行节能；在应急情况下运行低能见度应急控制、强风应急、交通事故应急、消防应急等预案。目前项目实施已经进入全系统联调联试阶段，近期内可投入实际运行。

7月27日，中国清洁发展机制基金赠款项目“广州市国家低碳试点项目”结题验收会在广州召开。该项目以广州市温室气体排放清单研究和碳排放总量峰值研究为基础，聚焦产业、交通、建筑、园区四大领域的低碳发展路径研究，并在自愿减排交易、生态补偿机制、林业碳汇和海洋碳汇方面大胆探索，研究方法科学合理，为广州市制定低碳发展行动方案提供了数据支撑和理论依据，有效推动了广州市国家低碳城市试点工作的开展，为广州市下一步继续深化低碳试点的方案和政策建议提供了有力的支持。

【新能源和可再生能源技术研发与应用】

海洋能　振荡水柱技术是目前研究时间长、示范电站多、已有商业化产品的波浪能利用技术，其结构简单、安全可靠，机电部分在海平面以上不接触海水，故障率低，维修方便，但业界认为该技术造价高、转换效率低。在国家自然科学基金的支持和科研人员的努力下，广州能源所新型漂浮振荡水柱技术取得重大进展。课题组研制的重1.3t（包括0.4t的压载物）、宽1.79m、长4m的新型漂浮振荡水柱发电样机由第三方国家海洋技术中心独立测试表明：规则波电池负载下波电转换效率最高达到35.7%，随机波电池负载下波电转换效率最高达到26.7%，在波高0.08m、周期2.46秒条件下平均充电功率为5.11W，突破了振荡水柱技术造价高、转换效率低的技术颈瓶。空气透平发电机组是振荡水柱技术关键的设备，随着空气透平发电机组转换效率的进一步提高（目前课题组使用的空气透平发电机组的转换效率不到30%，国际上空气透平发电机组的转换效率已接近60%），广州能源所新研发的漂浮振荡水柱技术波电转换效率还有进一步提升的空间。

6月23日，中国海洋工程咨询协会在广州组织专家就中国科学院广州能源研究所完成的“可移动波浪能发电平台”技术召开了成果评价会。评价委员会听取了项目情况汇报，经过质询和讨论，一致认为“可移动波浪能发电平台”总体技术达到国际先进水平，其中波浪能能量转换技术达到国际领先水平。近10年来，广州能源所瞄准我国“建设海洋强国”战略目标，积极开展适合远海岛礁和海上设施的大型漂浮式波浪能装置研究，成功研发出了具有自主知识产权的海上可移动能源平台技术，在波浪能装置整机设计、能量俘获与转换、液压自治控制、深水锚泊等方面取得一系列发明专利，其中装置整体方案获中、美、英、澳发明专利授权，设计图纸获国际船级社第三方认证。建成了10kW概念样机“鹰式一号”、100kW工程样机“万山号”、260kW海上可移动能源平台“先导一号”；突破了海上大型漂浮式波浪能装置无法长期稳定发电的系列难题，完成了鹰式波浪能技术由试验样机向工程样机的转变，建成的海上波—光—储—海水淡化系统在远海岛礁完成了并网供电技术验证。

生物质能　9月3日，“十三五”国家重点研发计划“战略性国际科技创新合作”重点专项“生物质气化及热电气多联供系统研发及示范”

中期进展交流会在中国科学院广州能源研究所召开。项目组牵头单位中科院广州能源研究所，中方参与单位淄博淄柴新能源有限公司，外方参与单位泰国清迈大学和巴基斯坦伊斯兰堡COMSATS大学，以及示范项目合作方泰国SCL能源有限公司等30余人参与了进展交流。项目组已完成了生物质气化及热电气多联供系统核心技术和装备的开发工作，确定了泰国示范工程建设地点和方案，完成了工程设计和设备加工，即将进入施工安装阶段。项目进展情况符合中期进度要求，取得了较好的阶段性成果。

天然气水合物　“深海天然气水合物三维综合试验开采系统研制及应用”项目获国家科学技术发明奖二等奖。项目攻克深海NGH苛刻地质条件下，地层构建、钻井、井网布部署及排采等设备研发技术难点，研发出世界首套三维成套大型设备专用于NGH开采技术研究，解决了NGH开采及控制难度大等关键技术难题，确定了开采NGH的核心技术。国内外多家单位应用本系统确立了优化开采技术，首次完成我国NGH藏开采潜力评价。为我国海域NGH成功试采提供了强有力的技术支撑，为我国NGH开发战略部署及建立商业开采平台提供了重要技术保障。总体技术达到国际领先水平。

（白　羽　张丽娟）

交通领域

【概况】 2018年，广东省交通运输行业以加速推进智慧绿色交通和科技创新发展、完善交通基础设施网、提高交通运输服务保障水平为目标，以交通运输促投资稳增长、促消费惠民生等为根本宗旨，着力推进全省交通行业发展。

截至2018年年底，全省公路通车里程21.77万km，高速公路通车里程9 002km、连续5年居全国第1；内河航道通航里程1.21万km、居全国第2，高等级内河航道1 277km；万吨级以上深水泊位310个，亿吨大港5个；沿海主要港口开通国际航线378条，通达全球100多个国家和地区的200多个港口；完成公路水路客运量10.8亿人、货运量40.7亿t，港口货物吞吐量21亿t，珠三角港口集装箱吞吐量超6 400万标准箱。全年交通基本建设完成投资1 586亿元，创历史新高，超省年计划32%，超部下达任务43%。其中，高速公路完成投资1 118.4亿元，超省年计划27%；普通国省道170.2亿元，农村公路146.8亿元，港口建设89.1亿元，航道建设26.6亿元，公路客货站场及其他34.9亿元。交通运输促投资稳增长、促消费惠民生等作用明显。

【重点科技创新项目】

港珠澳大桥工程建设关键技术　港珠澳大桥是国家工程、国之重器，大桥的建设创下多项世界之最（世界总体跨度最长、钢结构桥体最长、海底沉管隧道最长，公路建设史上技术最复杂、施工难度最高、工程规模最庞大的桥梁），是我国综合国力、自主创新能力的综合体现。大桥建成通车，是中国特色社会主义制度优越性和中华民族伟大复兴事业的生动体现和实践，是广东改革开放发展史上的里程碑，对粤港澳大湾区建设发挥重要作用。

项目建设单位依托港珠澳大桥工程项目开展了一系列重大技术攻关，形成了“港珠澳大桥工程建设关键技术”成套成果，获得了2018年度广东省科学技术奖特等奖。项目通过技术研发取得了跨海集群工程混凝土结构120年使用寿命保障关键技术、跨境桥岛隧集群工程防灾减灾关键技术、跨海桥岛隧集群工程节能环保关键技术、跨境桥岛隧集群建设安全与环保适应性管理关键技术、跨海桥岛隧集群工程生态环境保护关键技术、GMA浇筑式沥青混凝土钢桥面铺装成套技术、“一国两制”下跨境桥岛隧集群工程的建设管理方法7大创新，获得了授权专利27项、计算机软件著作权6项，建立试验平台2项，发表专著10部、论文145篇，获国际大奖3项，相关成果已在深中通道、费马恩海峡通道等国内外类似工程及“一带一路”建设中推广应用。

广东省高速公路设计标准化技术研究与应用　为全面提升高速公路建设质量，深入贯彻“五化”和“品质工程”建设理念，解决历史遗留的质量通病问题，促进高速公路施工标准化、工业化发展，省交通运输厅组织省交通集团等共15家行业龙头设计、科研和建设管理团队，历时近6年，首次系统开展了全国最大规模的高速公路设计标准化研究，实现了90%以上的中小跨径桥、涵、隧等结构设计统一化和标准化，为行业工业化建造转型升级、高质量发展奠定了基础。

主要创新性成果有5个。（1）首次系统构建了高速公路设计标准化管理体系和技术体系。（2）综合利用可靠度、大数据和交通安全理论，提出了广东桥梁汽车荷载和风荷载组合模型，构建了路桥隧建筑限界体系。（3）首次系统开展中小跨径桥梁下部结构和基础标准化、现浇连续箱梁设计标准化、公路隧道支护体系及施工工法标准化研究。（4）开展了多项关键技术研究，提出了预制梁标准断面和构造设计；提出并试验验证了预制梁湿接缝设计方法和空心板深铰缝与整体化层协同受力新型构造设计；首次大规模开展预制梁足尺试验等结构关键参数测试，确保了成果的可靠性和先进性；显著提升了工程质量和耐久性。（5）首次开展公路造价管理标准化研究，实现了全过程造价数字化管理，促进了设计标准化、施工标准化和造价标准化的融合贯通。

项目颁布标准图262册；编制国家行业标准1部；4项成果被国家行业标准（规范）采纳；编制广东省行业规范、规程、指南等8部；获得专利21项，软件著作权5项；出版书籍3部；发表论文82篇；经中国公路学会组织评价鉴定，研究成果总体达到国际领先水平。成果已成功应用在省内约5 500km、省外近500km公路上，显著提升了广东省高速公路设计标准化水平，为促进公路建设的工业化、装配化和“建管养”一体化，推进公路建设再上新台阶具有重要的意义和价值。项目研究成果获得2018年度中国公路学会科学技术奖一等奖。

拱北隧道成套建设技术　珠海连接线项目是港珠澳大桥海中桥隧主体与国家高速公路网连接的“唯一通道”，作为项目关键控制性工程的拱北隧道在国际上首创“曲线管幕+水平控制冻结”组合工法，穿越国内第一大陆口岸——拱北口岸，隧道区位于珠海与澳门分界处，属于海相、海陆交互沉积地层，地质条件复杂多变，堪称“隧道施工技术博物馆”。

拱北隧道全长2 741m，其中口岸暗挖全长255m。隧道开挖扰动面积达413.2㎡，覆土厚度不足5m，覆跨比约1/4，属于浅埋超大断面隧道。建设单位根据隧道地质条件等因素选择采用“曲线管幕+水平控制冻结”的组合工法，首先在隧道周围顶进施工36根直径1.6m曲线钢管幕作为超前支护，管间距约35.7cm，顶进精度要求不超过5cm，然后采用冻结法对管幕间土体进行水平控制冻结止水，最后在管幕冻土符合帷幕支护体系下采用多层时步开挖方法和三维交叉成洞技术实施暗挖。历经数年联合攻关，不仅系统解决了复杂地质、敏感环境下大断面浅埋暗挖隧道工程设计、施工和装备中的诸多难题，还攻克了临海软弱地质条件下长距离空间曲线顶管管幕建造技术难题。项目研究在临海软弱地层长距离空间曲线管幕关键技术、长距离曲线大管幕冻结止水与开挖协同的分段冻结新技术、离心机非停机分块排液开挖试验技术、临海大断面隧道新型排水技术等四大方面取得了系列重大创新性成果，形成了复杂地质敏感环境条件下大断面浅埋暗挖隧道建设的关键技术体系，实现了隧道建设安全、高效与节能目标。

项目取得了多项知识产权与创新成果，共完成技术指南/专著13本，发表学术论文143篇，获授权专利41项，发表工法4项，申请软件著作权4项。项目的研究成果显著推动了行业科技进步，对后续类似工程起到了引领和示范作用，并为管幕冻结法开挖支护体系得推广应用奠定了基础，产生了重大经济效益和社会效益，推广应用前景广阔，获得了2018年度中国公路学会科学技术奖一等奖。

南沙大桥建设关键技术　南沙大桥是省高速公路网重要组成部分和粤港澳大湾区的重要通道，是珠江口东西两岸地区重要的交通走廊，是粤港澳大湾区和“大珠三角1小时经济圈”架构中基础设施的重要组成部分，加强了广州市与以东莞为代表的珠江东岸的经济、交通联系，为佛山、江门等珠江西岸城市与东岸的经济往来搭建了便利的道路通道，对促进珠三角经济再发展，促进东西两岸优势互补、均衡发展及加快珠三角经济区率先实现现代化起到重要作用。

南沙大桥全线采用桥梁方式，在世界上首次同时建设两座超千米级特大跨度悬索桥；坭洲水道桥1 688m，跨径位居钢箱梁悬索桥世界第一；90m锚碇地下连续墙基础直径世界第1；49.7m钢箱梁宽度为世界第1；260m主塔高度为国内悬索桥第1；散索鞍单件重达180t，为国内最大铸钢件；钢箱梁桥面环氧沥青铺装，总面积达到13万m^2，为世界最大规模应用；引桥采用预制拼装节段箱梁，共3 533榀，为广东省第一次大规模采用节段预制拼装法施工的桥梁。

南沙大桥项目解决了高强度主缆钢丝索股技术全产业链的国产化等10大关键技术问题，建设围绕新体系、新结构、新材料、新设备，自主研发了静力限位—动力阻尼的纵横向结构体系、1 960MPa国产盘条钢丝、BIM全过程应用技术、地连墙重力式复合锚碇基础、跨缆吊机等一系列完全具有自主知识产权的产品。自主研发的1 960MPa盘条钢丝突破了高强度钢丝技术瓶颈和打破国际技术垄断，实现我国桥梁缆索材料跨越式技术进步。项目率先开发了完全具有自主知识产权的“中国特大桥梁第一代BIM建养一体化信息平台”，结合移动互联网、物联网、机器人等新技术，实现信息技术和工程建养技术的深度融合。

依托项目完成的技术成果“1 960MPa悬索桥主缆索股技术研究”获得2018年度中国公路学会科学技术奖特等奖、“特大型桥梁工程BIM+应用技术研究”获得2017年度中国公路学会科学技术奖一等奖；形成34项专利（其中发明专利8项），形成新产品3项，发表论文80余篇，其中EI检索6篇，累计申请发明专利34项，获得授权10项，获得实用新型专利24项，形成新产品3项，形成了两项行业标准、一项国家标准，一项国际标准。建设期间，项目获得了“广东省五一劳动奖状”、省交通运输厅“平安工地”示范项目，并多次在广东省在建高速公路工程质量安全综合检查中荣获第一名。

（李　斌）

【铁路】

科技计划　2018年，中国铁路广州局集团有限公司（以下简称“集团公司”）组织对申报的科技项目，按运输客货、工务工程、电务信息、机车车辆和综合技术分成5个组，由学科带头人为组长、组长提名组成专家组，分专业逐项论证遴选，提交集团公司科委会审议，形成集团公司年度科技研究开发和新技术示范性推广计划，其中科研开发项目139项、经费概算1 208万元。科研开发项目中科技创新专项5项、动车技术中心专项7项，与上年相比保持稳步增长态势。集团公司承担中国铁路总公司科研开发课题4项，获经费330万元。

科技成果及奖励　2018年共有25个项目通过科技成果评价，获得评审证书。7个项目获2018年度中国铁道学会科学技术奖，其中“城际铁路CTCS2+ATO列控系统研究与应用”获一等奖，6个项目获三等奖。31项科技成果获得集团公司科学技术进步奖，其中一等奖6项、二等奖12项、三等奖13项。

（董　健）

【地铁】　2018年，广州地铁集团有限公司（以下简称“广州地铁”）围绕“优化科研创新软环境，着力点燃科技创新引擎”核心主题开展科研创新管理工作，依托“城市轨道交通系统安全与运维保障国家工程实验室”（以下简称“国家工程实验室”）项目建设与验收这一核心任务，把握机遇、敢于担当，以创新求突破，以合作促发展，圆满完成实验室建设目标和任务，顺利通过项目验收，为实验室的发展打下良好基础。

国家工程实验室建设　2018年末，国家工程实验室顺利通过政府主管部门组织的项目验收，是国家发改委2016年同期批复建设的城轨交通行业7个国家工程实验室中，唯一一个提前2个月完成建设任务并通过验收的实验室。验收意见认为，实验室多项技术达到国际先进、国内领先水平。截至2018年年底，实验室已经初步形成了四大类建设成果。

1．实验环境建设，为新技术的应用提供实验验证。业已建成的实验环境，包括实验室大楼内的14个技术研究平台、分布于广州地铁线网的运营现场实景、以及联建单位的8个分实验室。实现列车、信号等6个专业关键设备在线监控完备率大于80%，故障检测准确率达到92%，乘客安检速度大于0.76人次/秒，客流预测精度大于95%。

2．突破29项关键技术，提高设备设施服役能力。实验室在城轨系统关键装备智能诊断与健康管理、乘客安检、大客流预测与协同处置、线网大数据挖掘分析等29项关键技术上取得突破。其中，列车三取二逻辑电路控制单元（LCU），达到了世界领先水平；靴轨状态实时检测、轨道缺陷智能识别、城轨网络运营状态实时仿真等研究成果，填补了行业技术空白。

3．初具6大实验能力，铺垫实验室发展基础。实验室已形成列车、信号、轨道等典型设备设施状态实时监测、数据分析评估和健康预测、多专业系统仿真验证、大数据存储与云计算服务、大数据分析及隐患挖掘、客流组织与应急处置6大实验能力，为城市轨道交通设备设施服役安全、客流组织与环境安全、综合运维保障持续开展科技创新奠定了基础。

4．践行“1+7+N”建设模式，开创新型多功能实验室的建设路径。实验室采取了“1+7+N”的创新建设模式，由广州地铁牵头，联合北交大、中南大学、中车时代电气、广州地铁设计院、广电运通、新科佳都、锦鸿希电7家单位，以及57家合作单位进行实验室建设，参与平台建设人数超500人。凭借该建设模式，博采众长，精准发力，已建成基于工业互联网技术，依托地铁运营现场实景，涵盖多系统、多专业的新型工程实验室。

重大科技项目　“城轨道岔裂缝在线监测系统研究与应用”等6个政府科技专项顺利通过验收。国家重点研发计划课题“城市轨道系统安全保障技术”通过中期成果检查，在车辆智能装备、屏蔽门与车门间隙异物监测等方面取得突破，得到了科技部和高技术中心的高度认可。国家重点研发计划项目“复杂环境下轨道交通系统全生命周期能力保持技术”如期完成项目中期目标，搭建了8套仿真模型，研制了10套功能样机，编制了城轨重大基础设施全生命周期保持技术团体标准大纲并通过评审。

科技成果转化及产业合作　轨道交通产业是广州市“十三五”时期构建“高端高质高新”产业体系、重点推动发展的产业之一。广州地铁积极落实产业“孵化器”定位，开展重大、关键、共性技术领域的高端智能产品研发与产业合作，积极推进一批科技成果进行转化和产业化。2017—2018年期间，共注册成立广州运达智能科技有限公司、广州铁科智控有限公司、广州鼎汉轨道交通装备有限公司、正上维机轨道交通科技（广州）有限公司等4家产业化公司，累计注册资金达2.99亿元。

科技创新管理机制完善　团绕“立足于项目层面的管理、立足于项目实施阶段产生的系列成果管理、立足于形成的科研成果需要适合转化并进行奖励的管理”三大层面进行统筹考虑，2018年先后编制或修编《集团科研管理办法》《专利事务管理办法》《集团科技成果转化管理办法》等8份规章制度，有效支撑了广州地铁业务的承接与运作。

专利申请与授权　2018年全年共完成专利申请184项、获得专利授权57项，其中发明专利授权12项，广州地铁申请国家专利数累计达748项，获得专利授权累计达364项，专利申请数量和质量均稳步持续增长。

（何健栎）

邮政领域

【概况】 2018年，中国邮政集团公司广东省分公司（以下简称“广东邮政”）坚持以习近平新时代中国特色社会主义思想为指导，围绕中国邮政集团公司（以下简称“集团公司”）“打造行业国家队”的战略目标，落实集团公司“双创”工作要求，坚持推进科技赋能、先行先试、持续发力，在技术应用、自动处理、终端设施和运营管控等方面取得了一批实用新型的科技成果，全面提升了企业核心竞争力。

【科技成果奖励】 集团公司评选了2018年度科学技术奖，其中“广州邮件处理中心二期工艺改造工程”“DIY定制及新媒体的‘移动互联+场景营销’模式的创新研究与实践”“邮政信包箱”“深圳邮政包裹业务数据挖掘分析”“广东邮政微邮局微信便民服务平台建设及运营”等项目荣获三等奖；集团公司评选出2018年科技创新成果，广东邮政14项成果得到集团公司表彰，其中“邮政城市社区服务转型研究及实践”“智能邮筒”“机动车号牌自动封装系统”等项目荣获一等奖；集团公司评选了“云创平台”金点子奖，广东邮政有20个创意评选为“金点子”；集团公司发布2018年度创新榜单，广东邮政位列各省分公司创新实力榜单第一位，获A+评级。广东邮政评选出2018年度科学技术奖27项，其“东部邮政加快发展策略研究”“无着邮件管理系统全国推广应用”“邮政城市社区服务转型研究及实践”“基于线上线下联动的智慧网点平台”“深圳邮政跨境业务信息支撑系统”荣获一等奖；评选出2018年度科技创新成果奖28项；评定创新工作室19个。

【信息化建设】 广东邮政落实集团公司信息化规划，实施了新一代寄递业务平台推广、金融网点授权集中影像切片、门户网站上收、金融网防火墙更新等集团工程；省内优化金融客管系统和微信营销助手，打造智慧网点；完善保险代理平台、金融合规系统；开发了国际小包比价系统；开通网点微支付1 769个；微信企业号已开发应用60多个。全年推进信息化工程45项，信息安全事件为0。

【科技创新】 2018年，广东邮政立项研发科技项目22项，开展创新孵化项目和推广项目22项，涵盖金融支撑、跨境业务、邮运网络、集邮传媒、信息安全、新技术和新工艺等领域各领域；入选集团公司创新孵化项目3个，登记“一地一项目”75个。

【特色项目选介】

无着邮件管理系统全国推广应用 项目由广州邮区中心局研发，由集团公司统一推广，在全国各省市邮政和速递邮件处理中心、省无着邮件处理台、营投网点、查询投诉部门和无着邮件管理部门推广应用。系统主要实现无着邮件的产生、保管、上交、查询复活、外部协查、销毁处置、统计分析全过程闭环管理，并与指挥调度系统、速递系统开发接口，实现邮件信息共享，提高无着邮件复活率，提高邮件处理规范。

广州邮件处理中心工艺改造工程（二期） 该工程基于广州邮件处理中心的设备工艺布局及流程，以全自动分拣、邮件处理“不落地”的理念提高网运生产机械化、自动化水平；工程实现OBR双面自动扫描、同步信号多点检测、漏波电缆通讯等关键技术，同时实现双倍格口利用，实行车等邮件，邮件随分随装，重量和体积自动稽核；邮件一次OBR扫描。广州邮件处理中心“双机联动”作业模式，日均分拣115万件邮件，创造了全网新纪录。

机动车号牌自动封装系统　项目是由中国邮政速递物流股份有限公司广东省分公司研发，系统采用机电一体化设计，满足机动车号牌寄递自动分拣、包装的作业需求。系统投产后，实现了全省21个地市车管所前台受理，制牌信息自动传输，制牌完成自动封装，名址信息自动打印，收寄信息自动录入，机动车牌邮寄到家，用户信息全程可查。用户受理车牌到上牌时间从原来的15天，缩短到“一天受理+一天制牌+一天邮寄”全程3–5天完成的全程时限，实现用户办牌“最多跑一次”的便民服务目标，得到了人民群众和各级政府的高度认可。

基于线上线下联动的智慧网点平台　项目是广东邮政信息技术局研发的，系统由微信端、排队叫号机端、柜面端、移动展业端等部分组成，打破传统的单个系统单兵作战的模式，打通了柜台、排队机、微信、移动展业等渠道与客户营销管理系统的互联互通，实现了微信预约、软呼叫、业务免填单、客户身份识别、无纸化、客户信息联动查询、VIP到访提醒等功能。智慧网点终端已实现广州邮政代理金融网点台席全覆盖，可办理储蓄和保险免填单业务；排队机累计联网818台；部分功能已推广到浙江、湖南、河南邮政分公司。

广东邮政微邮局微信便民服务平台建设及运营　项目是广东邮政信息技术局研发的，平台运用移动互联网技术及思维在邮政体系内首次搭建了覆盖报刊图书、简易保险、集邮、函件、寄递、代理金融、农品进城、票务、邮政查询等多个专业产品、多种服务、跨区域的微信便民服务平台。在全国邮政系统内首次实现了报刊订阅、简易保险、纪特邮票零售预约在微信渠道的办理，是全国邮政首个进驻城市服务的省份，先行先试作用突出，平台累计粉丝120多万。

邮政城市社区服务转型研究及实践　项目是广州邮政打造的，切入广州市建设“智慧城市”“智慧社区”契机，采用移动互联网技术，实现跨部门、跨政企、跨层级、跨区域的“跨界”联合服务，在履行好邮政普遍服务义务的同时，通过与政府、行业等融合联动，深入推进邮政城市社区服务转型，打造基于邮政自提柜、智慧邮局、社区服务综合体、智能邮筒、线上邮政服务等载体的“智能化、集成化、自助化”的“一站式”社区便民服务，实现人民群众办事的“近办”“易办”和“快办”。项目已推广至广东、江西、湖南、广西等邮政分公司应用。

邮政信包箱　项目由广州邮政研发，借助二维码和移动互联技术，可与传统信报箱组合投放、集成使用，实现寄件、投件、取件和智能监控等功能。邮政信包箱在硬件设计、系统开发、图像抓拍、智能运营、跨平台应用、通信安全等方面均有技术创新，且造价低，便于推广布放，逐步激活了封闭式信报箱的使用率。广东全省19个地市已布放了584座邮政信包箱，累计投件量超310万件。邮政信包箱的创新设计得到广东省邮政管理局的高度认可，并上升为相关的招标技术标准。

智能邮筒　项目是广州邮政研发的，“智能邮筒”采用自动控制、移动通信、人机交互等技术，体积与普通邮筒类似，体积小，布放灵活，成本低，功能丰富，具有通讯、扫码、自动开门、寄件、揽收等功能，有效解决快件寄送、物业管理所面对的诸多问题；同时以用户需求为导向，紧跟移动互联网潮流，创新应用“邮筒+”概念，“跨界”整合寄平信、寄快件、交通卡充值、政务民生、邮政普遍服务等功能于一“筒”。广州邮政陆续安装10个智能邮筒，提升了普遍服务智能化形象。

深圳邮政跨境业务信息支撑系统　项目由深圳邮政研发，以互联网+技术，整合跨境物流信息流，统一入口查询服务，并依据跨境物流大数据，提供跨境电商的运营资金、物流保险、小额贷款服务。系统通过互联网+技术，实现境外物流信息的获取、解析、状态定义、语言翻译、时差转换等；实现了与跨境电商产业链的上下游开放对接；通过物流大数据分析拓展跨境电商所需的服务。系统在全国邮政推广，25个省市跨境电商、150个国家地区买家访问；可节约客户服务人员500人以上。

深圳邮政包裹业务数据挖掘分析　项目由深圳邮政研发，解决了国际、国内邮件统一入口查询、运能的动态调配、精品线路推荐、成本利润分析等诸多包裹业务的实际问题。项目和电商平台对接，建立国际小包的订单数据和邮件数据，实现了量收分析、时限分析、客户分析、业务分析等；通过成本核算损益分析和报价系统，收集建立快递包裹的数据，用于进行核心损益核算，指导营销员进行市场报价。项目已在全国31省61个重点地市推广使用。

【科技进步月活动】 6月，广东邮政举办了主题为“科技引领创新，打造高质量发展新引擎”的科技进步月系列活动。活动期间，评选表彰了省邮政科学技术奖，创新了培训交流形式，举办了数字邮政、区块链技术等科技专题讲座，组织参观了特色农村电商和电商行业仓配系统；开展了全员科技征文、专刊宣传活动；营造了全员参与的良好科技氛围。

（李汪洋）

气象领域

【气象现代化建设】　编制了《广东省全面推进气象现代化行动计划（2019—2025年）》。气象业务科技现代化水平不断提升，完成全省S波段天气雷达双偏振技术升级和业务组网，启动X波段相控阵天气雷达试验网建设。推进广州气象卫星站建设，完成卫星站FY-3和FY-4直收站建设，提升气象卫星数据接收处理能力。推进地面气象观测自动化，完成了17个气象观测场标准化改造和建设，全省气象探测环境评估达89.6分。开展超大城市冠层综合观测试验，扩建气象云平台，建成广东气象数据（深圳）备份中心。推进区域GRAPES模式体系建设，研发了台风区域模式集合预报系统。开展数字网格预报技术众创，发展检验评估技术，升级网格预报编辑系统。建立全省延伸期25km分辨率网格预测业务，实现气温、降水45天逐日滚动预测和检验。智能网格气象预报质量稳中有升，全省24小时晴雨预报准确率达83%。气象预测预报预警能力稳步提高，强对流预警提前量达49分钟，提前预警龙卷风。

【气象科技支撑国家重大战略】　联合港澳编写了《粤港澳大湾区气象发展规划（2019—2035年）》，启动“粤港澳大湾区气象监测预警预报中心”建设。保障生态文明建设，开展华南区域未来气候变化和气象灾害风险预估，启动《第二次华南区域气候变化评估报告》编制。服务大气污染防治，与环保部门共建气象环保超级站，开展污染源解析预报研究。建设生态气象服务系统，发布《植被生态监测评估报告》《生态气象监测公报》等。建立人工影响天气标准化业务体系，因地制宜实施人工增雨防雹作业，全年飞机作业12架次，地面火箭作业172次，发射火箭弹784枚，全年人工增雨量达17.8亿t。稳步推进“中国天然氧吧”申报和气候标志认证的流程和标准体系建设。服务乡村振兴和精准扶贫。出台《乡村振兴 美丽广东——气象行动计划（2019—2020年）》。推进政策性农业保险实施。在18个县开展中央三农气象服务专项实施，完成了12个现代农业示范区气象综合监测站建设。

【广东省重点实验室建设】　华南区域中尺度模式GRAPES_GZ 3km模式顺利通过中国气象局业务准入，为泛华南及港澳地区提供3km分辨率的72小时数值模式预报产品。中国南海台风模式先后准确预报2018年登陆和影响广东的“山竹”“艾云尼”等多个台风的登陆点、登陆时间及其风雨。2018年南海台风模式24小时、48小时和72小时的平均路径误差分别为77.6km、118.9km和198.0km。在广州“天河二号”超级计算机上首次实现9km分辨率台风集合预报试运行。公里尺度模式动力框架和物理过程的研究持续进行，开展了增加垂直层的研究，对台风路径和强度的改进有明显效果；自主开发了基于GRAPES动力框架的扰动模式，计算精度和收敛性进一步提高。

【野外科学试验基地】　南海（博贺）海洋气象科学试验基地入选中国气象局首批野外科学试验基地，并于2018年9月14—17日，与中国气象科学研究院、南京大学等联合开展“2018年登陆台风观测试验”，对2018年第22号台风“山竹”开展了气象观测。组织《海气耦合边界层的结构和海气通量（含海盐气溶胶）研究》（XDA11010403）外场科学试验，与中国科学院大气物理所等单位联合开展台风边界层与海洋飞沫综合观测试验。

5月，开展珠三角区域典型灰霾过程黑碳气溶胶的无人机观测，整合了臭氧激光雷达、气溶胶激光雷达、手持式黑碳仪以及气溶胶消光系统等探测设备，构建了集合地基和空基平台的黑碳气溶胶探测体系，获得珠三角地区典型灰霾过程黑碳气溶胶三维立体的分布结构，为改进环境气象模式预报性能，推动节能减排和气候变化应对提供新的技术手段和数据支撑。

【科技成果】 全年新增科研资金4 157万元，中国气象局广州热带海洋气象科学研究所首次牵头国家重点研发计划专项“重大自然灾害监测预警与防范”项目“热带地区区域数值预报模式关键技术研发及应用”，获批项目总经费1 318万元，为推进泛华南区域高分辨数值预报模式的发展创造良好的科研条件。广东省气象部门全年获得国家自然科学基金资助5项，广东省自然科学基金资助3项，中国气象局预报员专项支持4项。广东省气象大数据科技协同创新中心得到立项支持。开展一批“卡脖子”技术攻关，数值天气模式研究、智能网格气象预报、龙卷风气象监测预报等研究得到广东省科技厅立项支持。全省气象部门发表科技论文393篇（SCI/IE等收录45篇），获得57项软件著作权，10项国家专利。“台风监测预报系统关键技术”获得2018年国家科技进步奖二等奖（单位排名第二）；“珠江三角洲环境气象监测与预报关键技术研究及应用”获2018年度中国气象学会气象科学技术进步成果二等奖。组织凝练气象为农服务科技成果，“省市县一体化农业气象业务系统推广应用”等4项获得2017年度广东省农业技术推广奖。推进气象科研成果转化，9项成果通过广东省气象局业务试运行及业务准入。

【科技交流与科普】 省气象局成功服务保障2018年IPCC会议，顺利筹备2019年台风委员会年会。年内，省气象局接待了美国、越南等国气象部门来访交流，与韩国气象部门签署了对口合作协议；共有38个团组，97人次出国出境参加会议、培训和交流。

韶关市仁化县南岭生态气象中心成功申报了2019年“科普中国”落地应用e站项目建设。广州气象卫星地面站曹静高级工程师因在“卫星气象业务科技资源科普化创新实践”中出色成绩喜获科普创新奖之“科普杰出人物奖”，成为首届2个获奖选手之一。

2018年“3·23”世界气象日主题是“智慧气象”，全省各级气象部门围绕主题，积极组织开展系列科普活动，突出气象的智慧特征，通过开展纪念世界气象日专题报告会、组织气象开放日活动等多种形式，使公众近距离了解气象，感受气象魅力，展示气象的“智慧”。

（王桂娟）

地震领域

【科技项目管理与实施】 2018年，新增省部级科研项目6项，完成2项省部级项目的结题验收工作，全省在研地震科研国家级项目2项、省部级项目5项。完成结题验收2个项目包括中国地震局地震科技星火计划攻关项目“地震灾害人口伤亡耦合因子特征分析研究”和“基于强震动台阵实时数据的悬索桥结构诊断融合指标研究”，新增项目为“广东省防震减灾科技协同创新中心建设”及同步申报的3个重点项目、中国地震局地震科技星火计划2个青年项目“海陆联合人工深地震探测数据管理及预处理软件研制”和“地磁低点位移异常电流分布特征研究”。

6月，由中国地震局地球物理研究所、广东省地震局、四川省地震局申报的国家科技支撑项目“城镇地震防灾与应急处置一体化服务系统及其应用示范”通过验收。其中，广东省地震实验中心负责的“准实时地震灾情综合评估技术研究”课题、“承灾体数据库动态采集与更新技术研究”及“模块化城镇地震灾害风险动态评估系统研发”两个专题同步通过验收。广东省地震工程实验中心负责的课题和专题共发表科技论文5篇，其中国际期刊文章2篇，形成了具有自主产权的系统软件2套、APP软件2套和硬件设备2套。全系统正式试运行。

广东省地震局承担的“珠江口区域海陆联合三维地震构造探测”等2项国家自然基金项目，取得阶段性成果，2018年发表2篇SCI收录论文。该项目以2015年开展的省部合作项目“珠江口区域海陆联合三维地震构造”野外观测获取的数据为基础，对珠江口区域的地壳速度结构开展分析处理，初步获得了珠江口区域部分陆地、滨海断裂的二维地壳分层结构、P波速度结构、主要断裂在地壳内部的延伸、滨海断裂的基本构造等一系列对珠江三角洲防震减灾工作有着基础意义的结果。

【科技人才培养及交流】 广东省地震局自2017年开始实施的人才工程在2018年有了新成果。进一步出台了广东省地震防震减灾人才发展规划，明确未来5年人才发展方向。建立了省地震局党组成员联系服务专家制度。向中国地震局推荐1个科技创新团队、3名骨干人才、7名青年人才。1名学术骨干获评研究员。通过与高校院所开展项目合作，联合培养地震科技创新人才。2018年有两名职工在中科院大学获得博士学位，4名博士生分别在在中科院大学、中山大学、中国地震局地球物理研究所、地质所等单位联合培养中。

坚决贯彻落实中国地震局的决策部署，大力协助支持深圳防灾减灾技术研究院组建。加强与省科技厅联系，联合中山大学、中国科学院广州分院等高校院所，推进广东省地震科技的协同创新。联合东莞理工学院、香港城市大学等加大对有减灾实效的关键性技术的研发力度。通过与高校院所开展项目合作，联合培养地震科技创新人才。如深圳防灾减灾技术研究院是中国地震局与深圳市签署协议、以新型研发机构为目标的国内首家防震减灾仪器装备领域的研究单位，为了支持深圳防灾减灾技术研究院的组建工作，截至2018年年底，广东省地震局先后支持了3名研究员、2名博士、2名高工以离岗创业的方式赴深圳防灾减灾技术研究院工作。组团参加在澳门举办的第八届粤港澳地区地震科技研讨会并做了6个专题报告。

积极配合国家总体外交战略，继续推进实施中国—东盟地震海啸监测预警项目。出访柬埔寨达成合作建设柬埔寨地震观测系统意向，协助推进与印尼、柬埔寨地震科技及地震监测合作谅解备忘录的签订，完成印尼、泰国地震观测台站勘选，完成老挝、泰国、缅甸、马来西亚地震观测台网中心系统建设。先后接待美国、印尼、肯尼亚、“澜沧江—湄公河流域国家地震观测与防震减灾技术培训班”等科技人员来访4批49人。

【科技创新平台建设】 9月，省科技厅发布了广东省社会发展科技协同创新体系申报指南，促进科技体系与业务体系有效融合，完善社会发展科技协同创新体系。广东省地震工程实验中心在申报指南发布后，积极联合省内防震减灾领域各相关高等院校、科研机构，由广东省地震局推荐下，向省科技厅申报“广东省防震减灾科技协同创新中心”项目。12月，经省科技厅组织专家组考核，“广东省防震减灾科技协同创新中心”通过答辩，成为了第一批获准建设的广东省社会发展科技协同创新中心。

广东省地震局积极支持组建深圳防震减灾技术研究院。按照中国地震局和深圳市人民政府签署的“关于共建中国地震局深圳防灾减灾技术研究院合作协议”，先后支持3位研究员及多名高级工程师、工程师，赴深圳防灾减灾技术研究院离岗创业，支持深圳防震减灾技术研究院在防震减灾领域技术装备取得突破。

【科普宣传】2018年是汶川地震10周年，又是南澳地震100周年，广东省地震局充分利用这个有利的宣传时机，加大科普宣传的密度和广度，创新科普宣传的形式，发挥了较好的社会效益。

公众开放日及综合性科普活动 5月7—13日期间，为纪念汶川大地震10周年，省地震科普馆举办以“行动起来，减轻身边的灾害风险”为主题的防灾减灾日暨科技活动周开放日活动。此次活动吸引了2 000余名社会公众的参与，广东电视台等10余家媒体对此次活动进行专题报道。在7月28日（唐山大地震纪念日）举办了公众开放日活动。在9月份第三个周末，以“科技助力防震减灾，智慧服务美好生活”为主题，举行科普活动。在10月13日国际减灾日期间举办了公众开放日活动。

2018年，科普馆继续加强与相关单位的合作，结合防灾减灾周、科技活动周、全国科普日和三下乡活动，包括与省减灾委、省科协、广州市科普联盟等合作举办了10场综合性科普活动，深入社区、农村、校园等普及防震减灾知识。

科普知识竞赛 在“防灾减灾周”期间，省地震科普馆联合广东省教育厅，利用中国教育学会的平台，共同举办2018年广东省中学生防震减灾网络知识竞赛活动。5月27—28日，联合广东省应急产业协会共同承办2018全国防震减灾知识大赛南部赛区竞赛活动，此次大赛创新性地将时尚的集装箱文化和密室逃脱的趣味性、知识竞赛的对抗性和情景演练的实战性融为一体，同时也开拓了社会力量参与防震减灾知识竞赛的先河。

科普报告活动 为推进广东省地震预警系统项目的顺利实施，使地震预警真正发挥实效，多次派员到预警终端安装示范单位开展以“地震预警”为主题的科普报告，向各相关单位宣传地震预警的基本原理、预警的作用、预警终端的功能、报警方式和收到预警信息时如何避险等科普知识。

科普展品更新 在去年引进的“VR避震游戏体验”项目基础上，2018年，省地震科普馆继续拓展VR+地震科普的应用，增设了基于VR的震动体验平台，将原网络活动区改造为地震VR体验去，在“防灾减灾周”期间正式亮相，成为颇受欢迎的展项。于南澳地震100周年纪念日活动和全国科普日活动期间，创作并推出了“地震与广东——从南澳地震说起”和“科技助力防震减灾，智慧服务美好生活”主题展板和图册。

交流活动 1月29日，省地震科普馆联合广州市科创委、广州市科技创新企业协会共同举办沪穗两地科普工作经验交流活动。沪穗两地的科普管理人员和科普一线工作人员先后到省地震科普馆和省地震局创新服务平台进行参观调研，并就如何增强科普基地能力建设、创新科普宣传形式等问题进行交流。

（张　项）

建设领域

【概况】 2018年，广东省住房城乡建设领域科技工作紧紧围绕“实施创新驱动发展战略”，把增强科技创新能力作为中心环节，加大科技创新工作力度，引导企业加大创新力度，在支持科技创新平台建设、促进行业科技研发、推动新技术推广应用等方面取得了新的突破，为全省建设领域的科学发展、跨越发展提供了有力的科技支撑，也为下一步工作打下了良好的基础。全年共50个项目列入2018年度住房和城乡建设部科学技术计划。

【建设科技平台建设】 2018年，省住房和城乡建设厅与省科技厅开始共建“广东省住房城乡建设科技协同创新中心”。省科技厅是该中心的指导部门，省住建厅是管理部门。中心依托广东省建筑科学研究院集团股份有限公司设立，将被打造成开展协同创新的重要载体及平台，以社会民生问题为导向，聚焦行业重大需求，推进行业领域重大科技攻关，加快科技成果示范推广，发挥行业专家智库作用，为今后科技项目的推荐、评审、管理等工作提供支撑服务。广东省住房城乡建设科技协同创新中心的建立，有助于促进建设领域科技与业务体系的有效融合，推动住房城乡建设领域产业共性关键问题的有效解决和高端人才的培养。

【BIM应用推广】 2018年，广东省BIM技术应用呈现创新、协同、共享等特点。从设计、施工、咨询、软件开发企业收集的应用案例来看，BIM技术与3D扫描、GIS、云技术、物联网等融合逐步紧密，创新应用精彩纷呈。应用BIM技术的建设项目，在设计、施工、运维的不同阶段，不同的应用单位之间的壁垒逐渐打破，协同、共享的价值愈加凸显。

2018年，广东省制订实施广东省建筑信息模型应用统一标准和BIM技术应用费用计价参考依据，并以广东省BIM技术联盟为依托，推动BIM（建筑信息模型）在全省范围内的应用推广。2018年相继举行广东省第二届BIM应用大赛、广东省第四届BIM发展论坛、首届粤港澳大湾区高校学生BIM-CIM创新大赛和广东省BIM公益行等推广活动，并在推广活动中首次引入网络直播，提升活动影响力，对加强行业分享交流、提升全省BIM应用总体水平起到了积极作用。

【科技成果奖励】 2018年，全省住房城乡建设系统共获华夏建设科学技术奖16项，其中一等奖2项、二等奖1项、三等奖13项（见表7-13-1）。

表7-13-1　广东省获2018年度“华夏建设科学技术奖”项目

序号	项目名称	完成单位	获奖等级
1	区域交通网络运行监测与协同管控关键技术及应用	深圳榕亨实业集团有限公司 同济大学 中国科学院深圳先进技术研究院 清华大学深圳研究生院 深圳市智慧交通研究院有限公司 深圳市鹏城交通网络股份有限公司	一等奖

（续上表）

序号	项目名称	完成单位	获奖等级
2	现代城市热环境调控关键技术创新与应用	华南理工大学 清华大学 中国建筑科学研究院 广东省建筑科学研究院集团股份有限公司 北京工业大学 洛阳众智软件科技股份有限公司 广东省建筑设计研究院	一等奖
3	深圳轨道交通9号线设计与建造关键技术研究	广州地铁设计研究院有限公司	二等奖

【建筑新模式、新技术推广应用】

装配式建筑　2018年，全省各地持续加大工作力度，完善发展装配式建筑政策措施，健全技术标准体系，积极培育产业人才，加强宣传推广，广东省装配式建筑发展迅速，初具规模。截至2018年年底，全省设立了1个广东省装配式建筑示范城市（深圳市），设立了44个省级装配式建筑产业基地和17个省级装配式建筑示范项目，建立了深圳市装配式建筑工人综合实训基地等一批装配式建筑实训基地，新建装配式建筑面积1 483万m^2，同比增长约58%。

省级装配式建筑示范项目“中建钢构大厦采用装配式钢结构体系”，主体结构为钢框架-中心支撑体系，钢柱无砼灌注；外围护为LOW-E玻璃单元式幕墙，内墙采用非砌筑的轻钢龙骨复合墙体，局部采用高精度砌块；楼梯采用带砼垫层的预制钢楼梯，楼板为压型钢板组合楼板，楼地面采用架空装配式网络地板，整体装配率达88.3%。该大厦先后获得中国绿色建筑三星级标识（设计及运营）、美国绿色建筑协会LEED金级、深圳市绿色建筑创新奖、深圳市绿色建筑设计认证（金级）。

建筑节能与绿色建筑　2018年，广东省新建建筑节能标准执行率达100%，全省新增节能建筑面积1.98亿m^2；城镇新增绿色建筑面积9 300多万m^2，城镇绿色建筑占新建建筑比例49.5%；新增绿色建筑运行标识项目面积256万m^2，新增绿色建筑评价标识项目759个，其中二星级及以上项目189个，运行标识项目15个；全省新增太阳能光热建筑应用建筑面积138万m^2，新增太阳能光电建筑应用装机容量474 MW；完成公共建筑节能改造面积408万m^2，建筑节能和绿色建筑持续发展。

为促进新建绿色建筑的量和质全面提升，推动全省住房城乡建设领域绿色化发展，2018年7月，广东省住房和城乡建设厅印发《广东省绿色建筑量质齐升三年行动方案（2018—2020年）》，从绿色建筑规划、设计、施工、验收、运营等全寿命期的各环节，提出绿色建筑量质齐升的行动目标、工作任务、工作步骤和保障措施。全省各市多点发力，广州、深圳、汕头、佛山、河源、梅州、阳江7个市率先出台市级绿色建筑量质齐升行动方案，全力推进绿色建筑发展。汕尾市出台《汕尾市促进绿色建筑暂行办法》。广州市启动绿色建筑后评估工作，通过组织第三方机构对绿色建筑运行中的各项指标进行检测和量化，综合评价各项绿色技术的耦合影响和实际效果，力争推动绿色建筑由重规划设计向重运营实效纵深发展。深圳市印发《深圳市重点区域开发建设导则》，指导和推动全市17个重点区域实施高标准建设，其中，重点区域内要求高星级绿色建筑面积比例达到80%以上、获得绿色运行标识比例达到40%以上、各开展不少于3万m^2超低能耗建筑示范。为强化全省绿色建筑发展的法律制度保障，广东省住房和城乡建设厅积极推动将《广东省民用建筑节能条例》修订为《广东省绿色建筑条例》，并列入了省2018年立法计划预备项目。

6月5日，广东省绿色建筑信息平台启动。平台在国内率先实现利用全网络化操作开展绿色建筑评价标识。2018年，平台共完成全省400多个项目的注册和评审，评审过程平均提速45天，为全省绿色建筑评价标识管理优化提速。

可再生能源建筑应用　2018年，广东省可再生能源建筑应用规模不断扩大，太阳能光伏建筑应用建筑面积472万m^2。2018年，利用省级节能降耗（建筑节能）专项资金，在珠海市创建珠海励致洋行办公家私有限公司1号、2号厂房屋面光伏电站项目、金嘉分布式光伏项目、泰锋电业分布式光伏项目等3个省级可再生能源建筑应用示范项目，年发电量分别为203万kW·h、38.9万kW·h、95万kW·h，分别占项目总耗电量的58%、20%、40%。年内，省住房和城乡建设厅组织赴深圳、珠海、清远市开展可再生能源建筑应用调研，编制《广东省可再生能源建筑应用调研报告》。

新材料、新技术推广应用　年内，省住房和城乡建设厅组织开展“广东省新型墙体材料产品目录编制研究”和“新型墙体材料应用管理及关键技术指标研究”，提高全省新型墙体材料应用管理水平。广州宏鼎大厦等57项工程认定为“广东省建筑业新技术应用示范工程”；预制拼装地下综合管廊综合技术得到积极推广，该技术能减少对施工现场周边环境影响，有效解决现浇管廊漏水和不均匀沉降等问题。

【工程建设标准化】　2018年，广东省继续深化工程建设标准化改革，加大重要标准制修订力度，强化标准动态管理和重要标准宣贯培训，培育发展团体标准，探索开展粤港澳大湾区标准共建。

工程建设地方标准制订　2018年，省住房和城乡建设厅首次成体系开展水污染治理系列标准制订，新立项标准24项，列入预备项目28项，启动《南粤古驿道标识系统规划建设技术规范》等一批重点标准编制，发布《电动汽车充电基础设施建设技术规程》等20部工程建设标准。

工程建设地方标准动态管理　2018年，省住房和城乡建设厅建成广东省工程建设标准化管理信息系统，建立了全省工程建设标准信息库，实现对全省工程建设标准的申报、审核、反馈等环节的全过程管理和标准全文在线公开，提升标准化工作管理信息化水平。完成广东省现行工程建设强制性标准整合精简工作，废止强制性标准2项，废止16项强制性标准的部分强制性条文，转化为推荐性标准4项，使广东省工程建设地方标准与国家、行业标准保持了良好的协调性，进一步完善了工程建设标准体系结构（见表7-13-2）。开展在编标准专项清理，终止了《广东省绿色校园建筑评价标准》等13项超期严重的“僵尸标准”编制。

建设科技与标准化专家委员会　7月31日，广东省建设科技与标准化专家委员会在广州成立。专家委员会按标准专业类别成立相应专家委员会专家组，建立标准专家库，包括勘察设计与施工、科技与综合、建筑材料、建筑设备四大领域，共40余个专业，近80名专家委员。专家委员会将在立项申报、标准编制、在编标准动态核查、现行标准复审和评估、标准宣贯等方面发挥技术专业特长，进一步提高标准编制水平。

重要工程建设地方标准宣贯培训　省住房和城乡建设厅和有关行业协会继续开展重要标准宣贯培训，提高标准应用实施水平。6月6日，广东省建设科技与标准化协会联合广东省勘察设计协会等6家省级行业协会在广州举办广东省标准《建筑结构荷载规范》要点精讲及工程应用宣贯会，对广东省建筑抗台风技术、广东省标准《建筑结构荷载规范》要点进行详细讲解，全省建设行业勘察设计、检测及钢结构、屋面、幕墙门窗相关技术人员100余人参加了培训。10月23日，省住房和城乡建设厅在佛山举办《装配式建筑评价标准》宣贯培训暨现场观摩活动，邀请标准主编专家对标准的主要内容进行解读，并观摩装配式建筑典型项目，交流装配式建筑先进做法，各地级以上市住房和城乡建设主管部门负责装配式建筑的分管同志和具体经办科（处）负责同志、全省施工图审查机构技术负责人、有关行业协会和企业代表，以及佛山市有关县区住房和城乡建设主管部门的领导同志约300人参加了培训。同日，广东省勘察设计协会联合广东省建设科技与标准化协会在广州举办广东省地方标准《高层建筑钢—混凝土混合结构》宣贯讲座，对标准的主要内容进行宣贯，全省建设行业勘察设计人员和相关技术人员参加培训。11月28—30日，广东省建设科技与标准化协会在广州举办“广东省建筑幕墙门窗标准宣贯培训及幕墙新技术学习班”，对广东省建筑幕墙门窗相关标准进行宣贯，并实地参观蒙娜丽莎集团118A绿色生产车间和中国陶瓷薄板应用技术中心，广东省行业内企业总工程师、技术骨干共计120余人参加了培训。

培育发展团体标准　按照《标准化法》关于培育发展团体标准相关要求，省住房和城乡建设厅支持和引导有条件的社会团体根据市场需要，及时制定高于推荐性标准水平的团体标准，填补政府标准空白，鼓励团体标准实行自我公开声明和监督制度。3月14日，广东省建筑节能协会发布团体标准《建筑墙体隔热腻子系统应用技术标准》，规范隔热腻子系统在民用建筑墙体隔热工程中的应用，提高建筑物隔热性能。11月28日，广东省建筑业协会发布团体标准《建筑幕墙用高性能硅酮结构密封胶》，全面提升结构胶拉伸粘结性和剪切性能，增加了烷烃增塑剂检测项目，热失重要求更严格，禁止添加白油、液体石蜡等烷烃增塑剂，杜绝“充油胶”安全隐患，规范建筑幕墙用高性能硅酮结构密封胶应用。

探索粤港澳大湾区标准共建　以港珠澳大桥工程实施粤港澳三地标准情况为例，对粤港澳三地建设工程领域法律法规、标准体系进行调研，对三地标准体系差异进行对比研究，全面了解粤港澳三地工程建设标准体系情况，研究粤港澳大湾区标准融合发展的对策建议。

11月25日，广东省建筑科学研究院集团股份有限公司和广东省土木建筑学会等单位举办“粤港澳大湾区城市绿色低碳发展标准协同研讨会”。围绕“区域协同创新发展，共建绿色低碳城市”这一主题，深度交流和研讨绿色建设标准、安全标准，探讨在粤港澳大湾区尺度下建设绿色低碳城市圈协同合作模式，聚焦建设标准协同研究，推动粤港澳大湾区城市绿色低碳发展。省住房和城乡建设厅相关处室领导、广东建工集团相关领导，国内知名专家学者，部分省内地级市住房和城乡建设主管部门负责人，科研院校、行业协会代表，大型房地产企业、建筑设计、施工企业技术负责人等100多家机构230多人出席本次研讨会。

广东省标准《强风易发多发地区金属屋面技术规程》吸纳了香港部分研究机构为编制组单位，充分总给了大湾区金属屋面工程在强风工况下的先进技术做法，提升了地方标准水平。在深圳市长圳项目中启动开展粤港标准体系对标试点。

表7-13-2　2018年广东省住房和城乡建设厅发布的工程建设标准

序号	标准名称	标准编号	发布日期	实施日期	主编单位
1	园区和商业建筑内宽带光纤接入通信设施工程设计规范	DBJ/T 15-131-2018	2018-01-16	2018-05-01	广东省电信规划设计院有限公司 广东省建筑科学研究院集团股份有限公司
2	园区和商业建筑内宽带光纤接入通信设施工程施工和验收规范	DBJ/T 15-132-2018	2018-01-016	2018-05-01	广东省电信规划设计院有限公司 广东省建筑科学研究院集团股份有限公司
3	广东省居住建筑节能设计标准	DBJ/T 15-133-2018	2018-01-016	2018-05-01	广东省建筑科学研究院集团股份有限公司
4	广东省地下管线探测技术规程	DBJ/T 15-134-2018	2018-02-12	2018-07-01	广州市城市规划勘测设计研究院

（续上表）

序号	标准名称	标准编号	发布日期	实施日期	主编单位
5	广东省足球场地规划标准	DBJ/T 15-135-2018	2018-02-26	2018-07-01	广东省建筑科学研究院集团股份有限公司 广东省城乡规划设计研究院
6	岩溶地区建筑地基基础技术规范	DBJ/T 15-136-2018	2018-02-26	2018-07-01	广州市设计院
7	一体化预制泵站工程技术规范	DBJ/T 15-137-2018	2018-02-26	2018-07-01	广东省建筑科学研究院集团股份有限公司
8	建筑电气防火检测技术规程	DBJ/T 15-138-2018	2018-03-26	2018-08-01	广东省土木建筑学会建筑电气专业委员会 广东省公安消防总队
9	地铁消防设施检测技术规程	DBJ/T 15-139-2018	2018-03-26	2018-08-01	广州地铁集团有限公司 广东省公安消防总队
10	广东省市政基础设施工程施工安全管理标准	DBJ/T 15-140-2018	2018-07-17	2018-09-01	广州市市政工程安全质量监督站
11	中运量跨座式单轨交通系统设计规范	DBJ/T 15-141-2018	2018-07-7	2018-09-01	广州地铁设计研究院有限公司 中国铁路设计集团有限公司
12	广东省建筑信息模型应用统一标准	DBJ/T 15-142-2018	2018-07-17	2018-09-01	广东省建筑科学研究院集团股份有限公司
13	现浇混凝土外墙复合隔热技术规程	DBJ/T 15-143-2018	2018-08-07	2018-10-01	华南理工大学建筑设计研究院
14	建筑消防安全评估标准	DBJ/T 15-144-2018	2018-10-15	2019-01-01	五经科技有限公司
15	建设工程政府投资项目造价数据标准	DBJ/T 15-145-2018	2018-11-12	2019-01-01	广东省公安消防总队 广东省建筑科学研究院集团股份有限公司
16	内河沉管隧道水下检测技术规范	DBJ/T 15-146-2018	2018-12-17	2019-01-01	广州市财政投资评审中心 广东省建设工程标准定额站

（续上表）

序号	标准名称	标准编号	发布日期	实施日期	主编单位
17	建筑智能工程施工、检测与验收规范	DBJ/T 15-147-2018	2018-12-17	2019-02-01	广东省建筑科学研究院集团股份有限公司 广东省工业设备安装有限公司
18	强风易发多发地区金属屋面技术规程	DBJ/T 15-148-2018	2018-12-27	2019-02-01	华南理工大学 广东百安力轻钢结构产品有限公司
19	中运量跨座式单轨交通系统施工及验收规范	DBJ/T 15-149-2018	2018-12-27	2019-02-01	广州轨道交通建设监理有限公司 广州市市政集团有限公司
20	电动汽车充电基础设施建设技术规程	DBJ/T 15-150-2018	2018-12-27	2019-02-01	广东省建筑设计研究院 广州市设计院

【建筑领域节能宣传月】 6月，广东省住房和城乡建设厅组织开展广东省2018年度建筑领域节能宣传月活动。活动围绕“加强建设节能与绿色发展”为主线，通过举办节能宣传月启动仪式，举办建筑节能与绿色建筑优秀项目及先进技术成果展，组织建筑节能优秀项目现场观摩活动，组织行业协会开展系列节能企业、技术、产品推广活动，并同时在《南方日报》、广东建设信息网、广东省住房和城乡建设厅微信公众号等媒体开展系列宣传报道等方式，全方位宣传建筑节能与绿色建筑理念，提高全社会建筑节能意识，推动建筑节能工作深入开展。

（王　鸣　周锦科）

电力领域

【广东电网有限责任公司】　2018年，广东电网有限责任公司（以下简称“广东电网公司”）技研发投入占营业收入比重达1.11%，其中科技项目投入6.08亿元；申请专利6 764件，新增授权专利2 397件，累计拥有专利6 134件。“电力系统接地基础理论、关键技术及工程应用”成果荣获国家科技进步奖二等奖。3个网公司重点科技项目通过验收。开展职工技术创新项目788项，获得全国电力职工技术创新奖27项。

重大技术研发布局　以问题为导向，分层分级挖掘生产经营实际问题，在改善电网调控能力、提升设备智能化运维水平、提高生产效率等方面，完成“基于北斗高精度定位的安全风险管控技术”“电网自适应需求响应集群调节与辅助交易系统”“面向电力行业的作业机器人系统”等171个公司科技项目策划。面向新兴业务，在综合能源、电网建设、智慧系统等领域，完成“基于人工智能的智慧办公系统”“高耗水企业废水资源化及零排放技术”等16个公司科技项目策划。

科技项目实施　国家项目取得重大突破。公司承担的2项国家重点研发计划项目和4个课题均按计划稳步推进，其中“超导直流限流器的关键技术研究”项目实现国产大电流超导带材批量化制备，带材性能指标达到世界领先水平，完成160kV超导直流限流器中间验证样机研制；“交直流混合的分布式可再生能源关键技术、核心装备和工程示范研究”项目攻克高频高压双向电力电子变流桥技术难题，完成多端口电力电子变压器研制和工业园区示范工程设备安装。

重点项目进展顺利。公司承担7项网公司重点项目，“对外通信业务资源管控示范及探索拓展通信业务研究”等3个项目顺利通过网公司组织的验收，其他项目均按计划有序推进。其中“基于电流电压行波监测的变电设备侵入波危害辨识与诊断技术研究”项目建成南方电网首套设备侵入波危险辨识及预警系统，实现变电站工频故障、雷电、操作过电压侵入波自动辨识。

建立符合科研规律的核心技术研发外委采购模式，明确核心技术研发外委采用公开竞争性谈判，采购周期减少54天，大幅度提升项目实施效率。

技术支持　1．专项研究解决现场难题。广东电科院能源技术有限公司开展“动力用煤降损与环境污染治理关键技术研究及工程应用”项目，研究了动力用煤在储运过程中的阻燃、抑尘和抗抗雨水冲刷等关键技术并完成工程应用，解决了动力用煤燃料储运过程中的物理和化学损耗等历史难题，取得了集理论研究、数值模拟、试验室评估、工程应用的多项创新技术成果，实现了节能降耗和环境污染治理的目标。项目成果首先在火电厂成功推广应用，降低由扬尘、雨水冲刷、低温氧化引起的燃煤损耗95%，减少扬尘、含煤污水、SO_2等污染物90%以上，还推广到港口、道路、建设工地等领域，签订相关的治理服务合同数十项，经济效益和社会效益显著，具有良好的推广应用前景。

佛山供电局开展“石墨碳纤维复合柔性接地技术研究”。该石墨接地材料可替代传统钢材类接地体，有效解决其易腐蚀、土壤结合度差、冲击散流长度短、施工难度大等现场问题。

2．方法策略应对突发故障。电力调度控制中心开展“大电网解列后分区电网稳定分析及控制技术研究”项目，提出考虑直流紧急支援、负荷频率电压交互特性的受端电网紧急控制模型，保证主动解列后受端电网的频率电压稳定。该方法应用于《珠澳地区孤网运行及黑启动应急预案》，成功应对台风“山竹”对珠澳地区的影响。

广东电网有限责任公司电力科学研究院（以下简称“电力科学研究院”）开展“大型交直流SF6电气设备化学衍生物在线监测与缺陷早期预警技术”项目，攻克了交流设备固体绝缘缺陷诊断难题，突破了直流设备化学诊断技术瓶颈，解决了SF6复杂衍生物痕量检测难题，研制出全新思路的SF6无损在线监测装置，该成果已大规模应用于南网，成功预警放电和过热重大缺陷15起，大幅降低超/特高压套管突发故障。

3．攻克难题指导生产运营。电力科学研究院开展“台风灾害监测与防控关键技术研究及应用”项目，建成了面向省级区域电网的台风立体监测网络，精准开展沿海防风加固，提供高密度实时监控预警，研发了主配网不停电加固装置，精准预估灾害范围及规模，提前布局抢修人员及物资。该成果全面服务于公司“灾前防”“灾中守”“灾后抢”的生产应急指挥的全过程，开辟了电网台风监测与灾害防治技术体系，对提升我国沿海地区电网台风灾害的监测与防护水平具有引领性作用。

广东电科院能源技术有限责任公司开展“氢燃料电池移动应急电源研发”项目，攻克氢燃料电池输出特性较软、系统集成与控制组态的难题，实现了产品自主设计、集成、组态，通过第三方测试，研制出国内首台100kW级氢燃料电池移动应急电源，具有“柴油发电车+UPS电源车”组合功能，并具有无排污、低噪音特点。

广东电科院能源技术有限责任公司开展“燃煤电站硫氮污染物超低排放全流程协同控制技术及工程应用”项目，形成了具有自主知识产权核心技术，解决了燃煤电厂烟气污染物超低排放控制关键难题，科研成果在广东省60余台燃煤机组得到应用，经济社会效益显著。

4．技术应用提高生产效率。机巡管理中心开展“电网台风灾害监测与防控关键技术研究及应用”项目，首次系统提出无人机自主巡检方法，为输电电路无人机高效自动巡检奠定了基础。研制了用于输电线路长距离巡检的多机种无人机巡检系统成套装备，建成了南方电网无人机规模化巡检的空域调度指挥和数据智能化分析平台，重大紧急缺陷发现率是人工的65倍。2016年以来，累计巡检输电线路里程全国第一，完成台风勘灾211架次4 084km，效率较人工提升7倍，开创了电网机巡规模化勘灾先河，被授予“南方电网机巡作业示范基地”，成为南网机巡作业标准模式。

基础管理 1．优化指标体系，强化评价考核。通过对国网优秀省公司的实地调研，结合广东电网公司实际情况，优化指标体系，引导直属各单位加大研发投入，加快科技成果转化。

2．推动共享开放，发挥平台功能。推进公司电力超导技术研究实验室建设——在东莞110kV石碣变电站完成超导材料与新技术、制冷与低温技术、超导电力装置研究3个子实验室建设并投入运行，面积为6 800m^2，具备超导材料电磁与机械性能测试及后处理、超导磁体电磁性能检测、交直流大电流励磁试验能力；承担了国家重点研发计划“超导直流限流器的关键技术研究”等国家级及省部级科技项目研发；牵头制定团体标准“超导带材磁路法临界电流均匀性测试方法”并开展循环比对实验。

3．推进职工创新，营造创新文化。持续为基层创新松绑加力，赋予基层单位职工创新项目经费管理自主权，职工创新管理的经验和做法在全国新时期产业工人队伍建设现场会上进行交流推广；年度投入职创资金5 755万元，开展创新类项目788项，职创项目人均参与率同比提升51%。职创成果推广应用模式常态化运作，新增163项成果在属地推广应用，39项成果在全省范围内推广应用，23项优秀成果直接实现转移转化。

成果奖励及转化 1．科技成果转移转化。成立南方电网首个以培育孵化高科技产业为目标的能源科技孵化器公司，佛山、东莞分孵化器投入运行。70项科技成果转化至8家竞争性企业进行市场化运作，实现8 100万元合同收入，其中5项成果具备批量生产能力。制定公司科技成果新产品首购实施工作方案，实现新产品首购直签模式的突破，扶持竞争性企业快速发展。向创新主体释放改革红利100.3万元，激发研发团队创新动力。

印发广东电网公司新技术试点应用目录，明确科技成果原理与特点、主要性能和指标、适用条件、试点应用情况、应用类型、投资与运行效益评估等内容，包含输变电、配用电和电力系统、自动化及信息技术领域58项科技成果。安排专项科技资金支持推广应用，5 163台/套装置在8个专业领域实现推广，全力支撑公司各专业领域创新发展。

2. 科技成果奖励。参与完成的“电力系统接地基础理论、关键技术及工程应用”获得2018年度国家科学技术进步奖，“基于国产密码的用电计量信息安全关键技术及规模应用”等4个项目获得2018年度广东省科学技术奖，“以CS2为特征气体监测六氟化硫电气设备中有机树脂绝缘介质表面放电的方法”获得第五届广东专利优秀奖，“基于分布式能源的智能微电网关键技术研究、装备研制与工程应用”等3个项目获南方电网科技进步奖（见表7–14–1）。

表7–14–1　2018年度广东电网公司部分获奖情况

<table>
<tr><th>序号</th><th>成果名称</th><th>获奖类别</th><th>完成单位</th></tr>
<tr><td>1</td><td>电力系统接地基础理论、关键技术及工程应用</td><td>2018年度国家科学技术进步奖二等奖</td><td>广东电网有限责任公司</td></tr>
<tr><td>2</td><td>基于国产密码的用电计量信息安全关键技术及规模应用</td><td rowspan="4">广东省科学技术奖二等奖</td><td>广东电网有限责任公司</td></tr>
<tr><td>3</td><td>气体绝缘金属封闭开关设备状态多维度监测及诊断关键技术</td><td>广东电网有限责任公司</td></tr>
<tr><td>4</td><td>燃煤电站PM2.5排放特性与控制关键技术的研究及应用</td><td>广东电网有限责任公司</td></tr>
<tr><td>5</td><td>大型电力变压器典型突发破坏性故障预防关键技术研究及工程应用</td><td>广东电网有限责任公司</td></tr>
<tr><td>6</td><td>以CS2为特征气体监测六氟化硫电气设备中有机树脂绝缘介质表面放电的方法</td><td>第五届广东省专利优秀奖</td><td>广东电网有限责任公司电力科学研究院</td></tr>
<tr><td>7</td><td>基于分布式能源的智能微电网关键技术研究、装备研制与工程应用</td><td rowspan="3">南方电网科技进步奖一等奖</td><td>广东电网有限责任公司</td></tr>
<tr><td>8</td><td>大型电力变压器典型突发破坏性故障预防关键技术研究及工程应用</td><td>广东电网有限责任公司电力科学研究院，广东电网有限责任公司肇庆供电局，广东电网有限责任公司东莞供电局，广东电网有限责任公司清远供电局</td></tr>
<tr><td>9</td><td>基于在线管控的继电保护技术支撑体系研究与应用</td><td>广东电网有限责任公司电力调度控制中心</td></tr>
</table>

科技交流　11月6—9日，第十一届电力系统技术国际会议（POWERCON2018）在广州举行。本次会议为世界各国电力专家学者搭建了一个高水平的平台，公司100多名技术骨干与600余名来自全球20多个国家和地区的专家学者参加会议，围绕“能源转型与电力可持续发展”相关主题进行交流互动。会上，广东电网公司代表南方电网公司作关于南方电力现货市场的研究与实践的主旨报告。

12月5—6日，南方电网公司在广东珠海与中国电力企业联合会共同举办“2018 粤港澳大湾区电力创新高峰会暨第十五届中国南方电网国际技术论坛”，大会主题为“引领粤港澳大湾区电力创新”。大会颁发了2018 年度南方电网公司科技进步奖、技改贡献奖、专利奖、职工创新奖、论坛优秀论文奖等，每种奖项的前十名均进行了现场颁奖。广东电网公司承办本次论坛之分论坛——五储能、超导、新能源、人工智能技术交流会，多名国内外专家出席会议。

（顾温国）

【广东南方电力科学研究院】 2018年，广东南方电力科学研究院继续专注于VR（虚拟现实）、AR（增强现实）等技术在电力行业及相关领域应用，并落地多个项目，共同推动电力行业智能化、数字化建设。

VR技术在电力行业的应用 广东南方电力科学研究院专注于VR虚拟现实技术在电力培训行业中的应用研究，取得了多项技术的重大突破。

该院创新性的将AI技术应用在VR实训中，通过技术上和脚本编排上，使角色参与到培训内容中，成为培训内容的一部分，角色对受训人员的操作进行符合训练要求的反馈，辅助受训人员完成相应的培训内容，也让受训人员有更强的代入感，保证受训者能够类似有真人协调作业一样，完成培训内容。例如，该院研发的《台区火灾处置多人协作训练》VR课件中的单人模式，AI角色可以自动进行配合灭火作业；在多人协同作业VR培训软件中，通过对设备的搭建，软件的设置及网络的调试，实现在同一课件能多人同时操作，解决了需要多人配合的训练内容。

由专门的镜头调校师对项目开发中的虚拟镜头进行数据分析、轨迹运动设定以及镜头参数调整等相关工作，并统一由上述的交互底层嵌入开发工作内，通过精细的交互细节调校以降低晕眩感;使用了全新的解决方案，通过软件的进一步优化和对操作流程的合理编排，充分解决了线缆物件难以操控的难题。如在高塔救援训练课件中，使用该技术让真实训练内容中的线缆绳索挂钩的操作完整地重现出来。

在台风VR体验课件中，采用了先进的流体及粒子特效技术。对VR课件中出现的各类粒子流体以及崩塌位移等，采用帧对帧的方式进行特效制作，在C4D中每层制作流体及粒子三维后，配合AE和Illustartor等软件进行后期特效合成。

广东电网综合应急基地是南方电网首个综合应急基地，集多功能互动交流课室、全专业实操场地、超实景仿真模拟设施于一体，使训练者可以在超强沉浸感的仿真空间内，完成多专业、多维度、多角色协同的应急作业训练。广东南方电力科学研究院参与了相关虚拟仿真系统的开发建设，最终形成发明专利1项、实用新型专利1项，以及软件著作权8项。

AR技术在电力行业的应用 广东南方电力科学研究院一直致力于AR在电力行业的应用研究，主要包括以下几个应用方向：第一，AR说明书；第二，作业辅助；第三，远程专家系统。

“广东电网电力调度控制中心继电保护运维AR 头戴式智能终端”项目基于工业级头戴式智能终端，结合成熟的音视频技术以及IP网络通讯技术、AR增强现实技术打造的现场第一视角、高清、可移动、100%解放双手的新型可视化管控系统。

该系统采用国际先进技术研发完成，包括核心编解码技术、QOS技术、分布式技术、数据编解码传输技术等，使系统产品在核心性能方面达到业界领先水平。实现了从传统的寻呼对讲模式，到集“视频、音频、数据、流媒体”为一体的多人管控新模式，并扩展了新型的管控头戴式智能终端，结合AR增强现实、图像识别技术，自动检测、标识现场设备故障，提示安全操作信息。系统可以为现场作业人员提供远程协助、维修巡检、故障检测、资料查询、工作汇报、作业录像、直播等多方面服务。针对电力设备的单机调试验收作业指引工作，借助头戴式智能终端设备，自动获取该设备的作业任务清单，根据任务提示完成调试验收作业，并将数据提交至后台系统。作业过程中所有任务菜单、数据录入均通过语音进行，完全释放双手，实现智能化、数据化、自动化。在作业过程中一旦遇到问题，可以随时通过语音指令“联系专家”与后端专家进行实时通信，实现远程协助和指导。

（苏福锦）

水利领域

【科研项目管理】　2018年，省水利厅与省财政厅共同组织开展了2018年度水利科技创新项目立项评审工作，受理申报项目176个，共有31个项目获批立项。

"水土流失治理与生态恢复的关键材料、技术与示范"等20个广东省水利科技创新项目通过省水利厅验收。

"复杂地质条件下高水压盾构输水隧洞复合衬砌结构关键技术研究"等2项广东省科技计划项目和"广东省水安全科技协同创新中心"获批立项；广东省工程技术研究中心"广东省智慧水务工程技术研究中心"通过省科技厅认定。

按照水利部要求，组织开展了水利科技年报统计工作，编制了广东省水利厅2017年的《水利科技年报统计报表》。

【科研成果及奖励】　2018年，"广东省中小河流综合治理创新研究与应用"获得2017年度省农业技术推广奖一等奖。

2018年，"城市内涝实时监测预警关键技术研究与应用"成果获得2017年度广东省水利学会水利科学技术奖一等奖，"绿化混凝土河流生态护岸技术研究与应用"等2项成果获得二等奖，"乐昌峡水利枢纽工程管理监控系统"等6项成果获得三等奖。

项目名称：广东省中小河流综合治理创新研究与应用

主要完成单位：广东省水利水电科学研究院、广东省水利电力勘测设计研究院、广东水科院勘测设计院、广东省水利水电技术中心

获奖情况：2017年度广东省农业技术推广奖一等奖

该成果在总结国内外河流综合治理成果的基础上，结合广东省中小河流特点及治理需求，系统开展中小河流水沙运动规律、岸滩崩塌机理、河道节点对水流调控机制、弯道水流流速横向及垂向分布计算公式、岸滩稳定计算方法等研究，研发中小河流生态堤（岸）防护技术，提出广东省中小河流治理与岭南水文化融合的建设新模式、"互联网+河长制"的中小河流管理新模式，编制《广东省山区中小河流治理工程设计指南》《广东省中小河流治理工程格宾石笼应用技术要求》等系列标准性技术文件，服务并指导广东省中小河流综合治理工作。该成果已应用于广东省中小河流综合治理（一期）工程，到2017年年底已完成河道治理6 000多km，支撑了二期治理工程，实现了生态治河，取得显著社会、经济和生态效益。通过对山区中小河流治理实行工程措施和非工程措施相结合的方式，极大地改善了中小河流的行洪能力，有效提高了沿河村镇的防洪减灾能力，治理后的中小河流在抵御龙舟水和汛期洪水中发挥了明显成效。

该成果主要创新点包括：（1）提出了"拟自然河流""三清一护""适度防护""可呼吸生态堤岸""文化河流"等中小河流综合治理技术体系；（2）系统研究了中小河流水沙运动特性及规律、岸滩崩塌机理与河道节点对水流调控机制，提出了相应的计算方法；（3）研发了中小河流生态堤（岸）防护的系列技术，降低了工程投资，实现了就地取材、拟自然、可呼吸堤岸、低碳环保的生态治河目标；（4）实现了中小河流治理与岭南水文化的有机结合，率先提出了"互联网+河长制"的中小河流管理新模式，保障中小河流治理持续发挥效益。

【水利技术标准化】　广东省水利水电科学研究院主编完成中国水利学会团体标准《渡槽安全评

价导则》（T/CHES22—2018）获批发布实施。广东省水利电力规划勘测设计研究院主编完成的地方标准《软基水闸消能防冲设计规程》（DB44/T 2143—2018）获批发布实施。

【科技交流与合作】 10月21—28日，叶贞琴副省长率广东水利代表团一行6人前往美国和加拿大执行“全面推进广东省水利重点工作，促进友城政府间水利合作”的出访任务。通过现场考察、与有关单位和人员会谈和交流，深入了解了两国在水资源节约保护、水生态水环境治理以及水安全保障等方面的主要做法及取得的主要成效。

8月13—16日，广东省水利水电科学研究院杨光华名誉院长等人撰写的论文*New Method for Determining Foundation Bearing Capacity based on Plate Loading Test*被2018年中欧岩土工程国际会议录用，杨光华和姜燕前往奥地利维也纳参加了会议，杨光华作题为《基于平板载荷试验确定地基承载力的新方法》分会场学术报告。

8月12—17日，广东省水利水电科学研究院王海丽以第一作者撰写的论文*Study on Water Demand and Suitable Soil Water Content of Banana, Guangdong, China*被国际灌排委员会第69届执理会会议暨国际技术会议录用，王海丽赴加拿大萨斯卡通市参加了会议，并受邀作了分会场学术报告。

11月4—24日，省水利厅组织省三防成员单位成员共20人次赴美国开展为期21天的防汛防风应急管理培训。

（桂江峰）

石油化工领域

【中国石油化工股份有限公司广州分公司】 2018年，中国石油化工股份有限公司广州分公司（以下简称“广州石化”）开展中国石油化工股份有限公司科技项目13项，公司自筹项目22项，累计投入科技开发费用1 279.68万元，完成13项科技项目开发任务，申请中国专利 8件，全部专利均在广州分公司实施利用，并取得了明显的经济效益。全年塑料新产品产量达6.81万t，完成中国石化下达计划的105%。

科技开发项目　2018年，广州石化承担总部科技开发项目13项（含2018年新立3个项目）。完成其中 “用于大修污水汽提的高效抗堵塞塔盘技术开发及应用”等 5个项目开发和总结工作，“用于大修污水汽提的高效抗堵塞塔盘技术开发及应用”通过中国石化科技部组织的技术鉴定，“蒸馏与加氢装置隐蔽工程检查标准研究”项目通过中国石化科技部验收。

2018年，广州石化接转科技项目12项，新立科技项目计划10项，项目合计计划经费683.5万元。科技开发围绕公司生产经营工作，在稳定生产、节能减排、安全环保、清洁生产、产品质量升级、新产品开发和新技术、新工艺应用等方面开展。全年完成结题9项。

新产品开发　2018年，广州石化开发了PE滚塑料R334和R384，无规共聚热成型料M02-S、埋地排水排污管材料PPB-1801N、超高流动性薄壁料S990产品、中熔高刚共聚料K7010等5个新产品。全年塑料新产品计划产量为6.5万t，实际完成6.81万t，完成中国石化年度计划的105%；专用料计划产量为27.3万t，实际完成35.8万t，完成中国石化年度计划的131%，新产品加专用料完成126%，专用料比例为74.4%。新产品加专用料创效约12 400万元。

科技成果　11月，“基于复杂反应分区控制的柴油高效超深度脱硫RTS技术与工业应用”项目获中国石油和化学工业联合会颁发的中国石油和化学工业联合会科技进步奖一等奖。

“蒸馏与加氢装置隐蔽工程检查标准研究”项目通过总部验收。项目为2016年在中国石化立项的科技项目，拟基于设备失效分析和检修数据分析，结合历史经验，制定隐蔽工程检查标准，提高检修计划、方案的科学性，准确性，减少返修率，特别是关键设备，降低装置因失修所造成的非计划停工和加工损失，提高装置运行的经济指标。2016年项目组完成蒸馏、加氢装置设备故障、检修资料收集，分析腐蚀机理和失效模式。同年底完成《蒸馏与加氢装置隐蔽项目检查方法》初稿，中国石化炼油事业部组织专家组完成蒸馏与加氢装置隐蔽项目检查方法初稿审核，并提出完善意见。2017年3月项目组按照中国石化审核意见完成修改和完善，完成《蒸馏与加氢装置隐蔽项目检查方法》（第二稿）编制。8月，公司完成炼油Ⅱ系列大修期间在蒸馏三、加氢联合装置的腐蚀调查，并对隐蔽项目检验方法的研究成果进行实践检验，再次修改完善《蒸馏与加氢装置隐蔽项目检查方法》第二稿后，正式提交《蒸馏与加氢装置隐蔽项目检查方法》，2018年1月通过中国石化组织的验收。

“炼化企业胺液系统及酸性水汽提装置节能与长周期高效运行技术”成果通过中国石化鉴定。2017年中国石油化工股份有限公司立项，总下达费用100万元。项目目标是开发出用于大修污水汽提装置的高效抗堵塞塔盘技术，并针对公司2号污水汽提装置基础数据，计算并设计出适用于2号污水汽提装置的高效抗堵塞塔盘的结构，完成成套塔盘设备的制造和运输。2017年4月，项目组针对2号污水汽提装置基础数据，使用SDMP塔盘技术，计算并设计出适用于2号污水汽提装置的高效抗堵塞塔盘的结构，并完成成套塔盘设备的制造和运输。5月底完成2号污水汽提装置的现场施工改造和塔盘安装。6月4日实现装置成功开车，6月13—16日完成2号污水汽提装置的现场标定（负荷：100%～110%）。7月，装置处理6月底炼油区大修期间的污水，塔盘未发生堵塞现象。至2017年年底，装置运行状况良好（汽提塔差压未增加，净化水中氨氮和硫化物指标合格）。2018年1月，项目组收集到足够数据，项目工作完成，5月通过中国石化鉴定。鉴定委员会认为SDMP塔盘技术解决了处理大修污水堵塞问题，装置运行周期大幅延长，且塔盘效率稳定，平均板效率相比F1浮阀塔盘提高10%以上，污水蒸汽单耗降低25kg/t，净化水氨氮浓度大幅降低。节约蒸汽年创收200万元。

专利工作　2018年共申报国家专利8件，其中发明专利2件、实用新型专利6件；“一种磁力泵功率的监控保护方法及装置”等6件专利获国家知识产权局授权。截至2018年年底，广州石化拥有有效授权专利48件，其中19件发明专利，29件实用新型专利。专利均在公司实施应用，取得明显的经济效益。

生产技术服务　2018年，完成南绿谷等13个原油全评价、阿曼等30个原油的简评和24个原油码头罐样的比对工作，提交原油评价报告41份。完成G113罐16个原油样品的水分布分析，对油轮、首站油罐、陆域油罐、厂内油罐原油及机械清罐油24个样品进行水分、密度、杂质、馏程的分布，指导蒸馏装置带炼；为解决电脱盐单元排黑水问题，开展蒸馏一、蒸馏三原油、掺有机械清罐油的各个油罐原油破乳评价，筛选出合适的破乳剂和预处理剂及其加剂量，提交破乳试验报告9份。配合新油种金当戈原油加工，进行2种预处理剂3种加剂量的72小时脱水试验、4种破乳剂2种加剂量的破乳脱水试验、水洗沉降除盐试验，筛选出合适的预处理剂、破乳剂及加剂量；根据兄弟单位加工金当戈原油出现的航煤碱性氮高问题，特别采集了G111罐金当戈原油，切割4个不同温度范围的航煤馏分分析碱性氮，均形成报告及时提交给生产管理部门，为金当戈原油加工方案的制定提供了技术支持。

化工生产技术服务工作方面，委托检验中心、上海化工研究院、北化院对10几个外部产品和自产产品进行分析，为新产品开发和质量改善提供支持。开展实验室评价，采集J641粉料和K7010基础粉料，尝试进行“三高”产品评价，得出结论K7010基础粉料适合生产开发“三高”产品。 采集PPR4220粉料和粒料，开展聚丙烯无规透明料、吸塑料和热灌装料技术研究，在实验室完成助剂配方筛选、性能测试和气味评价。在实验室开展改善DNDA2020透明度评价工作。

完成不同厂家生产的聚乙烯滚塑料在不同温度下氧化诱导时间分析对比，查找出广州石化的产品与其他厂家产品的差距，提出R334助剂配方优化建议并组织实施。在PPR-M02-S产品过渡期，实时配合测试M302粉料的雾度和冲击强度，根据测试结果及时指导装置调整乙烯加入量。考察进口导光板材料和广州石化不同批次500T透光率和雾度，为开发导光板级产品提供参考。

全年完成6 680项次水质分析，细菌、粘泥量检测分析1 600项次，腐蚀粘附监测数据共670个；完成110 批次水处理药剂进厂质量抽查检验分析工作。共提交各循环水泄漏水质处理方案报告10份，为泄漏情况下保证循环水水质合格提供指导；完成垢样技术鉴定等多起“小诉求”工作；处理臭气活性炭溶解试验报告6份，为确保装填效果提供依据。

（邓志伸）

【中国石油化工股份有限公司茂名分公司】

专利申请　2018年，茂名石化公司进一步加快科技创新步伐，加大科技创新激励力度，专利申请工作取得明显成效。全年实现中国专利申请数量48件，其中发明专利数33件，同比分别增加6.67%和22.22%，创历史最好水平。

科技成果及奖励　2018年，茂名石化公司共有9项成果通过省部级科技成果鉴定。其中加氢裂化-加氢异构脱蜡生产高档基础油成套技术开发、大型乙烯关键系统改造技术开发、薄壁注塑无翘曲聚丙烯树脂开发、环氧乙烷/乙二醇（EO/EG）工艺转产精EO技术、精EO安全控制及工程技术开发、石化企业智能辅助巡检系统研发、BCZ气相聚丙烯催化剂在Innovene装置工业应用研究7项成果通过中国石化的科技成果鉴定。“丙烯/1-丁烯无规共聚产业化研究、气相法高强耐热无规共聚聚丙烯管材料的开发”两项成果通过广东省石油和化学工业协会的科技成果鉴定。

2018年度茂名石化公司共有8项成果获得省部级科技进步奖。其中“适应劣质渣油的高效加氢处理技术开发及工业应用”成果获2018年度中国石化科技进步一等奖，“LDPE高强度收缩膜专用料关键技术开发及产业化”“聚丙烯制品收缩变形研究及低翘曲高韧树脂工业技术开发”“环氧乙烷/乙二醇（EO/EG）工艺转产精EO技术”“精EO安全控制及工程技术开发及工业应用”4项成果获2018年度中国石化科技进步三等奖；“低析出物超透聚丙烯开发及工业化”成果获2018年度广东省科技进步奖二等奖，“长寿命高可靠性石化加热炉管国产化关键技术及产业化应用”成果获2018年度安徽省科技进步奖一等奖；“润滑油基础油型专用加氢裂化催化剂的创制及国内外应用”成果获2018年度大连市技术发明奖一等奖。

5月9日，由中国石化举办的首届“中国石化杯”创新创业大赛决赛在北京举行，茂名石化公司参赛项目“异壬醇装置副产物制备异构烷烃溶剂油”荣获三等奖。本次大赛，茂名石化公司共有8个项目参赛，经过初赛、复赛的层层筛选，“异壬醇装置副产物制备异构烷烃溶剂油”项目脱颖而出进入前20名的决赛名单，是唯一进入决赛的炼化企业项目，决赛采用答辩形式，经过激烈的竞争，最终该项目获得大赛三等奖。

新产品开发工作　茂名石化公司2018年共有环保型高结晶抗冲聚丙烯PPB-MN35-S等10个化工新产品实现首次工业化生产，其中5个为替代进口牌号产品；新产品产量和数量继续位居系统内第1，其中新产品产量21.70万t，万吨级新产品9个，同比增加1个，新产品占树脂产品比例为13.79%，新产品和专用料114.93万t，占合成树脂总量比例为73.02%，同比提高2.75个百分点，新产品和专用料合计创效19 593万元。

2月，茂名石化公司在1号聚丙烯装置成功试产环保型高结晶抗冲聚丙烯PPB-MN35-S。该牌号产品具有优异的高结晶与低温抗冲击综合性能，属于高端系列产品，目标为替代进口产品；在全密度装置成功试生产CPE流延用聚乙烯专用料PE-LF274PB和PE-LF274PC。5月，在全密度装置成功开发生产柔性聚乙烯流延膜PE-LF234PB。8月，在高密度装置成功试产约100t的高刚汽车油箱料HXB5005N，将用于新能源油电混合动力车型;在全密度装置首次试产聚乙烯人造草专用料PE-L T272约400t；在1号高压装置成功开发生产出涂覆发泡料807-000，主要目标是替代利安德巴塞尔公司的NA2170D牌号产品。9月，在3号聚丙烯装置成功试产镀铝膜热封层用三元共聚聚丙烯F4608。10月，在1号聚丙烯装置成功试生产低收缩抗冲聚丙烯新产品PPB-MN24约100多t，产品主要针对汽车轻量化的发展趋势及“以塑代钢”技术需求进行研发，是国内首个低收缩的聚丙烯牌号，具有低收缩、刚韧平衡性能良好等特点；在1号聚丙烯装置成功试生产高光泽抗冲聚丙烯新产品PPB-MG22约100多t。11月，在全密度装置成功试生产已烯共聚中熔指聚乙烯PE-LM2730P-6。

科技人才及团队建设　2018年，茂名石化公司招收两名博士进入公司博士后科研工作站工作，公司博士后工作站已拥有12名全部来自985/211重点高校的博士，公司高层次人才研发实力得到进一步增强。1月3日，由茂名石化公司与厦门大学联合组建的茂名石化院士工作站揭牌。

3月2日，中国石化下发《关于表彰2017年中国石油化工集团公司优秀创新团队的决定》，茂名石化公司申报的“高性能PP材料研产销一体化创新团队”入选。这是茂名石化公司首次获得中国石化优秀创新团队。

科技攻关　茂名石化公司积极承担中国石化“十条龙”攻关项目。12月18日，在中国石化2018年度“十条龙”攻关会上，茂名石化公司“加氢异构脱蜡生产高档基础油成套技术开发及应用”等2个科技项目成功“出龙”，“低成本乙烷裂解气制40万t/年苯乙烯成套技术开发”等2个科技项目成功加入中国石化“十条龙”攻关。2018年中国石化共有8个科技项目“出龙”和9个科技项目新“入龙”。截至2018年年底，茂名石化公司“在龙”项目共有4项，居炼化企业第1。

9月14日，中国石化科技部组织总部炼油事业部、发展计划部和燕山石化、高桥石化、荆门石化等部门和企业专家在茂名石化公司召开“加氢异构脱蜡生产高档基础油成套技术开发及应用”项目成果鉴定会。该项目属中国石化“十条龙”科技攻关项目，2012年立项，茂名石化公司是组长单位，石油化工科学研究院、大连石油化工研究院、中石化洛阳工程有限公司等单位联合参与，2016年6月茂名石化公司40万t/年加氢异构装置建成投产，项目进入工业化试生产攻关阶段，2017年12月首次产出符合Ⅲ类及Ⅲ+类标准的4cSt、6cSt基础油。2018年多次进行重复性试生产，均能够稳定产出Ⅲ类及Ⅲ+类高档润滑油基础油。这一成套技术的成功开发与应用，打破了高品质润滑油基础油生产领域的国际垄断，促进了我国润滑油产品的质量升级，提高了我国高档润滑油基础油的自给能力。鉴定专家组一致认为，该项目所开发的加氢裂化-异构脱蜡生产高档润滑油基础油成套技术具有自主知识产权，整体技术达到国际领先水平。

（谭达刚）

国土资源领域

【科技成果及奖励】　深圳大学、深圳市数字城市工程研究中心、武汉大学承担的“三维地籍关键技术及应用”获2018年度国土资源科学技术奖二等奖。广东省国土资源测绘院、华南师范大学、广州大学、香港理工大学、华南农业大学、广东省地质测绘院承担的“珠江口湾区地理国情重点专题监测关键技术研究与应用”获地理信息科技进步奖二等奖。广东省土地学会、广东省测绘学会、广东省遥感与地理信息学会、广东省不动产登记与估价专业人员协会、广东省地质灾害防治协会联合开展第六届国土资源（广东）科学技术奖评选活动，评选出2018年度国土资源（广东）科学技术奖一等奖7项、二等奖11项，其中广州市城市规划勘测设计研究院承担的“广州市‘三规合一’工作全市‘一张图’整合和配套技术标准”、深圳市规划国土发展研究中心承担的“国土空间统一调查框架体系及关键技术研究与示范应用”、广州大学承担的“海岛自然旅游资源快速识别与动态模拟技术研究——以珠江口为例”、广东省国土资源测绘院、广东省国土资源档案馆承担的“广东省测量标志全覆盖普查及全生命周期管理信息系统的建设”、东莞市地理信息与规划编制研究中心“基于RS和GIS的城市‘小山小湖’生态资源识别、评估与管护研究”、广东省水利水电科学研究院承担的“水库管护中无人机、3S、互联网+的应用研究”、广东省地质环境监测总站、北京江云伟业科技有限公司承担的“广东省重点地质灾害自动监测系统示范项目”获一等奖。

“三维地籍关键技术及应用”项目主要成果包括如下几个方面：在理论上，拓展现代地籍“宗地”的内涵，提出三维产权体的概念和兼容二/三维地籍的统一数据模型和数据结构，不但实现了三维土地权利的有效表达和管理，而且为二/三维地籍集成管理提供了概念基础和逻辑结构，同时为不动产统一登记（土地、房产、矿产等）提供了理论原则和技术框架。在技术上，提出三维地籍产权体拓扑关系自动构建和检验算法，三维拓扑关系自动维护算法，三维产权体分析计算和可视化方法。在应用上，研发三维地籍管理信息系统，提出并实际验证了二维地籍向三维地籍迁移的工程路径，项目成果得到应用。该项目提出了三维地籍的系统理论方法和完整解决方案，是国际上最早进入实际应用的三维地籍研究成果，为我国土地资源管理全面进入三维地籍时代完成了技术准备，积累了工程经验。

“珠江口湾区地理国情重点专题监测关键技术研究与应用”项目立足珠海口湾区的实际需求，紧抓地理国情重点专题监测研究，在湾区地理空间格局、水系水质变化、碳汇能力估算、地面沉降监测、城镇化格局与土地利用规划实施五个方面进行了系统研究与创新，取得了一系列技术成果。

【科技项目管理】　组织开展2017年度广东省国土资源厅科技项目验收工作，“新常态下土地功能定位研究”等9个项目通过验收；下达2018年度广东省国土资源厅科技项目任务书，“村土地利用规划编制技术与规范研究”“基于GIS的地图编制知识动态构建与一体化管理技术研究”“广东省垦造水田关键技术与应用研究”“梅州市人工边坡稳定性分析及其监测预警技术研究”“地下水监测数据数理分析技术在汕头市潮阳区区域地面沉降灾害成因方面的应用研究（二期）”“广东省耕地质量定级估价体系研究”“国土资源一体化数据构建与应用关键技术研究”“广东省节地技术及模式与土地政策供给研究”“广东省第三次全国土地调查城镇村地类细化技术方法研究”9个科技项目经费共328万元；组织开展2019年度广东省国土资源厅科技项目申报立项工作，“广东省复杂环境下地质灾害变形监测预警预报技术研究——北斗GNSS高精度变形监测技术应用”“农村地籍调查成果助推乡村振兴的关键技术与示范应用研究”“城市地质服务规划管理评价方法和三维建模研究”“广东省县级国土空间规划数据规范及应用示范”“粤港澳大湾区背景下的‘三旧’改造制度创新研究”“大数据技术支持下新型土地审批业务监管指标体系的建设——以建设用地审批业务为例”6个项目经专家评审，厅立项专题会审议，厅党组会审定通过立项，科技项目立项经费共335万元。

【科技创新平台建设】 2018年，依托广东省国土资源测绘院创建的广东省自然资源科技协同创新中心、依托中国科学院广州能源研究所和广东省海洋发展规划研究中心共同创建的广东省海洋科技协同创新中心，均已列入第一批广东省社会发展科技协同创新中心名单。

广东省海洋科技协同创新中心 该中心以“立足广东、服务区域、面向全国、接轨国际”为宗旨，聚焦广东省海洋产业发展的重大需求，集技术创新、成果转化、产业规划、人才培养、科技服务为一体，围绕广东省重点发展的六大海洋产业，设置了可再生能源技术和产业化、海洋工程装备、海洋生态建设研究和海洋公共服务等4个协同攻关方向；拟建设包括天然气水合物开采与综合利用、海岛波浪能发电及综合利用、海上风电关键技术与产业化应用、涉海工程设备企业资源整合与协调开发、海岸带整治修复、海岛生态修复、广东海洋经济运行监测评估和广东海洋创新联盟平台在内的8个协同创新平台和支撑服务体系。

广东省自然资源科技协同创新中心 该中心从全省资源省情省力和发展实际出发，着眼于省自然资源厅的自然资源开发利用、保护和管理的职责，并为全省社会经济发展提供基于自然资源视角的决策支持，中心重点围绕自然资源空天地一体化智能监测体系、自然资源空间大数据平台、自然资源评价技术体系和智能空间决策支持的模型与体系构建，以及广东省自然资源领域政产学研用的综合性科技协同创新平台和高层次管理与科技创新人才培养基地的建设等任务展开工作。中心主要工作包括3个科研项目，分别是自然资源智能监测关键技术研究及示范应用、自然资源大数据评价与分析关键技术研究及示范应用、基于自然资源的智能空间决策支持关键技术及示范应用。

【科技人才队伍建设】 2018年，受省人力资源和社会保障厅委托，省自然资源厅组织开展测绘、国土专业技术资格评审，共有278名专业技术人员通过晋升上一级（中级及以上）专业技术资格评审，其中，教授级高级工程师15名，高级工程师83名，工程师180名。

（孔丽冰）

地质领域

【科研项目实施】 2018年，获得广东省科技厅、广东省财政厅等支持的地质科研项目共8项，经费投入1 308.3万元。

矿产与基础地质 广东省矿产资源调查成果综合集成与服务产品开发项目，2018年共厘定了22个矿床成矿系列、37个矿床成矿亚系列，建立了114个矿床式，并进行了系统论述；建立了广东省的矿床成矿系列类型、矿床成矿系列组合和矿床成矿系列组。广东曲江大宝山—英德金门地区含金层位研究项目，初步确定了该地区的含金层位，初步查明了含金层位空间分布、岩性组合、岩石地球化学特征等。珠三角基底主干断裂探查研究项目，2018年查明了调查区区域性主干断裂的位置、产状、空间展布，并研究了被断裂分割的各个断块晚第四纪以来活动历史、活动周期及以往各次活动所引起的环境变迁以及潜在活动的危险性，将为粤港澳大湾区发展规划的实施和减灾防灾提供科学依据。

广东省地质调查院作为主要完成单位，参与了《广东省自然资源图集》《广东省海岸带资源环境图集》的编制。这两套图集是迄今为止广东省最为全面反映全省自然资源数量、质量以及开发利用等状况的图系，将为自然资源管理的新职能提供更系统全面详实的基础数据。

环境地质 粤港澳湾区1：50 000环境地质调查（平沙农场幅、荷包岛幅、平岚幅）项目，2018年主要查明了平岚幅480km^{2}内地下水资源特征、工程地质条件和不良工程地质问题，对区内水土污染、崩塌、滑坡及软土沉降地质灾害进行了全面调查，对粤港澳湾区填海造地、岸线变迁以及海岸带其他环境地质问题进行了综合研究，为湾区土地资源优化利用、地下空间开拓、填海造地及防灾减灾提供了依据。

建设全省突发地灾应急抢险技术示范项目，运用珠海、佛山、深圳地灾预报系统成功预警136次，开展科普宣传和应急演练78次，演练培训干部群众3万多人。在2018年广东遭受超强台风“山竹”“百里嘉”侵袭的危险关头，组成117个应急分队，出动550多人次，巡查、调查地质灾害隐患点1 350处，协助地方政府转移、疏散人员超过2.3万人，确保了因地质灾害造成的人员零伤亡。

【科技成果与奖励】 由广东省地质测绘院参与完成的InSAR毫米级地表形变监测关键技术及应用获得2018年度国家科技进步奖二等奖。广东省环境地质勘查院主持研究的科技成果“基于光纤光栅传感技术的电力隧道变形监测关键技术研究与应用”、广东省地质测绘院参与完成的“农村土地承包经营权确权登记系统研制与应用”和“珠江口湾区地理国情重点专题监测关键技术研究与应用”获2018中国地理信息科技进步奖二等奖。有色金属地质局九三二队完成的“广东省翁源县红岭钨矿接替资源勘查” 2018年被评为第六届中国有色金属地质找矿成果奖一等奖。

InSAR毫米级地表形变监测的关键技术及应用 该项目创新性地引入了测量平差技术，系统研究了InSAR大气误差抑制、去相干噪声滤波、复杂形变建模及三维形变测量等，建立了一套具有自主知识产权的InSAR毫米级形变测量数据处理的成套技术和软件体系。解决了InSAR在噪声抑制、数据融合和变形探测等方面的关键技术难题，大幅提高了InSAR地表形变测量的精度、可靠性和工程化应用能力。成功应用于珠三角及周边地区地面沉降地质灾害监测，以及国土、矿山、电力等多个行业，保障了多个重大地质灾害防治项目的实施等。

基于光纤光栅传感技术的电力隧道变形监测

关键技术研究与应用　该项目是广州地区建立的首个电力隧道结构安全监测系统，针对电力隧道的特点，开展了数据自动采集、数据实时传输、数据分析、信息查询和预警预报等关键技术研究，研发了适合复杂环境下的运营阶段电力隧道变形实时监测系统，实现了电力隧道变形监测与预警系统一体化和自动化，具有自动化程度高、方便实施和作业效率高等优点，对电力隧道的设计、建造、运营以及维护具有重大理论和现实意义。

陕西华阳川地区铀多金属矿选冶综合利用技术评价　项目以华阳川铀多金属矿为研究对象，针对低品位铌—钛铀矿、铀—铌—铅的选冶关键技术难题，不仅首创“粗碎重介质分选一步获取铀精矿”技术工艺，大幅减少了磨矿工作量，同时简化选冶工艺流程，并显著提高回收率，降低开发利用生产成本。项目首次将微波硫酸化焙烧与纳滤膜富集纯化技术引入到硬岩型铀矿的浸出、提取分离工艺中，代替传统萃取—反萃取、离子交换等工艺，取得了高效率、低能耗、温控准、绿色环保等技术优势。项目研究成果达国内领先水平，为铀、铌等多金属矿产的超大型矿床开发利用提供了依据。

【科研平台建设】　广东省放射性与三稀资源利用重点实验室2018年获省科技创新战略专项资金（科技基础条件建设领域）立项，建设期3年。该实验室将根据广东经济社会发展的需求，围绕放射性矿产、三稀金属综合利用领域的重大科技问题开展放射性与三稀资源利用关键技术研究、放射性污染调查及污染控制关键技术研究、三稀金属精加工与新材料开发及应用研究，建立产、学、研、用联合攻关的矿产资源节约与综合利用技术及高端新材料制备研发体系，支撑助力区域经济社会协调发展。

【学术交流科普宣传】

中南地质实验科技创新与发展研讨会　2018年中南地质实验科技创新与发展研讨会3月24日在韶关召开。国土资源部科技与合作司、国土资源部重点实验室办公室、国家地质测试中心以及中南六省的地质实验测试中心的有关领导、专家共70余人参加了研讨。此次研讨会重点围绕如何把握建设创新型国家给地质带来的新的发展机遇，面向“三深一土”国土资源科技创新发展战略和地质科技创新发展目标，加强国土资源系统兄弟单位之间的科技交流与合作，针对新时代地质工作中的技术瓶颈和关键技术问题开展协同攻关，共同提高科技创新能力。

地球日活动　4月22日，广东地学界纪念地球日大型科普宣传咨询活动在广州市广东地质大厦广场及一楼大堂隆重举行。活动主题为“珍惜自然资源，呵护美丽国土——讲好我们的地球故事”。现场举行了“地球科学推广大使”颁发聘书及地球科学竞赛启动仪式，邀请专家、教授作科普演讲，现场咨询解疑、有奖问答、展览观摩、免费珠宝鉴定、发放宣传资料和岩矿标本陈列等，形式多样，内容丰富。此次活动更好地普及了地学知识，宣传了地质工作，增强了人们珍惜资源、保护环境的意识。

（桓曼曼）

海洋及渔业领域

【概况】　2018年，全省渔业经济总产值达3 400亿元，比2017年增长8%。水产品产值1 360亿元，同比增长4.1%。水产品总产量837.6万t，同比增长1.06%，其中海洋捕捞产量133.6万t，比上年减少7.31%；海水养殖产量311.9万t，比上年增长2.97%；淡水捕捞11.5万t，比上年减少4.05%；淡水养殖380.5万t，比上年增长2.94%。渔民人均收入为20 248元。一年来，新建远洋渔船51艘，南沙生产骨干船更新改造27艘，审批渔业船网工具指标批准书1 744份，核（换）发渔业捕捞许可证1 190本，核发专项捕捞许可证185本，审批省管权限水产苗种许可证12本。

【水产养殖绿色】　推广集装箱循环水养殖，广州、佛山、茂名、湛江等地陆续采取该技术进行养殖。开展2018年水产健康养殖示范创建工作，按照农业农村部有关要求，油补调整资金向水产健康养殖示范创建单位和县倾斜，允许各地重点支持养殖规范管理和池塘标准化、工厂化循环水改造、养殖环保设施设备改造等水产养殖基础设施建设。积极发展稻田综合种养，水产品价格大幅提高，有效促进了渔业提质增效和农民增收。

【水产苗种产地检疫试点】　省农业农村厅参加农业农村部组织的关于水产苗种产地检疫试点经验、扩大试点要求模式及相关培训部署会议3次，制定《广东省开展水产苗种产地检疫试点工作方案》上报农业农村部批准实施。

【海洋科技活动】　2018年，中国科学院南海海洋所牵头开展南海关键海区协同研究，重点开展南海关键海区地质环境变化、南海生态环境变化、南海环境立体观测、南海环境可持续发展等方面的协同研究并取得卓越成果。2018年该创新团队荣获中共中央授予的“模范集体”称号。

2018年2月，珠海万山无人船海上测试场项目建设正式挂牌启动。测试场陆续开展一系列的准备和试验，先后保障全球最大规模无人艇集群试验、全球首次无人移动地磁日变站系统试验、全国首次空天地海岛礁一体化测量试验，取得一系列重大测试成果。11月，万山无人船海上测试场正式启用，成为中国第一个经船级社认可的海上测试基地，也是全球最大、亚洲首个无人船海上测试场，标志着无人船艇测试认证进入标准化规范化时代，可为国内外的科研机构、企事业单位开展第三方测试服务。

2018年2月，“中国—巴基斯坦首次北印度洋联合航次”完成，中国科学院南海海洋研究所等国内10多个科研院所及巴国家海洋所等70多名队员参加。首次成功实施了跨越巴基斯坦外海莫克兰俯冲带的高精度海底地震实验；首次获得莫克兰海底高精度地形资料和深海沉积柱品，用于地震、海啸与古海洋研究等。

2018年5月，广东在全国率先开展海洋观测站点建设的审批工作，标志着广东海洋观测管理工作步入法治和规范轨道。广东海洋预报减灾事业迈向历史新高度，逐步形成国家、政府、部门和社会群策群力合作联络机制，在应对强台风和极端海洋灾害中，发挥了极其重要的作用。截至2018年12月，广东建有11个国家级和省级水文浮标、18个简易气象潮位站、21个海洋站、3个标准验潮站及1套地波雷达，海洋观测能力明显加强，观测点布局更加合理，技术手段更加先进，基本搭建起广东地方海洋观测网雏形。

2018年7月11日，随着“海洋地质八号”科考船从广东省东莞市东江口海洋地质专用码头启航，广东海洋创新联盟首次海上联合科学考察活动正式启动。

2018年，中法海洋卫星获得首批海洋动力环境数据。

2018年11月，广东省政府启动建设第二批省实验室，其中，南方海洋科学与工程广东省实验室采用广州、珠海、湛江市同步建设推进。省实验室的分批建设对于提升广东基础研究和应用基础研究能力、强化战略科技力量具有十分重要的意义。

2018年11月，由广东湛数大数据有限公司开发的全国首个海洋科技大数据平台"海上云—国家海洋科技大数据综合平台"正式发布，标志着中国第一个专注海洋科技成果转化和海洋数据资产运营的大数据平台正式诞生。

【科技成果及奖励】 中科院广州能源研究所牵头完成的"深海天然气水合物三维综合试验开采系统研制及应用"项目荣获2018年度国家技术发明奖二等奖，该项目成功研发出世界首套三维成套大型设备专用于天然气水合物开采技术研究，解决了天然气水合物开采及控制难度大等关键技术难题，确定了开采天然气水合物的关键技术，为我国天然气水合物开发战略部署提供了重要技术保障。

中国科学院海洋研究所、湛江港（集团）股份有限公司等单位牵头完成的"湛江港钢结构新型包覆防腐与修复技术"项目获得2018年度海洋科学技术奖一等奖；广东海洋大学牵头完成的"冷藏对虾黑变酶学机制与控制技术研究及应用"项目获得2018年度海洋科学技术奖二等奖。

中国科学院海洋研究所、中海石油深海开发有限公司等单位参与完成的"海洋水合物钻探装备研发和矿体识别技术创新及成功应用"项目打破了国外钻探装备的技术垄断，建成自主钻探取样作业能力，填补国内空白，为今后我国海洋水合物的试采和商业化开发奠定了基础。该项目获2018年度广东省科技进步奖一等奖。

由港珠澳大桥管理局、中交四航工程研究院有限公司、招商局重庆交通科研设计院有限公司、广东省长大公路工程有限公司、交通运输部公路科学研究院、中国科学院广州能源研究所、中山大学等单位专业技术人员构成的项目组，共同完成的"港珠澳大桥工程建设关键技术"研究荣获2018年度广东省科技进步奖特等奖。

广州海洋地质调查局参与完成的《中央电视台可燃冰科普新闻及科教片》《科普视频："海马"号创我国深海作业多项纪录》2项成果获得2018年度地质科技奖地质科普类二等奖。

铁汉生态与香港城市大学深圳研究院、广东内伶仃福田国家级自然保护区管理局、香港城市大学、广东中绿园林集团有限公司、中国市政工程西北设计研究院有限公司、深圳市绿九洲园林绿化有限公司、中国城市建设研究院有限公司的共同成果"珠江河口滨海湿地生态修复关键技术"荣获2018年度广东省科技进步奖二等奖。该项目共获得发明专利授权6件，实用新型专利授权7件，发表论文132篇（其中SCI收录104篇），出版专著2部。

上海交通大学牵头，广州文冲船厂有限责任公司、招商局重工（深圳）有限公司和中交广州航道局有限公司等单位共同参与的"海上大型绞吸疏浚装备的自主研发与产业化"项目顺利通过初评，成为进入国家科技进步特等奖最终候选的三个项目之一。

*项目名称：*热带典型近封闭海湾湿地沉积物碳存储量及其对富营养化的响应（Eutrophication indirectly reduced carbon sequestration in a tropical seagrass bed）

*发表论文：*Plant Soil，2018，426（1–2）:135–152

*主要完成单位：*中国科学院南海海洋研究所

该成果通过对我国热带典型近封闭海湾湿地沉积物碳存储量及其对富营养化的响应进行研究，结合其沉积物有机碳来源和主要组分特征的变化，初步揭示了富营养化对海湾沉积物碳储的影响机制。海南新村湾是我国热带典型的近封闭性海湾，受人类活动的影响，大量营养物质输入该海湾。研究人员根据不同营养盐梯度环境条件，比较0～30 cm沉积物有机碳来源、主要活性组分以及碳存储的差异。结果发现，富营养化会降低沉积物有机碳中海草的贡献，但提高了沉积物中活性有机碳组成，并且，其沉积物有机碳存储量在高营养负荷区域比低营养负荷区域下降了28%。上述结果表明，富营养化可能通过增加沉积物有机碳中的活性组分而降低其存储能力。本研究初步揭示了富营养化对海湾沉积物碳存储能力的影响机制，并为近封闭海湾的管理和保护提供了科学依据。

项目名称：新一代南海海洋环境实时预报系统

获奖情况：2018年海洋工程科学技术奖一等奖

主要完成单位：中国科学院南海海洋研究所、钦州学院

自2010年以来，针对南海多尺度动力过程，围绕如何提高南海海洋环境要素的预报水平进行了深入研究，研发了多项创新性技术，包括“选尺度资料同化”（SSDA）技术、海洋“多尺度三维变分同化”（MS-3DVAR）技术、海气界面动量通量参数化新方案、风浪混合与潮致混合参数化新方案，并将之集成到数值预报试验平台中，最终建成“新一代南海海洋环境实时预报系统”（NG-RFSSME）。该系统基于海洋和大气双向耦合的框架，由大气、海洋、风暴潮和海浪四个分量模式组成，并通过多重嵌套技术对海—气过程进行动力降尺度：全球—南海—珠江口（大湾区），实现对南海重点海域（如大湾区）海洋环境的精细化快速预报。基于观测数据的客观检验和评估结果表明，NG-RFSSME显著提高了对南海海洋环境要素的预报水平，尤其是对台风路径和海洋温盐的预报精度（提高约15%~50%）。该预报系统及相关数据产品已在多家海洋气象业务部门和国防保障单位得到了应用，包括广东省渔业厅、海南省气象台、广东省气象台、广州市气象台、南部战区和海军某部等，在减灾防灾、社会经济建设和国防安全保障等方面发挥了重要的作用。另外，该系统也为每年国家自然科学基金委的南海和东印度洋科学考察等航次提供水文气象预报保障服务。

项目名称：凡纳滨对虾“正金阳1号”水产新品种

成果情况：2018年度水产新品种

主要完成单位：中国科学院南海海洋研究所、茂名市金阳热带海珍养殖有限公司

凡纳滨对虾“正金阳1号”的亲本来源于2011年从国外引进的科拿湾（Kona Bay Marine Resources，KMR）和正大（Aquaculture Promoton Co.，Ltd.，APC）、国内选育的“中科1号”（ZK1）和引自OI（Ocean Institute，OI）并经茂名市金阳热带海珍养殖有限公司自行群体选育5代的亲本，共4个不同来源的种质材料作为育种基础群。采用家系选育方法构建耐低温（TR）和耐低盐（SR）家系库，通过TR和SR家系选育和品系培育，培育出专门化的TR母系和SR父系，TR母系和SR父系杂交获得耐低温低盐的TSR商品代。经过连续6代选育，培育出具有低温和低盐抗逆优势，兼具生产性能优势的凡纳滨对虾“正金阳1号”新品种。该新品种耐低温能力强，虾苗低温应激成活率比“中科1号”提高15%以上，比SIS提高20%以上，养殖成活率提高10%以上；耐低盐能力强，虾苗低盐应激成活率比SIS提高20%以上，整齐度和单产提高10%以上。适合我国广大海水、咸淡水和淡水养殖区域养殖。

项目名称：双功能配体金催化剂催化硼酸对炔醇的加成：支链邻二烯醇的高效合成研究

发表论文：Angew. Chem. Int. Ed. 2018，57，8250-8254

主要完成单位：中国科学院南海海洋研究所、美国加州大学圣塔芭芭拉分校

首次报道了双功能配体Au（I）催化剂，催化分子间有机烯基硼酸盐对炔烃的加成，高效、快速、室温条件下合成末端取代的支链邻二烯醇衍生物的研究。该制备工艺操作简便，避免了Suzuki Miyaura反应所需（无水）无氧高温等严苛条件，稳定了产物中羟基的立体构型。密度泛函理论（DFT）机制研究表明反应中配体的N原子与炔醇的羟基氢产生氢键作用，促进羟基氧对硼原子的进攻，随后与硼连接的碳原子进攻被Au（I）活化的炔键，最后通过脱硼与Au（I）的氢解，得到产物与催化剂，而催化剂又参与了下一个循环。配体中的叔胺N原子既扮演着常规碱的作用，又具有将炔醇拉近催化活性中心能力，使得整个反应构建在一种近似分子内反应的催化模式下进行。与外加碱（如三乙胺）相比，催化效率大大提高，由于二烯醇是许多天然产物的

中间体，也是狄尔斯—阿尔德反应（Diels-Alder reaction）的反应基元，因此该制备工艺具有重要的应用前景。

项目名称：非典型角环素类海洋天然产物二聚体形成的关键机制

主要完成单位：中国科学院南海海洋研究所、University of Texas at Austin， Austin， TX 78712， USA.

研究揭示了非典型角环素类海洋天然产物二聚体形成的关键机制，论文“Molecular basis of dimer formation during the biosynthesis of benzofluorene-containing atypical angucyclines”发表于*Nature Communications*（2018，9：2088-2097）。阐明了酰基Fluostatin类化合物（acyl-FSTs）自发脱酰和二聚化的两步反应机制，高效获得了difluostatin A，通过化学半合成法制备了多种C-C或C-N偶联的芳香聚酮二聚体，发现水解酶FlsH能够有效地催化acyl FSTs的脱酰反应。与自发脱酰相比，FlsH催化的脱酰反应速率提高了近230倍。经推测，FST生物合成途径中进化出脱酰酶FlsH，可能是为了阻止acyl FSTs在体内的高浓度积累，以防其自发转化为具有体内细胞毒性的p-QM中间体。研究成果对于高效生产lomaiviticin A及创制新型非典型角环素二聚体类药物先导化合物具有重大意义。

【基础条件建设与科技产出】

平台名称：海洋科学仪器设备共享平台

主要建设单位：中国科学院南海海洋研究所、广州国科科技有限公司

热带海洋环境国家重点实验室结合多年的科学仪器设备管理经验，与广州国科科技有限公司共同研发了“海洋科学仪器设备共享平台”。该平台率先将科学仪器资源进行了全面的规范化管理，创建了野外观测仪器、船载仪器和室内分析仪器为一体的科学仪器资源服务体系，以专业化、数字化一站式服务为核心，彻底突破了传统的仪器设备管理中的诸多弊端。该共享平台具有标识关联、设备管理、仪器追踪、无卡化门禁、使用数据分析、资产盘点、网上使用预约、用户管理和系统管理等九大功能。通过对各仪器使用数据的分析，随时了解仪器设备的使用状态，及时保养和维护，有效控制低频使用设备及高维护成本设备的采购。同时运用现代的信息化手段将传统的仪器设备管理化繁为简，通过物联网、大数据分析等新兴技术，建立资产数据库、预约使用、耗材管理和仪器维护体系，真正实现了分散科学仪器资源的集中管理，并向更大范围的科研工作者进行开放共享，极大地提高了科学仪器资源的使用效率。

【科技人才队伍建设】 2018年，省自然资源厅组织专家评审，海洋工程等专业共有18名专业技术人员通过上一级（中级及以上）专业技术资格评审，其中高级工程师11名，工程师7名。

【广东海洋大学】 2018年，广东海洋大学科研到账经费达1.77亿元，连续6年突破亿元大关。助力南方海洋科学与工程广东省实验室（湛江）获批广东省第二批启动建设省实验室；新增市厅级以上科研平台6个，其中省部级平台2个：获批广东省海洋生物制品工程实验室，实现了该校广东省发改委工程实验室建设零的突破；获批广东省智慧海洋传感网及其装备工程技术研究中心。获批广东省普通高校创新团队1个。获得省部级科研奖励3项；发表学术论文1 455篇，三大索引收录386篇；全年学校申请专利438项，获得授权专利142项。

学科建设 11月8日，省教育厅、省发展改革委、省科学技术厅联合公布高等教育“冲一流、补短板、强特色”提升计划建设高校和重点建设学科名单，该校入选高水平大学重点学科建设高校，同时列入粤东西北高校振兴计划，水产、海洋科学、食品科学与工程3个学科入选高水平大学重点建设学科。

平台建设 11月14日，为深入贯彻落实习近平总书记视察广东重要讲话精神，大力实施创新驱动发展战略，推动高质量发展，广东省启动建设第二批广东省实验室。该校作为主要建设单位，与中船重工、中海油等单位联合共建的南方海洋科学与工程省实验室（湛江）获批建设。

科研成果 农业农村部公布了2017年审定的19个水产新品种，该校水产学院刘建勇教授带领

的对虾选育科研团队培育的凡纳滨对虾“兴海1号”（品种登记号：GS-01-007-2017）正式获得国家农业农村部的官方认定，获得农业农村部颁发的水产新品种证书。“兴海1号”以国外引进和国内选留的多个不同来源群体为基础群体，以体重和成活率为育种目标，采用家系选育方法和最佳线性无偏预测（BULP）技术，历经7年培育而成。该品种具有适应性强、生长速度快、养殖成活率高、遗传性状稳定等特点，适合在我国养殖环境条件下采用多种模式进行养殖。该品种是该校迄今培育出的第一个对虾新品种，标志着该校水产育种技术达到了国内先进水平。

（贺书岚　孔丽冰　彭世球　胡超群　廖升荣　江志坚　张长生　吴泽文　吴　勇）

广播电视领域

【越秀山调频发射天线更新改造】 9月10日，广东省广播电视技术中心（以下简称“技术中心”）圆满完成越秀山调频发射天线整体更新改造工程，这是广东省调频广播发展史上的大工程，惠及南粤大地。

越秀山原天线安装于2001年，随着广播电视事业的发展，调频广播节目不断增容，技术中心所属电视调频发射总台的调频发射总功率已逼近天线的极限。为此，技术中心规划将电视调频发射总台全部调频发射机接入一台多工器，再经由同一副天线发射，随着发射机和多工器的更新改造完成，天线的更换工程也提上了日程。

新天线采用水平极化方式，钢体镀锌结构，分上下两付，共4面6层24副振子，总额定发射功率160kW，是国内单体额定功率最大的调频发射天线。工程竣工验收结果表明，新天线技术指标优良，工作稳定可靠。在整个调频波频率范围内，上半层天线驻波比VSWR最大值为1.12，下半层天线最大值为1.11，均低于设计值1.2。场强收测数据和收听效果分析显示，新天线在全频段的增益表现非常均衡，播出的各套节目覆盖效果良好，较旧天线音质明显提升，互调干扰明显减弱，杂音消失不见，在覆盖范围内收听音质干净清晰。

此次工程亮点纷呈：一是科学规划、精心部署，整个项目进展非常顺利，无出现较大失误和回炉重做情况，施工作业一气呵成；二是如此重大的工程却并不影响安全播出，通过上下层天线的切换，完美实现了不停播施工；三是工程效果显著，天线更换后覆盖区域的接收效果明显改善，接收电平也明显提高；四是工程刚结束不到一周，9月16日超强台风“山竹”正面袭击广东，广州受灾情况严重，但新天线岿然不动，未受到强台风的破坏，馈管也无进水现象，台风期间节目播出一切正常，新天线经受住了严峻考验。

【面向澳门地区正式播出广东国际频道节目】 自2月8日起，技术中心所属九〇三电视调频台通过数字电视36频道，面向澳门地区正式播出广东广播电视台国际频道节目。

广东国际频道是广东广播电视台对境外播出为主的电视频道，也是中国第一家以英文为主的省级国际频道，节目以新闻资讯和纪录片为主，每天24小时滚动播出动态新闻。广东国际频道在澳门落地播出，是粤澳近期共同推进的重点项目。

技术中心面向澳门地区播出广东国际频道节目的技术方案是，通过数字电视36频道，定向无线发射覆盖澳门地区。该数字电视频道除播出广东国际频道节目外，还播出广东卫视高清及标清频道、广东电视珠江频道、广东电视公共频道、南方卫视频道（TVS2）等多套电视节目，其视频和音频编码格式均为MPEG-2。场强收测数据和收看、收听效果分析结果显示，技术中心面向澳门地区无线发射的广东国际频道节目和其他节目覆盖效果良好，收看画面清晰流畅，伴音良好。

【广东卫视高清频道AVS+信号监测系统改造】 为进一步推动我国自主知识产权技术应用，推广国家编码标准，从技术层面强化安全播出，提高视频质量，技术中心所属卫星地球站于2018年5月圆满完成广东卫视高清频道AVS+信号监测系统改造项目。

卫星地球站的广东卫视高清频道上星系统，原基于MPEG2标准，建成于2015年，并通过了国家广电总局技术验收。2017年，根据总局有关AVS+标准将全面部署在直播卫星高清传输、直播卫星户户通、地面无线数字电视、有线网络高清传输等广播电视系统各大产业链上的政策要求，卫星地球站对原来基于MPEG2标准的广东卫视高清频道上星系统，进行了AVS+信号监测系统改造。2017年7月，卫星地球站和系统集成商共同完成了改造工作；2018年5月，新系统通过了技术中心项目测试小组的技术测试；2018年6月，通过了技术中心项目验收小组的竣工验收。

此次改造是在原有系统的基础上，根据AVS+技术特点及要求，进行改造优化，是我国自主知识产权AVS+编码标准技术的应用。AVS+编码采用了Dual-Pass技术，可以提供更高级的编码技术，精准的场景切换控制、更为准确的运动矢量优化、高效的码率控制和缓冲区运用，能在25帧图像之间根据复杂度灵活进 、行码率分配可实现跨帧的模式判断联合优化、可实现闭环的真正意义上的统计复用、使得全部编码器可以一起控制码率，大幅提升系统的视频质量。该AVS+信号监测系统基于IP搭建，可实现对高清节目信号源、播出链路关键节点及下行接收等AVS+信号的实时监测报警功能，使输入的ASI信号、L-Band信号可方便地转换为解密的IP码流传输、监测和记录，简化了信号布线，降低了维护成本，增强了多路信号码流层图像层的监测报警、信号调度、多画面显示和记录回放等功能，并可同时监测、记录本地的50路AVS+高清信号和位于市区的另一机房的8路信号，系统支持ETR-290标准监测、一致性视频测试等功能，提供声光告警，能够满足今后系统扩展的需要。

此次改造为广东卫视高清频道上行播出提供了安全保障，同时也为兄弟广播电视发射传输台站应用AVS+编解码技术，以及搭建基于IP的监测系统，提供了有益借鉴。

（岑　斌）

移动通信领域

【现场网络交换设备】 中国电子科技集团公司第七研究所（以下简称“七所”）深度融合移动通信系统与互联网业务，基于移动边缘技术研制符合SDTSN（软件定义时敏网络）的设备，近端接入工业制造现场的数据采集、计算和控制。移动边缘计算基本思想是在移动接入网边缘引入计算和存储能力，减少移动业务交付的端到端时延，提升时敏体验。在工业物联网时敏应用时，通过高可靠低延迟的业务交付支持车间生产线现场的传感、操作和控制，满足制造业信息服务使能平台的实时性、可靠性、安全性、互联协同等要求，赋能工业制造领域的产业升级和结构调整，加快标准化大规模生产向“智能智造”模式转变。

2018年，七所研制的SDTSN现场网络交换设备，采用5G移动通信移动边缘计算平台架构，提供多通道可编程射频、高性能通用处理器和网络功能虚拟化的环境，实现TD-LTE、NB-IOT、Lora和WIFI的多制式网络切片及多连接的网络接入，具有车间级软件定义综合接入与交换、边缘网络 SDN组网控制（代理）、虚拟化网络资源管理，以及现场数据预处理和存储服务能力，支持OPC-UA工业标准的网络业务。现场网络交换设备可有效解决企业智能制造的迫切需求。

【天通一号卫星移动通信系统通用业务终端】 2018年8月6日，我国第一个多波束卫星移动通信系统“天通一号”01星发射成功。七所研制的“天通一号”卫星移动通信系统通用业务终端，是基于我国第一个具有自主知识产权的多波束军民两用移动卫星通信系统开发的系列化用户终端，为各行业用户提供全天时、全天候的广域移动通信服务。支持短信、话音（1.2/2.4/4.0kbps）和数据传输（9.6～384kbps）；支持各行业的个性化加密需求；支持与公共电话系统，蜂窝移动通信系统和国际互联网的互联互通。可广泛应用于手持、穿戴和小型无人机等各类便携应用场景或空间狭小的业务平台，也可以用于汽车、舰船和飞机等各类机动平台。为应急救灾、电力能源、矿产勘探、海监渔政等各类行业提供服务。

【宽带升空通信系统】 2018年，七所基于多旋翼无人机完成了多旋翼无人机超低空通信系统的研究设计，根据需求搭载TD-LTE升空中心站载荷、超短波电台接入/中继载荷等升空通信载荷。实现机动用户随遇接入，支持话音、数据和视频等业务用于扩展通信覆盖范围，提高复杂地形条件下的通信保障能力，解决地面通信系统通信覆盖范围不足、高空通信系统开通时间长成本高的问题。

针对常规无人机滞空时间短的问题，多旋翼无人机超低空通信系统采用成熟的多旋翼无人机集成系留系统，由地面为升空系统提供不间断电源，实现了升空通信系统不小于8小时的不间断留空工作。完成了多旋翼无人机和系留系统的电磁兼容性改造提升，满足通信任务载荷集成搭载要求；完成了环境适应性、安全性、可靠性改造提升，满足民、警、军应用需求，安全可靠，适应能力强。

（童业平　曾　慧　戴　禹）

科技社团及科技宣传交流

科协与科技社团

【广东省科学技术协会】 截至2018年年底，省科协拥有团体会员182个，成立高校科协52个、园区科协15个。

系统改革 2018年，省科协全面落实《广东省科协系统深化改革实施方案》，方案中的4个方面13项重点改革任务如期完成。以召开省科协第九次代表大会为契机，选举产生250名新委员，来自基层一线的科技工作者委员占总数的82.8%，高于70%的改革要求。完成省科协机关机构改革和稳步推进直属单位的机构改革，将2个公益二类和2个公益三类事业单位合并调整为3个公益二类事业单位。

广东省科协第九次代表大会 广东省科协第九次代表大会于2018年9月27—29日在广州召开，近700名来宾代表参加了会议。会议表彰了第十四届广东省丁颖科技奖获得者、全国科协系统先进集体和先进工作者。大会全面总结回顾了过去五年全省科协工作的成绩经验，提出了新时代科协组织的新使命，明确了今后5年科协改革创新发展的目标任务，选举产生了省科协新一届领导机构。中国工程院院士陈勇当选为广东省科协主席。

中国工程科技发展战略广东研究院 2018年11月，中国工程院和广东省政府共建中国工程科技发展战略广东研究院，省科协承担研究院秘书处工作。组织召开了广东研究院第一届第一次理事会暨学术委员会会议，确定了广东研究院章程、理事会和学术委员会组成人员及议事规则、管理制度等，评审并组织实施首批咨询研究项目。

科技工作者“上山下乡”行动 2018年，省科协对标本省乡村振兴和扶贫攻坚战略目标任务，推进全省科技工作者“上山下乡”助力乡村振兴计划行动。省科协整合各类科技社团和人才资源，按照需求导向、专业对口、精准对接、靶向合作的人才项目对接服务模式，精准助力乡村振兴。组织160多名青年科学家分别赴茂名、云浮、潮州、韶关等地市，开展人才对接和科技服务，为200多家企事业单位提供服务，签订合作协议近200个。

创新驱动发展助力示范 2018年9月，省科协和省科技厅签署推进实施创新驱动发展战略合作备忘录，并实现合作的常态化、制度化，为全省各级科技、科协部门密切合作树立了典范。广州、深圳、东莞、佛山等全国创新驱动助力工程示范市科协主动作为，结合示范市的产业需求，联合全国学会、省级学会、市级学会，发挥人才智力优势，帮助地方政府和企业引才、引智、引项目。承办2018中国创新创业成果交易会，组织举办45场对接会，促成127个项目签约落地，成交金额约66.28亿元。

千会万企金桥工程 2018年新成立院士专家企业工作站45家，51家工作站通过全国院士专家工作站认证，组织参加全国模范院士专家工作站遴选，5家单位被评为“全国模范院士专家工作站”。新增11个省级学会科技服务站，设立“科技服务站能力提升”项目，引导学会开展技术攻关、产品开发、技术推广、成果鉴定等活动。

广东版“海智计划” 2018年，全省科协系统已逐步建立健全“海智计划”工作机制和网络体系。累计建立中国科协“海智计划”工作基地8个、示范基地1个、海外人才离岸创新创业基地1个。累计建立“广东省科协海智工作站”41个，设立广东省科协“海智计划”海外工作站（联络处）9个。建站单位与海外144个科技团体建立了合作关系，开展引智对接活动301场次，落地项目291项，引进海外人才1 140人。通过各种渠道发布海外需求137项，向海外发布国内需求337项。

（刘泽周）

【科技社团】 2018年，省科协修订《广东省科协团体会员管理办法（试行）》，新增团体会员5个，新成立省科协智能制造等3个学会联合体。稳步推进承接政府转移职能工作，支持11个省级学会开展试点工作。

省植物学会主办广东省南药战略发展科技创新论坛暨龙湾南药文化交流会，开展南药产品展览、药农种植技术培训等活动，助力乡村振兴。省增材制造研究与应用协会、省公路学会、省中西医结合学会等助力佛山3D打印产业、新型玻璃纤维混凝土护栏研发、中药配方颗粒产业发展，取得良好效益。省生态学会主办的《生态科学》期刊首次被“中国人文社会科学引文数据库”收录为入库期刊，并再次入选“中国高校优秀科技期刊”。省光学学会承办2018第十二届亚洲（深圳）国际激光应用技术论坛，全面展示中国激光行业的前沿高端技术与最新科研成果。省测量控制技术与装备应用促进会等学会，开展省级学会专业技术人员水平评价试点工作，制订省级学会工程师能力标准，开展4个专业试点工作。省电子学会建立了SMT专业技术资格水平认证体系，考核通过中国电子学会认证的SMT助理工程师301人。

（刘泽周）

科普和科技宣传

【科普活动】

广东科普嘉年华 9月15日，首届广东科普嘉年华活动在广东科学中心拉开帷幕，通过线上线下参与的观众超过200万人次，70多家媒体参与报道。活动以“创新引领时代，智慧点亮生活”为主题，包括欢乐科学剧场、科创新品体验、我的科学乐园、科学家面对面和学会一条街五个板块。各类大科学装置、超级计算机、人工智能、大数据、物联网、量子通信等前沿科技，以及涉及公众“衣、食、住、行”的各种智能技术云集，以展览展示、互动体验、科普讲座等形式，为广大公众呈现一场融合科学、文化与艺术的饕餮盛宴。

广东省青少年创新大赛 3月30日—4月1日，由省科协、省教育厅、省科技厅、省知识产权局、团省委和华南农业大学共同主办的第33届广东省青少年科技创新大赛在华南农业大学举行，吸引了各地科技教育工作者、师生及社会人士近万人观摩。省赛主题为“创新·体验·快乐·成长”，共有来自全省22支代表队近1 100项作品参赛，省赛评出各类一等奖105项、二等奖229项、三等奖341项和推荐优秀项目参加全国赛。8月14日—20日在重庆市举办的第33届全国青少年科技创新大赛中，广东代表队获得一等奖17项、二等奖29项、三等奖17项和专项奖17项。

广东省少年儿童发明奖评选活动 6月9—10日，由广东发明协会、广东科学中心、广东省知识产权研究会、广东教育学会、广东省少先队工作学会、广东省科技馆研究会主办，广东省科学技术厅、广东省教育厅、广东省知识产权局、少先队广东省工作委员会支持的“第十六届广东省少年儿童发明奖优秀作品展”在广东科学中心成功举办。来自广东省及港澳等21个地区123所学校的共856项作品申报参展，入围展评作品600项，近2 000人次的参赛师生和公众观摩了本次活动。

本届少年儿童发明奖评选活动共评选出390个奖项，其中：一等奖22项、二等奖90项、三等奖212项，专利申请鼓励奖27项，优秀组织奖39个。获奖优秀作品将优先推荐参加“中国国际发明展览会”“宋庆龄少年儿童发明奖”以及世界“三大”发明展。

广东省创意机器人大赛 10月27—28日，第七届广东省创意机器人大赛在广东科学中心成功举行，大赛由省科技厅指导，广州市教育局支持，广东科学中心和广州市青少年科技教育协会联合主办，广东省科技馆研究会、华南理工大学等单位协办，主题为“演奏机器人”，分为基础型和编程型两种竞赛项目，共有来自全省12个地市的184所学校、303支队伍1 042名学生和394名指导老师报名参赛。在赛事平台带动下，2018年超过20 000人次的中小学师生参与了相关活动。

【公众科普教育】 2018年，全省各单位通过开展科普进社区、进企业、进校园活动，进一步推动广东省科技成果普及，促进科普事业发展。

举办各类科普教育活动 2018年9月15—16日，作为“活动月”的重要活动，也是广东科学中心开馆10周年系列活动重头戏，2018年广东省全国科普日主场活动——首届广东科普嘉年华活动在广东科学中心举行，各类大科学装置、超级计算机、人工智能、大数据、物联网、量子通信等前沿科技，以及涉及公众“衣、食、住、行”的各种智能技术云集，以展览展示、互动体验、科普讲座等形式，为广大公众呈现一场融合科学、文化与艺术的饕餮盛宴。活动展示面积超过5 000m^2，83家科技单位和企业参展，线上线下共免费推送展馆门票8 000张，科普电影票4 000

张，吸引了96.1万人次参与了科普答题抢票活动，超过40家媒体、30家科普自媒体参与互动宣传报道，推送稿件超过100篇，推文总曝光量超过8 000万，过万观众现场参与活动，参与现场观摩、网络直播、科普答题等的人次超过200万。

科普联盟建设　广东科学中心与香港科学馆、澳门科学馆等单位发起成立粤港澳大湾区科技馆联盟；省科技厅、省科协依托省科技馆研究会组织开展2018年欢乐科普行活动，共有16家会员单位的30多个项目参加，直接参与活动师生3 600多人；组织赴揭阳市揭东区，韶关市始兴县、南雄市、新丰县，阳江市江城区，湛江市开发区、赤坎区以及江门市台山市等8地，开展“中国流动科技馆巡展”活动，普及公众20万人；依托广州科普联盟开展科普活动，以广东科学中心为龙头，动员广州科普联盟147家成员单位，走遍广州11区，开展科普四进活动20场次，普惠群众逾万人次，得到社会广泛认可。

科普服务能力建设　省科技厅、省科协大力推进科普资源共建共享工作，举办全省科普作品创作大赛、组织优秀科普资源征集活动等。省科协推进科技馆免费开放工作，开展中国流动科技馆、科普大篷车巡展活动，创建广东省科普示范县（市、区）22个，科普示范镇7个，省级科普教育基地216家，国家级科普教育基地47家。惠州科技馆全年共接待游客约35万人次，发挥了科普基地良好的社会效益。

（陈锡强）

【全省科技进步活动月】　2018年5月中旬至6月中旬，广东省举办了第26个“科技进步活动月”（以下简称“活动月”）全民科普教育和科技服务活动，部分活动延续开展。“活动月”由省科技厅、省委宣传部和省科协共同牵头举办，根据全国科技活动周和省委、省政府的统一部署，“活动月”围绕“打造科技创新强省”这一主题，开展提升广东自主创新能力、营造创新创业环境、科技惠及民生等系列活动。主要目的是加大科普教育和科技宣传力度，提高全民科学素养，营造学科学、讲科学、用科学的浓厚氛围。在内容和形式上，重点展示科技创新成果、科技支撑美好生活体验、军民科技融合成就等，开展科技服务企业、青少年、农村的活动，系列科普宣传活动，组织高校、科研院所等科技资源向社会开放，大力宣传与人民生活相关的科技创新成果，加强低碳节能、健康生活、食品安全、空气质量等社会热点问题的科普宣传，在全省掀起科学技术普及的新高潮。

科技服务企业　作为本次活动月的一项重点活动，5月25—27日，在教育部、省政府的支持下，省科技厅联合教育部科技发展中心、省教育厅、省经信委和惠州市政府在惠州成功举办了第二届中国高校科技成果交易会（以下简称“科交会”）。活动以“促进产学深度融合 携手创新共赢发展”为主题，分为“展览展示、论坛会议、交易合作”三大版块，吸引了350所国内外知名高校参展参会，其中包括加州大学洛杉矶分校、英属哥伦比亚大学、匹兹堡大学、康考迪亚大学尔湾分校等国外高校和16所港澳高校。清华大学、北京大学、复旦大学等96所国内及港澳知名高校在特装展位和标准展位进行展示。第二届科交会从全国高校征集科技成果项目10 000余项，现场组织展览展示、推介项目约8 200余项，其中重点项目路演100项。大批高校最新先进技术成果亮相科交会，吸引了近3 000家企业前来对接和寻求合作机会。作为中国高校科技成果最大规模的集结和交易活动，此次科交会促成了多项交易和建设项目的签约。据统计，共有293所高校与626家企业牵手，交易科技成果732项，签约金额40.6亿元。

此外，省内有关单位纷纷组织一系列服务企业的科技活动。例如，省生产力促进中心举办全国科技金融培训交流会，邀请科技金融权威专家以主题报告、专题讲座形式解读国家科技成果转化引导基金最新进展、技术创新引导专项最新进展、科技金融服务中心探索与实践、资本市场综合服务创新创业实践与探索、科技保险实践与探索、投贷联动的实践与探索及高新区科技金融及创新创业服务体系建设经验；省科技企业孵化器协会举办广东省创业孵化从业人员培训班，提升孵化从业人员的业务能力水平和孵化服务能力，培养高水平、高素质、专业化、职业化的服务队伍，为广东省孵化器事业快速健康发展提供高水平人才保障；阳江市科协举办“优化绿色食品加工、助力以海兴市战略”院士专家阳江行活动，解决企业技术瓶颈问题30多个，签订合作协议6个。珠海市科协面向新青科技园、南屏科技园等园区，为近50家科技企业的400多名核心研发人员开展技术创新方法培训。

科技惠民活动　“活动月”期间，全省各地继续举行了一系列科技惠民、服务“三农”活动。

围绕“低碳节能、科技与环境、食品安全、创新智慧生活、防灾减灾”等内容，提升全社会“爱科学、学科学、用科学”的良好氛围。例如，团省委举办第十届“广东农村青年科文化活动月”活动，组织发动全省各级团组织在全省范围广泛开展农村人才培训、农业科技推广、文化扶志扶智、营造乡风文明，弘扬社会新风，提倡节俭，倡导文明风尚等活动助推精准扶贫，助力乡村振兴战略；省农科院开展广东省农业科学院科技专家服务团农业科技下乡服务，组织专家服务团、农业科技特派员等在佛山、梅州、韶关、湛江、茂名、河源、清远、惠州、江门等地开展科技成果展示、技术推介、科技咨询、科技下乡集市、专题讲座、田间技术指导、田间现场示范观摩、学术研讨会、科普教育等活动，提高从业人员科学素养，为广东省现代农业发展提供技术支撑。

科技下乡系列活动　2018年8月1日，省科技厅、省委农办、省农业厅在广州联合召开乡村振兴科技行动暨农村科技特派员工作推进会。省科技厅组织省农科院等4家单位联合倡议开展全省农村科技特派员暑期大下乡，推动特派员利用暑期深入田间地头，为乡村产业发展提供科技服务，共投入资金3 465万元组织了两批共19家单位708个农村科技特派员团队对接1 008个贫困村工作。此外，省科协组织实施全省文化科技卫生“三下乡”活动暨“千会服务千村”行动，组织160多名青年科学家分别赴茂名、云浮、潮州、韶关等地市，开展人才对接和科技服务，为200多家企事业单位提供服务，签订合作协议近200个；省农科院组织开展农业科技下乡服务活动，组织专家服务团在江门、惠州、茂名、湛江等地开展科技成果展示、技术推介、科技咨询、科技下乡集市、专题讲座、田间技术指导、田间现场示范观摩、学术研讨会、科普教育等活动，提高从业人员科学素养，为广东省现代农业发展提供技术支撑。

（夏兴林）

【科普信息化建设】　2018年，省科协着力做好科普信息化试点县和科普中国e站建设工作，创建21个科普信息化试点县（区、市），建设216个科普中国基层e站示范单位，举办全省科普e站建设推进会。与腾讯大粤网深度合作，高质量运营“广东科普”频道和广东科普微信公众号。首届广东科普嘉年华在线吸引100多万公众参与，网络点击量达到8 000多万次。建立了广东新媒体联盟、广东省科普教育基地联盟等科普信息化服务平台。

（刘泽周）

【科普基地建设】　认定了广东省智能制造技术青少年科技教育基地等35家单位为广东省青少年科技教育基地；中山大学生物博物馆等88家省青少年科技教育基地通过复核，东莞市中德技工试验省级青少年科技教育基地等8家省青少年科技教育基地未通过复核，取消其广东省青少年科技教育基地资格。

2018年，省科协扎实推进科技馆免费开放工作，开展中国流动科技馆、科普大篷车巡展活动，创建广东省科普示范县（市、区）22个，科普示范镇7个，省级科普教育基地216家，国家级科普教育基地47家。

（夏兴林　刘泽周）

【广东科学中心】　2018年，广东科学中心（以下简称“中心”）全年累计接待公众210.87万，较2017年增长了16.89%，门票收入2 660万元，较2017年增长了37%，均创历史新高；展项更新改造实现大突破，已完成超过80%；公共服务质量显著提高，游客满意度位居全省景区前三甲；获吉尼斯世界纪录“最大的科技馆/科学中心”认证称号；轨道交通站点建设安全有序；科普展教活动丰富多彩；科技交流与合作日益活跃，发展态势持续向好。作品“奇幻食旅”在2018年全国科学实验展演汇演活动中荣获二等奖和专项奖最佳表演奖，作品“他俩的奇趣一天”荣获三等奖。

大型科普活动亮点突出　成功举办“首届广东科普嘉年华——2018年广东省全国科普日主场活动暨广东科学中心开馆十周年系列活动”。活动展示面积超过5 000m²，83家科技单位和企业参展，线上线下共免费推送展馆门票8 000张，科普电影票4 000张，吸引了96.1万人次参与了科普答题抢票活动，超过40家媒体、30家科普自媒体参与互动宣传报道，推送稿件超过100篇，推文总曝光量超过8 000万，过万观众现场参与活动，参与现场观摩、网络直播、科普答题等的人次超过200万。

成功举办全国科技活动周两个重大示范活动——2018年全国科普讲解大赛和2018年两岸及港澳地区科普交流系列活动；成功举办2018年全国科学实验展演汇演活动广州地区选拔赛、第16届广东省少年儿童发明奖优秀作品展、第5届广东省大学生科学影像大赛、2018年广州市中小学生科普知识竞赛、2018年广州地区“讲科学、秀科普”大赛、2018年广州科技创新活动周开幕式、2018年广州科技创新活动周科学之夜活动、2018年广东省航海模型年度分站赛（第一站）等10多项主题赛事活动。

举办小谷围科学论坛、珠江科学大讲堂等科普讲坛20次，普惠公众7 500多人次。持续开展创意机器人系列创新实践活动，吸引1 000多间（次）中小学校、20 000多人次师生参与活动，培训教师超过1 000人次。

科普展教资源推陈出新　与英国科学博物馆集团合作研发“超级细菌”展，是中心首个获得国外机构资助开展研发的展览项目，计划于2019年6月底完成制作并展出。从澳大利亚国家科技馆引进的“数学魔力”展览，同期开发“趣玩数学挑战赛”“魔力数学拼图限时赛”“数学达人赛”等3个活动。从爱尔兰都柏林圣三一学院Science Gallery引进“错觉”展，同期开发“奇幻错觉”的纸模套件商品1套。从台湾科学教育馆引进“仿生”展览，配套实施了4个教育工作坊的活动。从广东华侨博物馆免费引进了“军备模型展”，从英国巴比肯艺术中心引进了“数字革命”展，与美国自然历史博物馆签订了“世界上最大的恐龙”展览租赁协议，计划于2019年5月登陆中心。

场馆更新改造稳步实施　2018年投入建设资金305万元，完成“人与健康”展馆更新改造，全新增加展项22个，更新改造展项16个，已于国庆前、中心开馆十周年之际重新面向公众开放。同时，完成了展馆一楼南翼配套服务设施、场馆观众卫生间、安防监控各系统和室外停车场视频监控系统升级改造等4个项目，启动了主楼玻璃幕墙检测和补漏、人工湖堤岸区域绿化、人工湖栈道、绿化中庭外围至亲水平台之间天花维护、虚拟航行动感影院改造等5个项目。此外，围绕实施健康中国战略和倡导绿色发展理念，加快“广东省食品药品科普体验馆”和“低碳和新能源汽车科普体验馆”新馆建设，取得丰硕的阶段性成果：制订了项目建设管理制度；完成了内容规划和论证工作；完成了展示概念方案招标等工作。

科普国际交流巩固深化　与行业国际组织、驻穗领事馆及国际科技馆行业保持良好的交流合作关系；与英国、法国、意大利驻穗领事馆深化交流合作，接待英国驻华大使馆科技参赞Frances Hooper、法国驻穗总领事周丽君（Siv-Leng CHHUOR）、意大利驻穗总领事白露茜等外国政府官员；与英国科学博物馆集团签署合作备忘录，并就“超级细菌”临展项目研发开展深入研讨；与法国驻穗领事馆合作开展航天系列科普活动；与韩国国立大邱科技馆合作开展中韩学生机器人夏令营活动等。

区域合作平台初步建成　2018年，在广东省科技厅指导下，中心与香港科学馆、澳门科学馆等单位发起成立粤港澳大湾区科技馆联盟。同时，深化大湾区科普交流合作的广度和深度，组团赴港调研香港科学馆、香港儿童探索博物馆，积极筹备2019年粤港澳青少年研学活动、科学秀汇演、理论研讨会等事项，服务大湾区建设的科普力量正在凝聚起来。

品牌影响力进一步提升　11月7日，中心申请通过吉尼斯世界纪录认证，被授予“最大的科技馆/科学中心”称号，这是我国科技馆首次获得吉尼斯世界纪录认证，也是目前唯一一个。

（周　静）

【广东科学馆】 2018年，广东科学馆按照打造“科技培训中心”“科技文化开发中心”和“科技场馆建设与管理研究中心”的工作定位，从科技培训以及科技文化开发着手，通过举办科技培训以及科技文化品牌项目等，积极为经济社会发展服务；继续打造“学术交流中心”“科技工作者活动中心”的工作定位，加大与全省各大专业学会、科技团体的协作，积极提高学术研究工作，努力为科技工作者开展学术交流和科技活动提供平台。

科技培训 2018年，广东科学馆继续以建设成为“培训集散地”“培训中心”为目标，积极引进优质办学机构，开展了建筑设计、西工大EMBA等高端培训项目，全年共开展培训项目共2 280场次，吸引了全社会31万人次前来参加培训。

科普活动 2018年，广东科学馆继续按照打造“科普展览中心”的工作定位，不断创新科普展览工作方式，通过努力搭建社会化科普平台，积极承办广东省“中国流动科技馆巡展”活动，精心策划举办主题科普展览，认真开展科普大篷车“三进”活动，着力加强科普资源开发及科普资源共建共享工作，扎实推进重点人群科学素质建设，开创了广东科学馆科普工作的新局面。2018，广东科学馆在馆内临时展厅展出了“第二届广东青少年科普艺术大赛优秀作品展”“人类文明源与流”两套科技文化展览，并做好了“首届广东青少年科普艺术大赛优秀作品展”在中山巡回展出的有关管理工作。到地方巡展的展览参观人数共计0.5万人次。截至2018年年底，该馆拥有大型科技文化展览3套。2018年，广东科学馆共承办了科普讲座45场次，共吸引了众多机关单位、学校、社区、乡镇、企业等组织6 500人次前来参与。

1．广东省“中国流动科技馆巡展”活动。2018年，广东科学馆继续按计划在粤东、粤西、粤北三线进行巡展工作，揭阳市、阳江市、湛江市、韶关市等共6个站点展出。活动采用省科协、市科协及地方政府主办，广东科学馆、省科技馆研究会、地市科技馆和县科协承办，县教育局、县科技局、县团委等单位协办的省市县三级联动工作机制，全面带动地市县科普工作的多点开发、全面开展。各站点的展出工作均能做到因地制宜、各具特色、精彩纷呈，6个站点参观人数共达20万人次。

2．科普大篷车“三进”活动。2018年，广东科学馆科普大篷车先后深入到河源、揭阳、梅州、韶关、肇庆等地的乡镇中小学校、农村，针对科普资源缺乏地区的农民、社区居民、青少年学生等重点人群，开展了丰富多彩的科普大篷车巡展活动。2018年，依托科普展品和开展以人为主体的教育活动两手抓，创新科普手段实现了从单一化向多元化的突破性转变，全年共走进20所学校进行科普教育活动，参观人数达4万人次，为提升全民科学素质做出应有贡献。

3．科普资源共建共享基地建设。2018年，广东科学馆新建立3个“科普资源共建共享基地”，继续为与11个单位馆联合举办的“科普资源共建共享基地”提供丰富的科普资源，提供的科普资源受惠约1万人次，大大提高了该馆科普资源的利用率。通过合理的工作机制，实现以广东科学馆为科普资源的调度中心，最大限度地让各基地的科普资源流动起来，让科普资源更好地走近青少年，走近全社会。

学术与文化交流活动 2018年，广东科学馆继续通过采取优惠措施，鼓励各省级学会前来广东科学馆开展学术交流活动，全年共承办或承接学术交流16场次，受众约2 000人次。广东科学馆积极配合省科协做好广东科协论坛的会场服务及相关工作，年内，广东科协论坛在广东科学馆举办共2场次，受众800人次。2018年，在广东科学馆召开的与科技文化相关的会议共计60场次，受众7 500人次；主办或承办了文艺演出和电影招待会2场次，受众1 200人次。

科学决策服务 科技政策、科技发展战略、创新文化和科技人物、科技社团发展研究，创新文化与杰出科学家宣传，科技创新智库建设，开展创新评估、决策咨询等活动是省编办核定广东科学馆的新职能任务。2018年，该馆负责做好2018年全国站点关于科技工作者压力情况调查工作，提供科技工作者工作、生活、学习现状，为解决科技工作者的意见、建议和诉求提供可靠依据。

（黄知锡）

【科技宣传活动】

改革开放40周专题宣传　为贯彻落实习近平总书记对广东工作的重要指示批示精神，以及中央和省委、省政府关于纪念改革开放40周年的部署和要求，充分展示改革开放40年来特别是党的十八大以来，在省委、省政府的正确领导下广东科技创新工作取得的巨大成就，高起点谋划和推进新时代全面深化改革，以新的更大作为奋力开创广东科技创新工作新局面，省科技厅策划“不忘初心 创新征程——省科技厅纪念广东改革开放40年”系列宣传活动。一是出版《广东科技印记40年》工作成果汇编，该工作汇编作为本系列活动主框架的重要支撑点，收录广东改革开放40年来科技工作者、亲历者的访谈录，记述广东获得广东省科学技术奖突出贡献奖的科学家和创新企业领军人物，聚焦40年来全省科技工作的高光时刻，以存史、资政、留凭。二是举办“创新大潮起珠江——纪念广东科技改革开放40周年创新成就在线VR展”，通过新媒体矩阵向社会传播。

省科技厅配合南方日报、广东电视台等媒体，以纪念广东改革开放40周年为主线，选取专业镇转型升级、产学研合作、高新区建设、科技人才引进、国际科技合作等方面内容，进行专题采访报道，充分展示改革开放40年来特别是党的十八大以来，在省委、省政府的正确领导下广东科技创新工作取得的巨大成就。其中，《南方日报》在《风起南方——广东改革开放40年重要印记”系列报道》栏目中，刊发了文章《广东以科技创新引领产业结构转型升级，加快建设科技强省》；广东卫视播出专题报道《见证广东迈向“科技强省”新征程》。

媒体宣传报道

1．传统主流媒体大型专题宣传。2018年，省科技厅继续加强与报纸、电视、电台等传统媒体的合作，重点围绕全国全年重要科技活动开展专题、专版宣传，策划全年宣传方案，配合主流媒体开展大型专题宣传报道活动。例如，在全国“两会”期间，协助媒体开展专题采访报道，《羊城晚报》刊发《全国人大代表、广东省科技厅厅长王瑞军：粤港澳三地要实现创新一体化》，《南方都市报》刊发《以改革创新精神推动新时代经济社会发展迈上新台阶》等采访报道；结合全省科技创新大会，以专题形式，组织媒体对获得2017年度省科学技术奖的先进典型进行报道，如《南方日报》整版刊发《我省2017年度科技奖共246项，企业创新主体地位进一步凸显》，传播效果显著。

此外，通过支持省科技新闻工作者协会办好“广东科技好新闻”、广东科技新闻学术交流论文评选活动，打响广东科技新闻宣传的行业品牌，凝聚科技宣传正能量。2018年8月28日，第二十届广东科技好新闻（含广东省科普好新闻、广东科技新闻优秀专项报道奖）颁奖会在省科技厅举行。参加本届好新闻的送评作品都是2017年度发表在各大媒体上的科技、科普类新闻作品，媒体单位涵盖了广东省、广州市、深圳市、以及中央驻粤的媒体单位共20多家，参评作品200多件，是历年来参评作品最多的一届。这届评选共评选出广东科技好新闻奖获奖作品21件、广东省科普好新闻奖20件、广东科技新闻优秀专项报道奖22件作品。

2．新媒体宣传。2018年，进一步强化“广东科技”微信公众号运维，“广东科技”微信公众号累计总阅读次数超240万次，总阅读人数超157万人，并获得南方报业传媒集团评选的“2018广东政务新媒体年度影响力奖”。“广东科技”微信公众号参加由广州市网络文明办和腾讯联合举办的“网络文明号点赞活动”，省科技厅发挥党员先进性作用，广泛发动全省科技系统、企业、科研院所、园区和高校参与点赞活动，累计收集13万个赞，获得点赞活动第一名，体现了广东科技工作的影响力。继续在腾讯大粤网开设广东科技频道，扩大广东科技工作在社会上的影响力，推动“广东科技”微信公众号同步入驻腾讯企鹅号、今日头条、南方+等移动端新闻APP。

（陈锡强）

科技交流与合作

【境外科技合作项目】 2018年，省科技厅共推荐134项申报科技部国家重点研发计划及各类国家重点专项。共有14项获批立项的重点研发计划政府间/港澳台国际科技创新合作重点专项、双边政府间例会项目、发展中国家培训班项目，获科技部资助约1 800万元。完成34项科技部已立项的国际科技合作计划项目财务验收、技术验收推荐工作。

省级国际科技合作 4月，完成第一批重点国别2018年度双边联合资助计划申报评审工作，共立项14项，资助金额1 400万元。2018—2019年度省级国际科技合作领域合作申报、评审工作于10月25日结束，共受理申报项目494项、经过形式审查共415项参加评审（其中平台106项、项目309项），已立项下达69项（包括67项重点国别及“一带一路”合作项目、2项国际合作基地平台及国际组织培训班项目），共资助6 150万元。另有通过评审的45个项目拟在2019年预算中予以安排。

粤港联合资助计划 4月，与港方共同发布指南，共受理申报项目147项，其中平台建设类39项，合作项目类108项，预算共6 000万元。经核实，97项为粤港双方共同申报，其中78项通过省科技厅形式审查，网上评审已经结束。平台类项目9月完成现场答辩评审，已正式立项下达12项，每项资助150万元，共1 800万元。双方共同资助项目待港方评审结果后确认立项。

【国外科技交流合作】 继续加强与加拿大、英国、荷兰、奥地利、日本、以色列、澳大利亚等重点国别的合作，组织实施双边科研项目联合资助计划，2018年度与英国创新署、荷兰国家基金委、奥地利研究促进署共同立项资助14个产业研发合作项目，我方财政支持1 400万元。促进友好省州更好地开展科技创新合作，选取美国马萨诸塞州、夏威夷州、加利福尼亚州、密歇根州开展优势互补领域的科技合作，并在2018国际科技合作专项中予以重点支持。

新增发展中国家科研人员能力提升培训、外籍青年科研人员来广东开展学术交流与工作、青年科研人员赴海外开展学术交流与工作等科研人员国际交流与培训类专题，面向联合国《2030年可持续发展议程》发展中国家、“一带一路”沿线国家、太平洋岛国和东盟成员国等国家的科研人员培训，支持青年科研人员双向互访等。完成与澳大利亚昆士兰科技大学合作备忘录的续签工作。

2018年组织或配合开展包括“中荷智能和绿色交通技术研讨会”“2018中国（广州）新一代人工智能发展战略国际研讨会暨高峰论坛”“中日青年科技人员交流计划日本访华团”等6场交流对接活动，其中2场对接会，1个交流团组，1场高峰论坛，1场专题讲座，1场签约仪式。共计服务33家外国机构、70家中方机构，接待近200人；高峰论坛和专题讲座接待近1 200人。配合科技部和国家科技评估中心、协同省技经中心于9月10—21日在广州成功举办“面向可持续发展的科技创新政策与管理培训班”。这是我国首次在科技创新领域面向发展中国家开展的联合培训，来自乌干达、南非、泰国、印度、伊朗等11个发展中国家包括副部级官员在内的13名高级官员与专家作为学员参加，培训班得到联合国贸易和发展委员会（UNCTAD）和外方学员的高度评价。与联合国经社部、英国、荷兰、加拿大、新西兰、白俄罗斯等国驻华科技参赞或驻穗总领事以及与英国创新署、日本中小企业基盘整备机构、德国航空航天中心项目管理署等重点国别相关组织管理机构进行了20多场工作坊或者视频工作会议进行会谈和交流。

【粤港澳和区域科技交流合作】

粤港科技交流工作　4月，省科技厅领导一行赴香港访问香港相关大学和企业，了解制约大湾区科技创新的体制机制障碍问题，与香港创新及科技局常任秘书长卓永兴等进行座谈。同时参加香港特区政府与数码港主办的“2018互联网经济峰会”开幕式。2018年3月，在科技部、财政部印发相关文件后，省科技厅联合省财政厅，共同编制《关于香港特别行政区、澳门特别行政区高等院校和科研机构参与广东省财政科技计划（专项、基金等）组织实施的若干规定（试行）》，作为《关于进一步促进科技创新的若干政策措施》（以下简称“科创12条”）重要内容，以省政府名义公布实施。积极配合科技部开展《粤港澳大湾区科技创新规划》编制工作，向科技部提供了建议稿。6月，配合科技部创新发展司及清华大学科教政策研究中心，在广州分别召开座谈会，听取广东有关地市政府、重点高校、科研机构、企业对粤港澳大湾区科技创新规划的意见。7月，省科技厅王瑞军厅长带队赴香港参加科技部创新发展司组织的粤港澳大湾区科技创新规划调研活动。8月31日，省科技厅王瑞军厅长及粤方成员单位代表参加在香港召开的“粤港科技创新专责小组第十五次全体会议”。12月4日，省科技厅配合科技部港澳台办在广州组织召开“内地与香港科技合作委员会第十三次会议”。由省科技厅牵头、港澳两地参与编制的《粤港澳大湾区科技创新行动计划（2018—2022年）》，针对“钱过境、人往来、税平衡”等湾区内创新要素流动障碍问题，从推动财政科研资金跨境便利使用、科研人员往来畅通、科研仪器设备通关便利、大型科学仪器设备共建共享、科技创新资源信息开放共享等层面提出创新举措，已完成粤港澳三地两轮的征求意见工作，目前粤港澳三方正在协商发布方式和时间。

粤澳科技交流工作　3月，省科技厅与澳门科学技术发展基金科技创新交流合作安排在广州签署，并成立“粤澳科技合作专责小组”。省科技厅积极支持广东机构与澳门联合申请国家重点研发计划项目，主动对接落实国家重大科技研发任务，共推荐9项申报“国家重点研发计划港澳台科技创新合作重点专项2017年度内地与澳门联合资助研发项目”，其中2项列入该资助计划，科技部与澳门科学技术发展基金各资助100万元。4月，推荐省内产业界和高校专业代表2名赴澳门参加中国科学技术交流中心与澳门科技发展基金共同举办的“第七期中药质量鉴定技术研修班”。7月，为配合科技部做好粤港澳大湾区科技创新顶层规划设计，加快推动粤港澳大湾区国际科技创新中心建设，省科技厅王瑞军厅长带队赴澳门参加粤港澳大湾区科技创新规划调研。11月14日，省科技厅代表赴武汉参加“内地与澳门科技合作委员会第十二次会议”。

泛珠等区域合作　对黑龙江合作方面，1月底、5月初，组队两批次赴黑龙江相关地市调研，并牵头协调双方科研单位签订合作协议5份；全年组织五批次25名黑龙江孵化从业人员在广东免费培训。5月，省科技厅协助黑龙江科技厅在广东省举办“黑龙江省提升科技创新能力培训班”。9月下旬，省科技厅厅领导带队分别在哈尔滨、双鸭山、佳木斯布局协助建设孵化器，共签订合作协议7份，形成多渠道支持孵化器建设的共识。12月中旬，应黑龙江省孵化器联盟邀请，广东省孵化器协会组织5名中高级孵化导师赴黑龙江帮助授课培训。对内蒙合作方面，6月，发布关于征集广东、内蒙古科技合作项目的通知，共征集有合作意向92项，涉及25所院校及附属医院、13个企业，有79名专家（或团队）参与；内蒙古科技厅同步启动项目征集工作，共征集近100项有意向与广东对接的项目。8月，广东省科技调研团一行57人由省科技厅主要领导带队，分赴内蒙古自治区呼和浩特市、包头市、巴彦淖尔市和乌海市开展科技交流和产业对接，考察15个单位，双方61家单位签署共计36项合作协议。在泛珠三角区域，上半年福建省科技厅、广西壮族自治区科技厅主要领导分别带队到广东省科技厅座谈调研。6月，云南省第四届“科技入滇”及招商引资小组赴广东开展“科技入滇”推介对接活动，与省科技厅就合作事项进行座谈，省科技厅发动相关企业开展与云南合作。9月中旬，第6届中国—东盟技术转移与创新合作大会在广西南宁开幕，王瑞军厅长代表广东省科技厅与广西壮族自治区科技厅签署两省区科技合作协议，开启两省区面向东盟国家的全面科技合作。11月22日，参加在长沙举行的第十六届泛珠科技合作联席会议。

（许 哲）

【民间跨境科技交流合作】 2018年，广东深入学习贯彻习近平总书记视察广东重要讲话精神，落实国家“一带一路”战略，不断加强国际和地区间的科技创新交流与合作，致力于打造粤港澳大湾区国际科技创新中心，建立区域创新体系，提升区域内科技整体水平，促进高新技术及其产业化的发展，组成区域产业协作和战略联盟，为粤港澳大湾区内社会经济发展提供科技支撑。通过加强民间渠道开展的科技交流与合作日趋成熟频繁，依照“优势互补、注重实效、互利互惠、合作发展”的原则，稳步推进科技交流与合作的各项工作，通过“引进来”和“走出去”推动经济转型升级，为建设科技强省加速助力。

跨境科技交流合作 据不完全统计，在政府间国际（地区）科技合作框架下，2018年广东省内由民间组织或承办的重要与跨境科技交流活动有60多场次，其中包含来粤开展的国际科技交流合作活动（见表8-3-1）和赴境外开展的科技交流合作活动（详见表8-3-2）。

表8-3-1 来粤开展的重要境外科技交流活动

序号	活动名称	时间地点	活动简介
1	巴基斯坦驻华大使率代表团到访华南理工大学	3月13日 广州	巴基斯坦驻华大使马苏德·哈立德、巴基斯坦驻广州总领事阿里·艾哈迈德·阿伦等一行到访华南理工大学。双方就在科技、工程、信息技术等领域开展进一步合作，在“一带一路”倡议的框架下，推动中巴经济走廊的建设、推动两国教育与科技合作进行交流。
2	中荷智能和绿色交通技术研讨会：聚焦未来技术	4月10日 广州	该研讨会由荷兰驻广州总领事馆和广东省科学技术厅共同举办。20余家荷兰智能交通领域的企业与20余家中方企业、大学和科研机构代表进行了交流和探讨合作。研讨会上，参会机构就智慧交通与绿色交通领域的创新技术开展讨论和交流。超级高铁、载人小型飞行器等替代交通模式将成为技术亮点，车联网（INTERNET OF CARS）、智慧交通技术、智能汽车生态系统及人工智能等新型行业也成为热议焦点。荷中两国的政府机构、相关领域专家及领先企业代表共计100余人共聚一堂，共商未来新型交通枢纽的发展及城市交通出行方案。
3	华南理工大学-香港科技大学联合研究院2018年首期“海内外优秀青年学者论坛”	4月17日 广州	华南理工大学—香港科技大学联合研究院举行了2018年首期“海内外优秀青年学者论坛”。来自美国西北大学、新加坡科技研究局材料与工程研究院、英国帝国理工学院、香港科技大学、美国西北太平洋国家实验室、澳大利亚国家健康医学研究会和加州大学洛杉矶分校的7位海外优秀青年学者做学术报告，研究院相关负责人及师生50余人聆听了报告。
4	“三地智库对谈——国际一流湾区和世界级城市群：粤港澳大湾区的使命和愿景”	4月26—27日 珠海	该对谈会由中央政府驻港联络办研究部、广东省人民政府港澳事务办公室、中山大学粤港澳发展研究院联合主办，来自内地、香港和澳门30家智库机构的专家学者出席本次对谈会，全国人大常委会港澳基本法委和国务院港澳办的有关同志列席本次会议。对谈会采取“实地考察+闭门研讨”的方式，分别聚焦粤港澳大湾区的基础设施、经济产业合作、民生工程等关键性问题进行了闭门研讨。

（续上表）

序号	活动名称	时间地点	活动简介
5	广东—艾伯塔国际技术合作伙伴对接研讨会	5月11日 广州	该研讨会由广东省科学技术厅与加拿大艾伯塔省经济与贸易发展部共同主办、广东省科技合作研究促进中心与加拿大艾伯塔省政府驻广州办事处、加拿大驻广州总领事馆承办。来自加拿大艾伯塔省的创新企业代表团和广东省科研机构及企业近100人参加会议。来自加拿大的13家机构代表就信息通讯技术、人工智能、先进制造、新材料等方向进行项目推介。
6	白俄罗斯科学院第一副主席谢尔盖·齐日科一行到访省科技厅	5月17日 广州	白俄罗斯科学院第一副主席谢尔盖·齐日科和白俄驻广州总领事奥尼德·巴加诺夫斯基一行到访省科技厅。双方就建立未来5年双方新的常态化工作机制，共同推进在新材料、信息技术、生物医药等重点领域的基础和应用基础研究、技术转移和成果转化、以及科技人才交流等方面合作进行了交流。
7	2018年广州科技创新活动周两岸及港澳地区科普论坛	5月20日 广州	该论坛由中国科学技术交流中心、广东科学中心主办，广州市科技创新委员会、广州市科技进步基金会支持，粤港澳大湾区文化教育交流中心、广州科普联盟承办。论坛以“科学创新·探索引领” 为主题，旨在分享和交流四地各具特色的科学研究、科普理念、经验和做法。来自台湾、香港、澳门、陕西和广州的五位科普专家分享了各自研究领域科学传播新成果和新观点，吸引了来自各地科普场馆、科研单位和高校数百观众。
8	中日青年科技人员交流计划日本访华团在广东访问活动	6月27—30日 深圳、广州	43家外方机构、3家中方机构参加考察活动。
9	第四届中以科技创新投资大会	7月2日 珠海	大会由国家发展和改革委员会国际合作中心、以色列国驻广州总领事馆、珠海市人民政府主办，主题为“创新合作，智绘粤港澳大湾区美好未来”。中以两国2 000多家企业、5 000多名各界精英参会。现场签约的15个重点项目涉及投资基金、高端制造、现代农业、通信技术、产业园区等多个领域。珠海（中以）创新驱动企业联盟和中以科技创新知识产权交易平台也在会上揭牌仪式和中以科技创新知识产权交易平台上线仪式同期举行。此次参加B2B洽谈的中方企业1 099家、以方企业123家。大会还举办了大咖演讲、企业路演、主题圆桌论坛等系列活动。其中，近20场的主题演讲，涉及中以创新合作、智能科技等热点话题。
10	粤港澳高校联盟2018年大学校长高峰论坛	7月9日 广州	以“时代机遇·大学使命”为主题举行两轮大学校长圆桌论坛，粤港澳三地28所联盟成员高校与相关政府部门代表共约200人参会。论坛还举行了“粤港澳超算联盟”创盟揭牌仪式。粤港澳超算联盟由中山大学、华南理工大学、暨南大学、广东工业大学、香港大学、香港科技大学、香港中文大学、香港理工大学、澳门大学等九所高校共同发起，旨在发挥“天河二号”超级计算机的创新驱动作用，汇集粤港澳超算应用机构，带动创新超算应用发展，培养高水平超算软件开发与应用人才，推动三地共同助力粤港澳大湾区科技创新中心的建设，提升区域协同创新合作层次和水平。

（续上表）

序号	活动名称	时间地点	活动简介
11	第四届东盟国家口腔医疗技术国际培训班	8月16日 广州	来自南方医科大学、南方医科大学口腔医院、广东省科技合作研究促进中心、缅甸、马来西亚、菲律宾等代表参会。培训增进中国与东盟各国在先进适用技术上的交流与合作，促进国内牙科设备和技术在东盟国家的推广应用。
12	德国航空航天中心项目管理署代表到访省科技厅	9月6日 广州	德国航空航天中心项目管理署（DLR-PT）亚太合作处处长Gerold Heinrichs一行到访省科技厅，就通过DLR-PT进一步推动广东与德国科技合作，下一步务实合作的合作方向和模式进行广泛探讨。
13	联合国科技促进发展委员会代表团到访省科技厅	9月9日 广州	联合国贸易和发展会议（UNCTAD）技术与后勤司司长、联合国科技促进发展委员会（UNCSTD）秘书处负责人莎米卡·西里曼纳女士一行到访省科技厅，双方就联合国科技组织与广东省开展更紧密的合作进行了深入探讨。
14	粤港澳大湾区·广州论坛（2018）——合作·发展·创新	9月10日 广州	该论坛由广州市港澳办、中山大学粤港澳发展研究院共同主办，中山大学党委书记、粤港澳发展研究院院长陈春声以及来自粤港澳大湾区的专家学者、政府官员、业界代表等100多人出席论坛。论坛期间，举行了粤港澳发展研究院与广州市港澳办共建穗港澳区域发展研究所挂牌仪式，以及广州市穗港澳合作交流促进会揭牌仪式。两个机构成立旨在通过校地合作的方式提升穗港澳合作研究，服务粤港澳大湾区发展大局。
15	面向可持续发展的科技创新与管理培训班	9月10—21日 广州	该培训班是为落实科技部与联合国科技促进发展委员会（UNCSTD）的合作承诺，由国家科技评估中心主办、广东省技术经济研究发展中心协办。来自南非、泰国、印度、伊朗等11个发展中国家的13名高级政府官员和专家参加了本次培训。本次培训班是我国首次与联合国科技促进发展委员会联合举办的培训班。
16	2018中国（广州）新一代人工智能发展战略国际研讨会暨高峰论坛	10月24日 广州	十三届全国政协副主席、致公党中央主席、中国科学技术协会主席万钢，科学技术部党组成员陆明，广东省副省长黄宁生出席开幕式并致辞，专家代表约1 000人参会。会上，国家神经元网络智能超算平台东莞中心等8个项目举行了重大项目签约及广东省人工智能平台授牌仪式。国际人工智能联合会理事会主席杨强、中国工程院院士吕跃广等多位人工智能领域顶尖的科学家进行了主旨演讲。
17	联合国科技促进发展委员会主席蔡阿民来访省科技厅	10月25日 广州	联合国科技促进发展委员会（UNCSTD）主席蔡阿民教授到访省科技厅。双方就联合国科技促进发展委员会与广东省开展更紧密的合作、广东省科技厅与奥地利哈根堡软件技术中心开拓合作两方面进行了广泛探讨。
18	第三届中英创新与发展论坛	11月1日 广州	该论坛由中国科学院科技战略咨询研究院、牛津大学技术与管理发展研究中心、广东省科学院、科技部中国科学技术发展战略研究院、英中贸易协会共同主办，这也是该论坛首次在中国举办。来自中英两国高校、科研机构、政府和企业界的百余位代表参加论坛。

（续上表）

序号	活动名称	时间地点	活动简介
19	广东省科技厅与澳大利亚昆士兰科技大学续签合作谅解备忘录	11月12日 广州	续签备忘录，扩展合作领域。确定了双方在2018—2023年间的合作方向和形式。
20	第十一届广州国际干细胞与再生医学论坛	11月26—28日 广州	该论坛由中国科学院、广州市科技创新委员会、中国细胞生物学学会再生细胞生物学分会等主办，来自中国、美国、英国、德国、加拿大、澳大利亚、西班牙等海内外一批知名干细胞与再生医学专家和科技人员参会。围绕prime-naive 多能性、重编程与多能性、干细胞技术、发育与分化、转化医学和疾病模型、RNA生物学和表观遗传学、干细胞在神经疾病中的现状等话题，国内外本领域的49位知名专家做出了精彩的报告，与参会者展开深入的交流和讨论。
21	内地与香港科技合作委员会第十三次会议	12月4日 广州	委员会内地方主席、科学技术部副部长、国家外国专家局局长张建国与香港方主席、香港特区政府创新及科技局局长杨伟雄分别率领两地科技代表团出席会议，广东省副省长黄宁生出席会议并致辞。内地及香港共25家机构，60多人参会。双方代表分别就有关工作进展进行了汇报，并就如何进一步深化两地科技创新合作交流了看法，形成了多项有益建议。最后，会议审议通过了委员会上一年度工作报告，以及委员会2018—2019年度工作计划。
22	白俄罗斯国家科学院苏卡洛·亚历山大·瓦西里耶维奇副院长一行到访科技厅	12月20日 广州	白俄罗斯国家科学院苏卡洛·亚历山大·瓦西里耶维奇副院长和白俄罗斯驻广州总领事馆巴加诺夫斯基·莱奥尼德总领事一行到访省科技厅。双方进一步加强交流，充分发挥双方的优势，在基础研究、技术转移、人才交流等方面实现更大合作。

表8-3-2　赴境外开展的科技交流合作活动

序号	活动名称	时间地点	活动简介
1	组织赴美国参加“应用研发创新及孵化育成体系建设”培训	1月14日—2月3日 美国	本次培训理论分享与互动交流相结合，为开展研发创新与孵化育成工作提供思路和借鉴，对提高科技成果转移转化质量与效率具有重要意义
2	中山大学参加美国与粤港澳大湾区生物科技和转化医学合作备忘录签署仪式	2月2日 香港	中山大学、香港理工大学、深圳大学、澳门科技大学、美国纽约州立大学水牛城分校、美国罗斯维尔帕克癌症研究所等签署合作备忘录，将在生命科学和转化医学领域开展科研和人才培养等方面的合作。

（续上表）

序号	活动名称	时间地点	活动简介
3	“国际技术转移服务体系建设”培训	4月22日—5月5日 英国	由广东省科技厅组织政府、高校、科研院所及服务机构等赴英培训，旨在挖掘英国技术转移方面的有效措施，提高科技成果转移转化质量与效率。
4	第27届日本东京国际环保展览会（N-EXPO）及技术对接交流活动	5月21—25日 日本	科研院所、高校相关人员参与了对接活动。本活动旨在落实广东省科技厅与日本近畿经济产业局框架合作协议，推进与关西亚洲商务交流。
5	2018年广东省专业镇交流活动	6月11—15日 香港	省级专业镇、政府、高校、高校研究机构、企业等参与活动，了解香港协同创新服务平台的管理及运营模式，挖掘合作潜力。
6	中山大学校友国际科技文化节顺利举行	6月16—17日 美国	该科技文化节是中山大学历来在海外规模最大，层次最高，参与人数最多的校友活动。中国驻旧金山副总领事查立友，中山大学副校长王雪华、海内外杰出校友和企业家、中山大学校友总会、粤港澳发展研究院、美国亚洲协会北加州分会、广东省市代表、当地名流贤达、全球各地校友会代表和各校友会代表等近千人参与了本次科技文化节。活动为期两天，包含了粤港澳湾区和旧金山湾区互动发展论坛、中山大学国际人才招聘会、中山大学校友首届全球创新创业大赛（决赛）等5个模块，主题为“对话两大湾区，联结全球校友”。为校友活动如何与国家战略、区域合作、学校发展紧密结合做了一次开创性的有益尝试。
7	广东省农科院赴斯里兰卡开展农业科技交流	6月25—29日 斯里兰卡	广东省农科院院长陆华忠率院科研管理部、果树所、蔬菜所、茶叶所等负责人一行访问斯里兰卡，开展农业科技交流与合作，通过交流与探讨，双方在茶叶、果树、蔬菜、水稻、植物保护等领域达成了合作意向。
8	2018年产业集群科技创新服务交流活动	6月25—29日 香港	政府、高校、创新平台高校研究机构、科技企业等参加活动，了解香港协同创新服务平台的管理及运营模式及成效。
9	广东省科学院一行访问乌克兰国家科学院	9月6—7日 乌克兰	广东省科学院党委书记、院长廖兵率团一行对乌克兰国家科学院访问。将科技合作向多个学科技术领域拓展，促进中乌科学家、科研团队间的合作研发与技术成果培育孵化，推动更多先进技术在广东落地转化。

（续上表）

序号	活动名称	时间地点	活动简介
10	北欧智慧城市博览会及世界绿色论坛布鲁塞尔峰会交流活动	9月23—30日 挪威、比利时	高校、科研院所、生产力促进中心相关人员参加活动，拓展和深化广东省与北欧的科技创新合作、促进科技成果产业化。
11	广州地理研究所与老挝国立大学签署学术合作协议备忘录	12月20—23日 老挝	广州地理研究所一行赴老挝开展学术交流合作研讨，开拓广州地理研究所在东南亚地理领域的研究，提升该所国际学术影响力。

科技合作基地建设　2018年1月18日，广州市科技创新委员会、广州开发区管委会、美国斯坦福国际研究院、美中硅谷协会在广州开发区举行广州斯坦福国际研究院项目签约及揭牌仪式。广州斯坦福国际研究院将组建项目引进、技术研发、创新培训、风投基金、行政管理等五大中心，聚焦广州市重点发展的IAB、NEM 等产业领域，引进国际先进技术与成果，围绕广州产业需求开展技术研发，将优秀初创项目送入美国培训加速，并将成立首期规模为10 亿元的广州斯坦福创新成果转化基金，争取打造成为吸引和汇聚国际顶尖科技和人才资源的重要平台。

“广东省科学技术厅与澳门科学技术发展基金科技创新交流合作的安排”签署仪式在广州举行。未来5年内，两机构将在生物医药（中医药）、电子信息、节能环保、智慧城市、海洋等领域开展科技创新交流与合作。

科技部公布2017 年度获批的国家国际科技合作基地名单，由广东省焊接技术研究所（广东省中乌研究院）组织申报的“中国—乌克兰巴顿焊接研究院国际科技合作基地”正式获批。

3月28日（美国当地时间），广州广电研究院有限公司与广州斯坦福国际研究院有限公司在美国硅谷签署“合作意向书”。本次合作旨在开启广电研究院、广州无线电集团与美国斯坦福大学开展成果转化、国际合作、国际培训与交流，发挥各方优势，实现共同发展。

5月6日，中荷新材料高峰论坛暨华南师范大学—格罗宁根大学分子科学与显示技术国际联合实验室揭牌仪式在华南师范大学举行。组建华南师范大学—格罗宁根大学分子科学与显示技术国际联合实验室，旨在汇聚一批诺贝尔奖获得者和诺贝尔奖评委级别的世界顶级科学家、学术大师，重点布局“软物质材料机器人”“多功能储能材料”“智能涂层”“显示技术”等4个研究方向，结合华南师范大学已有科研团队，强化基础研究，提升原始创新，催生成果转化，引领广东乃至全国在相关领域的发展，促进产业转型升级。该实验室由华南先进光电子研究院院长周国富教授担任中方主任，格罗宁根大学教授、2016年诺贝尔化学奖得主Bernard L. Feringa（伯纳德.L.费林加）担任荷方主任。

5月31日，中山大学生物无机与合成化学教育部重点实验室与澳门大学应用物理及材料工程研究所在澳门大学签署合作备忘录，共建教育部联合重点实验室。本次共建教育部联合重点实验室为“粤港澳大湾区”国家战略在教育与科技领域的协同创新发展提供了一种新的合作模式，两校的深度合作将是大湾区内高校跨境合作的典范。

8月6日，广州中以生物产业孵化基地启动暨首批合作项目签约仪式在广州国际生物岛举行。中以生物产业孵化基地、广州国际生物岛科技投资开发有限公司分别与以色列GLK 投资有限公司、暨南大学、合景泰富集团等共同签署战略合作备忘录，依托各方优势，在生命科学和健康服务领域开展深度合作。

11月14日，中国工程院和广东省政府共建中国工程科技发展战略广东研究院签约活动在深圳举行。中国工程科技发展战略广东研究院是公益性、咨询性学术机构，是省院共建的高端智库。研究院将凝聚院士专家智慧，紧扣国家重大战略部署，聚焦广东经济社会发展的全局性重大科技战略，围绕广东重点领域、重点行业的工程科技问题，组织开展战略性、前瞻性、系统性研究，服务粤港澳大湾区建设、国际科技创新中心建设，助推高质量发展。

国际科技展览　2018年，由广东省科技合作研究促进中心主办的国际性专业科技展览面积达24万m^2，来自全球20多个国家和地区3 300多家企业参展，接待观众近14万人；同期举近300场专题技术研讨会与学术论坛，约有90多个国家和地区的1.6万多名专业人士与会（见表8-3-3），其中，华南口腔展规模已突破55 000m^2，成为亚太地区口腔行业标杆展会；专业音响灯光展规模全球第1，成为行业展示和交流的重要平台之一；国际乐器展近年发展迅速，规模已达40 000m^2，居全国第2。几大展会影响力不断增强，有效推进科技成果产业化、市场化步伐。

表8-3-3　省科技合作研究促进中心主办的国际性专业科技展览

序号	展会名称	举办时间	活动概况
1	广州国际分析测试及实验室设备展览会暨技术研讨会	3月28—30日	围绕“科技驱动，创建未来”的主题，云集逾415家分析仪器及实验室设备企业展示分析测试领域前沿的技术研究成果，展会期间迎来8 257位专业观众进场参观，同期举办四大主题共61场研讨会。
2	第23届华南国际口腔医疗器材展览会暨技术研讨会	4月4—7日	展览面积达55 000 m^2，942家来自全国各地20多个国家和地区的展商集中展示最新牙科制造技术及世界顶尖牙科品牌和产品。吸引来自100多个国家及地区54 000多名专业人士与会。展会同期举办189场高技术研讨会。
3	第16届中国（广州）国际专业音响展览会	5月10—13日	来自25个国家和地区1 350家企业展示高端多元的专业音响、灯光、舞台产品和设备，75 993名专业观众（含同期乐器展）莅临现场参观采购。同期举办25场高端研讨会。
4	第15届中国（广州）国际乐器展览会	5月10—13日	三大展馆荟萃625多家展商，集中展示乐器技术、产品信息、行业动态，吸引75 993名观众（含同期音响展）慕名而来。同期举办了19场专业研讨会。

（张　郁）

地市科技发展

广州市

【概况】 2018年，广州市聚焦和参与国家、省重大科技战略，以创新驱动“八大举措”为抓手，深化科技体制机制改革，加强基础研究和关键核心技术攻关，布局建设重大创新平台，培育壮大科技创新企业，优化创新创业生态环境，积极共建粤港澳大湾区国际科技创新中心，建设科技创新强市。广州市入选英国《自然》杂志全球科研城市50强（排名第25位）。科技创新工作主要表现为“两个率先”“三个一批”“四个突破”。

两个率先：率先在全国探索制订合作共建新型研发机构经费使用“负面清单”，放宽科技经费使用门槛，赋予科技项目负责人更大支配决策权。率先出台《珠三角国家自主创新示范区（广州）先行先试的若干政策意见》。

三个一批：一批重大创新平台布局建设。广州再生医学与健康广东省实验室加快建设；南方海洋科学与工程广东省实验室正式揭牌；广东省新一代通信与网络创新研究院启动建设；冷泉生态系统、人类细胞谱系等重大科技基础设施加速布局。一批重大科技成果涌现。广州市有21项成果获国家科学技术奖，占全省获奖总数的47%，其中7项由广州市单位或个人牵头完成；华南理工大学承担的“分子聚集发光”基础科学中心项目成为国家自然科学基金委迄今最大资助项目。一批高水平创新人才和团队成长壮大。施一公、王晓东、袁玉宇等成为广州创新的标杆领军人物。

四个突破：新增高新技术企业超过2 000家，总数突破1.1万家，居全国第3；科技创新企业超过20万家。4亿元规模的科技型中小企业信贷风险补偿资金池撬动银行贷款突破100亿元，全国同期规模最大。技术合同成交额从2017年的357亿元翻番至2018年的719亿元，实现重大突破。科技工作局面上有新突破，广州高新区纳入科技部世界一流高科技园区建设序列，广州开发区在国家级经济技术开发区考核评价榜单中科技创新排名全国第1，火炬统计工作连续8年获科技部表扬。

【科技政策环境】

创新政策研究与制定 广州市完成制定《珠三角国家自主创新示范区（广州）先行先试的若干政策意见》，围绕跨境投融资、特殊物品进出口、高层次人才出入境、新型研发机构税收减免等多项制度大胆先行先试，提出具有突破性意义的举措；完成制定《广州市鼓励创业投资促进创新创业发展的若干政策规定》，其中有4条举措是结合广州市创新重点工作，提出了其他省市未见有的特色政策；完成制定《广州市建设国际科技产业创新中心三年行动计划（2018—2020年）》，结合广州市改革创新实际和科技创新发展规律，提出独具特色的四大推进机制，全面部署提升创新能力的五大重点行动，还明确了制度、人才、资金、用地、文化等五大保障措施，形成了广州市对接国家粤港澳大湾区建设规划，打造国际科技产业创新中心的“施工图”；研究制定《广州市合作共建新型研发机构经费使用“负面清单”（2018年版）》，科技经费“负面清单”在国家层面还未有过，在其他省市中文件也未出台有具体文件，因此“负面清单”正式出台后将是走在全国前列的，是先行先试的大胆探索。

科技地方性法规、政策文件修订、立法评估 对《广州市促进科技成果转化实施办法》及《广州市高校、科研院所科技成果使用、处置和收益权改革实施办法》等专项政策开展了调查评价，对全市范围内高校、科研院所和企业等单位开展了问卷调查，组织高校、科研院所、企业的专场研讨会，修改形成《广州市促进科技成果转化政策评价报告（初稿）》。完成新修订文件4件：《广州市高新技术企业树标提质行动方案（2018—2020年）》《广州市珠江科技新星项目管理办法》《广州市科技企业孵化器和众创空间管理办法》《广州市科技企业孵化器和众创空间后补助试行办法》。

政策文件清理　2018年共清理现行有效的政府规范性文件3件、部门规范性文件21件、以市政府（或授权市政府办公厅）名义印发的其他政策措施8件、以部门名义印发的其他政策措施10件，对全部存量完成了公平竞争审查。同时，市科技创新委对本部门组织实施或者牵头起草的4项地方性法规、4项政府规范性文件和24项部门规范性文件是否不利于民营经济发展进行自查清理。修订《广州市科技创新与人才政策简明手册》（2018年版），编制《科技创新法律、法规、规章、规范性文件选编》，2018年共编印政策宣传材料5 500册（《简明手册》5 000册、《文件选编》500册）。

政策宣传和实施　2018年，广州市启动了《广州市企业研发经费投入后补助实施方案》修订工作，大幅简化程序、增加了根据企业研发占比设置补助标准的规定、调整了补助计算依据适用范围、调整了补助标准。广州市科创委联合广州市税务局赴全市11区召开政策巡回宣讲会，宣贯国家、省市的企业研发优惠政策，参会企业超过2 800家，培训人数超过4 000人次。同时，市科创委继续积极配合市税务局对企业研发费用加计扣除项目进行鉴定，组织专家对市税务局转交的247家企业共计1 230个研发项目进行了鉴定，其中通过鉴定项目1 006个，通过率为81.79%。

【科技投入】　2018年全市财政对科技投入经费总额163.67亿元，比上年下降4.43%。市本级财政对科技投入经费总额47.32亿元，占一般公共预算支出比例为5.45%。其中，归口市科技创新委管理的科学技术投入经费总额30.47亿元，包括技术研究与开发经费28.95亿元，主要用于支持企业创新、基础研究、创新平台建设、营造创新环境等方向，支持方式包括前期资助、后补助、科技金融等，形成结果导向、市场导向的投入模式。

【科技计划项目】　2018年，广州市组织实施科技型中小企业技术创新计划、产业技术重大攻关计划、民生科技攻关计划、科学研究计划、创新平台建设计划、创新环境建设计划、对外科技合作计划、企业创新能力建设计划、科技企业孵化器与众创空间建设计划、科技与金融结合计划等科技计划，共安排财政科技计划专项资金31.76亿元。2018年共征集项目4 898项，其中竞争性项目3 132项、普惠性政策补助1 766项。通过发挥财政科技专项资金的引导和杠杆作用，进一步推动科技与产业、平台、金融、知识产权、人才、民生和国际合作相结合，有效支撑创新驱动发展战略的实施。

【新型研发机构】　2018年8月，广州市出台《广州市鼓励创业投资促进创新创业发展若干政策规定》，明确“支持创业投资类管理企业与运营良好的在穗备案的产学研协同创新联盟、新型研发机构共同设立创业投资基金”及“创业投资类管理企业与广州市市级以上新型研发机构共同设立创业投资基金的，新型研发机构实际出资额应不少于基金总额的5%”。

截至2018年12月，广东省已分3批认定省级新型研发机构，第一批广州共有28家单位获得认定（广东省124家），数量居全省首位；第二批广州市共有16家单位获得认定（广东省46家）；第三批共有8家单位获得认定（广东省39家），总数继续保持广东省首位，优势进一步凸显；第一批广州市认定的28家单位在2018年动态评估中通过26家。据统计，2018年，广州市拥有省级新型研发机构50家，居广东省第1，累计孵化创办企业570家、服务企业超过28 000家，新增成果转化与技术服务收入132亿元。

【独角兽企业发展和培育】　从2017年开始，在广州市科技创新委员会指导下，广州市科技创新企业协会、《快公司Fast Company》杂志社等单位开始联合举办“发现广州独角兽创新创业企业”活动，挖掘广州地区“独角兽”企业、“未来独角兽”企业，并从大数据、云计算、信息技术、物联网、生物医药、人工智能、智能硬件、新能源、新材料、先进制造等产业领域寻找创新性强、增长速度快、发展潜力大的“高精尖”企业，形成上述3个榜单，并向社会发布。

该活动已举办2届，2017年上榜独角兽企业7家，未来独角兽企业20家，27家企业合计估值190.97亿美元；2018年上榜独角兽企业9家，未来独角兽企业20家，29家企业合计估值276.92亿美元。2017年上榜未来独角兽创新企业有2家在2018年成长为独角兽创新企业。广州橙行智动汽车科技有限公司、广州创显科教股份有限公司、名创优品股份有限公司等3家上榜企业，2018年估值成长率分别达到583.79%、359.35%、170.41%，上榜企业向新兴产业和技术前沿领域发展趋势明显。2017年上榜企业主要集中分布于电子商务、大数据、交通出行、文化娱乐和大健康领域，2018年上榜企业已向人工智能、云计算、生物医药、电子商务等领域扩展。

【创新平台建设】

重点实验室 截至2018年年底，广州市已建有国家重点实验（含企业重点实验室）19家，其中学科类重点实验室12家，企业类重点实验室5家，省部共建重点实验室2家，覆盖地学、农业、矿产、能源、工程、材料、生物、医学和先进制造等多个领域；省重点实验室共221家，其中学科类188家，企业类33家；广州市重点实验室156家。

重大创新平台 广州再生医学与健康广东省实验室建设进展顺利，印发《广州再生医学与健康广东省实验室创新发展的若干政策》，20名学术委员会专家中有12位院士，裴钢、钟南山院士等一批国内外高水平研究团队加入，在《细胞》《自然》等期刊发表8篇高水平研究成果。南方海洋科学与工程广东省实验室加紧筹建，广东省新一代通信与网络创新研究院启动建设，邬江兴院士获聘首席科学家。新型地球物理综合科学考察船获批建设，冷泉生态系统、人类细胞谱系等重大科技基础设施启动预研。

在2018年11月TOP500组织公布的最强大超算中心（Dominate Sites）排名中，国家超算广州中心紧随美国四大国家实验室超算中心排名世界第5，成为进入该排名唯一的中国超算中心。通过技术创新和精细化、规范化、标准化的系统管理，7×24小时全系统监控与技术支持等，超算中心的运行效益继续稳步提升。目前，“天河二号”系统日均作业量超过4万个，平均资源利用率稳定在70%，最高超过85%，直接用户超过3 600家，间接用户数量超过30万，是世界上用户数量最多、应用范围最广的超算中心之一。中心服务收入屡创新高，2018年合同总额达1.27亿元。

为以“超算+”赋能广州各领域的科技创新，中心精心打造了天文地球物理、大气海洋环境、生物医药健康、先进制造、新能源新材料、人工智能与智慧城市六大面向领域的应用服务平台，搭建起国产超算应用与系统的高速桥梁，加速前沿科学研究取得突破性成果，支撑重大工程应用实现跨越式进展，助推战略新产业实现可持续发展。比如：超算中心支持广州市气象局准确预报2018年6月“艾云尼”、9月“山竹”两大超级台风对广州市生产生活影响情况，为大亚湾核电站提供台风路径的迁移过程及相应时间，最大程度降低了防护成本。中山眼科中心依托“天河二号”打造的“人工智能眼科医生”已投入门诊应用，准确率媲美专家级医生。广州市公共资源交易中心竞价桌面云系统成功部署到超算中心云平台，为广州市多次重大土地拍卖做出贡献。通过与企业需求的深入挖掘，超算中心服务的本土企业已超过280家，为广州市先进制造业、新文化产业、新能源产业等战略产业发展提供加速引擎，提高生产效益。比如：超算助力广汽的车辆设计仿真规模和效率大幅提升，一年可为广汽实现成本节约增效超1.56亿元。小鹏汽车利用“天河二号”开展自主品牌新能源汽车的优化仿真设计，大幅缩短新车型设计周期，并于2018年推出首款量产车型G3。广州东方电气依托“天河二号”完成了核电热交换器的仿真分析，加速推动我国四代核电技术走在世界前列。广州建通测绘在超算上首次实现地理测绘实景3D建模业务级稳定运行，一周内完成过去一个月工作量，顺利完成5个项目共245km^2的实景三维建模任务。

面向国家和地方的科技发展战略，超算中心2018年新立项各级重点科技项目或课题共16项，其中国家级重点项目与课题9项。紧跟粤港澳大湾区发展战略，2018年7月，超算中心发起成立了粤港澳超算联盟。截至2018年年底，超算联盟的成员包括中山大学、香港中文大学、香港大学、香港科技大学等9所湾区高校，超算中心通过联盟服务的港澳地区超算用户已超过200家。

技术研发平台　新增省级新型研发机构5家，总数达到50家，增量与总量均居全省第1。依托省级新型研发机构建成国家级创新平台27个、省级创新平台95个，成果转化及技术服务收入超过132亿元。由广州市、中科院合作共建的广州生物医药与健康研究院“EMT-MET驱动的细胞命运决定”项目获得2018年度国家自然科学奖二等奖。广东工业大学获批建设精密电子制造技术与装备国家重点实验室。

【广州产学研协同创新联盟】　2018年，围绕IAB、NEM等广州市战略性新兴产业领域，推动企业牵头，联合高校、科研院所、中介机构等新组建产学研技术创新联盟26家。截至2018年年底，已组建166家产学研技术创新联盟，成员达2 100家，涵盖了新一代信息技术、人工智能、生物医药、农业、环境保护、新能源和高效节能、新材料、建筑、成果转化服务等领域。经统计，各技术创新联盟内企业与高校、科研院所合作开展重大技术攻关超过500项，进行转化和产业化的成果400多项，产生的销售收入近300亿元，争取国家、省、市科技计划立项191项、获得科技奖励114项，获批或维持的国家、省、市工程（技术）研究中心或重点（工程）实验室、孵化器、新型研发机构、检验检测公共服务平台等创新平台217个，知识产权申请2 425项、授权945项，牵头或参与制定技术标准312项，产学研协同创新有力促进了产业创新能力发展。

2018年，广州产学研协同创新联盟办公室举办创新企业院校行活动4期，组织新一代信息技术、人工智能、大数据、智能制造、新材料、新能源等战略性新兴产业领域企业到华南理工大学、广东省科学院、广东工业大学、香港科大霍英东研究院参观学习、对接交流。据不完全统计，2018年，各联盟共组织峰会论坛210场，技术研讨会313场，交流对接、成果发布活动97场。

广州名优中成药产学研技术创新联盟　该联盟自2016年3月成立以来，通过整合广药集团有限公司及属下骨干企业强大的中药制造能力及完善的批发销售渠道、暨南大学等高校的中药研发能力、广州市药品检验所结构鉴定、质量检测及标准制定的技术优势和人才团队，整合中国中医科学院的中药质量控制技术国家工程实验室，建立产学研在战略层面有效结合的联盟，切实提高企业自主技术创新能力。2018年，联盟成员单位新增省级创新平台2家，科技部科技型中小企业认定1家，获得政府科技项目资助9项，联合开展技术攻关10项；申请专利33项，授权22项；获中国专利优秀奖1项，省级科技进步奖3项；参与制定中药材国际标准2项，广东省药材标准6项，主持团体标准1项。在人才培养方面，依托联盟内企业博士后科研工作站与联盟内高校联合培养博士后1名，1名博士后顺利出站。2018年，联盟企业销售收入达到54.71亿元，创造利润5.04亿元，产生了显著的经济和社会效益。

广州产学研协同创新联盟第三方检验检测产学研技术创新联盟　该联盟由金域医学检验集团牵头，9月，与广州呼吸健康研究院联合成立“临床呼吸道病毒诊断与转化研究中心”，并在该中心设立“院士工作站”。由钟南山院士牵头，联合香港大学、澳门科技大学，创建“大湾区粤港澳临床呼吸道病毒监测网”。10月，成功加入全球性医学诊断服务领导者战略联盟（简称“GDN”）。

广州产学研协同创新联盟建筑产业现代化产学研技术创新联盟　该联盟由广州建筑集团牵头，在全国建筑行业中形成了领先的“三全一体”广州模式：“三全”即全产业链整合能力、全类别装配式建筑建造解决方案、全过程信息化管控，“一体”是集团在消化吸收台湾润泰集团装配式建筑技术后，再创新形成的具有岭南特色的装配式建筑体系——广润体系。“再生混合混凝土结构关键技术及工程应用”，2018年荣获国家科技进步二等奖。联盟2017年共完成主编或参编的各级标准共5项，其中国家标准1项、行业标准2项、广东省标准1项。

机器人及智能制造产学研创新联盟　该联盟

组织的中国机器人产业创新峰会是国内机器人智能制造领域规模最大、最具影响力大型会议。联盟还召开了3次产学研对接会，组织了3场政策宣讲及培训会议，出版了4期《人工智能和智能制造》杂志。

广州市卫星导航与空间位置服务产学研技术创新联盟　该联盟由中海达卫星导航公司牵头，每年支持不少于20万元，用于联盟成员之间的交流，组织创新沙龙等活动，在成员单位之间互通有无、传播信息、激发灵感，培育浓厚的创新文化氛围，创新能力不断增强，科技成果取得突破。2018年发布自主产权的“恒星一号”芯片，在科技部推荐下参与进中国政府与UNDP共同推进的“一带一路”行动计划，成为“高精度位置服务协作网项目联合研究中心”的主要实施单位。

【高新技术产业园区】

华南新材料创新园　截至2018年年底，园内企业共518家，带动就业超5 500人。2018年促进园企接触点182次，产生交易额20 151 900元。

该园拥有自主知识产权的入驻企业约80%，2016—2018年知识产权申请和授权共2 646件，2018年知识产权新增申请量共382件，其中发明专利申请250件。截至2018年年底，企业发明专利累计授权357件。高层次创新、创业人才集聚：累计引入高层次海外归国创业人才70位，已经过国家、省、市认定的高层次创业人才近50位，其中国家级专家22位，省领军人才2位，市领军人才5位，区创业英才9人，区创业领军人才14人。高速增长的潜力企业涌现：高新技术企业122家，新四板挂牌企业79家，知识产权贯标企业67家，瞪羚企业累计7家，已上市企业3家。经济效益突出：园内企业2018年总销售收入超过34亿元，直接创造就业岗位超过5 500个。

广州番禺节能科技园　截至2018年年底，入驻园区的中小型企业1 455家，汇聚了4万多名本科以上青年创新人才，培养上市企业27家，园区被授予“广东省科技企业上市培育基地”称号。通过10多年的运营，园区逐渐形成了信息技术、新能源、节能环保三大产业集群，共占园区企业总数的90%（剩余10%为科技服务类企业）。

园区积极引入各类创新、创业资源，包括举办全国首届科技金融高峰论坛、第三届中国创新创业大赛（广东赛区）、国际孵化器运营管理高峰论坛等高端活动；扶持大学生创新创业，与省、市人社部门，南方人才市场共建“南方雏鹰大学生创业基地”，为大学生创客提供2年免费办公场地和创业项目孵化服务，从而在园区形成“创业苗圃—孵化器—加速器”的创业链条，辐射全省；引入全球CEO俱乐部、美国风险投资学院中国分院、黑马会、初心会、商界等创新机构，促进企业与市场对接，为园区“引资、引技、引智”落到实处。

留学人员广州创业园　截至2018年年底，以广州创业园为核心的广州开发区科技企业孵化器集群已建成91家科技企业孵化器，总孵化面积达478.65万m^2，其中国家级孵化器10家，省级以上孵化器22家，市级以上孵化器58家；累计建成33家创客空间，其中国家级创客空间9家，省级以上创客空间15家，市级以上创客空间27家。广州开发区已成为全省乃至全国创新创业孵化载体建设最为活跃的地区之一。在广州2018中国创新创业成果交易会上，首届中国孵化器50强评选名单出炉，开发区华南新材料创新园等3家孵化器获此殊荣，占据全市半壁江山。广州火炬高新技术创业服务中心等4家孵化器荣获国家级科技企业孵化器2017年度考核评价优秀（A类）表彰，占广州市获评优秀（A类）单位的80%。超过3 800家在园企业和超过850家毕业离园企业共同推动全区经济发展和科技进步。截至2018年年底，在园留学人员企业达195家。

2018年，广州创业园（广州火炬高新技术创业服务中心）继续充分发挥平台引领作用，面向孵化器集群举办专题培训活动近30次；2018年累计举办创业导师及各种培训活动逾30次。

广东拓思软件科学园　截至2018年年底，拓思软件科学园在园企业409家，总就业人数近8 000人。2018年，园区企业产值约53亿元，上缴税金约3.8亿元，培育创业板上市企业1家，区域资本市场挂牌企业3家，高新技术企业26家，科技型中小企业74家。累计成功培育上市企业8家，新三板挂牌企业7家，区域资本市场挂牌企业23家，高新技术企业150家以上，并培养了一批优秀企业家。近4年，拓思软件科学园在国家、省、市、区各级孵化器绩效考核中均获得优秀等级，其中在黄埔区孵化器考核中连续多年名列第1。

拓思软件科学园投资建立了以广东省软件共性技术重点实验室、广东软件科学园数据中心（IDC）和广东软件评测中心为依托的公共技术服务平台。通过整合高校以及科研院所资源，平台汇集国家“863计划”相关技术及成果，实现与全国其他国家863软件产业孵化器的互联互通与资源共享。平台成立至今累计为全省7 300多家软件企业提供信息系统工程验收测试、确认测试、信息安全测试、主机托管、IaaS云平台等技术服务共计18 065项。

经过10多年的建设运营，拓思软件科学园已经形成了较为完善的“众创空间—孵化器—加速器”科技创业孵化链条，并被认定为广东省首批科技创业孵化链条建设试点单位。2018年，借助华南技术转移中心的全面启动，拓思软件科学园进一步推动“源创平台”建设，将孵化链条前移，汇聚科技成果，加快成果转移转化，催生了一大批具有高科技含量的创业项目，逐步形成了“源创平台—众创空间—孵化器—加速器”新型科技创业孵化链条。

拓思软件科学园一直重视园区创业辅导工作的组织开展和质量提升。2018年，拓思软件科学园加大创业导师聘任力度，从高校、企业、行业组织、专业服务机构等多种渠道新聘请创业导师16人。

【孵化育成体系建设】　截至2018年年底，广州市共有科技企业孵化器335家，其中国家级孵化器26家，国家级孵化器培育单位41家；共有众创空间206家，其中国家级备案53家，省级众创空间试点单位37家；在孵企业9 445家，年度毕业企业765家，众创空间常驻创业团队数量3 351家。

相关政策制定　2018年，根据孵化器和众创空间的发展趋势，修订出台了《广州市科技企业孵化器和众创空间管理办法》和《广州市科技企业孵化器和众创空间后补助试行办法》，完善了孵化器和众创空间登记和市级孵化器认定的条件，更加符合广州市发展需求，重点对年度评价和认定情况给予奖励，形成孵化育成政策的3.0版本。结合广东省创新驱动发展“八大举措”中孵化育成体系建设的考核要求，修订了广州市科技企业孵化器和众创空间的绩效评价指标体系，引导孵化育成体系建设提质增效。

认定和评价情况　根据科技部火炬中心2018年公布的国家级科技企业孵化器考核评价结果，广州5家获A类评级。据广东省科技企业孵化器和众创空间运营评价结果，广州市27家孵化器获评优秀，居全省第1，16家众创空间获评优秀。2018年，广州市13家孵化器获认定国家级孵化器培育单位，5家众创空间获认定广东省众创空间试点单位。

孵化育成成果　一是创新创业大赛成绩突出。第七届中国创新创业大赛中，真微科技（广州）有限公司获得电子信息行业全国总决赛初创企业组第一名，钛动科技获得互联网行业全国总决赛二等奖；广州五六点教育信息科技有限公司获得第四届中国“互联网+”大学生创新创业大赛全国总决赛金奖；红船科技（广州）有限公司获得2018年“挑战杯·创青春”广东大学生创业大赛金奖。二是集聚了大量的优质项目和企业，获得资本市场的高度认可，大额股权投资屡见不鲜。2018年，路客民宿已成为民宿领域自营头部品牌，新一轮融资金额2亿元，估值6亿元；九尾科技（兼职猫）成功完成了C轮1.6亿元的总融资额；广州市君望机器人自动化有限公司获得1亿元股权投资；广州迈景基因医学科技有限公司4 000万元；探迹科技获得来自阿里巴巴、启明创投联合投资的4 000万元A轮融资等。

粤港澳、国际合作　粤港澳合作越来越紧密。粤港澳（国际）青年创新工场作为粤港青年创新创业基地，依托香港科技大学导师资源，开展系列国际化创业辅导，推动实施港澳青年学生实习就业基地“百企千人”计划。广州励弘众创空间有限公司与香港广州创新及科技协会签订了战略合作协议，将众创空间打造为香港广州创新及科技协会黄埔服务中心，为400+名香港创业企业会员服务。香港百达丰在黄埔区打造粤港澳大湾区青年创新创业基地&广州区块链国际创新中心。在天河区建立粤港澳大湾区创客空间联盟和港澳科技创新合作联盟，设立2家港澳青年之家创业基地。9月4日，2018广州天英汇国际创新创业大赛港澳赛区启动仪式在香港新纪元广场顺利举行。10月23日，由广州市番禺区人民政府主办，广州大学城管理委员会、广州大学城健康产业科技园投资管理有限公司承办，港大科桥有限公司为合作单位、广州百思壹刻信息科技有限公司为执行单位、数码港（香港）控股集团和香港青年创新创业协会为协办单位的“智能时代·桥接港澳”2018第五届粤港澳台大学生创新创业大赛香港赛区现场赛事在香港数码港成功举办。在海珠区与香港港岛青年商会、香港青年动力协会、澳门国际科技发展促进协会等港澳青年社团结成友好社团，结对合作促进交流。11月，市科技企业孵化协会组织10余家孵化器单位赴港与当地的孵化器和协会机构对接合作。

以点带面带动国际合作。天英汇创新创业大赛在9大海外城市举办分赛场，共收集631个优质国际项目，并与全球300家创新创业服务机构和200家资深投资机构展开深度合作。纳金科技孵化器与美国波士顿科技创投中心、麻省理工学院中国创新与创业论坛、俄罗斯喀山市青年创业联盟、新加坡人民协会青年运动组织等形成合作，对接项目落户广州。广州极地联合非洲中国合作与发展协会在摩洛哥菲斯举办2018中国摩洛哥“一带一路”创新创业对接洽谈会，启动中国与摩洛哥首个创新创业平台，并与摩洛哥著名孵化机构Bridges To The Future和Go 4 Work签约，在海外孵化基地建设、创新创业人才与项目交流等领域进行合作，与俄罗斯鞑靼斯坦共和国中小企业协会中俄合作中心、喀山国立动力大学达成合作，将在中俄创新创业人才与项目交流、引进、投资孵化等领域进行合作。积优联合孵化器建立中美联合设计中心，与美国100多家中小型企业合作交流。

【科技与金融】

科技创业投资　2018年小蛮腰科技大会继续落地广州，助力广州经济结构在国家政策指导下转型升级，打造广州科技创新“名片”。本次大会共吸引了35位著名投资人，约100名行业“大咖”，超过一万名观众参会，极大地活跃了广州市创新创业氛围。

8月6—16日，在广州创投小镇组织举办了第二届广州创投周活动，并将首届粤港澳大湾区创投50人交流会作为其压轴活动。创投周期间，美国风投学院院长克莱尔·菲尔费德、香港交易所首席中国经济学家巴曙松等著名经济学家和风投创投专家为广州市风投创投发展建言献策，吸引超过500家机构参与现场对接。

“2018德勤—广州高科技高成长20强暨广州明日之星”广州参评企业数量达到234家，在全国所有举办20强和明日之星评选活动的城市里排名第1。上榜广州20强的企业（近3年）平均营收增速达到惊人的3 371%（33.7倍），是2017年广州20强企业（近3年）平均营收增速的2.8倍。

2018年，第七届中国创新创业大赛继续与2019年广州市科技型中小企业技术创新专题项目深度融合。通过“以赛代评”的方式，将广州赛区决赛成绩优选出的科技型中小微企业纳入市科技型中小企业技术创新专题项目，对获奖企业予以奖励性后补助支持。大赛有效报名企业数2 684家，在全国仅次于上海，占广东赛区报名总数的70%。175家晋级广东省赛区决赛，获得省赛六个行业72个奖项中的44个，占比61.11%，斩获广东赛区六大行业赛12项一等奖中的8项，其中广州企业获得了六大行业成长组的5项一等奖。72家参赛企业入围全国总决赛，获得全国总决赛六个行业54个奖项中的6个，占比11.11%。真微科技（广州）有限公司获得全国总决赛第一名（系广州企业首次获得全国总决赛第一名）。此外，首次承办了全国行业总决赛（生物医药行业总决赛）。

4月，印发《广州市科技成果产业化引导基金管理办法》，设立了总规模50亿元的广州市科技成果产业化引导基金。以母基金的运作方式，放大“投”的规模，聚焦IAB、NEM等战略新兴产业，引导社会资本主要投向处于种子期、起步期、成长期的科技型中小企业。其中，支持具有海外投资经验或海外分支机构的创投机构作为申报机构与引导基金合作设立跨境风险投资子基金，开展跨境风险投资，通过风险投资引进高端项目和人才。8月，出台《广州市鼓励创业投资促进创新创业发展的若干政策规定》，通过改“奖机构”为“奖行为”的方式，对符合条件的创投管理机构给予最高800万元扶持，进一步激发创投活力，集聚风投创投机构和人才，促进创新创业。

科技信贷　截至2018年年底，资金池共撬动8家合作银行为广州市1 278家科技企业提供贷款授信超过160亿元，实际发放贷款超过102.15亿元。已获批企业中，首次获贷企业占比35.13%，获得纯信用贷款企业占比64.39%，高新技术企业占比79.03%，新三板挂牌企业占比15.88%；企业贷款成本总体较低，一年期授信的信贷年利率主要在5%～6%之间，两年期授信的信贷年利率主要在 6%～7.2%之间。

通过创新财政资金使用模式，在全国首创对8家合作银行为科技型企业贷款本金损失的50%给予补偿，把财政资金作为"种子"，结合资金池切实服务科技型中小企业创新发展。2015—2018年，财政资金仅投入4亿元，就撬动8家合作银行为1 278家企业实际发放贷款102.15亿元，财政资金放大超过40倍，形成了良好的社会效应。

7月，南沙区正式印发《南沙区科技型中小企业信贷风险补偿资金池管理办法》，对合作银行为科技型中小企业提供贷款产生的贷款本金损失，分别由广州市科技型中小企业信贷风险补偿资金承担50%、南沙区科技信贷风险补偿资金承担25%、合作银行承担25%。通过市区联动机制探索，进一步提高银行风险容忍度，降低轻资产科技型企业融资门槛。

经15届57次市政府常务会议审议，同意扩大科技信贷风险损失补偿资金池规模，在原有4亿元科技信贷风险补偿资金池的基础上，新增规模每年控制在2亿元以内的补偿资金，按上一年实际申请代偿金额纳入当年市科技创新委部门预算，合作银行由原来的8家，计划增加至20家。

新三板及上市　2018年，广州市在继续推动企业在新三板挂牌的基础上，逐步将工作重心向推动企业"登陆"主板交易所和香港交易所转移。

2018年，在摘牌数超过挂牌数的背景下，广州市新三板摘牌企业93家，摘牌率21.83%，超过全国13.02%的平均水平，新三板挂牌总数393家位居全国第5，排在北京、上海、深圳、苏州之后。成功推动新三板广州服务基地落户荔湾区。广州市新三板企业摘牌后积极登陆交易所市场。2018年，广州市新增挂牌企业22家，与苏州并列全国第4，继续位列全国省会城市第1。天河区共有103家新三板企业，排名广州市第1。2018年各区新增新三板企业数天河区以5家排名第1。

积极推动企业赴沪港交易所上市。共组织全市36家具备赴港上市意愿和能力的高新科技企业走进港交所进行实地对接，并走访光大控股、越秀集团、中国银行香港分行、招银国际等金融机构，与其在助力广州市科技企业登陆港交所上形成工作合力。2018年，广州市中油洁能控股（证券简称）、卓越教育集团、汇量科技、指尖悦动、ZC TECH GP、雅生活服务等6家企业成功在香港上市，为广州市2014—2018年在港交所上市企业数量之最。12月12日，广州市组织召开推进科技创新企业在上海证券交易所科创板和香港交易所上市培育动员会，邀请16家证券公司、13家银行、四大会计事务所、3家律师事务所、77家科技企业代表参会，并请广州证券相关专家到场进行专题辅导，积极谋划上交所科创板上市工作。

【科技人才队伍】　截至2018年年底，广州地区大专以上人才资源总量达377万人；专业技术人才资源总量达176.5万人，其中高级专业技术资格人员20.3万人；技能人才总量达260.9万人，其中高技能人才80万人；在穗两院院士97人，其中全职院士37人；享受国务院特殊津贴人员403人。

面向全球引进创新创业领军人才团队　2016—2018年度广州市累计评选出30个创业领军团队、27个创新领军团队、27名创新创业服务领军人才、85名杰出产业人才（2018年度入选名单待发布），科技人才政策"虹吸效应"初显。截至2018年年底，在穗工作的诺贝尔奖科学家7人，两院院士97人（其中全职37人，占全省90.2%）。

多措并举加强本土科研团队培育　建立健全基础科学研究支持体系，重点遴选10～20个国际领先的技术创新平台，培育一批高水平基础研究团队。组织实施粤港澳大湾区（粤穗）开放基金。依托中国科学院院士、华南理工大学—香港科技大学联合研究院院长唐本忠教授科研团队优势资源，积极推动市、区、院校三方合作共建大湾区聚集诱导发光高等研究院。实施珠江科技新星资助计划，支持35周岁以下青年科技创新人才作为项目负责人牵头组织开展自然科学应用基础研究、技术开发、成果转化等自主创新科研活动。据不完全统计，自2011年实施至2018年年底，实际立项1 196项，该批青年科技骨干后续入选国家重点研发计划项目24人、国家自然科学基金项目183人（其中包括国家自然学科基金优秀青年科学基金33人）、国家高层次人才项目6人、教育部“长江学者”4人、教育部新世纪优秀人才4人、国家科技进步二等奖2人、中国专利优秀奖1人、广东省自然科学基金项目103人（包括广东省自然科学基金杰出青年基金项目26人）、省重大人才工程71人，其他省级以上奖励和资助的28人，已成为了广州市科技创新的中坚力量。

搭建海外人才引进和服务平台　一是打造引智品牌中国海外人才交流大会暨中国留学人员广州科技交流会（以下简称“海交会”）。经过21年的发展，海交会已成为国内规模最大、开放度最高、覆盖所有海外人才、在海内外最具影响力的海外人才与科技信息交流平台。2018海交会参会总规模达5万人次，再创历史新高，共吸引来自欧美、亚非、独联体等30多个国家和地区的4 000多名海外人才参会。二是为海外人才提供创业发展支持。出台鼓励海外人才来穗创业“红棉计划”，自2018年起，每年引进并扶持不超过30个商业模式或技术创新类海外人才来穗创业项目，分别给予200万元创业启动资金资助，同时提供场租资助、融资扶持、政务服务优化、税收优惠、政府采购支持等全方位扶持，已有20个项目成功入选获得广州市支持。

加强科技创新人才典型宣传　积极挖掘科研、创业领域典型创新人物，在《广州日报》开展“创新英雄”专栏系列报道，已报道人物达74人，在全社会树立尊重创新、崇尚创新的标杆，引起社会强烈反响，9篇报道获得中央网信办全网推送；积极推荐长期在穗工作的外籍科研人才入选“国家友谊奖”和“广州市荣誉市民”，对外国专家为广州科技创新发展所做的贡献给予表彰奖励，2018年有5位外籍和港澳科研人员入选“广州市荣誉市民”；参与国家外专局组织的“魅力中国——外籍人才眼中最具吸引力的中国城市”评选结果，自2011年到2018年以来连续六次入选前十位城市。

【科技成果与奖励】

科技成果转化　为集聚和整合成果转化资源，促进科技成果有效对接转化，围绕创交会平台广州地区科技成果转移转化服务，建设完善广州科技成果库及成果转化服务配套系统。截至2018年年底，广州科技成果库汇集了技术成果累计达11 610项，按八大技术领域、国民经济行业、完成单位属性、合作方式、转让方式等多个维度提供导航。

围绕广州市重点产业方向IAB、NEM等产业和技术领域，组织举办成果应用对接会。定期举办IAB、NEM及智能装备等成果专题对接会，通过分技术领域的专题成果对接会促进科技成果的精准对接与转化。围绕先进制造业和现代服务业，重点服务新能源汽车、广州城市轨道交通、智慧城市、环保、新材料等行业领域。结合广州“十三五”规划的战略发展要求，围绕核心需求，开展成果应用精准对接活动。2018年围绕产业技术领域组织举办的各类形式科技成果对接会6场，撮合供需双方对接成果12项，成果交易额达9 766万元。

向广州重点产业推广广州重点高校及科研院所成果，按专题方向开展精准对接活动。重点围绕中山大学、华南理工大学、广东工业大学、广州大学、广东省科学院、香港科技大学、霍英东研究院等6个重点高校院所开展，侧重汽车、精细化工、重大装备、新一代信息技术、生物医药、新材料、新能源与节能环保等产业领域梳理分类科技成果，针对细分产业进行精准对接。2018年，组织举办企业院校行活动5场，促成多项成果成功对接。加快推进华南技术转移中心建设，利用其资源服务粤港澳大湾区建设。重点围绕香港科技大学、澳门大学、香港应科院及与广州有科技合作的国家和地区的项目成果进行对接。

市科技创新委主动对接科学院、工程院等机构，进一步收集院士成果人才团队资源，促使院士成果转移转化与广州产业技术相结合，开展成果精准对接。2018年度走访8位在穗院士，了解院士专家成果转化需求，共收集院士团队30多项成果转化需求，对接院士成果超过70项。

技术合同认定登记　2018年，市科技创新委制定并出台了《广州市促进科技成果转移转化行动方案（2018—2020年）》，提出2018—2020年广州市科技成果转移转化工作的指导思想与目标，为广州市技术市场发展提供了明确的方向指引，技术交易再创新高。2018年广州市共登记成交技术合同12 158项，较2017年增长83.9%；成交额为719.38亿元，其中技术交易额为690.28亿元，分别较2017年增长101.2%、96.8%，为企业申请减免税约8.9亿元。2018年广州市输出技术和吸纳技术都有所增长，输出技术合同成交额为703.69亿元，吸纳技术合同成交额为444.27亿元；在副省级城市排名也有所提升，输出及吸纳两方面均排名第3位（2017年分别为第 4 位和第 5 位）。广州市作为广东省技术交易最活跃的地区之一，2018年技术合同登记份数、成交额、技术交易额均超过深圳，居广东省首位，成交额占全省成交额过半，达到52.4%。

2月，市科技创新委发布《广州市促进科技成果转移转化行动方案（2018—2020年）》，为推进科技成果转化为现实生产力提出解决途径，明确科技成果转移转化改革的突破方向和重点工作。着力解决科技成果转移转化主体动力不足的问题，并强调服务机构作为成果转化“桥梁”的作用。

8月，市科技创新委与国家税务总局广州市税务局联合发布《广州市科技创新委员会 国家税务总局广州市税务局关于加强技术合同认定登记工作的通知》，进一步明确技术合同认定登记的主要工作及各相关单位的职责，提出加强技术合同认定登记工作的多项具体措施，为技术合同认定登记工作提供切实有效的工作指导意见。

科学技术奖励　广州市牵头或参与完成的21项成果荣获2018年度国家科学技术奖，其中“EMT-MET的细胞命运调控”等2项成果获国家自然科学二等奖；“深海天然气水合物三维综合试验开采系统研制与应用”等3项成果获国家技术发明二等奖；“复杂电网自律—协同自动电压控制关键技术、系统研制与工程应用”获得科学技术进步一等奖，“高效瘦肉型种猪新配套系培育与应用”等15项成果获科学技术进步二等奖。

广州市牵头或参与完成的140项（人）科技成果或个人荣获2018年度广东省科学技术奖，其中李立浧院士、马骏教授获突出贡献奖；“基于微纳光纤的光捕获与光操控”等11项成果获自然科学一等奖，“先进材料与结构力学行为及其失效机理的研究”等6项成果获自然科学奖二等奖；“木质纤维素生物质生产航空燃料联产化学品关键技术”等6项成果获技术发明奖一等奖，“旋流雾化高效深度脱硫除尘一体化技术”等5项成果获技术发明奖二等奖；“港珠澳大桥工程建设关键技术”成果获科技进步奖特等奖，“果蔬冷链控制关键技术与装备创制及应用”等28项成果获科技进步奖一等奖，“高效悬浮液体肥料关键技术研究与应用”等77项成果获向科技进步奖二等奖；与广东省焊接技术研究所合作的乌克兰国家科学院巴顿焊接研究所郭瑞·弗拉基米尔等4名外籍人士荣获科技合作奖。

【知识产权工作】　印发《广州市创建国家知识产权强市行动计划（2017—2020年）》及《广州市开展知识产权运营服务体系建设实施方案（2018—2020年）》。充分利用中央财政2亿元资金支持，举全市之力创建国内一流、国际有影响力的知识产权强市和具有集聚、引领和辐射作用的知识产权枢纽城市。2018年，广州市专利行政执法工作在全国专利行政执法绩效考核中连续三年排名全国第1。

促进专利创造高质量增长　印发《关于推动我市PCT专利申请高质量发展的意见》《2018—2020年度广州市市属国有企业专利工作统计评价实施方案》，督促各区开展专利创造工作。2018年，广州市发明专利申请量及授权量为50 169件和10 797件，同比增长35.8%和15.5%。每万人发明专利拥有量32.4件，同比增长22.5%。获得第二十届中国专利奖47项，第五届广东省专利奖23项。

多措并举提升知识产权保护成效　强化知识产权行政保护，特别是重点打击电商领域和展会中的专利侵权假冒行为。广州市共查处专利违法案件3 222件，同比增长29.8%；加强企业及行业自律，认定18家试点企业为电商知识产权保护优势单位，建立“广州琶洲展会知识产权保护中心”，成立医药产业、皮革皮具产业知识产权联盟。中港皮具城被确定为第五批“全国知识产权保护规范化培育市场”。充分发挥广州市知识产权维权援助中心、中国广州花都（皮革皮具）知识产权快速维权中心等力量，为权利人维权提供服务。开展广深科技创新走廊知识产权保护合作，发起穗莞深三市知识产权局签署《保护合作备忘录》，为创新主体异地维权提供帮助。

强化知识产权运用能力提升　2018年各类平台完成知识产权交易34亿元，同比增长123%，涉及知识产权2.48万件。积极搭建广州市、区知识产权质押融资服务平台，2018年完成专利质押融资金额11.88亿元，同比增长182%。组建广州市重点产业知识产权运营基金，全年投资项目5个，投资1.1亿元。以点带面，开展卫星通信（北斗）导航、智能装备等产业专利导航，引导企业对专利信息进行深度分析利用。推动专利区域布局试点工作，发布《广州市以知识产权为核心的产业发展与资源配置导向目录》，并通过国家知识产权局专家验收。

推进知识产权管理和服务　推进中新广州知识城国家知识产权运用和保护综合改革试验，中新知识城实现专利、商标、版权行政管理职能“三合一”。推动贯彻《企业知识产权管理规范》国家标准，贯标企业已达3 037家，居全国城市首位。推进“互联网+公共服务”，一站式知识产权公共服务平台、知识产权大数据应用与智慧服务系统以及专利资源大数据平台投入运行，部署新一代地方专利信息服务中心检索与分析系统。资助1.8万多件专利，扶持723项专利工作发展资金项目。推动知识产权服务业发展，广州市注册专利代理机构达137家，执业专利代理人近650人，从业人员超过3 500人，7家服务机构入选全国知识产权品牌服务机构，开发区挂牌成立广州市首个国家知识产权服务业集聚发展试验区。推动重大科技经济活动知识产权评议，提升政府部门、行业、企业人员知识产权评议意识，对评议项目给予资金扶持。

加强知识产权人才培养和知识普及　与暨南大学共同打造国内一流、国际知名的知识产权人才培养基地，基地已揭牌及奠基。举办各类知识产权培训班11个15期，参训人员1 000多人次。与相关部门联合举办“羊城工匠杯”2018年广州市技工院校师生创新创业大赛、广州市青少年知识产权演讲比赛、广州市大学生知识产权知识竞赛。通过各类新闻发布会、通气会、专题采访，以及“广州知识产权”微信公众号、官方微博全面介绍广州知识产权工作，普及知识产权常识，营造尊重、保护知识产权的良好营商环境氛围。

【科技与民生】

科技创新对口帮扶　2018年，市科技创新委对口帮扶梅州市五华县华阳镇华新村，通过贫困户增收工程、技能培训工程、特殊群体帮扶工程、村集体经济增收工程、基础设施建设工程、固本强基工程等6大方面推进帮扶工作，较好完成了脱贫减贫工作目标任务，截至2018年年底实现建档立卡贫困户脱贫率100%。整合资源，科技帮扶，不断壮大养龟产业，采取“养殖基地+合作社+农户”的合作形式，2018年实现养龟收入近100万元，为贫困户和村集体增加收入30多万元；建立20多亩种植基地，预计1～2年后可实现稳定收入；建成3亩种植大棚。市科技创新委推动科技帮扶助力精准扶贫工作被五华县委县政府作为先进典型进行推广。对口帮扶梅州市、清远市，以科技为切入点，继续引导广州市科研院所、大专院校、企业为梅州、清远提供科技服务，开展科技帮扶合作。支持废旧PC资源化回收及高性能应用关键技术研发、清远金创产业园农业科技成果转化公共服务平台建设、清远连栋温室工厂化管道水培高效叶菜及樱桃番茄种植示范与推广、梅州市柑橘无病毒种苗工厂化繁育技术研究与示范推广5个科技帮扶项目立项，投入经费500万元。

市科技创新委结合新疆疏附县经济、社会发展需求，会同疏附县科技主管部门，引导广州地区科研机构、大专院校和企业以新疆冬枣产地综合保鲜与物流技术研究及应用、疆南农副产品批发市场两个平台、三体系建设为重点，开展了气调包装对冬枣的保鲜效果研究和采用环境友好型的雾化熏蒸方式对冬枣的保鲜效果研究；支持开发部落电商系统，以部落为载体，以微信、QQ等社交软件的社群为基础进行电商化运营；建设农产品实体交易平台和农产品电子交易平台；建设农产品县乡村收购配送体系、农产品全国对接分销体系和配套服务支撑体系。2018年支持西藏林芝市“林芝市应急医疗指挥技术研究及应用”“灵芝、手掌参和天麻等名贵藏药材破壁饮片深加工研究”2个科技帮扶项目，投入经费200万元。市科技创新委2018年分别同黔南州和毕节市签署了《广州市—黔南州对口帮扶科技交流合作协议（2018—2020年）》《广州市—毕节市对口帮扶科技交流合作协议（2018—2020年）》。针对黔南州和毕节市经济社会发展科技需求，开展了“桃李无公害栽培技术研究与示范”“黔南州刺梨果脯（糕）传统加工工艺提升及其产业化示范推广”“毕节市刺梨精深加工关键技术研发及产业化”项目的科技帮扶立项，投入经费300万元。

民生科技重大专项　2018年共支持216个项目立项，投入经费24 600万元。

大力推进生物医药与健康科技创新。重点围绕创新药物及疫苗临床前研究、中药及天然药物研发、生物医用材料、诊断试剂及医疗器械产品开发、重大疾病综合防治研究、优生优育及儿童疾病关键技术研究等领域，支持开展了124个项目立项。遴选了生物与健康领域108家创新企业，组织开展了广州生物与健康领域企业新技术开发情况调研，凝练出广州市支持生物医药企业开展前沿技术创新的政策建议。为进一步促进广州市生物医药产业创新发展，广州市科技创新委员会已于2018年9月正式印发了《广州市生物医药产业创新发展行动方案（2018—2020）》。该方案绕广州市生物医药产业创新链关键环节，聚集高端创新要素，大力推进5个重点子行业、10家左右行业龙头企业、10家左右高成长企业、5个关键共性产业支撑平台建设和发展，大力支持一批关键技术和重大产品创新，围绕重点行业引导组建5支以上专业创投基金，助推生物医药产业向价值链、创新链高端发展。

加大都市型现代农业技术创新。重点围绕优势动植物新品种选育、农产品和食品安全、农产品精深加工技术、农用物资和设施农业等都市农业重点领域，支持开展了47个重点科技攻关项目，促进相关领域科技成果转化应用。围绕种业、绿色农业、食品安全、农业信息与大数据等重点领域，引导相关领域龙头企业牵头组建了13个产学研技术创新联盟，发展联盟成员单位148家，其中由广州市相关科研机构牵头组建的“国家微生物种业产业技术创新战略联盟”为国家级农业技术产学研联盟，科技部为该联盟设立了微生物种业创新重大科技专项。

加强城市发展与生态环保领域科技创新。重点围绕空气污染防治、水环境治理、城市固体废弃物处置及综合利用、新能源和高效节能、生态修复等领域，大力支持开展45个重点关键技术研发和成果转化及推广应用。会同市环保部门，积极遴选水污染防治技术成果，研究制订了《广州市水污染防治技术指导目录》（第一批），收录有较好推广前景的水污染技术成果7项。

健康医疗协同创新重大专项　经市政府同意，广州市自2014年起设立了广州市健康医疗协同创新重大专项（以下简称“重大专项”），支持健康医疗领域协同创新和成果转化。截至2018年年底，重大专项一至五期项目（2014—2018年立项）已深入实施，进展情况良好。重大专项一至五期项目每年安排1亿元财政科技经费，紧紧围绕恶性肿瘤防治、新发突发及重大传染病综合防治、干细胞与再生医学技术创新与临床应用、医学诊治创新技术产品及重大慢性疾病防诊治技术应用等重点专题，5年共计遴选支持93个重大项目。

【科技交流合作】2018年，共有伦敦政治经济学院克里斯托弗·皮萨里德斯爵士、穆拉德转化医学中心费里德·穆拉德等7名诺奖获得者在广州市搭建了科技合作平台；建有国家级国际科技合作基地20个，省级国际科技合作基地46个；广汽集团、万孚生物等行业龙头企业在境外设立研发中心20余家。广州市紧抓历史机遇打造粤港澳大湾区国际科技创新中心主引擎，以全球视野谋划和引进国际高端创新资源，战略性地开展“一带一路”科技创新合作，全力建设国家创新中心城市和国际科技创新枢纽。

粤港澳大湾区建设工作　编制了《深化创新驱动发展战略合作框架协议》，打造珠三角世界级城市群核心区。参与编写《推动更高层次的广佛同城化合作框架协议》。继与香港科技大学、澳门大学、香港海外学人联合会建立长期合作机制以来，广州市支持科研单位、企业对港澳开展合作项目153项，投入资金2亿元，带动社会总投入3.5亿元，其中2018年支持了33项。通过这批项目合作，建立了广州市与港澳良好的合作基础。成功争取科技部主办的内地与香港科技合作委员会第十三次会议在广州举办，广州市科技创新委员会第一次作为参会单位参与探讨内地与香港科技合作顶层思路设计。积极配合省科技厅编制《粤港澳大湾区科技创新行动计划（2018—2022年）》《关于促进科技创新推动高质量发展的若干政策措施》等文件。2018年，广州市推进一批粤港澳重大创新平台和项目建设，其中包括支持南沙区与香港科技大学合作打造“智能制造与互联网+融合发展”的智能制造创新平台，推动清华大学珠三角研究院建设粤港澳创新中心，建立与港澳地区知名高校在科技成果转移转化、人才培育等方面的常态化合作机制，推动广州呼研所医药科技有限公司在香港科技园建立南山健康香港创新中心，推动香雪制药与澳门大学共建“澳大—香雪智慧中医中试实验室”并在澳门打造中医产业园，推动番禺区联合澳门工商联会、澳门番禺同乡会、澳门青年企业家协会打造粤澳国际产业加速器等。

大力引进国际高端创新资源　10月24日，由广州市科技创新委员会、广州开发区科技创新局主办，广州纳金科技有限公司承办的美国波士顿科技创投中心项目路演活动，在纳金科技产业园举行。波士顿创投中心（InTeaHouse）组织了N12 碳纳米材料技术、超高速无线通信技术、高精度同步技术等一批高精尖技术来穗对接产业合作，并与广州开发区纳金科技孵化器建立战略合作关系。意大利时间12月4日，在由中国科学技术部和意大利教育大学科研部共同主办的第九届中意创新合作周开幕式上，创芯（国际）生物科技有限公司与IFOM分子肿瘤研究所签署战略合作，共同成立中欧类器官研究中心。12月12日，广州开发区与德国海德堡中德科教园签订协议，海德堡科教园将在科学城设立“中德科教园广州离岸创新中心”，并在广州建德国学习工厂、智慧工厂以及德国工业4.0项目。12月20日，白俄罗斯国家科学院广州创新中心签约仪式在广州市海珠区举办。12月21日，全球创业大奖赛总决赛——全球科创先锋颁奖典礼及全球科创峰会在穗举办，将海外先进科技成果引入广州。此外，广州市积极与广州市驻硅谷、波士顿、特拉维夫三地办事处对接，引进Luneau Technology Operations、OB-TOOLS Ltd.、G-Medical Innovations Asia Limited、Invasix Ltd.、CarboFix Orthopedic Ltd.等一批以色列顶尖生物科技公司落户广州，引进美国密歇根大学VOC监测设备项目和迈迪诺斯新药项目落户南沙、TTS语音识别项目落户天河等。

推动“一带一路”重大科技合作平台建设　在广州市科技创新委员会支持下，中乌巴顿焊接研究院已建成5个高水平的创新研发平台，科技成果广泛应用于航空航天、海洋工程、核电等领域。推进中新国际联合研究院建设。2018年，该院启动了食品营养与安全、生物医用材料、人工智能等6个研发平台，开展24个产业化项目，已孵化6家企业，其中食品酿造技术获得广东省科技进步奖一等奖。华南师范大学建设分子科学与显示技术诺奖实验室，在“软物质材料机器人”“多功能储能材料”“智能涂层”以及“显示技术”等四个国际前沿进行创新性突破。英国伯明翰大学与广东省科学院、广州市妇女儿童医疗中心签约，与省科学院成立中英先进制造创新中心。深化与古巴生物医药产业合作机制，万孚生物与古巴生物医药集团在古巴建立了纳米荧光微球标记检测技术平台实验室，古巴生物医药集团与广州赛莱拉干细胞科技股份有限公司、广州金域医学检验中心有限公司建立合作关系。

小蛮腰科技大会　2018小蛮腰科技大会以“构建世界”为主题，致力推动全球高新技术人才向广州的聚集，助力广州经济结构在国家政策指导下顺利升级转型，将广州建设成为具有国际影响力的国家创新中心城市，进而推动各种前沿技术在国民经济各个领域内的场景化落地使用，加速人工智能时代的全面发展。

大会于2018年10月11—12日在广州洲际酒店

举行，采取“领袖峰会/平行论坛/闭门会议+展览展示+颁奖晚宴”的形式，为到场观众和媒体带来最前沿的市场信息和创新观点，全面解读未来信息科技产业链的最新发展趋势。大会包括1场领袖峰会、1场市政府领导早餐会、1场智库闭门会议、1场颁奖晚宴、1场TEDx演讲、11场专题平行论坛、13场高峰对话以及超过100个主题演讲时段，邀请超过35名著名投资人及100名业界领袖参加，参会观众超过1.12万人次，吸引全球500 多家媒体报道，在线观看人数最高峰值突破800万人。

中国创新创业大赛　2018年，广州第四次设置独立赛区，在广东省科技厅的指导下，由广州市科技创新委员会主办，广州市科技金融综合服务中心承办的第七届中国创新创业大赛广东广州赛区暨第三届羊城“科创杯”依旧延续“以赛代评”社会化评选机制，与2019年科技型中小企业技术创新计划相结合，通过市场化的形式促使一批优质科技中小微企业脱颖而出，并对大赛获奖企业给予最高达200万元的奖励性后补助支持。

2018年广州赛区报名情况持续保持爆发式增长，企业报名数量为4 169家，有效报名2 684家，占广东赛区报名总数的70%，与江苏省全省报名数基本持平，仅次于上海。2018年广州赛区互联网行业引领创新创业大热潮，共1 002家，此外，电子信息行业644家、先进制造行业356家、生物医药行业321家、新材料行业145家以及新能源及节能环保行业216家。互联网行业衍生出诸多新兴领域，成为科技创新“频发地”，大数据、人工智能、区块链、物联网、智慧医疗等热门领域在此次报名项目中尤为亮眼。

大赛成绩取得历史性突破。2018年各行业晋级省赛决赛的企业共有650家，其中成长组450家，初创组200家；六大行业中，互联网行业晋级企业总数最多，达到236家，为历年之最。175家企业晋级广东省赛区决赛，获得省赛6个行业72个奖项中的44个（占比61.11%），斩获广东赛区六大行业赛12项一等奖中的8项，其中广州企业获得了六大行业成长组的5项一等奖；72家参赛企业入围全国总决赛，获得全国总决赛6个行业54个奖项中的6个（占比11.11%）。其中，真微科技（广州）有限公司获得电子信息行业全国总决赛初创组一等奖是广州企业首次获得全国总决赛一等奖；广东埃森环保科技有限公司获得新能源与节能环保行业成长组全国总决赛三等奖。

广州赛区决赛期间，联动银行、投资、保险、证券等各类机构联合举办广州创投周，吸引超过千家企业，上万人线下参与，超过500家机构参与现场对接，在线直播累计观看人数200万人次。同时，与中国银行广东省分行联合举办18场中银科创企业“投贷联动直通车”对接会，开展银企对接，据统计，大赛企业获得投融资超过50亿元，其中中国银行授信达到30.99亿元。此外，发动新华社、《人民日报》、新华网、《科技日报》、《中国经济报》、《南方日报》、《羊城晚报》、《广州日报》、《南方都市报》、凤凰网、《新快报》、大粤网、广东电视台、广州电视台等中央、省、市主流媒体总计近150次报道，进一步提升了广州市科技创新影响力。

首届粤港澳大湾区创投50人交流会　根据广州市委、市政府推进国家创新中心城市和国际科技创新枢纽建设，打造具有国际影响力的风投创投中心的战略部署，8月15—16日，首届粤港澳大湾区创投50人交流会在四季酒店举行。

本次交流会邀请创投50人参会，嘉宾包括中信产业基金、鼎晖投资、弘毅投资、深创投、IDG、毅达资本、东方富海、元禾原点等全国知名机构的主要负责人，以及广州本土优秀创投机构，如粤科金融、粤财基金等机构“当家人”。

15日，90多家创投机构当家人汇聚羊城，分东、南两线，前往海珠、南沙、开发、天河优秀科技企业调研，先后到访创投小镇、独角兽牧场云从科技和小马智行、生物岛金域检验和赛莱拉、羊城创意园酷狗音乐和荔支网络等。

交流会邀请美国风投学院院长克莱尔·菲尔费德和香港交易所首席中国经济学家巴曙松，围绕“引智粤港澳大湾区，创投助力科技创新”主题，分别做主旨演讲；以“资本视野展望粤港澳大湾区发展机遇”“粤港澳大湾区创新企业家精神”为议题，组织创投界和企业界“当家人”进行圆桌讨论，充分展现智慧碰撞，坚定振兴实体经济信心。主会场期间，温国辉市长还与巴曙松教授就广州市科技创新企业发展，尤其是广州市生物医药类企业的发展进行了深入交流。

交流会上，大湾区近百家知名创投机构联合发起了粤港澳大湾区创投联盟，未来将充分发挥粤港澳大湾区创投联盟的力量，为优秀的创业企业提供资本支持，把企业做强做大，让企业集聚变成产业集聚，让金融资本助力粤港澳大湾区建设，实现产城融合。广州科创学院开设风险投资精品课程班，由美国风投学院院长及硅谷生命科学天使投资人联盟主席作为主讲嘉宾，与广州市投资专家及企业家们进行了充分沟通，助推广州打造风投创投之都。

粤港澳大湾区创投50人交流会通过新华网、网易、全景网三家媒体同步全程直播和制作专题页面报道，获人民网、新华网、《科技日报》、《China Daily》、《香港商报》等逾百家境内外媒体争相报道。截至8月20日晚，通过平面、网络、电视台电台、微信公众号等发布新闻报道共223篇。

【科技招商】

重点项目落地和发展　成功引进浪潮南方中心运营总部。经广州市科技创新委员会反复协调，2018年6月，浪潮南方中心运营总部在番禺区注册，项目投资总额为50亿元，将围绕云计算、大数据、智慧城市等高新技术产业，组织推进广东浪潮集团有限公司在广州的投资和发展，为广州市在税收、人才聚集、劳动就业等方面提供支持，将其打造成为广东省科技创新产业高端产业基地。运营总部主要承接南方中心的业务运营，预计未来6年实现263亿元营业收入，实现利税40亿元。

成立广东省新一代通信与网络创新研究院。2018年4月，广东省科技厅、广州市科技创新委员会和广州高新区三方共建，以部省联动组织实施国家重点研发计划“宽带通信和新型网络”重点专项为契机，打造网络通信领域基础性、公益性高端研发平台，成立广东省新一代通信与网络创新研究院。截至2018年年底，研究院已列入《广州市建设国际科技产业创新中心三年行动计划（2018—2020年）》的重点建设平台中，并已列入广东省重点领域研发计划“新一代通信与网络”重大科技专项新一代通信与网络高端研发平台建设专题定向委托建设。11月9日，研究院承办了科技部主办的全国“宽带通信和新型网络研讨会”并取得圆满成功。

2018年市科创委积极沟通太赫兹国家科学中心项目，推进光大控股华南总部项目，推动设立中国—白俄罗斯高频光学技术应用开发中心，推动广州康源人工智能大健康科技小镇落户。

《财富》全球论坛　11月29—30日，2018《财富》全球科技论坛在广州举办。论坛以“人工智能时代的创新”为主题，安排了15场科技创新领军人物的发言、对话、采访活动，主题涵盖创新、创业、创投等领域，200多位来自美国、英国、加拿大及中国（含港台）等地区的创投机构合伙人、社会知名人士、创新企业的创始人等嘉宾出席大会，论坛围绕人工智能、科技金融、人工智能全球合作、科技助力出行变革、智能制造与机器人等话题开展交流，着力营造现代化国际化营商环境，面向全球集聚高端创新资源要素，为建设国际科技创新中心，实现高质量发展提供强大动力。论坛永久落户广州后，既能分享与展示全球科技创新成果，又能积极宣传推介广州，共同深化合作，实现互利共赢。广州市市长温国辉、广东省科技厅厅长王瑞军、时代公司首席内容官兼《财富》杂志总裁穆瑞澜出席了大会并致辞。

《财富》中国创新奖由《财富》杂志和广州市政府共同主办，科技部火炬中心协办。自2018年5月开始启动，通过发动中国创新创业大赛获奖企业报名以及由10多家顶级风投机构推荐，共有100多家企业参赛报名。经过激烈角逐，优付全球、云拿科技、汇医慧影、银河水滴科技4家企业分别获得所在组别“2018《财富》中国创新奖”，云拿科技的“即拿即走”无人支付商店项目夺得总决赛所有项目中第一名，荣获“年度财富中国创新企业”称号。

2018中国广州国际投资年会　组织广州市优秀创新企业举办科技创新成果展，景驰科技、小马智行、玖的、佳都科技、视源电子、易活生物、弥德科技、拓普基因等企业参展，参展项目有自主品牌汽车、机器人、无人驾驶飞机、高效电子会议平台、跨分子种类检测、VR体验等，向各界来宾展示了广州科技的最新成果。

【科普工作】　2018年广州市科普工作亮点众

多：获得全国科普讲解大赛和全国科学实验展演汇演优秀组织奖，承办的全国科普讲解大赛获得科技部王志刚部长的表扬批示。

科技活动周　5月19—26日举办的活动周以“创新发展 美好生活”为主题，重点组织了2018年广州科技创新活动周开幕式暨科学之夜启动仪式、广州创新科普嘉年华、两岸及港澳地区科普论坛及科学表演秀展演活动、广州地区“讲科学、秀科普”大赛暨2018年全国科普讲解大赛选拔赛、广州科技开放日等重点活动，首次发动科技大咖和广州创新领军人物深度参与，与公众进行面对面交流，深度解读未来科技发展趋势，生动讲述广州科技创新故事。开幕式活动突破以往在日间举办的常规，将科技的力量与神秘的黑夜结合，并突出“政府搭台、企业唱戏”的平台作用，开创政企合作新模式，迸发政企合作新力量，激发全社会创新创造活力。据初步统计，活动周期间，全市共举办各类活动近400场，参与人数达110万人次以上，《科技日报》《南方日报》《广州日报》等各大主流媒体对活动均做了宣传报道，取得了良好的效果。

2018年“讲科学、秀科普”大赛规模进一步扩大，参与度更高。全市2个市直单位和9个区举办了预赛活动，吸引了近千人报名参赛，105名选手进入本次决赛。开通了手机端和电视端的人气投票平台，吸引20多万人次参与投票。非专职科普的参赛选手显著增加，达到了80%。

科学之夜系列活动于5月19—26日晚举办，广东科学中心、广州动物园、华南植物园、花都气象天文科普馆、白云山鸣春谷等科普基地发挥各自的特色，组织市民通过微信、网站等方式进行报名参加夜间科学活动，为市民打造全天候的科学盛宴。5月19日为广州科技开放日。科技开放日期间，中山大学生物博物馆、广东中医药博物馆科普基地、广州宝桑园生态科技有限公司等114家科普基地、高等学校、科研机构、企业和其他组织具有科普功能、非涉密的实验室、陈列室等场所、设施免费向公众开放，提供科普讲解服务和派发与开放设施有关的科普宣传资料。接待人数超过5 000人次。

加强科普品牌效应　一是全国科普讲解大赛影响力不断扩大。2018年全国科普讲解大赛共有186名选手参加，国家各部委、军队和全国各省市同台竞技，广东电视台现代教育频道全程录播，依托新媒体平台进行直播，参与人数超过800万人次。

二是媒体科普工作初显成效。与广东电视台合作开播的《科学达人秀》科普电视节目，已录制3期，播出1 000多次；继续支持广州电视台拍摄《我身边的科技大咖》和《我身边的科普基地》系列节目，投放在广州市广播电视台、公交视频、楼宇视频、微信公众号等跨媒体平台，受众众多。由少儿频道公众号组织家庭亲子科普游——每年选取10个科普基地，进行10场科普基地活动，并拍摄成电视科普亲子游节目《同学科普行》，在广州少儿频道《同学》栏目播出。广州科普网全年发布各类科普信息2 500多篇，全年收集科普基地报送开放、科普活动等信息200多篇。

三是现有品牌活动越办越好。成功举办2018年全国科学实验展演汇演活动广州地区选拔活动。获选参加全国赛的节目"奇幻食旅"获得大赛二等奖和专项奖最佳表演奖。与广东科学中心、《羊城晚报》合作举办珠江科学大讲堂，2018年共举办12期，吸引近万人次公众聆听体验。以网络直播、平面媒体、视频音像等多种形式向公众输出讲堂内容，在羊城晚报开展12期专题宣传，并录制12期讲堂现场视频资料，进一步扩大受众面；创作并出版往年珠江科学大讲堂系列作品——《科学家讲给大家的科学课》亲子套装，让科学家的精神更大惠及公众。与市教育局、市妇联联合主办2018广州家庭创新电视大赛，11月25日在广东科学中心举行了总决赛，共有16个节目入围，创新内容包括物理、化学、生物、人工智能等多个领域科学想象和知识的创意表达。现场通过《掌中广视》等移动客户端进行了网络直播，共录得超过19万观众收看直播。

科普基地能力建设　2018年认定新一批市科普基地25家，至此，广州市科普基地达到166家。与市教育局、市科技进步基金会等联合组织“科普乐——走进校园赠书活动”，向从化等农村中小学校赠送高新技术科普丛书。与广州科普联盟合作举办科普联盟“四进”活动，全年不少于20次，参与人数超过2万人次。发挥广州科普联盟等社会机构的作用，出版《科普讲解新理念及实践研究》全国首本科普人员培训教材；举办科普能力建设培训班，通过“走出去、请进来”的方式，推进科普人才建设。开展科普基地运行专题培训，提升科普基地规范运行能力。

【科技服务业】 2018年，科技服务业工作重点突出在促进政策的推进与落实、科技中介服务业的规范发展及科技服务体系的优化等三方面。

促进政策的进与落实 一是落实科技成果转移转化行动方案，设立科技服务业发展专题，发展一批高校研究院所技术转移机构，培育壮大一批科技服务龙头机构和服务品牌，支持9家技术转移示范机构（中心）、1家检验检测机构，20家科技服务示范机构，支持经费2 100万元。支持华南（广州）技术转移中心建设经费2 000万元。二是落实创新券促进科技服务市场培育工作，全市审核兑现创新券共3批次，兑现金额3 266.79万元，并配合创新券服务供给需求，汇集国内（含港澳台地区）科技创新服务机构1 423家，涵盖研究开发、知识产权、产品设计、技术检测、认证等服务领域。三是实施广州市超算服务券政策，支持广州地区企业向国家超级计算广州中心购买高性能计算和云计算服务，全市审核兑现超算服务券1批次，兑现金额398.11万元。四是落实科技成果交易补助政策，鼓励企业向国内外高等学校、科研机构购买技术成果，给予4项购买科技成果项目补助经费8.3万元。

促进科技中介服务业良性发展 广州市科技创新委员会连同广州科技中介服务联盟对网上公示的科技中介进行全面梳理并整改，建立科技中介服务机构信用档案，对不符合该联盟规章制度要求的，一律清退出联盟。同时，广州市科技创新委员会与广州科技服务业协会组织开展了“广州科技服务业协会2017年度科技服务十强”的评优评先活动。

优化科技服务体系 一是加快推进华南（广州）技术转移中心建设。该中心已与高航网和猪八戒网成立合资子公司，面向社会提供知识产权运营、高价值专利转移孵化等服务，并于12月投入试运行。二是多举措狠抓技术市场服务。通过与广州市国家税务局联合印发《关于加强技术合同认定登记工作的通知》，加强全市技术合同认定登记工作体系建设与重点行业（企业）走访，创新主动服务模式，实施技术合同登记服务奖补制度，全年全市技术合同成交额719.38亿元，同比增长101.22%。三是提升成果库运用和技术交易“落地”能力。按照共建共享原则建设广州科技成果库，新增入库成果2 350项，其中来源于科技成果登记的有1 054项，逐步成为集成果汇集、展示、对接、转化、推广等功能的枢纽性平台。切实做好2018中国创新创业成果交易会的成果参展与对接合作，据不完全统计，在3天展会期间，有55个项目达成合作意向并初步签订合作协议，合作金额为1.49亿元。另外，展会前已有23个项目签约落地，成交金额约20亿元。四是配合省科技厅积极开展广州珠三角国家科技成果转移转化示范区建设。广州市在珠三角国家科技成果转移转化示范区推进会上获授牌。

【科技信息网络建设】

市科创委门户网及微博微信内容管理 2018年共完成各类信息采编、制作、发布共约1.5万条，同比增长约30%。其中发布市科创委官网信息3 902条，微博信息2 512条，微信信息878条，编制每周综述专题48期共960条；2018年广州科普网发布科普信息2 415篇，其中更新科普视频36部；完成全市166家科普基地信息的采集和更新；策划制作完成《2018年广州科技创新活动周》《广州市科创委科技创新企业巡展》《2018年广州市优秀科普微电影和微视频作品展》等多个专题进行展播。“广州创新”微信公众号获得全省地级市科技政务新媒体传播力排行榜第2名以及澎湃政务指数榜委办局榜第1名的好成绩。

全年通过市科创委网站政务公开栏目推送信息总计919条；向市政府门户网站、省科技厅网站报送委工作动态信息共1 041条；接收办理各项热线咨询、投诉、依申请公开等事项1 448件，按期完成12次市政务公开系统信息报送工作。

优化科技资源共享服务平台 2018年，进一步优化了广州市科技资源公共服务平台信息采集、发布和服务功能，完成了国研、超星等中外文大型数据库的续订和信息整合，以及各类自建特色数据库信息更新工作。其中，自建特色数据库包括广州科技成果库、高新技术企业数据库、国家省市创新型试点企业数据库、重点实验室数据库、广州市培育重点实验室数据库等共13个，更新了3 759条信息。平台整合可供用户检索的数据库记录数约5亿条，总存储量达52TB。

【防震减灾工作】

震情监视跟踪　认真制定并落实《广州市地震局2018年度震情跟踪工作方案》，密切关注地震重点危险地区，加强与周边城市地震部门的联合会商。截至2018年12月27日，台网共监测触发事件1 848次，已分析地震事件41次，广州市辖区地震11次，最大为10月21日12时24分增城M1.5级地震；组织周、月震情会商12次；加强监测台网建设，有效提高了地震监测能力、灾情速报能力和异常捕捉能力。

震害防御和法制建设　5月，广州市被国务院定为“工程建设项目审批制度改革试点城市”。市地震局积极推进地震安全性评价改革工作，推行由政府统一组织对地震安全性评价事项实行区域评估。一方面联合印发了《关于组织开展区域评估工作的通知》，对区域评估工作的目标、原则及流程进一步明确细化。另一方面在经营性用地出让前，由市地震局提供宗地所在区域的地震动参数，作为总清单的组成指标。从10月启动改革措施以来，已为市土发中心储备的21宗地块提供地震动参数。

2018年新建成2所防震减灾科普示范学校，广东省食品药品职业学院和番禺中学附属学校。2018年末，广州市2所示范学校分别被评为国家级、省级示范学校，1处防震减灾科普教育基地被评为省级基地。截至2018年年底，广州市共建成防震减灾科普示范学校23家，覆盖全市11个区；地震安全示范社区25个，其中国家级7个，省级13个，市级5个。

地震应急救援建设　截至2018年年底，市地震局应急指挥平台已完成与市应急办、广东省地震应急指挥中心、广州市地震监测中心的视频会议系统的对接工作。此外，市地震局积极探索省市联动发展，在广东省地震局协助下将“广东省地震快速评估与动态出图系统”部署在市地震局，以期实现地震事件快速响应和辅助决策。

结合汶川大地震十周年纪念，在中山大学南校区、开发区萝岗街香雪社区、白云区江夏小学、荔湾区文伟中学等开展地震应急疏散演练。2018年广州市市及各区开展地震应急疏散演练超过30场。根据年初新修订的《广州市地震局地震应急处置流程》及《广州市地震局震情（灾情）报送规定》，于2018年11月组织开展了一次模拟广州市发生4.5级地震，省市区地震部门三级联动的地震应急桌面演练。

2018年先后组织六期防震减灾专家授课活动，共邀请13位国内资深应急领域专家到市地震局开展授课。共组织5期以上，面向应急管理人员和志愿者、地震应急第一响应人、防震减灾助理员等的业务培训。

防震减灾科普宣传工作　联合广州市教育局举办广州市中学生防震减灾知识竞赛，来自广州市各区的12所学校队伍参加，参与活动人数超过500人，广州市执信中学队伍获得冠军。随后，市地震局带领广州市执信中学队伍参加南部赛区竞赛活动，获得了高中组的冠军，并最终在全国总决赛上获得三等奖。

防震减灾科普宣传活动活动“进学校、进社区、进机关”。2018年“5·12”防灾减灾日，以中山大学南校区为主场开展地震应急疏散演练暨科普宣教活动，同时举办市地震局贯彻落实《中华人民共和国防震减灾法》二十周年的工作成果展览。宣传周系列活动还在市政府大院、英雄广场、城隍庙广场等开展活动，超过2万人次参与，共发放宣传资料和科普宣传品约1万份，接受现场咨询约1 500人次。

（李晓银）

45个，资助金额2 250万元；资助国际交流活动项目3个，资助金额136.72万元。会同以色列驻广州总领事馆共同举办以色列—深圳先进IT技术对接会，促进深圳—以色列两地企业在AR、VR、AI领域的交流合作。

【科技成果及奖励】 全年技术合同项数和成交总额均继续位居计划单列市第1位，认定登记技术合同9 751项，同比增长7.77%；完成技术合同成交额582.61亿元，同比增长4.96%，占广东省总量的42.01%，占全国总量的3.29%。获得国家科技奖16个，累计获得国家科技进步特等奖、技术发明一等奖等国家科技大奖115项。

【科技服务体系（孵化体系）发展】 打造企业孵化创新平台，支持特色众创空间优化升级，推动柴火、开放制造等众创空间面向硬件创客群体，提供种类丰富、功能强大的模块化开发工具、小批量生产和资金对接等综合孵化服务。全年累计建成科技企业孵化器128家、众创空间195家、创客服务平台98个，资助力度超6.5亿元。

【知识产权工作】 实施知识产权强国战略，出台《深圳经济特区知识产权保护条例》，创新建立知识产权合规性承诺、行政执法技术调查官、行政执法先行禁令等制度。中国（南方）知识产权运营中心建成并挂牌运作。知识产权质押融资风险补偿基金正式启动，全市专利权质押金额达123.47亿元，占全省质押登记总额的58.7%，居全省第1。知识产权数量和质量全国领先。2018年，全市专利申请量22.86万件，授权量14.02万件，同比分别增长29.1%和48.8%；发明专利申请量6.99万件，授权量2.13万件，同比分别增长16.1%和12.6%；PCT国际专利申请量1.8万件，占广东省申请总量的71.5%，连续15年居全国大中城市第1；获中国专利金奖4项；截至2018年10月底，有效发明专利维持5年以上的比例达85%，居内地大中城市第1。

（王　琴）

珠海市

【科技政策环境】 2018年，珠海市制定出台了《科技创新促进高质量发展三年行动计划（2018—2020年）》，部署10个重点行动共45项具体任务。是年，制定出台《关于培育引进前沿产业独角兽企业若干政策措施（试行）》《珠海市科技创新公共平台专项资金管理办法》《珠海市院士工作站管理办法》《珠海市产业核心和关键技术攻关方向项目实施暂行办法》《关于加强科技成果转化和产业化的若干政策措施》《珠海市创新创业团队和高层次人才创业项目管理办法》《珠海市科技信贷和科技企业孵化器创业投资风险补偿金资金管理办法（试行）》等一列政策措施文件，进一步优化完善创新驱动政策环境。

【科技计划项目】 2018年，珠海市市级财政科技项目总支出为2.5亿元，其中直接使用0.9亿元，通过市财政转移支付方式使用1.6亿元。重点安排高企培育、人才团队、省重大专项配套、重大平台建设等方面，累计支持1 000多个项目，涉及900多家企业、新型研发机构和孵化器。

【研发机构建设】 2018年珠海市新型研发机构共计29家，主要分布在生物医药、电子信息、装备制造、新材料等领域，基本实现了在全市产业区的全覆盖，其中省级新型研发机构累计12家，在全省排名第5。截至2018年年底，全市省级以上创新平台新增73个，累计达到379个。

2018年，珠海市制定出台《珠海市科技创新公共平台专项资金管理办法》《珠海市院士工作站管理办法》，新增对初次认定的国家重点实验室、省级（企业）重点实验室、省级新型研发机构的奖励；对初次认定的市级院士工作站，一次性给予最高150万元建站经费资助。

南方海洋科学与工程广东省实验室（珠海）揭牌 12月26日，南方海洋科学与工程广东省实验室（珠海）揭牌。中山大学在珠海校区着重打造深海、深空、深地等学科群，服务于国家深海、深空发展战略，重点建设海洋学科群，打造海洋科研大平台，汇聚高水平海洋领域人才队伍，更好地服务国家海洋强国等重大战略。该实验室将成为广东省实施创新驱动发展战略、推动高质量发展的重要抓手，成为粤港澳大湾区高校、科研院所和合作单位在海洋领域实现共建共享共赢格局的重要依托。

珠海复旦创新研究院注册 该院建设的目标是发挥复旦大学的学科、人才、技术、校友资源优势和珠海的产业、政策、环境优势，建立服务于珠海市相关产业的技术创新平台，从事以应用需求为导向的创新技术和创新产品开发，加速实现创新成果在珠海的转移转化；以资本为纽带，将产业上下游企业汇聚到珠海发展，为珠海市建设粤港澳大湾区创新高地做贡献。

万山无人船海上测试场启动建设 2月10日，珠海万山无人船海上测试场正式启动建设。根据相关规划，作为亚洲首个无人船海上测试场，万山无人船海上测试场一期调试测试场占海21.6km^2、二期性能测试场占海750km^2，总面积将达到771.6km^2，建成后将成为世界上面积最大的无人船海上测试场。

【高新技术产业发展】 2018年，珠海市继续大力培育高新技术企业，制定出台了《珠海市推动高新技术企业树标提质的行动方案（2018—2020年）》，组织两批共1 114家企业申报高新技术企业认定，全市高新技术企业总数达2 055家。

及时兑付上一年度高企培育资金，全年兑付市级高企培育资金约2.26亿元。坚持高企数量扩张和质量提升并举，开展2018年珠海市高新技术企业百强筛选工作，根据高企创新综合实力、高企成长性、高企税收贡献的特点，分别制定高企创新综合实力百强、高企成长百强、高企税收贡献百强的测评指标体系，分别从企业规模水平、创新投入水平、创新产出水平；营业收入、净资产、人员成长性；税收贡献、人均税收贡献、所得税贡献等方面进行评选。

【人才队伍建设】　2018年4月，珠海市推出《关于实施“珠海英才计划”加快集聚新时代创新创业人才的若干措施（试行）》的政策，通过16条举措，以前所未有的力度招揽英才。作为“珠海英才计划”的重要组成部分，9月，《珠海市创新创业团队和高层次创业人才项目管理办法》出台，围绕重点发展的战略性新兴产业和未来产业，给予入选的市创新创业团队最高1亿元资助，给予尚不具备创新创业团队条件但具有良好发展潜力的团队最高500万元资助，给予市高层次人才创业项目最高200万元资助。对经珠海市申报入选省重大人才工程团队项目，根据省资助额度，按1∶1比例配套资助。

10月，出台了《珠海市院士工作站管理办法》，支持企事业单位设立院士工作站，促进产业创新主体与中国科学院、中国工程院院士建立产学研长效合作机制，提升产业自主创新能力。对认定的市级院士工作站，一次性给予最高150万元建站经费资助。

扎实推进外国人来华工作许可审批及积极落实出入境十六条新政。截至2018年年底，在珠海市办理外国人来华工作许可的单位共有900家，办理外国人来华工作许可的外国人1 500人，其中外国高端人才（A类）450人，外国专业人才（B类）970人。有1人入选国家高层次外国专家，3人获“中国政府友谊奖”，25人被认定为广东省外籍和港澳台高层次人才。

参加深圳“中国国际人才交流大会”、大连“中国海外学子创业周”、广州“中国海外人才交流大会”；举办“广东省百名海外博士博士后南粤行暨珠海市海外高层次人才创新创业洽谈会”。以各赛事活动为纽带有机连接创新创业基地、项目、人才、资本，吸引更多高层次人才来珠参赛和交流发展。

【孵化体系建设】　2018年，珠海市强化全链条孵化育成体系，完善创新创业环境。落实《珠海市科技企业孵化器管理和扶持暂行办法》，开展孵化器和众创空间项目申报，推动科技企业孵化器提质增效。2018年全市新增4家省级孵化器，2家省级众创空间，截至2018年年底，省级以上孵化器17家，省级以上众创空间17家。

提升对创业孵化的服务水平和扶持力度，组织第七届中国创新创业大赛（广东·珠海赛区），组织专业机构辅导企业参赛，珠海市国赛获奖企业数量和奖级位居全省第2，拨付市配套大赛奖励资金653万元，帮助50家参赛企业对接融资超过1.1亿元。以“创客广东”珠海市创新创业大赛、横琴新区创新创业大赛、“菁创荟”珠海青年创新创业行动等多样化活动营造创新创业氛围。

【科技成果与奖励】　2018年，珠海市登记科技成果84项，均为应用技术类成果。有3个项目获2018年度国家科技进步奖，其中中国铁建港航局集团有限公司参与的“复合地基理论、关键技术及工程应用”项目获一等奖，珠海市魅族科技有限公司参与的“高磁导率磁性基板关键技术及产业化”、珠海亿胜生物制药有限公司参与的“我国原创细胞生长因子类蛋白药物关键技术突破、理论创新及产业化”项目获二等奖。5个项目获2018年度广东省科学技术奖，其中，珠海格力电器股份有限公司和珠海格力节能环保制冷技术研究中心有限公司的“双级压缩变容积比空气源热泵技术及应用”获省技术发明奖一等奖，中海石油深海开发有限公司的“海洋水合物钻探装备研发和矿体识别技术创新及成功应用”获省科技进步奖一等奖，广东省特种设备检测研究院珠海检测院和珠海市安粤科技有限公司的“自动扶梯安全检测成套关键技术研究与仪器产业化”、珠海格力电器股份有限公司的“多联机组风机流道系统研究及产业化应用”及珠海市现代农业发展中心参与完成的“姜科园林花卉新品种研制及产业化关键技术”项目获省科技进步奖二等奖。

【科技金融】 2018年，珠海市构建高质量的投融资体系，推动科技金融深度融合。出台市“金融十四条”，从发展直接融资、科技金融、普惠金融等方面强化金融服务。制定出台《珠海市科技信贷和科技企业孵化器创业投资风险补偿金资金管理办法（试行）》，扩大科技金融普惠面，增强对珠海市科技型中小微企业科技信贷融资需求的支持力度。

新设立100亿元粤港澳前沿产业投资基金、5亿元政策性天使基金、2亿元人才创新创业基金。市、区两级财政已设立并运作4只创业投资引导基金，总规模36.32亿元。

【知识产权工作】 2018年，珠海市专利申请量31 167件，同比增长50.30%，其中发明专利13 139件，同比增长69.12%；全市专利授权量17 090件，同比增长36.24%，其中发明专利3 452件，同比增长39.25%；PCT申请量693件，同比增长59.31%。截至2018年年底，全市有效发明专利量11 739件，每万人口发明专利拥有量为66.50件，位居全省第2，仅次于深圳市。2018年第二十届中国专利奖，珠海共斩获27项，其中金奖5项，金奖数量位居全国首位。

【科普工作】 3月，由珠海市科协主办的“大手拉小手——科普报告希望行”活动，共举行53场科普报告，内容涉及地球物理、磁悬浮、国防军事、天文地理、气象探测、医学健康等方面。

5月，珠海市科协联合多家科技企业举办了科技进步月系列活动，包括机器人科普表演赛、生物科普体验、青少年航空科普体验以及3D打印、3D微型摄影等活动。此外，在活动月期间启动了10个科技惠民志愿服务项目，项目内容涵盖科技工作者权益保障、技术创新方法成果推广应用、便民利民的医疗健康知识宣讲等内容，并深入学校、社区、农村广泛开展科普宣传活动。

9月，珠海市科协在圆明新园举办了亲子定向科普体验活动，来自全市各区的100多组亲子家庭手持指南针、寻找点标旗，在内容丰富、趣味健康的定向科普活动中探索科学知识。在全国科普日活动期间，市、区两级科协组织在香洲、斗门、金湾等分会场举行形式多样的科普活动，包括在斗门开展国民身体素质测评、气象科学及农业科普等活动，在市一中航空科普教育基地举办校园科普活动，在香洲9大镇街100多个社区开展“珠海科普大讲堂社区行”活动等。

10月，珠海市举办了首届珠港澳青少年航空航天科普嘉年华暨青少年室内特技飞行展演体验活动，活动邀请了中国航模飞行冠军何聪发、全国模型固定翼花式飞行冠军刘彩红进行精彩的飞行表演。

12月，举办第34届珠海市青少年科技创新大赛，共收到各类作品489项，其中发明创造类作品128件，科学论文113篇，科技实践活动56项，科学幻想绘画192幅。最终推选发明创造与科学论文共15项、科技实践活动3项、科幻绘画30幅，代表珠海市参加第34届广东省青少年科技创新大赛。

【防震减灾】 2018年，珠海市继续开展防震减灾示范城市创建活动，做好地震监测工作，及时跟踪核实地震宏观异常现象，调查、排除异常。完成各季度地震趋势分析报告，为领导决策提供基础数据。配合市应急办和市住规建局等其他职能部门开展全市公共安全风险分析及应急资源普查、《珠海城市总体规划》项目编制等相关工作，推进珠海市综合防灾减灾救灾能力建设。

创建8个省综合减灾示范社区和2个省防震减灾科普教育基地，在全市范围内新建6个地震应急避难场所。加强地震科普宣教工作，以“5・12”防灾减灾日为契机开展防震减灾系列活动，指导珠海市第八中学、九洲中学、紫荆中学等多所学校举办防震减灾知识讲座；指导斗门社区、横山社区、虹桥社区等多个社区及包括夏湾中学、六乡中学在内的全市多所中小学校开展地震应急疏散演练。组织全市各中学3万余名学生参加省地震局、省教育厅和省科协联合组织的“5・12”防震减灾知识网络竞赛，共67名学生在竞赛中分获一、二、三等奖；组织动员珠海市第三中学、第八中学、文园中学、九洲中学、紫荆中学等11所学校共2万余名师生参加中国地震局、中国科学技术协会联合举办的“平安中国防灾科普文化影视季”活动。编印《防震减灾基本知识手册》5.5万册、宣传折页30万张分发到全市40多个单位、学校和社区；举办“珠海市地震应急救援志愿者培训班”，培训167名地震应急救援志愿者，并纳入到市地震应急救援志愿者队伍中。

（梁　维　李　崧　罗雯雯　郑　敏　刘　芳　黄元阔　肖茜虹　黄元阔　李　崧　权　超　王　昭）

汕头市

【概况】 2018年，汕头市获得省科技创新战略专项资金（纵向协同管理方向）项目专项资金扶持2 500万元；新增国家级高新技术企业198家，总量达718家；共有443家企业通过科技型中小企业评价；新增市级科技企业孵化器4家，总量达到12家；新增市级众创空间3家，总量达到17家；新增省级工程技术研究中心48家，总数达207家；新认定市级工程技术研究中心60家，总数达363家；汕头广工大协同创新研究院成立；首次设立国家、省自然基金项目培育计划和医学科技人才培育、临床科研技术提升计划，开设专项支持省级重点实验室和国有科研机构开展应用基础研究。2018年全市R&D经费投入增长30.2%，增速列全省第2位。

【科技政策】 2018年，汕头市深入开展“深调研”活动，形成《汕头市提高科技创新能力建设科技创新强市行动方案》《提升应用性基础研究和产业技术创新能力专题调研报告》等，梳理完善科技体制机制。2月1日，出台《关于提高科技计划项目服务质量优化营商环境的通知》，优化科技计划项目管理流程。贯彻落实《关于我市加快人才发展的实施意见》，制定《汕头市引进科技创新创业团队评审管理实施意见》《汕头市科技创新创业领军人才评选实施办法》《汕头市院士工作站和科技特派员工作站管理办法》《汕头市新引进、创建的国家重点实验室、国家工程技术中心专项补助资金发放办法》《汕头市国家、省自然科学基金资助项目课题组成员生活补助发放办法》等相关实施细则。

【科技金融】 2018年，汕头市普惠科技金融企业库入库企业总数762家，开展普惠科技金融专项资金申报工作。启动科技保险保费补贴工作，确定首批科技保险保费补贴企业60家，补贴资金216.94万元，帮助科技企业化解经营风险44.12亿元。

【创新创业大赛】 2018年5月，市科技局申请设立第七届中国创新创业大赛广东赛区汕头分赛区，共组织39家企业参赛。广东泓志生物科技有限公司获得省赛生物医药组三等奖、国赛第九名的佳绩，11家企业获得中国创新创业大赛省赛优胜奖；12月，市科技局会同市工信局举办2018“汕头创业之星大赛”，共吸引海内外351家企业参赛。

【人才队伍建设】 经组织选拔，推荐陈美莲等8位科技创新人才参加2018年汕头市科技领域优秀人才短期出国（境）学习研究。

【孵化器体系建设】 2018年，汕头市扶持科技企业孵化器和众创空间发展，新增市级科技企业孵化器4家，总量达到12家；新增市级众创空间3家，总量达到17家；落实发展补助资金182.5万元，其中市财政补助资金112.5万元，省财政补助资金70万元。

【科技创新平台建设】 2018年，汕头市新增省级工程技术研究中心48家，总数达207家；新认定市级工程技术研究中心60家，总数达363家。推进新型研发机构建设发展，兑现2017年度新增的4个省级新型研发机构给予每家100万元的一次性奖补，推荐4家新型研发机构申报省级新型研发机构认定和2家申请运营后补助资金。

【产学研结合】 2018年，汕头市继续实施《汕头市推动科技企业对接“双高大学”三年行动计划（2017—2020年）》，推动全市科技企业与全国高校，特别是与广东省高水平大学重点建设高校和重点学科建设项目高校开展产学研合作。年内，全市企业与全国70所高校、32家科研院所通过共建平台、技术攻关、成果转化、人才交流等多种形式，建立紧密的产学研合作关系，为企业技术创新提供强力技术支撑。

11月13日，汕头广工大协同创新研究院注册。该院是汕头市人民政府与广东工业大学联合共建的新一代“政产学研”协同创新平台。该院以汕头市建设国家智慧城市为契机，面向汕头市传统产业优化升级和新兴战略产业创新发展需求；以广东工业大学在科技研发、成果转化、创新服务等方面的经验和优势为基础，整合国内外优质创新资源，重点建设现代纺织服装技术中心、精细化工和新材料中心、动漫与智能玩具技术中心、先进装备技术中心、工业设计中心、环保技术中心等6个技术服务中心，围绕汕头纺织服装、化工塑料、工艺玩具、机械装备等产业领域，开展产品研发、技术服务、工业设计、科研成果转化、企业孵化、人才引进、人才培养等工作。

2018年举办了汕头市与广东工业大学产学研合作对接会、汕头市与江南大学产学研合作对接会暨科技成果发布会、汕头市与厦门大学产学研对接会等多场对接活动，组织80多家企业与高校院所进行深入交流对接。组织到广东省科学院、中科院广州分院、中科院长春应用化学研究所、中科院苏州纳米所、华南理工大学、四川大学、电子科技大学、中科院化学研究所、北京化工大学、北京大学等高校院所开展对接活动。邀请广东工业大学、江南大学、中科院过程工程研究所、厦门大学、华南理工大学、华南农业大学、天津大学等高校院所的专家教授到汕头市企业进行实地调研。组织参加第二届中国科技成果交易会、第四届华人华侨产业交易会，促进相关合作事宜。鼓励和支持企业引进科技特派员，吸引来自17所高校院所的41名专家学者，入驻汕头市20家企业担任科技特派员，为企业开展技术创新服务。

【高新技术企业发展】　2018年，汕头市持续推进高新技术企业培育认定和开展科技型中小企业评价工作，新增国家级高新技术企业198家，总量达718家；共有443家企业通过科技型中小企业评价。

【科技计划项目管理】　2018年，汕头市根据省科技厅《关于实施2018年科技创新战略专项资金（“大专项+任务清单”管理模式）项目的通知》要求，经组织申报、评审、立项公示和市政府常务会议审议等环节，共安排省科技创新战略专项资金（纵向协同管理方向）项目78项，扶持资金2 500万元。

制定出台《汕头市市级科技计划项目集中清理和结题验收工作方案》，规范市级项目终止结题工作程序，推进科技项目终止结题工作；简化主动终止全额退回财政资金的流程，加快办理主动退回财政资金的进度；加强与区县科技主管部门、项目主管部门联动，加快推进结题验收进程。2018年完成市级科技计划项目结题验收300多项，办理主动终止结题14项，收回财政资金237万元。

2018年，汕头市印发《开展联合激励和失信联合惩戒工作的通知》，对涉及申请财政资金或资质认定、评优评先等业务，要求开展信用查询，对于一般性失信行为，谨慎参考；对严重失信行为，暂停审批相关科技项目。贯彻落实科技部与有关部委签订的《联合惩戒备忘录》，对于海关等11个领域的严重失信行为，暂停审批与失信企业相关的科技项目。市级科技计划严重失信行为记录与惩戒程序按照《广东省科学技术厅关于省级科技计划（专项、基金等）严重失信行为记录与惩戒暂行规定》执行。

2018年，汕头市首次设立实验室建设计划，支持省实验室课题研究及省部重点实验室建设。支持汕头市省部重点实验室课题研究工作，每个重点实验室可申报1个项目，每个项目支持金额40万元。支持龙湖区实验室建设工作，项目总支持经费不超过100万元，由区政府按不低于1：1配套资金投入。资金由项目承担单位统筹安排用于科研工作。共立项9项，安排科技扶持资金420万元。

首次设立国家、省自然基金项目培育计划，

支持汕头市申报国家、省自然基金项目计划中未获得立项但排名居前并经所在单位推荐的项目，每个项目支持5万元，资金由项目承担单位统筹安排用于科研工作。共立项20项，安排科技扶持资金100万元。

首次设立医学科技人才培育及临床技术提升计划，支持市医疗机构针对常见病、多发病（恶性肿瘤、心脑血管系统疾病和精神疾病等领域）选择若干个重点学科，省市区医疗机构联动协同创新，开展人才培训、疾病普查、早期诊治、社区干预等工作，在基础理论、新医疗技术、新医疗方法以及管理机制等方面的创新探索和临床应用研究，提升粤东地区临床应用水平和疾病防控能力。每个项目支持金额30万元，资金由项目承担单位统筹安排用于开展相关工作。共立项8项，安排科技扶持资金240万元。

首次设立科研机构应用基础研究计划，支持市、区直属科研机构科研工作，项目资金根据科研机构2017年度R&D经费投入情况按不超过1：0.25额度给予支持。资金由项目承担单位统筹安排用于科研工作。共立项4项，安排科技扶持资金102万元。

【农村与民生科技】 2018年，汕头市针对社会发展、农业项目扶持重点，组织实施一批民生科技、农业年度科技计划项目。发布《2018年度汕头市农业和社会发展领域自筹经费类科技计划项目申报指南》，下达“迷你型蝴蝶兰优良新品种选育”等10个社农领域项目。推荐广东远东国兰股份有限公司的“丰花型特色兰花新品种培育”申报2018—2019年度省重点领域研发计划“现代种业”重大科技专项。

出台《汕头市科技计划项目医疗卫生类别工作指引（试行）》（2018版），全年受理市级医疗卫生科技计划项目申报六批共230项，其中申报财政经费支持项目37项，立项资金151.3万元，申报自筹经费项目193项，立项183项。推荐汕头市中心医院申报“省级临床医学研究中心”，联合市环保局制定出台《汕头市水污染防治技术指导目录》（第一批）。

【科技成果及奖励】 2018年，汕头市制定印发《汕头市促进科技成果转移转化行动实施方案》《关于加强技术合同认定登记工作的通知》，鼓励和推进全市企事业单位开展技术合同认定登记，推动科技成果转化。全年受理、认定登记技术合同19项，技术交易额832万元。

2018年，汕头市按照《广东省科学技术厅关于2018年度广东省科学技术奖提名工作的通知》要求，推荐19个项目申报省科学技术奖（其中申报技术发明奖1项、自然科学奖1项、科技进步奖17项）。8项优秀成果入选《广东省科学技术协会广东省科学技术厅关于发布2018年度优秀科技成果的通报》，入选数量居全省第2位。

【科普工作】 2018年，在全国“科技活动周”、全省“科技进步活动月”期间，市科技局联合市委宣传部、市科协等单位以“打造科技创新强市”为主题开展科普活动。联合各区县开展2018年度高新技术企业宣传培训、培育认定活动，科技下乡精准扶贫活动，2018年科学家进校园讲科学主题教育活动；汕头科技馆开展科普宣传教育，部署举办多项科普主题活动，包括“节约保护水资源科普图展”“食品安全科普知识”等大型科普活动；市科协开展2018“汕头惠民之旅”——汕头科技之旅活动等一系列科普活动。

科普基地建设 2018年，汕头市4家省青少年科技教育基地全部通过广东省生产力促进协会2018年年度考核。7月，启声学校科技教育基地被认定为省青少年科技教育基地，全市省青少年科技教育基地达到12家。

汕头科技馆 2018年，汕头科技馆累计接待公众约18万人次，举办短期科普展览44场（次），开展科普活动进校园、社区101场（次），举办科普讲座、论坛、培训168场（次）。10月27日，汕头科技馆组织市蓬鸥中学、广东第二师范学院龙湖附属中学等2所学校选拔派出4支队伍参加由广东科学中心、广东省科技馆研究会联合举办的“第七届广东省创意机器人大赛”。汕头市蓬鸥中学获得基础型二等奖及三等奖各1个，优秀园丁奖2个；广东第二师范学院龙湖附属中学获得基础型二等奖及三等奖各1个，优秀园丁奖1个。

【境外科技交流与合作】 1月3—4日，香港科技大学中药研发中心主任詹华强率领香港科技合作团一行26人来汕开展医药健康产业精准对接和交流活动。6月25—27日，市科技局党组书记、局长邱长奕带队到香港拜会香港大学、香港科技大学、香港理工大学、香港中文大学等4所高校，与相关专家学者就省实验室建设进行座谈，寻求支持和科研合作。9月4日，成立汕头市“一带一路”科技服务与创新研究院（东南亚丝路产业发展研究中心），推动汕头市与“一带一路”沿线国家（或地区）开展科技交流和合作。

（陈郁淦）

佛山市

【概况】 2018年，佛山市深入实施创新驱动战略，主动对标省珠三角自创区工作部署，推动佛山融入全省创新发展大格局。全市财政科技投入54.65亿元，地方财政科技投入占本级财政支出比例约6.77%，全社会研发投入达2.42%。全市1 701家企业获国家高新技术企业认定，国家高新技术企业累计达3 949家，较上年增长55.05%，数量居全省第4；高新技术企业实现主营业务收入7 929.12亿元，实现进出口总额1 515.54亿元；上市高新技术企业达56家。全市企业研发机构建设数量继续保持全省第1，主营业务收入5亿元以上的大型工业企业实现企业研发机构建设全覆盖，总量居全省第1，规模以上工业企业研发机构建有率达51.37%。新引进省领军人才3人、市级创新创业团队48个。新增省（企业）重点实验室5个、省级工程中心83个。全市省级以上创新平台达737个、各类孵化器达95家、众创空间达65家。累计设立12家科技支行，市科技型中小企业信贷风险补偿资金累计为355户科技型中小企业授信31.82亿元。全市技术合同成交额7.46亿元，是2017年的2.8倍。是年，佛山市获省科学技术奖6项，其中一等奖1项、二等奖5项；获第二十届中国专利奖52项，数量创历史新高，其中外观设计银奖1项。

【科技政策环境】

科技创新政策 2018年，佛山市出台了《佛山市人民政府办公室关于印发佛山市高新技术企业树标提质行动计划（2018—2020）的通知》《佛山市人民政府办公室关于印发佛山市科技创新载体后补助试行办法的通知》《佛山市人民政府办公室关于修订佛山市科技创新团队资助办法的通知》《佛山市人民政府办公室关于促进科技成果转移转化的实施意见》等政策文件，深入实施创新驱动战略，有力推动了佛山市经济社会新一轮发展。

税收优惠政策 进一步推动落实企业科技创新税收优惠政策，佛山市科学技术局加强与税务部门、财政部门的沟通交流，联合市国税局、地税局共同开展了8场税收优惠政策宣讲培训会，广泛发动企业申报研究开发费用加计扣除，降低企业研究开发成本，提升企业科技创新能力。2018年，佛山小微企业减免税额达14.83亿元，其中享受研究开发费用税前加计扣除企业共3 911家，累计研发费用加计扣除额达327 433万元，按照25%所得税税率计算，减免税额达11.02亿元。

科技创新宣传 2018年，市科技局组建科技创新暨政策法规宣讲团，面向一线科技管理人员和科技工作者，深入到基层开展“零距离”政策宣讲。包括区、镇（街道）科技管理部门人员，企业和高校院所科研人员，开展“点菜式”预约授课活动，实现“0距离”宣讲，全年共开展专项工作宣讲、专利大讲堂、创客大讲堂等活动129场，吸引超过1万人次科研工作者参加，将国家制造业创新中心建设等重大政策精神及时宣讲到位，同时更加广泛地吸引社会各界参与支持科技创新工作。全年在“佛山科技”新浪官方微博及时发布信息732条，“佛山科技”微信公众号推送信息389条。编印《佛山科技政策汇编》《佛山市企业适用优惠政策汇编（简本）》《探寻佛山创新创业团队成长之路》《中国（广东）国际“互联网+”博览会媒体报道汇编》等书籍。

【产学研结合】

新型研发平台建设 2018年，佛山市继续深化与中国科学院、中国工程院、清华大学、北京理工大学、中山大学、中国空间技术研究院等科研院校，以及美国、以色列相关科技协会等机构的合作不断深化。举办清华大学佛山先进制造研究院揭牌仪式、第十届国际发明展览会暨第三届世界发明论坛、第二届佛山企业走进清华、2018“清华专家教授佛山行”等活动。引导支持本地企业与清华大学、中国科学院和佛山智能装备技术研究院开展核心技术攻关，将国内外科研优质资源持续导入佛山市。全年全市通过产学研合作建有省级新型研发机构达24个，省级新型研发机构孵化企业数298家，成果转化和技术服务收入超过8.7亿元。

与清华大学合作　5月22日，清华大学校内首个校地合作研究院——清华大学佛山先进制造研究院揭牌成立。该院将充分利用清华大学的创新资源优势，结合佛山市良好的产业发展优势，在智能装备、智能制造、机械装备、新材料、节能环保领域开展合作。为支撑相关合作，研究院设立创新专项资金，首期为5年，每年不低于5 000万元，总额不低于3亿元。

9月，佛山市科技局组织举办了第二届佛山企业走进清华活动，50多名佛山政企代表再次聚首清华大学，与清华有关团队围绕创新发展、产学研项目合作等开展务实交流。活动上，11家企业和15位教授的高新技术项目有了初步合作意向。2018年清华大学的教授、博士生、硕士生第三次走进佛山，开展走访调研、项目路演和为企业诊断技术困难等多项活动，大大丰富了佛山企业与清华大学的合作内涵，加强了本地企业与清华的沟通交流。通过在清华校内评审，12月精选了12个成果项目到佛山进行路演，经过企业和项目团队的沟通协商，截至2018年年底已达成合作项目5个。

12月10日，佛山市政府与清华大学材料学院共建佛山（华南）新材料研究院，落地三山新城，作为粤港澳大湾区华南设计产业研究院的实体。该研究院力争用5年时间建成涵盖新能源、生物医用、节能环保、电子信息、智能制造五大产业集群的材料类专业实验室。

广东（佛山）研究院建设　11月18日，中国科学院与广东省人民政府共同推进粤港澳大湾区国际科技创新中心建设合作协议签署活动在广州举行，活动期间，中科院苏州纳米所、佛山市政府、佛山市南海区政府签署中国科学院苏州纳米技术与纳米仿生研究所广东（佛山）研究院合作框架协议，中科院苏州纳米所党委书记、副所长陈光，佛山市委副书记、市长朱伟代表各方签署合作协议。根据协议，中科院苏州纳米所广东（佛山）研究院以提升粤港澳大湾区纳米技术、半导体等产业的自主创新能力为目标，采用“纳米加工平台+研究中心+育成中心”的运营模式，致力于产业技术领域核心关键技术突破、共性技术研发、技术系统集成、工程化示范应用和产业化，力争建设成为纳米技术、半导体等领域的公共技术支撑与服务平台、高端人才培养与集聚平台、科技项目引进及落地平台、高技术企业引进及孵化平台。

【科技创新项目】　2018年，佛山市科技局继续深入贯彻创新驱动，以科技创新项目引导企事业单位积极参与创新。从前沿技术、应用技术、孵化器、创新团队、企业、开展科技创新项目，加强核心技术攻关工作，组织开展和完善科技计划项目经费管理，按照业务类别划分的6个业务科室，根据评审、监督、评价的业务流程整合成3个大中心，形成一室三部的架构，将项目评审、监督和评价3个环节分由3个部门独立负责，对科技项目立项、实施、验收、考核等环节实行分开管理，做到互相监督，促进各项行政权力的规范运行，提高科技局工作效能和管理服务能力。

2018年，佛山市有17家企事业单位申报17项省重点领域研发计划，首批获得立项项目3个，共获得8 000万元省财政经费支持。开展2018年佛山市军民融合和可持续发展专项，加快军工和民用技术的相互转换和融合创新，推动创新成果服务和渗透民生领域，全面实现经济的可持续发展，经专家评审共立项支持10个项目，市财政扶持经费达1 900万元。加强企业技术需求摸查，7月23—27日，由清华大学机械学院机械系教授、博导林峰教授带队的11人课题组深入佛山市各区调研先进制造业情况，形成企业创新和运营情况报告。

【科技成果与技术市场】　2018年全市技术合同成交额7.46亿元，是2017年（2.67亿元）的2.8

倍，技术交易额7.01亿元，是2017年（2.44亿元）的2.9倍，二者增长率均居珠三角城市第2位。2018年1—5月，全市技术合同登记数量120项，合同成交金额7.72亿元，其中技术交易额7.20亿元。

获2018年度广东省科学技术奖7项，其中一等奖1项、二等奖5项、科技合作奖1项；获得第二十届中国专利奖52项，数量创历史新高，其中1项外观设计银奖（本届全国仅有15项）。大部分项目以企业作为牵头单位完成，部分项目与中科院、中山大学、华南理工大学等高校科研院所联合开发完成，体现了佛山市以企业为主体、市场为导向、产学研深度融合的创新特点。

【高新技术与战略新兴产业发展】 截至2018年年底，全市共2 601家企业申请高新技术企业认定，1 701家通过认定，高新技术企业数量累计达3 949家，较2017年增长55.05%。2018年全市高新技术企业实现主营业务收入7 929.12亿元，实现进出口总额1 515.54亿元，实际上缴税费总额334.38亿元，授权专利达22 359件，其中发明专利4 386件。是年，佛山市销售收入1 000万元以上2 000万元以下的高新技术企业有512家，占比12.97%。规模以上高新技术企业有2 102家，占比53.23%。

10月，出台《佛山市高新技术企业树标提质行动计划（2018—2020年）》，提出19项政策措施，建立多部门共同推动高企发展的协同机制，完善高企培育发展体系。启动首次标杆高企遴选工作，评选对象为佛山市内注册且截至2017年年底仍在有效期内的高新技术企业。在综合考虑高新技术企业营业收入规模、税收贡献、创新投入、创新产出、成长性、专业领域创新性水平等基础上，通过第三方进行数据测评、汇总、排序，在征求各区政府及市税务、财政、环保、安全监管、市场监管等相关管理部门意见之后，评出佛山市2018年标杆高新技术企业50强企业，带动更多高企不断做优做强，推动高新技术企业量质齐升。

【孵化育成体系】 2018年，佛山市印发《佛山市科技创新载体后补助试行办法》，鼓励龙头骨干企业围绕主营业务方向建设孵化器、众创空间，引导新型研发机构、科研院所、高等院校围绕优势专业领域建设孵化器、众创空间。截至2018年年底，佛山市共有各级科技企业孵化器95家，众创空间65家，实现五区孵化器全覆盖。其中，国家级孵化器18家，国家级众创空间20家；省级孵化器30家，省级众创空间31家。全市总孵化面积达240万m^2，在孵企业2 935家，年内毕业企业324家。

【创新能力建设】

企业创新平台　2018年，佛山全市规模以上工业企业研发机构建有率达51.37%，主营业务收入5亿元以上工业企业研发机构保持全覆盖，建有研发机构企业数量居全省第1。全年新增省（企业）重点实验室5个、省重点实验室1个，省级重点实验室数量达27个，新增省级工程中心233个，累计达628个，省级工程中心新增数和总数均居全省第2。

佛山市鼓励企业自建或协同高校及科研院所共建研发中心、检测中心、设计中心、中试基地等各类研发机构，重点打造一批集技术研发、人才集聚、成果转化、创业孵化为一体的综合性平台。对企业自建研发机构实行备案登记制度，经市科技局备案登记的企业研发机构，优先享受市级财政科技创新券后补助和研发准备金等优惠政策。为帮助佛山更多企业提升科研基础条件、提高省级重点实验室申报率，佛山市科技局高度重视企业辅导工作，对暂未达到省级要求、有较大发展潜力的行业龙头企业，进行重点引导和培育；同时，通过开展集中性政策宣讲、深入企业“一对一”政策解读等措施，为有意申报的企业提供更加精细化的辅导服务，帮助企业优化和规范内部科技管理机制，形成系统的研发体系，引导企业构建可持续发展的创新机制，不断提升自主创新能力。2018年，美的制冷设备、溢达纺织、联塑科技、一方制药、盛路通信5家行业龙头企业获批省（企业）重点实验室，数量为历年之最。

创新人才队伍　2018年，佛山市对实施了5年的《佛山市科技创新团队资助办法》（以下简称《资助办法》）进行了大幅修订，并于9月15日以市政府名义正式印发。修订后的《资助办法》大幅提高了对高层次团队的支持力度，对诺贝尔奖团队（A类团队）和院士团队（B类团队）开辟了“全年申报，单独评审”的评审渠道，同时对省团队的支持力度增加到1∶1的配套比例。2018年，全市有效申报团队共178个，同比增长28%。立项团队共36个，资助经费达23 845万元，同比增长178.9%。立项的团队中，汇聚高层次人才191人，其中博士或正高职称166人，占比87%；17人来自境外；包括院士（含外籍院士）6人、国家“973”首席1人、国家科技进步奖获得者2人。

创新人才载体建设　2018年，佛山市通过建设人才载体，吸收和培养创新人才。推进佛科院建设高水平理工大学，新增6个硕士学位授予点；与南方医科大学、广东财经大学共建全学段佛山校区；创建广东顺德创新设计研究院、佛山市南海区广工大数控装备协同创新研究院2个研究生联合培养国家示范基地。是年，北京科技大学佛山研究生院、北京外国语大学佛山研究生院落成，并于9月开始招生。

省实验室　12月28日，季华实验室动工仪式在佛山市三龙湾高端创新集聚区三山片区举行，标志着季华实验室正式步入实际性建设新阶段。季华实验室位于三龙湾高端创新聚集区核心区域，是省委、省政府启动的首批4家广东省实验室之一，由佛山市委、市政府计划五年投入55亿元建设，规划建设总面积约66.67hm^2（1 000亩），其中首期建设用地15.9hm^2（238.5亩）、远期规划产业化基地48hm^2（720亩）。首期工程计划建设7栋建筑，包含综合检测区、加工实验区、电子学实验区、集成电路实验区、高精度实验室、行政办公区、科研辅助楼等，预计2020年6月30日前完成。季华实验室的宗旨是以培育国家实验室为目标，建设成为面向世界科技前沿、面向经济主战场、围绕国家和广东省重大需求，集聚、整合国内外优势创新资源，打造先进制造科学与技术领域国内一流、国际高端的战略科技创新平台。

季华实验室坚持“成熟一批，启动一批”的工作方式，以佛山市产业发展需求为基础，先后论证启动2批8个科研项目、入库储备3个项目，既有面向产业重大需求、解决制造业“卡脖子”问题的半导体制造工艺关键装备、光刻机物镜传感器等项目，也有面向广东经济主战场，解决国计民生或产业共性技术难题的智能制衣、制鞋、酱油酿造、采茶、汽车线束、增材制造等项目。参与国家重大科技专项，依托国家广域量子保密通信骨干网络和卫星量子密钥网络两大重点工程，在广东省率先开展星地量子网络的对接融合、智能调度、仿真模拟等关键技术研发。

2018年，佛山市季华实验室先后与美国橡树岭国家实验室、剑桥大学、清华大学、复旦大学等国内外60余个高端团队深入洽谈，同时加强与广东省科学院、深圳第三代半导体研究院等的交流合作。引进落地新加坡半导体关键零部件研发、日本大面积微纳加工研发等团队2个，其中新加坡半导体关键零部件研发团队已在佛山开展样机试制，计划在2019年下半年推出第一批带有“季华”名字的装备产品。参加IEEEICMA2018（国际电气和电子工程师协会机电一体化/自动化会议）、第五届中国机器人峰会、第三代半导体光电产业创新发展大会、第二十届中国国际光电博览会等学术会议并作发言、推介。加快与上海某大学智能制造及机器人研发团队，华中某大学电磁制造技术团队等的洽谈进度。在全国28所985高校开展巡回招聘，吸引200多名博士和博士后应聘，遴选聘任20名优秀博士毕业生充实到实验室科研人才队伍。

【科技金融】

科金产深度融合　截至2018年年底，全市创新创业产业引导基金有10只子基金，设立总规模达99.57亿元，投资30.24亿元。灵活运用信贷风险补偿、专利保险等方式，帮助企业降低创新创业成本，运作好市科技型中小企业风险补偿基金，基金规模1.9亿元，累计授信企业355户，帮助佛山科技型企业获得贷款授信31.82亿元。推广禅城区专利保险示范的先进经验，推动佛山市创新投保模式。省市联动投入不少于3 000万元用于孵化器内科技企业信贷和创业投资风险补偿。截至2018年年底，佛山市境内外上市公司总数达到58家，新增5家境内外上市企业，在广东省内排名第3。新增上市高新技术企业3家，累计29家。

创投特色小镇　截至2018年年底，千灯湖创投小镇（千灯湖创投小镇是广东省首批特色小镇创建工作示范点）规划范围内累计注册成立的基金类机构累计84个，募集资金总额超过102亿元，创投基金呈现集聚发展态势。

【知识产权工作】 6月26日，中国（佛山）知识产权保护中心挂牌活动在禅城区绿岛湖国家知识产权服务业集聚发展试验区举行。佛山市已按国家知识产权局要求，全部落实了保护中心的机构编制、经费保障和场地保障，包括：成立副处级公益类事业单位，定编20名事业编制；办公场地建筑面积超过2 100m^2；由市、区、镇三级财政保障经费，其中市财政500万元启动经费、禅城区500万元配套资金均已到位。全市知识产权工作取得长足进展，知识产权数量和质量迈上新台阶。

专利产出 2018年全市专利申请总量为89 388件，同比增长20.88%；授权量为51 010件，同比增长38.74%；PCT为857件，同比增长18.04%。其中发明专利申请量29 709件，增长14.71%；发明专利授权量5 058件，同比增长3.2%。有效发明专利19 497件，同比增长29.55%。高价值专利培育成效明显，获得第二十届中国专利奖52项，数量创历史新高，其中1项外观设计银奖（本届全国仅有15项）；获省级专利奖共16项，其中金奖2项，金奖数量有新突破；新增26家企业被认定为国家知识产权示范/优势企业，数量为历年之最。截至2018年年底，全市国家、省级知识产权示范/优势企业达199家，通过国家知识产权贯标认证企业402家。

知识产权质押融资 2018年，佛山市专利权质押融资登记114件，融资金额12.557 6亿元。佛山市知识产权质押融资风险补偿资金池规模超过1亿元，合作银行达13家，全市共115家企业228个项目进入知识产权质押融资风险补偿扶持企业库，提出融资需求超15亿元。资金池运作至今共扶持了150家企业（共计1 005项专利）获得知识产权质押融资金额为8.76亿元，平均每个企业获得约600万元的融资贷款。

知识产权保护 成立禅城区人民法院新城知识产权法庭，筹建广州知识产权法院佛山巡回法庭，完善知识产权司法保护机构。2018年全市开展专利执法专项行动7次，出动执法人员100余人次，共检查商品3 000多件，全年共处理各类专利案件296件，其中处理专利侵权纠纷案件51件，电商案件202件，展会案件30件，假冒专利案件13件。中国（佛山）知识产权保护中心建设初见成效，快速预审通道大大缩短审查授权时间，完成364家企事业单位的备案工作，受理专利快速预审申请69件，发出预审合格通知书31件，其中已有21件申请获得国知局授权。保护中心全年共提供知识产权维权援助13项，协助执法22次，处理专利侵权纠纷14件，进驻展会处理展会专利纠纷77件，提供专利侵权判定42件。开通知识产权侵权行政举报投诉和快速处置综合服务通道，全市27家企业纳入省知识产权保护重点企业库，124家企业纳入市知识产权保护重点企业库。

知识产权服务业集聚 2018年，大力建设国家知识产权服务业集聚发展示范区，已建成面积达50 000m^{2}的禅城、南海、顺德三大服务业集聚园区，超过50家知识产权服务机构进驻。支持佛山市海科知识产权交易有限公司夯实开展国家专利运营试点企业的建设工作，在推进专利运营、深化知识产权质押融资等方面卓有成效，2018年服务企业80多家，完成知识产权质押融资评估超10亿元，业绩在全省名列前茅。顺德园大力投入尝试知识产权运营交易平台建设，“淘专利”“淘商标”的交易小程序相继上线运营，5 000余个专利、商标可供交易。全市拥有专利代理机构69家，其他知识产权服务机构超200家。深入实施“英才计划”，成立广东知识产权创新学院、佛山知识产权人才学院，建设知识产权管理产学研合作示范基地，全市累计培育各类知识产权人才超过10 000人。

【与境外科技交流与合作活动】

10月24—27日，第四届中国（广东）国际“互联网+”博览会在潭洲国际会展中心开幕，现场签约多个重大项目。本届博览会以“数字浪潮·智创互联”为主题，百度、华为、美的、京东X、中国移动、德国Alugha、英国iris等全球731家中外知名企业亮相，展示“互联网+”、数字化商业、数字化生活、创新创业、智能制造和机器人领域的最新技术与产品。12个重大项目现场签约，总投资金额达90.17亿元。签约项目包括国家信息中心（佛山）数字仿真研究院、广东省科学院佛山产业技术研究院、佛山数据湖、阿里云创新中心（佛山）等。

全力打造中德工业服务区，建设中德智能制造国际合作示范区，与弗劳恩霍夫协会IFF研究所、汉诺威公司开展深入合作，积极推进美的库卡机器人项目，促进智能制造技术成果落地佛山。以科技交流合作为主要内容，发展壮大中德工业城市联盟，联盟成员增加到41个。组织本地企业“走出去”赴德、赴欧开展科技交流，出访企业63家、总出访企业家72人次。10月24日，中德工业城市联盟第六次全体会议举行，23座中方城市、18座德方城市代表等出席了此次会议。会议新增“市长对话”环节，围绕“工业城市：高质量发展之路”主题进行探讨。

11月18日，中国科学院与广东省人民政府共同推进粤港澳大湾区国际科技创新中心建设合作协议签署活动在广州举行，活动期间，中科院苏州纳米所、佛山市政府、佛山市南海区政府签署中国科学院苏州纳米技术与纳米仿生研究所广东（佛山）研究院合作框架协议。根据协议，中科院苏州纳米所广东（佛山）研究院以提升粤港澳大湾区纳米技术、半导体等产业的自主创新能力为目标，采用“纳米加工平台+研究中心+育成中心”的运营模式，致力于产业技术领域核心关键技术突破、共性技术研发、技术系统集成、工程化示范应用和产业化，力争建设成为纳米技术、半导体等领域的公共技术支撑与服务平台、高端人才培养与集聚平台、科技项目引进及落地平台、高技术企业引进及孵化平台。

依托佛山企事业单位驻外机构设立海外技术转移服务驿站，与香港科技大学合作建设离岸孵化器，在佛山建设服务国际科技成果转化的外向型孵化中心。同时，与中国国际科技合作协会签署协议，共建国际科技合作华南中心，依托科技参赞等驻外力量引进高层次创新团队，推动高新技术成果向佛山转移。

【佛山科学馆】　2018年，作为佛山市科普教育主阵地的佛山科学馆，全年接待游客数量约85万人次，其中接待团队110个，团队游客数量约5万人次，散客参观数量达80万人次，全年馆内日均接待量超过3 000人次。立体影院和动感影院全年共播放1 100余场次，接待团体专场约50场次，共接待游客9万多人。是年，科学馆通过加设临时展览和特色主题展区开展形式多样的科普教育活动，让科学融入生活，向公众普及日常科学知识和科技创新知识，直观地体验新时代科技发展成果，吸引了韶关、烟台、温州等市和新疆维吾尔自治区，以及沙特阿拉伯等国内外中小学校、幼儿园师生及社会团体参观。是年，佛山科学馆经省科技厅复核通过获得“2018年度广东省青少年科技教育基地”称号。

2018年，佛山市科学馆举办多次大型公益展览和科普进校园活动。5月26日—6月18日，举办“梦想与创造”多媒体互动主题科普展，采用声、光、电等高科技手段和多媒体交互体验

2018年1月26日，2018第七届中国创新创业大赛（广东·佛山赛区）暨佛山农商银行杯创新创业大赛现场

2018年10月24日，第四届中国（广东）国际“互联网+”博览会在潭洲国际会展中心开幕，现场签约多个重大项目

等现代信息技术，全方位展示信息时代科技创新的前沿技术和创新成就，展览占地面积超过2 000m^2，共展出15个大型展项，吸引各类参观团体20多个、游客4.5万人次。5月31日，受邀参加同济小学少工委成立仪式暨“庆六一”欢乐嘉年华活动，携带10个移动展项参加活动，让学生亲身感受科学的魅力。9月25—27日，到对口帮扶的云浮市郁南县桂圩镇平全小学和平台镇中村小学开展科普下乡活动。10月27日，举办2018年度佛山科学大讲堂之“青少年生长发育与运动健康”科普讲座，讲座以青少年骨骼发育、游泳健康为主题，吸引100多名游客参加。11月30日，承办国家宪法日暨人防法宣传活动，共有100多名学生参加了本次普法活动。12月5日，参加佛山实验学校2018—2019学年运动会暨科技节嘉年华活动，在活动中提供23个移动展项供学生参观体验。12月12—14日，参加由广东省科技馆研究会组织的欢乐科普行惠州站活动，为惠州市第五中学和惠州市第十一小学共2 000多名师生带去彩色食品打印机、智能跳舞机器人以及飞机航模等展项。

（何国华）

韶关市

【概况】　2018年，韶关市科技支撑作用增强，高技术制造业规上企业增加值20.72亿元，同比增长11.5%，增长率均高于工业增加值（1.5%）；先进制造业增加值99.08亿元，占规上工业增加值达32%，同比提高了6个百分点。创新主体持续走强，2018年全市获高新技术企业认定83家，其中净增64家，同比增长68.42%，增速居全省第4位。创新平台持续优化，韶关高新区创建国家高新区工作进展顺利；省级以上创新平台从24家增至76家，居全省第6位。研发能力持续提升，2018年全市研发投入占比从2017年的1.17%提高到1.2%，继续排在粤东西北地区前列。科技项目成效初显，3个项目获得2018年度省科技进步奖二等奖，5个项目进入2018年第七届中国创新创业大赛行业总决赛。科技成果形势喜人，高校技术转移成果180个，在粤东西北地区排名第2位，同比增长42.86%，增幅排全省第3位。创新人才持续增多，新增产业发展领域紧缺适用人才115人、产业科技人才442人、医疗卫生领域科技人才488人。

【重点科技项目】　2018年，韶关科技计划项目经费从2017年的1 280万元增至1亿元。在项目评审方面，市科技局大胆创新，委托省生产力促进中心、省科技基础条件平台中心组织实施异地评审，按评审结果从高到低排序，经网上公示并征求市财政局意见后报请市政府批准。2018年，面向一、二、三产业组织实施市级科技计划项目164项。

韶关市城市智能指挥调度中心项目由市科技局牵头引进落地，总规划占地面积为17 000m²。该中心以无人机应急调度指挥为中枢，汇集网络中心、信息中心、信息发布中心、通讯中心、调度中心、监控中心等功能，通过远程终端控制，实现覆盖全区域的调度指挥。中心将接入已经建成的应急指挥、公安视频监控、政府视频会议等应用系统，与相关职能部门在无人机语音、图像、数据和应用等方面互联互通，使应急调度指挥的决策指挥层面更直接、更智能化，对发生在辖区范围内的所有事件能够“看得见、听得清、呼得出、信息准、反应快”，确保“指令下得去，情报上得来”。该项目的建设，旨在战略层面把韶关市打造和建设成智能无人机系统应用的先进典范城市，在为韶关市创造经济效益和社会效益的同时，向国内外其他地区和城市推广先进智能无人机系统城市应用经验。

【高新技术产业】

高新区　韶关高新区以创新为发展核心，以打造珠江西岸先进装备制造产业配套园区为首要目标，大力集聚高端创新资源，发展高新技术产业，已经成为引领全市产业转型升级的强大引擎、支撑全市经济高质量发展的关键载体。2018年6月，创建国家级高新区申报材料经省政府同意上报科技部。2018年韶关高新区分别实现工业总产值、工业增加值644.39亿元和164.96亿元，工业增加值占全市比例的53.2%。创新型经济发展态势初露端倪，2018年高新区共有高新技术企业62家，占全市总数的37%。

高端装备制造产业是韶关构建现代产业体系的重要组成部分，2018年园区实现工业总产值331.78亿元，占园区工业总产值的51.5%。韶关高新区科技创业服务中心每年设立了300万元的孵化种子资金，园区孵化场地超过10万m²，被认定为国家级科技企业孵化器。园区土地集约利用水平多年名列全省前茅，2017、2018年在全省省级开发区土地集约利用评价考核中分别排名第4和第7名。2018年各类基础设施建设资金累计投入占全市的35%以上，形成了“八高四铁两航”的立体交通网络。广东韶关实验学校（一期）、华南师范大学附属韶关中学、市民文化活动中心、盆景山公园等项目扎实推进。全面推行一站式、一条龙、一个窗口的服务机制，为企业发展提供全方位的服务。

高新技术企业　2018年，韶关市加快推进高新技术企业树标提质，采取政策扶持、金融支撑等方式引导企业开展科技创新，并通过上下游配套、创新联盟和孵化培育等办法，带动中小企业创新发展。针对深圳、广州、东莞、佛山等高新技术产业溢出区域，开展精准招商，主动出击，积极引进省内外高新技术企业落户韶关。2018年，全市高新技术企业净增64家，存量为167家，其中武江区、浈江区、南雄市居前3位，分别达到36家、31家、27家，占全市的56.29%。2018年全市获高新技术企业认定（含重新认定）数量为83家，同比增长76.60%。武江、浈江目标完成率最高，武江认定29家，净增24家（完成率400%）；浈江认定21家，净增14家（完成率280%）。2018年，全市高新技术企业工业总产值270.73亿元，同比增长37.64%。

【传统优势产业改造】　2018年，韶关市围绕传统优势产业开展核心技术攻关。充分发挥省、市重大科技专项、产学研合作项目、科技型企业技术创新等项目引导作用，聚焦产业链关键环节，引导企业加强研发攻关和应用推广，重点推进韶钢高品质特殊钢、宏大齿轮精密零件制造、东阳光新能源材料等重大科技项目实施。加大力度培育大数据及相关领域的创新企业，促进韶关学院等市内高等院校与中山大学、华南师范大学等国内高校合作，加强在大数据领域科研攻关与应用开发等领域合作，推动大数据应用技术创新。

2018年5月，成功举办2018丹霞天使投资全球高峰会，引导逾百位国内外天使机构投资者、独角兽企业CEO、各界大咖等海内外优质资源聚集韶关，集聚创新资源融入珠三角，为韶关打造创新创业高地和促进传统产业转型升级提供有力支撑。年内，组织3批次高层次人才与韶关重点产业开展精准对接，助推创新驱动发展。积极促进北京理工大学、华南理工大学、仲恺农业工程学院等高校、科研院所与韶关企业实施产学研合作项目16个，推动创新资源向企业集聚。

【研发机构、创新平台建设】　2018年，全市新增研发机构52家，总量增至178家，其中新增省级企业研发机构21家。新增省级新型研发机构2家，增速居全省第1位；总数达5家，居全省第9位。省级以上创新平台从24家增至76家，居全省第6位。全市亿元以上企业研发机构覆盖率45.2%，超额完成30%的目标；规模以上企业研发机构覆盖率29%，超额完成25%的目标。广东跨元航天医学工程技术有限公司于2018年10月由韶关市政府与北京理工大学空间生物与医学工程研究所签订战略合作协议注册成立，当年被认定为省级新型研发机构，获得省600万元经费支持。

【科技成果推广及成果奖励】　2018年，韶关市参与承担的3个科技项目荣获2018年度广东省科技进步奖二等奖。

项目名称：高强高韧海洋工程及船舶用钢关键技术研究及产业化

主要完成单位：宝武集团广东韶关钢铁有限公司、华南理工大学、广东技术师范学院

获奖情况：2018年度省科技进步奖二等奖

项目历时5年，获得多项国家专利，总体技术达到国内领先水平。该项目是韶钢转型升级的创新成果，项目属于黑色金属及其合金、钢铁材料加工制造工艺领域，针对现有的海洋工程及船舶用高性能钢板制造技术中存在的若干共性关键技术问题，提出并建立了一整套生产高强高韧海洋工程及船舶用板的制造及应用技术，解决了现有技术存在的合金化系复杂、制造成本高、应用领域受限的问题，推动了我国高技术新型船舶及海洋工程装备用高强高韧钢种级别的提高和生产技术进步。推动韶钢生产的船板从以前的36mm规格放大到60mm规格，扩大了生产规格，利用海洋工程船板可以减少船舶的制重6%。2010—2017年，累计生产各级别海洋工程及船舶用钢91万余t，实现销售收入33.15亿元。产品广泛应用于广东中远船务有限公司、广州中船龙穴造船有

限公司等国内外海洋工程及船舶企业，取得了显著的经济效益和社会效益。

项目名称：草菇环保高效栽培技术创新及应用

主要完成单位：省农业科学院蔬菜研究所、韶关学院、华南农业大学以及农业部科技

获奖情况：2018年度省科技进步奖二等奖

该项目从草菇育种技术、原材料处理、灭菌方法、草菇二次栽培等方面对草菇栽培技术进行创新，实现草菇栽培技术生态、环保、可循环、转化率高而成本低、高效。项目在广东省及华南地区草菇主产区进行推广种植，截至2018年年底，推广种植量已经占到广东省草菇种植量的30%以上。

项目名称：新生儿疾病防治质量控制体系的临床研究与应用

主要完成单位：省妇幼保健院牵头，韶关市妇幼保健院、深圳市妇幼保健院

获奖情况：2018年度省科技进步奖二等奖

该项目是以广东省新生儿质量控制中心为核心，以34个区域的新生儿抢救分中心为枢纽，在全省镇区级及以上的新生儿救治网底单位，辐射性推广适宜技术，以点带面、资源共享，以医疗质量控制为抓手，实现全省新生儿救治技术同质化，缩小城乡间、区域间新生儿死亡率的差异。韶关市妇幼保健院依托专业团队对新生儿疾病进行筛查，对新生儿疾病进行早发现、早检测、早治疗，积极开展防治新生儿死亡的适宜技术等研究。从2004年至今已经筛查了超过50万的新生儿，全市的新生儿筛查率达到99.5%，筛查出了250例左右的甲状腺功能低下症患者。

【孵化载体建设】 2018年，韶关市省重点实验室取得零的突破，广东省矿产应用研究所申报的广东省放射性与三稀资源利用重点实验室获得省立项300万元支持。2018年，韶关新增省青少年科普教育基地6个，增量仅次广州排名全省第2。智汇小镇众创空间被认定为省级众创空间，全市拥有省级众创空间增至3家；国家级科技企业孵化器高新区创业服务中心在2017年度广东省科技企业孵化器运营评价中获得A级。2018年，韶关成立了韶关市丹霞铁皮石斛研究院，积极孵化培育农业产业项目。

【创新创业大赛】 组织完成了第七届中国创新创业大赛（广东·韶关赛区），90%的参赛企业（45家）获得省复赛资格，30%的参赛企业晋级省行业总决赛，5家参赛企业获荐参加国家行业总决赛，创下历史最好水平。本届全国总决赛共有2 290家新材料领域企业报名参赛，通过地方初赛、复赛、决赛的层层选拔，最终180余家企业脱颖而出挺进全国半决赛。韶关市欧莱高新材料有限公司获得优秀企业奖，并以小组第2名的好成绩成功晋级总决赛，获得成长组二等奖、全国第3名，创韶关参赛历史最佳。

【韶关国家农业科技园区建设】 2018年，韶关国家农业科技园区对标“十三五”国家农业科技园区规划、广东韶关国家农业科技园区发展规划和建设方案，科技创新、产业发展、农民增收等10多项指标完成或者超额完成。2018年，技术研发投入达到1.07亿元，科技创新平台达到43家，引进推广新品种30个、新技术16个，科技特派员达到65名。园区农业总产值达到了30.1亿元，高出规划目标11.48%；农民人均收入达1.7万元，实现“年均增长12%以上”的目标。

强产业。围绕6大主导产业建成标准化生产基地20个、高科技应用设施农业基地8个、高效生态循环农业基地5个、柑橘无病毒苗繁育基地2个，完成了2个特色产业镇、3个特色产业村建设任务，同时，大力推进乐猕猴桃、丹霞山楂等新兴主导产业发展。

建平台。引进了广东省农科院韶关分院等一批农业科研机构；新增国家级星创天地——韶关市玉覃创业园等科技孵化与创新平台14个；新建了生物预警和气象综合检测站等科技支撑平台21个。

育人才。建立了科技人才驿站、鑫三洲人才培训基地等人才培育机构，开展省重大人才工程特色农业人才培养161多次。

抓配套。投资2 570万元完成了“三资”服务平台、标准化贡柑无病毒繁育苗基地、农产品检

测站等现代农业科技服务配套建设；投资2.87亿元建成休闲观光农业配套项目27个。

【科技金融结合】 2018年，韶关市新增科技信贷风险准备金入池企业32家，新增科技信贷额度2 100万元，入池企业实际获得银行贷款新增2 843万元。截至2018年年底，全市科技信贷风险准备金共有入池企业118家，科技信贷授信额度累计达到2.70亿元，撬动银行向入池企业实际发放贷款累计达到4.39亿元，放大倍数达15倍，积极破解企业融资难。组织开展2018年高新技术企业贷款贴息奖补，全市48家高新技术企业获得贷款贴息1 384.86万元，有效解决企业融资贵难题。

【知识产权工作】 截至2018年年底，全市拥有国家级知识产权试点县（区）4个、省级知识产权试点县（区）4个、国家级知识产权优势企业2家、省级知识产权优势企业15家、省级知识产权试点事业单位2个、省知识产权战略试点企业1家、广东省知识产权示范企业2家，有12家企业通过了《企业知识产权管理规范》国家标准认证培育。2018年全市专利申请量7 340件，同比增长106.7%；专利授权量3 808件，同比增长156.26%。全市新增注册商标2 867件，全市新增1件驰名商标和1件地理标志商标。

（刘锡禧）

河源市

【高新技术企业】　2018年，河源市积极实施高新技术企业倍增计划，全年净增高新技术企业43家，同比增长43.87%，全市高新技术企业存量达141家，新认定6家创新型试点企业、2家创新型企业。

【科技型中小微企业】　2018年，河源市落实企业扶持资金累计达7 000多万元，科技型企业培育环境不断优化。支持社会力量兴办科技企业孵化器和众创空间，为创新团队和个人等科技创业者提供创业辅导，为初创科技企业提供研发、试制及共享设施等全方位服务，孵化和出孵了100家科技型中小微企业。该市实施科技型中小微企业成长计划，着力培育科技型中小微企业，开展科技型中小企业评价认定工作，共计154家企业通过评价认定。

【科技创新平台】　该市强化以企业为主体的技术创新，引导、督促企业加大科技研发经费投入、加快推进工程技术研究中心、农业科技创新中心、新型研发机构等建设发展，有效促使企业不断提升创新意识，提高研发能力。2018年，新增省企业重点实验室2家，实现零突破，新认定省级工程技术研究中心6家、省级新型研发机构2家，新建市级工程技术研究中心28家、市级农业科技创新中心21家，规上企业建有研发机构占比25.2%，其中5亿元以上大型工业企业研发机构实现全覆盖。加快重大科技创新平台建设，成立广东省通讯终端质检中心天津大学精密仪器院士工作站；深圳大学河源国际研究院，河源广工大协同创新研究院和河源市省科院研究院建设顺利推进。

【孵化育成体系】　2018年，河源市在继续抓好孵化器、众创空间数量提升工作的同时，重点抓好现有科技企业孵化器和众创空间运营能力的提升，新认定省级科技企业孵化器1家、省级众创空间1家，新建市级科技孵化器1家、市级众创空间2家；全市共有科技企业孵化器10家、众创空间15家。

【科技金融】　进一步扩大河源市联合科技信贷风险准备金规模，筹集了风险准备金3 200万元。2018年，通过科技金融服务平台登记企业90家，参与评级企业57家，授信总额度2.41亿元，19家企业获得贷款共计7 250万元。

【创新人才引进】　组织省重大人才工程申报工作，引进适合该市产业发展的创新创业团队和科技领军人才。2017年，引进了中国工程院叶声华院士等一批教授、博导级的知名专家学者进驻河源。引进了以清华大学设计艺术学姚善良博士为团队带头人的工业设计团队。低功耗海量通信射频前端毫米波芯片核心技术及应用团队成功入选广东省重大人才工程本土创新科研团队项目。

【科技精准扶贫精准脱贫】　发挥星创天地、农村科技特派员在精准扶贫精准脱贫的作用。2018年，新增国家级星创天地备案2家，省级星创天地备案12家。新增科技精准扶贫精准脱贫基地11项，省级农村科技特派员31名，深入贫困村、贫困户开展创新创业服务，有效带动了贫困村或贫困户脱贫。

【民生科技】　2018年，该市共有127个项目获得市级社会发展科技计划项目立项，领域涉及医疗卫生、生态保护、环境治理和食品安全等。

【知识产权】 2018年，全市专利申请量5 308件，同比增长43.77%，其中发明专利945件，同比增长182.09%。专利授权量2 530件，同比增长35.58%，其中发明专利授权101件，同比增长53.03%。PCT专利25件，同比增长525%。每万人口发明专利拥有量1.3件，比2017年增加0.4件。

（黄　强）

梅州市

【创新能力建设】　2018年，梅州市开展“区域创新能力建设”活动，按照省、市关于“大学习、深调研、真落实”的工作部署，积极开展“梅州区域创新能力建设”调研活动，对构成该市区域创新能力的主体要素、功能要素和环境要素等方面发展状况和存在问题进行了深入全面的调查，梳理分析了当前区域创新能力建设存在的问题，包括政府在构建区域创新体系的主导作用方面、企业作为创新主体的主体地位方面、基础研究和应用基础研究能力建设方面、科技孵化育成体系发展方面以及人才培育和引进方面。在此基础上，以习近平新时代中国特色社会主义科技创新思想作为根本遵循，立足当前，着眼长远，系统谋划，以问题为导向，提出了从加强和完善企业创新体系、应用基础研究体系、现代化产业体系、科技孵化育成体系和环境政策体系五个子系统入手，着力构建梅州开放型的区域创新体系的总体思路和工作措施，形成《梅州市区域创新能力调研报告》，为市委、市政府制定提升梅州科技创新能力的战略决策提供了科学参考。

【产学研结合工作】　3月，梅州市政府与广东省科学院签署全面战略合作框架协议，双方充分发挥各自优势，针对梅州科技创新资源匮乏短板，从梅州经济社会发展全局高度谋划合作发展思路，创新合作机制，拓展合作领域，携手打造区域创新驱动发展新格局。省科学院将围绕梅州在生物健康、电子信息、先进制造、现代农业、生物育种、生物质高值化利用、资源环境、智库服务等领域方向进行科技研发合作，集聚国内外高层次人才、科技和产业化资源，通过引进产业化创新团队开展项目合作；充分发挥科技创新资源的辐射带动作用，在梅州设立梅州市产业技术研究院，积极推进省科学院的科技创新资源与梅州产业发展对接，促成了多种形式的协同创新。截至2018年年底，梅州市与省科学院合作已共建5个协同创新平台（见表9–8–1）。

表9–8–1　梅州市与省科学院合作已共建协同创新平台表

合作方式	创新平台
吴清平院士领衔，省微生物研究所、深圳市华汉投资有限公司、深圳市铁汉生态环境股份有限公司共同投资设立	功能微生物与大健康（蕉岭）研究院
省生物工程研究所、蕉岭县政府与广东蕉岭妆家都富硒生物科技有限公司共同投资设立	广东省科学院富硒生物科技创新中心
省科学院材料与加工研究所与梅江区政府合作，材料与加工研究所投资设立	粤科新材料与绿色制造研究院
省科学院材料与加工研究所获国家科技进步二等奖和广东省专利金奖的科研成果，以技术成果转化方式与平远县所属企业合作投资设立	广东粤科新材料有限公司（生产金属基复合材料耐磨零部件等高附加值产品）
大埔县与省科学院生物工程所签署合作协议	在乡村振兴和特色农业科技方面开展深入合作

【科技人才队伍】 积极实施省重大人才工程等人才计划专项工作。实施省重大人才工程以来，2013—2018年共立项9项，总金额达3 200万元。5年来通过省重大人才工程团队引进人才共51人，院士1人，博士31人，硕士12人，本科5人，学士2人。其中，梅州入选2018年度省重大人才工程项目，是吴清平院士领衔的广东省微生物研究所创新团队的“基于组学技术的珍惜食用菌工厂化职能生产与精准加工”项目。

广东省微生物研究所创新团队掌握了食用菌的研究，生产与加工的核心技术，具备运用大规模农业生物技术的能力。“基于组学技术的珍惜食用菌工厂化职能生产与精准加工”项目以珍稀食用菌工厂化智能生产与精准加工为核心，应用组学技术研究广东省微生物所的食用菌野生资源种质库以及梅州地区特色野生菌资源（如红菇），开展菌种选育、驯化栽培和精准加工，园林废弃物栽培食用菌，园林植物废弃物菌渣生产有机肥循环利用的综合经济效益。通过该项目，主要形成珍稀食用菌工厂化系列品种产品，用于食用菌生产与精准加工，以科技创新促进建设特色鲜明、产业发展、绿色生态和美丽宜居的食用菌特色小镇，伴随开展系列科技服务，生态旅游和大健康产业集群建设。通过生态扶贫、产业扶贫来带动精准扶贫，加快城镇化的绿色发展。

【创新平台】 2018年，全市规模以上企业已建省、市工程技术研究中心141家，占规上企业总数的30.26%。截至2018年年底，梅州市已建省级工程技术研究中心82家，市级161家；拥有9个企事业高端创新平台（见表9-8-2）；成立了大埔陶瓷产业、丰顺电声产业、梅县金柚及广东电子电路应用4家省级产业技术创新联盟。12月，梅州市人民医院申报广东省客家人群精准医学与临床转化研究重点实验室（学科类）和广东嘉元科技股份有限公司申报广东省锂离子电池铜箔企业省重点实验室（企业类），均被列为2018—2019年度广东省重点实验室，实现学科类和企业类省重点实验室零的突破。

广东省客家人群精准医学与临床转化研究重点实验室 经省科技厅审批，广东省客家人群精准医学与临床转化研究重点实验室成为省市共建广东省重点实验室（学科类），获得200万元专项资金扶持，这是全国首个精准医学与临床转化研究省级重点实验室。该实验室以客家人群心血管疾病为主要研究对象，涵盖其他高发或重大疾病，包括遗传病、肿瘤、感染性疾病等领域。依托市人民医院先进的基因组学、蛋白质组学、代谢组学、表观遗传学、单细胞测序、基因编辑、影像组学和大数据分析等尖端技术平台，对心血管疾病等重大或高发疾病的抗体靶向药物、基因治疗、分子诊断、分子致病机理等领域进行联合攻关，凸显客家人群资源优势，促进精准医学研究与转化协同创新发展，力争获得国际一流研究成果，打造国际高水平实验室，实现重大或高发疾病的精准预防、精准诊断和精准治疗，打造广东省精准医学研究的名片和标杆。

广东省锂离子电池铜箔企业重点实验室 广东嘉元科技股份有限公司的广东省锂离子电池铜箔企业重点实验室被列为企业类省重点实验室，获100万元专项资金扶持。该重点实验室的组建，将进一步提高广东嘉元科技的逆向（喷淋）式低温溶铜生产工艺技术、电解液中杂质的富集过程和去除工艺、成套设备阳极板设计应用技术、导电辊结铜控制技术、铜箔抗剥离强度增加技术、铜箔性能检测及改良技术等，有利于自主研发国内锂离子电池铜箔系列产品及其生产关键技术的研发、应用和推广，突破国外对高端电解铜箔生产核心技术的垄断，缩小与国外同行业的工艺技术、产品品质的差距，帮助企业与高校、科研院所有效沟通与协作，填补相关技术领域空白。

表9-8-2 梅州市企事业单位高端创新平台表

建设单位	创新平台
梅州市人民医院与夏咸柱院士合作共建	广东省精准分子诊断和临床转化研究院士工作站
粤东医院与廖万清院士合作共建	廖万清院士工作站

（续上表）

建设单位	创新平台
广东嘉元科技股份有限公司与陈军院士共建	锂离子电池铜箔院士工作站
广东冠锋科技有限公司与陈志杰院士共建	广东省冠锋科技航空航天电子信息技术院士工作站
广东鸿源机电股份有限公司与饶芳权院士共建	饶芳权院士工作站
广东省振声科技股份有限公司与汪懋华院士共建	广东振声智能装备有限公司院士专家工作站
BPW车轴公司（德资企业）	BPW亚洲研发中心
广东自远环保股份有限公司与华南理工大学合作设立	广东华工自远生态环境技术研究有限公司
李金柚农业科技有限公司与仲凯农业工程学院及梅县农科院联合组建	梅州市南方金柚研究院

【孵化体系建设】　截至2018年年底，在省网登记的梅州科技企业孵化器已有11家，其中有4家科技企业孵化器被省确认为国家级科技企业孵化器培育单位，各县（市、区）科技企业孵化器实现了全覆盖。截至2018年年底，全市共有23家机构进行了众创空间登记，其中有3家众创空间被科技部备案，13家众创空间被省确认为广东省众创空间试点单位，各县（市、区）众创空间实现了全覆盖。截至2018年年底，世界客属青年创新创业中心已入驻企业30家，毕业企业2家，集群注册企业11家，提供就业近400人，入驻企业融资近3 500万元，“青创中心”已逐渐成为梅州创新创业的一张亮丽名片。

【科技计划项目管理】　2018年，根据广东省科学技术厅《关于实施2018年度广东省科技创新战略专项资金（“大专项+任务清单”管理模式）项目的通知》工作部署，梅州市结合科技创新工作实际，制定了《2018年度广东省科技创新战略专项资金使用和项目支持工作方案》，全市共组织申报42个项目，经过严格的项目筛选程序及现场考察，共14个项目通过市政府常务会议审定，并报省科技厅和省财政厅备案后立项实施。其中，平台建设类8项，安排立项金额1 830万元，占比73.2%；重大科技成果转化类1项，安排立项金额200万元，占比8%；技术开发类5项，安排立项金额470万元，占比18.8%。

【高新技术产业】

高新技术企业　按照“科技型中小企业—高新技术企业培育企业—高新技术企业—上市企业”全链条促进高新技术产业发展。2018年，全市高新技术企业数量194家，比上一年度净增60家。积极实施“科技型中小企业培育工程”，通过公示并入库的科技型中小企业已达209家。高新技术企业中已有2家企业向证监会申请IPO，有26家企业在新三板挂牌，新三板挂牌企业总数位居粤东西北第2位。

高新技术产品　企业新产品开发能力不断提升，2018年全市共组织申报高新技术产品认定251件，对比上年增加122件。

高新区　按《广东梅州高新技术产业园区申报国家高新技术产业开发区工作方案》时间节点有序推进申报工作，明确提出了2020年前将梅州高新区建设成为国家级高新区的目标。2017年12月29日，省政府《关于请求批准梅州高新技术产业开发区升级为国家级高新技术产业开发区的请示》呈报国务院；2018年1月3日，梅州高新区申报国家高新区申报材料已由国务院批转科技部研究；2018年6月5日，广东省科学技术厅和梅州市人民政府联合将《关于广东梅州高新技术产业园区“以升促建”实施方案的报告》呈报科技部。

【专业镇】　截至2018年年底，全市共有51家省级专业镇，其中工业类有19家，农业类有26

家，第三产业（旅游）6家。按区域分：兴宁市有9家、五华县9家、平远7家、梅县区8家、蕉岭县3家、丰顺县6家、大埔县7家、梅江区2家。据统计，2018年梅州市省级专业镇的GDP总量达673.24亿元，占全市经济总量（梅州市2018年GDP总量为1 110.21亿元）的60.64%。

【知识产权工作】 2018年，广东固特超声股份有限公司、梅州康立高科技有限公司、梅州峰联陶瓷有限公司、广东晏弘陶瓷股份有限公司等4家企业分别通过《企业知识产权管理规范》国家标准认证。博敏电子科技股份有限公司被认定为国家知识产权示范企业；广东富大陶瓷文化发展股份有限公司被认定为广东省知识产权优势企业，其中该公司的“围龙屋茶具套件”外观设计专利获得第十九届中国专利优秀奖，这是梅州市企业首次获得国家级专利奖。截至2018年年底，梅州共有国家知识产权优势企业2家，广东省知识产权优势企业14家，广东省知识产权示范企业3家；获得中国专利优秀奖1个，广东专利优秀奖8个；5家企业通过《企业知识产权管理规范》国家标准认证。

专利申请及授权 2018年，全市专利申请量达3 238件，同比增长26.39%，其中发明专利申请量338件，同比增长37.96%；专利授权量达2 018件，同比增长20.77%，其中发明授权量73件；2018年度全市PCT国际专利申请量为21件；截至2018年12月有效发明专利497件，全市每万人口发明专利拥有量1.14件。

知识产权执法 2018年，全市（含各县局）共出动专利执法人员180多人次，查处假冒专利案件23宗，结案23宗，结案率达100%。截至2018年年底，全市已有129家企业和商家获得“正版正货”授牌。

【科普工作】 截至2018年年底，梅州市共有15家省级青少年科技教育基地，已建成场馆类科普场地3个，科普画廊368个，城市社区科普（技）专用活动室65个，农村科普活动场地1 168个，梅州市共有科普专职人员444人。

5月18日，以“打造科技创新强省，突出创新理念，用创新点缀高科技建设、让科技融入理想”为主题的2018年梅州市科技进步活动月大型科技活动举行，活动由梅州市科技局主办、梅州市创杰蜂巢孵化器有限公司承办，市教育局、市科协市农业科学院、市林业科学研究所等协办。通过免费提供发送科技资源、专家现场提供咨询、现场科技动手实践等方式，进行科技、地震、知识产权、种养技术等方面的宣传及指导，共同营造创新引领未来、科技改变生活的良好氛围。活动共邀请20多家科技成果展示企业出席，吸引在校学生及市民近500多人参加。

【防震抗灾】

地震监测预报和短期跟踪 全市现有2个测震台、1个国家重力基准点、1个强震台、12个预警台、32个流动重力点、15个地震预警终端和6个地震前兆观测站，分布广，布局合理，为梅州进行地震预报提供了第一手可靠的观测数据。

防震减灾示范社区创建 截至2018年年底，该市建立了7个防震减灾省级示范社区，分别是：大埔县湖寮镇城北社区居委会、梅县区锭子桥社区、蕉岭县城西社区，梅江区长沙镇墟镇社区、梅江区江南街道办红光社区、梅江区西阳镇移民新村社区、梅县区新县城富贵社区。

（李　莹）

惠州市

【概况】 2018年，惠州实施创新驱动发展战略，积极营造良好的创新环境，大力促进自主创新，打造集聚创新动能的“第二岛链”，加快建设国家创新型城市。2018年全市R&D经费支出占GDP比重2.3%，市、县（区）财政科技投入22.2亿元，高技术制造业和先进制造业占规上工业增加值比重分别为40.4%、70.6%，居全省前列。

【科技政策】 2018年，修订出台《惠州市关于加快培育发展高新技术企业的实施意见》，获推荐且通过国家高新技术企业认定的企业，市奖励标准由原来的每家10万元提高到20万元。修订出台《关于促进科技企业孵化育成体系建设的意见》，明确到2020年，形成能够满足不同成长阶段科技企业需求的专业化、个性化、全程化、规范化的孵化服务体系，降低孵化器和众创空间建设成本，推动孵化器和众创空间专业化能力建设，完善金融支撑，对孵化器和众创空间运营质量进行奖励。出台《惠州市加快推进珠三角（惠州）国家自主创新示范区建设实施方案》，通过加快推进珠三角（惠州）国家自主创新示范区建设，不断提升惠州市自主创新能力，为打造珠江东岸新增长极、粤港澳大湾区高质量发展重要地区和国内一流城市提供强大驱动力。

【高新技术企业发展】 2018年，全年举办高新技术企业政策专题宣讲、业务培训、工作研讨会23场，培训企业科技管理人员、企业管理人员、技术和财务人员4 000人次，指导企业提升申报成功率，践行阳光行政服务理念，领先全省公开对高新技术企业的审查标准，实行对申报材料形式审查和邀请省专家进行技术水平初评“双把关”。组织推荐618家企业申报高新技术企业认定，新认定高新技术企业432家，高新技术企业总量达1 105家，净增313家，增长40%。发放2017年向省科技厅推荐高新技术企业认定的562家企业奖补共计4 845万元、符合前期培育辅导经费申请条件的95家企业奖补475万元、首次通过省创新型企业认定的3家企业奖补30万元。落实对2017年成功进入省高企培育库的218家企业奖补7 618.34万元，减免高企所得税优惠税额5.56亿元。982家企业成功通过科技型中小企业评价。组织1 213家企业参加国家科技型中小企业评价工作，965家企业成功通过评价。

【孵化器体系】 2018年，修订《关于促进科技企业孵化育成体系建设的意见》，构建“众创空间+孵化器+加速器”的全孵化链条，实现了众创空间和孵化器县区全覆盖，新增众创空间6家、科技企业孵化器13家，全市众创空间达34家，孵化器达43家，孵化面积116.5万m^2，在孵企业1 264家，毕业企业547家。落实国家关于众创空间和孵化器的税收优惠政策，2家国家级孵化器获得税收减免资格。落实市级认定奖补政策，下达2017年以来省级和市级孵化器的扶持奖励资金项目计划共250万元。做好国家和省运营评价，4家国家级孵化器火炬中心参与国家年度考核被评价为良好；3家众创空间和3家孵化器参与省级运营评价被评为A，4家孵化器和1家众创空间共获得省2016年运营评价后补助150万元。

【新型研发机构】 2018年，新认定省级新型研发机构3家，分别为惠州离子科学研究中心、南方工程检测修复技术研究院、惠州市南方智能制造产业研究院，共获得2 000万元省新型研发机构建设资金补助，认定数和所获补助金额数均位居全省第2，省级新型研发机构累计达11家。

【专业镇】 2018年，惠州市共有省级专业镇26家（其中一家为纳入管理），占全市镇（街）数量的1/3，惠环、陈江依托各类电子信息企业，以庞大的电子信息产业基础，形成了电子信息产业集群；园洲的服装产业，集聚许多服装加工企业，形成服装产业集群；惠东铁涌、稔山马铃薯专业镇，通过“公司+经营网+农户”的形式，组织实施标准化生产，成为全国最大的马铃薯冬种基地之一。4月11日，在广东省专业镇发展促进会第五届会员代表大会上颁发的“2017年度全省专业镇协同创新发展评价”奖项中，惠州市6个省级专业镇获评省优秀专业镇，分别是惠城区横沥镇、小金口街道办事处、惠阳区镇隆镇、惠东县梁化镇、仲恺高新区惠环街道办事处和陈江街道办事处。专业镇在推动产业发展，提高城镇化水平，在全市经济社会发展中发挥了重要支撑作用。

【产学研合作】 2018年，惠州市加大与高端创新资源的对接转化，鼓励企业、科研机构、高校建立科技人员奖励制度，吸引了一批科技创新顶尖人才和团队落户惠州，新引进王成善院士共建南方地热研究院，与中国科学院半导体研究所签约共建粤港澳大湾区先进半导体研究院，中科院高能所实验工厂落户。瞄准世界科技前沿，提前布局基础研究与应用基础研究，中科院“两大科学装置”［强流重离子加速器装置（HIAF）和加速器驱动嬗变研究装置（CiADS）］项目配套工程启动建设。依托“两大科学装置”，筹建先进能源科学与技术省实验室，市政府与中科院近代物理研究所、中科院广州能源所等5个单位签署了共同筹建实验室战略合作框架协议。

【创新平台】 2018年，充分发挥企业研发市场主体作用，推动工业企业普遍设立装备精良、管理科学、运行高效研发机构，全市规上工业企业设立研发机构比例达46%，主营业务收入5亿元以上工业企业研发机构实现全覆盖，建设省级以上创新平台达286家，同比增长34.27%。

【专利工作】 2018年，专利产出增量提质，万人发明专利拥有量突破13件，获第二十届中国专利金奖1项（惠州信立泰药业的“咪唑-5-羧酸类衍生物制备方法及其应用”专利）、优秀奖5项；推动知识产权质押融资贷款22笔，合计2.2亿元，缓解科技型企业融资难题；积极营造良好的知识产权保护环境，全市共立案查处假冒专利案件221件，结案221件，立案调处专利侵权纠纷49件，结案47件。

【科技成果及奖励】 年内，办理技术合同认定登记共计29份，合同成交总金额3.07亿元，合同技术交易额2.12亿元，分别比上年增长10%和18%。组织科技成果登记11项，组织结题验收省、市级科技计划项目304项（其中没有经费支持的医疗卫生类项目263项、中止结题10项），组织申报2018年度惠州市科技计划医疗卫生项目375项，获批立项344项。2018年，惠州市获得3项广东省科技进步奖，其中牵头项目获得二等奖1项，参与项目获得二等奖2项。

【第二届科交会】 5月24—27日，在教育部和省委、省政府的大力支持下，由教育部科技发展中心与省科技厅、省教育厅、省经信委和惠州市政府共同举办的第二届中国高校科技成果交易会在惠州成功举办。加州大学洛杉矶分校、北京大学、清华大学、复旦大学、中山大学、香港中文大学、香港科技大学、香港城市大学等350所国内外高校、3 500多家企业参会，10 000多项高校科技成果参展，293所高校与626家企业成功牵手，签约科技成果交易项目732项、金额40.6亿元，其中惠州企业揽下501项，签约金额25.8亿元，分别占总数的68%和64%。

【防震减灾】 年内，惠州市不断加强防震减灾社会管理。一是地震监测网络进一步完善，全市共建成各类地震台站22座，8所中小学校安装地震预警终端。二是通过活断层探测、建（构）筑物排查鉴定等震害防御项目的开展实施，地震灾害防治基础得到夯实，地震灾害风险管理得到强化。三是地震应急救援体系建设进一步完善，建成2处地震应急避护场所，并成立惠州市首支市级地震应急救援志愿者队伍。四是积极开展防震减灾科普宣传，着力增强社会民众的防震减灾意识。

（刘传和　温志彬）

汕尾市

【科技环境与制度建设】　2018年，汕尾市科技局制定了《高科技企业孵化育成体系建设工作方案》《中共汕尾市科技局党组关于〈汕尾市科学技术局关于实施创新驱动提升创新能力的三年行动计划（2018—2020年）〉的通知》以及《关于印发〈汕尾市人民政府关于加快实施创新驱动发展的若干意见孵化育成体系类补助补助实施细则（试行）〉等7个文件的通知》等支持科技创新政策文件和配套政策，进一步推动了汕尾实施创新驱动发展战略，全面融入深莞惠经济圈，优化创新创业环境，激发全市各类创新主体的积极性和创造性。

3月2日，市政府召开2018年汕尾市高新技术企业培育与研发机构建设会议，总结分析该市高新技术企业培育与研发机构建设工作，研究部署下一步工作。4月24日，汕尾市召开科技创新大会，深入贯彻落实习近平总书记重要讲话精神和全省科技创新大会精神，研究部署科技创新工作。

【科技项目】

科技项目申报与实施　2018年，汕尾市科技局联合财政局、汕尾高新区管委会，启动了高新区重大科技专项申报工作，项目支持总经费为4 300万元。积极谋划2018年省级科技创新战略专项资金（“大专项+任务清单”管理模式）项目申报工作，受理申报项目78项，其中获立项项目35项，项目支持总经费为2 500万元。积极组织中央引导地方发展专项资金项目的申报，全市共有3个项目获得立项，共获项目资金110万元。汕尾市2018年共获省市两级财政科技项目经费6 910万元。

科技项目监督管理　2018年，汕尾市科技局完成项目检查7项，核算“红海杯”创新创业大赛承办预算经费1项，完成2018年度省级财政资金绩效自评项目23项，组织专家对省级委托和市本级13个科技项目进行验收，同时，对2013—2016年度21个医药卫生科技计划项目开展了结题验收工作。

【创新创业大赛】　汕尾市积极举办2018年第七届中国创新创业大赛（广东·汕尾赛区）暨汕尾市第二届“红海杯”创新创业大赛。赛事面向具有创新能力和高成长潜力的企业，分为节能环保、先进制造、电子信息、互联网及移动互联网、新材料、生物医药等6个领域进行组织，分成长企业组和初创企业组进行比赛，优秀企业将参加省赛、国赛。本届大赛，报名企业共70家，名列全省第7位。经过初赛、复赛，筛选出10家成长型企业和8家初创型企业代表该市参加广东省行业总决赛，获新能源行业总决赛初创组一等奖1项，新材料行业总决赛初创组二等奖1项，其余16家企业获优胜奖，成绩优良。

【科技人才队伍建设】　2018年8月，汕尾市科技局与市委组织部开展2018年海内外高层次人才汕尾行活动座谈会，积极开展招才引智工作，柔性引进急需紧缺高层次人才，助推该市经济高质量发展，助力汕尾建设沿海经济带靓丽明珠。9月，市科技局联合市外事侨务局开展“2018智汇广东—才聚汕尾”活动，吸引海外华侨华人专业人士共约60人到该市了解人才政策、创新创业环境及人文生活环境，为该市人才引进、培养和企业技术需求等献言建策。

【高新技术产业】　2018年，汕尾市有19家企业申报了高新技术企业认定，其中新增申报企业17家，重新认定企业2家；已获认定的国家高新技术企业16家，其中新增认定14家，重新认定2家。转发下达广东省2017年高新技术企业培育库入库企业及奖补项目，10家入库企业获得奖补570万元。积极推进科技型中小企业培育工作，2018年该市共有36家企业成功入库科技型中小企业。2018年，新增认定广东省高新技术产品42个。

【研发机构及创新平台建设】 2018年，汕尾市有11家企业获认定为2018年汕尾市企业研究开发中心建设单位，另有11家申报申请已被受理。完成了省级新型研发机构认定和后补助申报工作，2018年该市共有1家申报认定，2家申报后补助。组织开展了2018年省级工程技术研究中心的认定工作，共有6家企业申报，其中3家获省科技厅认定。2018年，汕尾市实现省级企业重点实验室零的突破。信利光电股份有限公司的“广东省薄膜减反技术企业重点实验室”申报并获认定为省级企业重点实验室。

【孵化育成体系建设】 2018年，汕尾市获得认定市级孵化器1家、市级众创空间1家，面积3 200m^2。

【农业科技企业建设】 2018年，汕尾市积极推进农业企业、合作社等涉农科技型企业的建设和备案工作，共备案“星创天地”等4家，“创新中心”1家。

【专业镇建设】 2018年，该市有省级专业镇8个，专业镇中小微服务平台2个。4月，汕尾市科技局赴山东省开展企业研发机构建设学习交流活动，学习山东省先进的企业研发机构建设模式、发展理念和管理经验，加快该市专业镇发展。

【科普工作】

2018年“文化、科技、卫生三下乡”集中服务暨“科技进步活动月”活动 5月29日，由市委宣传部、市科技局以及市科协等单位主办的2018年“文化、科技、卫生三下乡”集中服务暨“科技进步活动月”活动启动仪式在陆丰市河西镇香校村举办。活动现场主要围绕“农业技术、医疗健康、生活文化”三大主题，结合创文创卫、法律宣传、知识产权保护、禁毒宣传、安全生产、防震减灾等内容，以人民喜闻乐见的服务形式，开展咨询、义诊等活动，文艺工作者还现场为大家献上了精彩的文艺演出，吸引了1 000多名当地群众积极参与到活动中。活动现场还派发各类农业实用科技资料8 000多份及新种子、新化肥、医药、卫生用品等生产生活物资。

健康科普进社区活动 7月17日，汕尾市科技局工作人员向社区居民发放科技图书和保健品并宣传健康知识，同时邀请市第二人民医院的专家开展义诊活动。活动旨在传播健康理念，宣传卫生保健知识，推广科学健康锻炼方法，提高社区居民科学素养。

农业科技下乡 汕尾市科技局积极开展科技精准扶贫工作，组织指导相关单位和企业对扶贫村进行科技帮扶。先后联合深圳市经贸信息委、陆丰市亿辉农业发展有限公司、广东冠龙生物科技有限公司、汕尾市绿汇农业有限公司等部门，利用自身优势，通过科技指导、资金扶持、组建合作社等形式对贫困村进行科技帮扶，带动了贫困村的经济发展。积极组织荷兰、丹麦、华南农业大学等国内外机构的专家到相关企业进行技术交流和指导。

【知识产权工作】

专利产出 2018年，汕尾市全市专利产出增长迅速，专利申请量3 719件，比增54.71%；专利授权量2 485件，比增175.19%，PCT专利申请17件。

知识产权宣传与培训 4月25日，汕尾市知识产权局联合市工商局等有关单位开展知识产权联合执法行动，对侵犯知识产权和制售假冒的伪劣商品进行查处。

4月26日，汕尾市知识产权局联合市工商、文广新局等单位，在市城区通港路开展了主题为“倡导创新文化　尊重知识产权”的“4·26”世界知识产权日宣传咨询活动。活动现场派发《中国知识产权报》《著作权法》、工商法规宣传小手册、海关关税手册等读物700多份，接受群众咨询200多人次，现场解答群众有关专利、商标、版权和进出口贸易等知识产权相关的问题，相关单位领导到场接受群众咨询。

【防震减灾工作】

地震基础设施平台建设　为进一步加强防震减灾工作，汕尾市自2017年起开展建立13个地震预警信息接收终端试点工作，根据省地震局工作要求，合理统筹安排全市各县（市、区）选点试点，分别在市城区、陆河县、红海湾开发区各安装终端设备2台，海丰县、陆丰市各安装终端设备3台，华侨开发区安装终端设备1台。至2018年3月底，已全面完成设备安装工作，并进入正常工作状态。

2018年，汕尾市坚持加强地震基础设施平台建设与运用，提高地震监测预报水平。全年完成国家级24个地震烈度站和11个预警信息接收终端现场勘察定位工作；加强抗震设防管理，夯实防震减灾基础，为“广东滨海旅游公路汕尾段工程”等5个一般工程项目提供抗震设防设计依据。

地震科普工作　汕尾市地震局与学校合作，组织了3场地震应急演练，参加人数达2 100多人，举办防震减灾科普讲座8场，培训人数2 700多人，期间共向学校赠送防震减灾科普宣传资料13 000多份，现场发放宣传资料5 000多份。5月9日，汕尾市地震局、陆河县地震局联合教育局在上护中学开展应急避震疏散模拟演练，全校300多名师生参加了本次演练。演练中赠送了300多份《防震减灾知识》《地震常识》等宣传小册子。5月11日，汕尾市地震局、陆丰市地震局、陆丰市教育局等部门联合在陆丰市河图中学举办防震减灾知识讲座活动暨地震应急模拟演练活动，陆丰市政府、汕尾市科技（地震）局有关领导到场指导观摩演练，市科技局副局长还为该讲座授课。活动现场还发放了《防震减灾知识小册子》、防震减定知识宣传折页共3 000多份。6月6日，汕尾市地震局到凤翔中学开展防震减灾知识进校园宣传活动。市科技局领导同志在学校开展防震减灾讲座，宣传防震减灾知识及法律法规等。

（蔡一妍）

东莞市

【概况】 2018年4月，科技部、国家发展改革委批准东莞市开展国家创新型城市建设；东莞市科学技术局、东莞市知识产权局分别被科技部、国家知识产权局评选为2017年度全国科技管理系统先进集体、国家知识产权战略实施工作先进集体。

【政策法规建设】 2018年，东莞市出台《东莞市国家自主创新示范区建设工作方案（2017—2020）》，东莞市科学技术局牵头有关部门细化落实全市自创区建设任务、措施，制定《〈东莞市国家自主创新示范区建设工作方案（2017—2020）〉2018年工作任务分解表》并报自创区领导小组办公室印发。

2018年，东莞市围绕构建完善的区域创新体系，全面推进国家创新型城市建设的目标，起草《东莞市人民政府关于贯彻落实粤港澳大湾区发展战略全面建设国家创新型城市的实施意见》以及一批创新型城市配套政策。出台《东莞市高新技术企业“树标提质”行动计划（2018—2020）》，培育发展高新技术产业。开展首批东莞市创新镇建设工作，基层创新驱动机制建设稳步推进。

【科技创新创业氛围营造】

双创大赛　2月27日，东莞市召开全市深化创新驱动、推动高质量发展大会，贯彻落实省创新驱动发展有关精神，推进创新型一线城市建设。组织“赢在东莞”科技创新创业大赛，包括市内赛、大学生赛、国内赛、港澳台赛和国际赛等5大专题赛事，吸引全球891个优质创业项目报名参赛，进一步集聚社会创新创业资源落户东莞。

湾区国际科技创新中心建设　2018年，东莞市配合上级科技部门和发改部门制定粤港澳大湾区规划，起草贯彻落实《粤港澳大湾区发展规划纲要》实施方案中的“深度参与国际科技创新中心建设”内容，明确国际科技创新中心的建设思路。实施莞港澳台“联合培优”行动计划。委托第三方机构搭建莞港澳台科技创新创业联合培优信息平台，截至2018年年底，认定5个优示范基地、77名创新创业人才。

广深港澳科技创新走廊（东莞段）建设　2018年，东莞市科学技术局做好走廊建设统筹工作，会同东莞市城乡规划局推动空间规划方案落实，推动广深高速创新带创新环境提升。出台《东莞市科技创新走廊创新项目库管理办法》，筛选2018年东莞市科技创新走廊创新项目库入库项目260个，建立项目跟踪服务机制，深度挖掘存量和增量项目科技创新潜力，加大市镇科技创新联动服务力度。组织编制《广深港澳科技创新走廊（东莞段）科技产业创新规划》，引导镇街科学布局科技产业。制定《广深港澳科技创新走廊（东莞段）创新体系实施方案》，明确各创新节点的建设目标、任务和时间安排。

粤港澳大湾区院士峰会暨第四届广东院士高峰年会　11月2日，由广东院士联合会及东莞市人民政府主办的2018年粤港澳大湾区院士峰会暨第四届广东院士高峰年会在东莞开幕，广东省省长马兴瑞和中国工程院院士、中国工程院主席团名誉主席周济出席大会开幕式并致辞，来自粤港澳大湾区及国内外院士63名，以及一批高端科技人才、企业高管出席活动。本次年会活动主题为“拥抱新时代，抢抓新机遇，激发新动能”，会议以专题报告、高端访谈、成果推介、展览展示、考察调研、专题论坛等形式，聚焦广深科技创新走廊东莞段建设、东莞打造粤港澳大湾区先进制造业中心和创新型一线城市等内容，推动粤港澳大湾区协同创新发展，助力东莞市加快转变发展方式，构建以创新为主要引领和支撑的经济体系和发展模式。

【企业培育】

重点企业“倍增计划”　2018年，东莞市科学技术局会同东莞市倍增办完成该年度倍增计划评选现场考察评审，提出支持措施，落实“倍增计划”试点企业挂点服务工作机制。全年受理倍增试点企业申报市核心技术攻关项目61个，占全市的38.85%，申报市级创新团队11个，占全市的25.58%。落实财政倍增资助资金，全年“倍增计划”资助项目资金1 126万元。

创新型企业培育　2018年，东莞市大力推进创新型企业建设，取得良好成效。高新技术企业数量大幅增长，高企数量达到5 789家，居全国地级市第1；科技型中小企业评价工作有效推进，共有2 637家企业通过评价成为科技型中小企业，获得入库编号，数量位居全省地级市第1；技术先进型服务企业组织申报工作顺利开展，首批共有4家企业通过认定。

【创新平台建设】

松山湖材料实验室建设　2018年，东莞市科学技术局加快建设松山湖材料实验室，首批10个科研团队已落户东莞。成立由市长任组长，相关部门领导为成员的实验室建设工作领导小组。实验室入驻双聘和全职科研人员305人；实验室选址地块初定，在松山湖大学创新城安排约5万m^2的过渡期办公场地。在实验室建设框架内，联合北京大学、清华大学、香港大学、香港科技大学、澳门大学、香港中联办、港澳办等机构共同建设粤港澳交叉科学中心，推动实验室建设成为具有国际影响力的学术交流和合作研究平台。

新型研发机构建设　2018年，东莞市科学技术局联合广东省社科院对东莞市财政投资建设的新型研发机构开展2017年度绩效考核工作；起草《东莞市新型研发机构提质增效实施方案》，成立新型研发机构联合发展委员会；出台《东莞市重大公共科技创新平台及其出资企业国有资产管理暂行规定》，加强对新型研发机构及其出资企业所涉国有资产的管理；完善散裂中子源工程材料衍射谱仪建设采购机制，推动散裂中子源大科学装置建设。组织规模以上工业企业自建研发机构备案，累计登记备案建有研发机构的规上企业3 685家，覆盖率达39.2%。

【孵化育成体系建设】　2018年，东莞市科学技术局起草修订《东莞市科技企业孵化器产权分割管理实施办法》，完善东莞市科技企业孵化器产权分割项目的准入认定、分割转让和监督管理；完成2018年孵化载体资助工作，资助36家孵化器、208家在孵企业、2家投资机构。2018年新增认定3家国家级科技企业孵化器培育单位。至2018年年底，全市有111家科技企业孵化器，孵化器面积188.31万m^2，在孵企业3 396家，当年毕业企业数量389家，众创空间74家。

【高层次创新人才引进】　2018年，东莞市辅导、推动6个创新科研团队成功入选省重大人才工程团队。启动实施东莞市第五批引进创新科研团队项目，省市创新团队总数达74家。本年度经东莞市科学技术局受理推荐并成功认定（评定）的特色人才达45人，占全东莞市本年度认定（评定）数量的八成以上。支持广东院士成果转化基地运营管理，拟定基地管理办法，加速推进院士成果产业化。2个院士成果转化项目落户东莞，全年吸引70所高校的772名研究生来莞实践，为全市100多家企业、新型研发机构等提供人才支持。

【科技金融】　2018年，东莞市促进科技金融结合，新增4个科技金融工作站，总量达51个，完善市、镇（街道）、园区联动的科技融公共服务体系。开展“三融合”贷款贴息以及普惠性科技金融试点工作；开展科技贷款保证保险，前三季度投保并放款的企业85家，支持贷款2亿元。激励撬动金融机构和社会资本支持东莞市企业科技创新和转型升级。2018年全年，科技金融产业三融合签约合作银行累计发放贷款1 794笔86.06亿元，惠及企业1 113家，其中纳入风险补偿覆盖范围的信用类贷款1 377笔47.64亿元，惠及企业982家。前三季度，东莞市专利权质押融资项目金额38.03亿元。

【科技交流与合作】 2018年，东莞市推进与港澳的科技交流合作，举办莞港澳科技人才交流合作座谈会，邀请22位来自港澳科技界和产业界的代表出席。赴港拜访香港创新科技署，促进莞港科技创新合作。

强化与欧美国家交流合作。推动筹建东莞市国际技术转移中心和东莞（硅谷）海外创新中心，吸纳国际优势科技创新资源。支持东莞市中俄国际高技术转移中心的建设运营，推进项目在莞产业化。组团或参团赴美国、日本、英国、德国、乌克兰开展经贸、科技、外事交流活动。挖掘新的科技合作渠道。协助科技部做好发展中国家培训班组织工作，加强与其他发展中国家的合作交流。组织松山湖管委会、东莞市农村农业局、塘厦镇政府等赴巴西、秘鲁和厄瓜多尔开展国际科技交流合作活动。

【知识产权强市创建】 2018年，东莞市与广东省知识产权局签订《共建引领型知识产权强市合作框架协议书》，助推东莞市创建知识产权强市。开展重点产业和领域专利导航项目，开展新一代通信产业专利导航项目，启动实施人工智能产业专利导航项目和知识产权密集型产业（智能制造产业）培育项目。

专利产出 2018年，东莞市专利申请量和授权量分别为97 030件和65 985件，分别比上年同期增长18.38%和45.97%。其中，发明专利申请量和授权量分别为24 674件和6 716件，分别比上年同期增长20.94%和35.16%；PCT国际专利申请量2 698件，增长47.51%。截至2018年年底，全市拥有有效发明专利量23 300件。

企业知识产权工作 开展专利优势企业培育工作，认定2018年市专利优势企业30家，获批2018年度国家知识产权示范企业3家、国家知识产权优势企业2家、广东省知识产权优势企业11家、广东省知识产权示范企业3家。全市累计获得认定国家、省、市知识产权优势、示范企业278家。

开展企业贯彻《企业知识产权管理规范》国家标准工作，全市认证企业达到977家，有力提高了企业的知识产权综合能力。推进松山湖知识产权综合服务中心建设，中心确定选址与装修设计方案，进入装修阶段，并引进4家知识产权服务机构。

专利行政执法 全年处理各类专利行政案件296件，其中专利侵权纠纷案件90件、假冒专利案件42件、展会专利侵权纠纷案件164件。加大跨地域联动促执法协作力度，与广州、深圳联合签署《广深科技创新走廊知识产权保护合作备忘录》，打造广深科技创新走廊知识产权保护高地。健全机构促进行政保护与司法保护衔接，东莞诉讼服务处获广州知识产权法院批复同意职能提级优化，成为全省第一个实现本地立案受理知识产权案件的诉讼服务点。

【科技计划项目立项与实施】 2018年，东莞市组织实施了东莞市核心技术攻关项目、东莞市社会发展项目、软科学等市级科技计划项目，共受理了项目申请757项，其中立项项目494项，立项金额合计9 400万元，撬动企事业单位科研投入超过6亿元；组织推荐申报省级科技计划项目170项，其中获立项项目39项，争取省级科技资金支持合计2.05亿元。

【产学研工作】 2018年，东莞市建设了24家省级新型研发机构、3家专业镇协同创新中心，聘用科技特派员200余人次，取得了800件发明专利成果，引进孵化1 200家企业、累计引进了1 450名博士学历以上人才，当年成果转化收入108亿元，对产业发展起到了明显推动作用。

【科普工作】 东莞市规划展览馆青少年科技教育基地获省青少年科技教育基地认定，全市省青少年科技教育基地总数达到15家。第四届广东省科普剧大赛于10月23—25日在东莞市科学技术博物馆举办，东莞市参赛单位获2个学校组一等奖、1个成人组一等奖。承办2018年第三届广东省创意机器人大赛东莞区赛，来自全市13所学校125支队伍260多人参赛。

【民生科技】 2018年，东莞市大力推进民生科技发展，有序开展东莞市社会科技发展和市核心技术攻关（生物医药领域）项目的组织实施工作。2018年东莞市社会科技发展（重点）项目立项62项，共资助1 199.7万元。积极发动东莞市相关单位申报广东省民生科技等领域项目，共推荐项目12个，其中“应用聚集诱导发光技术的食品安全快速检测平台研究”“治疗肝癌的FGFR4选择性抑制剂ZSP1241的Ⅰ、Ⅱ期临床研究”2项民生科技项目获立项，分别获资助100万元、600万元。遴选并发布《东莞市水污染防治技术指导目录》。

（李月玲）

中山市

【概况】 2018年，中山市国家高新技术企业认定数量持续增长，2018年总量达2 378家，是2014年总量10倍多，其中规上企业占47.5%。全年新增国家知识产权优势企业8家、广东省知识产权优势企业4家，新增省重大人才工程科技创业领军人才3人。知识产权快速维权经验向世界推广，市知识产权局代表中山市在世界知识产权组织会议上作“工业品外观设计保护中山古镇模式”的主题演讲，分享中山市知识产权保护经验。

【科技投入】 2018年，中山市地方财政科技投入额度41.05亿元，占本级财政支出比例的9.37%；市级财政科技专项资金增至8.76亿元，包括安排科技发展专项资金7.84亿元，全年实际使用7.03亿元，其中科技创新专项资金1.22亿元，科技金融专项资金2.75亿元，高端科研平台项目200万元，高新技术企业发展专项资金2.25亿元，科技企业孵化器与众创空间专项资金2 217.92万元，科技创新券2 827.49万元，新型研发机构专项资金310万元，协同创新专项资金2 579万元；安排科学技术事业发展专项资金9 250万元，全年实际使用8 053万元，其中知识产权专项资金3 000万元，科技人才发展专项资金24 25万元，科技统计规范化建设工作经费250万元，科学技术奖励资金579万元，社会公益科技研究资金899万元，引进高端科研机构专项事业费900万元。

【科技政策法规制定与实施】

政策法规制定 2018年，围绕中山市科技创新主攻方向和创新驱动工作新要求，加强顶层设计，制定了《中山市知识产权（专利）违法行为举报投诉办法》《中山市引进高端科研机构专项事业费使用暂行办法》《中山市科技创新创业投资引导基金管理办法》《中山市促进科技企业加速器建设发展暂行办法》《中山市引进高端科研机构创新专项资金使用办法》5个规范性文件，修订完善了《中山市知识产权专项资金使用办法》《中山市科技企业知识产权质押融资贷款风险补偿办法》《中山市新型研发机构专项资金使用办法》《中山市科技创新券专项资金使用办法的通知》《中山市科技局科技项目相关责任主体信用管理暂行办法》5份规范性文件。

政策培训与宣传 2018年，全市分5个组团，先后在翠亨新区、黄圃镇、古镇镇、西区和板芙镇举办2018年科技创新政策巡回宣讲培训，全面介绍各项科技创新政策，包含11个科技专项，约50项具体扶持内容，指导企业申请享受各项创新政策，充分利用政府各项科技资源提升自主创新能力。同时，更新《中山市创新驱动发展政策汇编（2017年）》《中山科技业务“一本通”（2018年）》等政策宣传材料。在出台规范性文件时，同步在中山市科技局（中山市知识产权局）政务网发布解读文件，并在市科技局微信公众号“中山锐科技”上开展图文并茂的政策解读专题，多渠道、多方式对科技政策进行解读。

创新券实施 2018年，市科技局修订了科技创新券政策，新增了协同创新券，支持中山市企业通过中山协同创新网（中山市技术转移和知识产权交易协同创新平台）进行技术开发和技术转让，修改完善了仪器共享券，改为仪器共享机时券，同时增加仪器共用测试的经费补助。2018年共发放自主研发券、服务券、协同创新券、仪器共享机时券6 360万元，累计备案科技创新券服务机构库113家。加强科技创新券兑现，2018年下拨创新券兑现资金2 827.49万元，带动企业研发投入1.47亿元。

【科技服务管理】　2018年，中山市科技局加强科技信息化建设，不断改进系统功能，继续推动中山市大型科学仪器设备共享平台的使用，加快推进中山市科技创新管理一体化系统的建设和验收工作，按要求进行中山市产业扶持资金系统数据对接工作。

加强科技项目管理，积极开展科技项目中期检查和结题验收工作，市科技局联合镇区，引进第三方专业会计审计机构，完成了对146个在研市级重大科技项目和79个在研市级重大社会公益科技项目的中期检查，其中，先后对172个市级重大科技项目进行了实地检查，发现问题，提出整改意见，现场辅导，详细解读项目验收管理办法，督促承担单位做好项目验收工作，全年共组织145项市级科技计划项目结题。

引进国内领先技术转移平台科易网，建设中山市技术转移和知识产权交易协同创新中心（中山协同创新网），为企业提供技术转移、知识产权等技术创新服务。平台于2018年3月试运行，6月底正式上线，自试运营至12月底，平台服务企业1 634家，签订技术开发和技术交易合同66项，签约金额4 784.12万元。

推进科技服务集聚基地建设，引进北京金之桥、中规认证、中山市知识产权研究会、广东世纪专利事务所等4家服务机构入驻。鼓励技术合同登记，共办理技术合同认定登记240项次，合同技术交易额超2.8亿元，同比增长121%。

【科技企业培育】

推进高新技术企业树标提质　2018年新增高新技术企业663家，总量达2 378家，是2014年总量10倍多，其中规上企业占47.5%。高新技术产品申报8 163件，通过认定6 489件。优化高企技术人才服务，为347名高企的技术人员子女入学加分，平均加分18.04分。积极做好科技型中小企业评价工作，全年全市有1 950家企业通过科技型中小企业评价。

培育发展知识产权优势企业　截至2018年11月，全市2018年新增通过《企业知识产权管理规范》国家标准认证企业73家，贯标企业累计达187家。加快提升企业知识产权综合能力，2018年新增8家国家知识产权优势企业、4家广东省知识产权优势企业。

鼓励企业开展核心技术攻关　18家企业申报广东省科技发展专项资金项目，其中现代农业专题立项1项，其他17项待评审。市级重大科技专项立项32项，涵盖高端装备制造、新材料、新一代信息技术、生物医药、光电等技术领域，安排扶持资金10 350万元，其中2018年拨付7 365万元。益达服装、木林森等行业骨干企业与国内外高校院所共建企业协同创新中心，开展产学研深度合作，围绕企业关键技术问题开展联合攻关。

【技术创新平台建设】

引进建设重大科技创新平台　中科院药物创新研究院华南分院、中国科学院大学创新中心、香港大学生物医药技术国家重点实验室伙伴实验室广东药科大学分中心等重大创新平台落户中山市，与香港科技大学、复旦大学、北方车辆研究所等高校、科研院所签订项目合作框架协议，在中山共同建设联合创新中心，继续推进与加州大学伯克利分校、以色列魏兹曼研究所、日本早稻田大学等国外知名院校合作，吸引高端创新资源集聚，推动科技成果到中山转化产业化。

建设各类研发机构　2018新增认定市级工程中心169家、省级60家，省级工程中心累计达325家。省重点实验室建设取得新突破，康方生物申报的“广东省蛋白质工程及抗体药物开发企业重点实验室”和乐心医疗申报的“广东省智能移动医疗健康管理重点实验室”获批立项建设。中山市工业技术研究中心与有关院校合作建设的智能制造创新平台、电子信息检测平台、先进智能信息研究院挂牌并投入运营。

【科技企业孵化器建设】2018年，中山市开拓创新，进一步完善孵化育成体系，促进科技孵化育成体系提质增效，努力打造“众创空间—孵化器—加速器”科技创业孵化育成体系链条。截至2018年年底，全市有经认定市级以上科技企业孵化器与众创空间65家，其中，国家级孵化器5家，国家级众创空间5家，省级国际众创空间2家，省级孵化器11家，省级众创空间10家，中山创客·众创空间3家。出台《中山市促进科技企业加速器建设发展暂行办法》，鼓励以工业用地建设加速器，探索破解中山市土地要素瓶颈，打造高新技术企业和科技型中小企业集聚的空间载体，进一步促进中山市科技孵化育成体系提质增效，加速中山市经济发展转型升级。6月1日，逸仙国际众创空间与早稻田大学、中山米来机器人科技有限公司签订了共同研发协议，加快国际优质项目落地孵化。9月13—14日，中以科创中心引进国际知名孵化专家，举办第二期国际孵化器管理精英课程，分享全球顶尖孵化器经验，打通海外融资渠道，对标以色列优秀科技项目。与加州大学伯克利分校、远达国际控股（香港）有限公司合作，打造国际孵化器，选拔第一批4家企业的创新创业团队赴加州大学伯克利分校加速孵化。

【科技人才队伍建设】 2018年，中山市科技局继续贯彻落实市人才新政“18条”政策精神，深入挖掘全市创新创业团队资源，加快引进培育创新人才。新增省重大人才工程科技创业领军人才3人，累计6人；组织开展创新创业科研团队引进建设工作，截至2018年年底，市级以上创新创业科研团队38个。

【科技金融】

大力发展科技信贷 推动科技信贷入池审批、贷款报批业务线上办理，优化全流程线上管理机制。截至2018年年底，全市科技支行共有12家，科技贷款风险准备金池扩大至3亿元，科技贷款入池企业增至1 016家。科技信贷实施3年来，科技贷款累计突破60亿元，69家企业获得科技贷款贴息，共计944.41万元。

创新发展专利质押融资 修订《中山市科技企业知识产权质押融资贷款风险补偿办法》，不断优化“专利质押融资中山模式”，同步完善配套政策，对企业贷款时产生的银行利息、保险费用、评估费用分别补贴支出费用的50%，有效缓解企业融资难、融资贵的问题。2018年共有376家企业成为知识产权质押融资风险补偿资金入池企业，发放专利质押贷款6 730万元，累计1.5亿元。

发展创投基金 出台《中山市创新创业引导基金管理办法》，起草《引导基金投资决策委员会工作会议规程》《引导基金公司章程》《引导基金实施细则》等系列制度文件，组建成立由财政出资20亿元的中山市创新创业投资引导基金。

发展科技保险 加大科技保险项目补助，对133个项目合计补助607.89万元。

【创新创业大赛】 2018年，中山市高水平举办创新创业大赛。2018年中国创新创业大赛（广东·中山赛区）共有217家企业参赛，参赛企业数量连续3年排广东赛区第2，26家企业晋级省决赛、11家企业晋级全国总决赛；7家企业在省决赛获得名次，其中，中山迈雷特数控技术有限公司获全国总决赛三等奖，中山市科技局连续3年获得“广东赛区优秀组织单位”荣誉称号。首次举办香港科技大学百万创新创业大赛中山赛区，吸引了126个项目团队参加，其中5个晋级全国总决赛。

2018年11月13日，第七届中国创新创业大赛（广东赛区）颁奖仪式暨中国创新创业大赛生物医药行业总决赛开幕式在广州举行，中山市科学技术局获“优秀组织单位”荣誉称号

【知识产权工作】 2018年，中山市优化知识产权宏观管理机制，修订《中山市知识产权专项资金使用办法》，按照“量质并重、质量优先”的要求，优化有利于提升专利质量的政策导向，取消国内发明专利申请阶段资助，完善市级专利项目和国家、省专利项目配套设置，增设企业高质量专利培育项目，强化专利申请质量导向，推动中山市知识产权向高质量发展。专利创造持续发展，2018年全市发明专利申请量8 165件，同比增长5%，发明专利授权量1 875件，同比增长为26%，PCT专利申请量244件，同比增长42%，全市有效发明专利拥有量7 210件。完善知识产权公共服务，推进中山市技术转移和知识产权交易协同创新平台建设，汇聚知识产权交易活动和服务资源，深入开展专利交易、专利布局、专利运营等综合服务，开展重点产业专利信息推送服务项目，通过中山锐科技、中山市生产力等微信公众号平台，免费推送智能家居行业专利信息分析简报10期，为企业专利运营提供参考依据。

2018年，中山市积极完善专利行政执法制度建设，印发《中山市知识产权（专利）违法行为举报投诉办法》，规范中山市专利违法行为举报投诉工作，保障及时有效查处侵犯知识产权案件，充分保护知识产权权利人的合法权益。完善知识产权快速维权机制，积极推进中国中山（灯饰）知识产权快速维权中心升级改造，向国家知识产权局申请设立知识产权保护中心，打造集创造、保护、管理、服务于一体的知识产权综合服务平台。强化知识产权保护运用，2018年9月，市知识产权局代表中山市在世界知识产权组织会议上作“工业品外观设计保护中山古镇模式”的主题演讲，分享中山市知识产权保护经验。加强专利执法，2018年全市专利纠纷立案509宗，结案509宗，出动执法人员1 957人次。完成智能化印刷装备、成像与光电子、游戏游艺3个产业专利导航项目。2018年6月，中山市与中国外商投资企业协会优质品牌保护委员会签订战略合作框架协议，加强对外商投资企业知识产权保护力度，营造良好的营商环境。

【科技奖励】　2018年，中山市共有3个科技成果获当年省科技进步奖二等奖，分别是：广东美的环境电器制造有限公司“两相异步变频调速静音风扇关键技术研究及其产业化”，中山大洋电机股份有限公司“新能源汽车用永磁同步电机及其控制系统关键技术研发与产业化”，中山百灵生物技术有限公司“熊去氧胆酸关键技术研究与产业化”。

【产学研合作】

市镇联动探索构建专业镇协同创新新机制　2018年，以南头家电、小榄锁具两个专业镇特色产业为试点，组建产业协同创新中心，整合高等院校、科研机构等创新资源形成联动效应，打造公共创新服务平台升级版，发挥科技服务机构的桥梁纽带作用。

强化产业研究　2018年，重点组织市脚轮行业协会与武汉理工大学、市食品学会与电子科技大学中山学院材料与食品学院、市化工学会与中山职业技术学院等开展脚轮、食品、新材料等领域的课题研究。

【民生科技】　组织开展2018年社会公益科技项目，发挥创新驱动对打好污染防治攻坚战、生态文明建设的技术支撑作用，以重大民生实事为科技创新方向，重点支持城市内涝灾害预警监测、农田土壤镉污染修复等社会公益科研项目133项。

【科技交流与合作】　2018年3月28日，举办“中山人才节”专场活动“科技成果转移转化项目对接会”，邀请复旦大学、中国科学院大学、中国北方车辆研究所等10余所高校院所40余名专家教授，围绕人工智能、智能制造、LED半导体照明等该市重点发展行业进行主题演讲和成果对接，对接项目27项，来自全市25个镇区近百家企业科研负责人对接活动。4月25日，举办2018中、俄、芬、德（CRFG联合体）国际机器人技术研讨会。

（张书姝）

江门市

【概述】 2018年，江门市创新驱动发展步伐加快。启动创建国家创新型城市，江门高新区综合排名上升到第62位，连续4年实现争先进位；台山市入选首批国家创新型县（市）建设名单；广东江门国家农业科技园区获批科技部第八批国家农业科技园区。高新技术企业达1 240家，新增省级工程技术研究中心104家，规模以上工业企业研发机构覆盖率达56.53%，主营业务收入5亿元以上工业企业研发机构实现全覆盖。新增科技企业孵化器9家、众创空间11家、科技支行10家，分别达到31家、35家、18家。2名企业家获得国家级“科技创新创业人才”荣誉称号。

【科技金融】 2018年，江门市不断健全和完善科技金融服务，打造多层次、多渠道、多元化科技投融资体系。

多渠道合作　在2018年江门“科技杯”大赛的决赛上，市科技局创新性地邀请了18家投融资机构到现场对接，现场达成意向投融资金额超17亿元。

2018年新增备案科技支行10家，全市科技支行达到18家，实现四市三区科技支行全覆盖，与2017年的存量相比实现了倍增。另外，江门市还有科技小额贷款公司2家、经省科技厅同意设立的科技金融综合服务中心2家。江门市的科技支行等服务科技型企业的专业金融机构数量和质量均位居全省前列。

科技金融扶持资金贷款贴息工作　2018年共收到项目申请208项，比2017年翻一番，通过备案申请129项，最终结算99项，涉及197笔贷款，贷款总额53 588.977 2万元，合共安排扶持资金995.299 4万元。其中，专利质押项目14个，涉及专利质押贷款24笔8 354万元，贴息206.046 4万元；专利评估费补贴6笔，补贴13.790 5万元。

省市联动设立风险准备金池　作为科技金融融合发展的创新尝试，设立“江门市小微企业科技信贷风险准备金”，2018年争取省级资金200万元，使财政资金投入达1 500万元（其中市财政出资1 000万元，省财政出资500万元），利用财政资金的杠杆效应，放大30倍，将带动建行江门分行向江门市科技型小微企业提供超3亿元的科技贷款。2018年已向科技型小微企业提供融资7笔，金额1 650万元。

风险投资基金设立和运作　新会区新成立江门中科孵化创业投资基金合伙企业（有限合伙），首期资金10%即2 000万元已到位，高新区组建的大健康产业投资基金500万元已到位，使江门市地方财政设立的创业引导基金增加到8支，额度合共达9.142 7亿元，其他基金包括润华基金2.532亿元，粤科泓润基金0.9亿元，粤科新鹤基金1.260 7亿元，启迪之星基金0.2亿元，江门市创业创新基金2亿元，江门市先进装备制造产业基金2亿元。2018年，润华基金新增投资4项，合共4 500万元，圆满完成科技部下达的指标任务。截至2018年年底，各科技风投基金共投资项目23个，总投资额40 156.45万元。其中，粤科润华基金投资项目13项，总投资额25 688.45万元，粤科泓润基金投资项目5项，投资额合共5 368万元；粤科新鹤基金投资项目5项，合共9 100万元。广东粤科泓润创业投资有限公司的“广东省科技天使投资风险补助”项目获得2018年省科技创新战略专项资金（产业技术创新与科技金融结合方向）立项，扶持资金8.33万元。

【科技创新创业环境】

江门市“科技杯”创新创业大赛　2018年江门市科技型中小企业技术创新基金项目与江门市“科技杯”创新创业大赛捆绑联动进行，市“科技杯”创新创业大赛创历史最好成绩。2018年参赛企业数量达203个，位列广东赛区第3位，达历史新高；国赛、省赛成绩刷新记录，有25家企业在省赛获得奖项和扶持资金，有10家企业入围国赛决赛，有4家获得国赛奖项和扶持资金，国、省赛的入围企业数量和获奖数量均突破了历届水平。其中，广东盈骅新材料科技有限公司在国赛新材料行业初创组以第2名的成绩荣获全国二等奖，海目星（江门）激光智能装备有限公司获国赛新能源与节能环保行业初创组全国第6名，并与印星和齐裕获得优秀企业奖（3个），这是江门市在国赛奖项上的历史性突破，是江门市企业在国赛的最好成绩，也是江门市企业在历届国赛以来的最好成绩。王贤文、周中涛入选“2017年创新人才推进计划”，获得“科技创新创业人才”的荣誉称号。

本届大赛还整合了5项支持政策，进一步加大了对企业的扶持：一是整合创新资金项目，争取省资金300万元，将大赛获奖项目增加8项，将扶持资金提升至934万元；二是整合“邑科贷”政策，获奖企业可获最多500万元科技贷款；三是整合贷款贴息政策，参赛企业贴息扶持最高可达50万元；四是可申请人才奖励；五是可获得上市辅导和融资担保等支持。

【科技创新平台建设】

工程技术研究中心创建　2018年，新认定省级工程技术研究中心104家，其中企业类103家，公益类1家，新增数量位居全省地级市第3位。截至2018年年底，江门市省级工程技术研究中心已增至342家，总数位居全省地级市第5位。新认定市级工程技术研究中心464家，累计达到1 557家。规模以上工业企业研发机构覆盖率达到56.53%，主营业务5亿元以上工业企业研发机构实现了全覆盖。

专业镇转型升级　截至2018年年底，江门市已建成省级专业镇24个，市级专业镇10个。2018年度，按照省财政支持经费1：1配套，即省、市各安排100万元，合计200万元用于支持开平市月山镇协同创新中心建设。通过加强专业镇产业协同创新中心建设，实现高校及科研机构与专业镇内行业协会、企业等各创新要素协同创新发展，推动专业镇转型升级。进一步加强与五邑大学，江门职业技术学院的产学研合作，通过校镇共建公共创新平台、校企联合共建研发机构等方式推动传统专业镇提质增效。

【孵化育成体系建设】

2018年，江门市多措并举，扎实推进孵化育成体系建设。成立了江门市科技企业孵化器（众创空间）创新联盟，促成各孵化器、众创空间的合作交流与资源共享，打造了覆盖五邑范围内孵化载体间的共享公益平台。截至2018年年底，全市市级以上孵化器达31家，面积超48万m^2，在孵企业近912家，累计国家级孵化器2家、国家级培育单位3家、粤港澳台科技企业孵化器1家。建成市级以上众创空间35家，面积6.95万m^2，累计在国家备案众创空间达3家，省级众创空间试点单位达4家。2018年，江门市有4家孵化运营机构获得省级孵化运营A级评价，其中孵化器2家，众创空间2家。

【高新技术产业发展】

高新技术企业　2018年，经市政府同意，印发《江门市高新技术企业提质增量行动工作方案（2018—2020年）》，狠抓高企培育认定，推动高新技术企业成为支撑江门市产业升级和经济发展主力军。2018年共发动1 018家企业申报高企，据国家火炬中心最新结果，全市高新技术企业存量已达1 240家，增速连续两年排珠三角第1，圆满完成市委、市政府高企存量超1 000家的目标。

2018年组织11批企业申报科技型中小企业，入库企业达760家。常年受理江门市科技型小微企业申报，提升对江门市科技型小微企业的精准支持，公布了第15批科技型小微企业备案名录，使在库企业已达3 126家。

高新区建设　根据《财政部关于下达2018年中小企业发展专项资金预算（第一批）的通知》（财建〔2018〕557号），江门高新技术产业开发区获得国家立项，扶持资金2 500万元。

会同省科技厅调研开平、台山创建第一批省级高新区。鹤山工业新城申报第二批省级高新区。通过2018年度江门国家自主创新示范区（高新区）推进创新改革建设项目，支持高新区100万元，坚实江门国家自主创新示范区建设的工作基础。2018年江门市高新区的国家火炬计划江门半导体照明特色产业基地参加了科技部火炬中心国家特色产业基地的复核并顺利通过。

根据国家科学技术部火炬高新技术产业开发中心通报，在全国157个国家级高新区排名中，江门高新区再次实现质量、排名双提升。2018年综合排名从第64名提升至第62名，其中国际化和参与全球竞争能力、可持续发展能力两个指标更是进入前50名。

【产学研结合】

建立健全产学研合作长效机制　截至2018年年底，江门市与广东省科学院、天津大学、北京理工大学、北京航空航天大学、华南农业大学、清华大学深圳研究生院等50多所高校及科研机构建立了产学研合作关系。立足江门市5大主导产业，组建了“广东省轨道交通装备产业技术创新联盟”等3大省级，“江门市新能源产业技术创新联盟”等4大市级产学研产业技术创新联盟，实现企业、高校和科研机构在战略层面的有效结合，全力提升产业的整体创新水平。加强产学研创新基地建设，8月27日，“中国科学院广州生物医药与健康研究院—五邑大学共建再生医学大动物实验研究联合基地合作协议”签约仪式在五邑大学举行。11月2日，江门鹤山市政府、同方股份有限公司与清华大学深圳研究生院、清华—伯克利深圳学院签订战略合作框架协议，四方共建同方（广东）科技园项目。根据协议，该项目将搭建1.7万m^2的双创基地和实训基地，打造融产业运营、科技孵化、金融创新、总部经济于一体的创新平台。

构建区域协同创新平台体系　截至2018年年底，江门市加强高校及科研院所与产业协同创新，以高新区、专业镇、行业协会为依托，以企业为主体联合共建新型研发机构、院士工作站、工程技术研究中心等多形式的协同创新平台近300家。5月，鹤山市政府与吉林大学签约共建吉林大学智能制造研究院华南专用车辆研发中心。7月，华南理工大学吴振强教授团队与香港理工大学吴建勇教授团队携手创建江门市泛亚生物工程与健康研究院落户江门市。10月，广东省科学院直属骨干科研单位——省智能制造研究所在江门成立江门市德泓工程技术研究有限公司，并加挂省智能制造研究所江门中心牌子。

联合校企开展重大技术攻关　通过产学研结合，优势互补，共组研发团队，针对稀缺资源循环利用产业、水性环保涂料产业、C/C和PPSU新材料、绿色照明等产业领域一系列关键问题，实施了一批省市重大科技专项，突破了一批核心关键技术。据统计，截至2018年年底，江门市通过产学研合作，研发新产品2 100个，实现产值220亿元，新增利税24亿元。无限极研发中心致力于行业前沿技术研究和产品开发，与剑桥大学等国际一流科研单位开展合作并取得丰硕成果。广东优巨先进材料研究有限公司打破国外对PES材料工业化技术的垄断，可生产高质量聚醚，摆脱对进口技术的依赖，引领着国内的聚醚风，年毛利达到1亿元。

【科技奖励】　2018年度，江门市作为参与单位完成的2项科技成果获得广东省科学技术奖，其中一等奖1项，二等奖1项。7项科技成果获得广东省优秀科技成果。

【农业科技计划项目】　截至2018年年底，江门市有省级现代农业科技创新中心6家，涉农高新技术企业41家，市级以上工程技术研究中心43家，市级以上科技特派员工作站11家，市级以上院士工作站6家，2条省级农业星火技术产业带，农业专业镇技术创新试点12个。

创建国家级农业科技园区　市科技局联合市农业局以江门广东省农业科技园区（江门市现代农业综合示范基地）为基础，申请创建国家级农业科技园区，2018年12月顺利获批科技部第八批国家农业科技园区。

园区按照“核心区—示范区—辐射区”的总体布局，逐步推进建设。核心区占地约3 513hm^2（5.27万亩），主要建设集科技研发、产业孵化、教育培训等功能于一体的综合服务园、双创孵化园、特色种业（种植）研发园、特色种业（养殖）研发繁育园、特色种业科技创新集成展示园等。示范区为江门市全境，重点建设种植类种业生产示范园、禽类生产示范园、农产品加工园、农产品商贸物流园、信息金融社会化服务区、农产品质量检测区、品牌精品种业交易区。辐射区为粤西、珠三角及岭南部分地区。截至目前，园区已与农业部直属“四大院”、省农科院等科研院所建立产学研合作关系，园区企业累计开展近40个科研项目，涵盖水稻、玉米、花卉、蔬菜、南药、水产品等种子种苗繁育、栽培领域，投入科研经费超5 000万元。

引进创新团队　2018年，江门市科技局引进江门市泛亚生物工程与健康研究院落户江门高新区。该研究院由华南理工大学吴振强教授团队和香港理工大学吴建勇教授团体携手创建，以生物工程技术为基础，开展农产品深加工、生态环境修复、天然药物提取、功能保健品研制以及绿色饲料开发等五大领域的技术开发和成果转化。

科技特派员下乡活动　积极实施科技特派员制度，鼓励科研院所和高校技术人员进驻乡镇企业。2018年，广东科隆生物科技有限公司和开平市绿康源生态农业开发有限公司等5家企业引进科技特派员，并建立市级农业科技特派员工作站，市科技局给予每家15万元的资金支持；广东汇海农牧科技集团有限公司和江门市大健康国际创新研究院引进两院院士，并建立了市级院士工作站，市科技局给予每家20万元资金支持。

培育企业科研机构　2018年，江门市新认定江门市新辉饲料厂有限公司、开平市东山鸿懋农业科技有限公司和恩平市东骏农业有限公司等12家市级农业工程技术研究中心，均分别给予10万元的资金支持。同时，积极培育省级以上创新平台，2018年，省科技厅新认定江门市新会区普惠水产饲料有限公司和江门嘉年华饲料实业有限公司等6家企业为省级工程技术研究中心。

【科技交流与合作】

中国高校科技成果交易会　5月25日，江门市组织参加第二届中国高校科技成果交易会，各市（区）科技主管部门负责人、高校和科技企业的负责人及技术人员共100多人参加了本次活动。交易会期间，江门市多个项目进行了签约，鹤山市作为6个城市专场唯一的县级市亮相，现场举行城市推介与企业技术需求鹤山专场发布会，其中雅图高新、广明源、国机南联等重点企业代表纷纷发布企业需求，寻求高校对接合作，有力推动全国高校的创新资源与江门市产业的对接。

江港创新科技合作对接会　9月27—28日，江门市科技局、香港科技协进会在江门联合举办江港创新科技合作对接会。市委、市政府相关领导，香港科技协进会会长、高级副会长，五邑大学、江门职院、市科技局、市教育局、市人力资源社会保障局、市商务局、市外侨局、市科协、市侨联等单位负责人以及金融机构、科技企业、孵化器和创新创业代表等200多人参加了活动。会上，市科技局、市人力资源和社会保障局、市商务局进行了政策宣讲，宣传推介了江门创新创业环境。17个香港科研技术项目、产品进行了路演展示，涵盖生物医疗、人工智能、环境保护等领域，13个江港科技创新项目达成合作意向并在会上进行了签约。活动期间，香港科技协进会考察团全面深入考察江门市创新创业环境、人文环境、科技企业发展情况，进一步增强投资江门、落户江门的信心。

科技合作与项目引进　2018年，江门市主动融入粤港澳大湾区建设，加强了与香港地区高校及科研机构的合作，如五邑大学纺织材料与工程学院与香港理工大学制衣系达成合作，共建科技研发与人才培养基地。江门市广东农业科技园吸引到来自香港中文大学、香港理工大学、香港树仁大学的3位青年大学生来江门开展鱼菜共生有机水培课题研究。该项目获得1 200万港币投资，计划兴建现代化温室和鱼菜共生循环生态生产系统，面积达3.3hm^2（50亩），将成为全国规模最大、技术最先进的鱼菜共生生产基地。海信（广东）空调有限公司与香港理工大学科技及顾问有限公司、上海交通大学针对空调节能技术开展关键技术联合攻关。江门市蓬江区珠西智谷智能装备协同创新研究院引进香港科技大学丘立教授创新团队，并签定《智能教学装备与多机器人协同研发合同》，共同建设江门控制技术研究中心。与香港城市大学对接洽谈，争取其在江门建设研发平台或技术转移机构。

【科技人才队伍建设】

海外和高层次人才引进　2018年以来，共受理外国人来华工作许可申请753人次，优化外国人来华工作许可办理流程，组织举办“寻历史足迹·品魅力侨乡”外国人才五邑行活动，组织举办江门市领军人才颁奖及交流活动，组织开展外国人来华工作管理业务培训，组织举办中国文化及外国人在华工作政策法规专题讲座。

开展柔性引进高层次人才资助工作，截至2018年年底，一共发放资助金额58.56万余元。

院士服务　实施院士工作站行动，围绕江门市高新技术产业发展，充分利用好江门籍院士资源，以院士工作站建设为载体，加强与院士为重点的高端人才团队的产学研合作，吸引高端人才来江门市创业创新，提升江门市产业技术创新能力。通过开展技术攻关、成果转化、产品研发、人才培养等工作，提升企业创新能力。截至2018年年底，江门市通过产学研建立的院士工作站共有11家，其中蓬江区4家、高新区1家、新会区3家、鹤山市1家、开平市1家、恩平市1家。

创新创业项目评审　2018年的一个重点任务是开展留学归国人员创新创业项目评审工作。经宣传发动、材料初核、专家评审和实地考察等程序，共评出重点项目1个，优秀项目2个，启动项目3个，资助金额达120万元。除大力推动本市项目评审外，还积极组织开展国家、省各项人才项目申报工作，1名留学归国人员的创业项目入选中国留学人员回国创业启动支持计划，获得国家资助经费20万元；1个项目入选国家地方科教文卫引智项目计划，获得国家资助经费20万元。

【知识产权工作】

知识产权保护　2018年，江门市立案专利侵权纠纷案件15件，假冒专利案件2件，其中调处专利侵权纠纷案件9件，查处假冒专利案件2件。印发了《2018年江门市儿童用品（含玩具）专项打假工作方案》《2018年江门市家用电器专项打假工作方案》等多个专项行动方案，不断加大对儿童用品（含玩具）、家用电器、电商等重点领域的日常执法检查力度。

知识产权运用　2018年在深化专利保险试点工作上加大力度，扩大资助面，把险种拓展至发明专利费用补偿保险、境外参展专利侵权责任险、专利无效宣告费用补偿保险等3险种。努力构建“政府财政补贴＋企业自付保费＋保险公司赔付”的三方合作模式，积极促进知识产权与金融资源的紧密结合。2018年，江门市共补助了58家企业159项专利保险，补助金额达29.95万元。

推进企业开展专利导航。江门市科业电器制造有限公司“风机产品节能环保技术专利导航工程”获省知识产权局立项。

知识产权产出　2018年，江门市专利申请量19 748件，同比增长10%，其中发明专利申请4 089件；全市专利授权12 273件，同比增长43.1%，其中发明专利授权712件，同比增长20.9%。发明专利拥有量3 487件。PCT专利申请134件。

知识产权示范引领　江门市新增省知识产权示范企业和省知识产权优势企业各1家。其中广东富华重工制造有限公司被认定为2018年度广东省知识产权示范企业，江门崇达电路技术有限公司被认定为2018年度广东省知识产权优势企业。江门市在省级知识产权示范优势企业上再添新力量。

江门市获第20届中国专利优秀奖和中国外观设计优秀奖各1项。五邑大学被评为第二批广东省专利审查员实践与创新促进基地。

【科普工作】

2018年，江门市继续组织举办重点品牌科普活动，带动基层科普活动常态化；充分发挥科普基地辐射示范作用，增强科普公共服务能力；全面打造青少年科技创新竞赛平台，积极为培养科创后备人才服务；推进科普信息化建设，利用线上线下优质资源普惠民众。

重点品牌科普活动　积极开展纪念主题科技日、“三下乡”科普集市、全国科普日和科普游等科普主题活动，2018年全年共组织近300名科技工作者和科普志愿者，通过医疗服务、农业咨询、科普宣传等直接服务群众超3 000人次，参与市民达万人次，派发资料约5万份。

2018年全年举办“科普进社区（农村）——健康大讲堂活动”28场；举办中科院老科学家“大手拉小手—科普报告希望行”科普讲座65场。科普讲堂覆盖全市90多所学校、社区和机关单位，听众达2万多人次。主办“中国流动科技馆”广东巡展台山站活动，吸引学生和群众3万多人次参观。

科普基地建设　在已命名的33个市级科普教育（示范）基地中，资助建设和完善一批优质的科普设施，如森林科普馆、灵芝科普园、松树专类植物园和多个特色科普长廊等，2018年全年吸引参观人员10万多人次。联合有关科普示范基地和农业科研部门，积极开展农村优质特色蔬菜、富贵竹、甜玉米新品种、莲藕慈姑、优质稻新品种和马冈鹅养殖技术等多个新技术新成果项目的推广，配合开展多场农民培训和精准科技帮扶活动。

打造青少年科技创新竞赛平台　建立线上青少年科创竞赛服务平台，举办线下市级三大科技竞赛（实践能力挑战赛、机器人竞赛和科技创新大赛），2018年参与师生超过10万人次，直接选拔参赛师生达3 000多人。青少年科技创新项目成果上千项。参加国家省级各类竞赛获得多项金牌和优秀称号，成绩在全省位列前茅。

在中科院举办“青少年科技创新教育素质提升培训班”，同时2018年全年组织开展科技教师各类专题培训不少于5场，培训老师近600人次，全面提升科技教师的教学和创新能力。

推进科普信息化建设　进一步利用通过两微一网，传播“科普中国”优质资源，开展了6场线上科普有奖问答活动，目前“江门科普”关注量达3万多人，每条信息浏览量达300人以上。2018年新增省级科普e站8个和信息化试点县（区）1个，为下一步做好科普信息化落地工作打下坚实基础。

（黄京华）

阳江市

【概况】 2018年，全市新增省级新型研发机构2家、省级企业重点实验室1家、高新技术企业41家。全市共有省级科技企业孵化器3个、省级众创空间4个、高新技术企业71家、院士工作站3个、市级重点实验室5个、市级科技企业孵化器6个；引进创新团队16个，组建36家省级、139家市级工程技术研究中心，规上工业企业工程中心建设覆盖率达25%。

【科技计划】 2018年，全市共组织实施省、市级科技计划项目77项，其中省级科技计划项目7项，市级科技计划项目70项；组织实施2018年省科技创新战略专项资金项目7项，其中：阳江市高功率激光应用实验室建设项目1项，重大科技专项1项，重点科技专项2项，科技条件能力建设专项3项，科技精准扶贫产业基地建设专项1项。

【科技成果与奖励】 2018年，阳江市优秀科技成果不断涌现，发展态势良好，在市级科技部门登记的科技成果有21项。2018年，组织开展了2017年度阳江市科技奖评审工作，共有35个项目获得2017年度阳江市科学技术奖。

【高新技术产业】 阳江十八子刀剪制品有限公司和广东拓必拓科技股份有限公司被评为广东省创新型企业。广东木森日用品有限公司等38家企业获认定为高新技术企业；阳江十八子刀剪制品有限公司等3家企业通过高新技术企业重新认定。2018年，高新技术企业存量71家，高新技术企业工业总产值达428.42亿元。

【产学研结合】 促成省部高校、科研院所与阳江市企业的开展项目合作并申报科技计划项目，2018年共组织企业申报项目23项，包括重点科技专项2项，产学研协同创新项目15项，新型研发机构建设项目5项，院士工作站建设项目1项。其中18个项目获得市级科技经费共776万元扶持。

【企业研发机构建设】 2018年，阳江市新增2家省级新型研发机构，获得省科技专项资金共1 100万元扶持，为推动阳江市发展海上风电产业，促进五金刀剪传统产业高质量发展提供有力支撑。

同时，推进工程技术研究中心建设，引导和发动企业组建工程技术研究中心。组织了30家企业申报并通过了市级工程技术研究中心认定。推荐了世纪青山、新钢铁等19家企业申报省级工程技术研究中心认定，其中10家企业通过了认定。至2018年年底，全市规上工业企业研发机构覆盖率达25%。

【技术创新专业镇】 2018年，阳江市共有省级专业镇14个，市级专业镇14个，覆盖了五金刀剪、金属制品、海洋养殖与捕捞、农业种养、旅游等五大领域。围绕专业镇特色产业技术创新的需要，阳江市建立了东城镇五金刀剪产业技术创新服务平台等3个专业镇中小微企业服务平台。

【农业科技】 2018年，2家企业获批认定为广东省第二批“星创天地”，1家企业获批认定为第三批国家级“星创天地”，均实现零的突破。

【科技队伍建设】 2018年，组建了2个院士工作站，共有26家高校向阳江市56家企业派驻了91名科技特派员。引导企业引进创新团队，柔性引进各类急需紧缺的高端人才。2018年，广青公司引进的创新团队入选省重大人才工程，获资金支持300万元。全市共引进了7个省重大人才工程创新团队，12个市级创新团队。

（黄　君）

湛江市

【概况】　2018年，湛江市科技创新工作取得一系列历史性进展。历经八年不懈努力，国务院批复同意湛江高新区升级为国家高新区；广东省委、省政府授牌启动建设南方海洋科学与工程广东省实验室；国家知识产权示范城市进入培育阶段；湛江海洋科技产业创新中心启动运营；高新技术产业培育进入高质量发展的快车道；该市科技工作者首获何梁何利基金奖；新增两家省重点实验室，实现该市“十三五”以来零的突破；中船重工集团在该市注册首家集研发产业一体化的企业。根据国家统计局湛江调查队《2018年湛江营商环境调查报告》数据显示，企业对该市23个政府部门满意度调查中，科技部门排在首位，科技创新服务能力得到了社会广泛认可。

【科技创新大会】　2018年4月12日，湛江市召开科技创新大会，深入学习贯彻习近平新时代中国特色社会主义思想和党的十九大精神，贯彻落实习近平总书记参加广东代表团审议时的重要讲话精神以及全省科技创新大会精神，总结部署该市科技创新工作。会议由市委副书记、市长姜建军主持，市委书记、市人大常委会主任郑人豪、国家科技部火炬高技术产业开发中心主任张志宏作讲话，省科技厅副厅长郑海涛宣读了《国务院关于同意湛江高新技术产业开发区升级为国家高新技术产业开发区的批复》。郑人豪、姜建军、张志宏、郑海涛、梁培、欧先伟等领导为湛江国家高新区揭牌。副市长欧先伟总结了2017年该市科技创新工作。各县（市、区）有关领导、市直有关单位，中央、省驻湛有关单位、大专院校、科研院所、医院等有关单位主要负责同志及获得国家、省科学技术进步奖、专利奖的单位代表以及市有关企业的代表等参加会议。

【广东省实验室建设】　按照市委、市政府的工作部署，市科技局积极争取科技部、省科技厅等上级部门的指导和支持，多次拜访国内涉海领域院士专家，找准实验室领军科学家及核心人才团队。积极与共建单位中船重工集团沟通对接，扎实开展项目合作。7月3日，在市委郑人豪书记及中船重工领导的见证下，市科技局与中船重工集团海装风电股份有限公司签定了《海上浮式风电装备项目合作意向协议书》，并抓好相关落实工作，12月10日中船重工在湛江正式注册成立广东海装风电设备有限公司，成为中船重工集团与湛江合作的首个成果。10月8—10日，召开省实验室建设方案论证会，邀请了以国内海洋领域知名院士周守为、吴有生、桂建芳等领衔的17名专家参加，使建设方案取得突破性进展。10月11日，省政府常务会议同意在该市布局广东省实验室。11月14日，广东省实验室正式授牌在该市启动建设，成为粤西地区唯一的省实验室。

【国家高新区】　2月28日，国务院正式批复同意湛江高新技术产业开发区升级为国家高新技术产业开发区，实行现行的国家高新技术产业开发区政策，成为全国168个国家级高新区之一。湛江高新区晋级为国家高新区，是湛江市发展进程中具有里程碑意义的一件大事。湛江高新区从2011年开始启动“以升促建”申报工作，到现在升级成功，历时八年。该市以此为历史契机，加快推进国家高新区建设，按“一区多园”模式完善高新区管理运行机制。积极组织到珠三角先进城市学习调研，高标准研究编制高新区发展规划。7月9日，海洋科技产业创新中心园区正式启动运营。计划2019年1月举行海东园区奠基仪式，并启动建设一批重点项目。

【科技计划项目】 2018年，湛江市科学技术局组织引导企事业单位做好各级各类科技计划项目受理上报工作，主要围绕主导产业和重点产业，全年各类财政科技计划项目共立项152项，其中国家级1项、省级88项、市级63项，支持经费4 790万元。

【高新技术企业】 该市主动服务企业科技创新，积极发动并指导企业做好高新技术企业申报工作，本年高新技术企业大幅增长，总数达到196家，获取省扶持高企资金1 534.83万元，实施各类高新技术项目26项，获批省级高新技术产品150个。新增国家科技型中小企业109家，省创新型企业1家、创新型企业试点4家，高新技术产业总产值有望突破700亿元，超额完成年度计划任务，比上年增长20%。

【企业研发机构】 2018年，新增市工程中心12家，新增省工程中心7家，新增省重点实验室2家，申报省现代农业创新中心23家。全市各类研发机构共296家，比2017年增长16.5%。2018年，全市有市级重点实验室25家，工程中心64家，院士工作站2家，特派员工作站2家，新型研发机构1家，全市各类研发机构303家。拥有广东省产业技术创新联盟4个。

【中小企业创新】 继续加强对中小企业创新支持，全年共54家中小企业申领超过1 000万元创新券，组织对24家企业兑现355.61万元。

【孵化育成体系】 实施县（市、区）孵化器、众创空间全覆盖行动，培育发展新动能。本年新增认定市级孵化器4家、众创空间3家，新增省级“星创天地”3家。本年全市孵化器有10家，众创空间有11家；全市现有孵化面积近5万m^2，比2017年大幅增长60%。

【政产学研合作】 加强政产学研合作，特别是加强与驻湛高校院所的战略合作，共建广东省实验室、重点实验室、新型研发机构等，推动大量优秀的科技成果属地产业化。在市科技局的积极推动下，市政府与中国热带农业科学院农产品加工研究所签订了《所地科技创新合作协议》，为加快促进科研成果就地转化及产业化掀开了新篇章。

【高端创新资源对接引进】 精心组织海博会海洋科技成果交易展，推动更多国内优秀的海洋科技成果展示、交流、交易及转化。为了搞好成果交易展，市科技局领导分3批带队前往青岛、南京、北京等14个城市，拜访了中国海洋大学、河海大学、中国水产科学研究院等35家海洋领域知名的高校院所及工业园，组织了全国28所知名涉海高校、科研院所200多项科技成果前来参展。签署合作意向8个，金额达2.4亿元。市科技局获组委会评为“突出贡献单位”。支持中国海装公司到该市实施“海上浮式风电关键技术研发与应用”项目，促进海上风电产业创新发展。积极争取引进中科院过程所“膜法”制糖颠覆性技术到湛江产业化，解决该市作为产糖大市但制糖产业设备和技术落后、产糖率低、产业链不长等问题。

【科技成果及奖励】 2018年，中国海洋石油南海西部石油管理局科技人员李中首获何梁何利基金科学技术奖；由广东海洋大学、高州市朗业畜牧渔业科技养殖有限公司完成的“罗非鱼链球菌病防控技术的研究与应用”和由广东医科大学等单位完成的“慢性病患者生命质量测定量表体系QLICD（V1.0）的研制与应用”2项成果获广东省科技进步奖二等奖。

为加强创新成果就地转化，构建政产学研一体化新格局，市科技局加强与驻湛高校院所、科研机构的战略合作，共建广东省实验室、重点实验室、新型研发机构等，推动成果属地产业化。市科技局与热科院农产品加工研究所签订了《所地科技创新合作协议》，加快促进科研成果就地转化及产业化。中海石油（中国）有限公司湛江分公司“南海高温高压钻完井关键技术及工业化应用”成果转化产生了巨大的经济效益。项目成果总计工业化应用1 820口井，包括中国南海、美国墨西哥湾、英国北海、印尼、缅甸、伊拉克等海外高温高压区块，支撑发现7个大中型海上高温高压气田，建成我国第一个海上高温高压东方气田群，直接经济效益216亿元，间接经济效益3 565亿元。

【知识产权】　推进国家知识产权示范城市培育工作，提升知识产权创造、运用和保护服务水平。利用“3·15”保护消费者权益日、“4·26”世界知识产权日、“5·15”全国打击和防范经济犯罪宣传日，广泛开展知识产权创造、运用和行政执法宣传。积极开展知识产权“贯标”工作，对12家通过贯标认证的企业进行资助。获得广东省知识产权优势企业1家。处理专利行政案件125件。全市专利申请量5 691件；专利授权量5 012件，同比增长66.73%。截至2018年12月，全市有效发明专利量998件。

【微创新活动】　2018年7月9日，湛江市微创新暨海洋科技产业创新中心启动活动在湛江海洋科技产业创新中心举行。在系列活动中组织开展了“微创新·全市青少年小发明竞赛”“微创新·全市大学生专利设计大赛”“微创新·草根达人”选拔活动。全市52间中小学校、6所高等院校、数百家企业包括学生、工人、农民的各行各业人士积极响应，踊跃参与；《湛江日报》、《湛江晚报》、湛江广播电视台和腾讯等新闻媒体全程跟踪报道；网络投票达到30万余人次，营造了“大众创业、万众创新”的良好氛围，点燃了众多微创新达人的创新激情。

【科普工作】

全民科学素质纲要实施　组织实施《湛江市“十三五”公民科学素质行动计划方案》，两次召开全市科普工作现场会；开展湛江市珍稀动植物博物馆暨湛江市首届中小学“创客嘉年华”活动；围绕“全国科普日”主题，开展科学预防登革热进社区活动；围绕全国海洋日主题，开展广东海洋大学在水生生物博物馆的科普讲座活动。

主题科普活动　围绕2018年文化、科技、卫生“三下乡”主题，联合市中医学校共组织16场“急救培训·健康保健”校园行品牌活动；围绕“饮茶日”主题，启动湛江市全民饮茶日振兴乡村系列科普活动；围绕建设健康中国主题，举办“贯彻国家健康中国2030战略暨湛江市大健康产业发展报告会”专题讲座；围绕吉祥春节和中国海洋经济博览会主题，扶持市盆景协会分别在徐闻和霞山渔人码头举办大型盆景展，丰富了城乡群众文化生活；发动市气象学会开展气象科普教育基地参观和举办台风灾害防御知识的科普讲座。

科学普及　为更好普及科学知识，弘扬科学精神，本年共举办两站“中国流动科技馆”巡展活动，免费开放参观体验达6万人次；以纸媒与新媒体和产业融合发展为契机，围绕健康养生科普宣传，湛江科技报社至今共出版报纸132期，发行总量660万份；围绕海洋养殖产业链科普宣传，至今共出版70期，发行总量14万份。

青少年科普活动　组织3支代表队参加第四届广东省科普剧大赛；举办第33届湛江市青少年科技创新大赛；举办2018年湛江市青少年航空航海模型大赛，近千名选手参赛；举办湛江市青少年航拍美丽校园创客大赛，近600名选人参赛，活动持续开展达6个月之久；举办湛江市微创新比赛，评出10名青少年微创新达人；邀请“中国科学院老科学家科普演讲团”12位老科学家，到该市为中小学校师生举办36场科普报告会，受众约3.7万人。

科普信息化　组织实施《广东省科协关于加快科普信息化建设的意见》，2018年建成6个中国科普e站示范单位，开设运营“湛江科普”和“湛江科技报”微信公众号。组织申报2019年科普中国信息化示点县（市、区）和e站项目，其中赤坎区成为示范点，14个e站入省科协项目库。

科普资源共享平台　成立遂溪县岭北镇西塘村光伏立体种养高效循环农业示范基地、遂溪县黄略伟华金钱龟养殖基地、国核湛江核电有限公司核电科普展馆3个湛江市科普教育基地，至2018年年底，市级以上的科普教育基地已达29个。

湛江科技智库　为集聚智力资源，履行服务市委、市政府科学决策、民主决策和依法决策，推进创新型湛江建设，12月18日，组织召开湛江科技智库成立大会暨首届湛江科技智库论坛。

青少年航空航海模型大赛　2018年6月24日，湛江市青少年航空航海模型大赛在湛江经济技术开发区第一中学举行。由湛江市科协、市教育局、市体育局、市科技局联合举办。有关领导和干部职工，裁判员、志愿者和师生、家长、新闻媒体记者、各界航模爱好者朋友们共1 500人参加大赛开幕式。大赛分航空模型和航海模型两大竞赛项目。其中，航空模型竞赛项目包括橡筋动力滑翔机竞时赛、电动自由飞竞时赛和遥控四轴飞行器竞时赛；航海模型竞赛项目包括航海模型“昆明”号导弹驱逐舰航海赛和航海模型“极光”号遥控双体快艇模型追逐赛。来自全市40所中小学校的近千名选手参赛，共有752名中小学生获奖，其中获小学组一等奖105人、二等奖104人、三等奖131人、优秀奖180人；获中学组一等奖65人、二等奖65人、三等奖85人、优秀奖117人。

【现代海洋渔业论坛】 2018年11月22日，中国海洋经济博览会筹委会、中国水产学会、广东海洋大学、湛江市科学技术协会联合主办中国海洋经济博览会现代海洋渔业论坛。该论坛以“生态、环保、绿色、协调”为主题，邀请中国科学院院士桂建芳，中国工程院院士包振民，澳大利亚詹姆斯库克大学KyallZenger教授和挪威、日本、美国外籍专家和东南亚各国农业部门官员等国内外知名专家学者进行讲座及技术交流，为参会者奉献最新的研究成果。来自全国主要沿海城市水产行业服务机构、行业协会、企业、科研院所等高管和技术人员350人参会。

【扶贫挂点工作】 协助省科协抓好遂溪县岭北镇西塘村、佛山市顺德区抓好雷州市覃斗镇海边村的扶贫挂点工作；抓好市科协负责的雷州市覃斗镇下海村扶贫挂点工作；选派领导干部参与市委“十百千”干部回乡促脱贫攻坚行动。

【防震减灾】 2018年，湛江市地震局坚持“预防为主，防御与救助相结合”的工作方针，稳步推进该市地震监测预报、震灾防御、应急救援和科技创新建设，是年，湛江地区有市级地震监测中心1个，由7个测震子台、1个省级测震子台、5个强震监测点、2个前兆地下流体监测点和3个宏观观测点组成。有市辖地震局（办）7个，全市从事防震减灾事业工作人员54人（含业余观测员7人）。湛江地区全年记录到地震13次，其中最大震级ML3.8（M3.1）。

地震监测　2018年，该市完成了90个一般台站的宏观勘选任务和17个基本台、基准台站的建站用地意向书签订工作；积极推进监测台站建设，市县地震监测台网建设全部纳入全省台网统一规划，建设资金和运维经费均列入财政预算。已建成地震监测台站8个，加上共享周边地区7个监测台站数据，可用于分析处理的测震台站达15个。对境内台站的传输系统进行升级改造，将原来的无线传输全部升级改造成光纤专线传输，不断提高地震监测数据的连续力和可靠性。

震害防御　为有效实施地震应急管理，进一步提高该市地震应急处置工作管理水平，市地震局牵头组织，修订了《湛江市地震局应急预案》。预案进一步明确市直相关单位及部门平时和震时工作职责，进一步健全了湛江市地震应急预案体系，为该市防震减灾工作提供有力保障；推进各县（市、区）地震应急视频会商系统建设。

2018年，该市在已完成赤坎区、霞山区、雷州市、遂溪县4个县市区地震部门建设工作的基础上，又完成了吴川市和徐闻县2个地震部门的地震应急视频会商系统安装建设工作。全市共有6个县（市、区）地震部门安装了地震应急视频会商系统。该系统在县（市、区）地震部门的投入使用，显著提升市县地震部门的应急联动能力，取得了很好的应急指挥效能。

防震减灾科普宣传教育　广泛开展防震减灾宣传教育“六进”活动，组织“防震减灾知识进万家宣讲团”深入机关、学校、军队、社区、企业、家庭，举办讲座10多场次，到街头、社区宣传10多次，发放宣传资料3 000余册。发挥全市地震科普馆作用，每年接待中小学生和社会各界人士观摩达10多万人次，防震减灾宣传教育在深度、广度上得到有力推进。

雷州3.1级地震应急处置　2018年11月6日，雷州市发生M3.1级地震。市地震局立即启动地震应急预案，积极开展地震应急处置工作；及时向市委、市政府对地震信息进行了3次地震相关信息的汇报，同时联合雷州市人民政府、雷州市地震部门及当地公安部门组织开展地震应急工作，做好社会稳定工作；雷州3.1级地震发生后，雷州人民公园、南湖广场等场所聚集了几千避震群众，市地震局及时联系雷州市政府、雷州市地震部门及当地公安部门组织人员对外出避震群众进行安抚疏散。对雷州市出现近期还将发生大地震的谣传，在局网站进行辟谣，做好群众安抚工作；做好地震应急后续工作，加强震情监测和跟踪，及时收集前兆监测台站信息并处理分析，做好地震科普知识宣传，增强群众防震减灾意识和能力。

（陈军成）

茂名市

【科技政策法规】 2018年12月28日，茂名市科学技术局、中共茂名市委组织部、茂名市财政局出台了《茂名市引进创新创业团队管理暂行办法》《茂名市人才项目产学研合作专项资金管理暂行办法》，鼓励茂名市企业引进国内外优秀创新创业团队，建立产学研合作关系，实施产学研合作项目，为茂名市科技、经济、社会发展发挥引领和支撑作用。

【科技计划项目】 2018年，茂名市共申报国家、省科技计划项目243项，其中国家级项目18项，获立项143项，下达资金873万元。共受理茂名市科技计划项目471项，立项361项，安排资金220万元。

【创新平台建设】 2018年，茂名市创新平台总数突破300家，其中包括国家级创新平台分支机构5家、省级重点实验室2家、省级新型研发机构2家、省级工程技术研究中心72家、市级工程技术研究中心150家、产学研创新平台45家、产学研结合示范基地10家、院士专家企业工作站2家、博士后工作站2家、博士后创新实践基地6家、农业创新中心11家、市级科研和技术推广机构9家。

【孵化育成体系】 2018年，茂名市科技企业孵化器和众创空间总数达到23家，其中国家级科技企业孵化器1家、国家级科技企业孵化器培育单位2家、国家级众创空间4家、省众创空间试点单位5家。高新区科技企业孵化器被评定为省优秀（A级）孵化器，圆梦创客众创空间被评为省优秀（A级）众创空间。

【产学研结合】 2018年，北京大学化学与分子工程学院一行到茂名市与高校和企业进行对接。广东工业大学轻工化工学院一行到茂名市开展产学研合作调研，与广东众和化塑有限公司、广东众和中德公司进行了深入的交流，就“茂名石化产业链的延伸技术开发研究”“广东省新型研发机构——广东众和中德精细化工研究开发有限公司”等项目的合作和推进达成了初步的近期和中远期合作方案。省农科院植保所专家团队到广东泰禾现代农业有限公司开展产学研合作，双方签订技术合作协议，下一步将全面合作开展项目研究、平台建设、成果转化、示范基地建设。华南智能机器人创新研究院专家团队到茂名市对接产学研合作事宜，初步达成了在机器人自动化生产技术、焊接技术和人才培养等方面开展深层次合作的意向。广东省石油与精细化工研究院光电材料、表面活性剂、催化、环境技术和水处理研发团队的专家到茂名开展科技服务精准对接活动。省农科院副院动物所、果树所专家到茂名科技局开展现代农业科技合作座谈，力争在共建农村科技特派员基地、成果推广示范、高端人才引进、科技奖励方面有新突破。浙江大学华南工业技术研究院、华南技术转移中心专家一行到茂名调研，促进现代农业技术和成果在茂名地区的推广落地。

【科技金融】 2018年，茂名市科技局分别与茂名中行、茂名建行举行科技金融座谈会，建立了科技金融工作协商机制，通过建设银行茂名分行的“‘Fit粤’科技金融”、中行茂名分行的“科技通宝”和“集采通宝”等为创新型企业进行科技贷款，共实现贷款额度12.74亿元。2018年，茂名市知识产权局与中国银行联合举办茂名市专利质押融资银企对接会，共同推进茂名市知识产权质押融资工作，有2家企业获得中国银行茂名市分行1 216万元的专利质押融资贷款。

【科技成果与奖励】　茂名市6个项目获得2018年度广东省科学技术奖，其中一等奖1项，二等奖5项。一等奖项目“亚热带特色果蔬主要活性物质的化学生物学表征及其健康食品创制”、二等奖项目“智慧农业信息实时获取与智能管控关键技术及装备”和“罗非鱼链球菌病防控技术的研究与应用”有效突破产业关键技术，为茂名市农业产业发展提供了有力的技术支撑；二等奖项目“新型苯乙烯系嵌段共聚物关键技术及应用”“低析出物超透聚丙烯开发及工业化”和“基于安全风险管控的长输成品油管道完整性管理体系建设与应用”促进了该市石油工业产业发展，为增加社会经济效益带来积极作用。

【高新技术产业】　2018年，茂名高新区正式获批国家级高新区。分两批共组织61家企业申报国家高新技术企业，获认定国家高新技术企业37家，全市高新技术企业达到135家。组织申报广东省高新技术产品106个，获认定广东省高新技术产品82个。组织申报广东省高新技术产品106个，获认定广东省高新技术产品82个。

2018年，茂名高新区实现跨越式发展，获批为国家级高新区，在科技创新方面成绩突出，连获多个国家级牌子，被科技部重新认定“国家火炬计划茂名高新区石化产业基地”，打造粤西地区首个“国家知识产权试点园区”和“国家级科技企业孵化器”，圆梦创客晋升“国家众创空间”。七迳镇被省科技厅认定为广东省技术创新专业镇，圆梦园创业孵化基地被认定为广东省创业孵化示范基地。新增2家市级科技企业孵化器，12家高新技术企业，6家省级工程技术研究中心，1家省新型研发机构。

【农业科技】　2018年，茂名市积极推进华农大茂名现代农业研究院、广东省农业科学院茂名分院建设，发展农业科技创新平台。建立院士企业专家工作站、“星创天地”、工程中心、现代农业创新中心、研究院等多层次平台，形成国家、省、市级相结合的创新平台体系。

2018年，广东茂名国家农业科技园区获认定为第八批国家农业科技园区，广东省茂名市现代农业产业园入选国家现代农业产业园，茂名市高州市荔枝产业园、茂名市化州橘红产业园、茂名市茂南区罗非鱼产业园、茂名市电白区沉香产业园列入省现代农业产业园建设。

2018年，茂名市成功召开以“加快创新成果转化·助推茂名乡村振兴”为主题的广东省农业科学院与茂名市农业科企技术对接启动会。省农科院组织了200项技术，与前来参会的100家农业企业、专业合作社等开展对接和合作洽谈，与12家市农业企业签订了合作协议。大力推动科技下乡，实施精准扶贫，茂名市组织农村科技特派员主动深入企业和农村调研并提供指导，组织有针对性的科技下乡活动科技培训活动16期，农村科技特派员科技下乡咨询服务260人次。

【专业镇及特色产业基地】　2018年，茂名市科技创新专业镇不断发展壮大，形成了以石化产品及后加工、矿产资源开发加工和农业种植、养殖及加工为主的专业镇群，全市共有省创新专业镇19个，其中农业专业镇12个，石化产业专业镇4个，高岭土专业镇、电子产品、鞋业加工各1个。

【知识产权工作】　2018年，茂名市创建国家知识产权试点城市任务全面完成，以94.4分的高分顺利通过验收。高新区认定为国家知识产权试点园区，成为粤西地区首个国家知识产权试点园区。专利申请实现数量和质量双提升，2018年该市专利申请5 665件，其中发明专利申请787件；专利授权2 591件，同比增长38.78%，其中发明专利授权121件，同比增长6.14%。发明专利申请量和专利授权量继续排粤东西北前列。专利奖取得大突破，获中国专利优秀奖1项，广东专利优秀奖1项。

【科普工作】　2018年，全市800多名农村科技特派员主动深入企业和农村调研，有针对性经常组织乡镇科技集市活动和科技培训活动。全市举办各类咨询服务6次，开展技术培训班10期，受训农民达600多人次。同时农村科技特派员有一部分深入企业和农村开展技术指导和田间课堂，推动一批农村实用技术。

（文　妙）

肇庆市

【概况】 2018年，肇庆市推进国家创新型城市和国家知识产权示范城市创建，落实创新驱动重点扶持政策，全市财政科技投入6.99亿元，比上年增长19.28%，占本级财政支出比例为2.21%。拥有413家高新技术企业，净增124家；规模以上工业企业研发机构覆盖率42%；拥有196家省级以上创新平台，其中新增33家。全市新增备案科技企业孵化器15家，总数达35家，实现县级全覆盖；通过认定的市级以上科技企业孵化器20家，其中国家级2家、省级4家、市级14家。全市备案众创空间4家，总数达15家，其中国家级3家、省级2家、市级10家。发明专利申请量2 146件，增长16.13%，专利授权量3 901件，增长67.28%。同年5月，科技部批准肇庆以肇庆高新区为核心列入珠三角国家科技成果转移转化示范区建设范围。四会市成为首批国家创新型县（市）建设对象。

【“1133”工程实施】 2018年，肇庆市净增124家高新技术企业，309家企业通过国家科技型中小企业评价入库。打造粤港澳大湾区应用型高等教育基地，肇庆学院成为硕士学位授予立项建设单位，广东工商职业学院成功升本，广东华商学院、华南农业大学珠江学院、广东健康医学院（筹）新校区动工建设，广东华航航空学院项目签约落户。拥有省级新型研发机构3个，其中新增机构2个。拥有省级以上创新平台196个，其中新增33个。新增备案科技企业孵化器15家、众创空间4家，建成约91万m^2的科技孵化器厂房。肇庆高新区创新能力持续提高，列入珠三角国家科技成果转移转化示范区，加快建设珠三角国家自主创新示范区和国家知识产权示范园区，高新技术企业增至116家。哈尔滨工业大学新能源汽车轻量化复合材料（肇庆）工程技术研究院、武汉大学（肇庆）粤港澳环境技术研究院等新型研发机构进驻运行，广东国腾量子科技有限公司获批省重大科技专项。

【科技创新产业带建设】 2018年，肇庆市按照“一廊联动、二核驱动、多节点支撑”（一廊联动：以东进大道为走廊，以肇庆高新区、肇庆新区以及未来的空港经济区为核心载体，包括端州、鼎湖、高要、四会实施连片发展；二核驱动：打造肇庆高新区和肇庆新区创新发展“双引擎”；多节点支撑：通过科技、金融、产业的创新融合，在东南板块布点建设重大科技创新平台）布局，谋划建设肇庆科技创新产业带，承接粤港澳大湾区科技创新资源外溢，构建“广深港澳孵化—肇庆加速、肇庆落地”创新产业链，吸引广深港澳科技创新走廊创新要素集聚肇庆。

【新型研发机构建设】 2018年，肇庆市开展新型研发机构认定和扶持工作。哈尔滨工业大学新能源汽车轻量化复合材料（肇庆）工程技术研究院、武汉大学（肇庆）粤港澳环境技术研究院等在肇庆高新区落户运营。全市新注册研究院5家，新签协议成立研究院3家。至2018年年底，全市拥有市级以上新型研发机构10家，其中新认定省级新型研发机构2家。推进规模以上工业企业研发机构建设，协助有条件的企业建立创新平台，扩大研发机构覆盖面，规模以上工业企业研发机构覆盖率42%，超额完成省35%的目标任务。组织83家企业申报省级工程中心认定，其中21家企业获认定。新增省级创新平台33家，全市省级以上创新平台总数达196家。

【农业科技】 2018年，肇庆市推进农业科技园区建设，启动建设“德庆农业科技园”，全市建成5家省级以上“星创天地”，其中广宁县智慧星创天地、德庆县德康农业科技星创天地、怀集县助农电子商务产业园区星创天地为国家级，广东德鑫农业星创天地、肇庆市工贸电子商务创客孵化园星创天地为省级，为现代农业高质量发展提供科技支撑。

【科技成果转化】　5月，科技部批准肇庆市以肇庆高新区为核心列入珠三角国家科技成果转移转化示范区建设范围；6月28日，肇庆市获授珠三角国家科技成果转移转化示范区牌匾。四会市入选首批国家创新型县（市）建设名单。年内，实施科技成果转移转化工作计划，主动前往香港、北京、上海、深圳、广州等地对接优势创新资源，推动粤港澳大湾区科技交流合作，重点推进与香港城市大学合作共建技术转移转化分中心、与深圳前海创投孵化器有限公司合作共建“企业在线科技金融服务中心”、与省生产力促进中心签订合作协议，打造粤港澳大湾区科技产业创新重要承载地，积极创建国家创新型城市。

【创新创业活动】

第七届中国创新创业大赛（肇庆赛区）选拔赛　6—8月，肇庆市举办2018年第七届中国创新创业大赛（广东—肇庆赛区）暨肇庆市第三届“星湖杯”创新创业大赛。赛前，市科技局到孵化器、产业园区等科技企业密集的区域宣传发动，举办动员宣传和辅导对接等活动12场，培训企业人员1 950人次，参赛企业183家，涵盖先进制造、电子信息、互联网、新能源、节能环保、生物医药、新材料等行业。8月10日，在市创新创业中心举行复赛，10家企业获省赛参赛资格。在8月21—29日分行业进行的第七届中国创新创业大赛（广东赛区）决赛中，广东方恒新材料科技有限公司和肇庆兆达光电科技有限公司获二等奖，广东三浦车库股份有限公司、广东华肽生物科技有限公司、肇庆市鹏凯环保装备有限公司等8家企业获优胜奖；肇庆兆达光电科技有限公司、肇庆市鹏凯环保装备有限公司、广东方恒新材料科技有限公司、广东同宇新材料有限公司4家企业进入全国总决赛，广东同宇新材料有限公司进入总决赛十二强，广东同宇新材料有限公司、肇庆市鹏凯环保装备有限公司获总决赛优秀企业。

第20届全国机器人锦标赛暨第九届国际仿人机器人大赛　8月22—25日，以“创新科学观赏”为主题的第20届“大旺杯”全国机器人锦标赛暨第九届国际仿人机器人奥林匹克大赛，在肇庆高新区文体中心举行。来自华中科技大学、北京理工大学、四川大学、西北工业大学、北京信息科技大学等国内高校的100余支队伍400多人参加，大赛分“轮式移动机器人”“仿人机器人”“空中飞行机器人”“水下机器人”“服务型机器人”“Aelos型机器人”六大类48个项目，展示高等院校最新机器人技术成果。北京石油化工大学、广东工商职业学院、佛山科学技术学院分获仿人机器人专项赛舞蹈类一、二、三等奖，西北工业大学、空军工程大学、四川大学分获仿人机器人专项赛足球类一、二、三等奖。

全国机器人锦标赛开幕式现场（王振宇摄）

【高新技术产业】

高新技术企业　2018年，肇庆市继续开展高新技术企业（以下简称“高企”）培育工作，通过政策宣讲、摸底筛查、上门发动、组织“一对一”指导等，建立高企申报情况通报机制。举办高企培训班10场，培训300多家企业。共组织282家企业参加国家高企申报。全市国家高企净增124家，总数达413家，比上年增长43%，超额完成存量达400家的年度目标任务。加强高企后备梯队建设，组织2批企业申报市级高新技术企业，116家企业通过专家评审。309家企业通过国家科技型中小企业评价入库。

肇庆高新区　2018年，肇庆市高标准推进肇庆高新区珠三角国家自主创新示范区建设，新增高新技术企业27家，总数达116家，其中高新技术企业肇庆宏旺金属实业有限公司成为肇庆首家超百亿企业。组建省级新型研发机构2个，实现“零”的突破；新增国家级孵化器培育单位1家。备案科技企业孵化器7家，孵化器面积达30.86万m^2。与国内高校院所等合作拟建和在建新型研发机构8家，组建省级以上企业技术创新平台（含工程中心、重点实验室）54家、院士工作站5家；6家企业上市新三板。在2017年度国家级高新区中排名上升1位。

【科技服务与管理】 2018年，肇庆市组织办理科技成果登记30项；完成技术合同登记6项，资金1 820.97万元。指导类项目受理申报345个，立项294个。完成创新指导类项目结题验收108份。加强科技计划项目立项、实施、结题验收等的监督，依法实施项目的申报、评审、立项等，实施肇庆市2018年省科技创新战略专项资金（“大专项+任务清单”管理模式）项目申报，获批立项52个，获支持资金2 000万元。

2018年，肇庆市加强科技专家库管理，完成鉴定专家抽取235人次，先后开展2017年度企业研发费税前扣除研究开发项目鉴定、第一批西江创新创业团队年度检查、2018年市级知识产权试点企业申报、2018年市级新型研发机构项目、肇庆市2018年科技创新指导类项目、2018年度肇庆市科技创新指导类项目结题验收、2018年度肇庆市科技创新指导类项目结题验收复审、肇庆市第十三批西江拔尖人才选拔工作评审、2018年市级工程技术中心认定、2018年度第一批市级高新技术企业评审、2018年省科技创新战略专项资金（“大专项+任务清单”管理模式）、2018年度市级孵化器评审。

【科技金融】 2018年，肇庆市在省科技创新战略专项资金中设立贷款贴息专题项目10个，获支持金额200万元；开展科技金融工作，引入深圳前海创投孵化器平台落户肇庆。

【知识产权工作】 2018年，肇庆市实施知识产权战略，开展国家知识产权示范城市培育，以知识产权强企、强区、强校为重点，打通知识产权创造、运用、保护、管理和服务全链条，支撑创新驱动发展。加大高质量知识产权产出扶持力度，新增国家知识产权示范企业1家、国家知识产权优势企业6家、省级知识产权优势企业1家、市级知识产权试点企业7家。新增认定7家市级知识产权试点企业。全市知识产权质押融资金额1 880万元。肇庆市大华农生物药品有限的“一种禽流感H9亚型灭活疫苗及其制备方法和应用”和肇庆市绿宝石电子科技股份有限公司“一种高压固体电解质铝电解容器的制造方法”获第二十届中国专利优秀奖。

专利申请与授权 2018年，肇庆市实施专利提质增量计划，专利申请量7 906件，比上年增长48.02%；其中发明专利2 146件，增长16.13%。专利授权量3 901件，增长67.28%，增速排名珠三角第1；其中发明专利294件，增长56%；实用新型2 572件，增长84.77%；外观设计1 035件，增长37.63%。PCT国际专利申请量38件。有效发明专利拥有量1 260件，万人发明专利拥有量3.06件。资助发明专利授权130项，涉外授权发明专利8项，维持7年以上有效发明专利34项。

知识产权保护 4月27日，广东（肇庆）知识产维权援助中心成立，将产权保护和援助服务有机结合。全年受理并立案处理专利侵权纠纷案件45件，其中展会案件40件、查处假冒专利案件24件。开展科技计划和知识产权信用体系建设，建立知识产权信用承诺制度，坚持保护知识产权就是保护创新理念，推动企业开展《企业知识产权管理规范》贯标工作，提升企业综合运用知识产权能力，全市有28家企业获贯标认证。

国家知识产权示范城市创建 2018年，肇庆市实施创新驱动发展战略，落实创建目标任务和指导监督，培育创建国家知识产权示范城市取得阶段性突破。抓好端州区、四会市和广宁县3个国家知识产权强县工程试点县（市、区）建设，高要区加快国家知识产权强县工程示范县（区）建设，肇庆高新区加大国家知识产权示范园区建设力度。10月，肇庆市正式向国家知识产权局提交国家知识产权示范城市申报材料。

【科普工作】 5月22日，肇庆市“全国科技活动周”“全省科技进步活动月暨大型科普集市活动”启动仪式举办。市自然科学各学会、科研机构有关专家、科技工作者、科普服务平台代表、社区工作人员和各界群众500人参加活动。以科普大篷车的形式进行现场展品互动体验、科普知识宣传、益智游戏互动等，让参与的群众享受丰富的科普大餐。

6月8日，市科技中心在睦岗小学开展科普进校园活动，派发科普资料、益智游戏、科技图片展览等，激发青少年“爱科学、学科学、用科学”兴趣。邀请市教育局教研室、端州区家庭教育讲师团、肇庆市普法讲师团的专家在科技中心的道德讲堂开展思想道德教育、爱国教育、普法教育3场讲座，共360人次参加。市科技活动中心每月联合依托科技馆青少年科普教育阵地，开展“科技亲子一日游”主题科普活动，组织青少年和家长对丰富的科技展品进行互动讲解和有奖问答，畅游奇妙科学海洋，参与人数1 100人次。市科技中心联合端州城区的学校开展“小小工程师”主题实践活动，发挥馆校共建作用，组织肇庆市第四小学、第七小学等学校学生到科技馆进行模型组装比赛，激发科技兴趣。

【防震减灾】

防震减灾服务　2018年2月23—24日，省地震预报研究中心、肇庆市地震局、阳江市地震局、省地质局第五地质大队、高要区地震局、高要区国土资源分局和莲塘镇政府等的专家和领导，前往高要区莲塘镇围安村委会安南村，针对凤塘鱼塘出现塘堤垮塌、塘基开裂现象进行调查和核实，召开座谈会并形成分析意见，由高要区地震局印发给莲塘镇政府。由于此次事件应对及时，措施得当，无造成不良影响。10月16—19日，参加在广西贺州市富川县举行的2018年度桂北区地震应急区域协作联动暨粤桂交界及邻近地市防震减灾工作联席会议，参与地震流动台演练、地震灾害现场评估应急拉练、防震减灾工作经验交流等，加强了与桂北地区、粤桂交界及邻近地级市各地震局（地震台）的工作交流；肇庆还同步开展地震应急响应演练，设定在富川县发生ML5.0级的地震波及肇庆市，各有关部门根据相关职责开展应急响应，全市有7.3万人参加演练，达到预期效果。肇庆市地震局承担国家地震烈度速报与预警工程建设任务93个，其中改造基准站2个，新建基本站12个、一般站63个，另有预警信息接收终端16个；已完成12个基本站与业权单位的用地协议签订；做好地震观测台站的维护，确保监测台站安全运行。广宁县何褚铭纪念中学获评广东省防震减灾科普示范学校。

地震应急避难场所建设　2018年，肇庆市科技局（市地震局）作为城市避难场所创建牵头单位，坚持每月1次联合市民政局、市人民防空办公室检查城区9个城市避难场所实检点，并形成联合通报，印发给各区人民政府、避难场所主管部门及市创卫办。

地震知识宣传　2018年，肇庆市地震局在8个县（市、区）和肇庆高新区的10个镇的政府（街道）、10所学校、3个社区等开展以“减少灾害风险，建设安全肇庆”为主题的科普讲座24场，受众7 000人。市地震局派员参加在端州、鼎湖、高要3个城区举行的20多场新时代文明志愿服务系列活动，派发各类有关地震知识宣传资料6 000多份，解答群众咨询，提高民众的防震减灾意识。

【产学研结合】　2018年，肇庆市大力引育和扩大发展高等教育办学规模，加强应用型人才培养，全力打造粤港澳大湾区应用型高等教育基地。肇庆学院成为硕士学位授予立项建设单位。全市建成本科高等院校4所，广东工商职业学院成功升本。在建本科高校3所，分别为广东华商学院、华南农业大学珠江学院、广东健康医学院（筹）新校区动工建设。广东华航航空学院项目于2018年9月正式签约落户四会市。

（史盛兰）

清远市

【概况】 2018年，清远市科技综合实力和自主创新能力稳步提升。出台《清远市激励科技创新十条政策》及实施细则。全年新增省级工程中心35家，同比增长47.3%；新增市级工程中心39家，同比增长25%；完成全市主营业务收入5亿元以上工业企业研发机构全覆盖，规模以上工业企业研发机构覆盖率达24%；新增省级新型研发机构1家；新增企业类省重点实验室1家，实现零的突破。新增高新技术企业83家，同比增长47.7%。产学研合作深度融合，加速推进校地共建科技创新平台。社会自主创新意识明显提高，企业研发费用税前加计扣除项目申报创历史新高，申领科技创新券数量及金额超过以往年度总和。

【科技计划】 2018年，清远市首次对省科技创新战略专项资金实行"大专项+任务清单"模式管理，结合2018年度任务清单和清远市实际情况，设置6个专项、8个专题带动企业创新发展，提高资助额度，着重对乡村振兴和农业科技创新、地方生态环境治理、民生科技平台建设予以支持，单个项目支持额度较大。经组织申报，受理项目95项。

2018年，组织申报2019年度清远市科技计划项目，首次增设科技成果转化（重大科技专项），资助力度提高至80万元/项，网上受理项目179项，符合申报要求145项，创历年新高。经专家评审，推荐入库项目59个，资金总量1 875万元，其中科技成果转化（重大科技专项）推荐入库项目2个，资金总量160万元。

【科技政策制定与实施】 2018年，清远市深入实施创新驱动发展战略，出台《清远市激励科技创新十条政策》及实施细则（下文称"创新十条"）。"创新十条"有六大亮点：一是重奖高端人才项目。对符合条件的带着重大项目、带领关键技术、带动新兴学科的高端人才项目，实行一事一议，最高可获500万元资助。二是重奖高管人才。对引进或获得省级新型研发机构的核心管理团队，符合条件的引进国家高新技术企业及省高新技术培育入库企业的高管团队，符合条件的新认定的国家高新技术企业和新纳入广东省高新技术企业培育库的高管团队，分别奖励300万、100万、30万、30万、15万。三是重奖人才团队。对入选的清远市创新创业科研团队分100万、300万、500万3个档次资助；对新入选广东省重大人才工程的创新创业团队按省资助额度1：1予以配套支持；对承担省级以上重大科技专项的课题组一次性奖励100万元。四是重奖高新技术企业。该市企业新认定为国家高新技术企业，除对企业奖励10万元，再对企业的高管团队奖励30万元。五是增加引进新技术成果转化奖励。企业引进的新技术或购买专利等技术成果产业化，按企业后一年净利润增长额的5%给予奖励，最高100万元。六是增加社会力量引进高新技术企业的奖励。符合条件的社会力量引进高新技术企业或省高新技术培育入库企业，给予社会力量10万元奖励。截至2018年年底，有190家企业申报"创新十条"项目，发放奖励资金6 085万元。

2018年，清远市科技创新券拟发放371项，发放金额3 814万元，超过以往年度总和。支持企业购买高校、科研院所的科技成果和技术服务16项，建立市级以上研发机构49个，支持企、事业单位获得新材料领域新产品、广东省审定通过的动植物新品种306个。受理2017年度科技创新券（第二批）26家企业29个项目兑现申请，经形式审查、组织验收、审核等流程，确定兑现项目22

项，兑现金额731.93万元。

【科技成果奖励】　清远南玻节能新材料有限公司“高性能铝硅酸盐超薄电子玻璃关键技术及产业化”获2018年度广东省科学技术奖二等奖。

广东泰强化工实业有限公司“一种多用途喷胶及其制备方法ZL201610375153.3”和广东蓝宝制药有限公司“一种规模化制备普伐他汀钠D型晶体的工艺ZL201610488796.9”获第二十届中国专利优秀奖。

【高新技术产业】　2018年，清远市高新技术企业保持高速增长，新增高新技术企业83家，截至2018年年底，拥有高新技术企业257家，同比增长47.7%。新认定高新技术产品509个。2018年度清远市高新技术企业培育工作专项资金奖补1 080万元。

【科技创新平台建设】　2018年，清远佳致新材料研究院有限公司被认定为省级新型研发机构，获得800万资金支持；广东先导稀材股份有限公司的“广东省高性能薄膜太阳能材料企业重点实验室”获企业类省重点实验室建设立项，实现零的突破；清远市农业智慧研究院等4家公司申报建设粤东西北新型研发机构；全市拥有省级工程中心109家，较2017年度增长47.3%；拥有市级工程中心195家，同比增长25%；拥有省级新型研发机构2家，同比增长100%；拥有企业类省重点实验室1家。

根据科技部火炬中心2018年度国家高新区评价结果，清远高新区排名101位，比2017年上升9位。

【产学研结合】　2018年，清远市产学研深度融合，校地合作共建多项科技创新平台。清远与中山大学合作共建中山大学（清远）创新药物研究中心，与华南师范大学签约共建华南师范大学（清远）科技创新研究院，与华南理工大学合作共建校地协同创新平台。高端人才加速聚集，容大生物、泰强化工等8家企业入选2018年广东省博士工作站设站单位，全市引进国家特聘专家、长江学者、国家杰青等高端人才近20人。

5月8日，清华海峡研究院一行到清远市调研产业规划、招商引资、科技成果转化等工作。清华海峡研究院大数据研究中心专家介绍了大数据城市解决方案、构建智慧安全城市思考与实践等先进技术，提出和清远合作的思路和方案，提出创新型政府合作模式，利用研究院自身科技优势、人才优势、品牌优势、金融扶持等优势与当地政府合作，形成优势互补，共同促进当地企业技术升级、产业发展。与会各部门就清远市科技创新、产业发展、环境治理等方面存在的短板与专家进行交流。

【专利与知识产权】　2018年，清远市专利申请量5 589件，同比增长33.9%，其中发明专利申请量1 325件，同比增长37.73%。全市专利授权量3 284件，同比增长72.3%，其中发明专利授权量202件，同比增长47.45%。PCT国际专利申请量46件，同比增长360%。有效发明专利拥有量768件，每万人口发明专利拥有量从2017年年底的1.48上升到1.99件。截至2018年10月，全市通过《企业知识产权管理规范》国家标准认证企业超过39家；2018年全市新获认定国家知识产权优势企业9家，省知识产权示范企业1家，省知识产权优势企业1家，市级知识产权优势企业4家。经省知识产权局考察推荐，2018年9月清远市申报创建“国家知识产权试点城市”。

2018年“4·26”世界知识产权日期间，清远市举办了一系列知识产权宣传活动。清远市知识产权局与清远电台联合推出“以案释法”知识产权特辑，为广大听众朋友解析知识产权案例，为听众遇到的知识产权法律支招。

【民生科技】　在清远市科技计划项目中设立社会发展领域自筹经费科技计划项目，对“急性前循环大动脉闭塞缺血性卒中患者机械取栓的临床研究”等173个项目立项支持。

（张　凌）

潮州市

【省实验室潮州分中心建设】 2018年10月，省政府批准汕头市在粤东牵头组建一个省实验室，潮州等粤东地市参与省实验室若干分中心建设，同意潮州建设省实验室潮州分中心陶瓷材料、食品科学与技术两个实验室。省实验室潮州分中心的建设对提高市传统产业自主研发能力和科技成果转化能力，实现产业转型升级发展具有重大现实意义。

【高新技术企业培育发展】 2018年，全市共推荐54家企业参与高新技术企业认定申报，共有45家企业通过专家评审，通过率83%，位居全省第1。

【创新平台建设】 推动工程中心及新型研发机构认定，2018年新增市级工程中心12家，省级工程中心6家，省级新型研发机构1家，全市累计建成市级工程中心109家，省级工程中心55家（含高校类4家），省级新型研发机构2家。推动科技企业孵化器建设，累计建成孵化器6家、众创空间6家，其中省级孵化器2家、国家级众创空间1家、省级众创空间1家；孵化面积8.52万m^2，在孵企业144家。加强产学研合作，潮州累计与7家高校、科研院所签订战略合作框架协议。先进陶瓷材料创新研究中心项目建设进展顺利。

【科技计划项目】 积极争取上级资金政策扶持地方产业，组织申报2018年广东省科技创新战略专项资金，共30个项目通过评审公示，拟获省级经费2 500万元。加强科技计划项目管理，2018年市级科技计划项目立项74个，市级项目经费达867万元。加大“放管服”改革工作，改进和完善市级科技计划项目结题验收工作机制和流程，将10万元以下项目验收工作委托县区科技行政部门组织实施，2018年潮州市科技局共受理项目验收申请42项、组织项目验收35项，通过验收33项、终止结题2项，组织省、市科技财政支出项目绩效自评140项。

【科学成果奖励】 潮州三环（集团）股份有限公司“中低温固体氧化物燃料电池用陶瓷粉体及电解质产业化关键技术”项目获2018年度广东省科技进步奖二等奖。

【科技金融】 市科技局与中国银行潮州分行、交通银行潮州分行、市邮储银行等多家银行签订合作协议，就科技企业信贷风险准备金、知识产权质押融资等业务展开合作，共投入风险准备金1 300万元，为潮州高新技术企业、科技型企业搭建信息交流及金融服务平台，促进科技金融紧密结合，改善科技企业融资环境。2018年，共有6家高新技术企业申请并获得贷款共1 950万元，3家企业获得知识产权质押融资贷款共1 300万元。

【专利管理工作】 2018年，全市专利申请量为7 592件，同比增长31.72%，在全省排名第11位；专利授权量为5 277件，同比增长24.84%，在全省排名第10位；每万人发明专利拥有量2.41件，在粤东西北地区排名第2位。2018年潮州有2项专利获第20届中国专利优秀奖，累计获得中国专利优秀奖19项、中国专利奖金奖1项、广东省专利优秀奖8项。全市累计8家企业通过国家贯标认证，获认定国家知识产权示范企业3家、优势企业6家。2018年全市专利侵权纠纷案件立案64宗，已结案62宗，有力打击侵犯知识产权违法行为，维护市场竞争良好秩序。

（罗远鹏）

揭阳市

【概况】　2018年，揭阳市大力推进科技创新“非均衡发展”，聚焦重点产业、重点园区、重点企业、重点项目，坚持重点突破、非对称发展，科技创新工作取得了较好成效。创建国家高新区工作有效有序推进，化学与精细化工广东省实验室揭阳分中心（榕江实验室）稳步推进，重点企业自主创新能力有所增强，科技服务业得到进一步发展。

【广东省实验室揭阳分中心筹建】　委托武汉理工大学、天津大学、中山大学的专家团队撰写《化学与精细化工广东省实验室揭阳分中心（简称“榕江实验室”）建设方案》。2018年10月15日，揭阳市召开了榕江实验室建设工作研讨会，进行了现场考察，榕江实验室选址中德金属生态城。引进参与榕江实验室建设的大学科研团队，武汉理工大学、天津大学、华南理工大学等高校表示愿与揭阳市共建榕江实验室。

【高新技术产业】

高新技术企业　2018年组织61家企业申报高新技术企业认定，全年高新技术企业净增30家，累计128家。培育科技型中小企业，组织开展2018年度科技型中小企业评价工作，全市共有103家企业通过了评价。

国家高新区创建　省政府于2018年2月27日向国务院上报了《广东省人民政府关于请求批准揭阳高新技术产业开发区升级为国家级高新技术产业开发区的请示》，国务院批转科技部办理。揭阳市出台了《中共揭阳市委、揭阳市人民政府关于加快揭阳高新技术产业开发区高质量发展的实施意见》。揭阳高新区“以升促建”工作取得了成效，科技创新服务平台得到加强，新增省级新型研发机构1家，省市级工程技术中心19家；科技创新能力得到显著提高，新增高新技术企业12家，累计45家。

【企业自主核心技术攻关】　“大菱鲆种苗开口饲料的研发与推广应用”等10个项目获得省2017年纵向协同管理省市联动项目立项，获得支持资金710万元。市科技局下达了2017年度揭阳市创新发展专项资金，科技攻关类项目共67项1 770万元；组织揭阳市2018年广东省科技创新战略专项资金（“大专项+任务清单”）项目申报、评审和立项工作，推动科技创新平台建设和科技攻关。

【科技创新平台建设】　科技创新平台持续增加，规上工业企业设立研发机构共443家，研发机构覆盖率达到30.34%。新增院士工作站2个，累计12个。广东康美药业股份有限公司引进我国著名系统工程与管理科学工程专家大连理工大学王众托院士，组建广东康美药业股份有限公司院士专家工作站，揭阳市灿邦农业有限公司引进著名杂交水稻专家袁隆平院士，组建揭阳市灿邦院士专家工作站。新增新型研发机构1个，累计2个，“广东百试特生物技术研究院”申报省级新型研发机构并获得认定。新增省级工程技术中心8家，累计58家；新增市级工程技术中心24家，累计126家。

【科技人才队伍建设】　2018年7月，揭阳市有2家企业入选2017年省重大人才工程引进创新创业团队项目，占全省入选15家企业的13%，入选企业为广东富利盛仿生机器人股份有限公司和广东润华药业有限公司，两家企业各获得省资助资金300万元，合计600万元。

培育科技创业领军人才有新突破。广东利

泰制药股份有限公司董事长、总经理罗庆发入选2017年省重大人才工程科技创业领军人才名单，获得省资助资金80万元，实现了揭阳市入选省重大人才工程项目零的突破。

【科技服务业】 建设揭阳市“互联网+科技创新”服务平台、揭阳市技术转移中心和科技创新服务联盟。孵化育成体系进一步完善，截至2018年年底，全市共有科技企业孵化器6家、众创空间7家、国家级“星创天地”2家，其中，国家级孵化器1家、省孵化器培育单位2家、国家级众创空间1家、省级众创空间5家。

【科技金融】 金融科技风险准备金引导银行为48家企业贷款4.5亿元，有效缓解企业融资难问题。举办科技与金融融合政策宣讲暨融资对接活动，多家金融机构与高新技术企业现场签约，银企授信签约金额达69 070万元。

【知识产权工作】

专利产出 广东安诺药业股份有限公司的“一种治疗骨质疏松症的药物”发明专利获得第二十届中国专利优秀奖。截至2018年年底，全市获得各届中国专利金奖、优秀奖项目累计6项。2018年全市专利申请7 012件，同比增长35.16%；其中发明申请619件，同比增长81.0%；专利授权4 597件，同比增长16.91%；发明授权74件，同比增长13.85%。

专利管理保护 扎实推进企业知识产权贯标工作，新增通过知识产权“贯标”认证企业6家，累计达到14家。揭阳市宏光镀膜玻璃有限公司、广东利泰制药股份有限公司2家企业被确定为2018年度国家知识产权优势企业，广东华能达电器有限公司被认定为2018年度广东省知识产权优势企业。建成揭阳特色产业（金属、环保）专利数据库，该专利数据库是面向金属、生物质能、污水处理3个产业领域建设开发的揭阳市首个综合型专利检索分析系统。加强知识产权保护，开展专项行动4次，查处假冒专利案件1宗，结案1宗。受理专利侵权纠纷案件3宗，结案5宗（其中2宗为2017年立案）。

【产学研结合】 设立了揭阳市技术转移中心、揭阳高新区技术转移中心、揭阳市双创技术转移中心，推动企业与北京化工大学、浙江大学等高校合作，实现高校院所线上线下科研成果展示、技术服务、人才团队对接等功能。2018年，组织5批科技型企业到省内外高校开展产学研对接活动，帮助企业引进10项先进适用型高校科研成果到揭阳转化。

（李桂瀚）

云浮市

【科技政策环境】 2018年，为加强云浮市科技计划项目、产学研结合项目和医药卫生科技计划项目的管理，修订完善了原来的办法，印发了《云浮市产学研结合项目管理办法》《云浮市科技计划项目管理办法》和《云浮市医药卫生科技计划项目管理办法》。

【科技立项】 2018年全市省级以上科技计划项目立项78项，立项资金合计共6 770万元。其中，中央引导项目立项1项，立项资金共30万元；省科技创新战略专项资金（“大专项+任务清单”管理模式）项目立项67项，立项资金共2 500万元；省重点专项2项，立项资金共1 600万元；省市共建重点实验室1项，立项资金200万元；促进新型研发机构高质量发展共4项，立项资金共2 400万元；科普项目立项3项，立项资金40万元。市级科计划项目立项11项，立项资金共150万元。

【农业科技】 2018年共组织实施农业类科技计划项目27项，资金支持共2 404万元。其中，华南理工大学云浮研究院承担的“云浮市云安区润丰电商扶贫计划”获得中央引导地方科技发展专项资金项目立项，立项资金30万元；由温氏食品集团股份有限公司承担的“新一代瘦肉型种猪育种技术研究与品种（品系）构建”和广东温氏南方家禽育种有限公司承担的“黄羽肉鸡新一代基因组育种技术研究及产业化应用”项目获得省重点领域研发计划“现代种业”专项项目第一批立项项目，分别获批立项经费1 000万元和600万元。

激发农村创新创业活力，推动“星创天地”发展壮大，营造农村“大众创业、万众创新”的良好环境。新兴县温氏慧农猪业科技有限公司运营的“温氏华农养猪训练营星创天地”2018年分别获得省级、国家级“星创天地”，广东大唐农林科技有限公司运营的“云浮市大唐特色林果产业星创天地”、罗定市恒兆燕笼有限公司运营的“广东省云浮市罗定市罗竹星创天地”继2017年获得省级“星创天地”后，2018年获得国家级“星创天地”。

实施乡村振兴科技创新行动，推进实施农村科技特派员选派对接，围绕贫困村生产生活和生态发展需求，搭建科技服务平台，支持农村科技特派员到贫困村开展农业科技服务。2018年组织农村科技特派员对接科技服务专项6项，资金支持18万元。

完善和加强以禽畜养殖为主导产业的云浮市广东省农业科技园区建设，继续在园区推广农业良种和农业先进适用技术，培育壮大园区内农业企业，有效促进了区域农业科技创新，示范带动优势特色农业产业化发展。同时完善相关资料整理、收集，按照省科技厅要求，2018年12月7日对项目进行了验收并通过。

【科技金融】 充分发挥“云浮市科技信贷风险准备金”的作用，年内组织发动了该市6家科技型中小企业申请加入“云浮市科技信贷风险准备金”风险池，引导市银行业金融机构、科技小贷公司为市科技型中小企业发放贷款310万元。对接国家、省创新创业大赛，组织市辖区内7家企业报名参赛。

【科技人才队伍建设】 广东国鸿氢能科技有限公司引进的“氢燃料电池产业化技术创新团队”入选2017年省重大人才工程引进创新创业团队项目。

【高新技术产业】

高新技术企业　2018年，云浮市各级科技部门组织30家企业申报高新技术企业，其中23家企业通过专家评审，被认定为高新技术企业。至2018年年底，全市有效期内高新技术企业数量57家，比上年增长46%。有效期内高新技术企业按地域划分：新兴21家、罗定14家、郁南8家、新区6家、云城5家、云安3家。按所属技术领域划分：新材料22家、生物与新医药12家、先进制造与自动化10家、资源与环境6家、电子信息3家、新能源与节能2家、高技术服务2家。

高新技术产品　2018年，组织39家企业共109个产品申报广东省高新技术产品，创历史新高，其中，81个产品通过认定。截至年底，全市有效期内的省高新技术产品194个，同比增长68%。

高新区　2018年5月，云浮市已完成申报国家高新区材料的撰写和收集，7月，上报省政府。

2018年，根据《关于开展云浮市2018年省科技创新战略专项资金（“大专项+任务清单”管理模式）项目申报的通知》精神，组织高新区创新能力建设专项、提升科技型中小企业技术创新能力、重点监测高企统计补助专项、2017年高新技术企业培育入库后补助专项等4个专题申报，立项资金共522万元。受理了17家企业申报的2018年云浮市科技计划项目，其中广东翔俊环保设备有限公司等8家企业承担的项目顺利通过专家评审，被列入2018年云浮市科技计划项目，立项金额共60万元。

科技型中小企业　2018年，在科技型中小企业评价系统上提交注册信息的企业68家，其中注册信息已通过审核的企业68家，参与评价的企业注册申请44家，2018年评价入库企业数44家。入库企业涵盖了石材、不锈钢、化工、生物与医药、电子、新材料、先进装备制造、环保科技、电子商务、农业科技、高技术服务等行业。

【科技孵化育成体系建设】　组织2018年云浮市孵化器发展资金申报，对新兴县创新中心、新兴县智达电商创业孵化基地等2个孵化器进行立项扶持，立项金额42万元。

【科技成果与奖励】

科研成果及应用　2018年，云浮市级科技成果登记50项。这些成果的实施，较好地推动了云浮市石材产业、制造业、医疗卫生和农业农村等方面的创新发展，成果获得授权专利25项，制订标准3项。云浮市登记的科技成果项目实际经费投入7 118万元，自我转化收入1.97亿元，净利润达869万元，实交税金1 586万元，出口创汇518万元，经济效益也绝大部分来自企业。

由云浮市信息科技发展有限公司承担完成的“云浮市创新创业服务基地建设”的科技成果，建设云浮高新区创新创业服务体系，为全市高新技术企业培育、创新创业人才培养、高新技术成果转化发挥重要的作用。创新创业服务基地能为中小科技企业（创业者）提供包括工商、税务、研发、知识产权、信息、投融资、贸易、法律、担保、财务、评估、人才资源、国际交流与培训、产权及技术交易等多种创业发展所需要的服务，为创业企业营造良好的创业环境，培育创新人才和科技企业家，降低科技企业创业成本和创业风险，提升在孵企业的成活率和成功率，促进高新技术成果商品化、产业化和国际化，为云浮经济发展培育新的快速增长点，从而推动云浮地区的科技和经济协调快速发展。

由广东万事泰集团有限公司承担完成的“节能环保锅具新型涂层制备技术及其产业化”的科技成果采用喷涂颗粒增强合金涂层，并结合表面修饰措施，解决了新型环保锅具涂层制备技术难题，采用铬镍合金为基础，合金耐蚀性炒锅不锈钢，采用超音速火焰喷涂，提高了涂层结合度，扩大了锅具市场应用，取得了较好的经济和社会效益。本项目的实施，填补了环保锅具涂层制备技术的空白，扩大了锅具市场应用。项目申请发明专利2件，获得实用新型专利3件，发表论文2篇。

由云浮市企业参与的“高效瘦肉型种猪新配套系培育与应用”“畜禽粪便污染监测核算方法和减排增效关键技术研发与应用”获2018年度国家科技进步二等奖；“高档优质肉鸡新品种的培育与应用”“黄羽肉种鸡禽白血病净化关键技术创建与应用”获2018年度广东省科技进步奖一等奖。

技术合同认定登记　云浮新区爱德克斯（云浮）汽车零部件有限公司的“关于汽车用制动器

零部件等技术许可及援助合同（2017年度）”通过申报技术合同认定登记，认定合同交易金额3.67亿元，认定技术交易金额1 262万元，成功办理减免增值税74.88万元。

【产学研结合】

项目立项与管理　2018年，省协同创新战略专项资金项目（科技孵化育成体系建设领域），立项4项，立项经费1 400万元；省协同创新战略专项资金项目（科技基础条件建设领域），立项1项，立项经费200万元；省协同创新战略专项资金项目（纵向管协同管理方向），立项6项，立项经费680万元；累计达2 380万元。市级产学研结合项目立项2项，立项经费90万元；新型研发机构发展专项立项17项，立项经费260万元；累计达350万元。

省级科技计划项目已完成验收5项，市级产学研结合项目已完成验收20个。组织开展财政项目绩效评价工作。根据云浮市财政局的相关要求，积极组织开展2017年度云浮市产学研结合项目、引导扶持新型研发机构发展专项绩效评价工作，绩效评价结果为良。

企业科技特派员　2018年，对20名高校科研院所的企业科技特派员进行补助，补助经费共计20万元。

【创新平台建设】　2018年，云浮循环经济工业园协同创新研究院获得市级新型研发机构认定，累计达3家；云浮（佛山）氢能标准化创新研发中心、云浮循环经济工业园协同创新研究院被认定为省级新型研发机构，累计达4家；广东省燃料电池工程技术研究中心等3家工程中心获得省级工程中心认定；云浮市机器人巧雕工程技术研究中心等10家工程中心获市级认定。截至2018年年底，云浮市共有国家级工程技术研究中心1家，省级工程技术研究中心28家，市级工程技术研究中心41家。

佛山（云浮）氢能产业与新材料发展研究院被认定为广东省氢能技术重点实验室（2018年度省市共建）。截至2018年年底，云浮市共有省企业重点实验室1家，省部共建实验室1家，学科类省重点实验室1家；市重点实验室1家，市企业重点实验室2家。

【技术创新专业镇】　2018年，云城区安塘街道办事处等3个专业镇通过了省级专业镇认定。截至2018年年底，云浮市共有市级专业镇22家，占全市64个建制镇的34.4%；省级专业镇28个，占全市64个建制镇的43.75%。

【科普工作】　2018年，罗定市黎少镇中心小学的“粤东西北地区农村中小学校学室建设试点示范”项目以及云浮市郁南县连滩中学的“郁南县连滩中学科学室（馆）建设试点示范”项目获得粤东西北地区农村中小学校科学馆（室）建设试点示范项目立项；云浮清软海芯科技有限公司的“云浮3D科普体验馆普及创新发展活动”项目、广东大唐农林科技有限公司的“广东省青少年科技教育基地”和云浮市云浮中学的“云浮中学2017年新认定省青少年科技教育基地运营奖补”项目获得2017年、2018年新认定省青少年科技教育基地运营奖补立项。

2018年，云浮清软海芯科技有限公司的“云浮3D技术科普体验馆”项目和云浮市云城区安塘中学的“云浮市云城区安塘中学乡村青少年宫”通过了2018年度省青少年科技教育基地命名。云浮市青少年宫的“云浮市青少年宫”、广东南山森林公园的“广东南山森林公园青少年科技教育基地”和广东省新兴中药学校的“广东省新兴中药学校中药标本青少年科技教育基地”通过了省青少年科技教育基地复核。至2018年年底，全市共建省级青少年科技教育基地8个，分别为云浮市青少年宫青少年科技教育基地、广东省新兴中药学校中药标本青少年科技教育基地、广东南山森林公园青少年科技教育基地、大唐农林科技教育基地、郁南县青少年科技教育基地、云浮市云浮中学科普基地、云浮3D技术科普体验馆和云浮市云城区安塘中学乡村青少年宫。

【防震减灾】

防震减灾科普宣传　2018年，云浮市地震局举办各类防震减灾科普宣传活动30多场次，参加人员3.5万人次，发放宣传资料2万多份。其中，“防灾减灾日”期间邀请省地震局专家到6个学校、机关单位举办科普讲座、避震应急疏散演练等系列活动，并在10个学校、社区、企业开展“平安中国”防灾宣导千城大行动防灾科普文化影视展映；组织参加首届全国防震减灾科普作品大赛和省地震局举办的防震减灾知识网络竞赛；开展防震减灾知识进社区、进农村、进校园系列宣传活动，在5个学校、机关单位举办科普讲座和避震应急疏散演练，并到5个乡镇开展防震减灾现场咨询活动。

地震应急能力建设　2018年，云浮市地震局更新完善全市近千个地震灾情速报人员信息，邀请中国地震灾害防御中心发展研究部主任申文庄开展全市地震应急知识专题讲座，提升市县地震应急处置能力。做好地震灾害风险隐患排查与整改工作。完成国家地震烈度速报与预警工程项目全市8个基本站（即强震台）的用地落实工作，并协调相关单位签订基本站用地协议。

【知识产权工作】

知识产权服务　2018年，全年共受理申请专利资助836件，专利奖励506件，审核发放专利资助及奖励金额合共213.738万元。积极开展企业申报省级项目培育工作，广东广云新材料科技股份有限公司申报省知识产权局各类创新中心高质量专利培育项目。举办知识产权质押融资银企对接交流会，解决中小微企业融资难、融资贵的问题，共有70多家企业代表参加，会上初步达成融资意向客户15家，融资需求金额约8 000万元。配合银行办理专利质押融资贷款1宗，融资额1 000万元。

为加强石材产业知识产权服务建设，根据本地产业需求，经过调研，市科技局联合广东省知识产权研究与发展中心建立云浮石材产业专利数据库，于2018年11月中旬正式启用，供市石材企业免费使用。石材企业可以根据该平台提供的专利数据和专利情报，全面深入地挖掘石材专利信息，制定和实施有利企业发展的专利战略，促进云浮石材产业技术的进步和升级。

市科技局联合市人社局联合举办了2018年“科粤杯”技工学校科技创新大赛，期间共收到各类参赛作品71件，评审出了一等奖2项、二等奖4项、三等奖8项、优秀奖15项，优秀指导教师29名，优秀组织奖2名，其中多项获奖作品已申报国家专利。

专利产出　2018年，全市专利申请1 816件，同比增长-3.6%，其中发明专利申请290件，实用新型专利申请940件，外观设计586件；专利授权1 340件，同比增长50.39%，其中发明专利授权62件，实用专利授权805件，外观设计专利授权473件。PCT（国际专利）申请3件。

打击侵权假冒　据统计，全市全年各级行政机关出动执法人员6.8万余人次，检查生产、销售场所105 000多家，开展专项行动80多场次，摸排线索455条，共查办案件750宗，没收非法出版物共31 069本/份，罚没金额11万多元。涉案货值1 247万元，捣毁制售假窝点47个。

专利行政执法　一是按照省工作部署，我们着力提高知识产权保护队伍的执法水平，组织市、县两级执法人员16人次分别参加省局和粤西片区的执法培训，提升专利执法能力。二是坚持日常执法检查和专项执法相结合，共计组织开展知识产权保护宣传活动2场，专项执法活动2场，出动执法人员20多人次，检查企业、门店30多家，检查专利商品300余件，没有发现假冒专利产品；处理侵权案件2宗，假冒案件1宗，切实维护群众合法权益。三是抽派执法人员参加第123届、124届广交会驻会执法工作，处理展会侵权案件15宗，圆满完成工作任务。四是处理非正常专利申请。根据国家和省局的部署，开展本区域专利质量问题专项整治工作，处理非正常专利申请125件，涉及23人。没有发生给予非正常专利申请资助行为。

（黄子源）

科技统计资料

全省科技统计指标

【科技人力】 2018年，广东省国有企业、事业单位专业技术人员达164.38万人，在国有企事业单位专业技术人员中，工程技术人员、农业技术人员、科学研究人员分别有17.89万人、1.21万人、1.23万人，分别占总体的10.88%、0.74%、0.75%，与2017年相比，工程技术人员、科学研究人员和其他人员数量均有所增长（见表10-1-1）。

表10-1-1 全省国有企业、事业单位专业技术人员数(2013—2018)

指标	2013年		2014年		2015年		2016年		2017年		2018年	
	绝对人数（人）	比重	绝对人数（人）	比重	绝对人数（人）	比重	绝对人数（人）	比重	绝对人数（人）	比重	绝对人数（人）	比重
工程技术人员	139 807	9.61%	155 964	10.45%	139 817	9.65%	151 883	10.22%	169 994	10.96%	178 876	10.88%
农业技术人员	12 538	0.86%	12 772	0.86%	16 076	1.11%	16 681	1.12%	13 161	0.85%	12 111	0.74%
卫生技术人员	269 147	18.49%	283 499	18.99%	288 384	19.90%	308 402	20.75%	306 208	19.74%	298 778	18.18%
科学研究人员	3 813	0.26%	5 850	0.39%	6 139	0.42%	7 340	0.49%	10 992	0.71	12 286	0.75%
教学人员	888 962	61.07%	888 862	59.53%	928 348	64.06%	893 189	60.10%	897 089	57.84%	883 820	53.77%
其他人员	163 663	9.71%	146 148	9.79%	70 491	4.86%	108 587	7.31%	153 566	9.90%	257 944	15.69%

注：其他人员含经济人员、财会人员、统计人员、文艺人员、外语翻译人员。

【科技经费】 R&D经费保持稳定增长。2018年全省R&D经费2 704.70亿元，比2017年增长15.4%；R&D经费占全省地区生产总值（GDP）的比例为2.71%，比上年提高0.1个百分点；政府科技经费拨款1 034.71亿元，比2017年增长25.6%，占财政支出的6.58%，比2017年提高1.1个百分点（见表10-1-2）。

表10-1-2　全省科技活动经费增长情况（2013—2018）

指　标	2013	2014	2015	2016	2017	2018
R&D经费（亿元）	1 443.45	1 605.45	1 798.17	2 035.14	2 343.63	2 704.70
#占GDP比重	2.32%	2.37%	2.47%	2.56%	2.61%	2.71%
政府科技经费拨款（亿元）	344.94	274.33	569.55	742.97	823.89	1 034.71
占政府财政支出的比重	4.1%	3.00%	4.44%	5.53%	5.48%	6.58%

2018年，全省科研机构R&D经费投入81.76亿元，高等院校投入153.12亿元，企业投入2 413.30亿元，分别占总体的3.0%，5.7%，89.2%。按经费来源分，政府资金287.68亿元，占10.6%；企业资金2 369.05亿元，占87.6%；国外资金5.58亿元，占0.2%；其他资金42.39亿元，占1.6%（见表10-1-3）。

表10-1-3　全省R&D经费明细情况（2018）

单位：亿元

项目	合计
R&D经费	2 704.70
#政府资金	287.68
企业资金	2 369.05
国外资金	5.58
其他资金	42.39

【科技研究机构】　2018年，广东省科技研究机构增至25 484个，其中科研机构有182个，全日制普通高校科技研究机构有1 549个，工业企业科技研究机构有21 740个，其他类型科技研究机构有2 013个，分别占总数的0.7%、6.1%、85.3%和7.9%（见表10-1-4）。

表10-1-4　科技研究机构概况（2018）

指标	合计	工业企业	科研机构	高等院校	其他
研究机构数（个）	25 484	21 740	182	1 549	2013
R&D人员（万人）	73.73	62.00	1.82	1.36	8.55
R&D经费支出（亿元）	2 663.66	2 256.56	81.76	26.29	299.05

科学研究与技术开发机构　2018年，全省共有科研机构182个，R&D人员1.82万人，R&D经费为81.76亿元。

高等院校科技机构　2018年，广东省有高等院校153所，拥有研究机构1 549个。高等院校科技机构共有R&D人员1.36万人，R&D经费为26.29亿元。

工业企业研究机构　2018年，工业企业办研究开发机构21 740个，机构R&D人员62.00万人。全年工业企业办研究开发机构R&D经费2 256.56亿元。

科研课题与科技成果

2018年，全省各类单位共开展R&D课题项目18.41万项，参与R&D课题项目人员71.25万人年，R&D课题项目经费2 554.56亿元。

科技成果不断涌现。2018年，全省科技执行部门共发表科技论文138 526篇，其中科研机构8 437篇，高等院校103 628篇，企业17 064篇。全省科技执行部门共申请专利30.89万件，其中科研机构、高等院校、企业分别申请专利3 882件、27 733件、274 394件。全省科技执行部门共出版科技著作2 941种，其中科研机构、高等院校分别出版337种、2 468种（见表10-1-5）。2018年，全省共获国家科技进步奖45项，获省级科技奖励成果171项，省级重大科技成果登记2 461项（见表10-1-6）。

表10-1-5　科研课题及科技产出情况（2018）

指标	合计	企业	科研机构	高等院校	其他
R&D课题项目数（项）	184 118	83 397	7 774	88 119	4 828
R&D课题人员（人年）	712 481.5	658 167.0	11 323.9	28 269.6	14 721.0
R&D课题经费内部支出（亿元）	2 554.56	2 386.94	47.03	87.94	32.65
专利申请数（件）	308 925	274 394	3 882	27 733	2 916
发表科技论文（篇）	138 526	17 064	8 437	103 628	9 397
出版科技著作（种）*	2 941	–	337	2 468	136

*注：因企业出版科技著作无汇总数，合计数不包含企业的数据。

表10-1-6　国家及省级科技成果奖励情况（2013—2018）

单位：项

指标	2013年	2014年	2015年	2016年	2017年	2018年
国家科技奖励成果	28	46	32	33	38	45
省级科技奖励成果	262	249	237	239	246	171
省级重大科技成果	1 809	1 748	2 133	1 963	2 511	2 461

（幸　雯）

科技统计表（2017年）

表10-2-1　全部县以上部门属科技机构概况（2017年）

10-2-1-1　主要指标

主要指标	单位	县以上部门属研究与开发机构合计	自然科学和技术领域	社会与人文科学领域	科技信息和文献机构	从事研发与技术服务的其他事业单位	县属研究与开发机构	从事研发与技术服务的企业
机构数	个	194	166	12	16	233	116	50
职工总数	人	23 649	21 932	774	943	23 174	1 797	11 253
单位在职从事科技活动人员	人	19 036	17 573	713	750	15 945	1 044	7 166
大学本科及以上学历	人	15 561	14 314	598	649	13 625	257	5 703
R&D人员折合全时工作量	人年	12 988	12 284	502	202	10 693	232	2 999
科技活动收入	千元	12 237 577	11 526 070	388 501	323 006	8 732 112	187 201	4 333 313
政府拨款	千元	8 110 311	7 553 047	367 336	189 928	6 873 900	183 807	6 562
科技经费内部支出	千元	11 791 117	11 129 101	354 490	307 526	7 269 967	163 472	1 106 063
资产购建支出	千元	2 461 276	2 415 673	7 952	37 651	2 389 969	7 513	132 152
R&D经费内部支出	千元	7 829 111	7 467 331	289 205	72 575	3 419 166	21 840	646 010
固定资产	千元	16 720 661	15 947 140	290 905	482 616	13 235 586	239 439	3 504 475
课题数	个	9 788	9 352	206	230	3 243	151	694
课题经费支出	千元	5 448 213	5 267 973	125 246	54 995	2 145 604	32 143	526 367
R&D课题经费支出	千元	4 501 527	4 347 276	122 974	31 277	1 895 466	15 371	510 548
课题投入人员	人年	14 272	13 437	511	324	10 377	419	2 611
R&D课题投入人员	人年	11 115	10 465	480	170	9 143	178	2 511
专利申请受理	项	3 265	3 256	1	8	2 516	14	492
专利授权	项	1 784	1 780		4	1 202	2	339
科技论文	篇	8 146	7 528	414	204	3 588	93	989
科技著作	种	206	133	64	9	46	6	8

注：以后各表的范围为县以上政府部门属研究与开发机构。即自然、社人、信息文献3个领域中的机构。

表10-2-2　全部县以上部门属科技机构、人员和经费概况（2017年）

10-2-2-1　按地域分布

地域	机构数（个）	从业人员总数（人）	单位在职科技活动人员		经费收入总额（千元）		科技活动贷款（千元）	科技活动贷款（千元）	
				大学本科及以上学历		政府资金			科技经费支出
总　计	**194**	**23 649**	**19 036**	**15 561**	**15 112 258**	**8 994 450**	**35 000**	**15 025 867**	**11 791 117**
广州市	98	18 007	15 041	12 617	12 938 371	7 233 660	35 000	13 025 853	10 206 566
韶关市	7	208	171	95	80 198	61 781		83 767	61 164
深圳市	6	2 069	1 206	1 156	899 104	686 256		846 327	711 238
珠海市	7	355	270	250	206 737	195 203		107 504	87 319
汕头市	9	404	308	140	81 178	62 543		72 773	43 792
佛山市	3	119	98	75	57 457	54 018		57 953	52 175
江门市	3	81	49	39	18 537	15 951		17 559	13 542
湛江市	11	803	623	422	328 991	269 696		332 001	266 759
茂名市	8	157	130	56	40 031	37 524		36 478	28 113
肇庆市	5	109	93	43	32 024	30 288		25 965	16 140
惠州市	7	210	179	99	107 630	106 499		100 360	88 778
梅州市	5	177	154	91	44 393	41 976		45 088	41 758
汕尾市	3	16	16	6	3 546	3 477		3 509	3 005
河源市	2	17	16	9	3 203	3 203		3 273	3 208
阳江市	1	56	41	10	10 537	9 687		11 263	6 235
清远市	0	0	0	0	0	0	0	0	0
东莞市	8	479	343	283	146 274	101 273		143 417	89 453
中山市	3	103	81	68	49 013	30 963		49 013	22 346
潮州市	2	75	69	19	13 488	12 845		13 451	9 947
揭阳市	4	178	129	71	39 780	31 988		38 287	32 698
云浮市	2	26	19	12	11 766	5 619		12 026	6 881

10-2-2-2　按隶属关系分布

隶属关系	机构数（个）	从业人员总数（人）	单位在职科技活动人员	大学本科及以上学历	经费收入总额（千元）	政府资金	科技活动贷款（千元）	经费支出总额（千元）	科技经费支出
总　计	**194**	**23 649**	**19 036**	**15 561**	**15 112 258**	**8 994 450**	**35 000**	**15 025 867**	**11 791 117**
地方部门属	172	15 761	12 595	9 975	9 590 524	5 177 537	35 000	9 505 014	7 211 127
省级部门属	69	9 736	7 929	6 483	6 972 723	3 478 423	35 000	6 892 444	5 249 233
副省级城市属	20	2 449	1 856	1 610	1 483 780	816 528		1 578 932	1 209 237
地市级部门属	83	3 576	2 810	1 882	1 134 021	882 586		1 033 638	752 657
中央部门属	22	7 888	6 441	5 586	5 521 734	3 816 913		5 520 853	4 579 990
中国科学院	6	3 444	2 673	2 309	2 527 047	2 246 398		2 409 490	2 242 440

10-2-2-3　按服务的国民经济行业分布

行业	机构数（个）	从业人员总数（人）	单位在职科技活动人员	大学本科及以上学历	经费收入总额（千元）	政府资金	科技活动贷款（千元）	经费支出总额（千元）	科技经费支出
总　计	**194**	**23 649**	**19 036**	**15 561**	**15 112 258**	**8 994 450**	**35 000**	**15 025 867**	**11 791 117**
农、林、牧、渔业	76	4 760	3 651	24 86	2 466 966	1 863 779		2 286 597	1 709 177
农业	34	2 271	1 624	1 031	871 944	672 967		904 258	656 926
林业	15	828	647	412	420 594	354 882		356 041	275 640
畜牧业	8	421	329	236	174 558	104 263		160 678	119 722
渔业	5	565	541	433	503 424	390 216		491 613	419 515
农、林、牧、渔专业及辅助性活动	14	675	510	374	496 446	341 451		374 007	237 374
采矿业	1	122	99	75	81 496	49 774		65 855	58 856
有色金属矿采选业	1	122	99	75	81 496	49 774		65 855	58 856
制造业	15	1 469	1 320	1 017	915 943	709 259		919 344	744 445

（续上表）

行业	机构数（个）	从业人员总数（人）	单位在职科技活动人员		经费收入总额（千元）		科技活动贷款（千元）	经费支出总额（千元）	
				大学本科及以上学历		政府资金			科技经费支出
农副食品加工业	2	570	513	374	298 539	202 568		298 469	229 797
石油、煤炭及其他燃料加工业	1	17	9	5	5 174	5 174		5 330	3 076
医药制造业	4	523	508	425	332 203	287 915		366 595	339 897
化学纤维制造业	1	33	25	17	22 191	18 435		20 888	7 098
专用设备制造业	5	281	228	175	220 977	159 221		197 651	135 033
铁路、船舶、航空航天和其他运输设备制造业	1	20	20	18	35 090	35 051		28 677	28 677
计算机、通信和其他电子设备制造业	1	25	17	3	1 769	895		1 734	867
交通运输、仓储和邮政业	2	217	189	182	188 739	76 194		119 648	81 976
道路运输业	1	190	164	160	176 630	67 890		106 914	74 884
水上运输业	1	27	25	22	12 109	8 304		12 734	7 092
信息传输、软件和信息技术服务业	3	302	290	248	164 494	108 975		187 876	133 666
电信、广播电视和卫星传输服务	1	179	171	142	80 289	53 454		108 736	89 831
软件和信息技术服务业	2	123	119	106	84 205	55 521		79 140	43 835
科学研究和技术服务业	67	12 478	9 976	8 728	7 652 059	4 819 586	35 000	7 615 980	5 996 508
研究和试验发展	36	6 793	5 259	4 636	4 226 216	2 879 279	35 000	4 041 484	2 988 492
专业技术服务业	23	4 969	4 100	3 523	3 243 310	1 867 059		3 397 815	2 894 432
科技推广和应用服务业	8	716	617	569	182 533	73 248		176 681	113 584
水利、环境和公共设施管理业	14	2 061	1 623	1 339	1 094 744	442 824		1 056 273	857 989
水利管理业	5	1 253	966	781	523 296	204 480		494 849	428 112
生态保护和环境治理业	9	808	657	558	571 448	238 344		561 424	429 877
教育	1	108	103	98	74 712	64 464		74 712	45 626
教育	1	108	103	98	74 712	64 464		74 712	45 626

（续上表）

行业	机构数（个）	从业人员总数（人）	单位在职科技活动人员		经费收入总额（千元）		科技活动贷款（千元）	经费支出总额（千元）	
				大学本科及以上学历		政府资金			科技经费支出
卫生和社会工作	8	1 839	1 547	1 186	2 326 653	743 637		2 564 213	2 052 153
卫生	8	1 839	1 547	1 186	2 326 653	743 637		2 564 213	2 052 153
文化、体育和娱乐业	5	264	223	188	139 622	109 128		129 198	106 350
文化艺术业	3	175	142	115	95 633	71 272		94 979	83 599
体育	2	89	81	73	43 989	37 856		34 219	22 751
公共管理、社会保障和社会组织	2	29	15	14	6 830	6 830		6 171	4 371
国家机构	2	29	15	14	6 830	6 830		6 171	4 371

表10-2-3　全部县以上部门属科技机构人员概况（2017年）

10-2-3-1　按地域分布

单位：人

地域	从业人员总数	单位在职科技活动人员		外来流动科技活动人员		离退休人员
			女性	外聘的流动学者	非本单位在读研究生	
总　计	**23 649**	**19 036**	**7 596**	**432**	**2 826**	**10 911**
广州市	18 007	15 041	5 940	345	2 574	7 710
韶关市	208	171	49	8		331
深圳市	2 069	1 206	693	10	20	13
珠海市	355	270	79	9	40	55
汕头市	404	308	127			446
佛山市	119	98	34	4		220
江门市	81	49	16			37
湛江市	803	623	232	23	42	956
茂名市	157	130	30		9	135
肇庆市	109	93	31			214

（续上表）

地域	从业人员总数	单位在职科技活动人员		外来流动科技活动人员		离退休人员
			女性	外聘的流动学者	非本单位在读研究生	
惠州市	210	179	53			115
梅州市	177	154	72			165
汕尾市	16	16	4			8
河源市	17	16	5			4
阳江市	56	41	7	2		23
清远市						
东莞市	479	343	113	30	139	104
中山市	103	81	32		2	155
潮州市	75	69	30			58
揭阳市	178	129	44	1		82
云浮市	26	19	5			80

10-2-3-2　按隶属关系分布

单位：人

隶属关系	从业人员总数	单位在职科技活动人员		外来流动科技活动人员		离退休人员
			女性	外聘的流动学者	非本单位在读研究生	
总　计	**23 649**	**19 036**	**7 596**	**432**	**2 826**	**10 911**
地方部门属	15 761	12 595	5 225	164	676	8 029
省级部门属	9 736	7 929	3 290	104	429	4 461
副省级城市属	2 449	1 856	765	5	35	1 058
地市级部门属	3 576	2 810	1 170	55	212	2 510
中央部门属	7 888	6 441	2 371	268	2 150	2 882
中国科学院	3 444	2 673	1 089	199	1 795	1 267

表10-2-4　全部县以上部门属科技机构人员按工作性质分类（2017年）

10-2-4-1　按地域分布

单位：人

地域	单位在职科技活动人员				生产经营活动人员	其他人员
		科技管理	课题活动	科技服务		
总　计	**19 036**	**2 750**	**11 639**	**4 647**	**1 653**	**2 960**
广州市	15 041	1 964	9 341	3 736	999	1 967
韶关市	171	27	88	56	9	28
深圳市	1 206	237	831	138	333	530
珠海市	270	49	173	48	43	42
汕头市	308	52	183	73	41	55
佛山市	98	32	39	27	10	11
江门市	49	9	37	3	21	11
湛江市	623	137	356	130	60	120
茂名市	130	29	64	37	16	11
肇庆市	93	24	56	13	4	12
惠州市	179	56	72	51		31
梅州市	154	28	97	29	18	5
汕尾市	16	3		13		
河源市	16	5	7	4		1
阳江市	41	6	28	7	12	3
清远市						
东莞市	343	44	166	133	58	78
中山市	81	14	19	48		22
潮州市	69	14	42	13		6
揭阳市	129	13	37	79	28	21
云浮市	19	7	3	9	1	6

10-2-4-2 按隶属关系分布

单位：人

隶属关系	单位在职科技活动人员				生产经营活动人员	其他人员
		科技管理	课题活动	科技服务		
总 计	**19 036**	**2 750**	**11 639**	**4 647**	**1 653**	**2 960**
地方部门属	12 595	1 875	7 215	3 505	1 131	2 035
省级部门属	7 929	1 172	4 531	2 226	569	1 238
副省级城市属	1 856	232	1 131	493	228	365
地市级部门属	2 810	471	1 553	786	334	432
中央部门属	6 441	875	4 424	1 142	522	925
中国科学院	2 673	417	1 626	630	294	477

10-2-4-3 按机构所属学科领域分布

单位：人

学科领域	单位在职科技活动人员				生产经营活动人员	其他人员
		科技管理	课题活动	科技服务		
总 计	**19 036**	**2 750**	**11 639**	**4 647**	**1 653**	**2 960**
自然科学领域	3 122	369	1 649	1 104	100	131
农业科学领域	4 489	787	2 741	961	500	749
医学科学领域	1 997	281	1 304	412		274
工程科学与技术领域	8 051	977	5 116	1 958	984	1 642
社会、人文科学领域	1 377	336	829	212	69	164

表10-2-5　全部县以上部门属科技机构科技活动人员的资历和文化程度（2017年）

10-2-5-1　按地域分布

单位：人

地域	单位在职科技活动人员	学历					职称		
		博士毕业	硕士毕业	本科毕业	大专毕业	其他	高级	中级	其他
总　计	**19 036**	**3 179**	**5 594**	**6 788**	**2 316**	**1 159**	**5 547**	**5 897**	**7 592**
广州市	15 041	2 728	4 506	5 383	1 658	766	4 622	4 717	5 702
韶关市	171		19	76	37	39	28	66	77
深圳市	1 206	280	599	277	43	7	315	325	566
珠海市	270	57	85	108	20		96	95	79
汕头市	308		14	126	88	80	59	41	208
佛山市	98		26	49	23		21	31	46
江门市	49		10	29	5	5	15	18	16
湛江市	623	74	174	174	149	52	141	272	210
茂名市	130		3	53	33	41	33	39	58
肇庆市	93		12	31	22	28	14	27	52
惠州市	179	8	26	65	43	37	25	36	118
梅州市	154	1	19	71	53	10	49	45	60
汕尾市	16			6	9	1	1	2	13
河源市	16		2	7	3	4	3	5	8
阳江市	41		1	9	31		9	9	23
清远市									
东莞市	343	29	75	179	18	42	59	67	217
中山市	81	2	16	50	7	6	23	25	33
潮州市	69			19	22	28	11	18	40
揭阳市	129		5	66	50	8	21	53	55
云浮市	19		2	10	2	5	2	6	11

10-2-5-2 隶属关系分布

单位：人

隶属关系	单位在职科技活动人员	学历					职称		
		博士毕业	硕士毕业	本科毕业	大专毕业	其他	高级	中级	其他
总 计	**19 036**	**3 179**	**5 594**	**6 788**	**2 316**	**1 159**	**5 547**	**5 897**	**7 592**
地方部门属	12 595	1 386	3 489	5 100	1 823	797	3 397	3 648	5 550
省级部门属	7 929	1 115	2 245	3 123	1 008	438	2 286	2 367	3 276
副省级城市属	1 856	133	635	842	222	24	575	520	761
地市级部门属	2 810	138	609	1 135	593	335	536	761	1 513
中央部门属	6 441	1 793	2 105	1 688	493	362	2 150	2 249	2 042
中国科学院	2 673	1 176	660	473	129	235	984	905	784

表10-2-6 全部县以上部门属科技机构经费收入（2017年）

10-2-6-1 按地域分布

单位：千元

地域	科技活动收入	政府资金				非政府资金			生产经营活动收入	其他收入
			财政拨款	承担政府科研项目收入	其他		技术性收入	国外资金		
总 计	**12 237 577**	**8 110 311**	**4 565 657**	**2 688 360**	**168 945**	**4 127 266**	**3 922 851**	**11 552**	**750 553**	**2 124 128**
广州市	10 311 349	6 411 255	3 609 190	2 211 729	148 480	3 900 094	3 711 318	11 552	655 896	1 971 126
韶关市	65 338	48 630	38 155	6 483		16 708	16 688		1 334	13 526
深圳市	841 708	686 053	231 444	342 927	9 050	155 655	155 655		55 702	1 694
珠海市	189 501	189 307	114 918	44 108		194	194		6 282	10 954

（续上表）

地域	科技活动收入	政府资金	财政拨款	承担政府科研项目收入	其他	非政府资金	技术性收入	国外资金	生产经营活动收入	其他收入
汕头市	54 064	53 841	47 830	5 346	665	223	223		13 213	13 901
佛山市	51 679	50 228	50 228			1 451	280			5 778
江门市	14 595	14 430	7 987	6 435	8	165	165		1 896	2 046
湛江市	293 344	265 682	188 047	20 368	5 344	27 662	16 041		8 542	27 105
茂名市	36 404	35 086	29 276	3 019	945	1 318	100			3 627
肇庆市	30 303	30 000	21 183	6 750	2 067	303			1 431	290
惠州市	98 557	98 557	41 344	15 276	51				358	8 715
梅州市	40 987	39 751	32 810	3 654	405	1 236	261			3 406
汕尾市	3 477	3 477	3 407		70					69
河源市	3 203	3 203	3 203							
阳江市	9 947	9 687	7 982	850	230	260	260		235	355
清远市										
东莞市	113 214	98 896	69 466	20 162		14 318	13 987		5 551	27 509
中山市	22 346	22 346	21 924		264					26 667
潮州市	12 845	12 845	12 845							643
揭阳市	39 417	31 738	30 461	50	1 227	7 679	7 679		113	250
云浮市	5 299	5 299	3 957	1 203	139					6 467

10-2-6-2 按隶属关系分布

单位：千元

隶属关系	科技活动收入	政府资金				非政府资金			生产经营活动收入	其他收入
			财政拨款	承担政府科研项目收入	其他		技术性收入	国外资金		
总　计	**12 237 577**	**8 110 311**	**4 565 657**	**2 688 360**	**168 945**	**4 127 266**	**3 922 851**	**11 552**	**750 553**	**2 124 128**
地方部门属	7 261 217	4 516 260	2 708 439	1 423 214	24 498	2 744 957	2 616 516	5 245	678 407	1 650 900
省级部门属	5 279 107	2 979 684	1 675 735	1 110 087	18 107	2 299 423	2 175 720	5 245	479 803	1 213 813
副省级城市属	1 006 608	703 920	470 300	172 258		302 688	301 968		163 146	314 026
地市级部门属	975 502	832 656	562 404	140 869	6 391	142 846	138 828		35 458	123 061
中央部门属	4 976 360	3 594 051	1 857 218	1 265 146	144 447	1 382 309	1 306 335	6 307	72 146	473 228
中国科学院	2 367 007	2 111 176	1 159 133	718 904	95 063	255 831	215 142	6 307	19 557	140 483

10-2-6-3 按服务的国民经济行业分布

单位：千元

行业	科技活动收入	政府资金				非政府资金			生产经营活动收入	其他收入
			财政拨款	承担政府科研项目收入	其他		技术性收入	国外资金		
总　计	**12 237 577**	**8 110 311**	**4 565 657**	**2 688 360**	**168 945**	**4 127 266**	**3 922 851**	**11 552**	**750 553**	**2 124 128**
农、林、牧、渔业	1 864 993	1 649 861	1 044 839	405 997	10 730	215 132	155 212	103	107 131	494 842
农业	658 131	588 693	420 276	105 080	8 473	69 438	50 910	103	32 343	181 470
林业	342 851	326 550	221 511	80 005	1 235	16 301	14 108		12 860	64 883

（续上表）

行业	科技活动收入	政府资金				非政府资金			生产经营活动收入	其他收入
		政府资金	财政拨款	承担政府科研项目收入	其他	非政府资金	技术性收入	国外资金		
畜牧业	127 818	100 218	48 400	44 407		27 600	24 683		23 737	23 003
渔业	472 155	387 420	225 475	86 671	456	84 735	63 546		23 292	7 977
农、林、牧、渔专业及辅助性活动	264 038	246 980	129 177	89 834	566	17 058	1 965		14 899	217 509
采矿业	67 213	49 774	45 162	4 612		17 439	13 612	3 827	14 162	121
有色金属矿采选业	67 213	49 774	45 162	4 612		17 439	13 612	3 827	14 162	121
制造业	737 407	608 019	294 156	239 085	4 786	129 388	101 414	157	13 384	165 152
农副食品加工业	237 125	155 083	99 475	27 690	50	82 042	77 117			61 414
石油、煤炭及其他燃料加工业	2 844	2 844	2 768							2 330
医药制造业	298 593	271 963	103 627	136 673	4 091	26 630	22 211	157	827	32 783
化学纤维制造业	4 645	4 645	2 580	2 065					3 756	13 790
专用设备制造业	158 254	137 538	61 936	72 657	270	20 716	2 086		8 690	54 033
铁路、船舶、航空航天和其他运输设备制造业	35 051	35 051	23 250							39
计算机、通信和其他电子设备制造业	895	895	520		375				111	763
交通运输、仓储和邮政业	123 610	70 641	2 656	67 985		52 969	52 969		54 558	10 571
道路运输业	118 695	67 890		67 890		50 805	50 805		54 558	3 377
水上运输业	4 915	2 751	2 656	95		2 164	2 164			7 194
信息传输、软件和信息技术服务业	114 881	90 995	59 600	31 395		23 886	23 886		30 821	18 792

（续上表）

行业	科技活动收入	政府资金				非政府资金			生产经营活动收入	其他收入
		政府资金	财政拨款	承担政府科研项目收入	其他	非政府资金	技术性收入	国外资金		
电信、广播电视和卫星传输服务	60 742	39 727	14 440	25 287		21 015	21 015		5 498	14 049
软件和信息技术服务业	54 139	51 268	45 160	6 108		2 871	2 871		25 323	4 743
科学研究和技术服务业	6 517 386	4 412 076	2 503 597	1 400 575	149 334	2 105 310	2 054 666	6 150	454 703	679 970
研究和试验发展	3 469 775	2 646 756	1 375 070	959 801	69 497	823 019	776 399	6 150	307 888	448 553
专业技术服务业	2 872 402	1 693 948	1 079 174	422 938	79 817	1 178 454	1 174 430		141 584	229 324
科技推广和应用服务业	175 209	71 372	49 353	17 836	20	103 837	103 837		5 231	2 093
水利、环境和公共设施管理业	834 509	396 511	196 947	152 550	959	437 998	429 065	1 315	75 794	184 441
水利管理业	512 245	200 968	123 336	53 607		311 277	311 277			11 051
生态保护和环境治理业	322 264	195 543	73 611	98 943	959	126 721	117 788	1 315	75 794	173 390
教育	45 626	45 626	45 626							29 086
教育	45 626	45 626	45 626							29 086
卫生和社会工作	1 804 346	683 693	275 280	382 566	2 617	1 120 653	1 068 966			522 307
卫生	1 804 346	683 693	275 280	382 566	2 617	1 120 653	1 068 966			522 307
文化、体育和娱乐业	120 776	96 285	90 964	3 595	519	24 491	23 061			18 846
文化艺术业	83 806	60 144	56 030	3 595	519	23 662	22 232			11 827
体育	36 970	36 141	34 934			829	829			7 019
公共管理、社会保障和社会组织	6 830	6 830	6 830							
国家机构	6 830	6 830	6 830							

表10-2-7　全部县以上部门属科技机构经费支出（2017年）

10-2-7-1　按地域分布

单位：千元

地域	科技经费内部支出	科技经费日常支出				科研基建	生产经营支出	其他支出
			人员劳务费	设备购置费	其他日常支出			
总　计	**11 791 117**	**10 351 307**	**3 786 663**	**1 021 466**	**5 543 178**	**1 439 810**	**1 291 884**	**1 823 667**
广州市	10 206 566	9 019 927	3 128 536	856 491	5 034 900	1 186 639	1 107 403	1 625 370
韶关市	61 164	57 172	32 424	1 137	23 611	3 992	1 163	14 546
深圳市	711 238	606 985	290 915	97 288	218 782	104 253	133 901	1 188
珠海市	87 319	57 038	19 629	19 840	17 569	30 281	5 279	14 906
汕头市	43 792	43 792	25 406	1 097	17 289		8 450	20 531
佛山市	52 175	52 175	16 896	1 073	34 206			5 778
江门市	13 542	13 542	8 720	397	4 425		215	3 802
湛江市	266 759	214 836	94 576	18 903	101 357	51 923	13 274	48 640
茂名市	28 113	26 267	17 393	79	8 795	1 846	355	8 010
肇庆市	16 140	16 140	8 897	319	6 924		1 440	8 385
惠州市	88 778	46 892	34 737	912	11 243	41 886		11 582
梅州市	41 758	38 776	22 620	6 814	9 342	2 982		3 330
汕尾市	3 005	3 005	1 955	59	991			504
河源市	3 208	3 208	1 994		1 214			65
阳江市	6 235	5 610	3 335	205	2 070	625	3 798	1 230
清远市								

（续上表）

地域	科技经费内部支出	科技经费日常支出				科研基建	生产经营支出	其他支出
			人员劳务费	设备购置费	其他日常支出			
东莞市	89 453	74 228	38 227	3 865	32 136	15 225	15 653	15 848
中山市	22 346	22 188	13 402	46	8 740	158		26 667
潮州市	9 947	9 947	7 552		2 395			3 504
揭阳市	32 698	32 698	16 014	12 858	3 826		841	4 748
云浮市	6 881	6 881	3 435	83	3 363		112	5 033

10-2-7-2　按隶属关系分布

单位：千元

隶属关系	科技经费内部支出	科技经费日常支出				科研基建	生产经营支出	其他支出
			人员劳务费	设备购置费	其他日常支出			
总　计	**11 791 117**	**10 351 307**	**3 786 663**	**1 021 466**	**5 543 178**	**1 439 810**	**1 291 884**	**1 823 667**
地方部门属	7 211 127	6 293 452	2 287 138	511 290	3 495 024	917 675	778 251	1 482 683
省级部门属	5 249 233	4 762 573	1 566 590	379 696	2 816 287	486 660	500 591	1 135 635
副省级城市属	1 209 237	908 558	384 355	84 400	439 803	300 679	176 772	189 418
地市级部门属	752 657	622 321	336 193	47 194	238 934	130 336	100 888	157 630
中央部门属	4 579 990	4 057 855	1 499 525	510 176	2 048 154	522 135	513 633	340 984
中国科学院	2 242 440	2 063 964	757 048	283 028	1 023 888	178 476	19 558	147 492

10-2-7-3　按机构所属学科领域分布

单位：千元

学科领域	科技经费内部支出	科技经费日常支出				科研基建	生产经营支出	其他支出
			人员劳务费	设备购置费	其他日常支出			
总　计	**11 791 117**	**10 351 307**	**3 786 663**	**1 021 466**	**5 543 178**	**1 439 810**	**1 291 884**	**1 823 667**
自然科学领域	1 931 648	1 767 110	698 457	227 068	841 585	164 538	90 138	220 322
农业科学领域	2 218 849	1 961 843	855 747	166 204	939 892	257 006	143 147	510 921
医学科学领域	2 373 483	2 141 001	334 564	65 442	1 740 995	232 482		525 107
工程科学与技术领域	4 622 409	3 837 832	1 617 888	518 690	1 701 254	784 577	1 014 132	400 048
社会、人文科学领域	644 728	643 521	280 007	44 062	319 452	1 207	44 467	167 269

10-2-7-4　按服务的国民经济行业分布

单位：千元

行业	科技经费内部支出	科技经费日常支出				科研基建	生产经营支出	其他支出
			人员劳务费	设备购置费	其他日常支出			
总　计	**11 791 117**	**10 351 307**	**3 786 663**	**1 021 466**	**5 543 178**	**1 439 810**	**1 291 884**	**1 823 667**
农、林、牧、渔业	1 709 177	1 500 148	664 657	122 028	713 463	209 029	137 581	413 464
农业	656 926	581 510	312 967	39 699	228 844	75 416	70 702	154 076
林业	275 640	251 841	87 508	51 732	112 601	23 799	16 223	60 850
畜牧业	119 722	112 229	51 076	8 990	52 163	7 493	20 350	20 606
渔业	419 515	344 697	112 632	7 287	224 778	74 818	23 617	47 988

（续上表）

行业	科技经费内部支出	科技经费日常支出				科研基建	生产经营支出	其他支出
			人员劳务费	设备购置费	其他日常支出			
农、林、牧、渔专业及辅助性活动	237 374	209 871	100 474	14 320	95 077	27 503	6 689	129 944
采矿业	58 856	58 856	29 686	6 125	23 045		6 875	124
有色金属矿采选业	58 856	58 856	29 686	6 125	23 045		6 875	124
制造业	744 445	638 259	307 169	80 857	250 233	106 186	11 006	163 893
农副食品加工业	229 797	201 929	112 718	17 205	72 006	27 868	2 513	66 159
石油、煤炭及其他燃料加工业	3 076	3 000	2 840		160	76		2 254
医药制造业	339 897	276 131	111 718	25 931	138 482	63 766	833	25 865
化学纤维制造业	7 098	7 098	1 208	141	5 749			13 790
专用设备制造业	135 033	132 358	76 318	24 744	31 296	2 675	7 165	55 453
铁路、船舶、航空航天和其他运输设备制造业	28 677	16 876	1 642	12 836	2 398	11 801		
计算机、通信和其他电子设备制造业	867	867	725		142		495	372
交通运输、仓储和邮政业	81 976	81 976	58 744	341	22 891		31 359	6 313
道路运输业	74 884	74 884	54 951	318	19 615		31 359	671
水上运输业	7 092	7 092	3 793	23	3 276			5 642
信息传输、软件和信息技术服务业	133 666	115 191	57 746	18 221	39 224	18 475	34 342	19 868
电信、广播电视和卫星传输服务	89 831	71 356	38 368	15 261	17 727	18 475	5 498	13 407
软件和信息技术服务业	43 835	43 835	19 378	2 960	21 497		28 844	6 461

（续上表）

行业	科技经费内部支出	科技经费日常支出				科研基建	生产经营支出	其他支出
			人员劳务费	设备购置费	其他日常支出			
科学研究和技术服务业	5 996 508	5 176 365	1 981 971	725 905	2 468 489	820 143	975 209	554 439
研究和试验发展	2 988 492	2 634 183	1 127 324	393 091	1 113 768	354 309	765 965	287 027
专业技术服务业	2 894 432	2 433 095	809 283	325 044	1 298 768	461 337	149 641	263 918
科技推广和应用服务业	113 584	109 087	45 364	7 770	55 953	4 497	59 603	3 494
水利、环境和公共设施管理业	857 989	738 294	361 104	24 175	353 015	119 695	94 312	100 972
水利管理业	428 112	371 379	205 720	10 210	155 449	56 733	26 647	40 090
生态保护和环境治理业	429 877	366 915	155 384	13 965	197 566	62 962	67 665	60 882
教育	45 626	45 626	28 008	912	16 706			29 086
教育	45 626	45 626	28 008	912	16 706			29 086
卫生和社会工作	2 052 153	1 887 078	246 151	37 464	1 603 463	165 075		512 060
卫生	2 052 153	1 887 078	246 151	37 464	1 603 463	165 075		512 060
文化、体育和娱乐业	106 350	105 143	48 860	5 338	50 945	1 207		22 848
文化艺术业	83 599	83 599	34 805	3 865	44 929			11 380
体育	22 751	21 544	14 055	1 473	6 016	1 207		11 468
公共管理、社会保障和社会组织	4 371	4 371	2 567	100	1 704		1 200	600
国家机构	4 371	4 371	2 567	100	1 704		1 200	600

表10-2-8 全部县以上部门属科技机构基本建设与固定资产（2017年）

10-2-8-1 按地域分布

单位：千元

地域	基本建设投资实际完成额	科研仪器设备	科研土建工程	科研基建	政府资金	企业资金	事业单位资金	其他资金	年末固定资产原价	科研房屋建筑物	科研仪器设备	进口
总　计	**1 559 009**	**829 727**	**610 083**	**1 439 810**	**687 349**	**41 365**	**631 452**	**79 644**	**16 720 661**	**6 600 888**	**7 165 031**	**2 394 100**
广州市	1 273 153	702 260	484 379	1 186 639	441 856	40 078	625 395	79 310	14 752 561	5 942 109	6 209 174	1 983 872
韶关市	10 886	805	3 187	3 992	3 992				65 756	43 415	13 482	2 324
深圳市	104 253	86 383	17 870	104 253	102 632	1 287		334	576 226		524 321	268 182
珠海市	30 281	19 946	10 335	30 281	30 281				109 730	23 136	56 243	
汕头市									77 801	37 082	15 403	2
佛山市									51 238	34 294	5 365	
江门市									50 660	33 725	5 443	
湛江市	55 251	16 516	35 407	51 923	51 923				536 721	247 160	207 055	103 526
茂名市	1 846	76	1 770	1 846	1 846				10 498	3 317	2 972	
肇庆市									35 214	4 619	7 445	
惠州市	41 886	685	41 201	41 886	41 886				45 920	22 107	7 111	
梅州市	2 982	1 182	1 800	2 982	2 882		100		45 803	35 541	6 066	
汕尾市									970			
河源市									1 111			
阳江市	625	50	575	625	625				13 636	10 745	1 590	
清远市												
东莞市	37 688	1 824	13 401	15 225	9 268		5 957		227 356	121 477	45 038	2 625
中山市	158		158	158	158				13 092	6 732	4 939	1 278
潮州市									8 602	3 624	705	
揭阳市									94 720	31 607	52 679	32 291
云浮市									3 046	198		

10-2-8-2　按隶属关系分布

单位：千元

隶属关系	基本建设投资实际完成额	科研仪器设备	科研土建工程	科研基建	政府资金	企业资金	事业单位资金	其他资金	年末固定资产原价	科研房屋建筑物	科研仪器设备	进口
总　计	**1 559 009**	**829 727**	**610 083**	**1 439 810**	**687 349**	**41 365**	**631 452**	**79 644**	**16 720 661**	**6 600 888**	**7 165 031**	**2 394 100**
地方部门属	950 628	602 402	315 273	917 675	360 109	41 365	437 529	78 672	10 369 278	4 774 973	3 494 199	809 986
省级部门属	493 645	327 376	159 284	486 660	175 755	40 078	192 155	78 672	7 539 635	3 717 453	2 590 530	596 849
副省级城市属	304 184	257 291	43 388	300 679	61 362		239 317		1 778 015	565 022	638 817	176 307
地市级部门属	152 799	17 735	112 601	130 336	122 992	1 287	6 057		1 051 628	492 498	264 852	36 830
中央部门属	608 381	227 325	294 810	522 135	327 240		193 923	972	6 351 383	1 825 915	3 670 832	1 584 114
中国科学院	178 476	77 589	100 887	178 476	138 076		39 762	638	3 163 611	461 447	2 035 372	1 282 923

表10-2-9　全部县以上部门属科技机构课题概况（2017年）

10-2-9-1　按地域分布

地域	课题数合计（个）	R&D课题	课题经费内部支出（千元）	政府资金	R&D课题经费	课题投入人员（人年）	R&D人员
总　计	**9 788**	**7 977**	**5 448 213**	**3 567 154**	**4 501 527**	**14 272**	**11 115**
广州市	8 438	6 922	4 996 279	3 173 458	4 147 819	11 695	9 570
韶关市	29	3	15 208	14 805	832	100	7
深圳市	727	696	262 428	225 647	252 595	825	671
珠海市	19	17	25 623	25 623	21 348	175	170
汕头市	54	22	12 581	10 581	3 279	177	42
佛山市	25	7	11 955	11 938	2 820	91	14
江门市	13	6	4 413	2 321	1 333	34	16

（续上表）

地域	课题数合计（个）	R&D课题	课题经费内部支出（千元）	政府资金	R&D课题经费	课题投入人员（人年）	R&D人员
湛江市	242	171	50 615	47 675	28 598	384	196
茂名市	12	3	6 531	6 500	3 310	39	12
肇庆市	33	8	5 794	3 749	1 841	73	19
惠州市	43	21	14 726	10 392	6 553	116	55
梅州市	35	19	5 316	4 981	2 468	95	29
阳江市	8	2	1 050	1 050	540	14	4
东莞市	74	58	28 626	24 071	23 331	328	242
中山市	7	6	1 769	1 769	1 669	32	22
潮州市	8	3	1 250	1 250	135	36	7
揭阳市	18	13	3 835	1 130	3 055	51	40
云浮市	3		214	214		8	

10-2-9-2　按隶属关系分布

隶属关系	课题数合计（个）	R&D课题	课题经费内部支出（千元）	政府资金	R&D课题经费	课题投入人员（人年）	R&D人员
总　计	**9 788**	**7 977**	**5 448 213**	**3 567 154**	**4 501 527**	**14 272**	**11 115**
地方部门属	4 434	3 566	2 967 653	1 715 403	2 540 248	8 137	6 214
省级部门属	3 538	2 989	2 589 692	1 431 533	2 312 428	5 405	4 601
副省级城市属	434	349	200 512	142 769	121 327	888	680
地市级部门属	462	228	177 449	141 102	106 493	1 844	933
中央部门属	5 354	4 411	2 480 560	1 851 751	1 961 279	6 135	4 901
中国科学院	3 341	3 144	1 433 983	1 271 097	1 291 246	2 983	2 774

10-2-9-3　按课题活动类型分布

活动类型	课题数合计（个）		课题经费内部支出（千元）			课题投入人员（人年）	
		R&D课题		政府资金	R&D课题经费		R&D人员
总　计	**9 788**	**7 977**	**5 448 213**	**3 567 154**	**4 501 527**	**14 272**	**11 115**
基础研究	2 742	2 742	1 247 857	1 024 185	1 247 857	3 175	3 175
应用研究	2 188	2 188	1 208 281	697 788	1 208 281	2 797	2 797
试验发展	3 047	3 047	2 045 389	1 298 347	2 045 389	5 144	5 144
R&D成果应用	708		314 776	207 991		1 142	
科技服务	1 103		631 910	338 843		2 015	

10-2-9-4　按服务的国民经济行业分布

行业	课题数合计（个）		课题经费内部支出（千元）			课题投入人员（人年）	
		R&D课题		政府资金	R&D课题经费		R&D人员
总 计	**9 788**	**7 977**	**5 448 213**	**3 567 154**	**4 501 527**	**14 272**	**11 115**
农、林、牧、渔业	1 918	1 409	562 245	522 580	447 769	2 780	1 808
农业	819	593	222 047	210 226	167 977	1 139	719
林业	214	163	55 404	53 389	44 290	454	277
畜牧业	217	179	79 538	63 871	68 701	267	173
渔业	420	295	153 112	148 275	131 570	605	421
农、林、牧、渔专业及辅助性活动	248	179	52 144	46 819	35 230	316	218
采矿业	62	62	58 856	31 599	58 856	72	72
有色金属矿采选业	62	62	58 856	31 599	58 856	72	72
制造业	668	597	326 790	278 847	304 877	1 071	971

（续上表）

行业	课题数合计（个）	R&D课题	课题经费内部支出（千元）	政府资金	R&D课题经费	课题投入人员（人年）	R&D人员
农副食品加工业	155	133	53 406	36 842	40 177	286	239
石油、煤炭及其他燃料加工业	1	1	3 000	3 000	3 000	6	6
医药制造业	392	372	226 767	197 220	223 575	612	600
化学纤维制造业	3	3	3 792	2 065	3 792	15	15
专用设备制造业	117	88	39 826	39 720	34 333	152	110
交通运输、仓储和邮政业	63	20	81 748	36 488	19 351	128	45
道路运输业	54	15	74 883	36 393	14 906	103	29
水上运输业	9	5	6 865	95	4 445	25	17
信息传输、软件和信息技术服务业	207	169	33 885	19 285	26 868	194	154
电信、广播电视和卫星传输服务	160	142	20 817	8 964	18 064	128	113
软件和信息技术服务业	47	27	13 068	10 321	8 804	66	41
科学研究和技术服务业	5 811	4 828	2 532 329	1 982 515	2 073 686	7 545	6 066
研究和试验发展	3 416	3 091	1 587 885	1 177 765	1 367 889	4 889	4 186
专业技术服务业	2 343	1 709	932 305	793 847	698 346	2 325	1 707
科技推广和应用服务业	52	28	12 139	10 904	7 451	330	173
水利、环境和公共设施管理业	558	442	519 482	312 976	317 232	1 125	780
水利管理业	75	42	280 404	96 661	127 753	493	272
生态保护和环境治理业	483	400	239 077	216 314	189 479	631	508
教育	50	49	12 053	501	11 855	52	51
教育	50	49	12 053	501	11 855	52	51

（续上表）

行业	课题数合计（个）		课题经费内部支出（千元）			课题投入人员（人年）	
		R&D课题		政府资金	R&D课题经费		R&D人员
卫生和社会工作	391	370	1 262 662	325 936	1 192 717	1 147	1 079
卫生	391	370	1 262 662	325 936	1 192 717	1 147	1 079
文化、体育和娱乐业	54	25	57 481	55 744	47 635	156	85
文化艺术业	46	21	56 541	54 944	47 025	120	73
体育	8	4	940	800	610	36	12
公共管理、社会保障和社会组织	6	6	683	683	683	4	4
国家机构	6	6	683	683	683	4	4

10-2-9-5　按课题所属学科分布

学科	课题数合计（个）		课题经费内部支出（千元）			课题投入人员（人年）	
		R&D课题		政府资金	R&D课题经费		其中：R&D人员
总　计	**9 788**	**7 977**	**5 448 213**	**3 567 154**	**4 501 527**	**14 272**	**11 115**
数学	17	17	3 296	3 262	3 296	8	8
信息科学与系统科学	64	43	115 759	25 706	100 164	186	117
力学	7	7	4 721	3 051	4 721	9	9
物理学	65	64	21 461	17 223	21 388	80	79
化学	109	100	44 125	31 660	35 696	195	135
地球科学	1 220	1 156	691 450	623 499	582 320	1 199	1 014
生物学	1 194	1 154	446 235	422 331	414 586	1 391	1 338
心理学	1	1	300	300	300	0	0
农学	1 482	1 079	444 886	418 825	324 988	1 975	1 276

（续上表）

学科	课题数合计（个）		课题经费内部支出（千元）			课题投入人员（人年）	
		R&D课题		政府资金	R&D课题经费		其中：R&D人员
林学	249	196	60 116	58 087	48 783	472	295
畜牧、兽医科学	241	207	77 169	65 832	70 922	277	187
水产学	460	324	163 700	158 684	140 830	653	454
基础医学	66	64	41 229	20 526	40 046	95	91
临床医学	322	318	913 735	115 314	886 601	766	748
预防医学与公共卫生学	149	131	379 063	250 440	335 173	449	406
药学	58	57	23 320	13 316	22 753	57	57
中医学与中药学	22	19	6 689	3 943	6 393	40	37
工程与技术科学基础学科	162	140	116 887	70 130	83 709	655	460
信息与系统科学相关工程与技术	46	32	37 563	29 823	28 112	125	83
自然科学相关工程与技术	157	139	69 300	65 733	66 429	176	160
测绘科学技术	33	27	24 374	23 987	24 131	19	17
材料科学	373	345	158 586	114 967	141 865	537	486
矿山工程技术	45	45	39 690	23 319	39 690	53	53
冶金工程技术	11	9	17 891	13 027	8 391	31	15
机械工程	111	96	66 310	37 838	49 100	375	278
动力与电气工程	35	34	31 119	13 662	30 602	33	29
能源科学技术	575	472	173 875	134 654	144 616	443	368
核科学技术	5	5	3 101	981	3 101	13	13
电子与通信技术	252	212	206 617	126 309	173 839	920	802
计算机科学技术	189	148	58 723	40 212	36 945	198	135
化学工程	58	50	22 213	10 271	14 643	108	84

（续上表）

学科	课题数合计（个）		课题经费内部支出（千元）			课题投入人员（人年）	
		R&D课题		政府资金	R&D课题经费		其中：R&D人员
产品应用相关工程与技术	25	20	10 125	7 971	9 275	140	122
纺织科学技术	6	4	14 292	4 565	4 792	29	18
食品科学技术	31	27	25 191	8 572	24 913	38	35
土木建筑工程	2	1	3 780	3 030	1 600	15	8
水利工程	54	42	242 763	72 261	125 233	356	259
交通运输工程	70	25	87 980	40 618	21 583	145	54
航空、航天科学技术	4	4	2 908	2 908	2 908	11	11
环境科学技术及资源科学技术	1 341	812	383 974	313 434	243 139	1 119	660
安全科学技术	15	11	28 298	6 996	26 025	61	55
管理学	161	85	39 888	37 783	24 389	174	124
马克思主义	1	1	531	531	531	1	1
哲学	2	2	1 022	1 022	1 022	3	3
宗教学	3	3	60	60	60	4	4
语言学	2	2	438	438	438	2	2
文学	2	2	2 383	2 383	2 383	11	11
艺术学	3	2	4 032	4 032	2 884	18	13
历史学	12	12	18 888	18 888	18 888	91	91
考古学	3	3	39 046	39 046	39 046	29	29
经济学	125	121	41 821	41 718	41 171	214	209
法学	2	2	605	605	605	5	5
社会学	30	29	10 513	10 401	10 224	67	66

（续上表）

学科	课题数合计（个）		课题经费内部支出（千元）			课题投入人员（人年）	
		R&D课题		政府资金	R&D课题经费		其中：R&D人员
民族学与文化学	6	6	140	140	140	16	16
新闻学与传播学	1		200	200		2	
图书馆、情报与文献学	39	6	9 740	8 835	963	81	7
教育学	53	51	13 317	2 256	12 739	57	51
体育科学	10	6	1 459	828	1 129	39	15
统计学	7	7	1 319	719	1 319	10	10

10-2-9-6　按课题技术领域分布

技术领域	课题数合计（个）		课题经费内部支出（千元）			课题投入人员（人年）	
		R&D课题		政府资金	R&D课题经费		R&D人员
总　计	**9 788**	**7 977**	**5 448 213**	**3 567 154**	**4 501 527**	**14 272**	**11 115**
非技术领域	2 742	2 742	1 247 857	1 024 185	1 247 857	3 175	3 175
信息技术	2 188	2 188	1 208 281	697 788	1 208 281	2 797	2 797
生物和现代农业技术	3 047	3 047	2 045 389	1 298 347	2 045 389	5 144	5 144
新材料技术	708		314 776	207 991		1 142	
能源技术	1 103		631 910	338 843		2 015	

10-2-9-7　按课题来源分布

课题来源	课题数合计（个）	R&D课题	课题经费内部支出（千元）	政府资金	R&D课题经费	课题投入人员（人年）	R&D人员
总　计	**9 788**	**7 977**	**5 448 213**	**3 567 154**	**4 501 527**	**14 272**	**11 115**
国家重大科技专项	34	31	29 751	24 831	22 931	105	78
国家自然科学基金课题	1 263	1 263	571 256	337 805	571 256	1 304	1 304
国家863计划课题	19	18	12 123	11 969	11 923	19	18
国家科技支撑（攻关）计划课题	39	37	33 876	33 378	33 442	68	67
国家重点研发计划课题	141	130	219 287	96 252	201 441	328	281
国家发改委产业化示范工程	2	2	57	57	57	1	1
国家973计划课题	55	55	35 292	35 292	35 292	104	104
国家公益性行业科研专项	88	69	45 862	45 210	29 142	132	89
国家社会科学基金课题	14	12	2 674	2 674	1 974	11	9
除上述国家计划外由中央政府部门下达的课题	811	697	687 511	658 682	567 015	1 676	1 298
地方自然科学基金课题	546	534	117 973	77 700	115 614	589	527
地方科技支撑（攻关）计划课题	1 589	1 348	1 079 639	495 904	979 432	2 272	1 873
火炬计划地方级课题	2		791	791		1	
星火计划地方级课题	1	1	220	220	220	1	1
地方社会科学基金课题	55	49	21 042	19 833	18 049	114	91
除上述地方计划外由地方政府部门下达的课题	2 906	2 210	1 465 414	1 171 406	1 134 458	4 729	3 353
企业委托：各类生产企业委托课题	989	410	567 574	72 423	264 914	1 003	465
自选：本机构选定并支付费用的课题	400	370	118 886	97 336	110 360	504	456
国际合作课题	62	53	47 136	40 432	45 505	62	54
其它：不能归入前述各类的课题	772	688	391 850	344 960	358 504	1 249	1 048

10-2-9-8　按课题合作形式分布

合作形式	课题数合计（个）	R&D课题	课题经费内部支出（千元）	政府资金	R&D课题经费	课题投入人员（人年）	R&D人员
总　计	**9 788**	**7 977**	**5 448 213**	**3 567 154**	**4 501 527**	**14 272**	**11 115**
与境外机构合作	142	138	103 535	93 498	102 422	176	169
与国内高校合作	341	307	242 973	141 082	227 697	565	488
与国内独立研究机构合作	564	427	377 792	326 988	323 263	912	712
与境内注册的外商独资企业合作	17	11	4 585	2 703	1 422	16	8
与境内注册的其他企业合作	693	488	212 555	148 668	174 503	959	702
独立研究	7 787	6 407	4 056 600	2 803 201	3 246 001	11 211	8 674
其他	244	199	450 173	51 015	426 219	433	360

10-2-9-9　按课题的社会经济目标分布

社会经济目标	课题数合计（个）	R&D课题	课题经费内部支出（千元）	政府资金	R&D课题经费	课题投入人员（人年）	R&D人员
总　计	**9 788**	**7 977**	**5 448 213**	**3 567 154**	**4 501 527**	**14 272**	**11 115**
环境保护、生态建设及污染防治	1 390	852	562 218	424 841	316 347	1 337	808
环境一般问题	64	58	13 180	11 840	12 716	45	39
环境与资源评估	128	96	64 924	32 464	25 358	182	101
环境监测	193	129	96 938	73 236	70 392	264	170
生态建设	92	68	92 993	91 383	61 288	119	95

（续上表）

社会经济目标	课题数合计（个）	R&D课题	课题经费内部支出（千元）	政府资金	R&D课题经费	课题投入人员（人年）	R&D人员
环境污染预防	172	113	73 808	68 202	45 582	198	124
环境治理	711	358	214 702	142 199	95 337	510	259
自然灾害的预防、预报	30	30	5 673	5 517	5 673	20	20
能源生产、分配和合理利用	697	574	223 922	172 916	181 660	567	457
能源一般问题研究	527	439	158 181	121 260	134 409	413	346
能源矿产的勘探技术	1	1	676	676	676	1	1
能源矿物的开采和加工技术	6	4	10 127	9 862	627	18	2
能源转换技术	7	4	411	278	82	5	2
能源输送、储存与分配技术	4	4	104	104	104	2	2
可再生能源	46	42	15 037	12 054	14 367	36	32
能源设施和设备建造	21	21	18 570	15 885	18 570	22	22
能源安全生产管理和技术	23	22	5 556	2 211	5 537	24	23
节约能源的技术	47	29	12 958	10 111	5 646	39	20
能源生产、输送、分配、储存、利用过程中污染的防治与处理	15	8	2 301	475	1 642	9	7
卫生事业发展	762	737	1 407 113	478 439	1 351 556	1 607	1 551
卫生一般问题	99	97	612 651	50 588	611 713	332	327
诊断与治疗	284	281	327 027	119 149	316 293	468	459
预防医学	72	70	192 374	86 336	188 288	216	213
公共卫生	53	47	113 270	83 422	101 465	137	124
营养和食品卫生	35	31	51 718	50 225	37 693	49	42

（续上表）

社会经济目标	课题数合计（个）		课题经费内部支出（千元）			课题投入人员（人年）	
		R&D课题		政府资金	R&D课题经费		R&D人员
药物滥用和成瘾	1	1	615	615	615	2	2
社会医疗	12	10	9 676	8 967	5 271	17	9
卫生医疗其他研究	206	200	99 782	79 138	90 217	386	376
教育事业发展	83	65	18 159	6 351	14 433	94	65
教育一般问题	53	49	13 166	1 823	12 337	63	53
学历教育	1	1	166	10	166	1	1
非学历教育与培训	9	9	819	510	819	5	5
其它教育	20	6	4 008	4 008	1 111	26	5
基础设施以及城市和农村规划	203	113	182 247	82 758	84 068	375	165
交通运输	68	45	49 928	28 016	26 959	125	76
通信	29	21	58 799	8 497	41 245	57	41
广播与电视	1	1	263	263	263	0	0
城市规划与市政工程	61	22	51 758	24 826	9 933	95	23
农村发展规划与建设	37	20	20 985	20 800	5 304	94	21
交通运输、通信、城市与农村发展对环境的影响	7	4	514	355	365	5	4
基础社会发展和社会服务	552	405	320 481	303 901	269 190	1 729	1 418
社会发展和社会服务一般问题	123	108	44 989	43 018	36 803	302	239
社会保障	4	3	1 765	1 715	766	11	10
公共安全	44	34	30 703	27 590	27 190	119	85
社会管理	43	36	7 766	1 687	6 562	49	44

（续上表）

社会经济目标	课题数合计（个）		课题经费内部支出（千元）			课题投入人员（人年）	
		R&D课题		政府资金	R&D课题经费		R&D人员
就业	2	2	260	260	260	1	1
法律与司法	2	2	411	411	411	2	2
政府与政治	4	3	357	107	350	5	3
遗产保护	3	3	39 046	39 046	39 046	29	29
语言与文化	2	1	250	250	244	3	1
文艺、娱乐	6	2	4 162	4 162	2 884	39	13
宗教与道德	6	5	557	557	227	9	8
传媒	1	1	100	100	100	1	1
科技发展	197	124	151 817	149 533	130 184	971	887
国土资源管理	17	11	15 226	15 224	6 442	65	27
其他社会发展和社会服务	98	70	23 070	20 241	17 721	123	69
地球和大气层的探索与利用	1 102	1 078	562 577	500 792	538 806	1 039	998
地壳、地幔，海底的探测和研究	455	452	195 616	186 468	192 089	338	331
水文地理	25	23	42 524	13 424	27 938	73	57
海洋	463	445	243 656	241 990	238 061	466	448
大气	37	36	19 228	19 157	19 166	67	66
地球探测和开发其他研究	122	122	61 553	39 754	61 553	96	96
民用空间探测及开发	14	13	24 846	24 846	24 070	19	18
空间探测一般研究	1	1	315	315	315	1	1
飞行器和运载工具研制	2	2	104	104	104	2	2
发射与控制系统	2	2	1 426	1 426	1 426	8	8

（续上表）

社会经济目标	课题数合计（个）	R&D课题	课题经费内部支出（千元）	政府资金	R&D课题经费	课题投入人员（人年）	R&D人员
卫星服务	8	7	22 982	22 982	22 206	8	7
空间探测和开发其他研究	1	1	20	20	20	1	1
农林牧渔业发展	2 612	1 984	817 119	759 170	642 944	3 593	2 423
农林牧渔业发展一般问题	228	164	105 439	99 817	73 190	331	227
农作物种植及培育	828	617	218 854	206 022	162 809	1 284	791
林业和林产品	191	147	54 091	52 106	43 449	358	225
畜牧业	211	183	63 266	52 774	57 367	251	168
渔业	282	158	72 628	67 962	48 786	418	231
农林牧渔业体系支撑	705	569	236 734	215 706	202 652	776	637
农林牧渔业生产中污染的防治与处理	167	146	66 108	64 782	54 691	175	143
工商业发展	1 034	836	799 985	342 248	572 491	2 232	1 595
促进工商业发展的一般问题	47	35	15 352	13 178	9 282	76	60
产业共性技术	154	128	149 518	76 795	85 574	344	212
非能源资源矿产的开采	1	1	9	9	9	0	0
食品、饮料和烟草制品业	98	80	25 672	20 748	20 467	92	79
纺织业、服装及皮革制品业	7	6	4 772	2 891	4 672	19	18
化学工业	54	50	11 153	6 246	9 053	108	100
非金属与金属制品业	71	67	33 621	31 774	31 614	75	71
机械制造业（不包括电子设备、仪器仪表及办公机械	80	58	44 060	24 031	32 687	391	259

（续上表）

社会经济目标	课题数合计（个）		课题经费内部支出（千元）			课题投入人员（人年）	
		R&D课题		政府资金	R&D课题经费		R&D人员
电子设备、仪器仪表及办公机械	74	62	171 019	19 764	152 928	244	178
其他制造业	34	30	11 944	10 530	10 758	66	57
热力、水的生产和供应	1	1	599	599	599	1	1
信息与通信技术（ICT）服务业	43	25	37 670	21 937	15 806	102	44
技术服务业	323	255	268 570	97 163	174 679	627	461
金融业	5	3	1 693	1 693	1 429	19	18
商业及其他服务业	15	11	2 074	1 530	1 204	37	7
工商业活动中的环境保护、污染防治与处理	27	24	22 260	13 362	21 731	32	30
非定向研究	1 202	1 202	427 435	392 973	427 435	1 366	1 366
自然科学领域的非定向研究	773	773	217 066	209 866	217 066	787	787
工程与技术科学领域的非定向研究	94	94	38 578	26 650	38 578	88	88
农业科学领域的非定向研究	39	39	6 183	6 183	6 183	33	33
医学科学领域的非定向研究	175	175	94 144	91 938	94 144	197	197
社会科学领域的非定向研究	51	51	23 669	23 669	23 669	101	101
人文科学领域的非定向研究	19	19	27 663	27 663	27 663	116	116
其他	51	51	20 132	7 004	20 132	44	44
其他民用目标	124	105	99 895	75 702	76 310	304	242
国防	13	13	2 217	2 217	2 217	10	10

表10-2-10 全部县以上部门属科技机构课题经费内部支出按活动类型分类（2017年）

10-2-10-1 按地域分布

单位：千元

地域	课题经费内部支出	基础研究	应用研究	试验发展	R&D成果应用	科技服务
总 计	**5 448 213**	**1 247 857**	**1 208 281**	**2 045 389**	**314 776**	**631 910**
广州市	4 996 279	1 158 937	1 080 537	1 908 345	264 529	583 931
韶关市	15 208			832	12 605	1 771
深圳市	262 428	77 512	121 244	53 839	6 666	3 166
珠海市	25 623			21 348		4 275
汕头市	12 581			3 279	5 060	4 242
佛山市	11 955		150	2 670	160	8 975
江门市	4 413			1 333	596	2 484
湛江市	50 615	11 408	4 881	12 309	15 707	6 310
茂名市	6 531			3 310	800	2 421
肇庆市	5 794			1 841	2 088	1 865
惠州市	14 726			6 553	2 021	6 153
梅州市	5 316			2 468	2 111	737
阳江市	1 050			540	250	260
东莞市	28 626		1 340	21 992	1 370	3 925
中山市	1 769		129	1 540		100
潮州市	1 250			135	235	880
揭阳市	3 835			3 055	400	380
云浮市	214				179	35

10-2-10-2　按隶属关系分布

单位：千元

隶属关系	课题经费内部支出					
		基础研究	应用研究	试验发展	R&D成果应用	科技服务
总　计	**5 448 213**	**1 247 857**	**1 208 281**	**2 045 389**	**314 776**	**631 910**
地方部门属	2 967 653	528 902	727 804	1 283 541	167 690	259 715
省级部门属	2 589 692	505 483	658 592	1 148 353	105 245	172 020
副省级城市属	200 512	22 901	47 108	51 318	35 706	43 479
地市级部门属	177 449	518	22 105	83 870	26 739	44 216
中央部门属	2 480 560	718 955	480 476	761 848	147 086	372 195
中国科学院	1 433 983	666 461	392 419	232 366	56 547	86 190

表10-2-11　全部县以上部门属科技机构课题投入人员按活动类型分类（2017年）

10-2-11-1　按地域分布

单位：人年

地域	课题投入人员					
		基础研究	应用研究	试验发展	R&D成果应用	科技服务
总　计	**14 272**	**3 175**	**2 797**	**5 144**	**1 142**	**2 015**
广州市	11 695	2 774	2 463	4 333	622	1 504
韶关市	100			7	68	25
深圳市	825	292	284	96	98	56
珠海市	175			170		5
汕头市	177			42	94	41
佛山市	91		2	12	5	72
江门市	34			16	4	14
湛江市	384	108	37	50	118	70

（续上表）

地域	课题投入人员					
		基础研究	应用研究	试验发展	R&D成果应用	科技服务
茂名市	39			12	10	17
肇庆市	73			19	23	31
惠州市	116			55	24	37
梅州市	95			29	35	31
阳江市	14			4	4	6
东莞市	328		7	235	11	75
中山市	32		4	18		10
潮州市	36			7	15	14
揭阳市	51			40	8	4
云浮市	8				5	3

10-2-11-2　按隶属关系分布

单位：人年

隶属关系	课题投入人员					
		基础研究	应用研究	试验发展	R&D成果应用	科技服务
总　计	**14 272**	**3 175**	**2 797**	**5 144**	**1 142**	**2 015**
地方部门属	8 137	1 377	1 467	3 370	805	1 118
省级部门属	5 405	1 180	1 048	2 373	297	507
副省级城市属	889	137	274	269	65	143
地市级部门属	1 844	59	146	728	443	468
中央部门属	6 135	1 798	1 329	1 773	337	898
中国科学院	2 983	1 383	973	418	60	149

表10-2-12　全部县以上部门属科技机构专利（2017年）

10-2-12-1　按地域分布

地域	专利申请受理数（件）	发明专利	专利授权数（件）	其中：发明专利	其中：国外授权	有效发明专利数（件）	专利所有权转让及许可数（件）	专利所有权转让与许可收入（千元）
总　计	**3 265**	**2 286**	**1 784**	**1 193**	**95**	**6 121**	**170**	**17 743**
广州市	1 735	1 223	1 059	621	77	4 090	50	15 424
韶关市	4	4	1	1		6		
深圳市	1 327	923	620	502	16	1 679	31	2 198
珠海市	40	36	33	32		51		
佛山市	6	1						
江门市	3	3				3		
湛江市	121	71	59	28	1	181	89	121
惠州市						2		
梅州市	1		1			3		
东莞市	28	25	11	9	1	105		
揭阳市						1		

10-2-12-2　按隶属关系分布

隶属关系	专利申请受理数（件）	发明专利	专利授权数（件）	其中：发明专利	其中：国外授权	有效发明专利数（件）	专利所有权转让及许可数（件）	专利所有权转让与许可收入（千元）
总　计	**3 265**	**2 286**	**1 784**	**1 193**	**95**	**6 121**	**170**	**17 743**
地方部门属	987	733	484	304	12	1 787	28	7 650
省级部门属	836	630	400	245	11	1 483	28	7 650

（续上表）

隶属关系	专利申请受理数（件）	发明专利	专利授权数（件）	其中：发明专利	其中：国外授权	有效发明专利数（件）	专利所有权转让及许可数（件）	专利所有权转让与许可收入（千元）
副省级城市属	26	17	20	9		94		
地市级部门属	125	86	64	50	1	210		
中央部门属	2 278	1 553	1 300	889	83	4 334	142	10 093
中国科学院	1 695	1 234	907	741	82	3 459	52	9 882

10-2-12-3　按国民经济行业分布

行业	专利申请受理数（件）	发明专利	专利授权数（件）	其中：发明专利	其中：国外授权	有效发明专利数（件）	专利所有权转让及许可数（件）	专利所有权转让及许可数（件）
总　计	**3 265**	**2 286**	**1 784**	**1 193**	**95**	**6 121**	**170**	**17 743**
农、林、牧、渔业	462	300	273	112	2	858	9	1 750
农业	119	93	56	36	2	309	2	100
林业	29	15	25	16		91		
畜牧业	70	64	29	21		158	7	1 600
渔业	221	112	145	27		227		50
农、林、牧、渔专业及辅助性活动	23	16	18	12		73		
采矿业	20	16	8	8		42	1	20
有色金属矿采选业	20	16	8	8		42	1	20
制造业	222	147	132	58	8	422	89	3 065
农副食品加工业	108	69	51	26		193	88	6

（续上表）

行业	专利申请受理数（件）	发明专利	专利授权数（件）	其中：发明专利	其中：国外授权	有效发明专利数（件）	专利所有权转让及许可数（件）	专利所有权转让及许可数（件）
医药制造业	52	51	27	20	7	182		2 944
化学纤维制造业	1	1	1			4		
专用设备制造业	61	26	53	12	1	43	1	115
交通运输、仓储和邮政业	2	2	1	1		2		
道路运输业	2	2	1	1		2		
信息传输、软件和信息技术服务业	123	72	69	30	1	49		
电信、广播电视和卫星传输服务	117	66	67	29	1	47		
软件和信息技术服务业	6	6	2	1		2		
科学研究和技术服务业	2 248	1 642	1 176	933	76	4 441	58	7 025
研究和试验发展	2 014	1 467	1 019	834	23	3 691	57	6 985
专业技术服务业	216	165	145	91	53	728	1	40
科技推广和应用服务业	18	10	12	8		22		
水利、环境和公共设施管理业	176	99	121	48	8	248	12	5 283
水利管理业	85	23	73	16		39		
生态保护和环境治理业	91	76	48	32	8	209	12	5 283
卫生和社会工作	10	6	4	3		55	1	600
卫生	10	6	4	3		55	1	600
文化、体育和娱乐业	2	2				4		
文化艺术业	1	1						
体育	1	1				4		

10-2-12-4　按机构所属学科领域分布

学科领域	专利申请受理数（件）	发明专利	专利授权数（件）	其中：发明专利	其中：国外授权	有效发明专利数（件）	专利所有权转让及许可数（件）	专利所有权转让与许可收入（千元）
总　计	**3 265**	**2 286**	**1 784**	**1 193**	**95**	**6 121**	**170**	**17 743**
自然科学领域	365	315	175	131	56	956	9	3 147
农业科学领域	622	404	376	161	7	1 188	107	4 154
医学科学领域	62	57	31	23	7	237	1	3 544
工程科学与技术领域	2 207	1 502	1 198	875	25	3 728	53	6 898
社会、人文科学领域	9	8	4	3		12		

表10-2-13　全部县以上部门属科技机构论文、著作及其他科技产出（2017年）

10-2-13-1　按地域分布

地域	科技论文（篇）	国外发表	科技著作（种）	形成国家或行业标准数（项）	集成电路布图设计登记数（件）	植物新品种权授予数（项）	软件著作权数（件）	新药证书数（件）
总　计	**8 146**	**3 354**	**206**	**283**		**38**	**340**	**7**
广州市	6 085	2 136	182	174		34	254	7
韶关市	58							
深圳市	1 337	1 083	13	59			46	
珠海市	50	38					4	
汕头市	26					2		
佛山市	24		1					
江门市	7					1		
湛江市	350	88	4	10		1	1	
茂名市	22			1				

（续上表）

地域	科技论文（篇）		科技著作（种）	形成国家或行业标准数（项）	集成电路布图设计登记数（件）	植物新品种权授予数（项）	软件著作权数（件）	新药证书数（件）
		国外发表						
肇庆市	18							
惠州市	29	1		1				
梅州市	61							
河源市	1			1				
阳江市	2							
东莞市	38	7		35			35	
中山市	14	1	1					
潮州市	7							
揭阳市	16		5	2				
云浮市	1							

10-2-13-2　按隶属关系分布

隶属关系	科技论文（篇）		科技著作（种）	形成国家或行业标准数（项）	集成电路布图设计登记数（件）	植物新品种权授予数（项）	软件著作权数（件）	新药证书数（件）
		国外发表						
总　计	**8 146**	**3 354**	**206**	**283**		**38**	**340**	**7**
地方部门属	3 776	698	123	226		33	185	7
省级部门属	2 764	595	73	128		19	131	7
副省级城市属	476	18	43	9		11	15	
地市级部门属	536	85	7	89		3	39	
中央部门属	4 370	2 656	83	57		5	155	
中国科学院	2 846	2 115	37	2			69	

10-2-13-3 按国民经济行业分布

行业	科技论文（篇）		科技著作（种）	形成国家或行业标准数（项）	集成电路布图设计登记数（件）	植物新品种权授予数（项）	软件著作权数（件）	新药证书数（件）
		国外发表						
总 计	**8 146**	**3 354**	**206**	**283**		**38**	**340**	**7**
农、林、牧、渔业	1 681	393	44	16		34	17	
农业	551	67	10	1		30	4	
林业	372	62	10	3				
畜牧业	204	72	3	1		3	2	
渔业	456	177	14	11			6	
农、林、牧、渔专业及辅助性活动	98	15	7			1	5	
采矿业	35	1						
有色金属矿采选业	35	1						
制造业	335	123	1	10		4	10	
农副食品加工业	181	48	1	7		4	3	
医药制造业	87	71					2	
化学纤维制造业	7							
专用设备制造业	60	4		3			5	
交通运输、仓储和邮政业	68	2						
道路运输业	59	1						
水上运输业	9	1						
信息传输、软件和信息技术服务业	118	11	2				8	
电信、广播电视和卫星传输服务	82	11	1				8	
软件和信息技术服务业	36		1					
科学研究和技术服务业	4 794	2 559	107	256			266	
研究和试验发展	3 683	2 247	94	152			160	

（续上表）

行业	科技论文（篇）	国外发表	科技著作（种）	形成国家或行业标准数（项）	集成电路布图设计登记数（件）	植物新品种权授予数（项）	软件著作权数（件）	新药证书数（件）
专业技术服务业	1 015	308	12	46			103	
科技推广和应用服务业	96	4	1	58			3	
水利、环境和公共设施管理业	515	108	21	1			36	
水利管理业	256	22	13	1			30	
生态保护和环境治理业	259	86	8				6	
教育	74		11					
教育	74		11					
卫生和社会工作	449	155	4				1	7
卫生	449	155	4				1	7
文化、体育和娱乐业	71	2	16				2	
文化艺术业	49	2	14					
体育	22		2				2	
公共管理、社会保障和社会组织	6							
国家机构	6							

10-2-13-4 按机构所属学科领域分布

学科领域	科技论文（篇）	国外发表	科技著作（种）	形成国家或行业标准数（项）	集成电路布图设计登记数（件）	植物新品种权授予数（项）	软件著作权数（件）	新药证书数（件）
总 计	**8 146**	**3 354**	**206**	**283**		**38**	**340**	**7**
自然科学领域	1 625	1 006	29	17			80	
农业科学领域	2 017	491	50	25		34	47	
医学科学领域	530	229	5				1	7
工程科学与技术领域	3 395	1 623	53	217		4	207	
社会、人文科学领域	579	5	69	24			5	

表10-2-14　全部县以上部门属科技机构R&D人员（2017年）

10-2-14-1　按地域分布

单位：人

地域	R&D人员	女性	按工作量分		按学历分			
			R&D全时人员	R&D非全时人员	博士毕业	硕士毕业	本科毕业	其他
总　计	**15 938**	**6 140**	**10 490**	**5 448**	**3 381**	**5 256**	**4 874**	**2 427**
广州市	13 756	5 234	8 841	4 915	3 000	4 430	4 137	2 189
韶关市	9	1	3	6		2	5	2
深圳市	1 036	594	787	249	242	510	263	21
珠海市	195	49	172	23	55	68	72	
汕头市	87	26	30	57		8	48	31
佛山市	20	9	20			10	7	3
江门市	23	8	23			3	18	2
湛江市	229	57	197	32	48	109	54	18
茂名市	21	5	16	5		2	14	5
肇庆市	19	6	19			2	6	11
惠州市	96	23	92	4	4	18	24	50
梅州市	41	10	33	8	1	5	19	16
阳江市	19	2		19		1	6	12
东莞市	287	83	197	90	29	76	147	35
中山市	22	12	22		2	7	10	3
潮州市	7	2	7				3	4
揭阳市	71	19	31	40		5	41	25

10-2-14-2　按隶属关系分布

单位：人

隶属关系	R&D人员	女性	按工作量分		按学历分			
			R&D全时人员	R&D非全时人员	博士毕业	硕士毕业	本科毕业	其他
总　计	**15 938**	**6 140**	**10 490**	**5 448**	**3 381**	**5 256**	**4 874**	**2 427**
地方部门属	8 870	3 547	5 829	3 041	1 341	2 704	3 239	1 586
省级部门属	6 350	2 488	4 176	2 174	1 089	1 825	2 190	1 246
副省级城市属	1 044	459	617	427	111	378	444	111
地市级部门属	1 476	600	1 036	440	141	501	605	229
中央部门属	7 068	2 593	4 661	2 407	2 040	2 552	1 635	841
中国科学院	3 739	1 477	2 821	918	1 492	1 266	593	388

10-2-14-3　按机构所属学科领域分布

单位：人

学科领域	R&D人员	女性	按工作量分		按学历分			
			R&D全时人员	R&D非全时人员	博士毕业	硕士毕业	本科毕业	其他
总　计	**15 938**	**6 140**	**10 490**	**5 448**	**3 381**	**5 256**	**4 874**	**2 427**
自然科学领域	3 340	1 440	2 341	999	1 138	929	772	501
农业科学领域	3 036	1 055	2 192	844	684	868	826	658
医学科学领域	2 258	913	1 342	916	426	645	749	438
工程科学与技术领域	6 419	2 334	4 051	2 368	962	2 500	2 238	719
社会、人文科学领域	885	398	564	321	171	314	289	111

表10-2-15　全部县以上部门属科技机构R&D人员折合全时工作量（2017年）

10-2-15-1　按地域分布

单位：人年

地域	R&D折合全时工作量	研究人员	按活动类型分组		
			基础研究人员	应用研究人员	试验发展人员
总　计	**12 988**	**9 316**	**3 696**	**3 233**	**6 059**
广州市	11 143	8 040	3 210	2 810	5 123
韶关市	7	4			7
深圳市	845	652	368	366	111
珠海市	180	137			180
汕头市	45	25			45
佛山市	20	14		3	17
江门市	23	8			23
湛江市	218	162	118	43	57
茂名市	19	7			19
肇庆市	19	8			19
惠州市	93	44			93
梅州市	33	30			33
阳江市	4	1			4
东莞市	261	148		7	254
中山市	22	18		4	18
潮州市	7	1			7
揭阳市	49	17			49

10-2-15-2 按隶属关系分布

单位：人年

隶属部门	R&D折合全时工作量	研究人员	按活动类型分组		
			基础研究人员	应用研究人员	试验发展人员
总　计	**12 988**	**9 316**	**3 696**	**3 233**	**6 059**
地方部门属	7 136	4 723	1 559	1 673	3 904
省级部门属	5 201	3 459	1 301	1 152	2 748
副省级城市属	759	549	154	302	303
地市级部门属	1 176	715	104	219	853
中央部门属	5 852	4 593	2 137	1 560	2 155
中国科学院	3 298	2 621	1 648	1 147	503

10-2-15-3 按机构所属学科领域分布

单位：人年

学科领域	R&D折合全时工作量	研究人员	按活动类型分组		
			基础研究人员	应用研究人员	试验发展人员
总　计	**12 988**	**9 316**	**3 696**	**3 233**	**6 059**
自然科学领域	2 903	1 885	1 481	698	724
农业科学领域	2 562	1 667	546	397	1 619
医学科学领域	1 740	1 301	775	577	388
工程科学与技术领域	5 102	3 930	708	1 209	3 185
社会、人文科学领域	681	533	186	352	143

10-2-15-4 按服务的国民经济行业分布

单位：人年

行业	R&D折合全时工作量	研究人员	按活动类型分组		
			基础研究人员	应用研究人员	试验发展人员
总 计	**12 988**	**9 316**	**3 696**	**3 233**	**6 059**
农、林、牧、渔业	2 096	1 363	378	309	1 409
农业	861	539	185	93	583
林业	338	230	42	11	285
畜牧业	194	120	23	42	129
渔业	442	337	96	115	231
农、林、牧、渔专业及辅助性活动	261	137	32	48	181
采矿业	97	72	5	24	68
有色金属矿采选业	97	72	5	24	68
制造业	1 048	800	352	280	416
农副食品加工业	292	151	66	44	182
石油、煤炭及其他燃料加工业	8	2			8
医药制造业	611	560	261	203	147
化学纤维制造业	15	7			15
专用设备制造业	122	80	25	33	64
交通运输、仓储和邮政业	46	21		29	17
道路运输业	29	13		29	
水上运输业	17	8			17

（续上表）

行业	R&D折合全时工作量	研究人员	按活动类型分组		
			基础研究人员	应用研究人员	试验发展人员
信息传输、软件和信息技术服务业	165	90		17	148
电信、广播电视和卫星传输服务	113	48		10	103
软件和信息技术服务业	52	42		7	45
科学研究和技术服务业	7 335	5 461	2 237	1 944	3 154
研究和试验发展	4 920	3 922	1 523	1 302	2 095
专业技术服务业	2 111	1 353	580	496	1 035
科技推广和应用服务业	304	186	134	146	24
水利、环境和公共设施管理业	906	647	153	201	552
水利管理业	350	255	21	75	254
生态保护和环境治理业	556	392	132	126	298
教育	60	48		60	
教育	60	48		60	
卫生和社会工作	1 118	733	501	364	253
卫生	1 118	733	501	364	253
文化、体育和娱乐业	112	76	70		42
文化艺术业	100	68	58		42
体育	12	8	12		
公共管理、社会保障和社会组织	5	5		5	
国家机构	5	5		5	

表10-2-16　全部县以上部门属科技机构R&D经费支出（2017年）

10-2-16-1　按地域分布

单位：千元

地域	R&D经费内部支出	按活动类型分			按来源分					R&D经费外部支出
		基础研究	应用研究	试验发展	政府资金	企业资金	事业单位资金	国外资金	其他资金	
总　计	**7 829 111**	**1 959 109**	**2 093 541**	**3 776 461**	**5 142 390**	**560 716**	**1 846 165**	**10 586**	**269 254**	**134 113**
广州市	7 046 538	1 753 044	1 807 711	3 485 783	4 438 962	509 918	1 828 788	9 969	258 901	131 177
韶关市	1 011			1 011	629		382			
深圳市	603 165	191 573	277 470	134 122	534 031	50 798	11 130	617	6 589	1 256
珠海市	28 394			28 394	28 394					
汕头市	4 149			4 149	4 149					
佛山市	3 201		170	3 031	3 201					
江门市	5 743			5 743	5 743					
湛江市	36 137	14 491	6 394	15 252	36 137					
茂名市	5 438			5 438	5 438					
肇庆市	1 841			1 841	191		1 650			
惠州市	22 086			22 086	22 086					
梅州市	6 856			6 856	6 705		151			
阳江市	1 105			1 105	750		355			480
东莞市	52 992	1	1 667	51 324	48 443		1 299		3 250	1 200
中山市	2 678		129	2 549	2 678					
潮州市	1 268			1 268	1 268					
揭阳市	6 509			6 509	3 585		2 410		514	

10-2-16-2　按隶属关系分布

单位：千元

隶属关系	R&D经费内部支出	按活动类型分			按来源分					R&D经费外部支出
		基础研究	应用研究	试验发展	政府资金	企业资金	事业单位资金	国外资金	其他资金	
总　计	**7 829 111**	**1 959 109**	**2 093 541**	**3 776 461**	**5 142 390**	**560 716**	**1 846 165**	**10 586**	**269 254**	**134 113**
地方部门属	4 202 602	846 666	1 158 232	2 197 704	2 402 488	154 836	1 501 280	2 397	141 601	13 958
省级部门属	3 519 160	706 125	948 520	1 864 515	1 866 523	138 455	1 382 842	2 397	128 943	9 014
副省级城市属	456 997	137 397	164 505	155 095	336 211	10 831	101 061		8 894	3 264
地市级部门属	226 445	3 144	45 207	178 094	199 754	5 550	17 377		3 764	1 680
中央部门属	3 626 509	1 112 443	935 309	1 578 757	2 739 902	405 880	344 885	8 189	127 653	120 155
中国科学院	1 950 907	938 781	658 653	353 473	1 749 942	96 041	88 366	8 189	8 369	43 349

10-2-16-3　按机构所属学科领域分布

单位：千元

学科领域	R&D经费内部支出	按活动类型分			按来源分					R&D经费外部支出
		基础研究	应用研究	试验发展	政府资金	企业资金	事业单位资金	国外资金	其他资金	
总　计	**7 829 111**	**1 959 109**	**2 093 541**	**3 776 461**	**5 142 390**	**560 716**	**1 846 165**	**10 586**	**269 254**	**134 113**
自然科学领域	1 427 410	742 324	339 712	345 374	1 199 703	39 434	176 740	5 105	6 428	43 859
农业科学领域	1 396 468	231 997	224 903	939 568	1 120 322	69 573	176 031		30 542	3 155
医学科学领域	1 814 534	516 002	713 020	585 512	596 580	26 360	1 175 669	158	15 767	
工程科学与技术领域	2 834 994	352 902	631 874	1 850 218	1 900 332	415 607	305 955	5 323	207 777	86 405
社会、人文科学领域	355 705	115 884	184 032	55 789	325 453	9 742	11 770		8 740	694

表10-2-17 全部县以上部门属科技机构R&D经费内部支出（2017年）

10-2-17-1 按地域分布

单位：千元

地域	R&D经费内部支出	经常费支出	人员费用	设备购置费	其他	基本建设费	仪器设备费	土建费
总　计	**7 829 111**	**6 980 423**	**2 499 233**	**793 291**	**3 687 899**	**848 688**	**452 466**	**396 222**
广州市	7 046 538	6 292 345	2 126 296	683 999	3 482 050	754 193	360 950	393 243
韶关市	1 011	832	430		402	179	168	11
深圳市	603 165	523 138	264 275	95 780	163 083	80 027	79 577	450
珠海市	28 394	21 540	10 688	5 281	5 571	6 854	5 367	1 487
汕头市	4 149	4 149	3 513	439	197			
佛山市	3 201	3 201	3 150		51			
江门市	5 743	5 743	4 129	154	1 460			
湛江市	36 137	30 604	19 913	3 499	7 192	5 533	5 442	91
茂名市	5 438	5 438	4 419		1 019			
肇庆市	1 841	1 841	1 790		51			
惠州市	22 086	21 629	17 675	136	3 818	457	457	
梅州市	6 856	6 756	4 818	163	1 775	100		100
阳江市	1 105	655	520	50	85	450	50	400
东莞市	52 992	52 097	29 761	2 891	19 445	895	455	440
中山市	2 678	2 678	1 509	46	1 123			
潮州市	1 268	1 268	731		537			
揭阳市	6 509	6 509	5 616	853	40			

10-2-17-2　按隶属关系分布

单位：千元

隶属关系	R&D经费内部支出	经常费支出				基本建设费		
			人员费用	设备购置费	其他		仪器设备费	土建费
总　计	**7 829 111**	**6 980 423**	**2 499 233**	**793 291**	**3 687 899**	**848 688**	**452 466**	**396 222**
地方部门属	4 202 602	3 763 976	1 328 165	318 330	2 117 481	438 626	237 664	200 962
省级部门属	3 519 160	3 196 542	1 014 279	265 838	1 916 425	322 618	185 023	137 595
副省级城市属	456 997	376 677	190 687	31 247	154 743	80 320	46 144	34 176
地市级部门属	226 445	190 757	123 199	21 245	46 313	35 688	6 497	29 191
中央部门属	3 626 509	3 216 447	1 171 068	474 961	1 570 418	410 062	214 802	195 260
中国科学院	1 950 907	1 813 611	659 486	263 561	890 564	137 296	77 589	59 707

10-2-17-3　按机构所属学科领域分布

单位：千元

学科领域	R&D经费内部支出	经常费支出				基本建设费		
			人员费用	设备购置费	其他		仪器设备费	土建费
总　计	**7 829 111**	**6 980 423**	**2 499 233**	**793 291**	**3 687 899**	**848 688**	**452 466**	**396 222**
自然科学领域	1 427 410	1 341 692	486 584	183 773	671 335	85 718	26 967	58 751
农业科学领域	1 396 468	1 286 054	535 439	125 260	625 355	110 414	49 822	60 592
医学科学领域	1 814 534	1 667 314	263 098	50 101	1 354 115	147 220	115 405	31 815
工程科学与技术领域	2 834 994	2 330 865	1 057 839	417 821	855 205	504 129	259 065	245 064
社会、人文科学领域	355 705	354 498	156 273	16 336	181 889	1 207	1 207	

10-2-17-4 按机构服务的国民经济行业分布

单位：千元

行业	R&D经费内部支出	经常费支出				基本建设费		
			人员费用	设备购置费	其他		仪器设备费	土建费
总　计	**7 829 111**	**6 980 423**	**2 499 233**	**793 291**	**3 687 899**	**848 688**	**452 466**	**396 222**
农、林、牧、渔业	1 097 359	1 010 474	429 572	96 815	484 087	86 885	40 824	46 061
农业	379 715	344 661	192 011	27 948	124 702	35 054	21 716	13 338
林业	168 551	147 401	44 120	47 216	56 065	21 150	16 621	4 529
畜牧业	96 045	95 784	41 969	8 245	45 570	261	168	93
渔业	347 995	330 405	105 879	6 512	218 014	17 590	2 319	15 271
农、林、牧、渔专业及辅助性活动	105 053	92 223	45 593	6 894	39 736	12 830		12 830
采矿业	58 856	58 856	29 686	6 125	23 045			
有色金属矿采选业	58 856	58 856	29 686	6 125	23 045			
制造业	503 250	467 174	226 923	55 814	184 437	36 076	8 337	27 739
农副食品加工业	129 788	124 491	80 119	9 746	34 626	5 297	5 297	
石油、煤炭及其他燃料加工业	3 000	3 000	2 840		160			
医药制造业	298 506	267 727	109 910	24 931	132 886	30 779	3 040	27 739
化学纤维制造业	3 792	3 792	721	141	2 930			
专用设备制造业	68 164	68 164	33 333	20 996	13 835			
交通运输、仓储和邮政业	19 351	19 351	16 965	332	2 054			
道路运输业	14 906	14 906	14 588	318				
水上运输业	4 445	4 445	2 377	14	2 054			

（续上表）

行业	R&D经费内部支出	经常费支出				基本建设费		
			人员费用	设备购置费	其他		仪器设备费	土建费
信息传输、软件和信息技术服务业	66 979	55 958	29 228	10 892	15 838	11 021		11 021
电信、广播电视和卫星传输服务	58 174	47 153	25 354	10 085	11 714	11 021		11 021
软件和信息技术服务业	8 805	8 805	3 874	807	4 124			
科学研究和技术服务业	3 942 473	3 448 469	1 344 774	582 569	1 521 126	494 004	269 141	224 863
研究和试验发展	2 399 922	2 114 668	870 939	373 311	870 418	285 254	202 690	82 564
专业技术服务业	1 512 765	1 304 275	453 751	201 506	649 018	208 490	66 191	142 299
科技推广和应用服务业	29 786	29 526	20 084	7 752	1 690	260	260	
水利、环境和公共设施管理业	528 841	423 146	217 364	14 615	191 167	105 695	22 783	82 912
水利管理业	178 880	132 029	82 007	5 115	44 907	46 851	1 371	45 480
生态保护和环境治理业	349 961	291 117	135 357	9 500	146 260	58 844	21 412	37 432
教育	29 360	29 360	25 168		4 192			
教育	29 360	29 360	25 168		4 192			
卫生和社会工作	1 509 053	1 395 253	151 017	23 245	1 220 991	113 800	110 174	
卫生	1 509 053	1 395 253	151 017	23 245	1 220 991	113 800	110 174	3 626
文化、体育和娱乐业	72 906	71 699	28 036	2 784	40 879	1 207	1 207	
文化艺术业	68 125	68 125	26 036	2 784	39 305			
体育	4 781	3 574	2 000		1 574	1 207	1 207	
公共管理、社会保障和社会组织	683	683	500	100	83			
国家机构	683	683	500	100	83			

科技统计表（2018年）

表10-3-1 全部县以上部门属科技机构概况（2018年）

10-3-1-1 主要指标

主要指标	单位	县以上部门属研究与开发机构合计	自然科学和技术领域	社会与人文科学领域	科技信息和文献机构	从事研发与技术服务的其他事业单位	县属研究与开发机构	从事研发与技术服务的企业
机构数	个	178	154	10	14	273	110	46
职工总数	人	22 913	21 310	733	870	27 758	1 652	10 792
单位在职从事科技活动人员	人	19 673	18 295	694	684	19 770	991	6 857
大学本科及以上学历	人	16 157	14 927	628	602	17 026	242	5 514
R&D人员折合全时工作量	人年	13 432	12 669	602	161	12 367	183	2 934
科技活动收入	千元	12 818 253	12 140 737	415 887	261 629	11 711 918	208 763	4 707 417
政府拨款	千元	9 043 533	8 488 386	402 395	152 752	9 046 817	205 062	29 187
科技经费内部支出	千元	11 858 805	11 266 608	381 160	211 037	9 955 444	182 463	768 402
资产购建支出	千元	3 139 911	3 121 515	13 631	4 765	3 021 906	18 433	103 773
R&D经费内部支出	千元	7 469 527	7 080 873	337 602	51 052	5 144 783	23 746	680 528
固定资产	千元	14 346 315	13 759 503	247 620	339 192	17 950 113	242 306	3 052 038
课题数	个	9 337	8 898	261	178	3 816	137	686
课题经费支出	千元	5 497 912	5 264 288	190 497	43 127	3 513 355	32 358	577 419
R&D课题经费支出	千元	4 519 541	4 305 482	189 511	24 548	3 060 668	15 452	557 329
课题投入人员	人年	13 235	12 438	523	274	11 735	347	2 690
R&D课题投入人员	人年	10 804	10 149	512	144	10 005	152	2 610
专利申请受理	项	3 475	3 470	2	3	2 834	3	567
专利授权	项	1 878	1 876	0	2	1 503	1	403
科技论文	篇	8 064	7 570	349	145	4 718	61	894
科技专著	种	331	164	156	11	66	0	13

注：以后各表的范围为县以上政府部门属研究与开发机构。即自然、社人、信息文献3个领域中的机构。

表10-3-2　全部县以上部门属科技机构、人员和经费概况（2018年）

10-3-2-1　按地域分布

地域	机构数（个）	从业人员总数（人）	单位在职科技活动人员		经费收入总额（千元）		科技活动贷款（千元）	科技活动贷款（千元）	
				大学本科及以上学历		政府资金			科技经费支出
总　计	**178**	**22 913**	**19 673**	**t**	**16 085 646**	**9 871 484**	**480**	**15 393 731**	**11 858 805**
广州市	86	17 430	14 912	12 587	13 214 341	7 342 337	0	12 813 301	9 535 051
韶关市	7	233	176	101	74 266	56 027	0	70 358	55 490
深圳市	5	2 067	1 955	1 820	1 604 480	1 433 118	0	1 481 721	1 477 472
珠海市	6	378	303	250	204 148	191 645	0	86 149	72 281
汕头市	9	405	357	154	81 259	66 108	0	78 370	57 940
佛山市	3	125	81	67	64 154	62 081	0	62 606	50 446
江门市	3	81	52	38	25 443	18 302	0	28 948	17 899
湛江市	11	735	603	418	390 491	324 949	0	357 606	266 057
茂名市	8	153	132	61	34 129	33 705	0	33 483	30 168
肇庆市	5	110	99	50	33 737	26 651	0	31 283	27 386
惠州市	7	194	174	94	86 289	84 116	0	70 304	59 813
梅州市	5	178	166	97	53 980	50 099	0	60 827	50 863
汕尾市	3	16	16	6	2 846	2 846	0	2 591	2 402
河源市	2	17	15	9	3 077	3 077	0	2 747	2 463
阳江市	1	52	37	9	13 001	12 549	0	10 801	9 849
清远市	0	0	0	0	0	0	0	0	0
东莞市	8	483	378	288	143 009	111 184	480	145 361	102 604
中山市	2	72	58	48	24 988	24 301	0	24 988	19 194
潮州市	2	79	79	33	17 467	16 723	0	15 020	12 728
揭阳市	3	81	64	16	11 353	10 532	0	11 675	7 778
云浮市	2	24	16	11	3 188	1 134	0	5 592	921

10-3-2-2 按隶属关系分布

隶属关系	机构数（个）	从业人员总数（人）	单位在职科技活动人员	大学本科及以上学历	经费收入总额（千元）	政府资金	科技活动贷款（千元）	经费支出总额（千元）	科技经费支出
总　计	**178**	**22 913**	**19 673**	**16 157**	**16 085 646**	**9 871 484**	**480**	**15 393 731**	**11 858 805**
地方部门属	158	14 893	12 283	9 651	8 900 627	4 478 064	480	8 822 172	5 867 624
省级部门属	62	9 436	8 007	6 596	6 539 348	2 931 144	0	6 384 185	4 153 910
副省级城市属	15	2 142	1 547	1 302	1 260 208	661 545	0	1 470 530	920 362
地市级部门属	81	3 315	2 729	1 753	1 101 071	885 375	480	967 457	793 352
中央部门属	20	8 020	7 390	6 506	7 185 019	5 393 420	0	6 571 559	5 991 181
中国科学院	6	3 698	3 651	3 310	3 636 727	3 309 261	0	3 477 700	3 280 665

10-3-2-3 按服务的国民经济行业分布

行业	机构数（个）	从业人员总数（人）	单位在职科技活动人员	大学本科及以上学历	经费收入总额（千元）	政府资金	科技活动贷款（千元）	经费支出总额（千元）	科技经费支出
总　计	**178**	**22 913**	**19 673**	**16 157**	**16 085 646**	**9 871 484**	**480**	**15 393 731**	**11 858 805**
农、林、牧、渔业	73	4 289	3 432	2 284	2 129 217	1 792 833	480	1 987 833	1 489 987
农业	34	2 214	1 783	1 096	907 359	745 933	0	902 904	695 414
林业	14	792	620	380	435 804	393 113	0	372 027	288 894
畜牧业	7	335	277	241	136 656	77 803	480	150 432	117 579
渔业	4	274	231	180	239 462	209 436	0	183 822	154 643
农、林、牧、渔专业及辅助性活动	14	674	521	387	409 936	366 548	0	378 648	233 457
采矿业	1	104	100	78	60 832	32 436	0	61 687	54 371
有色金属矿采选业	1	104	100	78	60 832	32 436	0	61 687	54 371
制造业	13	1 457	1 268	1 025	997 298	807 081	0	925 733	767 328

（续上表）

行业	机构数（个）	从业人员总数（人）	单位在职科技活动人员		经费收入总额（千元）		科技活动贷款（千元）	经费支出总额（千元）	
				大学本科及以上学历		政府资金			科技经费支出
农副食品加工业	2	623	534	390	351 976	251 232	0	350 422	276 395
石油、煤炭及其他燃料加工业	1	17	9	4	3 974	3 974	0	4 154	3 276
医药制造业	2	410	410	381	368 230	341 724	0	323 270	321 538
化学纤维制造业	1	36	19	17	38 705	21 219	0	34 970	4 593
专用设备制造业	5	277	221	197	220 251	175 892	0	198 617	148 491
铁路、船舶、航空航天和其他运输设备制造业	1	72	60	34	12 222	12 061	0	12 353	12 019
计算机、通信和其他电子设备制造业	1	22	15	2	1 940	979	0	1 947	1 016
交通运输、仓储和邮政业	1	26	24	21	14 160	9 769	0	15 861	8 649
水上运输业	1	26	24	21	14 160	9 769	0	15 861	8 649
信息传输、软件和信息技术服务业	2	257	248	225	175 002	93 455	0	173 741	127 828
电信、广播电视和卫星传输服务	1	173	165	148	108 487	74 558	0	118 995	103 813
软件和信息技术服务业	1	84	83	77	66 515	18 897	0	54 746	24 015
科学研究和技术服务业	62	12 676	11 407	9 905	9 292 275	6 323 162	0	8 758 090	7 590 252
研究和试验发展	35	7 292	6 647	5 803	5 879 956	4 193 595	0	5 282 627	4 539 091
专业技术服务业	20	4 765	4 247	3 629	3 221 260	2 038 114	0	3 331 834	2 911 618
科技推广和应用服务业	7	619	513	473	191 059	91 453	0	143 629	139 543
水利、环境和公共设施管理业	13	2 268	1 647	1 415	1 262 042	404 512	0	1 226 648	733 703
水利管理业	4	1 306	879	761	558 980	153 692	0	543 630	374 988
生态保护和环境治理业	9	962	768	654	703 062	250 820	0	683 018	358 715
教育	1	101	97	93	84 537	79 252	0	84 537	52 375
教育	1	101	97	93	84 537	79 252	0	84 537	52 375
卫生和社会工作	7	1 553	1 285	967	1 934 179	219 519	0	2 020 467	923 242

（续上表）

行业	机构数（个）	从业人员总数（人）	单位在职科技活动人员	大学本科及以上学历	经费收入总额（千元）	政府资金	科技活动贷款（千元）	经费支出总额（千元）	科技经费支出
卫生	7	1 553	1 285	967	1 934 179	219 519	0	2 020 467	923 242
文化、体育和娱乐业	4	158	141	120	119 941	98 460	0	131 615	105 571
文化艺术业	2	82	70	57	80 878	66 651	0	87 130	75 982
体育	2	76	71	63	39 063	31 809	0	44 485	29 589
公共管理、社会保障和社会组织	1	24	24	24	16 163	11 005	0	7 519	5 499
国家机构	1	24	24	24	16 163	11 005	0	7 519	5 499

表10-3-3　全部县以上部门属科技机构人员概况（2018年）

10-3-3-1　按地域分布

单位：人

地域	从业人员总数	单位在职科技活动人员		外来流动科技活动人员		离退休人员
			女性	外聘的流动学者	非本单位在读研究生	
总　计	**22 913**	**19 673**	**7 404**	**439**	**2 737**	**10 518**
广州市	17 430	14 912	5 674	335	2 594	7 338
韶关市	233	176	49	10	5	333
深圳市	2 067	1 955	810	25	0	25
珠海市	378	303	77	8	65	49
汕头市	405	357	133	0	0	458
佛山市	125	81	33	2	0	216
江门市	81	52	20	0	0	37
湛江市	735	603	219	24	37	978
茂名市	153	132	31	0	0	138
肇庆市	110	99	31	0	0	210

（续上表）

地域	从业人员总数	单位在职科技活动人员		外来流动科技活动人员		离退休人员
			女性	外聘的流动学者	非本单位在读研究生	
惠州市	194	174	52	0	0	118
梅州市	178	166	74	0	0	160
汕尾市	16	16	3	0	0	8
河源市	17	15	5	0	0	0
阳江市	52	37	6	0	0	24
清远市						
东莞市	483	378	108	35	34	157
中山市	72	58	25	0	2	101
潮州市	79	79	35	0	0	63
揭阳市	81	64	17	0	0	24
云浮市	24	16	2	0	0	81

10-3-3-2　按隶属关系分布

单位：人

隶属关系	从业人员总数	单位在职科技活动人员		外来流动科技活动人员		离退休人员
			女性	外聘的流动学者	非本单位在读研究生	
总　计	**22 913**	**19 673**	**7 404**	**439**	**2 737**	**10 518**
地方部门属	14 893	12 283	4 745	163	663	7 317
省级部门属	9 436	8 007	3 138	87	545	3 889
副省级城市属	2 142	1 547	593	4	16	948
地市级部门属	3 315	2 729	1 014	72	102	2 480
中央部门属	8 020	7 390	2 659	276	2 074	3 201
中国科学院	3 698	3 651	1 341	221	1 902	1 251

表10-3-4 全部县以上部门属科技机构人员按工作性质分类（2018年）

10-3-4-1 按地域分布

单位：人

地域	单位在职科技活动人员				生产经营活动人员	其他人员
		科技管理	课题活动	科技服务		
总　计	**19 673**	**2 469**	**12 033**	**5 171**	**1 308**	**1 932**
广州市	14 912	1 938	8 916	4 058	963	1 555
韶关市	176	28	90	58	31	26
深圳市	1 955	61	1 579	315	60	52
珠海市	303	47	204	52	38	37
汕头市	357	52	196	109	28	20
佛山市	81	12	50	19	15	29
江门市	52	9	30	13	17	12
湛江市	603	101	335	167	62	70
茂名市	132	31	62	39	14	7
肇庆市	99	20	65	14	4	7
惠州市	174	54	72	48	0	20
梅州市	166	28	109	29	7	5
汕尾市	16	2	0	14	0	0
河源市	15	3	0	12	0	2
阳江市	37	5	28	4	0	15
清远市						
东莞市	378	46	202	130	53	52
中山市	58	7	13	38	0	14
潮州市	79	12	54	13	0	0
揭阳市	64	7	28	29	14	3
云浮市	16	6	0	10	2	6

10–3–4–2 按隶属关系分布

单位：人

隶属关系	单位在职科技活动人员				生产经营活动人员	其他人员
		科技管理	课题活动	科技服务		
总　计	**19 673**	**2 469**	**12 033**	**5 171**	**1 308**	**1 932**
地方部门属	12 283	1 870	7 537	2 876	1 135	1 475
省级部门属	8 007	1 141	5 191	1 675	494	935
副省级城市属	1 547	306	787	454	389	206
地市级部门属	2 729	423	1 559	747	252	334
中央部门属	7 390	599	4 496	2 295	173	457
中国科学院	3 651	248	2 493	910	0	47

10–3–4–3 按机构所属学科领域分布

单位：人

学科领域	单位在职科技活动人员				生产经营活动人员	其他人员
		科技管理	课题活动	科技服务		
总　计	**19 673**	**2 469**	**12 033**	**5 171**	**1 308**	**1 932**
自然科学领域	3 352	368	1 880	1 104	80	138
农业科学领域	4 344	685	2 624	1 035	435	632
医学科学领域	1 633	135	1 128	370	0	231
工程科学与技术领域	9 028	940	5 618	2 470	747	803
社会、人文科学领域	1 316	341	783	192	46	128

表10-3-5 全部县以上部门属科技机构科技活动人员的资历和文化程度（2018年）

10-3-5-1 按地域分布

单位：人

地域	单位在职科技活动人员	学历					职称		
		博士毕业	硕士毕业	本科毕业	大专毕业	其他	高级	中级	其他
总　计	**19 673**	**3 785**	**5 639**	**6 733**	**2 083**	**1 433**	**5 187**	**6 029**	**8 457**
广州市	14 912	2 936	4 365	5 286	1 411	914	4 111	4 467	6 334
韶关市	176	0	17	84	36	39	37	61	78
深圳市	1 955	670	740	410	70	65	434	757	764
珠海市	303	69	78	103	21	32	100	71	132
汕头市	357	0	18	136	88	115	62	46	249
佛山市	81	1	25	41	8	6	25	33	23
江门市	52	0	10	28	3	11	18	17	17
湛江市	603	67	188	163	183	2	140	250	213
茂名市	132	0	5	56	41	30	42	50	40
肇庆市	99	1	18	31	23	26	18	28	53
惠州市	174	6	23	65	30	50	26	36	112
梅州市	166	1	21	75	53	16	55	53	58
汕尾市	16	0	0	6	9	1	0	3	13
河源市	15	0	2	7	6	0	3	6	6
阳江市	37	0	1	8	14	14	10	9	18
清远市									
东莞市	378	33	116	139	35	55	72	82	224
中山市	58	1	9	38	5	5	15	19	24
潮州市	79	0	1	32	21	25	13	15	51
揭阳市	64	0	0	16	23	25	4	21	39
云浮市	16	0	2	9	3	2	2	5	9

10-3-5-2　隶属关系分布

单位：人

隶属关系	单位在职科技活动人员	学历					职称		
		博士毕业	硕士毕业	本科毕业	大专毕业	其他	高级	中级	其他
总　计	**19 673**	**3 785**	**5 639**	**6 733**	**2 083**	**1 433**	**5 187**	**6 029**	**8 457**
地方部门属	12 283	1 508	3 280	4 863	1 543	1 089	3 104	3 365	5 814
省级部门属	8 007	1 237	2 252	3 107	832	579	2 069	2 285	3 653
副省级城市属	1 547	125	439	738	188	57	448	393	706
地市级部门属	2 729	146	589	1 018	523	453	587	687	1 455
中央部门属	7 390	2 277	2 359	1 870	540	344	2 083	2 664	2 643
中国科学院	3 651	1 737	904	669	146	195	1 116	1 469	1 066

表10-3-6　全部县以上部门属科技机构经费收入（2018年）

10-3-6-1　按地域分布

单位：千元

地域	科技活动收入	政府资金				非政府资金			生产经营活动收入	其他收入
			财政拨款	承担政府科研项目收入	其他		技术性收入	国外资金		
总　计	**12 818 253**	**9 043 533**	**5 905 818**	**2 620 222**	**517 493**	**3 774 720**	**2 489 141**	**14 361**	**994 004**	**2 273 389**
广州市	10 106 841	6 567 090	4 126 473	1 984 378	456 239	3 539 751	2 272 616	14 361	942 501	2 164 999
韶关市	62 547	47 099	41 262	4 849	988	15 448	15 085	0	1 531	10 188
深圳市	1 599 505	1 432 838	961 233	449 652	21 953	166 667	166 667	0	4 318	657
珠海市	187 627	187 147	147 966	39 181	0	480	480	0	6 740	9 781

（续上表）

地域	科技活动收入	政府资金	财政拨款	承担政府科研项目收入	其他	非政府资金	技术性收入	国外资金	生产经营活动收入	其他收入
汕头市	61 184	61 144	48 107	5 449	7 588	40	0	0	11 995	8 080
佛山市	54 629	53 491	52 126	1 310	55	1 138	1 128	0	0	9 525
江门市	17 931	17 150	8 859	8 291	0	781	781	0	4 487	3 025
湛江市	351 404	322 937	222 643	83 546	16 748	28 467	13 893	0	12 599	26 488
茂名市	32 328	31 948	29 474	2 080	394	380	0	0	0	1 801
肇庆市	27 666	25 712	21 932	3 780	0	1 954	0	0	2 806	3 265
惠州市	78 049	78 049	66 019	7 284	4 746	0	0	0	1 361	6 879
梅州市	50 934	47 257	38 518	8 589	150	3 677	2 554	0	3	3 043
汕尾市	2 699	2 699	2 699	0	0	0	0	0	0	147
河源市	3 077	3 077	2 819	0	258	0	0	0	0	0
阳江市	12 356	12 107	8 934	2 620	553	249	249	0	0	645
清远市										
东莞市	123 293	107 605	82 159	18 704	6 742	15 688	15 688	0	5 558	14 158
中山市	19 194	19 194	19 194	0	0	0	0	0	0	5 794
潮州市	15 690	15 690	15 181	509	0	0	0	0	0	1 777
揭阳市	10 292	10 292	9 250	0	1 042	0	0	0	105	956
云浮市	1 007	1 007	970	0	37	0	0	0	0	2 181

10-3-6-2　按隶属关系分布

单位：千元

隶属关系	科技活动收入	政府资金				非政府资金			生产经营活动收入	其他收入
			财政拨款	承担政府科研项目收入	其他		技术性收入	国外资金		
总　计	**12 818 253**	**9 043 533**	**5 905 818**	**2 620 222**	**517 493**	**3 774 720**	**2 489 141**	**14 361**	**994 004**	**2 273 389**
地方部门属	6 525 863	3 853 022	2 645 924	1 091 124	115 974	2 672 841	1 547 425	1 032	604 115	1 770 649
省级部门属	4 813 781	2 484 489	1 591 253	833 711	59 525	2 329 292	1 207 746	1 032	431 004	1 294 563
副省级城市属	740 447	530 087	363 278	142 549	24 260	210 360	210 360	0	131 423	388 338
地市级部门属	971 635	838 446	691 393	114 864	32 189	133 189	129 319	0	41 688	87 748
中央部门属	6 292 390	5 190 511	3 259 894	1 529 098	401 519	1 101 879	941 716	13 329	389 889	502 740
中国科学院	3 480 456	3 189 789	2 071 894	733 619	384 276	290 667	234 917	11 672	20 955	135 316

10-3-6-3　按服务的国民经济行业分布

单位：千元

行业	科技活动收入	政府资金				非政府资金			生产经营活动收入	其他收入
			财政拨款	承担政府科研项目收入	其他		技术性收入	国外资金		
总　计	**12 818 253**	**9 043 533**	**5 905 818**	**2 620 222**	**517 493**	**3 774 720**	**2 489 141**	**14 361**	**994 004**	**2 273 389**
农、林、牧、渔业	1 753 750	1 601 179	1 123 672	424 373	53 134	152 571	124 238	773	63 452	312 015
农业	745 394	680 273	514 811	114 994	50 468	65 121	49 501	91	17 640	144 325
林业	387 910	371 257	270 855	98 911	1 491	16 653	15 150	0	17 281	30 613

（续上表）

行业	科技活动收入	政府资金				非政府资金			生产经营活动收入	其他收入
			财政拨款	承担政府科研项目收入	其他		技术性收入	国外资金		
畜牧业	114 959	74 476	42 755	31 721	0	40 483	33 726	0	3 011	18 686
渔业	219 662	209 243	163 692	45 398	153	10 419	10 419	0	17 357	2 443
农、林、牧、渔专业及辅助性活动	285 825	265 930	131 559	133 349	1 022	19 895	15 442	682	8 163	115 948
采矿业	48 101	32 180	10 347	21 833	0	15 921	15 662	259	11 864	867
有色金属矿采选业	48 101	32 180	10 347	21 833	0	15 921	15 662	259	11 864	867
制造业	858 685	746 609	308 100	247 581	190 928	112 076	99 151	555	27 655	110 958
农副食品加工业	297 183	212 407	92 501	119 411	495	84 776	79 887	0	0	54 793
石油、煤炭及其他燃料加工业	2 460	2 460	2 460	0	0	0	0	0	0	1 514
医药制造业	364 238	338 476	99 627	55 328	183 521	25 762	17 842	555	0	3 992
化学纤维制造业	4 399	4 399	2 751	1 648	0	0	0	0	17 486	16 820
专用设备制造业	177 430	175 892	108 232	60 748	6 912	1 538	1 422	0	9 697	33 124
铁路、船舶、航空航天和其他运输设备制造业	12 061	12 061	1 615	10 446	0	0	0	0	141	20
计算机、通信和其他电子设备制造业	914	914	914	0	0	0	0	0	331	695
交通运输、仓储和邮政业	5 668	2 825	2 736	89	0	2 843	2 843	0	0	8 492
水上运输业	5 668	2 825	2 736	89	0	2 843	2 843	0	0	8 492
信息传输、软件和信息技术服务业	132 744	77 811	35 843	41 968	0	54 933	54 933	0	2 897	39 361
电信、广播电视和卫星传输服务	94 257	63 509	26 193	37 316	0	30 748	30 748	0	2 652	11 578

（续上表）

行业	科技活动收入	政府资金				非政府资金			生产经营活动收入	其他收入
		政府资金	财政拨款	承担政府科研项目收入	其他	非政府资金	技术性收入	国外资金		
软件和信息技术服务业	38 487	14 302	9 650	4 652	0	24 185	24 185	0	245	27 783
科学研究和技术服务业	7 816 051	5 922 264	3 911 777	1 749 525	260 962	1 893 787	1 732 637	12 774	706 306	769 918
研究和试验发展	4 784 117	3 965 242	2 613 808	1 188 285	163 149	818 875	664 966	11 117	566 709	529 130
专业技术服务业	2 846 356	1 866 355	1 225 557	542 985	97 813	980 001	972 770	1 657	135 279	239 625
科技推广和应用服务业	185 578	90 667	72 412	18 255	0	94 911	94 901	0	4 318	1 163
水利、环境和公共设施管理业	802 326	346 054	222 632	118 393	5 029	456 272	454 564	0	181 830	277 886
水利管理业	470 649	141 754	116 780	24 974	0	328 895	328 895	0	74 342	13 989
生态保护和环境治理业	331 677	204 300	105 852	93 419	5 029	127 377	125 669	0	107 488	263 897
教育	52 375	52 375	52 375	0	0	0	0	0	0	32 162
教育	52 375	52 375	52 375	0	0	0	0	0	0	32 162
卫生和社会工作	1 241 971	169 146	145 246	16 460	7 440	1 072 825	4 792	0	0	692 208
卫生	1 241 971	169 146	145 246	16 460	7 440	1 072 825	4 792	0	0	692 208
文化、体育和娱乐业	98 088	84 596	84 596	0	0	13 492	321	0	0	21 853
文化艺术业	72 197	59 026	59 026	0	0	13 171	0	0	0	8 681
体育	25 891	25 570	25 570	0	0	321	321	0	0	13 172
公共管理、社会保障和社会组织	8 494	8 494	8 494	0	0	0	0	0	0	7 669
国家机构	8 494	8 494	8 494	0	0	0	0	0	0	7 669

表10-3-7 全部县以上部门属科技机构经费支出（2018年）

10-3-7-1 按地域分布

单位：千元

地域	科技经费内部支出	科技经费日常支出				科研基建	生产经营支出	其他支出
			人员劳务费	设备购置费	其他日常支出			
总　计	**11 858 805**	**9 806 390**	**4 266 517**	**1 087 496**	**4 452 377**	**2 052 415**	**800 326**	**2 592 846**
广州市	9 535 051	8 304 369	3 568 806	936 364	3 799 199	1 230 682	722 998	2 421 677
韶关市	55 490	54 435	36 190	2 197	16 048	1 055	992	13 876
深圳市	1 477 472	777 900	298 046	101 342	378 512	699 572	3 894	355
珠海市	72 281	55 505	27 492	7 212	20 801	16 776	5 366	8 331
汕头市	57 940	57 940	38 452	1 026	18 462	0	13 552	6 878
佛山市	50 446	50 140	25 618	1 465	23 057	306	1 368	10 792
江门市	17 899	17 331	7 830	494	9 007	568	4 116	1 763
湛江市	266 057	199 857	91 782	18 895	89 180	66 200	24 774	64 044
茂名市	30 168	26 695	18 482	0	8 213	3 473	943	2 372
肇庆市	27 386	26 886	19 570	509	6 807	500	1 806	2 091
惠州市	59 813	37 953	34 695	304	2 954	21 860	0	10 491
梅州市	50 863	42 313	22 153	13 141	7 019	8 550	147	9 817
汕尾市	2 402	2 402	2 133	32	237	0	0	189
河源市	2 463	2 463	2 076	0	387	0	0	284
阳江市	9 849	8 336	6 296	675	1 365	1 513	0	845
清远市								

（续上表）

地域	科技经费内部支出	科技经费日常支出				科研基建	生产经营支出	其他支出
			人员劳务费	设备购置费	其他日常支出			
东莞市	102 604	101 244	39 051	2 786	59 407	1 360	18 157	24 600
中山市	19 194	19 194	10 478	488	8 228	0	0	5 794
潮州市	12 728	12 728	10 236	0	2 492	0	0	2 292
揭阳市	7 778	7 778	6 886	566	326	0	1 454	2 443
云浮市	921	921	245	0	676	0	759	3 912

10-3-7-2　按隶属关系分布

单位：千元

隶属关系	科技经费内部支出	科技经费日常支出				科研基建	生产经营支出	其他支出
			人员劳务费	设备购置费	其他日常支出			
总　计	**11 858 805**	**9 806 390**	**4 266 517**	**1 087 496**	**4 452 377**	**2 052 415**	**800 326**	**2 592 846**
地方部门属	5 867 624	5 306 680	2 432 980	500 175	2 373 525	560 944	669 138	2 279 962
省级部门属	4 153 910	3 999 301	1 822 850	377 214	1 799 237	154 609	447 721	1 782 383
副省级城市属	920 362	625 625	258 703	87 533	279 389	294 737	164 329	385 839
地市级部门属	793 352	681 754	351 427	35 428	294 899	111 598	57 088	111 740
中央部门属	5 991 181	4 499 710	1 833 537	587 321	2 078 852	1 491 471	131 188	312 884
中国科学院	3 280 665	2 306 071	819 756	398 461	1 087 854	974 594	20 954	176 081

10-3-7-3 按机构所属学科领域分布

单位：千元

学科领域	科技经费内部支出	科技经费日常支出				科研基建	生产经营支出	其他支出
			人员劳务费	设备购置费	其他日常支出			
总 计	**11 858 805**	**9 806 390**	**4 266 517**	**1 087 496**	**4 452 377**	**2 052 415**	**800 326**	**2 592 846**
自然科学领域	2 305 752	1 955 539	782 229	299 936	873 374	350 213	63 303	279 672
农业科学领域	1 936 678	1 739 307	830 269	178 216	730 822	197 371	157 380	657 664
医学科学领域	1 244 277	1 240 693	330 529	72 052	838 112	3 584	0	1 051 703
工程科学与技术领域	5 798 222	4 297 720	2 008 616	520 013	1 769 091	1 500 502	525 086	407 788
社会、人文科学领域	573 876	573 131	314 874	17 279	240 978	745	54 557	196 019

10-3-7-4 按服务的国民经济行业分布

单位：千元

行业	科技经费内部支出	科技经费日常支出				科研基建	生产经营支出	其他支出
			人员劳务费	设备购置费	其他日常支出			
总 计	**11 858 805**	**9 806 390**	**4 266 517**	**1 087 496**	**4 452 377**	**2 052 415**	**800 326**	**2 592 846**
农、林、牧、渔业	1 489 987	1 335 183	646 270	128 417	560 496	154 804	140 924	348 914
农业	695 414	622 530	356 018	65 362	201 150	72 884	63 707	138 506
林业	288 894	270 698	118 637	33 972	118 089	18 196	39 506	40 896
畜牧业	117 579	116 689	47 774	6 962	61 953	890	7 367	25 486
渔业	154 643	102 458	24 923	5 185	72 350	52 185	18 459	10 720

（续上表）

行业	科技经费内部支出	科技经费日常支出				科研基建	生产经营支出	其他支出
			人员劳务费	设备购置费	其他日常支出			
农、林、牧、渔专业及辅助性活动	233 457	222 808	98 918	16 936	106 954	10 649	11 885	133 306
采矿业	54 371	54 371	33 487	8 173	12 711	0	6 832	484
有色金属矿采选业	54 371	54 371	33 487	8 173	12 711	0	6 832	484
制造业	767 328	724 730	283 356	116 254	325 120	42 598	46 841	111 393
农副食品加工业	276 395	248 155	113 650	34 101	100 404	28 240	22 622	51 405
石油、煤炭及其他燃料加工业	3 276	3 200	2 860	0	340	76	78	800
医药制造业	321 538	320 124	97 417	61 006	161 701	1 414	0	1 732
化学纤维制造业	4 593	4 228	1 122	597	2 509	365	13 558	16 819
专用设备制造业	148 491	137 603	60 848	19 534	57 221	10 888	9 729	40 397
铁路、船舶、航空航天和其他运输设备制造业	12 019	10 404	6 559	1 016	2 829	1 615	163	0
计算机、通信和其他电子设备制造业	1 016	1 016	900	0	116	0	691	240
交通运输、仓储和邮政业	8 649	7 559	4 174	1 080	2 305	1 090	0	7 212
水上运输业	8 649	7 559	4 174	1 080	2 305	1 090	0	7 212
信息传输、软件和信息技术服务业	127 828	105 070	63 226	9 133	32 711	22 758	2 811	43 102
电信、广播电视和卫星传输服务	103 813	81 055	45 864	8 088	27 103	22 758	2 653	12 529
软件和信息技术服务业	24 015	24 015	17 362	1 045	5 608	0	158	30 573
科学研究和技术服务业	7 590 252	5 828 661	2 549 063	770 783	2 508 815	1 761 591	410 113	624 150

（续上表）

行业	科技经费内部支出	科技经费日常支出				科研基建	生产经营支出	其他支出
			人员劳务费	设备购置费	其他日常支出			
研究和试验发展	4 539 091	3 421 416	1 554 803	404 352	1 462 261	1 117 675	280 489	329 472
专业技术服务业	2 911 618	2 281 518	967 364	363 174	950 980	630 100	126 286	293 930
科技推广和应用服务业	139 543	125 727	26 896	3 257	95 574	13 816	3 338	748
水利、环境和公共设施管理业	733 703	667 044	381 598	32 466	252 980	66 659	185 040	307 905
水利管理业	374 988	343 923	190 992	9 254	143 677	31 065	116 315	52 327
生态保护和环境治理业	358 715	323 121	190 606	23 212	109 303	35 594	68 725	255 578
教育	52 375	52 375	35 131	1 541	15 703	0	0	32 162
教育	52 375	52 375	35 131	1 541	15 703	0	0	32 162
卫生和社会工作	923 242	921 072	233 604	11 057	676 411	2 170	0	1 097 225
卫生	923 242	921 072	233 604	11 057	676 411	2 170	0	1 097 225
文化、体育和娱乐业	105 571	104 826	31 846	8 592	64 388	745	7 765	18 279
文化艺术业	75 982	75 982	17 511	3 240	55 231	0	0	11 148
体育	29 589	28 844	14 335	5 352	9 157	745	7 765	7 131
公共管理、社会保障和社会组织	5 499	5 499	4 762	0	737	0	0	2 020
国家机构	5 499	5 499	4 762	0	737	0	0	2 020

表10-3-8　全部县以上部门属科技机构基本建设与固定资产（2018年）

10-3-8-1　按地域分布

单位：千元

地域	基本建设投资实际完成额			科研基建					年末固定资产原价			
		科研仪器设备	科研土建工程		政府资金	企业资金	事业单位资金	其他资金		科研房屋建筑物	科研仪器设备	
												进口
总　计	**2 194 169**	**1 515 073**	**537 342**	**2 052 415**	**1 581 423**	**23 387**	**447 102**	**503**	**14 346 315**	**4 523 783**	**7 239 771**	**2 305 501**
广州市	1 364 257	792 390	438 292	1 230 682	760 155	23 387	446 660	480	12 049 610	3 924 949	6 106 560	2 160 151
韶关市	1 055	844	211	1 055	963	0	92	0	66 465	42 860	15 940	3 028
深圳市	699 572	695 716	3 856	699 572	699 549	0	0	23	865 416	0	723 949	25 816
珠海市	16 947	7 765	9 011	16 776	16 776	0	0	0	119 712	26 655	41 160	0
汕头市	0	0	0	0	0	0	0	0	74 751	48 754	17 298	0
佛山市	306	258	48	306	306	0	0	0	56 730	35 616	6 631	0
江门市	5 738	0	568	568	568	0	0	0	39 044	23 211	5 417	0
湛江市	68 931	13 065	53 135	66 200	66 200	0	0	0	594 047	252 252	216 966	112 603
茂名市	3 473	2 748	725	3 473	3 473	0	0	0	12 046	2 536	4 847	0
肇庆市	500	500	0	500	500	0	0	0	34 958	8 539	2 349	0
惠州市	21 860	581	21 279	21 860	21 860	0	0	0	48 716	21 671	8 976	0
梅州市	8 550	391	8 159	8 550	8 450	0	100	0	47 591	4 386	37 540	0
汕尾市	0	0	0	0	0	0	0	0	653	0	66	0
河源市	0	0	0	0	0	0	0	0	1 203	665	249	0
阳江市	1 620	30	1 483	1 513	1 263	0	250	0	14 060	7 520	1 230	0
清远市												
东莞市	1 360	785	575	1 360	1 360	0	0	0	292 426	118 418	45 829	2 625
中山市	0	0	0	0	0	0	0	0	8 945	0	2 621	1 278
潮州市	0	0	0	0	0	0	0	0	8 156	3 624	705	0
揭阳市	0	0	0	0	0	0	0	0	8 352	1 857	1 286	0
云浮市	0	0	0	0	0	0	0	0	3 434	270	152	0

10-3-8-2 按隶属关系分布

单位：千元

隶属关系	基本建设投资实际完成额	科研仪器设备	科研土建工程	科研基建	政府资金	企业资金	事业单位资金	其他资金	年末固定资产原价	科研房屋建筑物	科研仪器设备	进口
总　计	**2 194 169**	**1 515 073**	**537 342**	**2 052 415**	**1 581 423**	**23 387**	**447 102**	**503**	**14 346 315**	**4 523 783**	**7 239 771**	**2 305 501**
地方部门属	566 392	388 728	172 216	560 944	217 620	23 387	319 457	480	7 284 077	2 684 044	3 115 058	798 061
省级部门属	154 780	79 332	75 277	154 609	78 311	23 387	52 431	480	4 781 134	1 720 980	2 345 025	742 284
副省级城市属	294 737	283 973	10 764	294 737	28 153	0	266 584	0	1 399 498	530 645	528 805	51 240
地市级部门属	116 875	25 423	86 175	111 598	111 156	0	442	0	1 103 445	432 419	241 228	4 537
中央部门属	1 627 777	1 126 345	365 126	1 491 471	1 363 803	0	127 645	23	7 062 238	1 839 739	4 124 713	1 507 440
中国科学院	974 594	956 795	17 799	974 594	958 801	0	15 793	0	3 777 733	384 062	2 518 026	837 580

表10-3-9　全部县以上部门属科技机构课题概况（2018年）

10-3-9-1 按地域分布

地域	课题数合计（个）	R&D课题	课题经费内部支出（千元）	政府资金	R&D课题经费	课题投入人员（人年）	R&D人员
总　计	**9 337**	**7 705**	**5 497 912**	**3 714 640**	**4 519 541**	**13 235**	**10 804**
广州市	8 104	6 685	4 845 046	3 127 266	3 925 943	10 669	8 880
韶关市	31	12	11 106	9 374	6 310	59	26
深圳市	679	656	462 316	412 001	456 957	996	909
珠海市	21	20	28 084	28 064	25 084	210	203
汕头市	52	31	14 556	13 779	9 091	184	136
佛山市	35	14	15 810	15 766	10 190	76	31
江门市	22	11	5 892	5 892	4 378	30	21

（续上表）

地域	课题数合计（个）		课题经费内部支出（千元）			课题投入人员（人年）	
		R&D课题		政府资金	R&D课题经费		R&D人员
湛江市	197	152	37 910	37 910	25 973	331	191
茂名市	13	4	6 397	6 370	4 421	33	13
肇庆市	18	11	2 977	1 122	2 490	37	23
惠州市	39	25	19 294	15 174	10 576	90	52
梅州市	32	17	6 865	5 128	3 724	132	46
阳江市	8	5	1 240	1 100	840	8	6
东莞市	65	52	35 342	30 802	30 353	290	223
中山市	5	4	1 500	1 500	1 300	29	15
潮州市	5	1	557	557	66	12	2
揭阳市	10	5	2 771	2 586	1 846	42	28
云浮市	1	0	250	250	0	6	0

10-3-9-2　按隶属关系分布

隶属关系	课题数合计（个）		课题经费内部支出（千元）			课题投入人员（人年）	
		R&D课题		政府资金	R&D课题经费		R&D人员
总　计	**9 337**	**7 705**	**5 497 912**	**3 714 640**	**4 519 541**	**13 235**	**10 804**
地方部门属	4 045	3 275	2 518 013	1 462 350	2 120 323	7 556	5 922
省级部门属	3 301	2 759	2 159 889	1 185 056	1 846 754	5 258	4 355
副省级城市属	321	275	166 714	123 044	141 350	708	563
地市级部门属	423	241	191 410	154 251	132 220	1 591	1 004
中央部门属	5 292	4 430	2 979 900	2 252 289	2 399 218	5 678	4 882
中国科学院	3 491	3 266	1 671 008	1 534 699	1 491 412	3 225	2 968

10-3-9-3 按课题活动类型分布

活动类型	课题数合计（个）	R&D课题	课题经费内部支出（千元）	政府资金	R&D课题经费	课题投入人员（人年）	R&D人员
总　计	**9 337**	**7 705**	**5 497 912**	**3 714 640**	**4 519 541**	**13 235**	**10 804**
基础研究	2 784	2 784	1 370 312	1 077 235	1 370 312	3 285	3 285
应用研究	2 673	2 673	1 451 737	933 600	1 451 737	3 364	3 364
试验发展	2 248	2 248	1 697 492	1 178 292	1 697 492	4 155	4 155
R&D成果应用	490	0	337 852	231 015	0	928	0
科技服务	1 142	0	640 519	294 498	0	1 503	0

10-3-9-4 按服务的国民经济行业分布

行业	课题数合计（个）	R&D课题	课题经费内部支出（千元）	政府资金	R&D课题经费	课题投入人员（人年）	R&D人员
总　计	**9 337**	**7 705**	**5 497 912**	**3 714 640**	**4 519 541**	**13 235**	**10 804**
农、林、牧、渔业	1 631	1 201	426 233	396 042	309 441	2 389	1 601
农业	831	581	186 813	173 195	128 167	1 122	710
林业	230	187	78 007	77 818	63 832	434	302
畜牧业	184	141	64 663	53 332	49 237	233	171
渔业	138	109	35 414	35 414	23 262	286	205
农、林、牧、渔专业及辅助性活动	248	183	61 336	56 283	44 943	314	214
采矿业	68	68	48 412	33 586	48 412	77	77
有色金属矿采选业	68	68	48 412	33 586	48 412	77	77
制造业	573	533	319 422	304 457	276 517	910	818

（续上表）

行业	课题数合计（个）	R&D课题	课题经费内部支出（千元）	政府资金	R&D课题经费	课题投入人员（人年）	R&D人员
农副食品加工业	153	140	53 544	49 155	50 405	210	192
石油、煤炭及其他燃料加工业	2	1	3 200	3 200	3 000	9	6
医药制造业	344	326	221 823	212 733	188 963	510	460
化学纤维制造业	2	2	2 623	1 138	2 623	16	16
专用设备制造业	69	61	33 109	33 109	26 403	111	90
铁路、船舶、航空航天和其他运输设备制造业	3	3	5 122	5 122	5 122	54	54
交通运输、仓储和邮政业	9	5	7 610	89	4 623	24	15
水上运输业	9	5	7 610	89	4 623	24	15
信息传输、软件和信息技术服务业	181	113	70 854	24 000	38 642	186	111
电信、广播电视和卫星传输服务	150	100	63 138	17 939	33 768	121	74
软件和信息技术服务业	31	13	7 716	6 061	4 874	66	37
科学研究和技术服务业	6 027	5 020	3 201 273	2 512 444	2 687 041	7 420	6 246
研究和试验发展	3 510	3 227	2 075 547	1 601 051	1 786 591	4 862	4 281
专业技术服务业	2 466	1 763	1 108 887	903 391	886 815	2 311	1 795
科技推广和应用服务业	51	30	16 839	8 002	13 634	247	170
水利、环境和公共设施管理业	462	401	513 720	267 333	352 165	981	809
水利管理业	51	40	306 129	78 353	182 243	379	293
生态保护和环境治理业	411	361	207 591	188 980	169 923	603	516
教育	61	59	13 860	643	13 360	70	63
教育	61	59	13 860	643	13 360	70	63

（续上表）

行业	课题数合计（个）	R&D课题	课题经费内部支出（千元）	政府资金	R&D课题经费	课题投入人员（人年）	R&D人员
卫生和社会工作	298	280	833 856	131 682	727 359	1 071	965
卫生	298	280	833 856	131 682	727 359	1 071	965
文化、体育和娱乐业	24	23	60 454	44 357	60 444	93	90
文化艺术业	7	7	59 408	43 311	59 408	62	62
体育	17	16	1 046	1 046	1 036	31	28
公共管理、社会保障和社会组织	3	2	2 219	7	1 538	13	9
国家机构	3	2	2 219	7	1 538	13	9

10-3-9-5　按课题所属学科分布

学科	课题数合计（个）	R&D课题	课题经费内部支出（千元）	政府资金	R&D课题经费	课题投入人员（人年）	其中：R&D人员
总　计	**9 337**	**7 705**	**5 497 912**	**3 714 640**	**4 519 541**	**13 235**	**10 804**
数学	14	12	3 251	2 389	3 013	20	16
信息科学与系统科学	51	42	62 272	43 411	59 303	143	117
力学	11	11	9 454	8 954	9 454	12	12
物理学	48	48	17 573	15 229	17 573	33	33
化学	100	92	31 921	19 827	28 688	130	110
地球科学	1 314	1 226	708 935	673 547	599 201	1 326	1 091
生物学	1 277	1 231	509 658	478 769	453 197	1 463	1 371
心理学	1	1	600	600	600	1	1
农学	1 374	983	382 745	356 454	279 083	1 814	1 201

（续上表）

学科	课题数合计（个）		课题经费内部支出（千元）			课题投入人员（人年）	
		R&D课题		政府资金	R&D课题经费		其中：R&D人员
林学	261	213	81 468	80 683	67 150	466	331
畜牧、兽医科学	226	173	63 938	54 163	52 081	272	212
水产学	178	138	48 286	47 716	33 176	341	243
基础医学	60	58	37 099	33 615	35 484	100	96
临床医学	278	263	838 404	159 700	732 779	861	773
预防医学与公共卫生学	72	70	38 240	14 320	37 671	236	230
药学	60	57	19 948	13 677	18 551	45	43
中医学与中药学	15	12	3 842	1 885	3 235	13	9
工程与技术科学基础学科	160	145	120 039	55 679	102 595	529	443
信息与系统科学相关工程与技术	36	23	38 721	25 262	30 324	91	67
自然科学相关工程与技术	183	158	119 340	111 808	118 675	227	225
测绘科学技术	42	41	68 042	65 135	67 646	41	40
材料科学	346	315	194 123	160 894	159 297	430	380
矿山工程技术	50	50	29 598	20 406	29 598	51	51
冶金工程技术	19	18	12 588	10 353	11 588	25	22
机械工程	102	76	77 168	48 187	53 779	345	266
动力与电气工程	36	30	35 996	12 912	27 497	47	25
能源科学技术	583	517	193 325	148 023	161 535	422	368
核科学技术	5	3	5 635	0	3 066	16	10
电子与通信技术	219	195	456 043	222 301	359 600	762	670
计算机科学技术	162	134	153 676	85 442	102 455	257	195
化学工程	56	46	16 858	15 127	9 753	144	106

（续上表）

学科	课题数合计（个）		课题经费内部支出（千元）			课题投入人员（人年）	
		R&D课题		政府资金	R&D课题经费		其中：R&D人员
产品应用相关工程与技术	23	21	44 201	12 192	44 047	160	152
纺织科学技术	2	2	2 623	1 138	2 623	16	16
食品科学技术	63	60	13 690	11 529	12 932	67	62
土木建筑工程	2	1	4 170	3 930	1 850	16	9
水利工程	44	33	298 739	71 189	177 159	333	254
交通运输工程	9	5	7 610	89	4 623	24	15
航空、航天科学技术	5	5	3 579	3 579	3 579	31	31
环境科学技术及资源科学技术	1 394	850	494 885	422 495	380 788	1 100	849
安全科学技术	9	7	3 731	1 519	3 020	25	21
管理学	113	39	37 235	36 090	21 204	151	78
马克思主义	4	4	7 309	7 309	7 309	29	29
哲学	2	1	1 061	1 061	290	6	1
宗教学	7	7	3 935	205	3 935	14	14
语言学	1	1	576	576	576	2	2
文学	3	3	1 014	854	1 014	12	12
艺术学	2	2	2 055	2 055	2 055	12	12
历史学	10	10	5 103	5 103	5 103	17	17
考古学	3	3	56 753	40 656	56 753	39	39
经济学	144	134	83 280	77 577	79 524	272	254
政治学	5	5	1 312	1 312	1 312	5	5
法学	3	3	1 700	1 700	1 700	6	6

（续上表）

学科	课题数合计（个）		课题经费内部支出（千元）			课题投入人员（人年）	
		R&D课题		政府资金	R&D课题经费		其中：R&D人员
社会学	30	30	16 306	16 306	16 306	48	48
民族学与文化学	12	12	5 050	923	5 050	19	19
新闻学与传播学	2	0	460	460	0	1	0
图书馆、情报与文献学	20	4	3 276	3 213	449	56	3
教育学	61	58	15 804	3 208	15 035	71	62
体育科学	19	18	1 655	1 035	1 645	34	31
统计学	6	6	2 016	871	2 016	8	8

10-3-9-6　按课题技术领域分布

技术领域	课题数合计（个）		课题经费内部支出（千元）			课题投入人员（人年）	
		R&D课题		政府资金	R&D课题经费		R&D人员
总　计	**9 337**	**7 705**	**5 497 912**	**3 714 640**	**4 519 541**	**13 235**	**10 804**
非技术领域	384	341	240 653	176 735	202 859	629	546
信息技术	382	336	408 584	240 198	335 744	692	548
生物和现代农业技术	3 119	2 596	1 119 886	1 046 410	917 079	4 159	3 280
新材料技术	403	367	192 620	178 963	157 109	517	453
能源技术	625	558	219 005	166 027	187 271	479	427
激光技术	3	3	288	288	288	7	7
先进制造与自动化技术	315	249	295 352	151 370	196 132	806	629
航天技术	6	6	34 908	33 783	34 908	35	35
资源与环境技术	2 816	2 150	1 343 522	1 055 998	1 045 972	2 488	2 096
其他技术领域	1 284	1 099	1 643 095	664 868	1 442 180	3 423	2 784

10-3-9-7 按课题来源分布

课题来源	课题数合计（个）	R&D课题	课题经费内部支出（千元）	政府资金	R&D课题经费	课题投入人员（人年）	R&D人员
总 计	**9 337**	**7 705**	**5 497 912**	**3 714 640**	**4 519 541**	**13 235**	**10 804**
国家重大科技专项	42	37	20 399	20 209	19 089	64	51
国家自然科学基金课题	1 229	1 229	470 117	353 409	470 117	1 279	1 279
国家863计划课题	11	11	4 148	4 128	4 148	15	15
国家科技支撑（攻关）计划课题	23	20	13 004	12 554	10 160	38	35
国家重点研发计划课题	273	252	264 393	201 061	231 661	615	554
国家973计划课题	30	30	17 813	17 813	17 813	49	49
国家公益性行业科研专项	46	39	22 133	21 855	16 656	60	45
国家社会科学基金课题	10	9	2 072	2 071	2 022	12	11
除上述国家计划外由中央政府部门下达的课题	1 059	936	1 246 156	956 382	997 664	1 835	1 543
地方自然科学基金课题	519	504	220 430	74 513	191 392	555	516
地方科技支撑（攻关）计划课题	1 815	1 403	1 058 674	673 768	886 775	2 369	1 879
地方社会科学基金课题	53	50	14 626	14 626	13 649	71	56
除上述地方计划外由地方政府部门下达的课题	2 448	1 999	1 271 424	947 650	1 045 627	3 953	2 986
企业委托：各类生产企业委托课题	818	348	400 820	28 686	171 824	641	357
自选：本机构选定并支付费用的课题	446	409	158 680	133 872	153 628	676	614
国际合作课题	74	63	41 630	36 458	39 867	79	68
其它：不能归入前述各类的课题	441	366	271 393	215 585	247 449	924	744

10-3-9-8 按课题合作形式分布

合作形式	课题数合计（个）	R&D课题	课题经费内部支出（千元）	政府资金	R&D课题经费	课题投入人员（人年）	R&D人员
总　计	**9 337**	**7 705**	**5 497 912**	**3 714 640**	**4 519 541**	**13 235**	**10 804**
与境外机构合作	151	143	114 258	88 930	112 147	184	172
与国内高校合作	346	304	226 079	190 902	212 378	675	585
与国内独立研究机构合作	518	414	462 861	392 995	383 928	1 093	889
与境内注册的外商独资企业合作	8	6	3 908	1 979	2 491	13	9
与境内注册的其他企业合作	565	409	441 613	256 251	259 730	980	745
独立研究	7 424	6 204	3 844 422	2 655 051	3 232 530	9 636	7 919
其他	325	225	404 771	128 532	316 339	654	484

10-3-9-9 按课题的社会经济目标分布

社会经济目标	课题数合计（个）	R&D课题	课题经费内部支出（千元）	政府资金	R&D课题经费	课题投入人员（人年）	R&D人员
总　计	**9 337**	**7 705**	**5 497 912**	**3 714 640**	**4 519 541**	**13 235**	**10 804**
环境保护、生态建设及污染防治	1 513	882	670 316	539 040	422 599	1 280	891
环境一般问题	74	55	22 714	20 803	19 644	85	59
环境与资源评估	122	82	37 574	18 120	18 032	93	64
环境监测	181	105	137 236	108 435	101 342	213	144
生态建设	130	81	83 802	81 258	64 052	164	124

（续上表）

社会经济目标	课题数合计（个）	R&D课题	课题经费内部支出（千元）	政府资金	R&D课题经费	课题投入人员（人年）	R&D人员
环境污染预防	185	105	47 462	38 230	38 834	144	120
环境治理	803	436	338 392	269 055	177 556	559	358
自然灾害的预防、预报	18	18	3 138	3 138	3 138	21	21
能源生产、分配和合理利用	670	590	243 195	184 750	205 300	538	466
能源一般问题研究	535	480	180 081	138 999	153 425	389	343
能源矿产的勘探技术	3	3	2 630	2 630	2 630	5	5
能源矿物的开采和加工技术	9	8	3 921	2 586	2 921	12	9
能源转换技术	7	6	3 139	2 758	3 034	6	5
能源输送、储存与分配技术	8	4	325	301	301	3	2
可再生能源	41	38	20 457	18 032	18 272	35	33
能源设施和设备建造	20	17	11 907	8 062	9 720	24	20
能源安全生产管理和技术	7	4	5 605	146	3 178	22	12
节约能源的技术	30	25	10 512	7 365	8 211	33	29
能源生产、输送、分配、储存、利用过程中污染的防治与处理	10	5	4 620	3 872	3 610	8	8
卫生事业发展	671	646	1 088 351	397 886	959 884	1 591	1 440
卫生一般问题	86	77	437 631	76 361	389 353	373	329
诊断与治疗	268	260	444 720	154 657	395 499	573	530
预防医学	68	67	23 883	18 415	23 674	184	181
公共卫生	16	15	4 038	2 758	3 678	36	34
营养和食品卫生	20	20	8 519	8 426	8 519	28	28

（续上表）

社会经济目标	课题数合计（个）		课题经费内部支出（千元）			课题投入人员（人年）	
		R&D课题		政府资金	R&D课题经费		R&D人员
药物滥用和成瘾	1	1	457	457	457	2	2
社会医疗	17	17	32 384	14 544	32 384	42	42
卫生医疗其他研究	195	189	136 719	122 269	106 321	352	294
教育事业发展	75	65	16 568	3 010	14 614	86	69
教育一般问题	60	56	14 196	1 534	13 347	72	61
学历教育	1	1	166	10	166	1	1
非学历教育与培训	4	3	1 079	514	539	4	3
其它教育	10	5	1 127	952	562	9	4
基础设施以及城市和农村规划	93	77	83 149	45 897	55 011	230	138
交通运输	24	17	15 276	4 092	11 954	42	32
通信	7	6	25 818	5 420	16 785	24	17
广播与电视	1	1	526	526	526	1	1
城市规划与市政工程	20	19	6 641	6 311	5 838	26	24
农村发展规划与建设	19	17	22 891	21 206	8 343	102	31
交通运输、通信、城市与农村发展对环境的影响	22	17	11 998	8 342	11 566	34	34
基础社会发展和社会服务	500	378	307 350	238 656	275 821	1 179	931
社会发展和社会服务一般问题	187	166	97 164	91 769	91 581	370	314
社会保障	4	4	3 167	3 167	3 167	5	5
公共安全	21	18	18 312	13 600	17 679	80	69
社会管理	1	1	89	89	89	1	1

（续上表）

社会经济目标	课题数合计（个）	R&D课题	课题经费内部支出（千元）	政府资金	R&D课题经费	课题投入人员（人年）	R&D人员
就业	1	1	1	1	1	1	1
法律与司法	2	2	450	450	450	2	2
政府与政治	2	2	1 642	1 265	1 642	6	6
国际关系	1	1	189	189	189	1	1
遗产保护	5	4	57 221	40 996	57 093	41	40
语言与文化	3	3	2 912	2 912	2 912	9	9
文艺、娱乐	5	5	2 513	2 353	2 513	16	16
宗教与道德	8	7	3 916	543	3 627	13	12
传媒	1	0	120	120	0	0	0
科技发展	143	108	79 125	47 392	74 514	432	384
国土资源管理	8	4	7 002	5 477	768	60	5
其他社会发展和社会服务	108	52	33 528	28 333	19 598	144	67
地球和大气层的探索与利用	1 209	1 189	630 827	557 248	612 530	1 141	1 112
地壳、地幔，海底的探测和研究	583	581	250 238	245 677	250 082	404	399
水文地理	26	23	89 307	24 102	74 990	87	82
海洋	485	472	240 472	236 901	236 869	511	495
大气	40	38	18 699	18 544	18 479	81	78
地球探测和开发其他研究	75	75	32 110	32 023	32 110	58	58
民用空间探测及开发	13	13	54 516	50 721	54 516	49	49
飞行器和运载工具研制	3	3	2 370	2 370	2 370	23	23
发射与控制系统	3	3	4 389	594	4 389	9	9

（续上表）

社会经济目标	课题数合计（个）	R&D课题	课题经费内部支出（千元）	政府资金	R&D课题经费	课题投入人员（人年）	R&D人员
卫星服务	5	5	47 379	47 379	47 379	9	9
空间探测和开发其他研究	2	2	378	378	378	8	8
农林牧渔业发展	2 251	1 700	685 823	634 954	523 422	3 139	2 205
农林牧渔业发展一般问题	229	156	66 345	60 733	42 840	326	227
农作物种植及培育	796	581	189 224	176 505	135 094	1 161	748
林业和林产品	188	151	57 984	57 760	45 970	315	209
畜牧业	206	161	57 795	51 471	49 297	242	199
渔业	165	130	44 104	43 122	31 770	302	221
农林牧渔业体系支撑	539	410	184 412	164 225	141 264	609	450
农林牧渔业生产中污染的防治与处理	128	111	85 960	81 139	77 188	183	151
工商业发展	948	798	1 106 369	525 933	807 244	2 305	1 853
促进工商业发展的一般问题	47	30	15 405	10 704	10 655	52	32
产业共性技术	154	141	80 338	66 073	71 450	366	325
非能源资源矿产的开采	1	1	203	203	203	0	0
食品、饮料和烟草制品业	103	89	27 215	21 285	23 475	109	96
纺织业、服装及皮革制品业	8	7	5 272	3 051	5 172	27	27
化学工业	25	24	34 994	29 251	13 494	46	34
非金属与金属制品业	25	15	16 460	7 016	7 593	22	13
机械制造业（不包括电子设备、仪器仪表及办公机械	79	58	46 819	32 022	35 889	175	127

（续上表）

社会经济目标	课题数合计（个）	R&D课题	课题经费内部支出（千元）	政府资金	R&D课题经费	课题投入人员（人年）	R&D人员
电子设备、仪器仪表及办公机械	110	90	428 538	195 945	326 131	687	558
其他制造业	37	32	27 187	16 726	20 082	63	56
热力、水的生产和供应	2	2	1 266	1 223	1 266	1	1
建筑业	1	1	360	128	360	0	0
信息与通信技术（ICT）服务业	45	36	70 430	44 823	60 937	126	101
技术服务业	263	232	320 579	73 175	200 011	550	405
金融业	4	2	2 194	2 194	2 110	7	6
商业及其他服务业	10	9	1 692	1 213	1 551	8	7
工商业活动中的环境保护、污染防治与处理	34	29	27 418	20 901	26 865	66	64
非定向研究	1 244	1 244	500 738	438 405	500 738	1 385	1 385
自然科学领域的非定向研究	846	846	266 370	256 730	266 370	861	861
工程与技术科学领域的非定向研究	118	118	75 741	42 920	75 741	154	154
农业科学领域的非定向研究	36	36	3 275	3 275	3 275	29	29
医学科学领域的非定向研究	142	142	87 623	84 484	87 623	139	139
社会科学领域的非定向研究	33	33	12 707	10 108	12 707	42	42
人文科学领域的非定向研究	31	31	30 830	29 499	30 830	116	116
其他	38	38	24 191	11 388	24 191	44	44
其他民用目标	144	117	108 512	95 942	85 664	308	260
国防	6	6	2 199	2 199	2 199	5	5

表10-3-10　全部县以上部门属科技机构课题经费内部支出按活动类型分类（2018年）

10-3-10-1　按地域分布

单位：千元

地域	课题经费内部支出	基础研究	应用研究	试验发展	R&D成果应用	科技服务
总　计	**5 497 912**	**1 370 312**	**1 451 737**	**1 697 492**	**337 852**	**640 519**
广州市	4 845 046	1 195 737	1 245 702	1 484 503	306 625	612 478
韶关市	11 106	0	1 560	4 750	2 757	2 039
深圳市	462 316	163 662	185 214	108 081	2 008	3 351
珠海市	28 084	0	527	24 557	3 000	0
汕头市	14 556	0	910	8 180	2 236	3 229
佛山市	15 810	65	3 674	6 451	1 243	4 378
江门市	5 892	148	3 059	1 170	1 314	200
湛江市	37 910	7 834	6 686	11 453	7 497	4 440
茂名市	6 397	0	3 000	1 421	900	1 076
肇庆市	2 977	0	0	2 490	0	487
惠州市	19 294	2 866	0	7 710	5 220	3 498
梅州市	6 865	0	0	3 724	912	2 229
阳江市	1 240	0	0	840	150	250
东莞市	35 342	0	838	29 515	3 015	1 974
中山市	1 500	0	0	1 300	0	200
潮州市	557	0	0	66	491	0
揭阳市	2 771	0	566	1 280	485	440
云浮市	250	0	0	0	0	250

10-3-10-2　按隶属关系分布

单位：千元

隶属关系	课题经费内部支出	基础研究	应用研究	试验发展	R&D成果应用	科技服务
总　计	**5 497 912**	**1 370 312**	**1 451 737**	**1 697 492**	**337 852**	**640 519**
地方部门属	2 518 013	471 531	691 415	957 378	194 032	203 657
省级部门属	2 159 888	443 366	571 404	831 984	164 160	148 974
副省级城市属	166 714	20 709	95 830	24 811	1 019	24 346
地市级部门属	191 410	7 456	24 181	100 583	28 853	30 337
中央部门属	2 979 900	898 782	760 322	740 114	143 820	436 862
中国科学院	1 671 008	748 221	515 484	227 707	103 303	76 293

表10-3-11　全部县以上部门属科技机构课题投入人员按活动类型分类（2018年）

10-3-11-1　按地域分布

单位：人年

地域	课题投入人员	基础研究	应用研究	试验发展	R&D成果应用	科技服务
总　计	**13 235**	**3 285**	**3 364**	**4 155**	**928**	**1 503**
广州市	10 669	2 824	2 829	3 228	648	1 141
韶关市	59	0	4	23	18	15
深圳市	996	365	408	136	24	64
珠海市	210	0	4	199	7	0
汕头市	184	0	26	111	20	28
佛山市	76	2	6	23	4	41
江门市	30	4	2	15	8	1
湛江市	331	77	56	57	97	44

（续上表）

地域	课题投入人员					
		基础研究	应用研究	试验发展	R&D成果应用	科技服务
茂名市	33	0	6	7	12	8
肇庆市	37	0	0	23	0	14
惠州市	90	13	0	39	20	18
梅州市	132	0	0	46	37	50
阳江市	8	0	0	6	1	2
东莞市	290	0	7	216	16	52
中山市	29	0	0	15	0	14
潮州市	12	0	0	2	10	0
揭阳市	42	0	17	11	8	6
云浮市	6	0	0	0	0	6

10-3-11-2　按隶属关系分布

单位：人年

隶属关系	课题投入人员					
		基础研究	应用研究	试验发展	R&D成果应用	科技服务
总　计	**13 235**	**3 285**	**3 364**	**4 155**	**928**	**1 503**
地方部门属	7 556	1 243	1 762	2 917	657	978
省级部门属	5 258	1 089	1 199	2 066	400	504
副省级城市属	708	86	366	111	12	133
地市级部门属	1 591	67	198	739	246	342
中央部门属	5 678	2 042	1 602	1 239	271	525
中国科学院	3 225	1 534	1 091	343	123	134

表10-3-12 全部县以上部门属科技机构专利（2018年）

10-3-12-1 按地域分布

地域	专利申请受理数（件）	发明专利	专利授权数（件）	其中：发明专利	其中：国外授权	有效发明专利数（件）	专利所有权转让及许可数（件）	专利所有权转让与许可收入（千元）
总　计	**3 475**	**2 431**	**1 878**	**1 059**	**34**	**11 935**	**86**	**62 904**
广州市	1 953	1 415	1 118	582	23	4 220	61	10 884
韶关市	11	6	9	4	0	13	0	0
深圳市	1 271	864	585	416	11	7 308	23	51 700
珠海市	65	33	18	7	0	57	2	320
汕头市	1	0	1	0	0	7	0	0
佛山市	4	2	1	1	0	1	0	0
江门市	2	2	0	0	0	3	0	0
湛江市	132	90	130	37	0	248	0	0
茂名市	2	0	0	0	0	0	0	0
惠州市	1	1	0	0	0	0	0	0
梅州市	2	2	2	2	0	10	0	0
东莞市	30	16	14	10	0	67	0	0
云浮市	1	0	0	0	0	1	0	0

10-3-12-2 按隶属关系分布

隶属关系	专利申请受理数（件）	发明专利	专利授权数（件）	其中：发明专利	其中：国外授权	有效发明专利数（件）	专利所有权转让及许可数（件）	专利所有权转让与许可收入（千元）
总　计	**3 475**	**2 431**	**1 878**	**1 059**	**34**	**11 935**	**86**	**62 904**
地方部门属	1 351	971	641	316	8	2 306	40	2 684

（续上表）

隶属关系	专利申请受理数（件）	发明专利	专利授权数（件）	其中：发明专利	其中：国外授权	有效发明专利数（件）	专利所有权转让及许可数（件）	专利所有权转让与许可收入（千元）
省级部门属	1 182	874	552	279	8	1 909	30	2 364
副省级城市属	25	12	22	2	0	85	8	0
地市级部门属	144	85	67	35	0	312	2	320
中央部门属	2 124	1 460	1 237	743	26	9 629	46	60 220
中国科学院	1 630	1 154	847	602	26	8 669	42	59 270

10-3-12-3　按国民经济行业分布

行业	专利申请受理数（件）	发明专利	专利授权数（件）	其中：发明专利	其中：国外授权	有效发明专利数（件）	专利所有权转让及许可数（件）	专利所有权转让及许可数（件）
总　计	**3 475**	**2 431**	**1 878**	**1 059**	**34**	**11 935**	**86**	**62 904**
农、林、牧、渔业	362	243	246	98	0	797	18	1 387
农业	159	97	80	42	0	294	0	0
林业	24	11	21	11	0	104	0	0
畜牧业	74	69	26	19	0	168	12	117
渔业	74	43	64	12	0	170	4	950
农、林、牧、渔专业及辅助性活动	31	23	55	14	0	61	2	320
采矿业	34	30	17	10	0	51	2	40
有色金属矿采选业	34	30	17	10	0	51	2	40
制造业	232	159	172	84	2	511	6	5 300
农副食品加工业	114	83	66	32	0	218	0	0

（续上表）

行业	专利申请受理数（件）	发明专利	专利授权数（件）	其中：发明专利	其中：国外授权	有效发明专利数（件）	专利所有权转让及许可数（件）	专利所有权转让及许可数（件）
医药制造业	22	22	32	30	2	202	6	5 300
化学纤维制造业	4	4	1	1	0	3	0	0
专用设备制造业	77	45	67	21	0	88	0	0
铁路、船舶、航空航天和其他运输设备制造业	15	5	6	0	0	0	0	0
信息传输、软件和信息技术服务业	166	118	69	23	1	179	1	0
电信、广播电视和卫星传输服务	156	108	68	22	1	176	1	0
软件和信息技术服务业	10	10	1	1	0	3	0	0
科学研究和技术服务业	2 451	1 762	1 252	795	25	9 964	47	54 847
研究和试验发展	2 121	1 542	1 029	692	20	9 118	41	54 457
专业技术服务业	305	207	221	101	5	814	6	390
科技推广和应用服务业	25	13	2	2	0	32	0	0
水利、环境和公共设施管理业	205	103	112	44	6	365	12	1 330
水利管理业	86	21	52	16	0	113	0	0
生态保护和环境治理业	119	82	60	28	6	252	12	1 330
卫生和社会工作	21	13	10	5	0	64	0	0
卫生	21	13	10	5	0	64	0	0
文化、体育和娱乐业	2	2	0	0	0	4	0	0
体育	2	2	0	0	0	4	0	0
公共管理、社会保障和社会组织	2	1	0	0	0	0	0	0
国家机构	2	1	0	0	0	0	0	0

10-3-12-4　按机构所属学科领域分布

学科领域	专利申请受理数（件）		专利授权数（件）			有效发明专利数（件）	专利所有权转让及许可数（件）	专利所有权转让与许可收入（千元）
		发明专利		其中：发明专利	其中：国外授权			
总　计	**3 475**	**2 431**	**1 878**	**1 059**	**34**	**11 935**	**86**	**62 904**
自然科学领域	467	375	218	145	10	1 051	10	357
农业科学领域	519	360	381	158	3	1 252	31	2 797
医学科学领域	43	35	42	35	2	266	6	5 300
工程科学与技术领域	2 442	1 658	1 235	721	19	9 354	39	54 450
社会、人文科学领域	4	3	2	0	0	12	0	0

表10-3-13　全部县以上部门属科技机构论文、著作及其他科技产出（2018年）

10-3-13-1　按地域分布

地域	科技论文（篇）		科技著作（种）	形成国家或行业标准数（项）	集成电路布图设计登记数（件）	植物新品种权授予数（项）	软件著作权数（件）	新药证书数（件）
		国外发表						
总　计	**8 064**	**3 424**	**331**	**273**	**0**	**64**	**376**	**2**
广州市	5 782	2 364	305	107	0	61	306	2
韶关市	32	2	0	0	0	0	0	0
深圳市	1 613	936	13	148	0	0	58	0
珠海市	86	60	0	0	0	0	10	0
汕头市	29	0	0	0	0	2	0	0
佛山市	22	1	0	0	0	0	0	0
江门市	8	0	0	0	0	0	0	0
湛江市	285	55	6	15	0	1	0	0
茂名市	21	0	0	0	0	0	0	0

（续上表）

地域	科技论文（篇）		科技著作（种）	形成国家或行业标准数（项）	集成电路布图设计登记数（件）	植物新品种权授予数（项）	软件著作权数（件）	新药证书数（件）
		国外发表						
肇庆市	21	0	1	0	0	0	0	0
惠州市	32	0	1	0	0	0	0	0
梅州市	62	0	0	0	0	0	0	0
河源市	2	0	0	1	0	0	0	0
阳江市	5	0	0	0	0	0	0	0
东莞市	47	4	0	2	0	0	2	0
中山市	9	2	0	0	0	0	0	0
潮州市	1	0	0	0	0	0	0	0
揭阳市	5	0	5	0	0	0	0	0
云浮市	2	0	0	0	0	0	0	0

10-3-13-2　按隶属关系分布

隶属关系	科技论文（篇）		科技著作（种）	形成国家或行业标准数（项）	集成电路布图设计登记数（件）	植物新品种权授予数（项）	软件著作权数（件）	新药证书数（件）
		国外发表						
总　计	**8 064**	**3 424**	**331**	**273**	**0**	**64**	**376**	**2**
地方部门属	3 545	884	263	197	0	59	185	1
省级部门属	2 700	728	84	43	0	30	148	1
副省级城市属	313	7	172	13	0	27	17	0
地市级部门属	532	149	7	141	0	2	20	0
中央部门属	4 519	2 540	68	76	0	5	191	1
中国科学院	3 244	2 072	24	4	0	1	76	0

10-3-13-3 按国民经济行业分布

行业	科技论文（篇）	国外发表	科技著作（种）	形成国家或行业标准数（项）	集成电路布图设计登记数（件）	植物新品种权授予数（项）	软件著作权数（件）	新药证书数（件）
总 计	**8 064**	**3 424**	**331**	**273**	**0**	**64**	**376**	**2**
农、林、牧、渔业	1 383	308	43	23	0	58	47	0
农业	556	81	18	6	0	54	38	0
林业	347	67	9	2	0	1	0	0
畜牧业	221	90	4	0	0	3	2	0
渔业	172	57	4	13	0	0	4	0
农、林、牧、渔专业及辅助性活动	87	13	8	2	0	0	3	0
采矿业	58	2	0	0	0	0	0	0
有色金属矿采选业	58	2	0	0	0	0	0	0
制造业	284	117	3	21	0	2	3	1
农副食品加工业	151	31	1	15	0	2	1	1
医药制造业	79	77	0	0	0	0	0	0
化学纤维制造业	3	0	0	0	0	0	0	0
专用设备制造业	51	9	2	6	0	0	2	0
交通运输、仓储和邮政业	1	0	0	0	0	0	0	0
水上运输业	1	0	0	0	0	0	0	0
信息传输、软件和信息技术服务业	91	14	0	0	0	0	28	0
电信、广播电视和卫星传输服务	57	14	0	0	0	0	16	0
软件和信息技术服务业	34	0	0	0	0	0	12	0
科学研究和技术服务业	5 351	2 749	115	226	0	1	244	1
研究和试验发展	3 993	2 226	87	40	0	1	127	0
专业技术服务业	1 286	520	23	38	0	0	112	1

（续上表）

行业	科技论文（篇）	国外发表	科技著作（种）	形成国家或行业标准数（项）	集成电路布图设计登记数（件）	植物新品种权授予数（项）	软件著作权数（件）	新药证书数（件）
科技推广和应用服务业	72	3	5	148	0	0	5	0
水利、环境和公共设施管理业	469	130	55	3	0	3	43	0
水利管理业	215	22	9	1	0	0	37	0
生态保护和环境治理业	254	108	46	2	0	3	6	0
教育	57	0	110	0	0	0	0	0
教育	57	0	110	0	0	0	0	0
卫生和社会工作	314	104	0	0	0	0	9	0
卫生	314	104	0	0	0	0	9	0
文化、体育和娱乐业	55	0	5	0	0	0	2	0
文化艺术业	34	0	2	0	0	0	0	0
体育	21	0	3	0	0	0	2	0
公共管理、社会保障和社会组织	1	0	0	0	0	0	0	0
国家机构	1	0	0	0	0	0	0	0

10-3-13-4　按机构所属学科领域分布

学科领域	科技论文（篇）	国外发表	科技著作（种）	形成国家或行业标准数（项）	集成电路布图设计登记数（件）	植物新品种权授予数（项）	软件著作权数（件）	新药证书数（件）
总　计	**8 064**	**3 424**	**331**	**273**	**0**	**64**	**376**	**2**
自然科学领域	1 776	1 114	29	15	0	1	54	0
农业科学领域	1 756	416	92	35	0	61	68	1
医学科学领域	390	181	0	0	0	0	9	0
工程科学与技术领域	3 689	1 698	48	207	0	2	242	1
社会、人文科学领域	453	15	162	16	0	0	3	0

表10-3-14　全部县以上部门属科技机构R&D人员（2018年）

10-3-14-1　按地域分布

单位：人

地域	R&D人员	女性	按工作量分		按学历分			
			R&D全时人员	R&D非全时人员	博士毕业	硕士毕业	本科毕业	其他
总　计	**16 100**	**6 388**	**11 219**	**4 881**	**3 788**	**5 498**	**4 808**	**2 006**
广州市	13 008	5 185	8 950	4 058	2 987	4 430	3 978	1 613
韶关市	60	12	10	50	0	11	31	18
深圳市	1 722	804	1 224	498	656	707	268	91
珠海市	245	60	218	27	66	65	82	32
汕头市	187	54	85	102	0	14	101	72
佛山市	39	16	37	2	1	13	20	5
江门市	34	12	21	13	0	7	24	3
湛江市	239	85	188	51	46	124	57	12
茂名市	17	5	12	5	0	2	10	5
肇庆市	23	6	23	0	0	6	6	11
惠州市	82	27	80	2	2	17	23	40
梅州市	59	22	54	5	1	19	26	13
阳江市	18	3	0	18	0	1	5	12
东莞市	322	86	272	50	28	78	157	59
中山市	15	9	15	0	1	4	8	2
潮州市	2	0	2	0	0	0	1	1
揭阳市	28	2	28	0	0	0	11	17

10–3–14–2　按隶属关系分布

单位：人

隶属关系	R&D人员	女性	按工作量分		按学历分			
			R&D全时人员	R&D非全时人员	博士毕业	硕士毕业	本科毕业	其他
总　计	**16 100**	**6 388**	**11 219**	**4 881**	**3 788**	**5 498**	**4 808**	**2 006**
地方部门属	8 491	3 319	5 969	2 522	1 489	2 631	3 005	1 366
省级部门属	6 083	2 390	4 231	1 852	1 220	1 888	2 010	965
副省级城市属	870	309	638	232	115	279	372	104
地市级部门属	1 538	620	1 100	438	154	464	623	297
中央部门属	7 609	3 069	5 250	2 359	2 299	2 867	1 803	640
中国科学院	4 339	1 895	3 217	1 122	1 802	1 577	695	265

10–3–14–3　按机构所属学科领域分布

单位：人

学科领域	R&D人员	女性	按工作量分		按学历分			
			R&D全时人员	R&D非全时人员	博士毕业	硕士毕业	本科毕业	其他
总　计	**16 100**	**6 388**	**11 219**	**4 881**	**3 788**	**5 498**	**4 808**	**2 006**
自然科学领域	3 283	1 582	2 432	851	1 172	1 030	771	310
农业科学领域	2 982	1 072	2 202	780	672	910	836	564
医学科学领域	1 793	865	1 165	628	308	509	667	309
工程科学与技术领域	7 164	2 517	4 788	2 376	1 456	2 719	2 230	759
社会、人文科学领域	878	352	632	246	180	330	304	64

表10-3-15 全部县以上部门属科技机构R&D人员折合全时工作量（2018年）

10-3-15-1 按地域分布

单位：人年

地域	R&D折合全时工作量	研究人员	按活动类型分组		
			基础研究人员	应用研究人员	试验发展人员
总　计	**13 432**	**9 079**	**4 093**	**4 189**	**5 150**
广州市	10 772	7 407	3 388	3 398	3 986
韶关市	27	10	0	4	23
深圳市	1 470	895	597	646	227
珠海市	228	179	0	5	223
汕头市	144	71	0	26	118
佛山市	38	33	2	9	27
江门市	22	14	5	2	15
湛江市	211	165	82	67	62
茂名市	15	6	0	8	7
肇庆市	23	12	0	0	23
惠州市	80	48	19	0	61
梅州市	58	47	0	0	58
阳江市	8	4	0	0	8
东莞市	291	171	0	7	284
中山市	15	12	0	0	15
潮州市	2	0	0	0	2
揭阳市	28	5	0	17	11

10-3-15-2 按隶属关系分布

单位：人年

隶属部门	R&D折合全时工作量	研究人员	按活动类型分组		
			基础研究人员	应用研究人员	试验发展人员
总　计	**13 432**	**9 079**	**4 093**	**4 189**	**5 150**
地方部门属	7 045	4 814	1 448	2 098	3 499
省级部门属	5 070	3 487	1 262	1 363	2 445
副省级城市属	723	505	107	471	145
地市级部门属	1 252	822	79	264	909
中央部门属	6 387	4 265	2 645	2 091	1 651
中国科学院	3 826	2 845	2 000	1 370	456

10-3-15-3 按机构所属学科领域分布

单位：人年

学科领域	R&D折合全时工作量	研究人员	按活动类型分组		
			基础研究人员	应用研究人员	试验发展人员
总　计	**13 432**	**9 079**	**4 093**	**4 189**	**5 150**
自然科学领域	2 825	2 027	1 558	656	611
农业科学领域	2 560	1 719	549	509	1 502
医学科学领域	1 562	1 092	778	609	175
工程科学与技术领域	5 762	3 708	1 096	1 931	2 735
社会、人文科学领域	723	533	112	484	127

10-3-15-4　按服务的国民经济行业分布

单位：人年

行业	R&D折合全时工作量	研究人员	按活动类型分组		
			基础研究人员	应用研究人员	试验发展人员
总　计	**13 432**	**9 079**	**4 093**	**4 189**	**5 150**
农、林、牧、渔业	1 994	1 320	438	355	1 201
农业	912	594	159	142	611
林业	363	227	72	72	219
畜牧业	213	164	57	36	120
渔业	244	199	126	68	50
农、林、牧、渔专业及辅助性活动	262	136	24	37	201
采矿业	97	77	7	23	67
有色金属矿采选业	97	77	7	23	67
制造业	987	711	361	288	338
农副食品加工业	275	124	71	61	143
石油、煤炭及其他燃料加工业	8	2	0	8	0
医药制造业	509	444	284	175	50
化学纤维制造业	16	10	0	0	16
专用设备制造业	119	83	6	44	69
铁路、船舶、航空航天和其他运输设备制造业	60	48	0	0	60
交通运输、仓储和邮政业	16	10	0	0	16
水上运输业	16	10	0	0	16

（续上表）

行业	R&D折合全时工作量	研究人员	按活动类型分组		
			基础研究人员	应用研究人员	试验发展人员
信息传输、软件和信息技术服务业	117	67	3	13	101
电信、广播电视和卫星传输服务	79	35	0	8	71
软件和信息技术服务业	38	32	3	5	30
科学研究和技术服务业	7 937	5 425	2 515	2 640	2 782
研究和试验发展	5 429	3 818	1 813	1 714	1 902
专业技术服务业	2 269	1 432	662	766	841
科技推广和应用服务业	239	175	40	160	39
水利、环境和公共设施管理业	1 021	685	228	300	493
水利管理业	453	253	91	88	274
生态保护和环境治理业	568	432	137	212	219
教育	97	47	0	97	0
教育	97	47	0	97	0
卫生和社会工作	1 051	646	494	432	125
卫生	1 051	646	494	432	125
文化、体育和娱乐业	101	85	47	27	27
文化艺术业	70	62	43	0	27
体育	31	23	4	27	0
公共管理、社会保障和社会组织	14	6	0	14	0
国家机构	14	6	0	14	0

表10-3-16 全部县以上部门属科技机构R&D经费支出（2018年）

10-3-16-1 按地域分布

单位：千元

地域	R&D经费内部支出	按活动类型分			按来源分					R&D经费外部支出
		基础研究	应用研究	试验发展	政府资金	企业资金	事业单位资金	国外资金	其他资金	
总　计	**7 469 527**	**2 193 400**	**2 334 874**	**2 941 253**	**5 650 956**	**417 863**	**1 321 561**	**8 254**	**70 893**	**212 248**
广州市	6 659 494	1 950 962	2 028 760	2 679 772	4 924 538	345 038	1 317 478	8 254	64 186	210 085
韶关市	6 310	0	1 560	4 750	4 933	1 305	72	0	0	0
深圳市	589 626	227 997	276 327	85 302	514 725	71 500	0	0	3 401	1 633
珠海市	47 046	0	746	46 300	47 026	20	0	0	0	0
汕头市	13 353	0	3 541	9 812	12 576	0	777	0	0	0
佛山市	15 380	66	6 270	9 044	15 380	0	0	0	0	400
江门市	4 739	149	3 059	1 531	4 739	0	0	0	0	0
湛江市	36 983	11 067	8 968	16 948	36 727	0	0	0	256	0
茂名市	5 052	0	3 000	2 052	5 052	0	0	0	0	0
肇庆市	2 990	0	0	2 990	1 140	0	1 850	0	0	0
惠州市	16 767	3 158	0	13 609	16 767	0	0	0	0	0
梅州市	6 430	0	0	6 430	6 430	0	0	0	0	0
阳江市	1 310	0	0	1 310	1 310	0	0	0	0	0
东莞市	59 474	1	859	58 614	55 040	0	1 384	0	3 050	130
中山市	1 300	0	0	1 300	1 300	0	0	0	0	0
潮州市	209	0	0	209	209	0	0	0	0	0
揭阳市	3 064	0	1 784	1 280	3 064	0	0	0	0	0

10-3-16-2　按隶属关系分布

单位：千元

隶属关系	R&D经费内部支出	按活动类型分			按来源分					R&D经费外部支出
		基础研究	应用研究	试验发展	政府资金	企业资金	事业单位资金	国外资金	其他资金	
总　计	**7 469 527**	**2 193 400**	**2 334 874**	**2 941 253**	**5 650 956**	**417 863**	**1 321 561**	**8 254**	**70 893**	**212 248**
地方部门属	3 376 958	628 265	1 027 736	1 720 957	2 223 344	86 826	996 089	62	70 637	15 391
省级部门属	2 792 428	568 983	792 873	1 430 572	1 726 307	80 900	920 973	62	64 186	14 861
副省级城市属	294 208	47 497	188 448	58 263	225 475	0	68 733	0	0	0
地市级部门属	290 322	11 785	46 415	232 122	271 562	5 926	6 383	0	6 451	530
中央部门属	4 092 569	1 565 135	1 307 138	1 220 296	3 427 612	331 037	325 472	8 192	256	196 857
中国科学院	2 341 932	1 226 166	824 092	291 674	2 127 964	128 346	79 087	6 535	0	184 994

10-3-16-3　按机构所属学科领域分布

单位：千元

学科领域	R&D经费内部支出	按活动类型分			按来源分					R&D经费外部支出
		基础研究	应用研究	试验发展	政府资金	企业资金	事业单位资金	国外资金	其他资金	
总　计	**7 469 527**	**2 193 400**	**2 334 874**	**2 941 253**	**5 650 956**	**417 863**	**1 321 561**	**8 254**	**70 893**	**212 248**
自然科学领域	1 854 833	1 047 681	427 534	379 618	1 633 125	48 183	161 788	3 661	8 076	193 924
农业科学领域	1 108 659	160 704	215 062	732 893	1 013 090	3 753	64 471	0	27 345	1 110
医学科学领域	1 024 880	413 079	451 611	160 190	413 061	7 841	603 890	88	0	0
工程科学与技术领域	3 102 275	517 083	990 630	1 594 562	2 271 150	346 617	460 481	4 505	19 522	16 421
社会、人文科学领域	378 880	54 853	250 037	73 990	320 530	11 469	30 931	0	15 950	793

表10-3-17　全部县以上部门属科技机构R&D经费内部支出（2018年）

10-3-17-1　按地域分布

单位：千元

地域	R&D经费内部支出	经常费支出	人员费用	设备购置费	其他	基本建设费	仪器设备费	土建费
总　计	**7 469 527**	**6 516 381**	**2 828 891**	**820 637**	**2 866 853**	**953 146**	**518 121**	**435 025**
广州市	6 659 494	5 750 955	2 426 908	707 917	2 616 130	908 539	489 470	419 069
韶关市	6 310	6 238	5 916	0	322	72	0	72
深圳市	589 626	574 184	283 044	99 849	191 291	15 442	13 752	1 690
珠海市	47 046	30 747	17 091	6 548	7 108	16 299	7 292	9 007
汕头市	13 353	13 353	10 268	225	2 860	0	0	0
佛山市	15 380	15 074	6 720	488	7 866	306	258	48
江门市	4 739	4 739	3 630	11	1 098	0	0	0
湛江市	36 983	26 494	16 450	3 381	6 663	10 489	5 640	4 849
茂名市	5 052	5 052	3 477	0	1 575	0	0	0
肇庆市	2 990	2 490	2 339	0	151	500	500	0
惠州市	16 767	16 334	14 551	278	1 505	433	433	0
梅州市	6 430	6 430	5 227	119	1 084	0	0	0
阳江市	1 310	990	960	30	0	320	30	290
东莞市	59 474	58 728	29 132	1 225	28 371	746	746	0
中山市	1 300	1 300	500	0	800	0	0	0
潮州市	209	209	184	0	25	0	0	0
揭阳市	3 064	3 064	2 494	566	4	0	0	0

10-3-17-2 按隶属关系分布

单位：千元

隶属关系	R&D经费内部支出	经常费支出				基本建设费		
			人员费用	设备购置费	其他		仪器设备费	土建费
总　计	**7 469 527**	**6 516 381**	**2 828 891**	**820 637**	**2 866 853**	**953 146**	**518 121**	**435 025**
地方部门属	3 376 958	3 177 115	1 489 280	315 003	1 372 832	199 843	81 059	118 784
省级部门属	2 792 428	2 692 847	1 226 600	243 915	1 222 332	99 581	39 227	60 354
副省级城市属	294 208	269 579	137 026	55 995	76 558	24 629	19 735	4 894
地市级部门属	290 322	214 689	125 654	15 093	73 942	75 633	22 097	53 536
中央部门属	4 092 569	3 339 266	1 339 611	505 634	1 494 021	753 303	437 062	316 241
中国科学院	2 341 932	2 049 132	739 015	363 019	947 098	292 800	275 001	17 799

10-3-17-3 按机构所属学科领域分布

单位：千元

学科领域	R&D经费内部支出	经常费支出				基本建设费		
			人员费用	设备购置费	其他		仪器设备费	土建费
总　计	**7 469 527**	**6 516 381**	**2 828 891**	**820 637**	**2 866 853**	**953 146**	**518 121**	**435 025**
自然科学领域	1 854 833	1 531 073	568 402	255 753	706 918	323 760	285 684	38 076
农业科学领域	1 108 659	1 010 799	478 282	125 967	406 550	97 860	35 897	61 963
医学科学领域	1 024 880	1 022 002	272 608	62 726	686 668	2 878	1 464	1 414
工程科学与技术领域	3 102 275	2 573 868	1 289 919	367 529	916 420	528 407	194 835	333 572
社会、人文科学领域	378 880	378 639	219 680	8 662	150 297	241	241	0

10-3-17-4 按机构服务的国民经济行业分布

单位：千元

行业	R&D经费内部支出	经常费支出				基本建设费		
			人员费用	设备购置费	其他		仪器设备费	土建费
总　计	**7 469 527**	**6 516 381**	**2 828 891**	**820 637**	**2 866 853**	**953 146**	**518 121**	**435 025**
农、林、牧、渔业	890 110	808 467	387 548	92 293	328 626	81 643	26 858	54 785
农业	370 518	344 246	196 973	36 463	110 810	26 272	24 475	1 797
林业	201 535	185 944	84 982	31 575	69 387	15 591	764	14 827
畜牧业	103 210	102 459	42 286	5 688	54 485	751	679	72
渔业	122 427	91 275	17 813	5 185	68 277	31 152	0	31 152
农、林、牧、渔专业及辅助性活动	92 420	84 543	45 494	13 382	25 667	7 877	940	6 937
采矿业	48 412	48 412	30 013	7 950	10 449	0	0	0
有色金属矿采选业	48 412	48 412	30 013	7 950	10 449	0	0	0
制造业	486 647	473 480	163 854	95 501	214 125	13 167	6 709	6 458
农副食品加工业	128 706	118 712	58 369	27 068	33 275	9 994	5 230	4 764
石油、煤炭及其他燃料加工业	3 000	3 000	2 660	0	340	0	0	0
医药制造业	267 528	266 114	76 398	51 969	137 747	1 414	0	1 414
化学纤维制造业	2 623	2 258	1 122	98	1 038	365	365	0
专用设备制造业	76 077	75 821	18 746	15 350	41 725	256	256	0
铁路、船舶、航空航天和其他运输设备制造业	8 713	7 575	6 559	1 016	0	1 138	858	280
交通运输、仓储和邮政业	5 040	5 040	2 783	720	1 537	0	0	0
水上运输业	5 040	5 040	2 783	720	1 537	0	0	0

（续上表）

行业	R&D经费内部支出	经常费支出				基本建设费		
			人员费用	设备购置费	其他		仪器设备费	土建费
信息传输、软件和信息技术服务业	67 667	55 377	36 084	7 427	11 866	12 290	0	12 290
电信、广播电视和卫星传输服务	55 305	43 015	26 201	7 319	9 495	12 290	0	12 290
软件和信息技术服务业	12 362	12 362	9 883	108	2 371	0	0	0
科学研究和技术服务业	4 584 514	3 802 790	1 696 297	577 105	1 529 388	781 724	470 769	310 955
研究和试验发展	2 770 773	2 344 632	1 126 612	339 747	878 273	426 141	128 689	297 452
专业技术服务业	1 783 905	1 442 074	560 330	234 101	647 643	341 831	328 328	13 503
科技推广和应用服务业	29 836	16 084	9 355	3 257	3 472	13 752	13 752	0
水利、环境和公共设施管理业	508 838	446 221	261 486	23 823	160 912	62 617	12 080	50 537
水利管理业	254 947	225 206	120 628	8 757	95 821	29 741	3 122	26 619
生态保护和环境治理业	253 891	221 015	140 858	15 066	65 091	32 876	8 958	23 918
教育	36 426	36 426	32 542	1 041	2 843	0	0	0
教育	36 426	36 426	32 542	1 041	2 843	0	0	0
卫生和社会工作	757 115	755 651	196 000	10 757	548 894	1 464	1 464	0
卫生	757 115	755 651	196 000	10 757	548 894	1 464	1 464	0
文化、体育和娱乐业	80 947	80 706	18 984	4 020	57 702	241	241	0
文化艺术业	74 981	74 981	17 237	3 240	54 504	0	0	0
体育	5 966	5 725	1 747	780	3 198	241	241	0
公共管理、社会保障和社会组织	3 811	3 811	3 300	0	511	0	0	0
国家机构	3 811	3 811	3 300	0	511	0	0	0

大事记

2018年广东科技大事记

【1月】

3日

刘炜副厅长率基础研究与科研条件处、广东省科技基础条件平台中心相关人员赴东莞、深圳市督促推进广东省实验室建设，先后听取东莞市科技局吴世文局长介绍东莞材料科学与技术广东省实验室建设工作开展情况、存在问题以及下一步工作考虑；听取深圳市科创委副主任钟海介绍网络空间科学与技术省实验室建设在领帅人物择选、建设用地安排和体制机制创新方面的推进工作情况，以及基因与健康领域的建设部署情况和下一步工作考虑。

△受王瑞军厅长委托，郑海涛副厅长在7楼会议室与省科技厅党的十九大精神“大学习”活动工作团队进行交流座谈。

4日

王瑞军厅长、周木堂副巡视员与到访省科技厅的广东省援疆指挥部总指挥贺宇一行座谈，听取贺宇代表广东省对口支援新疆工作前方指挥部介绍 2017 年广东科技援疆工作的创新做法和成效，就加快落实《对口援疆协议》《协同创新驱动喀什地区发展的战略协议》、积极协助援疆指挥部进行相关人员培训和开展太阳能光伏、固沙复垦等先进适用技术的推广和应用，以及2018年继续组织实施科技援疆专项等进行交流。厅社会发展与农村科技处相关负责人参加了座谈。

△厅党组书记、厅长王瑞军同志在17楼会议室主持召开党组（扩大）会议，传达省委十二届三次全会精神，带领与会人员重点学习李希书记的工作报告、总结讲话及马兴瑞省长的专题讲话精神，研究贯彻落实措施。全体厅领导，厅机关各处室、厅各直属单位负责同志参加了会议。

5日

周木堂副巡视员在17楼会议室与到省科技厅就珠三角大气污染防控技术进行交流的省环保厅、暨南大学以及相关项目团队有关人员座谈，听取项目组负责人介绍目前珠三角的空气质量改善情况以及对未来空气质量防控问题的探索，并针对珠三角区域空气质量对标国际先进水平和精细化管理的技术需求，详细介绍了申报国家重点研发计划《珠三角PM2.5和臭氧综合防控技术与精准施策示范》项目的情况，希望通过开展粤港澳大气环境一体化监测网与快速诊断分析平台等6项主要研究内容，构建区域空气质量管理新模式，促进粤港澳大湾区清洁空气研究智库建设、国内外其他经济快速发展地区空气质量持续改善提供示范和参考。厅社会发展与农村科技处有关人员参加了座谈。

8日

王瑞军厅长参加在北京召开的2017年度国家科学技术奖励大会。2017年度广东共有38项牵头及合作完成的重大科技成果荣获国家科学技术奖，其中国家技术发明奖10项，4项由广东省牵头完成；国家科技进步奖28项（含专用项目2项），6项由广东省牵头完成（含专用项目 1项）。由第一完成人牵头完成特等奖1项，实现广东省牵头完成项目获国家科技进步奖特等奖“零的突破”；参与完成特等奖1项；牵头完成一等奖1项。

△广东省与中国科学院科技合作领导小组办公室工作会议在北京召开。会上，王瑞军厅长介绍了广东省科技创新工作的总体部署情况、广东省实验室建设情况和粤港澳大湾区国际科技创新中心建设前期工作基础，并希望中科院与广东省进一步深化落实双方签署的《广东省人民政府中国科学院“十三五”全面战略合作协议》，围绕粤港澳大湾区的创新发展，与广东携手争取国家在粤布局建设国家大科学中心，加快大科学装置建设，推动国家实验室等国家级科研平台建设，促进重大产业化成果在广东落地转化，并在科技与经济结合的新模式、新机制方面作出积极探索；刘炜副厅长、中科院科技促进发展局严庆局长、中科院重大科技任务局齐涛副局长、广州分院分党组副书记周传忠分别发言，双方共同回顾了省院近年来合作成效，并就省院下一步工作重点进行了研讨。中科院科技促进发展局科技合作处、重大科技任务局材料能源处、广州分院科技合作处，广东省科技厅办公室、产学研结合处有关同志参加会议。

△刘炜副厅长率产学研结合处相关负责同志到科技部就近期广东省开展军民科技协同创新、国家军民科技协同创新平台工作进展进行汇报，听取科技部资源配置与管理司郭日生副司长的意见和建议；到军委科技委对广东省、科技部、军委科技委三方合作协议、领导调研等事项进行沟通，并对广东建设国家军民科技协同创新平台工作在军民科技协同创新机制的先行先试、建立降解密的机制、创新平台工作建设的具体实施细则等方面情况进行沟通交流。

10日

省科技厅组织召开“提高科技创新能力、建设科技创新强省”高企专场调研座谈会。会议由杨军副厅长主持。会上，金发科技等企业代表分别就广东省基础研究和产业技术创新、粤港澳大湾区国际科技创新中心建设、本行业创新发展中面临的困难、企业自身开展技术创新情况、在人才队伍和产业研合作等方面存在亟需解决的问题和政策需求等发表了看法并提出了若干建议；厅各业务处室负责同志对提出的问题和建议一一进行了回应。郑海涛副厅长、厅高新技术发展及产业化处、规划财务处、政策法规处、基础研究与科研条件处、产学研结合处、科技服务与管理处、科技交流合作处相关负责同志，作为课题专家省社科院王男院长以及全省22家高新技术企业代表参加了座谈会。

△2017年度领导班子民主生活会会前征求意见座谈会在17楼会议室召开。会上，受厅党组书记、厅长王瑞军同志委托何棣华副巡视员作讲话；与会人员围绕征求意见主题，结合本单位工作实际和认识体会，从全面从严治党、加强科技战略研究、人才培养、机关文化建设等方面提出了有针对性、建设性的意见建议。厅机关各处室和厅属各单位党组织代表、省政协委员及青年代表、厅十九大精神“大学习”活动工作团队成员共32人参加了会议。

12日

王瑞军厅长、何棣华副巡视员率广东省科技服务业研究院、厅党办相关负责同志到省生产力促进中心调研，并就开好2017年度厅领导班子民主生活会征求意见，听取省生产力促进中心陈金德主任汇报中心近年来重点业务开展情况以及代表中心党委向厅领导班子提出的意见和建议。

△王瑞军厅长、何棣华副巡视员率广东省科技服务业研究院、厅党办相关负责同志到省技术经

济研究发展中心调研，并就2017年度厅领导班子民主生活会会前征求意见，听取省技术经济研究发展中心曾乐民主任介绍中心组织架构、发展历程、业务开展、发展思路和目前存在的困难，与中心领导班子、各部门正职、各支部书记、基层代表和青年代表座谈交流，听取意见和建议。

△刘炜副厅长率基础研究与科研条件处、广东省科技基础条件平台中心相关负责同志到佛山市督促推进广东省实验室建设工作，听取佛山市科技局党组书记薛立伟汇报佛山先进制造科学与技术广东省实验室建设的进展汇报，双方就省实验室建设步骤、存在问题进行交流并明晰了下一步工作计划。

14日

王瑞军厅长、郑海涛副厅长率基础研究与科研条件处有关负责同志到华南理工大学看望获得2017年国家自然科学奖一等奖的唐本忠院士，并感谢华南理工大学一直以来对广东经济社会发展作出的重大贡献，华南理工大学吴业春副校长、科技处林艺文处长以及唐本忠院士团队相关人员等参加了会见。

△王瑞军厅长、郑海涛副厅长率厅党办、基础研究与科研条件处、规划财务处相关负责同志到省实验动物监测所调研，并就2017年度厅领导班子民主生活会会前征求意见，同时实地考察了省实验动物监测所相关业务部门及实验室，听取工作汇报，与实验动物监测所领导班子、中层干部、省政协委员王希龙、基层一线及青年代表展开座谈。

15日

王瑞军厅长到广东省科学技术情报研究所调研，听取广东省科学技术情报研究所曾祥效所长汇报单位的基本情况、发展现状、发展思路、制约因素、意见建议，与该所部门主要负责同志进行交流，广东省科技服务业研究院院长曾路、厅党办负责人、厅十九大精神“大学习”活动工作团队成员参加了调研。

16日

王瑞军厅长率广东省科技服务业研究院、厅党办相关负责同志和十九大精神 “大学习” 活动工作团队成员到广东省科技合作研究促进中心调研，实地考察中心及下属广东国际科技贸易展览有限公司、广州顶美展览工程有限公司，听取工作汇报并与中心领导班子座谈，就2017年度厅领导班子民主生活会征求意见。

△刘炜副厅长率基础研究与科研条件处、广东省科技基础条件平台中心主要负责同志到广州生物岛督查省实验室建设工作，听取广州市科创委副主任王越西对广州再生医学与健康省实验室的进展汇报，双方就省实验室体制机制创新、人才团队引进、科技资源汇聚、科技成果转化等问题进行交流。

△广州市公安局和越秀公安分局治安大队有关负责同志到省科技厅召开安保交流座谈会，并代表2017广州《财富》全球论坛执行委员会安全保障团队赠送锦旗，对省科技厅2017年广州《财富》论坛期间给予场地、人员、安保等方面支持表示感谢。周木堂副巡视员参加座谈会并代表省科技厅接受了锦旗。厅办公室、人事处、广东省科技合作研究促进中心、厅机关服务中心有关人员参加了赠旗仪式。

17日

上午，王瑞军厅长、郭大春副厅长、何棣华副巡视员在17楼会议室与到省科技厅调研的广西壮族自治区科技厅曹坤华厅长、唐咸来副厅长一行座谈。会后，广西科技厅一行考察了广东省生产力促进中心所属的广东拓思软件科学园有限公司，重点调研该公司孵化育成体系建设情况。

△上午，王瑞军厅长率厅党办负责人、党的十九大精神“大学习”活动工作团队有关同志到省科技服务业研究院调研，并就2017年度厅领导班子民主生活会会前征求意见，听取曾路院长汇报省科技服务业研究院基本情况及院本部2017年工作开展情况，并向厅领导班子提出了意见和建议。

△下午，王瑞军厅长率广东省科技服务业研究院、厅党办相关负责同志到省科技基础条件平台中心调研，并就2017年度厅领导班子民主生活会会前座谈征求意见，听取省科技基础条件平台中心罗亮主任介绍中心发展历史、党建情况、组织架构、科研能力、科技服务和下属企业业务开展等情况，以及对厅领导班子的意见建议。

△下午，周木堂副巡视员率社会发展与农村科技处有关人员到省环保厅调研并与省环保厅李晖副厅长及专家团队就珠三角大气污染联防联控工作展开座谈。

18日

上午，党组书记、厅长王瑞军在17楼会议室主持召开省科技厅党组理论学习中心组扩大会议。会上，传达学习习近平总书记在中央政治局民主生活会、学习贯彻党的十九大精神研讨班开班仪式上的重要讲话精神、十九届中纪委二次全会精神和《中共科学技术部党组关于坚持以习近平新时代中国特色社会主义思想为指导开创科技工作新局面的意见》，部署学习研讨《习近平谈治国理政》（第二卷）；与会厅领导结合学习主题和各自分管工作实际，分别就深入贯彻落实党的十九大精神，全面领会习近平新时代中国特色社会主义思想作发言。厅党组成员、副巡视员，各处室负责人、粤科金融集团负责人、厅属各单位党政主要负责人，厅十九大精神“大学习”活动工作团队成员共计39人参加了本次会议。

△下午，王瑞军厅长率广东省科技服务业研究院、厅党办相关负责同志以及十九大精神“大学习”活动工作团队成员到省科技创新监测研究中心调研，实地考察省科技创新监测研究中心相关业务部门，并与省科技创新监测研究中心领导班子及中层干部座谈交流，听取中心工作汇报，并就2017年度厅领导班子民主生活会会前征求意见建议。

△周木堂副巡视员率社会发展与农村科技处有关人员到暨南大学环境与气候研究院调研，听取校长助理、研究院院长邵敏介绍研究院的成立背景、学术队伍以及当前正在开展的项目研究等基本情况，分享了申报国家重点研发计划的经验，团队骨干分别介绍了研究院实验室的建设情况以及2018年大气污染成因与控制技术研究国家重点研发计划的项目申报情况。

20日

刘炜副厅长参加广东华中科技大学工业技术研究院在东莞松山湖举办的建院十周年工作交流会并致辞。

21日

2017年度广东省科学技术奖评审委员会评审会在广州召开。会议由省科学技术奖评审委员会主任委员、省科技厅厅长王瑞军主持。省科学技术奖评审委员会副主任委员郑海涛副厅长、陈小明院士、瞿金平院士，及陈勇院士、戴琼海院士等27位委员参加了会议。经网络评审、会议评审、现场考察及省奖评委评审，共评选出突出贡献奖2人和其他拟奖项目246项，其中特等奖1项、一等奖30项、二等奖65项、三等奖150项。

22日

王瑞军厅长、刘炜副厅长在厅17楼会议室与到访省科技厅的哈尔滨工业大学副校长韩杰才院士一行，就落实国家关于广东省与黑龙江省对口合作的部署，进一步发挥哈尔滨工业大学的科技创新特色与优势，加强省校、校地科技合作等进行座谈。厅产学研结合处、高新技术发展及产业化处、政策法规处、规划财务处、基础研究与科研条件处、科技交流合作处等相关处室有关同志参加了座谈会。

23日

省科技厅党组书记、厅长王瑞军主持召开厅党组（扩大）会议，专题传达学习《中国共产党第十九届中央委员会第二次全体会议公报》和十二届省纪委二次全会精神。厅领导、厅机关各处室副处以上干部、厅属各单位班子成员、粤科金融集团负责同志、驻厅纪检组负责同志、厅十九大精神“大学习”活动工作团队全体成员等共计130多人参加了会议。

25日

刘炜副厅长率产学研结合处有关同志到深圳市宝安区调研军民融合园区建设情况，实地考察了领亚科技园区、安科高技术股份有限公司等企业；与宝安区区委书记姚任就科技人才引进、科技政策的创新等进行交流座谈。

29日

周木堂副巡视员出席珠海国家农业科技园区产学研战略合作签约暨战略发展研讨会，为“珠海国家农业科技园区”、珠海市生态农业“星创天地”进行揭牌授牌，见证珠海国家农业科技的产学研战略合作签约。

31日

上午，刘炜副厅长主持召开加强广东省基础与应用基础研究的若干意见讨论稿专家论证会。会上，基础研究与科研条件处介绍了关于进一步加强广东省基础与应用基础研究的若干意见（讨论稿）的起草背景和框架思路；与会专家对该政策文稿提出了修改意见。省技术经济研究发展中心有关负责同志参加了会议。

△下午，刘炜副厅长率基础研究与科研条件处、规划财务处、产学研结合处负责同志到省教育厅，就有关重点工作进行对接交流、座谈。省教育厅邢锋副厅长，科研处、高教处有关负责同志参加了会议。双方围绕推动广东高校科技平台、项目、人才、团队建设等方面的合作设想进行了深入友好协商，就努力提升广东高校创新能力的目标达成了共识。

△何棣华副巡视员参加中国科学技术交流中心在广州召开的2017年度全国地方科技交流中心主任座谈会，并介绍2017年广东省深入实施创新驱动发展战略的重点工作，与会议代表分享广东努力建设科技强省的经验。

【2月】

1日

何棣华副巡视员出席在河源举行的阿里巴巴广东大数据综合平台项目签约仪式并致辞。

2日

上午，2017年度领导班子民主生活会在17楼会议室召开。会上，王瑞军厅长代表领导班子通报会前准备工作和征求意见情况、上一年度民主生活会整改措施落实情况，并带头做个人对照检查和自我批评，其他党组成员也逐一进行对照检查，相互之间开展了严肃认真的批评；省委组织部部务委员陈文明、简志代表省委组织部民主生活会督导组作点评讲话，并对进一步做好材料的查漏补缺和增补完善工作、做好民主生活会整改落实工作，以及省科技厅领导班子更好地履职尽责提出了要求；黄宁生副省长作讲话。厅领导班子成员、厅机关副巡视员，厅党办、办公室、人事处、驻厅纪检组负责人等列席会议。下午，省科技厅召开厅党组（扩大）会议，向厅机关各处室、厅属各单位负责同志通报厅领导班子民主生活会情况，传达学习上级领导对民主生活会的讲话精神，专门研究部署做好民主生活会整改落实工作以及基层党组织组织生活会和开展民主评议党员工作。

△下午，王瑞军厅长、刘炜副厅长在厅17楼会议室与到省科技厅进行省科技装备动员工作情况调研的省军区宋海巍副司令员、省军区动员局宋纯武副局长一行座谈。会上，刘炜副厅长对军民科技协同创新工作进行了详细介绍，汇报了科技装备动员办公室建设、全省科技装备储备和设施总体布局、科技装备动员专业队伍建设等有关情况；宋海巍副司令员，产学研结合处、省技术经济研究发展中心有关负责同志参加了座谈。

4日

杨军副厅长在厅17楼会议室主持召开广东省“新一代网络与通信”领域暨部省联动实施“宽带通信和新型网络”重点专项专家论证会，并在会上介绍广东省近年来实施创新驱动战略取得的成效、分析广东省科技创新能力存在的不足。会上，规划财务处、高新技术发展及产业化处分别介绍了广东省重大科技专项下一步工作部署和部省联动组织实施国家重点研发计划“宽带通信和新型网络”重点专项工作推进情况；邬江兴院士以“颠覆性网络技术创新与产业化思考”为主题作发言。19名省内外专家参加了会议。

5日

《2018年度现代种业科技创新重大专项项目申报指南》专家座谈会在厅17楼会议室召开。会上，周木堂副巡视员作讲话；社会发展与农村科技处介绍省重大专项的组织安排情况并部署下一阶段工作；参会人员就现代种业重大专项全链条布局和颠覆性技术创新有机融合的体制机制、指南框架内容设计等问题进行交流。省农科院、华南农业大学、仲恺农业工程学院和温氏集团的12名专家，厅社会发展与农村科技处、基础研究与科研条件处、产学研结合处、科技交流合作处有关同志参加了会议。

6日

王瑞军厅长、刘炜副厅长在厅17楼会议室与华南理工大学、华南农业大学和华南师范大学相关专家学者就广东省基础研究与应用基础研究工作进行座谈，先后听取华南理工大学材料加工工程国家重点学科带头人、中国工程院院士瞿金平介绍“高分子加工成型与成性”领域，华南农业大学校长陈晓阳、副校长廖明、刘雅红介绍“畜禽病源微生物”领域，华南师范大学党委书记朱孔军介绍“光信息物理与技术”领域需要重点研究的科学问题、研究现状、主要研究成果、领域发展趋势、成果转化方向、交流合作进展等情况。厅基础研究与科研条件处有关负责同志、党的十九大精神“大学习”活动工作团队成员参加了座谈。

7日

王瑞军厅长在7楼报告厅主持召开省科技厅2018年第一期学习论坛。科技部科技评估中心解敏主任就“国家科技重大专项及其管理”“人才引进评估”“科技军民融合有关工作情况”“国家重点研发计划整体情况”“科技成果转化与评估”“项目先进性评价”等方面作专题辅导报告；科技部科技评估中心与广东省科技厅就项目科学管理、变革性技术、高层次专家队伍建设、科技人才的引进，绿色科技银行的建立、科技成果转移转化、重大专项的评估等方面进行深入交流，达成了多项合作意向。厅党组理论学习中心组成员、厅机关全体公务员、厅属单位领导班子成员、党的十九大精神“大学习”活动工作团队成员共110多人参加了本次学习。

8日

王瑞军厅长、刘炜副厅长参加佛山市委、市政府组织召开的佛山先进制造科学与技术广东省实验室理事会成立大会。

△杨军副厅长率广州市科创委石鹏飞副巡视员、厅高新技术发展及产业化处、省科技情报研究所及省标准化研究院有关同志到广州市专题调研人工智能技术与产业科技创新工作，先后到广州腾讯、科大讯飞华南公司、广电运通等企业参观并召开专题座谈会。

9日

上午，省科技厅在厅1楼会议室召开离退休同志新春座谈会。会上，王瑞军厅长通报了省科技厅实施创新驱动发展战略和开展阳光再造行动等重点工作的成效，并代表厅党组、厅领导班子向全体离退休人员及其家属致以诚挚的新春祝福。杨军副厅长、何棣华副巡视员以及人事处、机关党委办公室、办公室负责同志参加了座谈会。

△下午，郑海涛副厅长在7楼报告厅召开2017年度厅系统工作总结大会。会上，王瑞军厅长作工作总结；厅机关全体公务员、厅属各单位领导班子成员对2017年度省科技厅省管领导班子和领导干部、选人用人“一报告两评议”工作进行考核测评；厅主要负责同志、分管厅领导与厅机关各处室、厅属各单位负责同志签署2018年度安全生产责任书；进行了干部民主推荐。厅机关全体公务员、厅属各单位领导班子成员参加了会议，厅属各单位干部职工通过1楼报告厅分会场及网络视频直播等形式收听收看了会议。

11日

王瑞军厅长、刘炜副厅长在厅16楼与省农科院陆华忠院长、廖森泰书记一行就科研机构改革、科技创新支撑乡村振兴战略实施等进行座谈。厅规划财务处、基础研究与科研条件处、社会发展与农村科技处负责同志参加了座谈。

12日

黄宁生副省长率省政府办公厅有关负责同志到省科技厅召开座谈会，研究部署近期科技创新重点工作。王瑞军厅长、厅领导班子成员，厅机关各处室、党的十九大精神“大学习”活动工作团队负责同志参加了座谈。

13日

王瑞军厅长、杨军副厅长、周木堂副巡视员在厅17楼会议室与到省科技厅开展科技合作交流的中国科学院广州分院吴创之院长、张偈院士一行座谈，双方就加强广深科技创新走廊、粤港澳大湾区及国家科技产业创新中心建设等工作进行座谈。厅社会发展与农村科技处、基础研究与科研条件处、科技交流合作处、高新技术发展及产业化处、产学研结合处负责同志、党的十九大精神“大学习”活动工作团队成员参加了座谈。

21日

王瑞军厅长到广东科学中心检查春节期间安全运营工作，看望慰问节日期间坚守岗位的一线工作人员，并对科学中心接下来的具体工作和未来发展提出意见和建议。

23日

科技部创新发展司在省科技厅17楼会议室召开珠三角国家科技成果转移转化示范区建设专家咨询会。会议由张旭副司长主持。会上，省科技厅郑海涛副厅长代表建设方汇报了《珠三角国家科技成果转移转化示范区建设方案》；来自中央和省属高校、科研院所、成果转化服务机构等单位专家对建设方案进行深入细致的咨询论证，并提出了建设性的意见建议。厅相关处室及厅属相关单位的人员参加了会议。

24日

王瑞军厅长、刘炜副厅长陪同马兴瑞省长一行前往东莞市松山湖科技园，先后到中国散裂中子源园区、材料科学与技术广东省实验室、华为机器有限公司考察，召开广东省实验室建设工作座谈会，研究解决省实验室建设过程中面临的实际问题。省发展改革委、省经济和信息化委、省财政厅、省知识产权局主要负责同志，各地市相关领导及实验室负责同志、省科技厅基础研究与科技条件处、广东省科技基础条件平台中心相关同志参加了座谈。

26日

上午，黄宁生副省长率省政府办公厅有关同志到省科技厅调研并召开座谈会，督导省政府全体会议精神落实情况，部署2018年重点工作任务。会上，黄宁生副省长作重要讲话；王瑞军厅长代表省科技厅领导班子汇报了2018年工作思路、重点任务及党建工作要点；与会厅领导分别作分管领域的情况汇报。厅领导，厅党办、党的十九大精神“大学习”活动工作团队相关同志参加了座谈。下午，王瑞军厅长主持召开党组扩大会议，传达省政府全体会议以及黄宁生副省长督导座谈会精神，研究具体贯彻落实措施。

△刘炜副厅长参加产学研结合处党支部会议并围绕十九大提出的战略部署和省委、省政府的重点工作提出要求。

27日

王瑞军厅长、刘炜副厅长出席东莞市深化创新驱动推进高质量发展工作会。会上，王瑞军厅长致辞并与东莞市委副书记、市长梁维东，中国科学院院士、中国科学院原副院长王恩哥等共同为材料科学与技术广东省实验室揭牌。

△上午，杨军副厅长率高新技术发展及产业化处有关同志到广东广晟研究开发院、广东广播电视台专题调研4K领域科技创新工作，实地考察了省科技厅立项支持的“4K超高清电视高品质三维声音音频关键技术及产业化”和“AVS2超高清电视头端编解码设备研发与应用”两个项目，观看了两个自主关键技术的应用测试效果，并分别召开专题座谈会。省新闻出版广电局陈小锐总工程师参加了调研。

28日

王瑞军厅长、郑海涛副厅长在厅17楼会议室与到省科技厅了解2018年重点工作安排、听取对省政协调研视察选题的意见建议以及筹划省政协科教卫体委员会年度工作的省政协副主席刘日知一行座谈。王瑞军厅长介绍了广东省科技事业发展现状、存在问题以及2018年工作重点，并就粤港澳大湾区科技创新体制机制障碍、粤东西北创新不平衡、持续加大企业研发补助力度等方面工作，及省政协调研视察选题工作提出了意见建议。厅机关相关处室、党的十九大精神“大学习”活动工作团队负责同志参加了座谈。

△刘炜副厅长率政策法规处、产学研结合处有关人员到顺德区进行科技创新政策需求调研，听取美的集团、海信科龙电器、广东格兰仕集团、广东万和集团、广东德美精细化工、广东联塑科技实业、广东东菱凯琴集团、广东科达洁能、佛山普津生物技术有限公司等区内骨干企业负责人就企业开展科技创新情况、存在问题以及对省科技创新政策在营商环境、人才引进、平台建设、项目管理等方面的意见建议，并就“科技顺德”建设进行深入探讨。

【3月】

2日

省科技厅在17楼会议室召开党组理论学习中心组（扩大）学习会，专题传达并深入学习党的十九届三中全会精神。受党组书记王瑞军同志委托，党组成员杨军同志主持本次学习会。厅领导，机关各处室、厅属各单位、粤科金融集团负责同志，党的十九大精神“大学习”活动工作团队等参加了会议。

7日

何棣华、周木堂副巡视员参加厅机关工会组织到南海踏青的庆祝“三八”妇女节活动。

12日

上午，杨军副厅长在17楼会议室会见了来访的日本中小企业基盘整备机构理事长高田坦史一行，双方就中小企业发展的现状以及相关促进政策，尤其是创新创业相关政策措施情况进行了交流。厅政策法规处、高新技术发展及产业化处、科技交流合作处以及省科技合作促进中心有关人员参加了会见。

△下午，省科技厅在厅17楼会议室召开党组理论学习中心组（扩大）学习会，专题学习习近平总书记在参加十三届全国人大一次会议广东代表团审议时的重要讲话精神。受党组书记王瑞军同志委托，党组成员杨军同志主持本次学习会。厅领导，机关各处室、厅属各单位、粤科金融集团负责同志，党的十九大精神“大学习”活动工作团队等参加了学习会。

13日

省科技厅保密委全体会议暨厅系统科技宣传和信息报送工作会议在厅17楼会议室召开。会上，厅保密委主任、副厅长郑海涛作讲话；厅保密委相关负责人传达了有关文件并介绍了省科技厅2018年保密工作要点及科技宣传工作和信息报送要点。省科技厅保密委全体成员及机关各处室、厅属各单位、粤科金融集团负责同志参加会议。

16日

省科技厅在广东大厦召开《关于加强基础与应用基础研究的若干意见（征求意见稿）》专家座谈会。会上，基础研究与科研条件处汇报了《关于加强基础与应用基础研究的若干意见（征求意见稿）》起草的背景和主要内容；与会专家对该征求意见稿进行讨论并提出了修改意见和建议，同时讨论了广东高水平基础研究论坛的命名与组织方式以及《广东省基础研究战略专家工作方案》；向与会专家颁发了广东省基础研究战略专家聘书；刘炜副厅长作总结讲话。来自中山大学、华南理工大学、暨南大学、华南师范大学、深圳大学、中科院广州分院、广东省科学院等单位的20位广东省基础研究战略专家参加了会议。

21日

至22日，杨军副厅长陪同科技部高新司一行到阳江实地调研阳江高新技术产业化基地，实地考察了阳江市人才驿站、阳江高新区孵化器、阳江五金刀剪研究院、广清金属科技有限公司，深入了解企业和研发机构近些年取得的成绩和下一步工作思路。

25日

王瑞军厅长在厅17楼会议室主持召开广东省科技厅与瀚海控股集团交流座谈会，听取王汉光董事长介绍瀚海控股集团的发展历程、美国湾区委员会Del Christensen先生介绍美国旧金山湾区的发展情况，以及碧桂园集团代表、立白集团代表的介绍。各方围绕广东省国际科技合作现状、制约发展的因素以及未来发展方向等方面进行探讨，并表达了建立合作机制的意向。广州开发区、佛山高新区、碧桂园集团、立白集团代表，厅政策法规处、高新技术发展及产业化处、规划财务处、产学研结合处、科技交流合作处、生产力促进中心、科服院、情报所、合作促进中心、粤科金融、华南技术转移中心、省人才办以及广州市科创委的负责同志参加了会议。

26日

全省科技创新大会在广州珠岛宾馆召开。会议由省委书记李希主持。会上，马兴瑞省长作重要讲话；黄宁生副省长宣读《广东省人民政府关于颁发2017年度广东省科学技术奖的通报》；大会颁发2017年度广东省科学技术奖。省领导任学锋、王伟中、林少春、邹铭、江凌，省委有关部委、省直有关单位、省有关人民团体、中直驻粤有关单位主要负责同志，各地级以上市主要负责同志、分管科技工作的负责同志及科技部门主要负责同志，国家级和省级高新区管委会主要负责同志，省实验室、部分科研院所、高等院校主要负责人，高新技术企业、新型研发机构代表和部分省科学技术奖评审委员会委员及获奖代表，省科技厅班子成员，省科技各处室和厅属单位主要负责同志等参加了会议。

26日

下午，王瑞军厅长主持召开省科技厅党组扩大会议传达学习贯彻全省科技创新大会精神，特别是李希书记和马兴瑞省长的重要讲话精神，围绕贯彻落实好大会精神谈体会、谈认识、谈落实，并对深入学习贯彻落实全省科技创新大会精神进行了部署。

27日

至28日，王瑞军厅长、周木堂副巡视员参加在深圳召开的2018年全国社会发展科技创新工作会议。

△下午，王瑞军厅长、周木堂副巡视员参加在深圳召开的建设国家可持续发展议程创新示范区推进会。

28日

至29日，王瑞军厅长陪同科技部副部长黄卫到深圳市调研粤港澳大湾区基础科学研究情况，先后围绕生命科学和信息科学领域研究发展的现状、短板、前沿方向、政策措施等具体问题开展专题调研，实地考察了腾讯公司。

29日

“广东省科学技术厅与澳门科学技术发展基金科技创新交流合作的安排”签署仪式在广州举行。会上，广东省科学技术厅厅长王瑞军、澳门科学技术发展基金行政委员会主席马志毅分别代表双方在协议书上签字。中央人民政府驻澳门特别行政区联络办公室经济部副部长级助理徐俊，广东省科技厅副厅长杨军、副巡视员何棣华，澳门科学技术发展基金行政委员会委员郑冠伟、发展研究部高级经理叶桂林等见证签约仪式。

△郑海涛副厅长出席中国科学院深圳先进技术研究院在深圳举行的粤港澳脑与智能科学高峰论坛并代表省科技厅致辞。

△下午，科技部与广东省人民政府“省部共建精密电子制造技术与装备国家重点实验室”专题协商会议在深圳市召开。会议由郑海涛副厅长主持。会上，广东工业大学陈新校长、陈为民副校长代表学校介绍了省部共建精密电子制造技术与装备国家重点实验室建设申报及实验室建设运行保障等情况；黄宁生副省长，科技部党组成员、副部长黄卫分别作讲话。科技部办公厅、科技部基础司、省教育厅、广东工业大学有关负责同志，省科技厅基础研究与科研条件处主要负责同志参加了会议。

30日

2018年珠三角国家自主创新示范区建设工作会议在广州召开。会议由李贻伟副秘书长主持会议。会上，黄宁生副省长作重要讲话；王瑞军厅长汇报了珠三角国家自主创新示范区建设2017年工作总结和2018年工作要点；杨军副厅长汇报了广深科技创新走廊工作方案和政策制定、优化各地市创新驱动发展“八大举措”监测指标修订进展等相关情况；广州、深圳、东莞市，省委组织部、省发展改革委、省国土资源厅、省住房和城乡建设厅、省交通厅就广深科技创新走廊建设进展和设想进行了交流发言。省直有关单位，珠三角各地级以上市人民政府、科技主管部门和国家高新区管委会相关负责人参加了会议。

△李旭东副厅长出席国家机器人检测与评定中心和中汽检测技术有限公司在广州开发区举行的揭牌仪式。

【4月】

2日

上午，中共广东省科学技术厅直属机关第七次党员代表大会在7楼报告厅召开。省科技厅党组书记、厅长王瑞军主持会议并讲话。会上，李荣华同志代表第六届厅直属机关党委作工作报告；李旭东副厅长宣读省直机关工委《关于省科技厅直属机关党委和机关纪委换届选举有关问题的批复》；大会选举产生了省科技厅第七届直属机关党委委员、新一届厅直属机关纪委委员。厅机关各处室、厅属各单位和离退休党员共105名代表参加了会议。

△王瑞军厅长率办公室、基础研究与科研条件处有关负责同志到佛山科学技术学院开展调研，听取佛山科学技术学院郝志峰校长介绍新校区的规划建设情况、学校的总体建设和平台专项建设情况，以及广东省（佛山）先进制造科学与技术实验室的建设情况。

3日

王瑞军厅长出席广东省政府与中国船舶重工集团有限公司在广州签署战略合作协议的仪式。

8日

刘炜副厅长出席在北京大学深圳研究生院举行的省部共建肿瘤化学基因组学国家重点实验室建设启动会并代表广东省科技厅致辞。

10日

荷兰驻广州总领事馆与广东省科技厅在广州共同举办中荷智能和绿色交通技术研讨会。省科技厅王瑞军厅长与荷兰基础设施与水管理部国务秘书范丰霍芬女士共同出席研讨会并致开幕辞。省科技厅科技交流合作处相关负责同志，20多家荷兰智能交通等领域企业与机构和中方相关企业与机构共计100多人参加了会议。

△下午，王瑞军厅长在厅7楼报告厅主持省科技厅第3期学习论坛，论坛邀请牛津大学傅晓岚教授作“当前世界经济局势对中国创新和高科技产业发展的影响”科技创新专题报告。厅领导、机关全体公务员、厅属各单位、粤科金融集团主要负责同志110多人在厅7楼报告厅参加了论坛，厅属各单位、全省科技管理部门干部职工约1 100人通过网络视频直播集中收看学习论坛。

△刘炜副厅长参加在广州召开的广东省专业镇发展促进会第五届会员代表大会并讲话。

12日

至13日，王瑞军厅长率厅科技交流合作处、省科技服务业研究院有关负责同志到香港对相关机构开展调研，先后访问了香港中文大学、香港理工大学、香港应用科技研究院、广州生物医药与健康研究院香港中心有限公司，与相关机构负责人及科研人员座谈，了解制约大湾区科技创新的体制机制障碍问题，听取相关建议；与香港创新及科技局常任秘书长卓永兴座谈，双方基本同意《粤港澳大湾区科技创新行动计划》编制内容，共同向科技部争取尽早联合发布率先实施。

△省科技厅联合教育部科技发展中心、惠州市人民政府在惠州召开2018年全国高校产学研合作座谈会。会上，王瑞军厅长作视频致辞；刘炜副厅长介绍了十多年来广东省部产学研合作工作情况、推进机制和政策体系，详细解读了广东省委、省政府对广东科技创新提出的新要求、新任务、新举措，广东科技创新和产学研合作政策的新思路、新动向；教育部科技发展中心罗方述主任介绍了教育部科技发展中心通过实施“蓝火计划”“海桥计划”等具体举措，在推动高校产学研合作、促进高校科技成果转移转化上取得的成效；教育部科技发展中心刘红斌副主任、惠州市人民政府刘

小军副市长分别作讲话。来自北京大学、清华大学、浙江大学、上海交通大学、香港中文大学、澳门大学等75所内地知名大学和港澳高校领导和代表、广东省有关地市科技部门负责同志近200人参加了会议。

△郑海涛副厅长参加湛江市科技创新大会并为湛江国家高新区揭牌。

15日

李旭东副厅长参加在广东药科大学举办的中国工程院顾晓松院士主持的重点咨询研究项目“我国组织工程创新及其转化应用与产业化发展战略研究”咨询会并代表省科技厅致辞。

16日

刘炜副厅长分别与到访省科技厅的汕头市副市长林晓湧一行和湛江市副市长欧先伟一行就广东省实验室建设相关工作进行座谈。厅基础研究与科研条件处、产学研结合处相关人员参加了座谈。

17日

至18日，李旭东副厅长率产学研结合处相关同志到中国工程物理研究院开展Z—箍缩聚变—裂变混合堆（Z-FFR）项目调研，现场考察了实验装置，并与项目首席科学家彭先觉院士、中国工程物理研究院田东风副院长等领导和项目负责人座谈。

△何棣华副巡视员在厅7楼会议室与到访的天津市科委范英姿副巡视员一行就对外科技合作进行交流座谈，厅科技交流合作处相关同志参加了座谈。

18日

王瑞军厅长、李旭东副厅长在厅17楼会议室与中船重工集团副总经理、党组成员钱建平一行座谈，双方将围绕发展深海科研、建设中船重工集团南方总部基地、打造风电全产业链、建设国家重大科技专项保障基地、环境工程、基础设施等多个领域开展全方位的务实合作展开交流。厅政策法规处、高新技术发展及产业化处、规划财务处、基础研究与科研条件处、社会发展与农村科技处、产学研结合处、科技交流合作处、科技服务与管理处相关负责同志参加了座谈。

△下午，厅党组书记王瑞军主持召开省科技厅党组（扩大）会议，专题传达学习贯彻习近平总书记在庆祝海南建省办经济特区30周年大会上的重要讲话、在博鳌亚洲论坛2018年年会上的主旨演讲和《中共中央、国务院关于支持海南全面深化改革开放的指导意见》精神，以及省委常委会扩大会议有关精神。

19日

省科技厅在广东科学中心召开学习贯彻落实习近平总书在参加十三届全国人大一次会议广东代表团审议时的重要讲话精神的专题座谈会，听取有关地市科技部门、高校和科研院所的工作意见和建议，研究部署2018年全省科技工作重点。会上，郑海涛副厅长介绍全省科技工作情况和下一步有关工作打算；厅政策法规处、规划财务处、监督审计处、基础研究与科研条件处、高新技术发展及产业化处、科技交流合作处及粤科金融集团分别介绍了最近拟出台文件的相关情况和有关工作重点；各有关地市、高校和科研院所结合贯彻落实习近平总书记在参加广东代表团审议时的重要讲话精神，就当前科技工作形势、存在的问题和下一步工作思路进行了交流发言；王瑞军厅长作总结讲话。厅领导陈夫尧、刘炜、郑海涛、李旭东、何棣华，厅机关各处室、厅属各单位主要负责同志参加了会议。

20日

王瑞军厅长参加广东省与中科院在北京召开的省院合作工作座谈会。会上，广东省常务副省长林少春，中科院副院长、党组成员张亚平分别作讲话；黄宁生副省长介绍省院科技合作工作进展和广东省科技创新工作整体情况，以及下一步广东省与中科院合作加快推进粤港澳大湾区国际科技创新中心、珠三角综合性国家科学中心、大科学装置建设等工作部署安排。广东省政府办公厅、省发展改革委、省科技厅、东莞市，中科院前沿科学与教育局、重大科技任务局、科技促进发展局、发展规划局、条件保障与财务局、国际合作局、广州分院、中国科学院大学、深圳先进技术研究院等双方有关部门、单位相关负责人，厅办公室、产学研结合处相关同志参加了会议。

21日

刘炜副厅长出席在暨南大学举行的世纪爱心集团与暨南大学战略合作框架协议签约仪式并致辞。

24日

王瑞军厅长带队上线广东“民声热线”节目，发布了“71亿元广东省创新创业基金正式注册成立，撬动280亿元社会资本投入科技创新”的新闻，并对企业、民众十分关心当下大热的人工智能在广东的发展和孵化器转型升级等有关问题进行了现场解答。省科技厅上线节目经现场打分得到95分。副厅长杨军、郑海涛和规财处、社农处负责同志参加了上线节目。

△省委批准：肖叶同志任省纪委、省监委驻省科技厅纪检监察组组长；陈夫尧同志任省纪委、省监委驻省农业厅纪检监察组组长，免去其省纪委、省监委驻省科技厅纪检监察组组长职务。

△省委批准：龚国平同志任省科技厅党组副书记。

△省委组织部研究同意：免去刘炜同志的省科技厅党组成员职务。

26日

杨军副厅长在7楼会议室主持召开2018年度省重大科技专项（颠覆性技术）“人工智能”等领域工作推进会。会上，高新技术发展及产业化处介绍了“新一代通信与网络”“人工智能”“第三代半导体材料与器件”“新能源汽车”等4个领域在创新链各环节一体化布局的思路和2018年度指南建议；与会业务处室就基础研究、平台建设、技术攻关、成果转化、对外合作、人才引进等任务部署提出了意见和建议；杨军副厅长作讲话。厅规划财务处、高新技术发展及产业化处、基础研究与科研条件处、产学研结合处、科技交流合作处、科技服务与管理处等有关负责同志参加了会议。

△省科技厅组织召开社会发展科技协同创新座谈会。会上，社会发展与农村科技处介绍了社会发展科技协同创新的工作设想；参会代表赞同社会发展科技协同创新的工作设想并结合本部门的实际情况提出具体意见和建议；周木堂副巡视员作讲话。省教育厅、公安厅、司法厅、国土资源厅、环境保护厅等19个省直部门科技业务处室主要负责人参加座谈。

27日

王瑞军厅长、周木堂副巡视员在厅16楼会议室会见新疆喀什第一人民医院邹小广书记和张琪院长，并进行座谈交流。厅社会发展与农村科技处有关人员参加了座谈。

28日

周木堂副巡视员与天河区科工信局杜勇副局长、郑奔调研员一行座谈，双方围绕绿色技术银行筹备建设总体思路、绿色产业基金筹建初步方案和提升国家可持续发展实验区建设水平等方面交换了意见，并提出省科技厅、天河区政府可以围绕打造国家可持续发展实验区样板开展战略合作的工作设想。厅社会发展与农村科技处有关负责同志参加了座谈。

【5月】

2日

至4日，杨军副厅长率“宽带通信和新型网络”重点专项国家专家组部分专家成员、广州市科创委、广州市高新区管委会、东莞市科技局和省科技厅高新技术发展及产业化处相关同志赴南京、武汉、郑州等地开展专题调研，实地考察南京无线谷、武汉东湖高新区（光谷）和郑州高新区，参观烽火科技集团有限公司、汉威电子股份有限公司、郑州信大先进技术研究院、国家数字交换系统工程技术研究中心等信息技术领域龙头企业和科研机构，并分别与当地省市科技部门和高新区管委会有关同志就高新区开发建设、创新平台搭建、高端人才引进等进行交流座谈；在郑州拜会邬江兴院士商讨共建“广东省新一代通信与网络创新研究院”的相关事宜。

3日

省科技厅开展“青年大学习”五四主题团日系列活动。王瑞军厅长、何楝华副巡视员，厅系统省人大代表罗亮、省政协委员冯方平与厅团委负责同志在17楼会议室听取厅直属机关党委专职副书记、团委书记袁海涛同志汇报厅系统青年工作情况并与厅系统20多名团员青年交流座谈；王瑞军厅长、何楝华副巡视员在7楼报告厅带领厅系统100多名团员青年重温入团誓词。王瑞军厅长代表厅党组向厅系统全体团员青年致以节日问候并作重要讲话。

4日

省科技厅在广州召开高新技术企业申报认定、科技型中小企业评价培训会。会上，郑海涛副厅长通报2017年全省高新技术企业认定、科技型中小企业评价工作的总体情况，并对2018年重点工作进行了部署；高新技术发展及产业化处介绍2018年高新技术企业系统填报、申报流程的新要求和注意事项，通报2017年高新技术企业评审认定中发现的问题，并进一步明确要求各企业持续完善创新体系机制，切实提高自身的科技创新能力；省技术经济研究发展中心解读科技型中小企业评价政策、评价流程、评价指标和常见问题。本次培训会采取1个主会场+7个分会场同步进行，来自全省各地级以上市科技局、高新区管委会、区县科技局等高新技术企业管理机构有关人员，相关行业协会、会计师事务所中介服务机构和企业代表超1 800人参加了培训会。

△李旭东副厅长在厅17楼会议室主持召开《广东省科技计划监督规定（送审稿初稿）》立法论证会。会上，王瑞军厅长介绍了《广东省科技计划监督规定》的立法背景、重要意义和立法进程；与会专家围绕《广东省科技计划监督规定》的合法性、合理性、适用性和规范性开展立法论证；科技部政策法规与监督司监督一处郑健处长和科技部科技经费监管服务中心业务二处邵世才处长结合

国家科技计划监督评估和诚信建设的经验做法，对广东省的监督立法工作提出意见。科技部政策法规与监督司、科技部科技经费监管服务中心、省政府法制办、省财政厅、省审计厅、省卫计委、中山大学、中国科学院广州分院、广州市科创委、广州无线电集团等单位相关部门负责人，以及法律、财务等领域的专家，厅监督审计处、技经中心有关同志参加了会议。

6日

王瑞军厅长出席在华南师范大学举行的中荷新材料高峰论坛暨华南师范大学—格罗宁根大学分子科学与显示技术国际联合实验室揭牌仪式并致辞。

8日

至11日，中船重工产业发展部来海峰副主任组织能源、特种气体、智慧城市及航空运输工程等领域的相关人员，到广东省部分地市和企业进行调研对接，争取项目落地，先后访问了散裂中子源、东莞市科技局、南方电网、佛山市科技局、湛江市科技局等单位，通过现场参观和座谈交流，研究推进双方在创新平台建设、技术服务和工程建设等方面的合作。省科技厅李旭东副厅长、东莞市刘炜副市长、湛江市黄明忠副市长均会见了中船重工调研人员，各地市相关局、区县的负责人及企业代表参加了座谈。厅产学研结合处有关同志陪同调研。

8日

周木堂副巡视员出席广东合一新材料研究院有限公司“热控技术院士工作站”成立启动大会并与院士专家进行座谈。

9日

杨军副厅长参加在东莞松山湖召开的中国科学院云计算产业技术创新与育成中心第二届理事会第四次会议并讲话。

10日

省科协联合省纲要实施工作办公室、省减灾委办公室、省科技厅、省地震局、省气象局、省公安消防总队和广州市天河区人民政府等单位，在广州市第八十九中学举办2018年广东省“全国防灾减灾日”主场活动，周木堂副巡视员出席启动活动并为“广东省512防震减灾知识网络竞赛”获奖代表颁发获奖证书。

11日

由广东省科学技术厅与加拿大艾伯塔省经济与贸易发展部共同主办、广东省科技合作研究促进中心与加拿大艾伯塔省政府驻广州办事处、加拿大驻广州总领事馆承办的广东—艾伯塔国际技术合作伙伴对接研讨会在广州召开。会上，龚国平副厅长作讲话；加拿大艾伯塔省经济贸易发展部部长毕德龙向与会嘉宾推介了艾伯塔省的创新创业特色资源；来自加拿大的13家机构代表就信息通讯技术、人工智能、先进制造、新材料等方向进行项目推介；对接环节中，加拿大企业代表与广东省近40家企业、科研机构的60多位代表进行了“一对一”技术洽谈。来自加拿大艾伯塔省的创新企业代表团和广东省科研机构及企业代表近100人参加了会议。

16日

杨军副厅长陪同黄宁生副省长到北京中关村调研国家自主创新示范区建设工作，先后考察了中关村科技园区部分创新平台和创新型企业，并与中关村科技园区管委会以及相关企业人员进行座谈。

17日

王瑞军厅长在厅17楼会议室会见来访的白俄罗斯科学院第一副主席谢尔盖·齐日科和白俄罗斯驻广州总领事奥尼德·巴加诺夫斯基一行，双方回顾了2008年以来广东省科技厅与白俄罗斯科学院建立的良好科技合作关系和取得的合作成果，并商定建立未来5年双方新的常态化工作机制，共同推进在新材料、信息技术、生物医药等重点领域的基础和应用基础研究、技术转移和成果转化以及科技人才交流等方面的合作。何棣华副巡视员、省科技服务业研究院曾路院长和厅科技交流合作处相关同志参加了会见。

19日

王瑞军厅长出席中国工程院在广州举行的中国工程院食品安全与健康国际工程科技高端论坛并代表省科技厅致辞。

20日

王瑞军厅长出席广东省干细胞与再生医学协会在广州举行的以“健康中国共建共享”为主题的2018国际（广州）干细胞与精准医疗产业化大会并代表省科技厅致辞。

△杨军副厅长参加在茂名市召开的科技创新暨国家高新区发展推进大会并为茂名国家高新区揭牌。

22日

王瑞军厅长与到省科技厅调研广东省科技创新工作的广东省人大常委会副主任王学成一行座谈，并向调研组汇报全省科技工作情况。省人大教科文卫委主任委员何丽娟，副主任委员张志刚、嵇世山，省科技厅龚国平副厅长参加了调研活动。

24日

王瑞军厅长、周木堂副巡视员率厅规划财务处、基础研究与科研条件处、社会发展与农村科技处有关负责同志到省农科院调研，分别听取省农科院陆华忠院长介绍农科院各研究所取得的科研成果，省农科院易干军副院长介绍有关科研情况和建议，并就科技项目申报、人才队伍建设、科技特派员组织工作以及在实施乡村振兴战略中遇到的问题等方面进行座谈。

25日

至27日，由教育部和广东省人民政府作为指导单位，省科技厅和教育部科技发展中心、广东省教育厅、广东省经信委、惠州市人民政府共同主办的第二届中国高校科技成果交易会在惠州举行，本届交易会以“促进产学深度融合携手创新共赢发展”为主题，分为“展览展示、论坛会议、交易合作”三大板块，吸引了350所国内外知名高校参展参会。全国政协原副主席罗富和，教育部党组成员、副部长杜占元，广东省人民政府副省长黄宁生等领导出席了25日上午举行的开幕式，并共同见证了国际科教协同创新联合体合作备忘录签约、共建清洁能源实验室战略合作框架协议签约、教育部“憧湖·大学创新园”首批入驻大学签约等活动。瑞典皇家科学院院士、诺贝尔奖评审专家特尼·普尔茨等多位海外权威学者，十多位“两院”院士，教育部科技司、教育管理信息中心，广东省直有关单位，国内外有关大学校长和代表，惠州市、蓝火计划实施城市、科交会协办城市领导，以及企业代表、技术转移机构代表、金融投资机构代表等约1 100人参加了开幕活动。省科技厅王瑞军厅长代表主办单位出席了开幕式。25日下午，省科技厅杨军副厅长主持科交会系列活动之深莞惠经济圈（3+2）协同发展高端论坛暨城市创新需求发布会，深圳、东莞、河源、汕尾、惠州5市领导介绍了各市的科技创新资源、发布创新需求，并就如何实现深莞惠（3+2）经济圈功能协调、产业互补、成果共享的协同创新发展进行探讨。27日上午，李旭东副厅长出席颁奖典礼并宣读第二届科交会重点奖项名单及对部分奖项进行现场颁奖。第二届科交会评出特别金奖10项、优秀项目展示奖80项、最佳路演奖10项、交易合作奖80项、优秀组织奖80项、先进个人奖75项、优秀服务奖75项，促成多项交易和建设项目的签约。据统计，共有293所高校与626家企业牵手，交易科技成果732项，签约金额40.6亿元。

27日

杨军副厅长参加在北京召开的广东院士联合会第二次会员大会。

28日

黑龙江省提升科技创新能力广东专题培训班在广东省科技厅开班，广东省科技厅王瑞军厅长作题为“创新广东”的专题授课，何棣华副巡视员出席开班仪式。本次培训是受黑龙江省委组织部委托，在广东开展的针对黑龙江省科技系统干部进行为期一周的集中培训。培训班共40人，培训期间在广州、佛山、东莞、深圳等地集中学习和实地考察，重点考察广东科技体制改革和政策创新、高新区管理、专业镇建设等方面情况。

△至29日，杨军副厅长参加在北京召开的中国工程院院地合作工作会议，并介绍广东省自2016年7月省院签订《广东省人民政府中国工程院深化推进产学研合作协议》以来，省院合作在院士工作站建设、共同推动广东省数控一代机械产品创新应用示范工程、重大战略决策咨询、高端学术交流等方面深入推进高水平产学研合作的做法及成效。

31日

党组书记王瑞军同志在厅17楼会议室主持召开党组（扩大）会议，传达学习习近平总书记在中国科学院第十九次院士大会、中国工程院第十四次院士大会上的重要讲话精神，传达学习习近平总书记对24位在港院士来信的重要批示以及黄宁生副省长专题研究会议有关精神。厅领导，厅机关各处室负责人及副处长、厅属各单位、粤科金融集团党政主要负责人参加了学习会。

△至6月3日，郑海涛副厅长参加科技部在广州举办的2018年科技金融创新发展培训班。

△周木堂副巡视员与清远市张帆副市长、科技局杨明泽副局长一行6人就清远农高区建设主题、产业选择等展开座谈。厅社会发展与农村科技处负责同志及相关人员参加了座谈。

【6月】

1日

云南省第四届“科技入滇”推介会及座谈会在省科技厅17楼会议室举行。“科技入滇”推介会由省科技服务业研究院曾路院长主持。推介会上，云南省科技厅李松林书记介绍第四届“科技入滇”的背景及主要优惠政策，云南省结合省情全力打造世界一流“绿色能源”“绿色食品”“健康生活目的地”，邀请广东省组织省内高校、科研院所、研发机构、科技企业、开发区、经济区、技术转移机构、风险投资机构等赴云南参加“科技入滇”对接会，推介广东省先进科技成果并与云南省机构进行技术对接，推动广东省与云南省开展科技合作，促成一批科研平台、科技型企业、科技成果、人才和团队入滇落地；广东省科技厅龚国平副厅长回顾了广东、云南科技合作的渊源、沿革及成果，对“科技入滇”工作的开展及广东省组团赴云南进行先进成果推介与对接表示支持。广东省科学院、中山大学、华南理工等十几家科研机构代表参加推介会并作交流发言。推介会结束后，龚国平副厅长主持召开两省厅座谈会，围绕高新技术企业培育、孵化、评审、提质增量，高新区总体布局及政策突破，科技计划项目聚焦省委、省政府重大任务、支撑产业发展等议题进行座谈。厅规划财务处、监督审计处、高新技术发展及产业化处、产学研结合处、科技服务与管理处、科技交流合作处等相关负责人参加了座谈。

△受党组书记、厅长王瑞军同志委托，党组副书记、副厅长龚国平在厅17楼会议室主持召开科技工作者代表座谈会，专题学习贯彻落实习近平总书记在“两院”院士大会上的重要讲话及对在港“两院”院士来信重要指示精神。会上，广东省科学院、中山大学、华南理工大学、华南农业大学、广州中医药大学、工业和信息化部电子第五研究所等单位负责人结合自己的工作实际，谈了对习近平总书记重要讲话和批示精神的认识体会。

5日

王瑞军厅长陪同黄宁生副省长到东莞调研广深科技创新走廊建设工作，实地察看麻涌广深高速西侧片区城市更新项目、华科城创新岛产业孵化园和联科国际信息产业园，深入了解东莞市贯彻落实省委、省政府决策部署，加快推进广深科技创新走廊建设工作有关情况。

△广东省实验室建设工作座谈会在厅17楼会议室召开。会上，基础研究与科研条件处通报了省实验室建设有关工作推进情况；与会各地市科技局、省实验室相关同志对省实验室相关办法提出了意见和建议；郑海涛副厅长对下一步工作进行部署。广州、深圳、佛山、东莞、珠海、惠州、汕头、湛江市科技局（委），4家省实验室，厅基础研究与科研条件处、省平台中心及省技经中心相关同志参加了会议。

△至6日，周木堂副巡视员出席广东省微生物研究所、华南农业大学在广州主持召开的“食品安全关键技术”国家重点研发专项“基于组学的食源性致病微生物快速高通量检测技术与装备研发”和“重要食品真实性多维鉴别检测关键技术研究”两个项目启动会并发言。

11日

上午，省科技厅党组书记王瑞军同志在17楼会议室主持召开厅党组理论学习中心组（扩大）学习会，传达学习中国共产党广东省第十二届委员会第四次全体会议精神、李希同志在大会上的重要讲话精神、《中共广东省委关于深入学习贯彻落实习近平总书记重要讲话精神奋力实现“四个走在全国前列”的决定》和《中共广东省委关于深入学习贯彻落实新时代党的建设总要求努力把各级党组织锻造得更加坚强有力的意见》的内容，研究部署省科技厅近期的贯彻落实工作。厅领导，机关各处室负责人及副处长、厅属各单位、粤科金融集团党政主要负责人参加了学习会。

△下午，省科技厅组织召开2018年度厅系统党风廉政建设工作会议，传达省委十二届四次全会

和中纪委、省纪委全会精神，部署2018年度全厅全面从严治党工作任务。会议由党组副书记、副厅长龚国平同志主持。会上，省科技厅党组书记、厅长王瑞军同志分别与分管厅领导、相关处室、厅属单位负责同志签订党风廉政建设责任书，层层落实党风廉政建设工作责任；厅党组成员、驻厅纪检组组长肖叶同志传达中纪委、省纪委全会精神并作党风廉政建设工作讲话；广州市科创委、深圳市科创委、厅规划财务处、省科技平台中心分别作交流发言。杨军、郑海涛副厅长，厅机关公务员、厅属单位领导班子成员，各支部书记、纪律（纪检）委员，各地级以上市科技局（委）有关负责同志共150多人参加了会议。

12日

王瑞军厅长在厅17楼会议室与到省科技厅调研的中国发明协会党委书记余华荣、副理事长唐大力、佛山高新区管委会主任刘涛根、佛山中国发明成果转化研究院院长钱为强等一行座谈，并就加强合作、推进成果转化研究院建设、支持举办中国发明展、引进高端创新人才、促进系列发明成果转化等工作进行交流。厅政策法规处、规划财务处、高新技术发展及产业化处、产学研结合处、社会发展与农村科技处、科技服务与管理处、科技交流合作处、省生产力促进中心、省技术经济研究发展中心相关负责同志参加了座谈。

13日

杨军副厅长率产学研结合处、广州院士中心相关同志到北京与中国工程院就加强省院合作、加快推进中国工程科技广东战略研究院建设事宜进行会商。中国工程院三局易建局长、高战军副局长及相关处室负责同志参与会谈。在京期间，杨军副厅长在中科院广州分院副院长谢昌龙、广东省科学院党委书记、院长廖兵，副院长李定强等相关负责同志陪同下，走访中科院自动化所、北京分院、力学所、地理资源所与相关负责同志进行座谈。

14日

上午，王瑞军厅长在厅16楼会议室与到访省科技厅的中国科学院心理研究所刘正奎教授、腾讯公益慈善基金会窦瑞刚执行秘书长一行座谈，听取刘正奎教授、窦瑞刚秘书长介绍中科院心理所近年来在乡村振兴、精准扶贫方面的有关工作和研究成果，听取腾讯公益慈善基金会相关公益项目的运作情况，以及双方借助互联网和人工智能等技术，合作开展乡村卫生医疗及乡村老年人心理健康服务的有关情况，拟在广东开展示范推广的相关设想，并就下一步的合作和试点工作进行交流。厅办公室、规划财务处、社会发展与农村科技处、平台中心、技经中心等有关负责人员参加了座谈。

△下午，王瑞军厅长在厅17楼会议室与到访省科技厅的北京大学科研部周辉部长、北京大学干细胞中心主任邓宏魁教授、冠昊生物科技股份有限公司董事长张永明、北昊干细胞与再生医学研究院院长沈政、广州市科技创新委主任王桂林等一行座谈，分别听取邓宏魁教授介绍多能干细胞技术治疗癌症和重症肝病的临床转化研究成果及落户广东的重要意义，北京大学干细胞中心、广州冠昊生物科技股份有限公司以及广州市科创委分别介绍了北昊干细胞与再生医学研究院有关建设和运营情况，以及推动邓宏魁教授团队研究成果落户广州的有关进展情况。厅产学研结合处、基础研究与科研条件处、社会发展与农村科技处、政策法规处、办公室相关负责同志参加了座谈。

△科技部高新司组织黑龙江、安徽、福建、广东、湖北、重庆6省市科技部门分管领导和相关处室负责同志、11个相关工程中心主要负责人在重庆开展联合调研。杨军副厅长代表广东介绍广东省新材料产业发展和创新情况。

△省科技厅、省金融办、广东证监局、深圳证券交易所在广东金融高新区联合召开广东省高新技术企业改制上市培训会。会上，郑海涛副厅长作讲话；来自深圳证券交易所、证券公司的多名业内专家就国内多层次资本市场支持新经济发展有关政策、近年企业公开发行上市总体情况及基本流程、企业改制发行上市筹划安排等分别作专题讲座。全省各地级以上市科技管理部门、金融部门、国家级高新区以及160多家高新技术企业负责同志约500人参加了培训会。

15日

科技部高技术中心袁建湘副主任一行到广东省调研，实地了解广东省通信和网络领域科技创新情况，座谈交流部省联合实施项目管理、对接国家重大重点项目事宜。杨军副厅长主持调研座谈会。会上，科技部高技术中心信息处傅耀威处长介绍国家重点研发计划项目管理流程及“宽带通信和新型网络”重点专项部省联合实施项目管理的基本思路；与会代表就共同成立专项项目管理办公室、部省联动项目管理工作组、专家组，以及项目推荐审核、信息共享等工作机制进行交流并基本达成共识；讨论了全面推动高技术中心与广东省科技厅开展国家科技项目对接事宜。调研期间，调研组还参观了广州无线电集团有限公司、中国电信广州研究院，实地了解企业发展、承担国家重点研发计划项目的基础条件及技术创新情况等。厅高新技术发展及产业化处、规划财务处、产学研结合处、省技术经济中心相关负责同志及相关专家参加了调研。

19日

王瑞军厅长、杨军副厅长、郑海涛副厅长在厅17楼会议室与到访的珠海市市长姚奕生一行就省实验室建设及相关工作进行交流座谈，听取姚奕生市长介绍珠海市近年来为推进落实“一带一路”战略与海洋强省战略等方面的有关工作、建设省实验室的有关优势条件与基础、未来推进科技与金融的重点谋划工作；听取中山大学郜忠智校长助理介绍中山大学对联合珠海市参与建设省实验室的有关基础工作情况与相关工作设想；双方还就省技术创新中心建设、研发公共服务平台建设、高端综合研究院建设、省市联动承接国家重大项目等事宜进行交流，并对下一步加强相关沟通与合作基本达成共识。中山大学、珠海市科技局，省科技厅基础研究与科研条件处、产学研结合处、党办等有关负责人员参加了座谈。

△杨军副厅长参加在广州召开的清华珠三角研究院第一届理事会第三次会议并讲话。

21日

龚国平副厅长率规划财务处有关同志到东莞调研华为终端总部基地和中国散裂中子源，深入了解广深科技创新走廊创新平台建设有关情况。在华为终端总部基地详细了解基地规划建设、研发投入、生产经营和人才配套等有关情况，在中国散裂中子源听取关于散裂中子源的基本情况、装置原理、应用前景和未来发展等汇报，详细了解各项设备的研制情况和技术难点问题。

△杨军副厅长参加科技部高新司在沈阳市召开的创新驱动制造业高质量发展联合调研座谈会，并介绍广东制造业创新发展的对我国创新驱动制造业高质量发展提出了意见和建议。

22日

以“新时代 新担当 新作为”为主题的省科技厅机关演讲比赛在7楼报告厅举行。厅党组书记、厅长王瑞军出席活动并讲话。龚国平副厅长、何棣华副巡视员出席活动并担任评委，厅机关各处室、直属各单位等60多人观看了比赛。经激烈角逐，比赛决出一等奖1名、二等奖3名、优胜奖5名。

△至23日，王瑞军厅长、周木堂副巡视员陪同中国生物技术发展中心张新民主任、范玲副主任一行到中山大学、华南农业大学、华南理工学调研食品安全与生物技术科技创新工作。

24日

至26日，王瑞军厅长率社会发展与农村科技处、基础研究与科研条件处有关负责同志赴粤西开展专题调研工作，先后到湛江市、茂名市和阳江市，重点参观调研了3个地市的高新区、高新技术企业和重点创新平台，听取各地市科研创新平台的建设发展汇报，详细了解企业和创新平台的科研投入、科研水平、科研成果和科研人才等科技创新情况并耐心解答提出的有关科技创新问题。

25日

郑海涛副厅长出席汕头市召开的组建省实验室建设研讨会并讲话。

27日

杨军副厅长参加在广州广东大厦召开的粤港信息化合作专责小组第十三次会议。

△周木堂副巡视员与暨南大学校长助理、环境与气候研究院院长邵敏教授一行座谈，听取邵敏教授及其团队分别介绍粤港澳大湾区环境科学实验室建设的筹备情况以及牵头申请国家重点研发计划项目的进展情况，并和与会人员就各项工作下一步的开展以及需要省科技厅协调事宜展开交流。厅社会发展与农村科技处、科技交流合作处相关负责同志参加了座谈。

28日

珠三角国家科技成果转移转化示范区推进会在广州白云国际会议中心召开。会上，科技部余健副司长宣读科技部批复文件；黄宁生副省长等与会领导为珠三角9市授牌，并共同见证了相关代表项目的签约；省科技厅王瑞军厅长介绍了示范区建设的总体思路、特色定位，并对重点任务进行了整体部署；华南理工大学、东莞市分别介绍了促进科技成果转化的做法和经验；粤科金融集团对广东省创新创业基金进行了推介。郑海涛副厅长，珠三角各市和相关市政府分管科技工作的负责同志及地市科技局、高新区管委会主要负责同志，省内主要高校、科研院所负责同志，以及部分省实验室、新型研发机构、高新技术企业、技术交易服务中介、金融和科技风投机构、科技服务企业代表等近120人参加了会议。

△杨军副厅长与到访省科技厅的中国广核集团总工程师、首席信息官赵华，中广核研究院有限公司院长王安、副院长舒睿及科技管理部、各研究中心一行座谈，听取赵华总工程师提出全面加强与省级科技主管部门对接联系、结合国家和地方发展需求，进一步明确研究院科技发展思路、发展方向及重点任务，以及舒睿副院长介绍中广核集团及研究院的基本情况及近期组织实施的重大项目。厅各相关处室与中广核集团就加强科技创新合作，在建立相关联络工作机制、大科学装置、省重点实验室、技术创新中心建设、军民融合等方面进行了研究和探讨。厅产学研结合处、高新技术发展及产业化处、基础研究与科研条件处、规划财务处、政策法规处相关负责同志参加了座谈。

△何棣华副巡视员出席省直机关工委举办的“我们是共产党人——省直机关‘共产党员先锋岗’风采七一展演”活动。省科技基础条件平台中心第一党支部被命名为首批省直机关服务创新驱动发展战略“共产党员先锋岗”。

29日

郑海涛副厅长出席季华实验室召开的首批科研项目评审启动会并讲话。

【7月】

1日

省科技厅组织开展庆祝中国共产党成立97周年主题党日系列活动。上午，举办“新时代新担当新作为”主题演讲比赛。比赛现场，暨南大学伍巍教授对赛事进行点评，并就如何做好演讲谈了看法和建议；党组书记、厅长王瑞军作讲话；此次比赛决出一等奖1名、二等奖2名、三等奖3名和优胜奖5名。下午，党组书记、厅长王瑞军率机关公务员到港珠澳大桥建设现场开展主题党日活动，了解港珠澳大桥工程师们不畏艰难险阻、矢志自主创新的故事，弘扬港珠澳大桥建设者们勇于探索、精益求精的工匠精神。在途中还举行了“深学党章、重温誓言”活动，厅领导王瑞军、龚国平带领大家再次深入学习党章并重温入党誓词，系统回顾中国共产党走过的光辉历程。

2日

王瑞军厅长率办公室、政策法规处、高新技术发展及产业化处、产学研结合处、科技交流合作处有关负责同志赴珠海市参加第四届中以科技创新投资大会。会上，王瑞军厅长和与会嘉宾共同见证了中以双方合作项目签约、珠海中以创新驱动企业联盟揭牌仪式和中以科技创新知识产权交易平台上线仪式。会后，前往珠海格力电器股份有限公司、广东中星电子有限公司调研。何棣华副巡视员，省科技服务业研究院曾路院长参加了活动。

△至3日，杨军副厅长率产学研结合处、政策法规处和科技情报研究所相关同志赴惠州、汕头调研新型研发机构发展情况，实地考察惠州市南方智能制造产业研究院、南方工程检测修复技术研究院以及惠州市德赛西威智能交通技术研究院，了解不同类型新型研发机构的建设模式、运行体制机制、当前研发成果等；在惠南高新区管委会，与惠州市、河源市、梅州市科技部门负责同志、新型研发机构代表座谈，了解三个地市新型研发机构培育情况及存在的困难与问题，听取新型研发机构发展诉求和建议；先后考察了汕头轻工装备研究院、汕头市超声仪器研究所有限公司2家省级新型研发机构，与汕头市、汕尾市、潮州市、揭阳市等科技部门负责同志、新型研发机构代表座谈，了解粤东四市省、市两级新型研发机构建设和培育情况，并与各新型研发机构代表及培育单位进行交流。

△下午，郑海涛副厅长率基础研究与科研条件处、科技服务与管理处有关人员到省科技基础条件平台中心就广东省重大科研基础设施和大型科研仪器向社会开放共享情况进行调研，听取省平台中心汇报我国和广东省对重大科研基础设施和大型科研仪器开放共享工作的相关要求和意见，以及推进开放共享工作的重点和难点。

3日

王瑞军厅长、何棣华副巡视员在厅17楼会议室与到访省科技厅的福建省科技厅陈秋立厅长一行17人座谈。座谈会上，王瑞军厅长介绍了近年来广东在高企培育、孵化育成体系建设、核心技术攻关及基础研究、制度创新与深化改革、双自联运、科技金融融合、人才引进与培养等方面的工作进展，并对两省科技系统下一步开展务实合作提出愿景；双方就两省科技厅在挖掘两省科技政策、计划项目、创新平台、成果转化等创新资源的互补优势，签署两省科技合作框架协议达成共识，并决定从今年起，在联合资助等方面探索有效的合作方法和路子；与会同志还就如何激发科研院所活力、建设新型研发机构、培养发展高新技术企业、共建粤港澳等方面展开深入讨论。省科技服务业研究院曾路院长以及相关处室负责同志参加了座谈。

8日

至9日，王瑞军厅长率省科技服务业研究院曾路院长、厅科技交流合作处以及省科技服务业研究院有关同志赴澳门参加科技部组织的粤港澳大湾区科技创新规划调研。

9日

省科技厅在广州召开促进高新区高质量发展座谈会。会上，各高新区代表结合实际情况，围绕新时期高新区发展定位、体制机制、管理创新等主要问题，就高新区发展中面临的主要问题、下一步发展思路分别作了交流发言；杨军副厅长作讲话。汕头、韶关、河源、梅州、阳江、湛江、茂名、清远、揭阳高新区主要负责同志以及厅高新技术发展及产业化处、省科技情报所相关负责同志参加了座谈会。

△省科技厅在中山大学举行学习习近平总书记在“两院”院士大会讲话精神和加强基础研究工作座谈会。会上，国家自然科学基金委员会副主任侯增谦院士作题为《关于基础研究与国家战略规划目标的关系与思考》的报告，分享学习习近平总书记在“两院”院士大会上重要讲话精神的体会，并紧扣当前党和国家对科技工作的部署，以“新时代、新要求、新举措、新生态”为主线，为与会人员详细讲解目前我国基础研究工作所面临的新形势和改革的新方向；郑海涛副厅长介绍广东近年来基础研究与应用基础研究工作的主要进展及下一步打算；与会代表就如何加强广东省基础与应用基础研究展开交流。中山大学地球科学与工程学院高锐院士、南方科技大学陈晓非院士、中国科学院广州地球化学研究所徐义刚院士、中山大学孙冬柏副校长以及省内有关高校、科研院所和相关企业的专家学者、企业家以及厅基础研究与科研条件处、省基金办相关同志参加了会议。

11日

广东省社会发展科技协同创新工作座谈会在厅17楼会议室召开。会上，王瑞军厅长、龚国平副厅长、周木堂副巡视员分别作讲话；与会人员结合本单位科技工作实际、科技发展重点领域、存在问题和工作建议进行交流。省教育厅、公安厅、司法厅、环保厅、住建厅、交通厅、水利厅等20多个省直相关部门的负责同志和厅社会发展与农村科技处、政策法规处、规划财务处、基础研究与科研条件处、高新技术发展及产业化处、科技服务与管理处、产学研结合处等业务处室主要负责同志参加了座谈会。

△全省高新技术企业工作座谈会在厅一楼会议室召开。会上，杨军副厅长总结了2017年全省高新技术企业培育和发展工作，部署安排了全省高新技术企业和入库培育企业运行情况季报、年报登记工作；通报了全省高新技术企业和入库培育企业运行情况季报、年报登记工作进展情况，介绍了今年高新技术企业培育和认定相关工作安排；与会人员围绕相关议题展开讨论，并就各地工作中的经验做法及存在问题展开交流。各地级以上市科技部门60多位代表参加了会议。

12日

杨军副厅长率高新技术发展及产业化处、省科技情报所相关负责同志赴四川省调研，先后考察了成都高新区创业场、极米科技和菁蓉国际中心等，并与四川省科技厅、成都高新区管委会及高新区研究支撑单位等有关同志座谈交流。

13日

王瑞军厅长、杨军副厅长率产学研结合处、高新技术发展及产业化处相关同志赴中国工程物理研究院围绕混合堆项目相关事宜展开调研，对项目建设意义和下一步推进的工作情况进行交流。省生产力促进中心陈金德主任、佛山市顺德区委刘怡副书记以及来自中广核研究院有限公司等代表参加了调研。

△龚国平副厅长参加在中大码头至星海音乐厅之间的珠江河段举行的2018年广州横渡珠江活动。

14日

厅机关关工委组织开展“关心下一代工作”主题参观活动，参观惠州平潭机场警卫部队的营区环境建设、战术刺杀操、营房内务，听取战斗机性能讲解；到憧湖创新园参观三航无人机研究院、南方智能制造研究院、南方工程检测修复研究院，现场了解无人机的操作功能和用途、工业机器人自动化生产等知识。周木堂副巡视员率厅机关职工子女及家长30多人参加了本次活动。

16日

受黄宁生副省长委托，王瑞军厅长、杨军副厅长带领省直有关部门以及珠三角九市相关负责同志到上海调研国家自主创新示范区建设和科技创新工作，先后考察了宝藤生物医药科技公司、安翰医疗技术有限公司、展讯通信（上海）有限公司等创新型企业，并与上海市科学技术委员会有关同志座谈。厅政策法规处、高新技术发展及产业化处、省科技情报研究所相关负责同志参加了调研。

17日

王瑞军厅长、杨军副厅长率厅政策法规处、高新技术发展及产业化处、产学研结合处和省生产力促进中心等相关负责同志，赴中国科学院苏州纳米技术与纳米仿生研究所、江苏省产业技术研究院调研。

△省直机关党建绩效考核第五组一行10人到省科技厅检查考核2017年度党建工作。在见面会上，考核组组长温金荣同志传达了省直机关党建绩效考核的部署和要求；龚国平副厅长作讲话。随后，陈振贤副组长主持召开测评会，60多名党员群众代表参加了党建工作满意度测评。考核组还分组查阅了厅系统各支部的党建工作记录、台账以及相关佐证材料，重点检查了厅领导所在支部和2017年发展新党员的支部。

18日

龚国平副厅长出席中山大学西沙海洋科考90周年纪念活动及2018年海洋科考夏季航次动员大会并代表省科技厅致辞。

△杨军副厅长与到访省科技厅的辽宁省科技厅王学来副厅长一行3人座谈，双方就建设国家军民科技协同创新平台、推动军民两用关键核心技术研发、军民融合重大战略合作，科技金融，科技成果转移转化等方面进行交流。省生产力促进中心陈金德主任和厅产学研结合处、高新技术发展及产业化处相关负责同志参加了座谈。

△周木堂副巡视员出席网络空间省实验室新场地入驻仪式，并见证丁文华院士、赵沁平院士和李凯院士为该省实验室首批院士工作室的入驻签约。

19日

王瑞军厅长在厅17楼会议室会见来访省科技厅的新加坡南洋理工大学赵南俊教授及数字智力商数研究所创始人朴肴颖博士，介绍广东省科技创新概况，双方就在粤港澳大湾区建设中寻求合作进行交流。

△杨军副厅长率高新技术发展及产业化处、省生产力促进中心相关负责同志参加四川省科技厅组织的东西部高新区合作交流会并赴西南交通大学调研，同时与自贡高新区签订战略合作协议，实地察看牵引动力国家重点实验室并与西南交通大学有关同志座谈。

△何棣华副巡视员参加科技部火炬高技术产业开发中心在肇庆市举办的2018年度全国科技型中小企业评价工作培训班。

23日

王瑞军厅长与到访省科技厅的科技部科技评估中心国际评估与研究部部长杨云、科技成果与知识产权评估部副部长张春鹏等一行5人座谈，双方就国家重大科学仪器设备开发专项项目成果落地广东事宜召开工作交流会。与会地市科技局及粤科金融等单位分别介绍了各地市科技经济发展情况与相关优惠政策措施，积极争取重大科学仪器设备成果在当地落户。与会单位还就促成重大科学仪器设备成果落户的政策措施等方面进行交流。中山市科技局、东莞市科技局、惠州市科技局、粤科金融集团、省科技评估中心相关负责同志，厅产学研结合处、基础研究与科研条件处相关负责同志参加了会议。

△厅党组书记、厅长王瑞军在厅17楼会议室主持召开党组（扩大）会议，专题传达学习全省推进巡视整改工作动员会议精神，并研究部署全厅系统贯彻落实工作。厅领导班子及各处室、厅属各单位主要负责人参加了会议。

24日

王瑞军厅长会见了来访省科技厅的以色列驻广州总领事南可安先生一行，双方就近期广东省与以色列科技创新合作相关重点工作交换了意见。省科技服务业研究院院长曾路、科技交流合作处相关同志参加了会见。

25日

周木堂副巡视员在厅7楼报告厅主持召开基层党组织建设工作部署会。会上，传达了广东省加强基层党组织建设工作会议精神和省委《广东省加强党的基层组织建设三年行动计划（2018—2020年）》的相关情况；王瑞军厅长总结了去年以来省科技厅党建工作的主要成效以及近期重点工作；厅党办对《广东省科技厅加强党的基层组织建设三年行动计划》的主要内容作说明；广东省科技基础条件平台中心党总支书记罗亮同志介绍了本单位第一党支部创建首批省直机关服务创新驱动发展战略“共产党员先锋岗”，抓好基层党建工作的做法和体会。厅机关党支部全体党员，厅属各单位党委（总支、支部）领导班子成员及基层在职党支部书记参加会议，厅机关各处室非中共党员列席会议。

26日

王瑞军厅长会见到访省科技厅的澳门城市大学叶桂平助理校长、澳门城市大学“一带一路”研究中心周平主任等一行3人，双方就共同推进粤澳科技交流合作，促进澳门城市大学积极融入粤港澳大湾区建设交换了意见。省科技服务业研究院院长曾路及科技交流合作处相关同志参加了会见。

△周木堂副巡视员在7楼报告厅主持召开广东省科技界科研诚信建设重大政策学习论坛暨座谈会。会上，科技部政策法规与监督司体改处汤富强处长对《关于深化项目评审、人才评价、机构评估改革的意见》作政策解读；国家科技评估中心创新战略评估与研究部施筱勇副部长解读《关于进一步加强科研诚信建设的若干意见》；与会人员就如何贯彻落实科研诚信建设等重大政策进行交流。省科技厅全体公务员、厅属单位相关负责人，以及来自省直部门、高校、科研院所、企业共33家单位的120多名科技工作者在现场参加了会议。会议同步网络直播，全省约1 900多名科技工作者收看了网络直播。

28日

郑海涛副厅长参加华南理工大学、重庆大学、华中科技大学、四川大学、电子科技大学联合在广州召开的2018年全国十六所工科重点大学科技工作研讨会并代表省科技厅致辞。

31日

省科技厅在广州召开广东省高新区高质量发展意见工作座谈会。会上，与会代表围绕深化高新区体制机制改革、促进高质量发展这一主题，就新时期高新区发展定位、体制机制、“放管服”等主要问题和下一步发展思路举措等分别作交流发言；杨军副厅长作总结讲话。广州、深圳、珠海、佛山、东莞、河源、梅州、茂名高新区管委会负责同志和省委组织部、省编办、省发展改革委、教育厅、财政厅、人力资源和社会保障厅、国土资源厅、省工商局有关业务负责同志，厅高新技术发展及产业化处、省科技情报研究所、长城战略咨询相关负责同志参加了会议。

【8月】

1日

省科技厅、省委农办、省农业厅在广州联合召开乡村振兴科技行动暨农村科技特派员工作推进会。会上，黄宁生副省长、叶贞琴副省长分别作讲话；王瑞军厅长就《广东省乡村振兴科技行动方案》和农村科技特派员工作部署作说明。周木堂副巡视员、厅社会发展与农村科技处有关负责同志参加了会议。

△王瑞军厅长与到省科技厅就提升政府治理体系和治理能力现代化水平进行专题调研的省政府研究室调研组一行4人座谈，双方就省直部门定位与职能分工、科技项目管理、科技资金统筹、科技工作举措及业务交叉、部门数据共享、政务督查及绩效考核等方面进行交流。厅人事处、办公室、政策法规处、规划财务处、高新技术发展及产业化处、产学研结合处相关负责同志参加了座谈。

△省科技厅机关工会开展庆“八一”主题活动，何棣华副巡视员带队前往佛山九江参观考察。出发前，厅党组书记、厅长王瑞军同志向军转干部们致以节日的祝福和亲切慰问。

2日

王瑞军厅长在17楼会议室主持召开推进创新驱动发展督查迎检落实专题工作会议。会上，王瑞军厅长就推进创新驱动发展工作小组迎检落实工作提出意见。何棣华副巡视员，监督审计处、办公室相关负责人参加了会议。

△省科技厅在厅一楼会议室召开广东省农村科技特派员工作座谈会。会上，讨论了《农村科技特派员暑期大下乡的倡议书》和《2018年第二批省级农业科技特派员千村大对接行动的实施方案》，对倡议书和对接行动实施方案提出修改意见；省住建厅参会同志对“三师”（规划师、建筑师、工程师）工作开展情况作报告；周木堂副巡视员作讲话。省住建厅、省农科院、省科学院、中山大学、华南农业大学、广州中医药大学、广东工业大学等18个单位的有关业务负责同志参加了会议。

6日

杨军副厅长参加科技部高新司在吉林延吉开展的国家重大科技项目组织实施和管理工作联合调研，并介绍了广东材料领域参与国家计划的基础，央地联动参与国家下一代通信、合成生物学等国家重大专项的主要做法、体会，以及进一步拓展央地联动实施国家重大专项的建议。

17日

上半年全省科技形势分析会在广东国际科技中心召开。会上，郑海涛副厅长传达国务院和省领导重要指示精神，并介绍上半年科技形势分析及创新驱动发展“八大举措监测情况”；佛山市委常委、副市长蔡家华，汕头市副市长林晓涌以及东莞市科技局人员在会上做经验交流发言；与会人员就科技项目管理、省市联动、科技政策、省实验室建设等问题进行交流；王瑞军厅长作总结发言。厅领导、厅机关各处室、厅属各单位、省粤科金融集团，有关地市科技局（委）、高新区管委会主要负责同志参加了会议。

18日

厅党组书记、厅长王瑞军主持召开厅党组理论学习中心组（扩大）学习会。会上，党组副书记、副厅长龚国平同志传达学习了省委关于落实意识形态工作责任制的有关文件精神，领学了《习近平中国特色社会主义思想三十讲》第十九讲《建设具有强大凝聚力和引领力的社会主义意识形态》，研究部署厅系统进一步落实意识形态工作责任制的相关工作；厅党办汇报了厅领导班子专题民主生活会会前征求意见的情况；学习传达了《广东省党务公开实施细则（试行）》《关于深入学习贯彻落实习近平总书记重要讲话精神奋力实现“四个走在全国前列”的决定》等文件；听取省科技计划管理改革和项目申报立项的工作部署以及《广东省科学技术厅加强党的基层组织建设三年行动计划（2018—2020年）》《广东省科学技术厅关于新时代加强高素质干部队伍的意见》《广东省科学技术厅机关借用跟班学习人员管理办法》《广东省科学技术厅关于正风肃纪防范廉政风险的意见》《广东省科学技术厅关于加强规范管理明确有关行政办公要求的通知》的专题解读。厅领导班子成员，厅机关、驻厅纪检监察组副处级以上干部，厅属单位党政领导班子成员以及办公室、党办、业务处室综合部门负责同志，承担重点任务和工作的业务骨干及党的“大学习”活动工作团队成员共140人参加了会议。

19日

省科技厅在厅17楼会议室召开领导班子巡视整改暨全面彻底肃清李嘉、万庆良恶劣影响专题民主生活会。会上，厅党组书记、厅长王瑞军同志代表领导班子作对照检查，围绕巡视反馈意见认真查摆存在问题，从政治站位、理论武装、党性修养、责任担当等方面深入剖析原因，提出努力方向和具体整改措施。随后，王瑞军同志带头做个人对照检查和自我批评。其他党组成员也逐一进行了对照检查，相互之间开展了严肃认真的批评。省直机关工委办公室主任赵玉山同志到会督导。领导班子成员，厅机关副巡视员，厅机关党办、办公室、人事处、驻厅纪检监察组负责人等列席了会议。

23日

省科技厅邀请美国巴士底有限公司首席执行官布拉德利·拉尚先生就“欧美非营利研究机构先进技术的转移转化经验”作主题演讲。王瑞军厅长主持了本次讲座。省委政研室、省知识产权局、省科学院及省内科研机构、高校、企业及科技中介机构等60多家机构的负责人及业务骨干150多人参加了讲座。

24日

由广东省科学技术厅、广东省环境保护厅、科技部社会发展科技司联合举办的广东省环境污染防治技术成果对接会在广州召开。会上，国家大气污染防治攻关联合中心柴发合副主任、中国科学院生态环境研究中心王子健研究员作大会主题报告；20多家国内重要环保技术机构做成果推介；40多项省内外污染防治技术成果做了现场展示，并形成了《环境污染防治技术成果汇编》，提出一系列技术问题和重大需求；在省领导的见证下，12家单位进行了成果对接现场签约。省政府许瑞生副省长、黄宁生副省长、科技部社会发展科技司邓小明副司长，省科技厅王瑞军厅长、龚国平副厅长，省环境保护厅李晖巡视员以及省直有关单位负责同志、有关地市分管环保的负责同志，省内外技术成果持有方、省内技术需求方、行业协会、技术转移机构、创投机构、有关地市科技和环保部门的代表近400人参加了对接活动。

27日

广东省科技厅与内蒙古自治区科技厅科技交流合作与产业对接会在呼和浩特市与包头市举行，来自两省区大专院校、科研院所、企事业单位的近400名科技工作者参会。广东省科技厅王瑞军厅长、周木堂副巡视员，内蒙古自治区科技厅厅长孙俊青、党组书记龚家栋、副巡视员云涛，包头市市委副书记、市长赵江涛，副市长武二斌、王秀莲等出席了会议。中国科学院广州能源研究所所长马隆龙、南方科技大学创新创业学院执行院长刘科等省内知名科学家全程参加了当天的对接活动。

△至31日，2018年度国家自然科学基金委员会（NSFC）—广东省人民政府联合基金评审会暨管委会会议在山东省威海市召开。郑海涛副厅长率厅基础研究与科研条件处有关同志参加了会议。

29日

至30日，广东省科技科研调研团在内蒙古自治区巴彦淖尔市、乌海市考察调研。周木堂副巡视员参加在巴彦淖尔市政府举行的广东省调研团与巴彦淖尔市科技交流与产业对接大会并致辞。来自广东、巴彦淖尔市的大专院校、科研院所、企事业单位代表100多人参加了会议。会后，考察团先后到巴彦淖尔市富川养殖基地、草原宏宝食品有限公司、蒙元宽食品有限公司、兆丰河套面业有限公司调研；到乌海化工有限公司、乌达工业园区、东源高分子材料科学研究院、君正氯碱技术研究院、佳瑞米精细化工有限公司、恒业成有机硅研究院、黄河海勃湾水利枢纽工程考察调研，并观摩了乌海湖生态修复与渔业优势品种资源增值技术集成应用示范项目。

31日

粤港科技创新合作专责小组第十五次会议在香港召开。会议由香港创新科技署副署长李国彬先生主持。会议通过了2017—2018年度的粤港科技合作工作报告，并就下一阶段有关重点工作达成共识：一是组织实施粤港联合创新资助计划；二是加强与科技部联动，贯彻落实粤港澳大湾区发展规划纲要，积极配合科技部开展《粤港澳大湾区科技创新规划》编制及发布工作；三是联合推进《粤港澳大湾区科技创新行动计划》发布和组织实施工作；四是促进粤港青年在科技领域创新创业；五是协同推进“一带一路”沿线国家科技合作。广东省科学技术厅厅长王瑞军、香港特区政府创新及科技局常任秘书长卓永兴、中央人民政府驻香港特别行政区联络办公室教育科技部副巡视员刘志明，以及省经信委、省教育厅、省商务厅、省港澳办、省中医药局、中科院广州分院等机构有关人员参加了会议。

【9月】

5日

厅党组成员、省纪委监委驻厅纪检监察组组长肖叶同志带队，到河源市东源县黄村镇三洞村检查指导扶贫工作，看望贫困户。

6日

王瑞军厅长在厅7楼会议室会见了到访省科技厅的德国航空航天中心项目管理署（DLR-PT）亚太合作处处长Gerold Heinrichs一行，并介绍了广东省科技创新发展，特别是推动粤港澳大湾区科技创新和建设国家科技创新中心等相关重点工作；Heinrichs先生积极回应王瑞军厅长发展DLR-PT与广东省科技厅新的伙伴关系的意愿，希望通过与广东省科技厅合作，在广东开拓科研合作关系网络；双方还就下一步务实合作的合作方向和模式进行了广泛探讨。省科服院院长曾路、厅科技交流合作处相关同志参加了会见。

7日

厅党组书记、厅长王瑞军同志在厅17楼会议室主持召开厅党组扩大会议，专题对厅机关创建模范机关活动工作进行动员部署，并对认真贯彻落实省直机关党的政治建设推进会精神、深入开展模范机关创建活动作动员讲话并提出具体要求；会议审议通过《广东省科学技术厅开展模范机关创建活动实施方案（2018—2020年）》，对省科技厅开展模范机关创建活动的总体要求、目标任务、工作重点、组织保障等方面作了部署安排。厅领导，机关各处室、厅属各单位主要负责同志参加了会议。

△省科技厅组织召开4K/8K超高清视频自主关键技术发展推进工作座谈会，听取各部门关于推动4K/8K技术攻关的意见和建议。会上，省科技厅介绍了自2017年以来通过“一事一议”、组织实施部省联动“宽带通信和新型网络”国家重点研发计划、将4K/8K技术攻关纳入省重点领域研发计划等方式有效推动该领域技术攻关的有关情况；省经济和信息化委、省文化厅、省新闻出版广电局先后介绍了推动4k产业发展的工作成效；相关高校和企业代表围绕4K/8K技术攻关分别作交流发言并讨论了技术攻关的主要方向和任务；杨军副厅长作总结发言。省经济和信息化委、省文化厅、省新闻出版广电局有关业务负责同志，厅高新技术发展及产业化处相关负责同志以及相关高校、企业代表参加了座谈会。

9日

下午，王瑞军厅长、杨军副厅长在厅17楼会议室会见到访省科技厅的联合国贸易和发展会议（UNCTAD）技术与后勤司司长、联合国科技促进发展委员会（UNCSTD）秘书处负责人莎米卡·西里曼纳女士（Shamika N.Sirimanne）一行3人，双方就联合国科技组织与广东省开展更紧密的合作进行交流。王瑞军厅长表示，广东省科技厅愿意积极承担联合国组织发起的相关国际科技交流任务和重要活动，积极协调发动广东企业和机构参与和承担联合国组织的会议、论坛和援助计划；希望加强与UNCTAD和UNCSTD合作，推动联合国机构在粤设立面向区域性的组织或面向粤港澳大湾区的办公室，承担国际组织和机构的大会论坛边会，并借助联合国科技组织的渠道发布展示广东的国际合作项目计划。省科技服务业研究院院长曾路，厅高新技术发展及产业化处、科技交流合作处、省科技合作研究促进中心相关同志参加了会谈。

△杨军副厅长出席广东省科学院在广州举办的广东省第三代半导体发展战略论坛并代表省科技厅致辞。

10日

至21日，科技部与联合国科技促进发展委员会（UNSCTD）在广州共同举办为期两周的“面向可持续发展的科技创新政策与管理培训班”。这是我国首次与联合国系统在科技创新领域面向发展中国家开展联合培训。来自南非、泰国、印度、伊朗等13个发展中国家的科技官员与政策专家在本次培训中，了解了中国以科技创新促进可持续发展的经验，并寻找与中国的合作机会。广东省科技厅王瑞军厅长出席了10日在广州举行的开班仪式并作广东创新发展的专题授课。

△至12日，杨军副厅长陪同科技部评估中心解敏主任一行到中山、东莞和惠州三市开展国家重大科学仪器设备开发专项项目成果落地广东对接调研。

11日

王瑞军厅长出席在广西南宁开幕的第6届中国—东盟技术转移与创新合作大会并代表广东省科技厅与广西壮族自治区科技厅签署两省区科技合作协议。根据协议，两省区将在创新平台建设、关键领域项目合作、成果转移转化、加强人才交流、共同参与面向“一带一路”国家和地区的科技合作等方面展开合作。省科服院院长曾路，厅科技交流合作处有关同志参加了活动。

12日

上午，杨军副厅长在厅7楼会议室与到访省科技厅的碧桂园集团副总裁兼广东博智林机器人公司总裁沈岗、广东博智林机器人公司智能技术研究总院副院长梁衍学一行，就碧桂园集团机器人谷项目对接工作进行座谈，听取沈岗总裁介绍机器人谷项目情况并提出希望省科技厅能在机器人领域的重大科研项目、高新技术企业培育、对接和引进国家高端创新资源、推进机器人成果转化打造产业生态圈等方面给予支持。杨军副厅长表示省科技厅将大力支持碧桂园集团博智林机器人公司发展并做好服务工作。厅产学研结合处、规划财务处、高新技术发展及产业化处、科技服务与管理处、政策法规处相关负责同志参加了座谈。

△下午，王瑞军厅长、杨军副厅长在厅16楼会议室与到访省科技厅的中船重工集团产业发展部副主任、新能源有限责任公司董事长栾海峰一行5人，就推进落实广东省与中船重工集团战略合作协议内容、围绕储能研究院在广东落地以及新型研发机构申报等合作进行座谈。会上，王瑞军厅长介绍了广东科技创新发展的情况，并表示双方在科研领域具有广阔的合作前景，省科技厅将支持中船重工在粤设立储能研究院及新型研发机构等科技创新平台；栾海峰董事长介绍了中船重工在新能源方面的重点布局，并表示此次来访主要是加快推进落实协议有关合作内容落地，希望在广东布局储能研究院及建设新型研发机构，加强双方在科技领域的深度合作。厅基础研究与科研条件处、产学研结合处相关负责同志参加了座谈。

13日

至15日，王瑞军厅长出席在佛山举行的第十届国际发明展览会开幕式，并在第三届世界发明创新论坛上作题为《改革开放40年粤港澳大湾区科技创新发展》的主旨演讲。

△省科技厅召开2018—2019年度科技计划申报视频讲解会议，对近期启动的相关科技计划申报指南进行解读。会上，郑海涛副厅长介绍了会议背景、提出新的要求和导向，以及省科技计划在申报主体、组织形式等方面的变化；厅相关业务处室就近期本处室正在公开征求意见或已基本成熟的申报指南进行详细的政策解读。规划财务处、政策法规处、基础研究与科研条件处、高新技术发展及产业化处、社会发展与农村科技处、科技交流合作处等处室领导及有关人员参加了会议。

△李旭东副厅长在厅一楼会议室与湖南省科技厅朱皖副厅长一行9人就科研诚信建设和深化科技管理改革工作进行座谈，并介绍广东省科技创新发展、科技体制改革的总体情况，双方就贯彻落实中办、国办印发的《关于深化项目评审、人才评价、机构评估改革的意见》《关于进一步加强科研诚信建设的若干意见》、深化科技管理改革和服务工作、逾期项目清理工作等进行了交流。厅规划财务处、政策法规处、监督审计处、省科技创新监测研究中心、省科技基础条件平台中心相关同志参加了座谈会。

14日

杨军副厅长率厅高新技术发展及产业化处、省科学技术情报研究所以及国家高新区管委会相关负责同志一行16人前往西安高新区调研，先后前往西安高新区规划展室、陕西科技成果展室和韩国三星电子企业考察，并与陕西省科技厅座谈，听取陕西省科技厅史高领副厅长及相关负责人介绍西安高新区、宝鸡高新区、榆林高新区等园区的建设总体情况、人才培养和引进机制、绩效管理等经验，以及陕西省科技厅在国际合作、高新技术产业发展、政策法规制定等方面的做法。

15日

王瑞军厅长出席在广东科学中心举行的以“创新引领时代，智慧点亮生活”为主题的首届广东科普嘉年华活动启动仪式并向粤港澳大湾区科技馆联盟授牌。

17日

至18日，王瑞军厅长率佛山市科技局、汕头市科技局及厅基础研究与科研条件处、产学研结合处相关负责同志一行到中国科学院长春光学精密机械与物理研究所、中国科学院长春应用化学研究所，重点就合作推进省实验室建设、共建重大科技创新平台、推进国家级重大科技成果在广东落地转化等进行调研和座谈，先后听取广东省季华实验室宋志义副主任（原光机所副所长）、光机所金宏副书记介绍光机所的建设历程、重大科技成果和人才团队以及参与广东省实验室建设进展情况和工作计划安排，听取中国科学院长春应用化学研究所杨小牛副所长介绍应化所历年科技创新及科技成果产业化方面情况，以及参与广东省化工实验室（筹）建设方面提出的意见和建议。调研组一行实地考察了光机所光学系统先进制造技术重点实验室、国家光栅制造与应用工程技术研究中心、发光学及应用国家重点实验室等国家级创新平台和长光辰芯光电等高新技术企业，以及应化所科技成果展，听取高分子物理与化学、稀土资源利用、合成橡胶、高分子复合材料、电化学和光谱研究分析、先进化学电源等领域重大科技成果及相关创新基地和科技平台建设情况介绍。

△郑海涛副厅长参加汕头市组织召开的省实验室建设方案论证会，听取汕头市林晓汤副市长介绍省实验室建设前期筹备相关情况、汕头市科技局对省实验室建设方案的详细汇报，并对与会专家的发言进行总结，以及提出下一步的工作考虑和部署。

19日

驻厅纪检监察组肖叶组长率驻厅纪检监察组有关负责同志前往省科协机关调研党风廉政建设工作，听取省科协党组书记郑庆顺介绍党组落实全面从严治党主体责任的主要做法和成效。

20日

省科技厅在厅7楼报告厅召开创建模范机关工作动员部署大会，学习贯彻习近平总书记关于加强党的政治建设的重要论述和对推进中央和国家机关党的政治建设的重要指示精神，深入贯彻落实省直机关党的政治建设推进会特别是李希书记讲话精神，以及省直机关创建模范机关动员部署会精神，研究部署省科技厅创建模范机关工作。会议由厅党组副书记、副厅长龚国平同志主持。会上，厅党组书记、厅长、厅直属机关党委书记王瑞军同志作动员讲话并作“加强党的政治建设，创建模范机关”专题党课；会议对近期科技创新的重点工作任务进行部署；按照全省纪律教育学习月活动的要求集中观看了反腐倡廉警示教育片和保密教育片。厅机关全体公务员、厅属单位领导班子成员和各在职党支部书记约150人参加会议。

△省科技厅组织广东省孵化器运营企业前往黑龙江省双鸭山市经济开发区孵化器企业进行调研。中国科技开发院佛山分院、佛山力合创新中心有限公司分别与双鸭山市经济开发区签订合作协议。广东省科技厅杨军副厅长、黑龙江省科技厅石兆辉副厅长、双鸭山市郑野岩副市长共同见证了协议签署。根据协议，未来五年内，双方将依据资源、资金、人才、技术互补优势，在生物大健康成果转化、生物大健康供应链服务、投融资服务、高端人才服务和绿色食品深加工等方面开展深度合作。两省科技厅高新技术发展及产业化处、园区处、科技交流合作处相关人员参加了调研。

△粤港澳大湾区科技成果转移转化专题培训班在广州举行。郑海涛副厅长出席开班仪式并致辞。香港科技大学协理副校长吴恩柏教授、澳门大学（学术）副校长倪明选教授、广东省华南技术转移中心有限公司周海涛董事长分别就“香港与内地技术转移经验分享”“粤港澳大湾区的技术转移——从大学的角度看区域创新体系建设”“技术转移机构的机遇、挑战与商业模式探讨”等主题作分享，来自省内地市科技局、高校、科研院所、技术转移机构及其他企业的代表共250人参加了培训。

22日

杨军副厅长出席在黑龙江省哈尔滨市高新区科谷投资管理有限公司举行的广东省科技企业孵化器协会黑龙江省联络处揭牌仪式。

23日

王瑞军厅长、龚国平副厅长陪同科技部副部长李萌、社会发展科技司司长吴远彬、政策法规与监督司副司长梁颖达、创新发展司区域与地方处处长郑玉琪一行到华南农业大学、中科院广州生物医药与健康研究院调研科技创新工作，实地考察了国家兽医微生物耐药性风险评估实验室、人兽共患病防控制剂国家地方联合工程实验室、国家生猪种业工程技术研究中心等科技创新平台建设情况并召开座谈会；考察了国家重大科研装备研制项目——全自动干细胞诱导培养设备，以及临床治疗性干细胞车间，深入了解尿液细胞存储和提取诱导多能干细胞的工艺流程。

28日

龚国平副厅长陪同黄宁生副省长到珠海调研科技创新工作，现场考察健帆生物、格力电器、赛纳打印等创新型企业，并参加座谈会研究推动科技创新工作。

△省科技厅、省教育厅联合召开广东省大学科技园建设工作座谈会。会议由省教育厅党组副书记、副厅长邢锋主持。会上，杨军副厅长作讲话；省科技厅介绍了广东省大学科技园的发展情况；各高校分别介绍大学科技园的建设情况，围绕建设过程中遇到的困难与问题分别作了交流发言，并对如何推动广东省大学科技园加快发展提出了意见和建议；省教育厅邢锋副厅长作总结发言。中山大学、华南理工大学、暨南大学等12家高校的领导和大学科技园负责人参加了会议。

29日

李旭东副厅长参加国家评估中心在北京召开的广东省重大科技专项绩效评估报告审议会议，并介绍2018年广东省科技厅的主要工作和重大科技专项组织实施情况。

30日

李旭东副厅长与到访省科技厅的省委军民融合办常务副主任陈向新一行就如何推动广东省科技军民融合工作进行座谈。省委军民融合办协调处、发展规划处、政策法规处和省科技厅产学研结合处相关同志参加了座谈。

【10月】

8日

王瑞军厅长在厅16楼会议室与到访省科技厅的中国工程物理研究院田东风副院长和彭先觉院士一行座谈。会上，王瑞军厅长介绍了广东科技创新发展的基本情况和近期重点工作，并希望通过省院合作的方式推进各项工作；杨军副厅长介绍了广东军民融合等工作的开展情况；田东风副院长介绍了中物院的基本情况以及该院若干重大项目的最新进展；彭先觉院士介绍了由其承担的国家重点项目，并希望能够将中物院的项目成果带到广东转化应用；双方还就下一步如何开展省院战略合作进行深入交流。中物院能源办副主任陈宏，省科技厅李旭东副厅长以及厅产学研结合处相关同志参加了座谈会。

12日

上午，王瑞军厅长在厅17楼会议室与省交通运输厅黄成造总工程师、港珠澳大桥管理局朱永灵局长，就“粤港澳大湾区交通建设智能维养与安全运营工程技术研发中心建设”进行筹划布局等有关问题展开讨论。厅相关处室人员参加了座谈。

△下午，省科技厅召开党组扩大会议，传达学习省委十二届五次全会精神，研究部署贯彻落实措施。厅领导，机关各处室、厅属各单位及粤科金融集团主要负责同志参加了会议。

13日

杨军副厅长主持召开广东科技情报事业创立暨广东省科技情报研究所创建60周年座谈会。王瑞军厅长参加会议并对全省科技情报界所取得的成绩给予充分肯定，同时提出了工作期望；龚国平副厅长、厅机关有关处室负责同志参加了会议。

15日

省科技厅联合科技日报社在北京举办广东省重点领域研发计划及创新政策推介会，面向全国科研好项目发出落地邀请，征集领域涉及宽带通信、新一代人工智能、新能源汽车、智能机器人与装备制造、激光制造与增材制造、第三代半导体材料与器件、精准医学与干细胞、脑科学与类脑研究等多个尖端领域。会议由杨军副厅长主持。会上，王瑞军厅长介绍了广东科技创新总体思路；科技日报社房汉廷副社长致辞；省科技厅相关处室负责同志介绍了广东省重点领域研发计划总体情况及部分重大项目指南情况；广州、佛山、东莞、珠海等地市的科技部门负责同志介绍了当地的科技创新政策。

17日

杨军副厅长出席科技部、上海市政府在科技部召开的2018浦江创新论坛新闻发布会，并在会上介绍了广东省近年来科技创新工作情况。

20日

经厅党组研究决定：彭向阳同志任广东省科学技术厅基础研究与科研条件处副调研员。

△经厅党组研究决定：李海威同志任广东省科技基础条件平台中心副主任，任期5年。

22日

省科技厅在一楼会议室召开座谈会，欢迎省外专局全体转隶人员。根据《广东省机构改革方案》，“将省科技厅、省外专局的职能整合重新组建省科技厅，作为省政府组成部分，保留省外专局牌子”。经省科技厅与省人力资源和社会保障厅协商，省外国专家局17名在职在编人员成建制转隶到重新组建的省科技厅。省科技厅党组书记、厅长王瑞军，厅领导龚国平、劳帜红、何棣华，省人力资源和社会保障厅党组书记、厅长陈奕威，副厅长左孟新，省外国专家局全体转隶人员，省科技厅办公室、规划财务处、人事处、直属机关党委负责同志参加了座谈。

23日

由广东省科学技术厅、中国科学院北京分院、中国科学院广州分院、广东省科学院共同主办的中国科学院北京分院科技成果广东对接会在广州举行。会前，广东省副省长黄宁生会见了前来参加对接会的中国科学院党组成员、副秘书长、北京分院院长何岩一行。会议由中国科学院广州分院院长吴创之主持。会上，中国科学院党组成员、副秘书长、北京分院院长何岩，广东省人民政府副秘书长李雅林，广东省科技厅党组书记、厅长王瑞军分别作讲话；来自中国科学院物理研究所、高能物理研究所、力学研究所、声学研究所、理化技术研究所等16家单位推介发布了75项优质科技成果；多个地市、多家企业与中国科学院专家进行交流并达成初步合作意向。厅产学研结合处等有关处室负责同志，中国科学院北京分院系统相关研究所（含分支机构）分管院地合作领导、部门负责人、项目负责人，以及珠三角地级以上市、国家级高新区、高新技术企业代表120多人参加了会议。

△龚国平副厅长参加内地和澳门节能及环保科技与产业工作组会议、海洋科技与产业工作组会议，分别听取中科院合肥物质研究院、中科院生态环境研究中心关于“澳门大气环境流动监测研究”“澳门生态环境调查及管理规范研究”等合作项目进展汇报，以及其工作总结和对澳门环保论坛、环保展览会等下一步工作安排；听取澳门海事局、澳门气象局关于“防船舶撞击桥梁”“提高气象预测能力”等技术需求介绍，自然资源部第一海洋研究所、青岛海洋科学与技术试点国家实验室、大连海事大学、中山大学介绍相关案例和经验，围绕内地和澳门的海洋科技合作进行交流，并对工作组的架构和下一步工作安排交换了意见。厅社会发展与农村科技处负责同志参加了会议。

△上午，李旭东副厅长参加深圳第三代半导体研究院建设推进会并代表省科技厅致辞。

△下午，李旭东副厅长出席第十五届中国国际半导体照明论坛暨2018国际第三代半导体论坛开幕式，并为2018中国创新创业大赛国际第三代半导体专业赛南部赛区及国际赛区获奖单位颁奖。

24日

2018中国（广州）新一代人工智能发展战略国际研讨会暨高峰论坛在广州举办。十三届全国政协副主席、致公党中央主席、中国科学技术协会主席万钢，科学技术部党组成员陆明，广东省副省长黄宁生出席开幕式并致辞。主题大会由广东省科技厅厅长王瑞军主持。本次峰会以“人类与人工智能”（AI&I）为主题，邀请国内外人工智能领域知名科学家、学者、产业界代表约1 000人参加，共同探讨人工智能在智慧医疗、智能交通、智慧城市等领域的应用潜能，剖析技术潜在的负面影响和安全风险，倡导负责任的科学研究和引导规制并重的政策法律伦理，以期构建美好的人工智能新时代。会上，国家神经元网络智能超算平台东莞中心等8个项目举行了重大项目签约及广东省人工智能平台授牌仪式；国际人工智能联合会理事会主席杨强、中国科学院院士吕跃广等多位人工智能领域顶尖的科学家分别进行主旨演讲。当天下午设置围绕政策与伦理、智慧医疗、智慧城市和智能制造等专题的四场平行论坛，现场有来自腾讯、广电运通、TCL、大疆等多家知名企业，展示人脸识别、语音识别、医学影像、智能制造、无人机等技术及在人工智能平台上进行结合和升级应用的成果。

25日

广东省科学技术厅（广东省外国专家局）挂牌成立。副省长黄宁生、省政府副秘书长李雅林，广东省科学技术厅（广东省外国专家局）党组书记王瑞军、党组副书记龚国平共同揭牌。根据《广东省机构改革方案》，重新组建的广东省科学技术厅（广东省外国专家局）将省科学技术厅、省外国专家局的职责整合，保留省外国专家局牌子，不再保留单设的省外国专家局。厅省管干部，厅机关各处室主要负责同志，厅属单位党政主要负责同志出席了挂牌仪式。

△新组建的广东省科学技术厅（广东省外国专家局）在厅7楼报告厅召开第一次全体干部大会。王瑞军厅长在会上做机构改革工作的动员和部署。厅（局）领导，机关各处室、省外专局全体公务员及干部，厅属各单位及粤科金融集团主要负责同志参加了会议。

△王瑞军厅长会见日本近畿经济产业局通商部长村上树人一行，双方同意继续在节能环保方面深化合作并达成共识，将于2019年3月续签新一轮合作框架协议，合作的具体事宜由双方专家委员会共同商定。厅合作处、广东省科技合作研究促进中心有关负责同志参加了会见。

△王瑞军厅长会见到访省科技厅的联合国科技促进发展委员会（UNCSTD）主席蔡阿民教授，双方就联合国科技促进发展委员会与广东省开展更紧密的合作、广东省科技厅与奥地利哈根堡软件技术中心开拓合作两方面工作进行交流。省科服院院长曾路、厅科技交流合作处相关同志参加了会见。

29日

厅党组书记、厅长王瑞军同志在厅17楼会议室主持召开厅党组（扩大）会议，传达学习习近平总书记视察广东重要讲话精神，研究部署省科技厅系统贯彻落实措施。全体厅领导，厅机关各处室、厅属各单位、粤科金融集团负责同志参加了会议。

30日

王瑞军厅长参加在上海东郊宾馆举行的2018浦江创新论坛开幕式及系列主题活动，参观考察了复旦大学张江校区国际创新中心和江湾校区先进材料实验室、大气科学研究院。厅办公室、政策法规处、省科技合作研究促进中心相关负责同志参加了活动。

△至31日，龚国平副厅长参加由科学技术部、国家中医药管理局、广东省人民政府在广州召开的第二十八届国家中医药发展会议并致辞。

△杨军副厅长出席在佛山召开的2018中国·佛山人工智能与智能制造国际大会并致辞，与佛山市政府、英国东北企业合作署三方共同签署了中英《合作备忘录》。

【11月】

1日

王瑞军厅长在厅17楼会议室会见加拿大国家研究委员会（NRC）工业援助计划署国际项目合作主任Perry Quan一行，介绍广东省近期推动粤港澳大湾区科技创新和建设国家科技创新中心等相关重点工作，并希望在新时期继续深化与NRC的交流，探讨在联合研发人员往来和合作平台建设等方面的全方位合作，双方就合作计划的近期实施工作进行了深入讨论。厅科技交流合作处、省科技合作研究促进中心相关同志参加了会见。

△首次在中国举办的第三届中英创新与发展论坛在广州召开。会上，劳帜红副厅长致开幕辞；王瑞军厅长在论坛上作“关于改革开放40年粤港澳大湾区科技创新发展”的专题报告；来自中英双方政府机构、科研单位和企业的15位专家代表围绕中英创新驱动发展战略与实践、新技术新产业的机遇与挑战、粤港澳大湾区的创新转型与合作发展等议题分别作专题报告。

△何棣华副巡视员出席由粤港澳大湾区生产力促进服务联盟、广东省生产力促进中心、香港生产力促进局及澳门生产力暨科技转移中心在佛山高新区共同举办的粤港澳大湾区生产力大讲堂“工业4.0与智能制造”培训交流会并讲话。

2日

王瑞军厅长、杨军副厅长参加在东莞召开的2018年粤港澳大湾区院士峰会暨第四届广东院士高峰年会。

5日

受省科技厅厅长、党组书记王瑞军委托，副厅长、党组副书记龚国平在厅17楼会议室主持召开厅党组（扩大）会议，传达学习习近平总书记在民营企业座谈会上的重要讲话精神、全省民营企业座谈会精神以及省委理论学习中心组第12次学习会精神。厅领导，厅机关各处室、厅属各单位负责同志参加了会议。

△杨军副厅长在厅7楼会议室与河南省科技厅郑洛新国家自主创新示范区领导小组办公室何守法专职副主任一行，就如何推动国家自主创新示范区建设、体制机制创新和政策先行先试等方面内容进行座谈，介绍广东省国家自主创新示范区近年建设和发展情况，双方围绕如何建立和完善国家自

主创新示范区工作推进机制、如何开展国家自主创新示范区政策创新和先行先试、如何建立有效的高新区管理体制等重点问题进行交流。广州市科创委、厅高新技术发展及产业化处、省科学技术情报研究所相关同志参加了座谈。

8日

广东省实验动物科技发展30周年工作会议在广州召开。会上，龚国平副厅长宣读了黄宁生副省长对广东省实验动物科技工作的重要批示，以及省科技厅厅长王瑞军的贺信；省科技厅作《广东实验动物科技发展30周年的工作报告》并对接下来的工作重点进行了部署；中国科学院院士季维智、英国皇家医学院外籍院士管轶作大会报告。郑海涛副厅长、周木堂副巡视员、科技部代表、全省实验动物单位代表共190多人参加了会议。

△下午，龚国平副厅长在厅7楼会议室与省公安厅孙太平副厅长、广东警官学院许细燕副院长一行5人，就探索部门间横向联动新机制、促进科技体系与公安业务体系有效融合、加快推进公安领域科技信息建设、公安科技协同创新中心建设等内容进行交流座谈。省公安厅科信处、广东警官学院科研处、厅社会发展与农村科技处等有关同志参加了座谈。

9日

国家重点研发计划“宽带通信与新型网络”专家研讨会在广州召开。会上，杨军副厅长介绍了广东省推动落实“宽带通信和新型网络”重点专项部省联动工作的有关情况；科技部高新司梅建平副司长、高技术中心袁建湘副主任分别作讲话；邬江兴院士、广东省新一代通信与网络创新研究院朱伏生院长、香港理工大学吕超教授，以及来自华为、中兴通讯、海格通信和有关高校的10位特邀专家分别作主题报告。厅高新技术发展及产业化处、广州市科创委产学研处、广州开发区科创局有关同志参加了会议。

12日

何棣华副巡视员在广州主持省科技厅和澳大利亚昆士兰科技大学续签合作谅解备忘录签约仪式，王瑞军厅长、澳大利亚昆士兰科技大学谢镁俐校长分别代表合作双方签字。本次备忘录确定了双方在2018—2023年间的合作方向和形式，双方将合作领域扩展为材料科学（含生物材料）、空气质量科学、人工智能（大数据、机器人与电脑视觉、智能感应）、生物医学工程和生物分子科学等领域。澳大利亚驻广州总领事馆陆志成总领事、厅科技交流合作处、省科技合作研究促进中心相关同志参加了会见和签约仪式。

14日

中国工程院和广东省政府共建中国工程科技发展战略广东研究院签约活动在深圳举行。广东省委书记李希、中国工程院院长李晓红、广东省省长马兴瑞、中国工程院主席团名誉主席周济见证签约并为研究院揭牌。中国工程院副院长何华武与广东省副省长黄宁生代表双方签署了《中国工程院广东省人民政府共建中国工程科技发展战略广东研究院框架协议》。省院合作领导小组办公室主任、省科技厅厅长王瑞军、副厅长杨军参加了活动。

△启动建设第二批广东省实验室，省委书记李希、省长马兴瑞出席启动会并为省实验室授牌。第二批启动建设的化学与精细化工广东省实验室采用“主体+分中心”模式，由汕头市承建主体实验室，潮州、揭阳市设立分中心；南方海洋科学与工程广东省实验室采用广州、珠海、湛江市同步

建设推进；生命信息与生物医药广东省实验室由深圳市承建。会后，马兴瑞省长会见了有关院士和专家。省领导林少春、黄宁生，深圳市市长陈如桂，中山大学校长罗俊等院士、专家，厅领导王瑞军、郑海涛，厅办公室、基础研究与科研条件处主要负责同志参加了活动。

15日

上午，省科技厅与省委组织部在广州联合举办2018年创新驱动发展战略专题培训班（第二期）。龚国平副厅长出席开班仪式并作“新时期广东科技创新工作的形势与任务”专题报告。培训期间，省委宣讲团成员、省科技厅党组书记、厅长王瑞军为全体学员宣讲习近平总书记视察广东重要讲话精神并组织开展网络联学活动。来自全省21个地级以上市、县（市、区）分管科技工作的领导干部共130多人参加了培训。

△下午，王瑞军厅长、郑海涛副厅长在厅17楼会议室与到访省科技厅的中科院量子物理与量子科技前沿卓越创新中心、京沪干线总师陈宇翱、广东季华实验室常务副主任项阳、中山大学周晓琪教授、国科量子通信网络有限公司戚巍总裁等一行8人，就中科院量子科学项目落地广东，加强与广东省实验室平台合作、建设粤港澳大湾区量子通信高端研发平台等进行座谈，听取量子通信京沪干线在广东的重点布局、星地一体量子保密通信网络、城域量子安全通信时频网络项目建设思路，详细了解与广东季华实验室合作进展，并征询国家顶级科研团队对广东省重点研发计划“量子科学与工程”重点专项的反响和意见反馈。厅办公室、高新技术及产业化处、基础研究与科研条件处相关负责同志参加了座谈。

16日

根据《中华人民共和国地方各级人民代表大会和地方各级人民政府组织法》的规定，由马兴瑞省长提请，广东省第十三届人民代表大会常务委员会第六次会议于2018年10月12日表决通过：任命王瑞军同志为广东省科学技术厅厅长。

△李旭东副厅长在厅7楼报告厅主持召开全省科技系统学习贯彻习近平总书记视察广东重要讲话精神宣传报告会暨主题联学活动。会上，省委宣讲团成员，省科技厅党组书记、厅长王瑞军同志作专题报告。厅属各单位领导班子成员，厅机关各处室及厅属各单位相关党员同志参加了本次活动，分会场通过视频会议形式开到全省各地级以上市科技局（委），覆盖全省科技管理部门工作人员700多人。

18日

为进一步促进评审工作科学化、规范化，王瑞军厅长到广州白云国际会议中心，对省重点领域研发计划评审现场进行巡视检查，听取省技术经济研究发展中心、厅机关纪委和相关处室等部门工作人员的情况汇报，并巡视了项目评审现场。

△在广东省委书记李希、中国科学院院长白春礼、广东省省长马兴瑞见证下，广东省副省长黄宁生、中国科学院副院长张涛分别代表广东省政府与中国科学院在广州签署共同推进粤港澳大湾区国际科技创新中心建设合作协议。根据合作协议，省院双方将共同争取建设珠三角综合性国家科学中心，共建世界一流重大科技基础设施集群、高水平科研机构、成果转移转化服务平台、广深科教融合园区，推动重大科研任务与成果落地转化，共同推进粤港澳大湾区国际科技创新中心建设。为加快国家级科技创新成果在广东落地转化，广东省与中科院首批确定合作项目共27个，主要集中在大科学基础设施、大科学工程建设、产业技术创新体系构建、新型研发机构与创业孵化平台培育、重大科技成果转化应用等方面，每个项目国家和省市投资均在数亿元至数10亿元不等。现场组织省

院合作重大项目签约仪式，2批共计12个，广东省副省长黄宁生、中科院副院长张涛、广东省政府副秘书长李雅林等领导见证了签约仪式。厅领导王瑞军、龚国平、杨军、周木堂，厅办公室、产学研结合处有关负责同志参加了活动。

19日

根据党中央、国务院批准的《广东省机构改革方案》，省人民政府批准：任命龚国平、杨军、郑海涛、李旭东同志为广东省科学技术厅副厅长；任命劳帜红同志为广东省科学技术厅副厅长、广东省外国专家局局长；原广东省科学技术厅的行政领导班子成员职务自然免除。

22日

中午，王瑞军厅长在厅17楼会议室与清华大学陈国强教授及其团队成员一行，就建立高水平新型生物材料平台、引进下一代工业生物技术落地广东及成果转化等进行座谈，听取新型生物制造材料在医疗、环境保护等领域开展创新和产业化的相关情况汇报。厅政策法规处、基础研究与科研条件处、产学研结合处、社会发展与农村科技处、科技服务与管理处相关负责同志参加了座谈。

△王瑞军厅长在厅17楼会议室与到广东省开展《促进科技成果转移转化行动方案》贯彻落实情况作专题调研的科技部成果与区域司副司长杨咸武一行座谈。杨军副厅长，省国资委、省知识产权保护中心、部分地市和高新区、中山大学、华南理工大学、省农科院、部分技术转移机构的相关负责同志参加了座谈。

23日

何棣华副巡视员出席在广东省科技干部学院举办的2018年新疆喀什地区科技创新驱动发展与科技扶贫专题研修班开班仪式，并与学员分享《新时期广东科技创新工作的形势与任务》的主题报告。

24日

王瑞军厅长参加中国科技发展战略研究小组、中国科学院大学中国创新创业管理研究中心在北京中国科技会堂召开的2018年中国区域创新能力评价报告发布会，并就广东科技创新发展专题在大会上作交流发言。

△全省高校科技创新暨高等教育“冲补强”提升计划工作推进会在佛山召开。会上，黄宁生副省长作讲话并为5所大学科技园授牌；杨军副厅长介绍高校科技创新工作情况。省委组织部、省教育厅、省科技厅以及各地市政府分管负责同志和教育局长、全省高校主要负责同志参加了会议。

26日

王瑞军厅长、李旭东副厅长在厅7楼会议室与中科院西安分院、陕西省科学院党委书记、院长赵卫一行，就推进西安光机所与广东省在科技成果转化、军民融合、产业转型升级、城市创新驱动发展等领域的深度合作进行座谈。厅产学研结合处、规划财务处、政策法规处、高新技术发展及产业化处相关负责同志参加了座谈。

△杨军副厅长参加广州无线电集团举行的2018科技创新大会暨人工智能创新与应用高峰论坛并代表省科技厅致辞。

28日

李旭东副厅长率厅党办有关同志到广东省实验动物监测所调研，了解基层党组织学习贯彻习近平总书记视察广东重要讲话精神的落实情况，并在广东省实验动物监测所党支部专题组织生活会上作讲话。

△第七届中国创新创业大赛港澳台赛暨2018“醒狮杯”国际工业设计大赛颁奖活动在佛山高新区举行。本次活动促成了10个港澳台地区的项目签约落户佛山高新区，涉及文化创意、互联网、新能源及节能环保、新材料、先进制造与电子信息以及生物医药等多个领域。活动期间，还举行了“滑铁卢大学技术转移佛山创新中心”揭牌仪式、“粤港澳台协同创新中心”启动仪式和4个合作项目签约仪式。劳帜红副厅长、科技部火炬中心主任张志宏，中央人民政府驻香港特别行政区联络办公室、中央人民政府驻澳门特别行政区联络办公室，省台湾事务办公室、省港澳事务办公室、省生产力促进中心、中国发明协会、中国发明成果转化研究院等相关单位领导，以及来自粤港澳台地区的各类机构代表、创客共500多人参加了本次活动。

29日

杨军副厅长参加在珠海国际会展中心召开的中国集成电路设计业2018年会暨珠海集成电路产业创新发展高峰论坛。

30日

杨军副厅长出席在珠海举行的首届自主船舶发展（万山）论坛暨珠海万山无人船海上测试场启用仪式。

△劳帜红副厅长参加科技部和国家科技基础条件平台中心在广州召开的地方科技资源共享工作交流会，并介绍近期落实习近平总书记视察广东重要讲话精神、实施创新驱动发展战略、提升区域科技创新能力建设、推进科研仪器设施开放共享、粤港澳国际科技创新中心建设等情况。郑海涛副厅长、基础研究及科研条件处主要负责同志参加了会议。

【12月】

2日

厅机关党员干部在厅党组书记、厅长王瑞军同志带领下，赴深圳与深圳市科创委联合举办纪念改革开放40周年主题党日活动，参观了“大潮起珠江——广东省改革开放40周年展览”和前海展示厅。

3日

上午，中国工程科技发展战略广东研究院第一届一次理事会暨学术委员会会议在广州召开。该理事会由中国工程院院长李晓红和广东省省长马兴瑞任理事长，中国工程院主席团名誉主席、中国工程院院士周济和中国工程院院士刘人怀任学术委员会主任，中国工程院院士王迎军任院长。会上，中国工程院副院长何华武作讲话；黄宁生副省长为广东研究院学术委员会主任、副主任和院长颁发聘书；审议通过广东研究院章程、理事会和学术委员会组成人员及议事规则、管理制度并确定了首批咨询研究项目。省院合作办副主任、省科技厅副厅长杨军，厅产学研结合处相关同志参加了会议。

△下午，王瑞军厅长在厅7楼报告厅主持召开全省科技系统学习贯彻习近平总书记视察广东重要讲话精神宣讲报告会。会上，省委宣讲团成员、省工业和信息化厅党组书记、厅长涂高坤同志作题为《深刻领会习近平总书记视察广东重要讲话的丰富内涵和精神实质切实用以统一思想指导实践引领发展》的宣讲报告。厅机关全体公务员和厅属各单位班子成员在主会场参加了报告会，报告会还通过视频会议方式开到各地级以上市科技局（委）及厅属各单位，参加人数超过900人。

4日

内地与香港科技合作委员会第十三次会议在广州召开。会上，科技部副部长、国家外国专家局局长张建国，香港创新及科技局局长杨伟雄分别作讲话。黄宁生副省长、王瑞军厅长、何棣华副巡视员、省科技服务业研究院曾路院长，科技部、驻港中联办、国务院港澳办、国家自然科学基金委员会、中国科协、深圳市科创委、广州市科创委等部门，以及来自香港特区政府创新与科技局、创新科技署、政府资讯科技总监办公室、研究资助局、香港主要高校与科研机构代表60多人参加了会议。

5日

杨军副厅长参加高新技术发展及产业化处党支部“学习贯彻习近平总书记视察广东重要讲话精神”支部学习活动，并为支部上党课。

7日

杨军副厅长参加在广州越秀宾馆举行的泛珠三角区域孵化联盟成立大会暨协同创新发展论坛并致辞，同时为泛珠三角区域孵化联盟发起单位授牌。

10日

全省生产力促进机构主任学习贯彻习近平总书记视察广东重要讲话精神专题培训班在广州召开。郑海涛副厅长出席开班仪式并作题为《新时期广东省生产力促进机构面临的形势与任务》的专题报告。省生产力促进中心陈金德主任主持本次培训活动。来自全省20个地市、县（区）、专业镇生产力促进中心主任、国家和省级高新区创业服务中心负责人、各地市科技金融服务中心主任以及部分市县科技局的领导共计110人参加了培训。

△杨军副厅长出席在广州举行的2018中国国际应用科技交易博览会开幕式暨高水平产学研合作论坛并代表省科技厅致辞。

12日

全省科技统计工作会议在清远市召开。会上，郑海涛副厅长传达“十九大”精神和习近平总书记视察广东重要讲话精神，分析当前创新驱动发展主要形势；总结2018年科技统计工作，部署新一年度科技统计调查任务，开展科技统计综合年报、火炬统计和省专项科技统计业务培训；通报国家和广东的区域创新能力评价结果、交流地市科技统计工作经验。厅规划财务处、清远市科技局、省科技情报研究所科技统计分析中心、中科院广州分院、省科学院、省农科院、各市科技局及统计支撑单位、各高新区相关同志共120多人参加了会议。

△劳帜红副厅长在广东大厦与到广东考察科技创新工作的江苏省政府副秘书长张乐夫、江苏省科技厅副厅长蒋洪、江苏省税务局副局长周柏柯一行7人座谈。

13日

王瑞军厅长、郑海涛副厅长、李旭东副厅长率厅办公室、规划财务处、高新技术发展及产业化处，省科技创新监测研究中心有关同志到数字广东网络建设有限公司就“数字政府”建设情况开展调研。

14日

王瑞军厅长、杨军副厅长在厅17楼会议室与北京协同创新研究院王蓁祥院长一行，就北京协同创新研究院与广州市人民政府、广州高新技术产业开发区管委会合作共建“广东粤港澳大湾区协同创新研究院”事宜进行座谈。广州市科技创新委员会梁加宁副巡视员、广州高新技术产业开发区管委会孙学伟副主任，厅产学研结合处、高新技术发展及产业化处和科技交流合作处相关同志参加了座谈。

19日

省科技厅召开党组（扩大）会议，传达学习贯彻习近平总书记在庆祝改革开放40周年大会上的重要讲话精神、广东省庆祝改革开放40周年大会精神，研究部署省科技厅系统贯彻落实措施。全体厅领导，厅机关各处室、厅属各单位负责同志参加了会议。

20日

何棣华副巡视员会见了到访省科技厅的白俄罗斯国家科学院苏卡洛·亚历山大·瓦西里耶维奇副院长和白俄罗斯驻广州总领事馆巴加诺夫斯基·莱奥尼德总领事一行，双方就下一步签订合作谅解备忘录、联合举行相关对接活动和项目推介等具体工作交换了意见。省科技服务业研究院曾路院长、厅科技交流合作处、省科技合作研究促进中心、广东科技合作促进会相关负责同志参加了会见。

21日

王瑞军厅长率厅办公室、高新技术发展及产业化处、产学研结合处相关负责同志到东莞市调研，实地考察了炬光（东莞）微光学公司、广东思谷智能技术有限公司等企业，了解创新型企业运营情况和未来发展规划并召开座谈会。

△杨军副厅长参加在北京召开的中国工程科技发展战略地方研究院建设与发展座谈会。

23日

至24日，王瑞军厅长率厅办公室、基础研究与科研条件处、高新技术发展及产业化处相关负责同志到潮州、梅州、揭阳市调研，了解高新区、省实验室和科技型企业的发展情况，先后前往化学与精细化工广东省实验室潮州分中心和揭阳分中心、梅州和揭阳高新区、揭阳中德金属生态城等单位调研，重点考察高新区内高新技术企业以及相关创新孵化平台建设，详细了解实验室建设进展情况，听取各地市有关科技工作进展情况。潮州市委书记刘小涛，梅州市委书记陈敏、市长张爱军，揭阳市长叶牛平，梅州市委常委闫景军、刘棕会，潮州市副市长余鸿纯，揭阳市副市长刘端雄，地市科技局、高新区负责同志参加了调研活动。

24日

全国科技监督评估和诚信体系建设培训班在广州举办。开班仪式上，科技部科技监督与诚信建设司冯楚建副司长就诚信建设与“三评”改革作发言；李旭东副厅长介绍了广东省科技系统认真贯彻习近平总书记视察广东重要讲话精神，以及全面落实党中央、国务院以及省委、省政府推进科技创新的重大决策部署；培训班邀请科技部相关司局、项目管理专业机构同志，围绕加强诚信建设、“三评改革”政策、减轻科研人员负担、科研资金财务风险评价等内容进行专题授课；来自各地科技管理部门和科技计划项目管理专业机构的同志就监督评估与诚信工作做典型经验交流。各省市科技厅（委、局），国家科技计划项目管理专业机构负责监督评估以及科研诚信工作的相关人员共100多人参加了培训。

26日

王瑞军厅长率厅办公室、高新技术发展及产业化处、产学研结合处、社会发展与农村科技处相关负责同志到江门市调研科技创新工作，实地调研了鹤山雅图仕印刷有限公司、江门高新区规划馆、江门市大健康国际创新研究院、广东千色花化工有限公司，与有关企业、科研机构座谈，了解在科技创新过程中遇到的问题、意见和建议。

△至27日，王瑞军厅长率厅办公室、高新技术发展及产业化处、产学研结合处、社会发展与农村科技处相关负责同志到清远、韶关市调研科技创新工作，先后在清远考察了长隆种源基地、广东天农食品有限公司、清远高新区天安智谷，在韶关考察了欧莱高新材料有限公司、韶关高新区、液压件厂、萱嘉生物科技有限公司、丽珠集团利民制药厂等单位，了解相关企业研发投入、科技人才队伍、创新成果等现状和发展规划，并与科技局、高新区等有关部门负责人及企业代表座谈。

△郑海涛副厅长参加在珠海召开的南方海洋科学与工程广东省实验室（珠海）揭牌仪式暨理事会成立大会，并在揭牌仪式上宣读了《关于加快推进第二批广东省实验室建设工作的通知》及南方海洋科学与工程广东省实验室（珠海）理事会成员名单。

28日

杨军副厅长参加在广州召开的全国海洋信息网络研讨会并讲话。

△郑海涛副厅长出席在佛山市南海区三山新城举行的广东季华实验室主体工程开工启动仪式并代表省科技厅致辞。

29日

王瑞军厅长、何棣华副巡视员参加在广东国际科技中心召开的“与改革开放同行”——广东省科技合作研究促进中心机构建立40周年座谈会，听取省科技合作研究促进中心吴汉荣主任介绍该中心40年来伴随改革开放而不断发展的历程，参观“与改革开放同行”主题中心40周年图片展示及优秀档案展示。

附录

表格索引

主题索引

说　明

1. 本索引采用主题分析法，按主题词汉语拼音字母顺序排列。

2. 索引的主题词后面的数字表示内容所在页码，数字后面的英文字母（a、b）表示该页自左至右的栏别。

N

Q

S

Z